武汉大学规划教材建设项目资助出版

电　路 （上）

主　编　胡　钋

副主编　何怡刚　文　武　专祥涛　樊亚东

　　　　崔　雪　鲁海亮　王　羽　董旭柱

　　　　徐　箭　袁佳歆　虞莉娟　郭四海

WUHAN UNIVERSITY PRESS
武汉大学出版社

图书在版编目(CIP)数据

电路.上/胡钋主编.—武汉：武汉大学出版社,2023.11
ISBN 978-7-307-23220-4

Ⅰ.电… Ⅱ.胡… Ⅲ.电路理论—高等学校—教材 Ⅳ.TM13

中国版本图书馆 CIP 数据核字(2022)第 132824 号

责任编辑:胡 艳 责任校对:汪欣怡 版式设计:马 佳

出版发行:**武汉大学出版社** (430072 武昌 珞珈山)
(电子邮箱：cbs22@whu.edu.cn 网址：www.wdp.com.cn)
印刷:武汉科源印刷设计有限公司
开本:787×1092 1/16 印张:36.75 字数:871 千字 插页:1
版次:2023 年 11 月第 1 版 2023 年 11 月第 1 次印刷
ISBN 978-7-307-23220-4 定价:88.00 元

前　　言

  本书针对日前高等学校对电路课程教学知识内容的需求并广泛吸收国内外传统和现代电路教学体系的特点，基于知识体系完备、基础与深化互补、概念与应用并重的原则编写而成。叙述简洁明晰，内容循序渐进，便于读者自学。

  本书以线性电路最基本的三大内容，即电阻电路分析、动态电路的稳态分析和暂态分析为主体，系统地介绍了电路基本理论和分析方法，并在电路基本理论的知识体系下有机融汇其教学内容。

  本书分上、下两册，共 19 章，在具体内容和例题的选取上注重宽口径、厚基础，特别是基本概念、基本内容、基本方法以及数学物理的有机渗透，又兼顾了强、弱电专业的知识需求，也考虑到了各类高等学校对电路课程的教学要求(标注" ＊ "的内容为可选教学内容)，有助于现代大学生构筑独立完备的电路基础知识体系，也非常有利于授课教师灵活柔性地组织教学。

  编者精心编写了各类典型例题，以帮助读者深入理解、牢固掌握书中各重点内容，并能灵活应用电路的基本理论和分析方法，书中大量的习题有助于锻炼和提高学生自主学习能力，启发创造性思维能力，使学生更好地掌握基本教学内容，培养自己独立分析和解决问题的能力，在融会贯通、深刻理解所学内容的基础上进一步学好后续课程，并能够把在电路课程中所获取的电路知识灵活地应用于实际。

  本书上册由胡钋担任主编，武汉大学何怡刚、文武、专祥涛、樊亚东、崔雪、鲁海亮、王羽、董旭柱、徐箭、袁佳歆，以及武汉理工大学虞莉娟、郭四海担任副主编，胡钋负责统稿全书。本书上册共 11 章，第 1、2 章由胡钋、何怡刚、文武共同撰写，第 3、4章由胡钋、专祥涛、文武共同撰写，第 5 章由胡钋、樊亚东、文武共同撰写，第 6 章由胡钋、崔雪、文武共同撰写，第 7、8 章由胡钋、徐箭、文武、董旭柱共同撰写，第 9、10章由胡钋、文武、袁佳歆共同撰写，第 11 章由胡钋、文武、王羽、鲁海亮共同撰写。

  在本书的编写过程中，武汉大学电气与自动化学院电路课程组的全体教师以及李裕能、夏长征、熊元新、查晓明、刘开培、龚庆武等有关方面专家及学者提出了很多有益的建议，在此一并表示衷心感谢。

  限于作者的水平，书中恐有疏误之处，热切期待各位专家、教师和读者赐教指正。

胡　钋

2023 年 9 月于武汉珞珈山

目　　录

习题参考答案(扫下方二维码)

第1章 电路的基本概念、基本元件和基本定律

本章介绍电路的基本概念、基本元件和基本定律，其中包括实际电路和电路模型、电流和电压及其参考方向的概念、电功率与电能、电路元件的特性和分类、电阻、电感、电容、独立电源和受控电源、克希霍夫定律。

1.1 实际电路和电路模型

1.1.1 实际电路的构成与功能

在现代科学研究、工程技术以及日常生活中，人们广泛地使用各种电气电子设备和仪器，如发电机、电动机、信号发生器、电视机和计算机等，其电路合称为实际电路。一个较为简单的例子就是手电筒电路，它是用三根导线分别将一个干电池、一个灯泡和一个开关顺次连接起来组成的一个实际照明电路，如图1-1(a)所示。

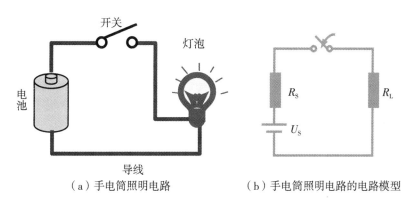

（a）手电筒照明电路　　　　　　（b）手电筒照明电路的电路模型

图1-1　手电筒照明电路及其电路模型

实际电路是为了实现预期目的，将一些实际电路元件按照特定的方式用导线连接起来所构成的一个整体，它们一般都有三个组成部分，即电源或信号源、中间环节和负载。电源或信号源的作用是向负载提供电能或信息，例如发电机、信号发生器等；中间环节是用来将电源和负载连接起来完成特定任务的部件，例如变压器、放大器等；负载则是消耗电能或接收信息的部分，例如电动机等。

实际电路千差万别，但是它们所完成的功能均可大致分为两大类：（1）实现电能的产生、传输、分配和转换。这方面比较典型的例子就是电力系统，发电机组将热能、水能或

1

原子能等其他形式的能量转换成电能，通过变压器、输电线这些中间环节传输给各类用电负载，再由这些负载将电能转换成机械能、热能或光能等。（2）在信息网络、计算机系统与控制系统中完成各种信号的产生、传输、储存、变换和控制等，常见的有放大电路和数字电路等。但是，所有实际电路都遵循着同一电路原理，因而可以基于共通的电路理论加以研究。

1.1.2　电路元件模型和电路模型

任何实际元件和实际电路的工作过程，都是电磁能量的储存、转换及损耗的过程。例如，实际电阻对电流有阻碍作用，表现为将其损耗的电场能量转换成热能；一个实际电感线圈的功能是储存磁场能，但是由于线圈导线有电阻，线匝之间存在电容，因而也存在损耗和电场；一个实际电容的功能是储存电场能，但由于存在介质损耗，加之可能存在的磁场，因而也存在损耗和磁场；一个实际电源既有产生电场能量的一面，也有自身消耗电场能量的一面；实际的连接导线既有导通电流的作用，亦有阻碍电流的作用，同时在其周围也伴随有磁场分布。这表明，实际电路元件在工作过程中总是与电场和磁场及其能量损耗这些物理现象交织在一起，或者说，电路在工作时总是同时存在着电场和磁场及其能量损耗这些物理现象。但是，在描述和表征实际电路元件的特性时，若对它们所表现出的电磁现象，均加以考虑，则会使问题的分析复杂化。因此，可以对一种元件所表现出的电磁现象加以科学的抽象，即仅抓住其主要的电磁现象，并将其用一种相应的元件去体现。这种理想化处理就是对实际元件建立模型元件，因而有了电阻、电容和电感等各种模型元件。实际元件与模型元件的主要区别在于：（1）实际元件在电路工作时有多种形式的电磁现象，而模型元件只能表征其中一种主导的电磁现象且具有严密的数学定义；（2）实际元件有大小、几何形状和结构材料之分，而模型元件只是一种电磁现象的表现形式，如各种以耗能为主的实际元件均可以用相同的电阻模型元件来表征；两者的联系在于：任何一种实际元件均可以用这些模型元件的恰当组合来表示，例如，一个实际电感线圈在电路中所消耗的电能与储存的磁场能相比可以忽略时，就可以用如图 1-2（a）所示模型的电感元件表示；而当它消耗的电能不可忽略时，便可以用如图 1-2（b）所示模型的电感元件和电阻相串联的形式来表示；当高频电流通过电感线圈时，它所消耗的电能、储存的磁场能和伴随的电场能均需要考虑，则用如图 1-2（c）所示的形式来表示。这说明一个实际元件在不同的工作条件下对应的模型元件应是不同的。

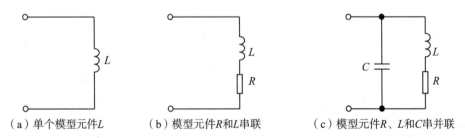

（a）单个模型元件 L　　　（b）模型元件 R 和 L 串联　　　（c）模型元件 R、L 和 C 串并联

图 1-2　实际电感线圈的三种模型

实际电路是由实际元件连接而成的，而将这些实际元件用模型元件表示所画出的图形称为实际电路的电路模型(图)，或称为电路原理图。例如，图 1-1(a)所示的实际手电筒电路，若不计电源的内阻，视导线为理想导体，且只考虑灯泡消耗电能的特性，则其电路模型如图 1-1(b)所示。显然，电路模型只是近似反映了实际电路的电磁特性，近似程度取决于模型元件的近似程度。在工程实际中，通常根据不同的误差要求采用不同的模型元件，从而构建出不同的电路模型。电路理论中所研究的电路均是指电路模型，而非实际电路，元件也均为理想化的模型元件，它们都具有确定的反映其物理规律的数学模型。

一般把含电路元件较多的复杂电路称为网络。在电路理论中，"电路"和"网络"这两个术语通常是相互通用的。

1.2 集总参数电路和分布参数电路

导体流过电流就会有热损耗，只要有电流就会产生磁场；但凡有电压就会存在电场。因此，实际元件在电路中工作时，所发生的电磁现象是交织在一起的，它们在空间中无法分离，而且这些电磁现象连续分布在整个元件之中，因而反映这种现象的电路参数也是连续分布的，即电路各处同时存在着电阻、电容和电感。为了便于分析，引入了理想化的模型元件，其目的是将原本具有分布特性的电路参数人为地用模型元件或它们的组合形式来表述。这种模型元件称为集总参数元件，它们的参数 R、L、C 称为集总参数。由于各个集总参数元件只表示一种电磁现象，并可以用数学模型精确定义，从而极大地方便了电路的定量分析。本书除最后两章为分布参数电路外，其余电路模型均为集总参数电路模型。

用集总参数表示的电路模型是有条件的。集总参数意味着把元件的电场和磁场分隔开来，电场只与电容元件有关，磁场只与电感元件有关，这两种场之间不存在相互作用。而实际上，电场与磁场都是以电磁波形式存在着。当电路的几何尺寸相对于电磁波的波长相近时，电路中一部分电磁能量就会通过辐射的方式损失掉。显然，这有违于集总参数的概念。因此，只有在电路中的电磁场能量辐射可以忽略不计的情况下，才能用集总参数的概念。这就要求电路应工作在低频，或者说电路的最大几何尺寸应远远小于电路中的电磁波的频率对应的波长，即 $d \ll \lambda$ ($\lambda = c/f$，光速 $c = 3 \times 10^{8} \text{m/s}$) 时，电路参数分布性对电路性能的影响较小，因而可以认为能量损耗、电场储能与磁场储能分别集中发生在电阻元件、电容元件和电感元件中。例如，我国电力用电的频率为 50Hz，对应的波长为 6000km，对于以此为工作频率的电子电路来说，其几何尺寸与这一波长相比可以忽略不计，因而完全可以作为集总参数电路来处理，但是对于远距离的通信线路和电力传输线来说，由于不满足上述条件，所以就必须考虑到电场、磁场沿电路分布的现象，不能用集总参数而要用分布参数来表征。

1.3 电流、电压及其参考方向

在电路分析中，为了定量地描述电路的工作状态或元件特性，需要一组可以表示为时间函数的物理量。这组物理量可以分为基本变量和复合变量两类，基本变量共有 4 个：电

3

流 $i(t)$、电压 $u(t)$、电荷 $q(t)$ 和磁链 $\Psi(t)$；复合变量只有二个：功率 $p(t)$ 和能量 $w(t)$。复合变量用以反映电路中功和能的情况，可以用基本变量中的电流和电压表示。在基本电路分析中较为常用的是可以实际测量的基本变量：电流和电压，以及复合变量：功率。

电路分析的主要任务是确定电流、电压的实际方向和数值大小，这就需要首先建立电路的数学模型，即由电流或电压表述的电路电气行为的方程式（KCL 和 KVL 方程），再对其求解，便可得出待定的电流或电压。但是，按照物理规律列写这些方程时，必须要用到电流、电压变量的实际方向，这种预知对于一个复杂电路一般是不可能的，考虑到电流、电压的实际方向仅有两种可能，可以先对各元件的电流、电压人为假设一个方向，再按此方向列写方程进而求解，最后根据得出电流、电压的正负号以及假定的参考方向，便可以确定它们的实际方向。这种假设的方向称为参考方向。

1.3.1　电流及其参考方向

1.3.1.1　电流的定义

电路中电荷有规则地定向流动形成电流，其大小或强弱用电流强度（简称电流）来表示，其定义为：在时刻 t 穿过某横截面 S 的电流强度 $i(t)$ 等于从 t 到 $t+\Delta t$ 的时间内，从该面的一侧穿到另一侧的电荷量的代数和 Δq 与此时间间隔 Δt 之比，当 $\Delta t \to 0$ 时的极限，即

$$i(t) \overset{\text{def}}{=} \lim_{\Delta t \to 0} \frac{\Delta q}{\Delta t} = \frac{\mathrm{d}q(t)}{\mathrm{d}t} \tag{1-1}$$

式(1-1)表明，某一时刻 t 穿过 S 面的电流强度值就等于在该时刻单位时间内穿过 S 面的电荷量的代数和。运动的电荷可以是导体或半导体中的电子或空穴、电解质中的正负离子以及真空中的电子或离子等。

电流的 SI 单位为安[培]（A），$q(t)$ 的单位为库[仑]（C）。若电荷以 1C/s 的速率流动，则电流的大小为 1A。此外，各种应用场合常用的电流单位还有兆安（MA）、千安（kA）、毫安（mA）、微安（μA）和纳安（nA），它们之间存在着换算关系。

电流 $i(t)$ 既表示电荷流动这种物理现象，又代表反映这种现象的物理量，它不仅有大小，而且有方向。但是，由于电流只有两个流向，因此可以用一个代数量来表示，代数量的绝对值表示电流的大小，代数量的正、负号则表明电流的方向。如果电流的大小和（或）方向随时间变化，则称为时变电流，用符号 $i(t)$ 或径用 i 表示。大小和方向作周期性变化且平均值为零的时变电流，称为交流电流（alternating current），简记为 ac 或 AC。如果电流的大小和方向均不随时间变化，则称为恒定电流，通常称为直流电流（direct current），简称直流，常记为 dc 或 DC，常常用大写字母 I 表示，但是由于直流是时变电流的特例，所以直流电流也可以用小写字母 i 表示。

1.3.1.2　电流的参考方向

在对电路进行分析计算时，需要知道电流的实际流向，这对一些简单的直流电路，还是容易做到的，但是对于比较复杂的直流电路以及其电流实际方向分时段交替改变的交流

电路,则是难以做到的。因此,可以在分析电路之前对流过任一段电路或元件等的电流的两个可能的方向中任意指定一个作为电流的参考方向,例如,在图1-3中,既可以是由 a 指向 b 的方向(图1-3(a)),也可以是由 b 指向 a 的方向(图(b))。在电路理论中约定:沿参考方向的正电荷运动所形成的电流为正值,即 $i(t) > 0$;逆参考方向的正电荷运动所形成的电流为负值,即 $i(t) < 0$。

电流的参考方向有两种表示方法:①用一个带实线段的箭头表示;②用双下标表示。例如,图1-3(a)(b)中的电流参考方向除了可以用带实线段的箭头表示外,也可以采用双下标 i_{ab} 和 i_{ba} 表示,前者是由 a 指向 b,后者则是由 b 指向 a。显然,对于同一处,应有:

$$i_{ab} = -i_{ba}$$

基于电流参考方向对电流列出电路方程后,若计算所得的电流值 $i(t) > 0$,则表明该时刻电流的实际方向与参考方向相同;否则,两者相反。可见,电流的参考方向并不一定是电流的实际方向,但是一旦通过计算得到假定参考方向下每一时刻电流的正或负,二者就能够确定该时刻电流的实际方向,如图1-3所示。

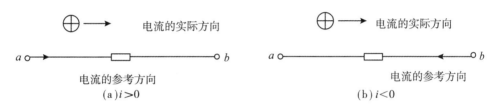

图1-3 由电流的参考方向和正或负号共同确定电流实际方向的图示

应该强调指出,电流值的正或负是在设定其参考方向后,再将其列入电路方程,并对其求解才得到的,因此电流值正或负只有在设定其参考方向的前提下才有明确的物理意义,否则讨论电流的正与负是毫无意义的。电流的参考方向可以任意选定,一经确定,在电路计算过程中不要再随意更改,以免造成混乱,而且这种任意选择性不会影响到计算结果,因为参考方向相反时,计算出的电流值符号相反,最后得到的实际结果仍然相同。

事实上,参考方向并不是一个抽象的概念,例如,磁电式电流表所标记的"+""–"两个端钮为被测电流选定了从"+"指向"–"的参考方向,如图1-4所示。当电流的实际方向是由"+"端流入、"–"端流出,则指针正偏,电流读数为正值,如图1-4(a)所示;若电流的实际方向是由"–"端流入、"+"端流出,则指针反偏,电流读数为负值,如图1-4(b)所示。

1.3.2 电压及其参考方向

1.3.2.1 电压与电位的定义

电场中任意两点 a、b 间的电压(或称电压降)u_{ab},是描述电场力(严格地说是库仑电场)对电荷做功大小的物理量,定义为将单位正电荷自 a 点沿任一路径移至 b 点电场力所

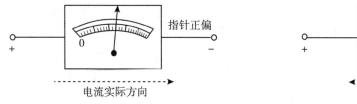
（a）指针正偏：实际方向与参考方向相同

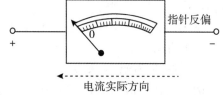
（b）指针反偏：实际方向与参考方向相反

图 1-4　磁电式电流表与电流的参考方向

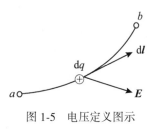

图 1-5　电压定义图示

做的功。如图 1-5 所示，设一定量的正电荷 dq 从 a 点沿任一路径移动到 b 点时电场力所做的功为 dw，则

$$dw = dq \int_{l_{ab}} \boldsymbol{E} \cdot d\boldsymbol{l} \tag{1-2}$$

式中，$\boldsymbol{E}$ 为电场强度矢量，$d\boldsymbol{l}$ 表示数量上等于单位长度的 $d\boldsymbol{l}$ 的距离矢量。由式（1-2）可得电路中 a、b 两点间的电压 u_{ab} 为

$$u_{ab} = \frac{dw}{dq} = \int_{l_{ab}} \boldsymbol{E} \cdot d\boldsymbol{l} \tag{1-3}$$

式（1-3）表明，dw 即为正电荷量 dq 在移动过程中所失去或获得的电能，在 SI 单位制中，能量 dw 的单位为焦［尔］(J)，电荷 dq 的单位为库［仑］(C)，电压 u_{ab} 的单位是伏［特］(V)，常用的电压单位还有千伏(kV)、毫伏(mV)和微伏(μV)，它们之间存在换算关系。

电路中某点的电位是将单位正电荷由该点移到参考点(电位为零的点，物理学中一般选为无穷远处)电场力所做的功。电位和电压的单位相同。显然，某点 a 到参考点的电压即为该点的电位，例如，设参考点为 o，则 a 点的电位 u_a 为 $u_a = u_{ao}$。

电场力做功有正负之分，因而电压的数值也有正负之别，即电压具有极性：

(1)若将单位正电荷从 a 点沿任一路径移动到 b 点时电场力做了正功，即 $dw > 0$，则 $u_{ab} > 0$，这说明 a 点电位 u_a 高于 b 点的电位 $u_b(u_a > u_b)$，即 a 点为正极性(其电位的数值不一定为正)，b 点为负极性(其电位的数值不一定为负)。dq 在 a 点时所具有的电位(势)能高于其在 b 点时所具有的电位(势)能，dq 在移动过程中所失去(释放)的这部分电位(势)能被 a—b 这段电路所吸收(或消耗)，如图 1-6(a)所示，实际上即为 a—b 这段电路从外电路吸收能量。

(2)若将单位正电荷从 a 点沿任一路径移动到 b 点时电场力做了负功，即 $dw < 0$ 时，则 $u_{ab} < 0$，这说明 a 点电位 u_a 低于 b 点电位 $u_b(u_a < u_b)$，即 a 点为负极性(其电位的数值不一定为负)，b 点为正极性(其电位的数值不一定为正)，dq 在 a 点时所具有的电位(势)能低于其在 b 点时所具有的电位(势)能，dq 在移动过程中所获得(吸收)的这部分电位能由 a—b 这段电路所供出，如图 1-6(b)所示，实际上也就是 a—b 这段电路向外电路提供能量。由此可知，电荷在电路中转移时电能的得或失表现为电位的升高或降低，即电压升或电压降的实质是电荷在电路中移动时与其所历经的电路或元件进行能量交换的结果，即在其整个移动过程中自电路的某些元件(可能为电源)获得能量，而在另外一些元

件(可能为电阻)处失去能量。因此，电压的物理意义是电荷在电路中移动时所获得或失去的电位(势)能。此外还可知，u_{ab} 的数值的符号表示 a、b 两点之间的相对极性，显然，高电位高出于低电位的数值即为 u_{ab} 的绝对值。

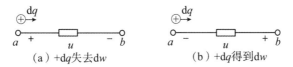

图 1-6　电压的定义及其物理意义

定量电荷在电场中移动时，电场力所做的功仅与电荷的大小、性质以及路径的起点和终点位置有关，而与路径无关。因此，从电路中的一点到另一点的电压具有唯一的数值，即具有单值性。因此，在理论计算时，一般选取计算最为便利的路径来求取电压。

若电压的大小和/或方向(极性)随时间变化，则称为时变电压，用符号 $u(t)$ 或 u 表示，它包括交流电压。若电压的大小和方向都不随时间变化，则称为恒定电压或直流电压，一般用大写字母 U 表示，也可以用小写字母 u 表示。

由于电场力做功仅与起点和终点有关，而与中间所经历的路径无关，因此，使式(1-3)中的 l_{ab} 经过参考点 o，于是该式可表示为

$$u_{ab} = \int_{l_{ab}} \boldsymbol{E} \cdot \mathrm{d}\boldsymbol{l} = \int_{a}^{o} \boldsymbol{E} \cdot \mathrm{d}\boldsymbol{l} + \int_{o}^{b} \boldsymbol{E} \cdot \mathrm{d}\boldsymbol{l} = \int_{a}^{o} \boldsymbol{E} \cdot \mathrm{d}\boldsymbol{l} - \int_{b}^{o} \boldsymbol{E} \cdot \mathrm{d}\boldsymbol{l} = u_a - u_b \qquad (1\text{-}4)$$

式(1-4)表明，a、b 两点之间的电压就是 a、b 两点的电位差，因此电压表示的是电位降的概念。若 $u_{ab} > 0$，则 a 点的实际电位高于 b 点的实际电位，反之亦然；若 $u_{ab} = 0$，则 a、b 两点的实际电位相等。

电路的参考点是可以任意选取的。因此，电路中各点的电位随着所选择的参考点的不同而具有不同的数值。但是，两点间的电压绝不会随选择不同的参考点而改变，也就是说，电位为一相对量，电压则为一绝对量。但是，一旦选定了参考点，电路中各点的电位的数值也会唯一确定，这时电位亦具有单值性。由于电路中某点的电位实际上是该点与参考点之间的电压，因此，说明电位时必须指出电路的参考点。

1.3.2.2　电压的参考方向

沿用传统习惯，电压的实际方向规定为电位真正降低的方向，即由高电位点指向低电位点的方向，例如，图 1-7 中 a 点和 b 点的电位分别为 -2V 和 3V，因此 a、b 两点电压的实际方向由 b 点指向 a 点，用箭头表示，其大小为 5V，如图 1-7(a)所示，电压也可以用极性来表示，实际极性规定为高电位点为正极，标以"+"号；低电位点为负极，标以"-"号，图 1-7(b)给出了 a、b 两点的极性，此外还可以用双下标字母表示，这里为 $u_{ba} = 5\text{V}$，由于，$u_{ba} = u_b - u_a > 0$，故 b 点电位高于 a 点电位。

与电流的情况类似，需要在进行电路分析之前预先对电压任意假设参考方向或参考极性，它是由参考正极指向参考负极的方向即假设的电位降低的方向，有着与实际方向一样的三种表示方法。显然，对于同一段 $a\text{-}b$ 电路上的电压，采用双下标写法为

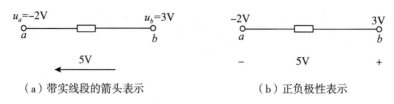

（a）带实线段的箭头表示　　　　　　　　　　（b）正负极性表示

图 1-7　电压实际方向的箭头和正负极性表示示例

$$u_{ab} = - u_{ba}$$

由于电压也是一个代数量，因此依照选定的参考方向，若通过列、解电路方程算得电压 $u(t) > 0$，表明该时刻电压的参考方向与其实际方向相同；若 $u(t) < 0$，则表示该时刻电压的参考方向与其实际方向相反。

类同于磁电式电流表，磁电式电压表的"+""–"两端钮也为被测电压选定了参考方向。

1.3.3　电流与电压的关联参考方向

对于同一段电路或同一个元件，其电流和电压的参考方向都可以彼此互不相干地任意指定，丝毫不会影响到分析计算的结果。然而，为了便于电路问题的表述和分析计算，引入电流与电压关联参考方向的概念。所谓关联参考方向（又称一致参考方向或统一参考方向），是指同一元件或一段电路上电流的参考方向选定为从其电压参考方向的正极"+"流入，而从负极"–"流出，如图 1-8(a)(b) 中分别为关联参考方向和非关联参考方向。在说明了采用关联参考方向的情况下，可以只标出电流和电压两个参考方向中的任意一个，以简化表示。

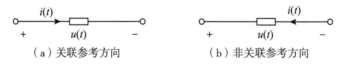

（a）关联参考方向　　　　　　　　　（b）非关联参考方向

图 1-8　电流和电压的关联参考方向与非关联参考方向

应该注意的是，关联或非关联参考方向都是针对某一特定元件或特定的一段电路而言的，例如，在图 1-9 中，对于电路段 N_a 而言，其电压、电流的参考方向为关联的，但是对于电路段 N_b 来说，则其电压、电流的参考方向是非关联的。

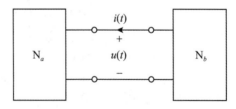

图 1-9　电流和电压的关联参考方向及其专属性

1.4 功率与能量

1.4.1 功率的定义与计算

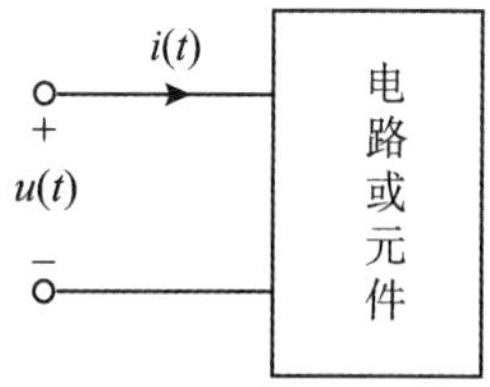

如图 1-10 所示为电路的任一部分或任一元件，其中电压 $u(t)$ 和电流 $i(t)$ 为关联参考方向，根据电压的定义，电场力将电量为 $\mathrm{d}q(t)$ 的正电荷从正端移到负端所做的功为

$$\mathrm{d}w(t) = u(t) \cdot \mathrm{d}q(t) \tag{1-5}$$

由于 $u(t)$ 和 $i(t)$ 为关联参考方向，故而由式（1-1）可知：$\mathrm{d}q(t) = i(t)\mathrm{d}t$，将其代入式（1-5）可得

图 1-10 电路的任一部分或元件

$$\mathrm{d}w(t) = u(t)i(t)\mathrm{d}t \tag{1-6}$$

电场力做功使 $\mathrm{d}q(t)$ 电位能降低，根据能量守恒原理，所失能量即为这部分电路或元件在 $\mathrm{d}t$ 时段内吸收的电能，因此可得其在单位时间内吸收的电能即其所吸收的瞬时功率，即

$$p(t) = \frac{\mathrm{d}w(t)}{\mathrm{d}t} = u(t)i(t) \tag{1-7}$$

在直流情况下，由于其中电流与电压均不随时间而变，故所吸收的功率为恒定功率，这时式（1-7）可以改写为

$$P = ui \tag{1-8}$$

功率的 SI 单位为瓦［特］（W）。常用的功率单位还有兆瓦（MW）、千瓦（kW）、毫瓦（mW）等，它们之间存在换算关系。

需要强调的是，仅在电压和电流取关联参考方向时，式（1-7）所代表的意义才是电路或元件吸收的功率，然而，由于电压和电流均为代数量，所以 $p(t)$ 也是代数量，其可正可负，因此电路或元件是否真正吸收功率，还要视计算结果 $p(t)$ 的正负而定。假设电压和电流取关联参考方向，则当 $p(t) > 0$，即 $u(t)$ 和 $i(t)$ 同号时，电压和电流的真实方向亦为关联方向，这时正电荷在电场力的作用下实际从高电位向低电位移动，电荷的电位能降低，即其确实将从外电路获得的能量转移给电路，所以电路或元件实际吸收功率；当 $p(t) < 0$，即 $u(t)$ 和 $i(t)$ 异号时，电压和电流的真实方向为非关联方向，这时正电荷实际从低电位向高电位移动，电荷的电位能升高即其确实从电路获得能量并将其转移给外电路，所以电路实际发出功率。

若在图 1-10 中，电压和电流取非关联参考方向，则式（1-7）表示这部分电路或此元件发出功率，即当 $p(t) > 0$ 时，电路或元件实际发出功率；当 $p(t) < 0$ 时，电路或元件实际吸收功率。

若在电压和电流取非关联参考方向的情况下仍要从吸收功率的角度来计算即当 $p(t) > 0$ 时，电路或元件实际吸收功率；当 $p(t) < 0$ 时电路或元件实际发出功率，则应该在吸收功率的计算式（1-7）中冠以"–"号，即

$$p(t) = -u(t)i(t) \qquad (1-9)$$

这实际上已经使电压与电流原本非关联的参考方向变成了关联参考方向。这时，对于直流电路，则也应在式(1-8)中也添加"-"号，其意义如上所述。

1.4.2　能量的定义与计算

在图 1-10 中，在物理上假设 $w(-\infty) = 0$，则由式(1-7)可得此段电路或该元件在任意时刻 t 所吸收的电能 $w(t)$ 为

$$w(t) = \int_{-\infty}^{t} p(\tau)\mathrm{d}\tau = \int_{-\infty}^{t} u(\tau)i(\tau)\mathrm{d}\tau \qquad (1-10)$$

显然，在时间间隔 $[t_0, t]$ 内所吸收的能量 $w[t_0, t]$ 为

$$w[t_0, t] = \int_{t_0}^{t} p(\tau)\mathrm{d}\tau = \int_{t_0}^{t} u(\tau)i(\tau)\mathrm{d}\tau \qquad (1-11)$$

由于任何电路在任一时刻均必须满足能量守恒原理，因此，在电路分析时可以应用功率或能量的守恒性对计算结果的正确性进行校核。

【例 1-1】　(1)试求图 1-11(a)、(b)所示电路中两元件吸收或产生的功率；(2)在图 1-11(c)所示电路中，若元件产生的功率为 4W，试求该元件的电流；(3)在图 1-11(d)所示电路中，若元件产生的功率为 16W，试求该元件的电流。

解　(1)对图 1-11(a)所示元件，由于电压、电流为关联参考方向，故而 $p = ui = 1 \times 2 = 2(\mathrm{W})$，该元件实际吸收能量。

对于图 1-11(b)所示元件，由于电压、电流为非关联参考方向，故而 $p = ui = (-1) \times 2 = -2\mathrm{W}$ 或 $p = -ui = -(-1) \times 2 = 2(\mathrm{W})$，该元件实际吸收能量。

(2)对图 1-11(c)所示元件，由于电压、电流为非关联参考方向下该元件产生的功率为 4W，故而 $p = ui = 4\mathrm{W}$，由此可得 $i = \dfrac{4}{u} = \dfrac{4}{-2} = -2(\mathrm{A})$，负号表明电流的实际流向由 b 向 a。

(3)对图 1-11(d)所示元件，由于该元件在电压、电流为关联参考方向下产生的功率为 16W，故而 $p = ui = -16\mathrm{W}$，因此可得 $u = \dfrac{p}{i} = \dfrac{-16}{-4} = 4(\mathrm{V})$。

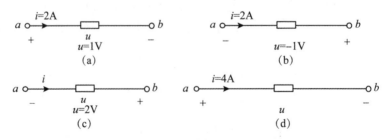

图 1-11　例 1-1 图

1.5　电路元件的特性与分类

1.5.1　元件的定义特性与伏安特性

每一类电路元件都有其在任何情况下均保持不变的唯一确定的特性。表征电路元件特性的方法，是将其视为具有对外连接端子的"黑箱"，而并不关心其内部结构和物理过程，仅关心其外部特征，简称外特性。电路元件的外特性有两种，即定义关系(Definition)和伏安关系(Voltage Current Relationship，VCR，又称为伏安特性)，前者是通过两个基本变量 $\xi(t)$ 和 $\eta(t)$ 之间的代数关系即 $(\xi(t) \sim \eta(t)) \in \{(u_R(t) \sim i_R(t)), (q_C(t) \sim u_C(t)),$ $(\Psi_L(t) \sim i_L(t))\}$ 给出的，这三种两个变量所满足的代数形式的特性方程分别定义出电阻元件、电容元件和电感元件，对于电容元件和电感元件，则可以利用其定义关系以及与元件性质无关而普遍成立的关系式 $\left(i(t) = \dfrac{\mathrm{d}q(t)}{\mathrm{d}t} \text{ 和 } u(t) = \dfrac{\mathrm{d}\Psi(t)}{\mathrm{d}t}\right)$ 得出它们的伏安特性。

1.5.2　元件的分类

按照不同的分类方法，电路元件可以分为不同的类型。第一种分类方法是依照元件的定义特性方程或与方程对应的特性曲线在特性平面(如 $u\text{-}i$ 或 $q\text{-}u$ 等坐标平面)上的形状和位置进行分类，也可以借助元件的能量特性以及它们对外引出的端子或端口数目(例如二端元件和三端元件，以及单端口元件和双端口元件)等来进行分类。

1.5.2.1　线性元件与非线性元件

依据元件的定义关系是否满足线性关系，即是否为线性函数，可以将它们分为线性元件与非线性元件。线性函数 $f(x)$ 必须同时满足齐次性与可加性。

(1)齐次性：$f(\alpha x) = \alpha f(x)$；

(2)可加性：$f(x_1 + x_2) = f(x_1 + x_2)\big|_{x_2 = 0} + f(x_1 + x_2)\big|_{x_1 = 0}$

这两个性质也可以用一个式子等价表示为

$$f(\alpha_1 x_1 + \alpha_2 x_2) = \alpha_1 f(x_1 + x_2)\big|_{x_2 = 0} + \alpha_2 f(x_1 + x_2)\big|_{x_1 = 0}$$

在电路理论中，在以上三式中，x，x_1，x_2 均为电路元件的输入变量即激励(自变量)；$f(\cdot)$ 为电路元件的输出变量或响应(因变量)；α，α_1，α_2 均为实常数。

容易验证，由于 $u = f_1(i) = Ri$ 为线性函数，所以它所定义的为线性电阻；但是，对于 $u = f_2(i) = Ri + u_0$(u_0 为非零常数)，由于它不满足齐次性和可加性，因而其所定义的电阻是非线性的。

从特性曲线的形状和位置上看，若元件的特性曲线为一条通过坐标平面原点的直线，则该元件为线性元件；否则为非线性元件。

1.5.2.2 时不变元件与时变元件

依据元件的定义关系是否满足时不变关系，可以将它们分为时不变元件与时变元件。时不变关系：若 $y(t)=f[x(t)]$，则 $y(t-T)=f[x(t-T)]$，这表明，时不变元件的输出波形不会因为其输入施加时间的改变而改变，此即为时不变之意。从另一方面来看，时不变元件的定义特性方程中不会显含时间变量 t，或者说元件参数不是时间的函数，例如，$u=(3t)i$ 描述的为一个时变电阻，$u=3i$ 则描述的是一个时不变电阻，两者的电阻参数分别为 $R(t)=3t\Omega$ 和 $R=3\Omega$。

从特性曲线的位置上看，若元件的特性曲线在坐标平面上的位置不随时间而变，则该元件为时不变元件，又称为定常元件；否则为时变元件。

由于线性/非线性与时不变/时变是两种完全不同的特性，因此，电路元件可分为四类：(1)线性时不变元件：元件的特性曲线为一条在特性平面上的位置不随时间而变，且经过坐标原点的直线；(2)线性时变元件：元件的特性曲线为一条在特性平面上的位置随时间而变，且经过坐标原点的直线；(3)非线性时不变元件：元件的特性曲线为一条曲线或不通过坐标原点的直线，且该曲线或直线在特性平面上的位置不随时间而变；(4)非线性时变元件：元件的特性曲线为一条曲线或不通过坐标原点的直线，且该曲线或直线在特性平面上的位置会随时间而变。这四类电路元件的特性曲线示例如图 1-12 所示。

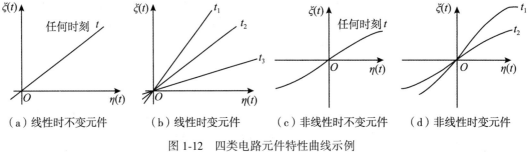

（a）线性时不变元件　　（b）线性时变元件　　（c）非线性时不变元件　　（d）非线性时变元件

图 1-12　四类电路元件特性曲线示例

1.5.2.3 无源元件与有源元件

根据能量的观点，电路元件还可以分为有源和无源两大类。对于只有两个外部端钮的二端元件，如果在其电压 $u(t)$ 与电流 $i(t)$ 取关联参考方向的前提下，对于任何电压和电流的所有可能组合，在任何时刻，其所吸收的能量 $w(t)$ 均为非负值，即有

$$w(t)=\int_{-\infty}^{t}u(\tau)i(\tau)\mathrm{d}\tau=w(t_0)+\int_{t_0}^{t}u(\tau)i(\tau)\mathrm{d}\tau\geqslant 0 \tag{1-12}$$

则称该二端元件为无源元件，否则为有源元件。由式(1-12)可知，二端元件的无源性表明，元件在任一时间区间 $[t_0,t]$ 中，经其二端传送至电路其他部分的能量不大于它在 t_0 时的储能。简言之，就是自身从不生产能量向外提供的元件便是无源元件。因此，可以将

耗能元件和储能元件合称为无源元件，如电阻、电容和电感元件等，而独立电源和受控电源等则为有源元件。

对于具有多个外部端子对的多端元件，其无源性的数学表达式只需在式(1-12)中按端子对的数目增加相应的电压电流乘积项，而无源性意义保持不变。

1.6　基本电路元件

电路中的基本元件是电阻、电容、电感元件、独立电源和受控电源。为了简化表示，在以下讨论中，名词"电阻""电容""电感"既表示元件，也表示其对应的参数。

1.6.1　电阻元件

电阻元件是一种用来反映实际电阻类元件消耗电能性质的理想元件模型。

1.6.1.1　电阻元件的一般定义与分类

电阻元件的一般定义：若一个二端元件的端电压 $u_R(t)$ 与端电流 $i_R(t)$ 之间的伏安关系为代数方程，即

$$f_R(u_R(t),\ i_R(t),\ t) = 0 \tag{1-13}$$

则称该元件为电阻元件。对应上式，在任意时刻 t，电阻元件的特性可以用 $u_R(t) \sim i_R(t)$ 平面上的一条曲线即伏安特性曲线表示。

电阻分为四类：线性时不变电阻、线性时变电阻、非线性时不变电阻、非线性时变电阻。在通常的应用场合，工程实际中的很多电阻器件都可以用线性时不变电阻作为其模型。

1.6.1.2　线性时不变电阻元件

1. 线性时不变电阻元件的定义

线性时不变电阻元件的电路符号和特性曲线如图 1-13 所示，其中添加了电流和电压的关联参考方向。我们知道，欧姆实验中，电阻器上实际电压和实际电流的方向是关联的，因此，在如图 1-13(a)所示电流和电压取关联参考方向的情况下，线性时不变电阻元件的定义式或伏安特性方程即为欧姆定律：

$$u_R(t) = Ri_R(t) \tag{1-14}$$

上式所对应的伏安特性曲线如图 1-13(b)所示，其斜率为 $R(R = \tan\alpha)$。电阻的 SI 单位为欧[姆](Ω)，对于高值电阻，常以千欧(kΩ)或兆欧(MΩ)为单位，它们之间存在换算关系。

显然，若电阻上电压和电流取非关联参考方向，则应在式(1-14)右边添加"–"号，即为

$$u_R(t) = -Ri_R(t) \tag{1-15}$$

这实际上是使原本非关联的参考方向变为关联参考方向，以反映电压、电流实际方向的关联性。这时的电路表示以及特性曲线如图 1-14 所示。

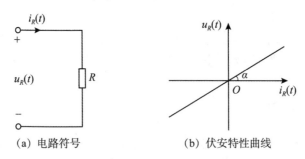

图 1-13　关联参考方向下线性时不变电阻的电路符号和伏安特性曲线

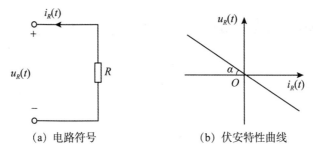

图 1-14　非关联参考方向下线性时不变电阻的电路符号和伏安特性曲线

式(1-14)和式(1-15)也可以分别改写为

$$i_R(t) = Gu_R(t) \tag{1-16}$$
$$i_R(t) = -Gu_R(t) \tag{1-17}$$

式中，G 是描述电阻的另一参数，称为电导，其 SI 单位为西[门子](S)。电阻是反映电阻元件对电流呈现阻力、损耗能量的参数，而电导则是反映该元件导电能力强弱的参数。对同一电阻元件而言，$G = \dfrac{1}{R}$。

　　电路元件电压、电流之间的关联参考方向或非关联参考方向反映在元件的 VCR 方程中，但是，这种关联和非关联参考方向与电压、电流自身数值的正负无关。因此，在列写电阻元件的伏安特性方程进行具体计算时，有两套彼此独立的符号：①电压和电流取关联参考方向时采用式(1-14)，否则采用式(1-15)；②在所列方程中代入电压、电流数值时连同其正负号一起代入，这些正负号仅取决于电压、电流的实际方向与其参考方向是否一致，一致取正，反之取负。

　　相对于线性时不变正电阻 $(R > 0)$，线性时不变负电阻 $(R < 0)$ 的伏安特性直线的斜率为负值，如图 1-15(b)所示。负电阻可以利用电子器件的组合实现。

　　由线性时不变电阻的伏安特性方程(1-14)可知，其电压与电流同时存在，同时消失，即任一时刻 t 的电压值(或电流值)仅仅取决于同一时刻流过的电流值(或电压值)，而与此刻之前的值无关，这种情况称为"无记忆"，因此，电阻元件为无记忆元件，又称为即时元件或静态元件，其原因在于电阻元件上电压与电流之间的关系为代数关系，故也称为

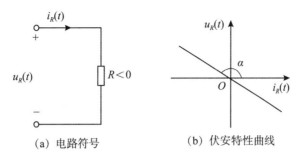

(a) 电路符号   (b) 伏安特性曲线

图 1-15　线性时不变负电阻的电路符号和伏安特性曲线

代数元件。

【例 1-2】　在如图 1-14(a)所示的电路中,已知 $u_R = -6\text{V}$, $i_R = 3\text{A}$ 试求电阻值 R。

解　由于该电阻电压、电流为非关联参考方向,故而有 $u_R = -Ri_R$, 代入电压和电流数据可得 $-6 = -(R \times 3)$, 因此 $R = -\dfrac{(-6)}{3} = 2(\Omega)$。

2. 开路和短路工作状态

在一定的外部条件下,电阻会出现两种极端的工作状态:开路($R = \infty$ 或 $G = 0$)与短路($R = 0$ 或 $G = \infty$)。开路是指无论端电压为任意有限值,端电流恒为零;而短路则是指无论端电流为任意有限值,端电压恒为零。开路与短路的伏安特性方程分别为

$$\text{开路}: \begin{cases} i_R(t) = 0 \\ u_R(t) = \text{任意有限值} \end{cases}$$

$$\text{短路}: \begin{cases} u_R(t) = 0 \\ i_R(t) = \text{任意有限值} \end{cases}$$

它们所对应的伏安特性曲线分别为 $u_R(t) \sim i_R(t)$ 平面上一条与 $u_R(t)$ 轴重合的直线和一条与 $i_R(t)$ 轴重合的直线。

上述开路和短路的概念可以直接推广到任意一段电路或元件。

(3)线性时不变电阻元件的功率和能量。将式(1-14)和式(1-16)代入式(1-7),可以得到在电流和电压取为关联参考方向情况下线性时不变电阻功率的计算式为

$$p_R(t) = u_R(t)i_R(t) = Ri_R^2(t) = Gu_R^2(t) \tag{1-18}$$

由上式可知,无论 $u_R(t)$ 或 $i_R(t)$ 是正值还是负值,只要 $R > 0(G > 0)$, 总有 $p_R(t) \geq 0$, 所以正电阻总是消耗功率的,为耗能元件,而负电阻则总是向外提供能量的。

由式(1-11)可以得出电阻在其电压和电流为关联参考方向情况下,在时间段 $[t_0, t]$ 内所吸收的能量为

$$w_R[t_0, t] = \int_{t_0}^{t} p_R(\tau)\,\mathrm{d}\tau = \int_{t_0}^{t} u_R(\tau)i_R(\tau)\,\mathrm{d}\tau = \int_{t_0}^{t} Ri_R^2(\tau)\,\mathrm{d}\tau = \int_{t_0}^{t} Gu_R^2(\tau)\,\mathrm{d}\tau \tag{1-19}$$

由此可见,正电阻($R > 0$)对于任意电压和电流,在任意时间段 $[t_0, t]$ 内所吸收的能量 $w_R[t_0, t] \geq 0$, 因此,其为无源元件,总是耗能的;而负电阻($R < 0$)则为有源元

件，它向外电路所提供的能量来自维持电路工作的独立电源。

1.6.2 电容元件

电容元件是实际电容器的理想化模型，用于反映实际电路中储存电场能量这一物理现象。

1.6.2.1 电容元件的一般定义与分类

当电容器两端接通电源后，其两个极板就各带有等量异性电荷，在两个极板之间也出现了电压，将电容器极板电荷 $q_c(t)$ 与端电压 $u_c(t)$ 的外特性关系进行理想化处理，便可以建立理想电容元件的一般定义：若一个二端元件的端电压 $u_c(t)$ 与其电荷 $q_c(t)$ 之间的库伏关系为代数方程，即

$$f_c(u_c(t),\ q_c(t),\ t) = 0 \tag{1-20}$$

则称该元件为电容元件。对应式(1-20)，在任意时刻 t，电容元件的特性可以用 $q_c(t) \sim u_c(t)$ 平面上的一条曲线即库伏特性曲线表示。

类似于电阻元件，按其在 $q_c(t) \sim u_c(t)$ 或 $u_c(t) \sim q_c(t)$ 平面上特性曲线的性状，电容元件也可以分为四类：线性时不变电容、线性时变电容、非线性时不变电容、非线性时变电容。由于很多实际电容器可以近似为线性时不变电容元件，因此本书着重对其进行讨论。

1.6.2.2 线性时不变电容元件

1. 线性时不变电容元件的定义

在不考虑电容电压极性和电荷性质相对关系的情况下，有

$$|q_c(t)| = C|u_c(t)| \tag{1-21}$$

若任意选定电压的参考方向，并且规定正电荷 $q(t)$ 为电压参考正极性极板上所带的电荷，即电压和电荷的参考极性一致，如图 1-16(a)所示，则正值电压产生正值电荷，负值电压产生负值电荷，于是，式(1-21)变为线性时不变电容的定义，即

$$q_c(t) = Cu_c(t) \tag{1-22}$$

上式所对应的库伏特性曲线为一通过坐标原点的直线，如图 1-16(b)所示，其斜率为 $C(C = \tan\alpha)$。电容的 SI 单位为法[拉](F)，通常用到的还有微法(μF)和皮法(pF)，它们之间存在着换算关系。

2. 线性时不变电容元件的伏安关系

由式(1-22)可知，电容极板上的电荷与其端电压成正比变化，电压升高，极板上的电荷量便增多；电压减小，极板上的电荷量便减少。电容极板上的这种电荷变化说明有电荷转移到或转移出极板，从而形成电容电流。如图 1-16 所示，若设定电流的参考方向为流入正极板，即与电容两端电压为关联参考方向，这时正电荷向其所在极板聚集，电荷 $q_c(t)$ 的变化率为正，则式(1-1)成立，将式(1-22)代入该式，可得线性时不变电容元件的伏安关系，即

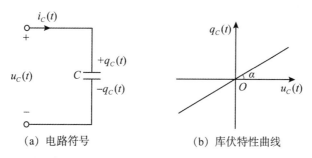

（a）电路符号　　　　　　（b）库伏特性曲线

图 1-16　关联参考方向下线性时不变电容的电路符号和库伏特性曲线

$$i_C(t) = \frac{\mathrm{d}q_C(t)}{\mathrm{d}t} = \frac{\mathrm{d}\left[Cu_C(t)\right]}{\mathrm{d}t} = C\frac{\mathrm{d}u_C(t)}{\mathrm{d}t} \tag{1-23}$$

上式表明，任何时刻，流过电容的电流与该时刻电容的端电压的变化率成正比，而与该时刻的电压值无关，电压变化越快，电流越大；电压变化越慢，电流越小，并且：

（1）当 $\dfrac{\mathrm{d}u_C(t)}{\mathrm{d}t} > 0$ 时，$i_C(t) > 0$，即电流实际方向与参考方向一致，电流流入正极板，使电荷增加，从而 $u_C(t)$ 增大，其实际方向也与参考方向一致，这时电容处于充电状态。

（2）当 $\dfrac{\mathrm{d}u_C(t)}{\mathrm{d}t} < 0$ 时，$i_C(t) < 0$，即电流实际方向与参考方向相反，电流流出正极板，使电荷减少，从而 $u_C(t)$ 减小，其实际方向亦与参考方向一致，这时电容处于放电状态；

（3）当 $\dfrac{\mathrm{d}u_C(t)}{\mathrm{d}t} = 0$ 时，则 $i_C(t) = 0$，这时接入电容元件的电压为恒定值，故而电容电流为零，因此电容相当于开路，这表明电容元件有隔直流的作用。

由于电容元件的伏安关系是微积分关系，故而称为动态元件。

对式（1-23）从 $-\infty$ 到 t 进行积分，并在物理上设 $u_C(-\infty) = 0$，便可以得到电容伏安关系的积分形式，即

$$u_C(t) = \frac{1}{C}\int_{-\infty}^{t} i_C(\tau)\,\mathrm{d}\tau \tag{1-24}$$

根据式（1-24）求出任意时刻 t 的电压 $u_C(t)$，需要知道从该时刻到 $-\infty$ 所有时刻的电流 $i_C(t)$，这在物理上是无法做到的。为此，设 $t = t_0$ 为对电容作初始观察时刻，则可将式（1-24）改写为可以实际物理应用的积分形式，即

$$u_C(t) = \frac{1}{C}\int_{-\infty}^{t_0} i_C(\tau)\,\mathrm{d}\tau + \frac{1}{C}\int_{t_0}^{t} i_C(\tau)\,\mathrm{d}\tau = u_C(t_0) + \frac{1}{C}\int_{t_0}^{t} i_C(\tau)\,\mathrm{d}\tau,\ t \geqslant t_0 \tag{1-25}$$

式中，$u_C(t_0) = \dfrac{1}{C}\displaystyle\int_{-\infty}^{t_0} i_C(\tau)\,\mathrm{d}\tau$，是初始时刻 t_0 时电容上的初始电压。

由式(1-25)可以得出以下结论：

(1) 若 $u_C(t_0) \neq 0$，则线性时不变(针对 q-u 关系而言)电容的电压 $u_C(t)$ 与电流 $i_C(t)$ 之间就不是线性关系(齐次性和可加性均不满足)，当且仅当 $u_C(t_0) = 0$，$u_C(t)$ 与 $i_C(t)$ 之间才是线性关系，尽管式(1-23)中的电压与电流之间是线性关系(线性常微分方程)，但是，其中并没有给出初始条件，所以也只有在其初始条件 $u_C(t_0) = 0$ 的情况下，该方程所描述的电容在电压与电流关系上才是线性时不变电容，这样由式(1-23)和式(1-25)所得到的结论就是一致的。

(2) 某一时刻电容的端电压 $u_C(t)$ 不仅取决于 $[t_0,\ t]$ 时间间隔内所有电流的数值，而且与初始电压 $u_C(t_0)$ 有关，它反映着 t_0 以前的"历史"中电容电流的累积效应。可见，电容的电压对其电流具有记忆能力，因此，从电压电流关系而言，电容属于记忆元件。

(3) 只有当电容值 C 和初始电压 $u_C(t_0)$ 均给定时，才能完全描述一个线性时不变电容元件。

若图 1-16(a)所示的电压和电流采用非关联参考方向，则线性时不变电容元件的电压、电流关系式为

$$i_C(t) = - C \frac{\mathrm{d}u_C(t)}{\mathrm{d}t} \tag{1-26}$$

$$u_C(t) = u_C(t_0) - \frac{1}{C} \int_{t_0}^{t} i_C(\tau)\,\mathrm{d}\tau,\ t \geqslant t_0 \tag{1-27}$$

3. 线性时不变电容元件的功率和能量

设电容的 $u_C(t)$ 和 $i_C(t)$ 为关联参考方向，则其吸收的功率为

$$p_C(t) = u_C(t) i_C(t) = C u_C(t) \frac{\mathrm{d}u_C(t)}{\mathrm{d}t} \tag{1-28}$$

上式表明，若 $\frac{\mathrm{d}u_C(t)}{\mathrm{d}t} > 0 (i_C(t) > 0)$，$u_C(t) > 0$，则 $p_C(t) > 0$，此时电容实际从外电路吸收功率(电场能量)并存储起来即电容在充电；若 $\frac{\mathrm{d}u_C(t)}{\mathrm{d}t} < 0 (i_C(t) < 0)$，$u_C(t) > 0$，则 $p_C(t) < 0$ 时，此时电容实际向外电路释放功率(电场能量)，即电容在放电；若 $u_C(t)$ 为直流(常量)，则 $\frac{\mathrm{d}u_C(t)}{\mathrm{d}t} = 0 (i_C(t) = 0)$，则 $p_C(t) = 0$，此时电容不会吸收和释放功率(能量)，这说明由于电容并非有源元件，因此尽管其功率值有时为正，有时为负，但是这种正负实质上是电容将其自外电路吸收的能量储存起来，在一定的条件下又释放回外电路，并且在整个与外电路进行能量交换的过程中无任何能耗，因而电容是一种储能元件，同时也是非耗能元件。

在初始时刻 t_0 到 $t(t \geqslant t_0)$ 的时间内，电容电压由 $u_C(t_0)$ 变成 $u_C(t)$，这期间电容吸收的能量为

$$w_C[t_0,\ t] = \int_{t_0}^{t} p_C(\tau)\,\mathrm{d}\tau = C \int_{t_0}^{t} u_C(\tau) \frac{\mathrm{d}u_C(\tau)}{\mathrm{d}\tau} \cdot \mathrm{d}\tau = C \int_{u_C(t_0)}^{u_C(t)} u_C(\tau)\,\mathrm{d}u_C(\tau)$$

$$= \frac{1}{2} C [u_C^2(t) - u_C^2(t_0)] = w_C(t) - w_C(t_0) \tag{1-29}$$

式中, $w_C(t) = \frac{1}{2}Cu_C^2(t)$ 和 $w_C(t_0) = \frac{1}{2}Cu_C^2(t_0)$ 分别为 t 和 t_0 时刻电容中储存的电场能量, 由此可见, 从 t_0 到 t 的时间内, 电容所吸收的能量为 t 和 t_0 时刻电容的电场能量之差, 若 $u_C(t) > u_C(t_0)$, 则 $w_C(t) > w_C(t_0)$, 电容吸收能量, 此时段内电容处于充电状态; 若 $u_C(t) < u_C(t_0)$, 则 $w_C(t) < w_C(t_0)$, 电容释放能量, 此时段内电容处于放电状态。

若电容在初始时刻 t_0 没有储能, 即 $u_C(t_0) = 0$, 即 $w_C(t_0) = 0$, 则在任一瞬时 t, 储存在电容中的能量 $w_C(t)$ 为电容元件在时间间隔 $[t_0, t]$ 内吸收的能量 $w_C[t_0, t]$, 即

$$w_C(t) = w_C[t_0, t] = \frac{1}{2}Cu_C^2(t) = \frac{1}{2C}q_C^2(t) \tag{1-30}$$

上式表明, 电容在任一时刻 t 的储能只取决于该时刻电容的电压(或电荷)值, 而与该时刻的电流值无关, 此外, 对于电容值为正值的电容, 由于 $w_C(t) \geq 0$, 因此, 电容中的能量均吸收自外电路, 电容自身从不能产生能量, 故而为无源元件。

【例 1-3】 电路如图 1-17(a)所示, 电流 $i_C(t)$ 波形如图 1-17(b)。已知: $C = 0.5\mu\text{F}$, 当 $t = 0$ 时, 电容初始电压 $u_C(0) = 0$。试求 $t \geq 0$ 时的电容电压 $u_C(t)$、吸收功率 $p_C(t)$ 和储能 $w_C(t)$, 并画出它们的波形图。

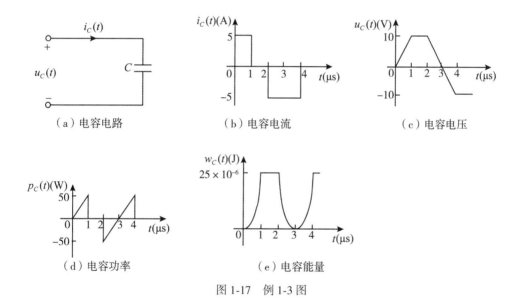

图 1-17 例 1-3 图

解 由图 1-17(a)所示电流 $i_C(t)$ 的波形写出其分段函数表示式为

$$i_C(t) = \begin{cases} 5\text{A}, & 0 < t < 1\mu\text{s} \\ 0, & 1 < t < 2\mu\text{s} \\ -5\text{A}, & 2 < t < 4\mu\text{s} \\ 0, & t > 4\mu\text{s} \end{cases}$$

根据电容伏安关系的积分式可得:

当 $0 \leq t \leq 1\mu\text{s}$ 时, 有:

$$u_C(t) = u_C(0) + \frac{1}{C}\int_0^t i_C(\tau)\mathrm{d}\tau = 0 + \frac{1}{0.5 \times 10^{-6}}\int_0^t 5\mathrm{d}\tau = 10 \times 10^6 t \text{ V}$$

$$u_C(1\mu s) = 10 \times 10^6 \times 1 \times 10^{-6} = 10\text{V}$$

当 $1\mu s \leqslant t \leqslant 2\mu s$ 时，有

$$u_C(t) = u_C(1\mu s) + \frac{1}{C}\int_1^t i_C(\tau)\mathrm{d}\tau = 10 + 0 = 10\text{V}$$

$$u_C(2\mu s) = 10\text{V}$$

当 $2\mu s \leqslant t \leqslant 4\mu s$ 时，有

$$u_C(t) = u_C(2\mu s) + \frac{1}{C}\int_2^t i_C(\tau)\mathrm{d}\tau = 10 + \frac{1}{0.5 \times 10^{-6}}\int_2^t (-5)\mathrm{d}\tau$$

$$= 10 - 10 \times 10^6(t - 2 \times 10^{-6})$$

$$= (30 - 10 \times 10^6 t)\text{ V}$$

$$u_C(4\mu s) = 30 - 10 \times 10^6 \times 4 \times 10^{-6} = -10\text{V}$$

当 $t \geqslant 4\mu s$ 时，有

$$u_C(t) = u_C(4\mu s) + \frac{1}{C}\int_4^t i_C(\tau)\mathrm{d}\tau = -10 + 0 = -10\text{V}$$

由 $p_C(t) = u_C(t)i_C{}^{(t)}$ 可得

$$p_C(t) = \begin{cases} 50 \times 10^6 t \text{ W}, & 0 < t < 1\mu s \\ 0, & 1 < t < 2\mu s \\ (50 \times 10^6 t - 150)\text{W}, & 2 < t < 4\mu s \\ 0, & t > 4\mu s \end{cases}$$

电容上储能为

$$w_C(t) = \frac{1}{2}Cu_C^2(t) = \begin{cases} 25 \times 10^6 t^2 \text{J}, & 0 \leqslant t \leqslant 1\mu s \\ 25 \times 10^{-6}\text{J}, & 1 \leqslant t \leqslant 2\mu s \\ (225 \times 10^{-6} - 150t + 25 \times 10^6 t^2)\text{J}, & 2 \leqslant t \leqslant 4\mu s \\ 25 \times 10^{-6}\text{J}, & t \geqslant 4\mu s \end{cases}$$

根据以上计算结果画出电容 $u_C(t)$、$p_C(t)$ 和 $w_C(t)$ 的波形，分别如图 1-17(c)、(d)、(e)所示，它们体现了电容的特性：①电容的伏安特性：电压增大时，电流为正值，电压减少时，电流为负值，电压不变时，电流为零；②电容电压和储能具有连续性，而电流和功率可跃变；③电容是无源元件，储能不小于零；④电容是非耗能元件，电压绝对值增大时功率为正，即 $p_C(t) > 0$，储能增大，电压绝对值减少时功率为负，即 $p_C(t) < 0$，储能减少，电容完成其充放电过程。

1.6.3　电感元件

电感元件是各种电感线圈的理想化模型，用于反映实际电路中储存磁场能量这一物理现象。

1.6.3.1　电感元件的一般定义与分类

当电感线圈中通以电流 $i_L(t)$ 后，就会产生磁通 $\Phi_L(t)$，规定两者的关系符合右手螺

旋关系。若 $\Phi_L(t)$ 与 N 匝线圈相交链，则称 $\Psi_L(t) = N\Phi_L(t)$ 为磁通链，简称磁链，将电感线圈电流 $i_L(t)$ 与磁链 $\Psi_L(t)$ 的外特性关系进行理想化处理，便可以建立理想电感元件的一般定义：若一个二端元件的端电流 $i_L(t)$ 与磁链 $\Psi_L(t)$ 之间的韦安关系为代数方程，即

$$f_L(i_L(t),\ \Psi_L(t),\ t) = 0 \tag{1-31}$$

则称该元件为电感元件。对应式(1-31)，在任意时刻 t，电感元件的特性可以用 $\Psi_L(t) \sim i_L(t)$ 平面上的一条曲线即韦安特性曲线表示。

由于这里所涉及的磁通和磁链是由流过电感线圈自身的电流 $i_L(t)$ 产生的，所以本应称为自感磁通和自感磁链，为了便利，简称磁通和磁链。

类似于电阻、电容元件，按其在 $\Psi_L(t) \sim i_L(t)$ 或 $i_L(t) \sim \Psi_L(t)$ 平面上特性曲线的性状，电感元件也可以分为四类：线性时不变电感、线性时变电感、非线性时不变电感、非线性时变电感。空芯的或绕制在非铁磁材料上的电感线圈都可以视为线性电感元件，铁芯线圈则是非线性电感元件，但在一定条件下也可以用线性电感元件来近似模拟。本书重点讨论线性时不变电感元件。

1.6.3.2 线性时不变电感元件

1. 线性时不变电感元件的定义

当电感元件内部和周围的媒介质为非铁磁物质时，磁链 $\Psi_L(t)$ 的大小与电流 $i_L(t)$ 的大小成正比，即

$$|\Psi_L(t)| = L|i_L(t)| \tag{1-32}$$

由于电流 $i_L(t)$ 的实际方向与它产生的磁通的实际方向成右手螺旋关系，因此在选取它们的参考方向也为右手螺旋关系的情况下，正值电流产生正值磁链，负值电流产生负值磁链，于是，式(1-32)变为线性时不变电感的定义，即

$$\Psi_L(t) = Li_L(t) \tag{1-33}$$

上式所对应的韦安特性曲线为一通过坐标原点的直线，如图 1-18(b)所示，其斜率为 $L(L = \tan\alpha)$。$\Phi_L(t)$ 和 $\Psi_L(t)(= N\Phi_L(t))$ 的 SI 单位是韦[伯](Wb)，电感 L 的 SI 单位是亨[利](H)，通常用到的还有毫亨(mH)和微亨(μH)，它们之间存在着换算关系。

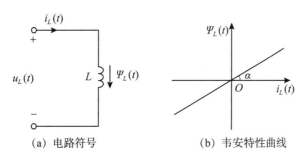

(a) 电路符号　　　　　(b) 韦安特性曲线

图 1-18　关联参考方向下电感的电路符号和韦安特性曲线

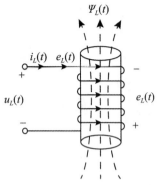

图 1-19　线圈中电流、电压、电动势和磁通的参考方向

2. 线性时不变电感元件的伏安关系

由式（1-33）可知，当电感中的电流随时间变化时，磁链也将随时间而变。根据电磁感应定律，在电感两端将产生感应电动势 $e_L(t)$，习惯上，规定感应电动势的参考方向由"－"极指向"＋"极，这与电源的电动势在电路中的作用相符，即在电动势的作用下，在电源内部正电荷从低电位端移向高电位端。当选取感应电动势 $e_L(t)$ 的参考方向与磁通 $\Phi_L(t)$（或 $\Psi_L(t)$）的参考方向构成如图 1-19 所示的右手螺旋关系时，$e_L(t)$ 与 $\dfrac{\mathrm{d}\Phi_L(t)}{\mathrm{d}t}$ 的符号相反，引入磁链 $\Psi_L(t)$ 后，则有

$$e_L(t) = -\frac{\mathrm{d}\Psi_L(t)}{\mathrm{d}t} \tag{1-34}$$

电感元件的电流 $i_L(t)$ 和感应电动势 $e_L(t)$ 的参考方向如图 1-19 所示，将式（1-33）代入式（1-34）可得

$$e_L(t) = -\frac{\mathrm{d}\Psi_L(t)}{\mathrm{d}t} = -\frac{\mathrm{d}\left[Li_L(t)\right]}{\mathrm{d}t} = -L\frac{\mathrm{d}i_L(t)}{\mathrm{d}t} \tag{1-35}$$

由于式（1-35）中 $\Psi_L(t)$ 的参考方向与 $e_L(t)$ 的参考方向是按右手螺旋法则选取的，$i_L(t)$ 与磁通 $\Phi_L(t)$（或 $\Psi_L(t)$）的参考方向也是按右手螺旋法则选取的，而 $i_L(t)$ 与 $e_L(t)$ 同在线圈回路中，故而 $e_L(t)$ 与 $i_L(t)$ 参考方向一致，因此，与电流 $i_L(t)$ 为关联参考方向的电压降 $u_L(t)$ 应与 $e_L(t)$ 符号相反，即

$$u_L(t) = -e_L(t) = L\frac{\mathrm{d}i_L(t)}{\mathrm{d}t} \tag{1-36}$$

上式表明，任何时刻，电感的电压与该时刻其端电流的变化率成正比，而与该时刻的电流值无关，电流变化越快，电压越大；电流变化越慢，电压越小，并且：

（1）当沿参考方向的电流增大（或逆参考方向的电流减小），$\dfrac{\mathrm{d}i_L(t)}{\mathrm{d}t} > 0$ 时，则 $u_L(t) > 0$，即感应电压的实际方向与参考方向一致，其作用是阻止沿参考方向电流的增大（或逆参考方向电流的减小）。

（2）当沿参考方向的电流减小（或逆参考方向的电流增大），$\dfrac{\mathrm{d}i_L(t)}{\mathrm{d}t} < 0$ 时，则 $u_L(t) < 0$，即感应电压的实际方向与参考方向相反，其作用是阻止沿参考方向电流的减小（或逆参考方向电流的增大）。

这说明电压的实际方向是符合楞次定律的。

（3）当 $\dfrac{\mathrm{d}i_L(t)}{\mathrm{d}t} = 0$ 时，则 $u_L(t) = 0$，即电感电流为恒定值（直流）时，电感的端电压为零，此时电感相当于短路。

由于电感元件的伏安关系是微积分关系，故而称为动态元件。

对式(1-36)从 $-\infty$ 到 t 进行积分，并在物理上设 $i_L(-\infty)=0$，便可以得到电感伏安关系的积分形式，即

$$i_L(t) = \frac{1}{L}\int_{-\infty}^{t} u_L(\tau)\mathrm{d}\tau \tag{1-37}$$

将式(1-37)改写为可以实际物理应用的积分形式，即

$$i_L(t) = \frac{1}{L}\int_{-\infty}^{t_0} u_L(\tau)\mathrm{d}\tau + \frac{1}{L}\int_{t_0}^{t} u_L(\tau)\mathrm{d}\tau = i_L(t_0) + \frac{1}{L}\int_{t_0}^{t} u_L(\tau)\mathrm{d}\tau,\quad t \geqslant t_0 \tag{1-38}$$

式中，$i_L(t_0)\left(=\dfrac{1}{L}\displaystyle\int_{-\infty}^{t_0} u_L(\tau)\mathrm{d}\tau\right)$ 是 $t=t_0$ 时刻的电感电流，称为电感的初始电流。

类同于电容的情况，由式(1-38)可以得出以下结论：

(1) 只有在初始条件 $i_L(t_0)=0$ 的情况下，该方程所描述的电感在电压与电流关系上才是线性时不变电感；

(2) 由于电感的电流对其电压具有记忆能力，因此，从电压电流关系而言，电感也属于记忆元件；

(3) 只有当电感值 L 和初始电压 $i_L(t_0)$ 均给定时，才能完全描述一个线性时不变电感元件。

若图 1-18 所示的电压和电流采用非关联参考方向，则线性时不变电感元件的电压、电流关系式为

$$u_L(t) = -L\frac{\mathrm{d}i_L(t)}{\mathrm{d}t} \tag{1-39}$$

$$i_L(t) = i_L(t_0) - \frac{1}{L}\int_{t_0}^{t} u_L(\tau)\mathrm{d}\tau,\quad t \geqslant t_0 \tag{1-40}$$

3. 线性时不变电感元件的功率和能量

设电感的 $u_L(t)$ 和 $i_L(t)$ 为关联参考方向，则其吸收的功率为

$$p_L(t) = u_L(t)i_L(t) = Li_L(t)\frac{\mathrm{d}i_L(t)}{\mathrm{d}t} \tag{1-41}$$

上式表明，若 $\dfrac{\mathrm{d}i_L(t)}{\mathrm{d}t} > 0(u_L(t) > 0)$，$i_L(t) > 0$，则 $p_L(t) > 0$，这时电感从外电路吸收功率(磁场能量)并存储起来，即电感在充磁；若 $\dfrac{\mathrm{d}i_L(t)}{\mathrm{d}t} < 0(u_L(t) < 0)$，$i_L(t) > 0$，则 $p_L(t) < 0$，此时电感释放功率(磁场能量)，即电感在放磁；若 $i_L(t)$ 为直流(常量)，则 $\dfrac{\mathrm{d}i_L(t)}{\mathrm{d}t} = 0$，于是 $p_L(t) = 0$，此时电感不吸收或发出功率，这表明电感同于电容，也是将其自外电路吸收的能量储存起来，在一定的条件下又释放回外电路，并且在整个与外电路进行能量交换的过程中无任何能耗，因而也是一种储能元件，同时亦是非耗能元件。

从任意初始时刻 t_0 到任意时刻 $t(t \geqslant t_0)$ 的时间间隔内，电感电流由 $i_L(t_0)$ 变为

$i_L(t)$，　这期间电感吸收的能量为

$$w_L[t_0,\ t] = \int_{t_0}^{t} p_L(\tau)\mathrm{d}\tau = L\int_{t_0}^{t} i_L(\tau)\frac{\mathrm{d}i_L(\tau)}{\mathrm{d}\tau}\mathrm{d}\tau$$

$$= L\int_{i_L(t_0)}^{i_L(t)} i_L(\tau)\mathrm{d}i_L(\tau) = \frac{1}{2}L[i_L^2(t) - i_L^2(t_0)] = w_L(t) - w_L(t_0)$$

（1-42）

式中，$w_L(t) = \dfrac{1}{2}Li_L^2(t)$ 和 $w_L(t_0) = \dfrac{1}{2}Li_L^2(t_0)$ 分别为 t 和 t_0 时刻电感中储存的磁场能量，由此可见，从 t_0 到 t 的时段内，电感所吸收的能量为 t 和 t_0 时刻电感的磁场能量之差，若 $i_L(t) > i_L(t_0)$，则 $w_L(t) > w_L(t_0)$，电感吸收能量，此时段内电感处于充磁状态；若 $i_L(t) < i_L(t_0)$，则 $w_L(t) < w_L(t_0)$，电感释放能量，此时段内电感处于放磁状态。

若电感在初始时刻 t_0 没有储能，即 $i_L(t_0) = 0$，即 $w_L(t_0) = 0$，则在任一瞬时 t，储存在电感中的能量 $w_L(t)$ 为电感元件在时间间隔 $[t_0,\ t]$ 内吸收的能量 $w_L[t_0,\ t]$，即

$$w_L(t) = w_L[t_0,\ t] = \frac{1}{2}Li_L^2(t) = \frac{1}{2L}\Psi_L^2(t)$$

（1-43）

上式表明电感在任一时刻 t 的储能只取决于该时刻电感的电流(或磁链)值，而与该时刻的电压值无关，此外，由于 $w_L(t) \geqslant 0$，因此，电感中的能量均吸收自外电路，电感自身从不能产生能量，故而为无源元件。

【例 1-4】　电路如图 1-20(a)所示，其中电流源 $i_s(t)$ 即电感电流 $i_L(t)$ 波形如图 1-20(b)所示，已知 $L = 2\mathrm{H}$，试求电压 $u_L(t)$、电感吸收功率 $p_L(t)$、电感上的储能 $w_C(t)$，并绘出它们的波形。

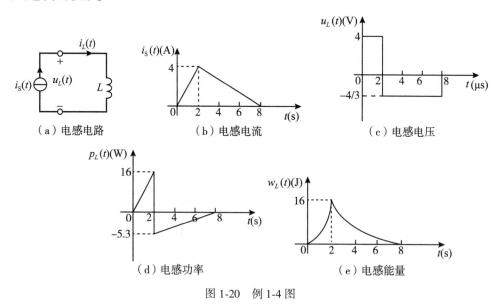

图 1-20　例 1-4 图

解　根据如图 1-20(b)所示的 $i_s(t)$ 即 $i_L(t)$ 的波形，写出其分段函数表达式：

$$i_{\text{S}}(t) = i_L(t) = \begin{cases} 0, & t \leqslant 0, \\ 2t\text{A}, & 0 < t \leqslant 2\text{s}, \\ \left(-\dfrac{2}{3}t + \dfrac{16}{3}\right)\text{A}, & 2 < t \leqslant 8\text{s}, \\ 0, & t > 8\text{s} \end{cases}$$

由电感的伏安特性可得

$$u_L(t) = L\frac{\mathrm{d}i_L(t)}{\mathrm{d}t} = \begin{cases} 0, & t \leqslant 0, \\ 4\text{V}, & 0 < t \leqslant 2\text{s}, \\ -\dfrac{4}{3}\text{V}, & 2 < t \leqslant 8\text{s}, \\ 0, & t > 8\text{s} \end{cases}$$

电感上吸收功率为

$$p_L(t) = u_L(t)i_L(t) = \begin{cases} 0, & t \leqslant 0, \\ 8t\text{W}, & 0 < t \leqslant 2\text{s}, \\ \left(\dfrac{8}{9}t - \dfrac{64}{9}\right)\text{W}, & 2 < t \leqslant 8\text{s}, \\ 0, & t > 8\text{s} \end{cases}$$

电感上储能为

$$w_L(t) = \frac{1}{2}Li_L^2(t) = \begin{cases} 0, & t \leqslant 0, \\ 4t^2\text{J}, & 0 < t \leqslant 2\text{s}, \\ \left(\dfrac{4}{9}t^2 - \dfrac{64}{9}t + \dfrac{256}{9}\right)\text{J}, & 2 < t \leqslant 8\text{s}, \\ 0, & t > 8\text{s} \end{cases}$$

根据以上计算结果画出 $u_L(t)$、$p_L(t)$ 和 $w_L(t)$ 的波形，分别如图 1-20（c）、（d）、（e）所示，它们体现了电感的特性：①电感的伏安特性：电流增大时，电压为正值，电流减少时，电压为负值，电流不变时，电压为零；②电感电流和储能具有连续性，而电压和功率可跃变；③电感是无源元件，储能不小于零；④电感是非耗能元件，电流绝对值增大时功率为正，即 $p_L(t) > 0$，储能增大，电流绝对值减少时功率为负，即 $p_L(t) < 0$，储能减少，电感完成其充放磁过程。

1.6.4 独立电源

实际电路中的电源分为两类，它们分别产生电能和电信号，前者有干电池、蓄电池、发电机和稳压电源等，后者实际上是信号源，也称为信号发生器，例如实验室中所用的正弦波发生器、脉冲信号发生器等。独立电源作为一种有源元件，是从实际电源抽象出来的理想化模型，这里所谓的"理想"，是指电源在将其他形式的能量转化为电能的过程中，电源自身并不消耗能量，尽管这种电源实际中并不存在，但却是表征各种电源设备的基本模型。

独立电源根据其所提供的是电压还是电流，可分为独立电压源和独立电流源，分别简称为电压源和电流源。

　　一般将由信号源输入电路的信号称为激励信号，简称激励，也将由非信号源的电源输入电路的电压、电流称为激励；通常将经电路传输或处理后输出的信号称为响应信号，简称响应，进而将由任何激励源即独立电源引起的电压、电流均称为响应。

1.6.4.1　电压源

1. 电压源的定义和伏安特性

　　在忽略一个实际电压源内部能量损耗的情况下，得出电压源的定义：若一个二端元件的端电压在任何瞬时均与其端电流无关，恒定不变，或者为一确定的时间函数，则称为电压源。前者为直流电压源，后者则为时变电压源。例如，当其为一正弦函数时，即为工程应用中最为常见的正弦电压源。电压源的一般电路符号如图 1-21(a) 所示，根据其中假设的电压源端电压 $u(t)$ 和电压源电压 $u_s(t)$ 的参考方向，电压源的电压电流关系即其伏安特性方程为

$$u(t) = u_S(t) \tag{1-44}$$

　　对于直流电压源，式(1-44)中 $u(t)$ 变为 u，$u_S(t)$ 也变为常量 u_s（或 U_s），其电路符号分别如图 1-21(b)、(c) 所示，后者用电池符号来表示。$u_S(t)$、u_s 和 U_S 既表示相应的电压源，同时又表示这些电压源的参数。

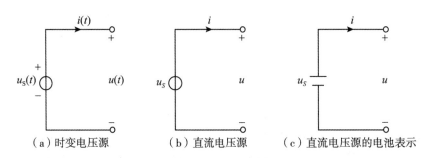

（a）时变电压源　　　　（b）直流电压源　　　　（c）直流电压源的电池表示

图 1-21　电压源的电路符号

　　电压源的伏安特性曲线如图 1-22 所示，对于时变电压源，其特性曲线为平行于 i 轴但随时间而改变它在 u 轴上截距的直线，该截距代表时变电压源在不同时刻的电压值，如图 1-22(a) 所示；对于直流电压源，其特性曲线为一条平行于 i 轴的直线，u 轴上的截距 u_S 代表直流电压源的电压值，如图 1-22(b) 所示。

　　电压源具有以下特点：

　　(1)独立电压源的"独立"二字，在数学上体现在其电压仅为时间的函数或为常数，对应地在物理上体现为其端电压与电压源所连接电路中任何处的电压、电流（包括流过它自身的电流）均无关，因此，电压源的 $u \sim i$ 特性曲线为平行于 i 轴的直线，而又由于这(些)直线并不通过坐标原点，故而根据电阻元件的定义，电压源也应归类于非线性电阻元件，并且是有源的；

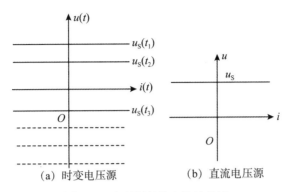

图 1-22 电压源的伏安特性曲线

（2）给定电压源的端电流完全取决于其所连接的外电路；

（3）若电压源的电压为零，即 $u_S(t)=0$ 或 $u_S=0$，则其特性曲线与 i 轴重合，此时的电流源相当于一个 $R=0$ 或 $G=\infty$ 的线性电阻，即它等同于短路，但是，若 $u_S(t)\neq0$ 或 $u_S\neq0$，则不可将其短路，否则这时相当于将一个电压源与一个 $R=0$ 的电阻相连而致使流经电压源的电流为无穷大。

2. 电压源的功率

对于电压源，利用式（1-7）计算其功率，由于电压源的输出电流的大小和方向随外电路而变化，因此，视不同的外接电路，电流可以不同的方向流过电压源，这样，电压源既可以向外接电路发出功率（电源性：图 1-22（b）第一象限中，因 $u>0$，$i>0$，故 $p>0$），也可以从外接电路吸收功率（负载性：图 1-22（b）第二象限中，因 $u>0$，$i<0$，$p<0$），这取决于电压源电流的实际方向。因此，电压源具有源荷二重性。此外，在理论上，由于电压源的电流可以随外接电路的任意变化而在无限范围内变化，所以根据功率计算式（1-7）可知，电压源可以产生或吸收无穷大的功率，显然，这种功率变化范围为无穷大的理想电压源在实际中并不存在。

1.6.4.2 电流源

1. 电流源的定义和伏安特性

在忽略一个实际电流源内部能量损耗的情况下，得出电流源的定义：若一个二端元件的端电流在任何瞬时均与其端电压无关：恒定不变，或者为一确定的时间函数，则称为电流源。前者为直流电流源，后者则为时变电流源。电流源的电路符号如图 1-23（a）、（b）所示，根据其中假设的电流源端电流 $i(t)$ 和电流源电流 $i_S(t)$ 的参考方向，电流源的电压电流关系即其伏安特性方程为

$$i(t)=i_S(t) \tag{1-45}$$

对于直流电流源，式（1-45）中 $i(t)$ 变为 i，$i_S(t)$ 也变为常量 i_S（或 I_S），$i_S(t)$、i_S 和 I_S 既表示相应的电流源，同时又表示这些电流源的参数。

电流源的伏安特性曲线如图 1-24 所示，对于直流电流源，其特性曲线为一条平行于 u

轴的直线，i 轴上的截距 i_S 代表直流电流源的电流值，如图 1-24（a）所示；对于时变电流源，其特性曲线为平行于 u 轴但随时间而改变它在 i 轴上截距的直线，该截距代表时变电流源在不同时刻的电流值，如图 1-24（b）所示，对于随时间变化既取正值又取负值的时变电流源，若计及所有时刻，则这些直线将布满整个 u-i 平面。

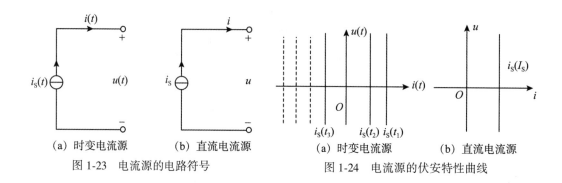

（a）时变电流源　　（b）直流电流源　　　　　　（a）时变电流源　　（b）直流电流源

图 1-23　电流源的电路符号　　　　　　　　　图 1-24　电流源的伏安特性曲线

电流源具有以下特点：

（1）电流源因其特性曲线为 $u \sim i$ 平面上不通过坐标原点的直线，故也应归类于有源的非线性电阻元件；

（2）给定电流源的端电压完全取决于其所连接的外电路；

（3）若电流源的电流为零，即 $i_S(t) = 0$ 或 $i_S = 0$，则其特性曲线与 u 轴重合，此时的电流源相当于一个 $G = 0$ 或 $R = \infty$ 的线性电阻，即它等同于开路，但是，若 $i_S(t) \neq 0$ 或 $i_S \neq 0$，则不可将其开路，否则这时相当于将一个电流源与一个 $R = \infty$ 的电阻相连而致使电流源的端电压为无穷大。

2. 电流源的功率

对于电流源，利用功率计算式(1-7)计算其功率。因为电流源的端电压随外电路而变化，故而其既可以向外电路输出功率（电源性），也可以从外电路吸收功率（负载性），即类同于电压源，电流源也具有源荷二重性。同样，电流源可以产生或吸收无穷大的功率，显然，这种功率变化范围为无穷大的理想电流源在实际中也是不存在的。

1.6.5　受控电源

受控电源（简称受控源）不同于独立源，其电压或电流依赖于电路中别处的电压或电流为一函数关系，故而又称为非独立电源，它主要是针对一些电子器件（例如晶体管三极管、运算放大器等）而提出的理想电路模型。

由于受控源中存在着控制与受控之间的一种耦合关系，因而具有两对端子，其中一对端子构成输入端即控制端，另一对端子则构成输出端即受控端或源端，当受控源的受控量（输出量：电压或电流）与控制量（输入量：电压或电流）成正比（比例系数亦称为控制系数），即两者构成线性函数时，便称为线性受控源；否则称为非线性受控源。本书仅讨论前者，为与独立电源加以区别，在电路符号中由圆形改为菱形，对于电压、电流仍然以参考方向表示。

1.6.5.1 受控源的定义和伏安特性

由于受控源控制端的输入量既可以是电压又可以是电流，而受控端（源端）的输出量也既可以是电压又可以是电流，于是，根据输入量和输出量的不同组合，可以得出四种受控源。

1. 电压控制电压源（VCVS）

这种受控源的控制量和受控量均为电压，分别为 $u_1(t)$ 和 $u_2(t)$，如图 1-25(a)所示，输入支路和输出支路的伏安特性方程分别为

$$\begin{cases} i_1(t) = 0 \\ u_2(t) = \mu u_1(t) \end{cases} \tag{1-46}$$

式中，比例系数 $\mu = u_2(t)/u_1(t)$ 称为转移电压比或电压放大系数，是一个无量纲的量；u_1 是输入端的开路电压。电压控制电压源常用于表示变压器和场效应管等的电路模型。

2. 电压控制电流源（VCCS）

这种受控源的控制量和受控量分别为电压和电流即 $u_1(t)$ 和 $i_2(t)$，如图 1-25(b)所示，输入支路和输出支路的伏安特性方程分别为

$$\begin{cases} i_1(t) = 0 \\ i_2(t) = g_m u_1(t) \end{cases} \tag{1-47}$$

式中，比例系数 $g_m = i_2(t)/u_1(t)$ 称为转移电导或跨导，是一个具有电导量纲的量；$u_1(t)$ 是输入端的开路电压。电压控制电流源可用于模拟工作于线性区的场效应管，其输出电流正比于输入电压。

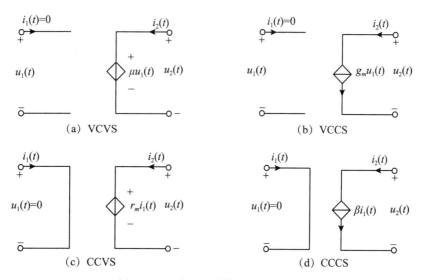

图 1-25　四种理想受控源的电路符号

3. 电流控制电压源（CCVS）

这种受控源的控制量和受控量分别为电流和电压即 $i_1(t)$ 和 $u_2(t)$，如图 1-25（c）所示，输入支路和输出支路的伏安特性方程分别为

$$\begin{cases} u_1(t) = 0 \\ u_2(t) = r_{\mathrm{m}} i_1(t) \end{cases} \tag{1-48}$$

式中，比例系数 $r_{\mathrm{m}} = u_2(t)/i_1(t)$ 称为转移电阻或跨阻，是一个具有电阻量纲的量；$i_1(t)$ 是输入端的短路电流。电流控制电压源可用于表示直流发电机的电路模型。

4. 电流控制电流源（CCCS）

这种受控源的控制量和受控量均为电流，分别为 $i_1(t)$ 和 $i_2(t)$，如图 1-25（d）所示，输入支路和输出支路的伏安特性方程分别为

$$\begin{cases} u_1(t) = 0 \\ i_2(t) = \beta i_1(t) \end{cases} \tag{1-49}$$

式中，比例系数 $\beta = i_2(t)/i_1(t)$ 称为转移电流比，是一个无量纲的量；$i_1(t)$ 是输入端的短路电流。电流控制电流源可以用于模拟工作在放大区的晶体三极管的集电极电流正比于基极电流这一物理现象。

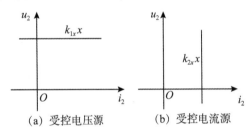

图 1-26　受控源源端的伏安特性曲线

受控源源端的伏安特性曲线如图 1-26 所示，其中 $k_{1x}x$ 和 $k_{2x}x$ 分别为对应的电压和电流，x 为控制量，k_{1x} 和 k_{2x} 均为控制系数。

由于受控电压源的电压是由控制量决定的，因此，受控电压源的电压是否为零，完全取决于控制量是否为零，与流过它的电流是否为零无关。对受控电流源亦有类似结论。

对于图 1-27（a）中的共发射极晶体管工作状态，可以用一个电流控制电流源的电路模型来表示，如图 1-27（b）所示，其中基极电流 i_b 为控制量，βi_b 为受控量，r_{be} 为基极 b 与发射极 e 之间的电阻，r_{ce} 是集电极 c 与发射极 e 之间的电阻。若忽略不计 r_{be}，即视其为短路，而将 r_{ce} 作为开路处理，则由图 1-27（b）可以得出共发射极晶体管的理想电流控制电流源模型表示，如图 1-27（c）所示，这一简单模型与实际器件工作的近似程度比较差，但是它却反映了晶体管集电极电流 i_c 受基极电流 i_b 控制这一实际物理现象。这表明，图 1-25 中四种线性受控源是对于其输入电阻 R_{in} 和输出电阻 R_{out} 分别接近无穷大和零、分别接近无穷大和无穷大、分别接近零和零以及分别接近零和无穷大的四种非理想受控源模型进行理想化处理得到的理想受控源模型，四种非理想受控源如图 1-28 所示，其中：

$$\mu = \frac{u_2(t)}{u_1(t)}\bigg|_{i_2(t)=0}, \quad g_m = \frac{i_2(t)}{u_1(t)}\bigg|_{u_2(t)=0}, \quad r_{\mathrm{m}} = \frac{u_2(t)}{i_1(t)}\bigg|_{i_2(t)=0}, \quad \beta = \frac{i_2(t)}{i_1(t)}\bigg|_{u_2(t)=0}$$

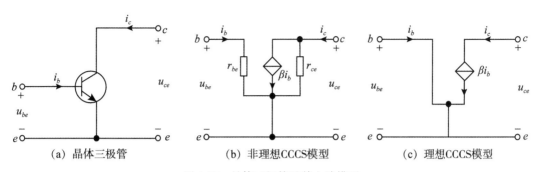

（a）晶体三极管　　　　　（b）非理想CCCS模型　　　　（c）理想CCCS模型

图 1-27　晶体三极管及其电路模型

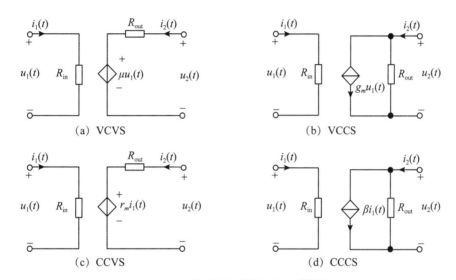

（a）VCVS　　　　　　　　　　　　　（b）VCCS

（c）CCVS　　　　　　　　　　　　　（d）CCCS

图 1-28　四种非理想受控源的电路符号

1.6.5.2　受控源的功率

对于受控源的输入端和输出端的电压和电流均采用关联参考方向，其吸收的功率为

$$p(t) = u_1(t)i_1(t) + u_2(t)i_2(t) = p_1(t) + p_2(t) \tag{1-50}$$

式中，$p_1(t) = u_1(t)i_1(t)$，$p_2(t) = u_2(t)i_2(t)$，由于控制量 $i_1(t) = 0$ 或 $u_1(t) = 0$，因此有

$$p(t) = p_2(t) = u_2(t)i_2(t) \tag{1-51}$$

上式表明，可利用受控方的功率来计算受控源的功率。

受控源与独立源虽然有着本质上的区别，但在表现形式上却与独立源存在着一些相同点。

（1）相同点：①受控电压源输出端的电压与输出端的电流无直接关系，受控电流源输出端的电流与输出端的电压无直接关系；②均为有源元件；③同独立电源一样，受控源在电路中可能是吸收功率，也可能是发出功率，这要由受控源的电压和电流的实际方向来决定。事实上，由于表征受控源的伏安特性方程是以电压、电流为变量的代数方程，因此，从本质上来说，它属于电阻元件，视具体情况的不同，可能相当于一个正电阻（吸收功率)，也可能相当于一个负电阻(产生功率)。

(2)互异点：①独立电源仅有一对端子，受控电源具有两对端子，因此对应地必须有两个特性方程才能对其完整描述；②独立电源必定是非线性的，且一般是时变的。而受控源则可以是线性或非线性的，是时变或时不变的；③独立电源代表外界对电路的真正输入或激励，是电路的能量来源，受控源则用来表示电路中两处电压、电流的控制与被控关系，它不是电路的激励或输入，因而不能独立地对电路提供能量或信号，受控源发出的功率实际上是由独立电源通过受控源"转移"给电路其他部分的。

1.7　克希霍夫定律

克希霍夫定律(Kirchhoff's Laws，KL)，是分析集总参数电路的基本依据。很多重要的电路定律以及基本的电路分析方法都源自克希霍夫定律和电路元件的伏安关系，因此，它们在整个电路理论中起着骨架和基石的作用。

1.7.1　电路分析中的两类约束

一个具体的电路是由各种元件相互连接所构成的，因此，整个电路的电气行为要受到两类约束：一是元件约束，即元件自身电流和电压间的约束关系，例如电阻上的电流和电压要受到欧姆定律的约束，这种约束关系仅仅刻画了元件自身的电气性质，而与整个电路的结构无关，所以是一种局部约束；二是电路中所有元件的电流和电压分别由元件的相互连接而形成拓扑约束或结构约束，这种约束关系即是克希霍夫电流定律(KCL)和克希霍夫电压定律(KVL)的内容。

元件约束和拓扑约束是彼此独立的，一切合理抽象所得的集总参数电路模型中的电流和电压在任何时刻都必须同时满足这两类约束。

1.7.2　相关术语

下面介绍电路分析中常用的一些术语，以用于表述克希霍夫定律。

(1)支路：支路的定义是相当灵活的，最简单的情况就是将任意一个二端元件、一对开路端子或一段短路线作为一条支路，一般而言，电路中由任意多个元件连接而成并向外引出两个端钮的一段电路，便是一条支路。因此，依据选取原则的不同，同一个电路中支路的总数也会相应发生变化。通常，为了方便分析电路，可以首先将其中所有一个电压源与一个电阻的串联以及一个电流源与一个电阻(电导)的并联各选作一条支路，除此之外，剩下的每一个元件作为一条支路。例如，在图 1-29 中，选 *a1b*，*a2b*，*a3b* 和 *a4b* 这四段电路作为支路。

(2)节点：两条或两条以上支路的连接点，称为节点。显然，节点的数目与支路的定义有关，在图 1-29 所示的电路中，若以每一个二端元件作为一条支路，则该电路共有四个节点；若将其中电压源与电阻的串联以及电流源与电阻的并联各选作一条支路，余下电阻 R_3 选作一条支路，则该电路共有两个节点，即节点 *a* 和 *b*。

(3)回路：电路中任一由支路构成的闭合路径，称为回路。图 1-29 中 *a2b1a*、*a3b1a*

等都是回路。

（4）平面电路：可经任意扭动变形画在一个平面上而不使其中任何两条支路交叉（并非交结）的电路，称为平面电路，否则称为非平面电路。图 1-29 所示即为一平面电路，而图 1-30 所示则为一非平面电路，因为其中 R_9 所在支路无论经如何扭动、变形与拉伸都会与 u_S 所在支路交叉。

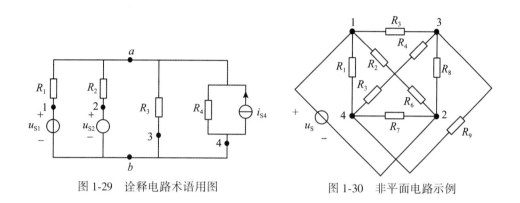

图 1-29　诠释电路术语用图　　　　　　　图 1-30　非平面电路示例

（5）网孔：对于平面电路，其内部不含有任何支路的回路，称为网孔，也就是说，在其所界定的平面内是一个空的区域。例如，图 1-29 中回路 $a2b1a$、$a3b2a$ 和 $a4b3a$ 均为网孔，它们是内网孔，因为如果从整个电路的最外沿边界支路所构成的回路向外看去，其中的区域也是一个空域，故而该回路亦是一个网孔，为了与上述内网孔相区别，将这种回路称为外网孔。除非另作说明，以后所提到的网孔均指内网孔，简称网孔。显然，网孔是一种仅适用于平面电路的特殊回路。

1.7.3　克希霍夫电流定律

根据电荷守恒原理可知，在电路中任何处，电荷既不能增生，也不能消灭，即对任一节点，在任何瞬刻应有 $\sum_j q_{j(离开)}(t) = \sum_k q_{k(进入)}(t)$，由于 $q_l(t) = \int i_l(t)\mathrm{d}t$，$l = 1, 2, \cdots$，因此有 $\sum_j i_{j(离开)}(t) = \sum_k i_{k(进入)}(t)$，即电流必须连续流动。例如，对于图 1-31 所示电路的节点①，在任何瞬刻，流入该节点的电流之和应等于流出节点电流之和，即

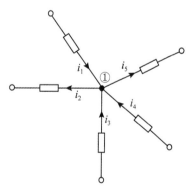

图 1-31　KCL 示例图

$$i_1(t) + i_4(t) + i_3(t) = i_2(t) + i_5(t)$$

将此例推而广之，可以得出克希霍夫电流定律（KCL）的一般形式。

（1）在集总参数电路中，任一时刻，流入任一节点的电流之和等于流出该节点的电流之和，其数学表达式为

$$\sum i_入(t) = \sum i_出(t), \quad \forall t \tag{1-52}$$

将式(1-52)作移项处理，则可以得到如下更为一般的表述形式。

(2)在集总参数电路中，任一时刻，流入(或流出)连接到任一节点的全部支路电流的代数和恒等于零，即

$$\sum_{k} i_k(t) = 0, \quad \forall t \tag{1-53}$$

式中，$i_k(t)$ 为该节点所连接的第 k 条支路的电流。从数学形式上看，式(1-53)是一个以支路电流为变量的常系数线性齐次代数方程，其中的常系数分别为 0、－1 和 1，由于习惯上规定流出节点的电流项前面取正号，流入的电流项前面则取负号，所以 －1 和 1 分别表示其所对应的支路电流流入和流出该节点，而 0 则表示其所对应的支路电流不与该节点相连。因此，KCL 表明集总参数电路结构对汇集到其中任一节点的所有支路电流都施加有确定的线性约束。

【例 1-5】　试应用 KCL 求图 1-32 所示电路中的电流 i_1 和 i_2。

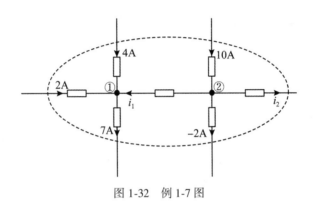

图 1-32　例 1-7 图

解　对图 1-32 中节点①列写 KCL 方程，有 $7 - 2 - 4 - i_1 = 0$；

求出 $i_1 = 1A$，再对节点②列写 KCL 方程，可得 $i_1 + i_2 + (-2) - 10 = 0$，

从中可以求出 $i_2 = 11A$。

由于克希霍夫电流定律对于广义节点也是成立的，因此例 1-7 也可以利用广义节点的概念来求解。所谓广义节点，是指电路中的任一封闭面，"汇合"于广义节点的支路为闭合面所切割的支路，例如图 1-32 中由虚线构成的闭合面就是一个广义节点，其中"汇合"于该广义节点共有 6 条支路，对于这 6 条支路便可应用克希霍夫电流定律。需要注意的是，构成广义节点的虚线，即闭合面，只能对其切割到的任一支路切割一次。显然，节点是广义节点的特例，其所谓的封闭面只闭包自身这个节点，如图 1-32 中的节点①②，而构成广义节点的封闭面至少闭包两个节点，如图 1-32 中的广义节点同时闭包节点①和②。

对图 1-32 中虚线所示的闭合面列写 KCL，可得 $i_2 + (-2) + 7 - 2 - 4 - 10 = 0$，由此解得 $i_2 = 11A$，再由节点②的 KCL 方程求出 $i_1 = 1A$。

此例表明，在对节点列写 KCL 方程时会涉及两套彼此独立的支路电流符号：一是方程中各项支路电流前的符号仅取决于该电流自身的参考方向：流出节点的电流为正，流入节点的电流为负；二是在往方程中代入具体支路电流数值时，应将每项电流的数值连同其

正负号一起代入, 这些正负号仅取决于各支路电流的实际方向与参考方向是否相同。这两套正负符号的物理意义是不同的, 不可混为一谈, 例如在图 1-32 中, -2A 表明该支路电流的实际方向与所设的参考方向相反, 但在建立节点②的 KCL 方程时, 由于此支路电流按其参考方向是流出该节点的, 所以在将它列入方程时, 该项电流前面必须取 " + ", 即在方程中最终为 " + (- 2A)"。

图 1-33 广义节点 KCL 的应用示例

应用关于广义节点的 KCL, 可以判断一个完整电路的两部分电路是否存在着电气联系, 例如在图 1-33 中, 电路 1 和电路 2 之间只有一条导线相连, 无论是围绕电路 1 还是电路 2 作一闭合面, 都可知这条支路上的电流必定为零, 因此可以说电流只能在闭合的电路中流动。在已接地的电力系统中工作时, 只要穿绝缘胶鞋或站在绝缘木梯上与地绝缘, 并且不同时接触有不同电位的两根导线, 就能保证工作人员的安全。

应该强调的是, KCL 的物理实质是电流连续性原理或电荷守恒原理, 它与构成电路元件的性质即与电路的性质(线性、非线性、时变、时不变等)无关, 而普遍适用于任何集总参数电路。

1.7.4 克希霍夫电压定律

由物理学可以知道, 电场在集中参数电路中属于保守场, 电场力做功与路径无关, 因此, 单位正电荷在电场力的作用下由电路中任一点出发, 沿任意路径绕行一周又回到原出发点时, 它所获得的能量(即电位升)必然等于在同一过程中所失去的能量(即电位降)。例如, 对于图 1-34 所示电路的回路, 根据能量守恒, 任一正电荷 $\mathrm{d}q$ 在电场力的作用下由节点 a 出发沿回路绕行一周又回到出发点 a 时, 电场力所做的功为零, $\mathrm{d}q$ 既未获得能量, 亦未失去能量, 即其电位能的增量 $\Delta W(t)$ 为零。设电荷绕行过程中, 减小的电位能为负, 增加的电位能为正, 则有

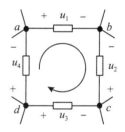

图 1-34 KVL 示例图

$$\Delta W(t) = - \Delta W_1(t) + \Delta W_2(t) + \Delta W_3(t) - \Delta W_4(t) = 0$$

根据电压定义式(1-3)可得

$$u(t)\mathrm{d}q = - u_1(t)\mathrm{d}q + u_2(t)\mathrm{d}q + u_3(t)\mathrm{d}q - u_4(t)\mathrm{d}q = 0$$

由此可知, 沿该回路绕行一周, 电压降之和等于电压升之和, 即

$$u_1(t) + u_4(t) = u_2(t) + u_3(t)$$

将此推而广之, 可以得出克希霍夫电压定律(KVL)的一般形式, 即

(1)在集总参数电路中, 任一时刻, 沿任一回路巡行一周, 其中所有支路电压降之和等于所有支路电压升之和, 可以表述为

$$\sum u_降(t) = \sum u_升(t), \quad \forall t \tag{1-54}$$

对式(1-54)作移项处理, 则可以得到如下更为通用的表述形式。

(2)在集总参数电路中, 任一时刻, 沿任一回路巡行一周, 回路中各支路电压的代数和等于零, 其数学表述式为

$$\sum_k u_k(t) = 0, \quad \forall t \qquad\qquad (1\text{-}55)$$

式中，$u_k(t)$ 为该回路中第 k 条支路的电压。从数学形式上看，KVL 方程式(1-55)是一个以任一回路中支路电压为变量的常系数线性齐次代数方程，其中的常系数分别为 0，-1 和 1。由于习惯上规定电压降项前面取正号，电压升前面则取负号，所以 -1 和 1 分别表示其所对应的支路电压为电压升和电压降，而 0 则表示其所对应的支路不在该回路中。为了方便确定回路中各支路电压项前面的正负号，一般预先任意选定回路绕行方向(顺时针或逆时针)作为回路的参考方向(电压降方向)，凡支路电压的参考方向与回路绕行参考方向一致，即支路电压为电压降，则其在方程中取正号，反之取负号。因此，KVL 表明集总参数电路结构对任一回路中各支路电压均施加了线性约束。

由于电场力做功与路径无关，所以克希霍夫电压定律适用于集中参数电路中的任一闭合路径，这包括由具体支路构成的真实回路以及不完全由实际支路形成的假想回路，又称广义回路。

【例 1-6】 在如图 1-35 电路中求电压 u_3、u_4 和 u_{ab}。

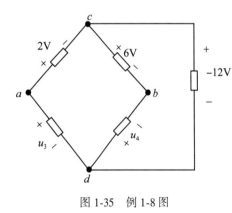

图 1-35 例 1-8 图

解 在回路 $acda$ 和 $dbcd$ 中选顺时针绕行方向作为回路参考方向，根据 KVL 可得

$$u_3 = 2 + (-12) = -10\text{V}, \quad u_4 = -(-12) + 6 = 18\text{V}$$

应用电压双下标的极性约定以及电压的单值性，可以沿两条不同的广义回路 $acba$ 和 $adba$ 求出电压 u_{ab}，即

$$u_{ab} = u_{ac} + u_{cb} = 2 + 6 = 8\text{V},$$
$$u_{ab} = u_3 + u_4 = -10 + 18 = 8\text{V}$$

由此例可知，在列写 KVL 方程时，也会涉及两套彼此独立的支路电压符号：①方程中各项支路电压(降)前的符号，其正负仅取决于各支路电压(降)的参考方向与所选的绕行电压降方向是否一致；一致取正，反之取负；②在往方程中代入具体支路电压数值时，应将每项电压的数值连同其正负号一起代入，这些正负号仅取决于各支路电压的实际方向与其参考方向是否一致。显然，这两套正负符号的物理意义也是不同的。

从物理实质上看，KVL 是能量守恒原理在集总参数电路中的体现，与 KCL 一样，KVL 也与构成电路元件的性质无关，而普遍适用于任何集总参数电路。

【例 1-7】 在图 1-36 所示电路中，已知 $i_1 = 0.5\text{A}$，试计算受控电流源的端电压 u_i、受控电压源的电流 i_R、电阻 R、i_2 流过的电压源的功率和受控电压源的功率。

解 (1)对节点①列写 KCL 方程可得

$$i_2 = i_1 + 2i_1 = 3i_1 = 3 \times 0.5 = 1.5\text{A}$$

对网孔 m_1 列写 KVL 方程可求出受控电流源的端电压为

$$u_i = 2i_2 + 2 = 2 \times 1.5 + 2 = 5\text{V}$$

(2)对网孔 m_2 列写 KVL 方程可得

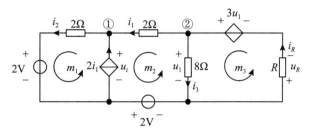

图 1-36　例 1-9 图

$$u_1 = 2i_1 + u_i + 2 = 2 \times 0.5 + 5 + 2 = 8\text{V}$$

则由欧姆定律可得

$$i_3 = \frac{u_1}{8} = \frac{8}{8} = 1\text{A}$$

对节点②列写 KCL 方程，可得受控电压源的电流为

$$i_R = i_1 + i_3 = 0.5 + 1 = 1.5\text{A}$$

（3）对网孔 m_3 列写 KVL 方程可得

$$u_R = 3u_1 - u_1 = 2u_1 = 2 \times 8 = 16\text{V}$$

则由欧姆定律求出电阻为

$$R = \frac{u_R}{i_R} = \frac{16}{1.5} \approx 10.67\Omega$$

（4）i_2 流过的电压源的功率为

$$P = 2 \times i_2 = 2 \times 1.5 = 3\text{W}$$

由于 2V 电压源的端电压和端电流 i_2 为关联参考方向，并且 $P>0$，所以该电压源是吸收功率，而非发出功率。

（5）受控电压源的功率为

$$P = 3u_1 \times i_R = 24 \times 1.5 = 36\text{W}$$

由于受控电压源的端电压 $3u_1$ 和端电流 i_R 的参考方向为非关联，并且 $P>0$，所以该受控电压源是发出功率，而非吸收功率。此外，从此例可知，在列写 KCL 和 KVL 方程时，将受控源视为独立源处理，只是注意不要丢失了控制变量。

1.8　独立的 KCL、KVL 和 VCR 方程数

电路分析的主要任务是通过 KCL、KVL 和 VCR 列写并求解含有待求电压、电流变量的电路方程，这就要求所列出的 KCL、KVL 和 VCR 方程均必须是彼此独立的。

1.8.1　独立的 KCL 方程数

在如图 1-37 所示电路中，共有 4 个节点，其 KCL 方程分别为

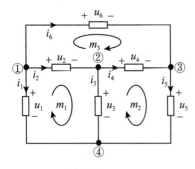

图 1-37　说明独立 KCL、KVL 和
VCR 方程数的电路

$$n_1: \qquad i_1 + i_2 + i_6 = 0$$
$$n_2: \qquad - i_2 + i_3 + i_4 = 0$$
$$n_3: \qquad - i_4 + i_5 - i_6 = 0$$
$$n_4: \qquad - i_1 - i_3 - i_5 = 0$$

容易验证，将上述任意 3 个方程相加便可得到第四个方程，这表明此 4 个方程的独立方程不会多于 3 个。进一步，任选 3 个方程后，其中任意两个方程相加都不能得到第三个方程，可见这 3 个方程之间没有约束关系，故它们彼此独立。事实上，可以证明，对于一个具有 n 个节点的电路，其独立的 KCL 方程为 $n-1$ 个，且为任意的 $n-1$ 个，这是由于每一条支路都连接于两个节点之间，因此每一支路电流必流入其中一个节点，而流出另一个节点，当对所有节点列 KCL 方程时，在这些方程中，每一支路电流势必都出现两次，一次为正，另一次为负，故这 n 个节点的 KCL 方程之和必为零，因此 n 个 KCL 方程中至少有一个不独立，若舍去其中任意一个方程，则由于被舍去的方程中的电流在余下的 $n-1$ 个方程中只可能出现一次，因此这 $n-1$ 个方程相加不可能为零，故此 $n-1$ 个 KCL 方程必定独立。列写独立 KCL 方程的节点称为独立节点，其个数与方程数对应亦为 $n-1$ 个。

1.8.2　独立的 KVL 方程数

对图 1-37 电路中的 3 个网孔按顺时针方向分别列 KVL 方程可得

$$m_1: \qquad u_2 + u_3 - u_1 = 0$$
$$m_2: \qquad u_4 + u_5 - u_3 = 0$$
$$m_3: \qquad u_6 - u_4 - u_2 = 0$$

可以看出，它们是彼此独立的。利用网络图论知识可以证明，对于一个具有 n 个节点、b 条支路的电路，其独立回路数 $l = b - (n-1) = b - n + 1$，对于结构不太复杂的电路，确定其独立回路的方法是通过观察逐个选出 $b-n+1$ 个回路，并使其中每一个新选的回路中至少都有一条不被之前其他所选回路占有的支路（即各自至少有一条独占的支路），则此组回路独立。这是因为独占支路的电压只可能出现在对应回路的 KVL 方程中，故而各回路的 KVL 方程不可能由其他回路 KVL 方程的组合得到。这种确定或判定独立回路的方法也称为独占支路法。显然，对于平面电路，其网孔数 $m = b - n + 1$，且这些网孔满足独占支路法的条件，因此是一组独立回路，对应的 KVL 方程组也是独立的。

1.8.3　独立的 VCR 方程数

电路中每个元件的特性是唯一确定的、相互独立的，在不违反克希霍夫定律的前提下，与元件的连接方式无关，即元件约束独立于结构约束。例如，对于图 1-36 中的 6 个支路可以得出它们彼此独立的 VCR 方程。一般而言，对于一个具有 n 个节点、b 条支路的电路，由 b 条支路可以得到 b 个关于其支路电流与支路电压关系的独立方程（VCR）。

由 KCL 则可以得出 $n-1$ 个关于支路电流的独立方程，再由 KVL 又可以得出 $b-n+1$ 个关于支路电压的独立方程，后两者之和等于支路总数 b。这样，可以列写的关于支路电压和支路电流的独立方程总数为 $2b$，应用这些方程可以求出 $2b$ 个电路变量，即 b 个支路电压和 b 个支路电流，从而完成电路分析的一般任务。

习　题

1-1　题 1-1 图(a)电路中电流表 A 的读数随时间变化的情况如题 1-1 图(b)所示。试确定当 $t = 1\text{s}$，2s，3s 时的电流 i，并说明电流 i 的实际方向。

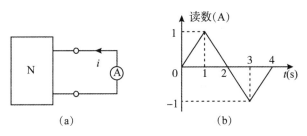

题 1-1 图

1-2　电流、电压的参考方向有何意义？如在某支路中只说 $I = 5\text{A}$，而不给出参考方向，行不行？

1-3　对于题 1-3 图所示各元件，试确定各元件上电压、电流的实际方向。

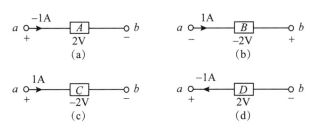

题 1-3 图

1-4　元件 R 上 U、I 参考方向一致，$P = UI$ 为正值，是消耗功率，如果 U，I 参考方向不一致时，这式子是否还成立？

1-5　如题 1-5 图所示是电路中的一条支路，其电流、电压参考方向如图所示。

(1)如 $i = 2\text{A}$，$u = 4\text{V}$，求元件吸收的功率；

(2)如 $i = 2\text{mA}$，$u = -5\text{mV}$，求元件吸收的功率；

(3)如 $i = 2.5\text{mA}$，元件吸收的功率 $p = 10\text{mW}$，求电压 u；

(4)如 $u = -200\text{V}$，元件吸收的功率 $p = 12\text{kW}$，求电流 i。

1-6　如题 1-6 图所示是电路中的一条支路，其电流、电压参考方向如图所示。

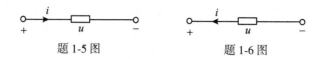

题 1-5 图　　　　　　　　　题 1-6 图

（1）如 $i = 2\text{A}$，$u = 3\text{V}$，求元件发出的功率；

（2）如 $i = 2\text{mA}$，$u = 5\text{V}$，求元件发出的功率；

（3）如 $i = -4\text{A}$，元件发出的功率为 20W，求电压 u；

（4）如 $u = 400\text{V}$，元件发出的功率为 -8kW，求电流 i。

1-7　试计算如题 1-7 图所示各元件的功率。

1-8　如题 1-8 图所示电路，若已知元件 C 发出功率 20W，求元件 A 和 B 吸收的功率。

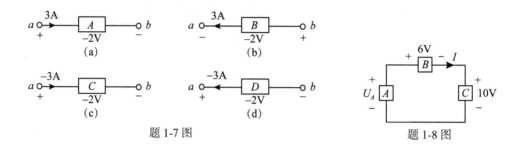

题 1-7 图　　　　　　　　　题 1-8 图

1-9　分别求如题 1-9 图所示各元件吸收和发出的功率。

题 1-9 图

1-10　某元件被定义在 $u\text{-}i$ 平面上，若电压 u 和电流 i 为关联参考方向，试分别就下面该元件的两种特性曲线方程说明元件特性是线性的还是非线性的，是时不变的还是时变的，是有源的还是无源的。

（1）$u + 2\text{e}^{-t}i = 0$；　（2）$u = \sin i + 1$。

1-11　题 1-11 图（a）中电阻 $R = 5\text{k}\Omega$，其电流 i 如题图 1-11（b）所示。

（1）写出电阻端电压表达式。

（2）求电阻吸收的功率，并画出波形；

（3）求该电阻吸收的总能量。

1-12　在题 1-12 图中指定的电压 u 和电流 i 参考方向下，写出各元件 u 和 i 的约束方程。

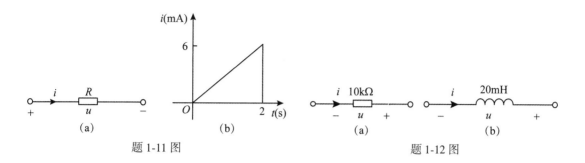

题 1-11 图　　　　　　　　　　　　　　题 1-12 图

1-13　一电感 $L = 0.2H$，其电流电压为关联参考方向。如通过它的电流 $i = 5(1 - e^{-2t})A$，$t \geqslant 0$，试求：(1) $t \geqslant 0$ 时的端电压，并粗略画出其波形，(2) 电感的最大储能。

1-14　一电感 $L = 0.5H$，其电流电压为关联参考方向。如通过它的电流 $i = 2\sin 5t A$，$-\infty < t < \infty$，求端电压 u，并粗略画出其波形。

1-15　在题 1-15 图(a)中，$L = 4H$，且 $i(0) = 0$，电压的波形如题 1-15 图(b)所示。试分别求当 $t = 1s$、$2s$、$3s$、$4s$ 时的电感电流 i。

1-16　如题 1-16 图所示电路，已知电阻端电压 $u_R = 5(1 - e^{-10t})V$，$t \geqslant 0$。求当 $t \geqslant 0$ 时的电压 u。

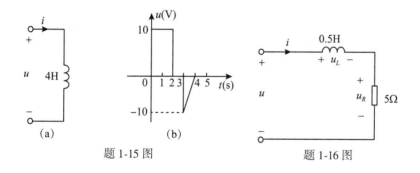

题 1-15 图　　　　　　　　　　题 1-16 图

1-17　如题 1-17 图所示电路，已知当 $t > 0$ 时，电流 $i(t) = te^{-t}A$，试求：

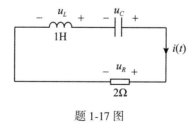

题 1-17 图

(1) $t > 0$ 时的 $u_R(t)$，$u_L(t)$ 和 $u_C(t)$；
(2) 电容储能达最大值的时刻。

1-18　一电容 $C = 0.5\text{F}$，其电流、电压为关联参考方向。如其端电压 $u = 4(1 - \text{e}^{-t})\text{V}$，$t \geq 0$，求 $t \geq 0$ 时的电流 i，粗略画出其电压和电流的波形；问：电容的最大储能是多少？

1-19　一电容 $C = 0.5\text{F}$，其电流、电压为关联参考方向。如其端电压 $u = 4\cos t\text{V}$，试求：(1)其电流 i，粗略画出电压和电流的波形；(2)电容的最大储能。

1-20　题 1-20 图(a)电容中电流 i 的波形如题 1-20 图(b)所示，现已知 $u(0) = 0$，试分别求 $t = 1\text{s}$，2s，4s 时的电容电压 u。

1-21　在题 1-21 图(a)所示电容中电流 u 的波形如题 1-21 图(b)所示，已知 $u_i(0) = 0$。试分别求当 $t = 1\text{s}$，2s，4s 时电容电流 i。

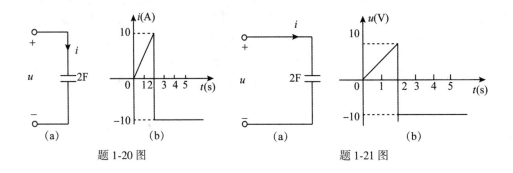

题 1-20 图　　　　　　　　题 1-21 图

1-22　电路如题 1-22 图(a)所示。其中电压源 $u_S(t)$ 如题 1-22 图(b)所示。已知电感 $L = 20\text{mH}$，且 $i_L(0) = 0$。试求：(1)电感中的电流 $i_L(t)$；(2) $t = 1\text{s}$ 时电感中的储能。

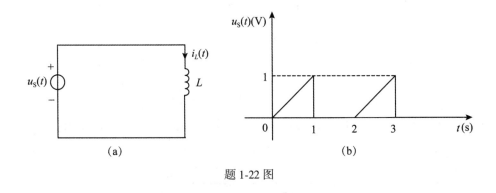

题 1-22 图

1-23　电路如题 1-23 图所示，其中 $L = 1\text{H}$，$C_2 = 1\text{F}$。设 $u_S(t) = U_m\cos(\omega t)\text{V}$，$i_S(t) = I\text{e}^{-\alpha t}\text{A}$，试求 $u_L(t)$ 和 $i_{C_2}(t)$。

1-24　求题 1-24 图示电路中负载电阻 R 所吸收的功率，并讨论：

(1)如果没有独立源(即 $u_S = 0$)，负载电阻 R 能否获得功率？

(2)负载电阻 R 获得的功率是否由独立源 u_S 提供？

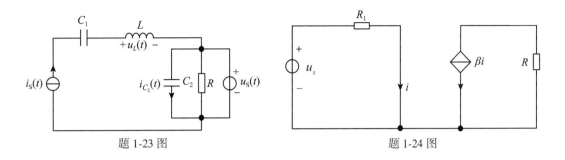

题 1-23 图　　　　　　　　　　题 1-24 图

1-25　如题 1-25 图所示电路中，有两个独立电压源和两个独立电流源，已知电阻已在图中注明，方框代表未知电阻，求电流 I_{cd} 和两电压源的功率。

1-26　如题 1-26 图所示电路，已知 $i_1 = 4\text{A}$，$i_2 = 7\text{A}$，$i_4 = 10\text{A}$，$i_5 = -2\text{A}$，求 i_3，i_6。

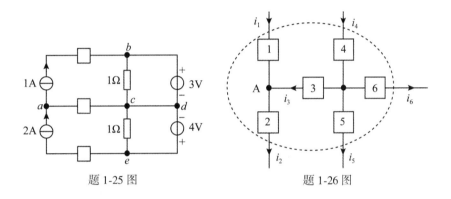

题 1-25 图　　　　　　　　　　题 1-26 图

1-27　电路如题 1-27 图所示，试求：（1）电流 i_1 和 u_{ab}（题 1-27 图（a））；（2）电压 u_{cb}（题 1-27 图（b））。

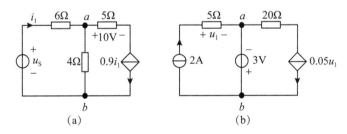

（a）　　　　　　　　　　（b）

题 1-27 图

1-28　在题 1-28 图示电路中，$I_1 = 2\text{A}$，$g = 4\text{S}$，$r = 0.5\Omega$，求电流 I_3 和电压 U_{ab}，U_{ac}。

1-29　在题 1-29 图示电路中已标出各元件值，求：（1）各支路电流；（2）6V 电压源输出功率。

1-30　如题 1-30 图所示为含受控源的电路。求（1）题 1-30 图（a）中的电流 i；（2）题 1-30 图（b）中的电流 i；（3）题 1-30 图（c）中的电压 u。

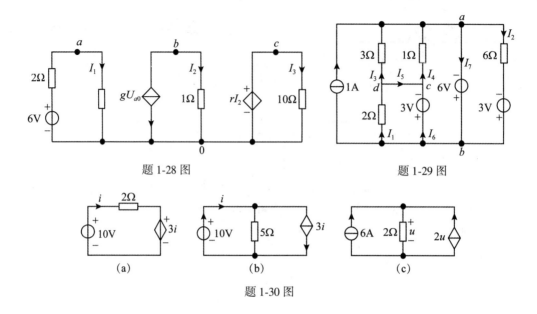

题 1-28 图　　　　　　　　　　题 1-29 图

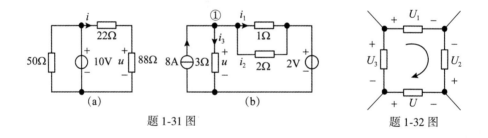

题 1-30 图

1-31　利用 KCL 和 KVL 求解题 1-31 图示电路中的电压 u。

1-32　在题 1-32 图示电路中，已知 $U_1 = 3V$，$U_2 = -3V$，$U_3 = -8V$，求 U。

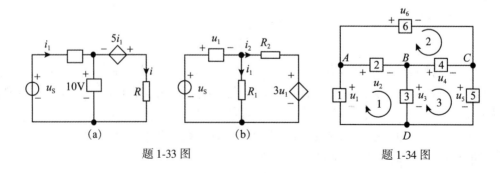

题 1-31 图　　　　　　　　　　题 1-32 图

1-33　对题 1-33 图示电路：

(1)已知题 1-33 图(a)中，$R = 2\Omega$，$i_1 = 1A$，求电流 i；

(2)已知题 1-33 图(b)中，$u_S = 10V$，$i_1 = 2A$，$R_1 = 4.5\Omega$，$R_2 = 1\Omega$，求 i_2。

1-34　在题 1-34 图所示电路中，已知 $u_2 = 10V$，$u_3 = 5V$，$u_6 = -4V$，试确定其余各电压。

题 1-33 图　　　　　　　　　　题 1-34 图

1-35　如题 1-35 图所示电路中，已知 $i_1 = 2A$，$i_3 = -3A$，$u_1 = 10V$，$u_4 = -5V$，试计算各元件的功率。

1-36　题 1-36 图示为某电路中的一部分，试确定其中的 i_3，u_{ab}。

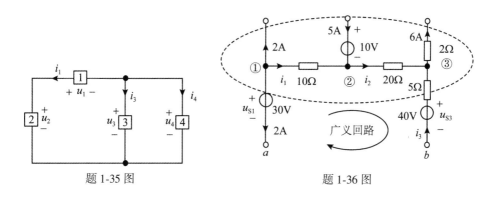

题 1-35 图　　　　　题 1-36 图

1-37　题 1-37 图所示为某电路的部分电流，求电流 I、电压 U 及电阻 R。

1-38　在题 1-38 图中，已知 $I = -1A$，求电压 U_{ab} 及电流源的功率。

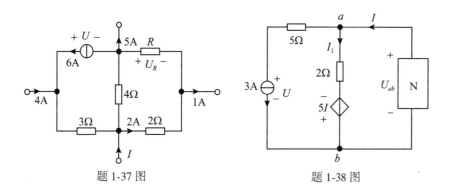

题 1-37 图　　　　　题 1-38 图

1-39　求题 1-39 图所示 6 个电压以及各电流源提供的功率。

1-40　在题 1-40 图所示电路中，求电流 I 和电压 U。

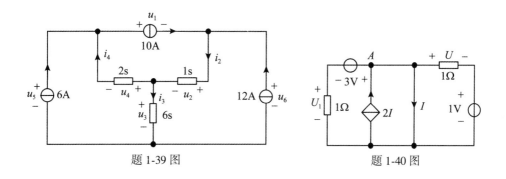

题 1-39 图　　　　　题 1-40 图

1-41　如题 1-41 图所示，若 $U_S = -19.5\text{V}$，$U_1 = 1\text{V}$，求 R。

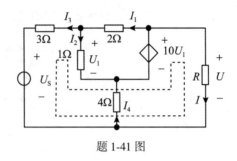

题 1-41 图

1-42　如题 1-42 图所示，每条线段代表一条支路，每个点代表一个节点。图中两种情况下，KCL、KVL 独立方程数各为多少?

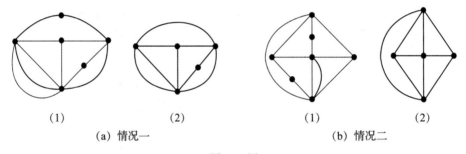

（1）　　　　　（2）　　　　　　　（1）　　　　　（2）

（a）情况一　　　　　　　　　（b）情况二

题 1-42 图

第 2 章　电路的等效变换分析方法

本章主要内容包括电路等效的基本概念，电阻串、并联等效变换；电阻三角形与星形联接之间的等效变换；电源串、并联等效变换；两种实际电源模型之间的等效变换；无源或有源单口电阻电路的输入电阻，无源或有源单口电感、电容电路的等效变换。

2.1　等效电路和等效变换的概念

对于一个结构比较复杂或特殊的电路，若并不需要或暂时不需要分析计算其中部分电路的电压、电流，则可以将这部分电路的结构予以简化，并用它代替简化前的电路去计算其余部分即所谓外电路的电压、电流使之与替代前所得到的计算结果一模一样，这就是（电气上）等效，替代前后的电路则互为等效电路，由于后者的电路结构已经得到简化并用于电路计算，因此，通常称其为前者的等效电路。在满足等效条件下，这两部分电路（结构）之间的变换则称为电路的等效变换，而通过等效变换来分析电路的方法则称为等效（变换）分析法。

2.2　端口与二端电路的概念

所谓端口，是指电路中满足端口条件的一对端子，即在任一时刻 t，流入一个端子的电流恒等于流出另一端子的电流。任意一个仅引出两个端子与外部相连的电路称为二端电路（二端元件为其最简情况），如图 2-1 所示，根据广义 KCL，这种电路的两个引出端子 a 和 b 必定满足端口条件，因此二端电路亦称为一端口电路（单口电路）或一端口网络（单口网络），端子间的电压 $u(t)$ 和流经端子的电流 $i(t)$ 分别称为端口电压和端口电流。它们之间的关系 $u(t) = f(i(t))$ 或 $i(t) = g(u(t))$ 称为端口伏安关系或端口特性。

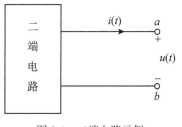

图 2-1　二端电路示例

2.3　二端电路等效的概念

对于任意两个二端电路 N_1 和 N_2，若 N_1 和 N_2 的端口伏安关系 $u(t) \sim i(t)$ 完全相同，即满足等效条件，则称 N_1 和 N_2 是等效的，即两者互为等效电路，如图 2-2 所示。所谓等效，是指对外等效即对于任意外电路而言，无论其端接 N_1 还是 N_2，外电路中各处的电压和电流均是完全对应相同的，然而 N_1 和 N_2 的内部却是异构的。

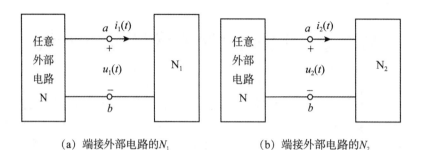

（a）端接外部电路的N_1　　　　　　　　（b）端接外部电路的N_2

图 2-2　等效的二端电路 N_1 和 N_2

需要注意的是，如图 2-2 所示，N_1 和 N_2 等效表现在它们分别端接任意同一外电路时，两者在端口 a-b 上的电压、电流都应分别相等，从而外电路中各处的电压、电流也就完全对应相同，否则 N_1 和 N_2 就不是等效电路，也就是说，若 N_1 和 N_2 等效，必有 $u_1(t) = u_2(t)$，$\forall t$，$i_1(t) = i_2(t)$，$\forall t$。事实上，当 N_1 和 N_2 在端口 a-b 上的伏安关系：$u(t) \sim i(t)$ 完全相同即满足等效条件时，它们必等效，而绝不会出现随着两者所连接同一外电路的改变而它们端口电压、端口电流不分别相等的情况。例如，一个电压源和电流源，它们的电压与电流在数值上相等，当它们均端接 1Ω 电阻时，两者的端口电压和端口电流分别相等，而同端接 2Ω 电阻时，两者的端口电压和端口电流就不再分别相等了，这是由于它们端口的伏安特性本不相同，因而两者并不等效，即便是在某些场合出现了两者端口电压、电流分别相等的情况亦然。

显然，等效的概念与定义可以从二端电路或单口电路类推至多端电路和多端口电路，即对于两个多端电路而言，只要它们对应的每个端口的伏安关系相同，则这两个电路是等效的（例如本章星形和三角形电路的等效）；对于两个多端口电路而言，也只要它们对应的每个端口的伏安关系相同，则这两个电路亦是等效的。

等效电路与等效变换的要点如下：

（1）两个一端电路等效是对任意的外部电路而言的，对内部电路并不等效，即等效只是对外等效，对内不一定等效；

（2）当任一电路的任一部分被等效变换后，该电路中其他部分的电压和电流并不会因此而发生变化；

（3）两个一端口电路的端口伏安关系是一种固有性质，与端口电压和电流参考方向的选取无关，因而两个电路的等效也与这类选取无关；

（4）两个电路是在一定条件下等效的，当外部电气条件发生变化时，等效电路一般也会不同。例如，在正弦稳态电路分析中（见第 8 章），电路的特性一般会随外施激励的频率而变化，因此，频率不同，等效电路的参数或形式亦不相同。

2.4 无源单口电阻电路的等效变换

本书中所谓无源电路，是指其内部不含独立源与受控源的电路，而将含有受控源但不含独立源的电路称为有源电路，内部含有独立源(还可以含有受控源)的电路则称为含源电路。利用 KCL、KVL 和 VCR 可以将任意一个无源和有源单口电阻电路等效为一个电阻或电导。

下面分别讨论无源单口电阻电路中电路结构为电阻串联、并联、混联和复杂连接情况下的等效变换。

2.4.1 串联电阻电路

电路中若干个元件流过同一电流的连接方式，称为元件的串联。

2.4.1.1 串联电阻电路的等效电阻

图 2-3(a)所示为 n 个电阻 R_1，R_2，$\cdots$，R_n 串联而成的电路，利用欧姆定律以及 KVL，可得端口 1-1′ 的电压为

$$u = R_1 i + R_2 i + \cdots + R_n i = (R_1 + R_2 + \cdots + R_n)i = \sum_{k=1}^{n} R_k i \qquad (2-1)$$

令 $R_{\text{eq}} = R_1 + R_2 + \cdots + R_n = \sum_{k=1}^{n} R_k$，则式(2-1)可写为

$$u = R_{\text{eq}} i \qquad (2-2)$$

显然，$R_{\text{eq}} > R_k (k = 1, 2, \cdots, n)$。式(2-2)对应的电路如图 2-3(b)所示。由于图 2-3(a)、(b)中的电路在端口 1-1′ 上具有相同的伏安关系，故两者互为等效电路，R_{eq} 为这 n 个串联电阻的等效电阻。

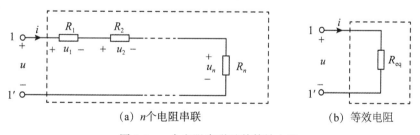

(a) n个电阻串联　　　　　　(b) 等效电阻

图 2-3　n 个电阻串联及其等效电阻

2.4.1.2 串联电阻电路的分压与功率分配

设图 2-3(a)中串联电阻 $R_k (k = 1, 2, \cdots, n)$ 上的电压和功率分别为 $u_k (k = 1, 2, \cdots, n)$ 和 $p_k (k = 1, 2, \cdots, n)$，则有

$$u_k = R_k i = \frac{R_k}{R_{eq}} u, \; k = 1, \; 2, \; \cdots, \; n \tag{2-3}$$

$$P_k = R_k i^2 = \frac{R_k}{R_{eq}} P, \; k = 1, \; 2, \; \cdots, \; n \tag{2-4}$$

式中，P 是串联电阻电路消耗的总功率，它等于各个串联电阻的功率之和，即

$$P = R_{eq} i^2 = R_1 i^2 + R_2 i^2 + \cdots + R_n i^2 = \sum_{k=1}^{n} P_k \tag{2-5}$$

由此可见，相串联的电阻中各电阻上的电压和消耗的功率与该电阻的阻值成正比，即电阻值越大，则其从总电压和总功率所得的电压和功率越大，即所谓串联电路电压与功率的正比分配法则。

当 $n = 2$ 时，如图 2-4 所示，两串联电阻 R_1、R_2 上的电压以及它们吸收的功率之比为分别为

$$u_1 = \frac{R_1}{R_1 + R_2} u, \; u_2 = \frac{R_2}{R_1 + R_2} u, \; \frac{p_1}{p_2} = \frac{R_1}{R_2}$$

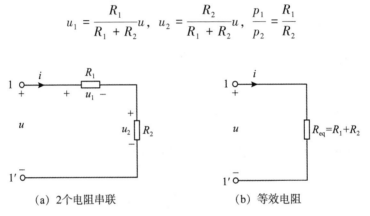

(a) 2个电阻串联　　　　　　　(b) 等效电阻

图 2-4　2 个电阻串联及其等效电阻

需要指出的是，一个电路经等效变换后所得到结构简化了的等效电路通常会因为采用不同的等效变换方式而可能有任意多个，例如，2 个 5Ω 串联的电阻电路可以变为 3 个 3Ω 电阻串联再与 1 个 1Ω 电阻串联的等效电路等，但是，由于等效本质上是要将其中无任何电量需要计算的电路在满足等效条件的前提下尽可能简化其电路结构而变为等效电路后再端接外电路去计算其中的电量，因此，一般情况下所言等效电路均是指结构最简等效电路，例如，2 个 5Ω 电阻串联的等效电路应是 1 个 10Ω 电阻。

2.4.2　并联电阻电路

电路中若干个元件承受同一电压的连接方式，称为元件的并联。

2.4.2.1　并联电阻电路的等效电导和等效电阻

图 2-5(a)所示为 n 个电阻 R_1，R_2，$\cdots$，R_n 并联而成的电路，且有 $R_k = 1/G_k (k = 1, 2, \cdots, n)$。利用欧姆定律和 KCL 可得端口 1-1′ 流过的电流为

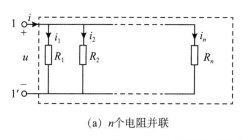 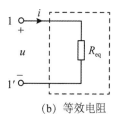

(a) n个电阻并联   (b) 等效电阻

图 2-5 n 个电阻并联及其等效电阻

$$i = \frac{u}{R_1} + \frac{u}{R_2} + \cdots + \frac{u}{R_n} = \left(\frac{1}{R_1} + \frac{1}{R_2} + \cdots + \frac{1}{R_n}\right)u = \left(\sum_{k=1}^{n} \frac{1}{R_k}\right)u = \left(\sum_{k=1}^{n} G_k\right)u \quad (2\text{-}6)$$

令 $G_{eq} = \sum_{k=1}^{n} G_k = \sum_{k=1}^{n} \frac{1}{R_k}$，则式(2-6)可写为

$$i = G_{eq}u \quad (2\text{-}7)$$

显然，$G_{eq} > G_k (k = 1, 2, \cdots, n)$。式(2-7)所对应的电路如图 2-5(b)所示。由于图 2-5(a)、(b)中的电路在端口 1-1′ 上具有相同的电压和电流关系，故两者互为等效电路，G_{eq} 称为等效电导，等于各并联电阻对应的电导值之和。由于电导与电阻互为倒数关系，故则 n 个并联电阻的等效电阻 R_{eq} 为

$$R_{eq} = \frac{1}{G_{eq}} = \frac{1}{\sum_{k=1}^{n} G_k} = \frac{1}{\sum_{k=1}^{n} \frac{1}{R_k}} \quad (2\text{-}8)$$

若将并联的 n 个电阻值从小到大排序，例如 $R_1 < R_2 < R_3 < \cdots < R_n$，由式(2-8)可知，有

$$R_{eq} = \frac{R_1}{1 + \frac{R_1}{R_2} + \frac{R_1}{R_3} + \cdots + \frac{R_1}{R_n}}$$

所以，$R_{eq} < R_1$。因此，一般而言，n 个电阻并联之等效电阻值总小于这 n 个电阻中最小的电阻值，即

$$R_{eq} < \min\{R_k (k = 1, 2, \cdots, n)\}$$

此外，由式(2-8)可知，n 个阻值均为 R 的电阻并联，其等效电阻值为 $R_{eq} = R/n$。这是一个很常用的结论。当 $n = 2$ 时，两并联电阻的等效电阻值为

$$R_{eq} = \frac{1}{G_{eq}} = \frac{1}{\frac{1}{R_1} + \frac{1}{R_2}} = \frac{R_1 R_2}{R_1 + R_2} \quad (2\text{-}9)$$

2.4.2.2   并联电阻电路的分流与功率分配

设图 2-5(a)中并联电阻 $R_k (k = 1, 2, \cdots, n)$ 的电流和功率分别为 $i_k (k = 1, 2, \cdots, n)$ 和 $p_k (k = 1, 2, \cdots, n)$，则

$$i_k = \frac{u}{R_k} = \frac{R_{eq}}{R_k} i, \ k = 1, \ 2, \ \cdots, \ n \tag{2-10}$$

$$P_k = \frac{u^2}{R_k} = \frac{R_{eq}}{R_k} P, \ k = 1, \ 2, \ \cdots, \ n \tag{2-11}$$

式中 P 是并联电阻电路消耗的总功率，它等于各个并联电阻的功率之和，即

$$P = \frac{u^2}{R_{eq}} = \frac{u^2}{R_1} + \frac{u^2}{R_2} + \cdots + \frac{u^2}{R_k} + \cdots + \frac{u^2}{R_n} = \sum_{k=1}^{n} p_k \tag{2-12}$$

由此可知，并联的电阻中各电阻流过的电流和消耗的功率与电阻的电导值成正比，而与其电阻值成反比，即电阻值越大，则其从总电流和总功率所分得的电流和功率越小，即所谓并联电路电流与功率的反比分配法则。

当 $n = 2$ 时，如图 2-6 所示，两并联电阻 R_1、R_2 的电流以及它们吸收的功率之比分别为

$$i_1 = \frac{R_2}{R_1 + R_2} i, \ i_2 = \frac{R_1}{R_1 + R_2} i, \ \frac{p_1}{p_2} = \frac{R_2}{R_1}$$

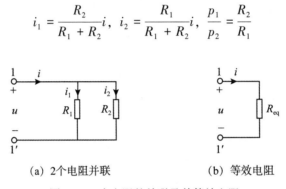

(a) 2个电阻并联   (b) 等效电阻

图 2-6 2 个电阻的并联及其等效电阻

对于电阻的并联连接关系，为了方便，通常采用符号"$/\!/$"来表示，例如，电阻 R_1 与 R_2 并联可以简记为 $R_1 /\!/ R_2$，多个电阻并联的情况依此类推。

2.4.3 混联电阻电路

电路中同时存在元件串联和并联的连接方式，称为元件的混联或串并联。

2.4.3.1 混联电阻电路的等效电阻

由于混联电阻电路可以有多个引出端子，而等效电阻却是针对确定的端口而言的，因此需要首先明确所求等效电阻对应的端口，再根据"流过同一电流为串联，承受同一电压为并联"的判别原则辨识各电阻的串联或并联连接关系，甚至可以先改画某些特殊连接部分，以使其串联或并联连接关系更加直观明晰，再逐次运用对应的等效电阻计算方法最终求出指定端口的等效电阻。

【例 2-1】 图 2-7(a) 表示一个电阻电桥电路，其中 R_1、R_2、R_3 和 R_4 为 4 个桥臂电阻，跨接于桥臂之间的电阻 R_5 称为桥。当 R_5 中无电流流过时，称电桥达到平衡状态，试推出电桥平衡条件以及以节点 a、c 两端作为引出端的电路的等效电阻 R_{ac}。

解 因为电桥平衡时，$i_5 = 0$，因此根据欧姆定律，无论 R_5 的阻值如何，均有 $u_{bd} = 0$。即节点 b 和 d 是等电位点，据此由 KVL 可得

$$u_{ab} = u_{ad}, \quad u_{bc} = u_{dc}$$

即

$$R_1 i_1 = R_2 i_2, \quad R_3 i_1 = R_4 i_2$$

该两式相除即得电桥的平衡条件为

$$\frac{R_1}{R_3} = \frac{R_2}{R_4}$$

或

$$R_1 R_4 = R_2 R_3 \tag{2-13}$$

这表明，平衡电桥中两个相对桥臂电阻的乘积彼此相等。根据这一关系，在已知 3 个电阻的情况下就可以确定余下一个电阻的数值，因此，利用电桥可以精确地测量电阻元件的电阻值。

由于节点 b 和 d 之间的桥支路电流 $i_5 = 0$，因此可以将该桥支路断开，而利用节点 b 和 d 为等电位点，则可以将节点 b 和 d 用短路线相连，从而将电桥电路转化为串并联形式，如图 2-7(b)、(c)所示，这不会影响其他各支路的电流和电压，但是却简化了电路分析，对于本例，求等效电阻 R_{ac} 时，首先令

$$\frac{R_1}{R_3} = \frac{R_2}{R_4} = a$$

则有

$$R_1 = aR_3, \quad R_2 = aR_4$$

由图 2-7(b)并应用前述等式可得

$$R_{ac} = \frac{(R_1 + R_3)(R_2 + R_4)}{R_1 + R_3 + R_2 + R_4} = \frac{(a+1)R_3 \cdot (a+1)R_4}{(a+1)R_3 + (a+1)R_4} = \frac{(a+1)R_3 R_4}{R_3 + R_4}$$

由图 2-7(c)并应用前述等式可得

$$R_{ac} = \frac{R_1 R_2}{R_1 + R_2} + \frac{R_3 R_4}{R_3 + R_4} = \frac{a^2 R_3 R_4}{a(R_3 + R_4)} + \frac{R_3 R_4}{R_3 + R_4} = \frac{(a+1)R_3 R_4}{R_3 + R_4}$$

可见，两者结果一致。

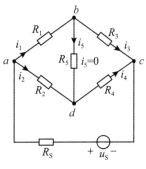 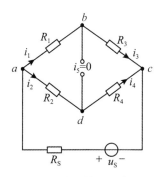

(a) 电桥电路   (b) 电桥平衡下等效电路之一   (c) 电桥平衡下等效电路之二

图 2-7 例 2-1 图

由上述电阻平衡电桥电路分析可以得出如下普遍适用的结论：

（1）电路中已知电流为零的支路（或导线）可以断开；

（2）电路中已知电位相等的节点可以短接。

（3）由（1）、（2）所得到的结果是相同的。

需要注意的是，式（2-13）所示的电桥平衡条件是在桥支路为无源支路的情况下得出的，若桥支路为含源支路，例如，一个电阻与独立电压源串联而成的支路，则在一般情况下，即使桥臂参数满足电桥平衡条件，桥支路的两个端节点也非等电位点。

【例 2-2】 求图 2-8（a）所示电路中 a、b 两端的等效电阻。

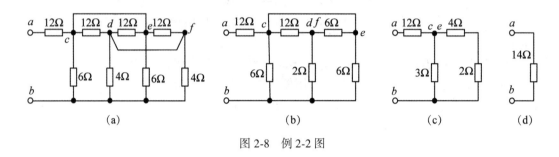

图 2-8　例 2-2 图

解　先后将下、上两条短路线分别缩短至一点后分别得图 2-8（b）、（c），最后再由2-8（c）应用串并联等效得到图 2-8（d），由此求出整个单口电路的等效电阻为

$$R_{ab} = 14\Omega$$

2.4.3.2　混联电阻电路中电压、电流的计算

混联电阻电路中待求电阻支路上的电压、电流与功率均可应用串联或并联电阻电路对应的计算公式得出。

【例 2-3】 求图 2-9（a）所示梯形电路中各电阻上的电流和电压。

解　梯形电路实质上为一个混联电路。在混联电阻单口电路中，对于给定的端子，若已知外施电压源 u_S 或电流源 i_S，欲求各电阻上的电压和电流，其求解步骤一般是：首先从距离电源最远端开始，利用等效电阻的概念向电源端逐次简化电路，从而求得电源两端的等效电阻 R_{eq} 或等效电导 G_{eq}；然后根据等效电路，应用欧姆定律求出电源支路电流（或电压）；最后应用所求出的电流（或电压）依次退回到各个等效电路中根据串联电阻的分压关系和并联电阻的分流关系，逐步求出每个电阻上的电流和电压。

（1）从距端口末端开始逐次向端口等效可得电路图 2-9（b）～（d），最后求出等效电阻 $R_{11'}$ 为 10Ω。

（2）由图 2-9（d）可以求出端口电流为 $i = \dfrac{100}{10} = 10\text{A}$。

（3）逐步逆序还原各等效电路，并在其中的每一个电路中根据串联分压公式和并联分流公式依次得到各电阻上的电压和电流。因此，由图 2-9（c），得 $i_1 = \dfrac{5+5}{10+(5+5)} i =$

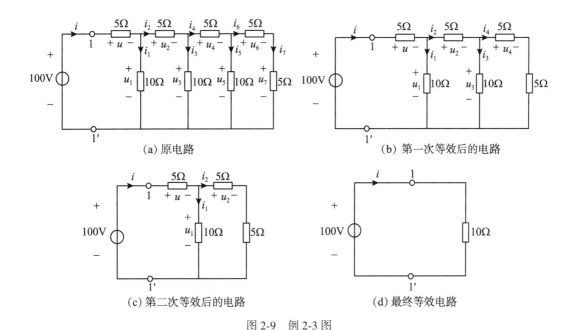

(a) 原电路　　　　　　　　　　(b) 第一次等效后的电路

(c) 第二次等效后的电路　　　　　　(d) 最终等效电路

图 2-9　例 2-3 图

5A，$i_2 = \dfrac{10}{10 + (5 + 5)} i = 5\text{A}$。由图 2-9（b），得 $i_3 = \dfrac{5 + 5}{10 + (5 + 5)} i_2 = 2.5\text{A}$，$i_4 = \dfrac{10}{10 + (5 + 5)} i_2 = 2.5\text{A}$。由图 2-9（a），得 $i_5 = \dfrac{5 + 5}{10 + (5 + 5)} i_4 = 1.25\text{A}$，$i_6 = i_7 = \dfrac{10}{10 + (5 + 5)} i_4 = 1.25\text{A}$。因此，$u = 5 \times i = 5 \times 10 = 50\text{V}$，$u_1 = 10 \times i_1 = 10 \times 5 = 50\text{V}$，$u_2 = 5 \times i_2 = 5 \times 5 = 25\text{V}$，$u_3 = 10 \times i_3 = 10 \times 2.5 = 25\text{V}$，$u_4 = 5 \times i_4 = 5 \times 2.5 = 12.5\text{V}$，$u_5 = 10 \times i_5 = 10 \times 1.25 = 12.5\text{V}$，$u_6 = 5 \times i_6 = 5 \times 1.25 = 6.25\text{V}$，$u_7 = 5 \times i_7 = 5 \times 1.25 = 6.25\text{V}$。

2.5　无源三端电阻电路的等效变换

对外引出 3 个端子的无源电路称为无源三端电路，其中无源三端电阻电路在连接结构上最为简单的只有两种形式：星形（Y 形）连接和三角形（△形）连接，如图 2-10(a)、(b)所示。

在网络理论以及电子技术中，星形电路和三角形电路又分别称为 T 形电路和 Π（π）形电路。

根据等效定义可知，图 2-10 中星形连接和三角形连接的电路互为等效的条件是：若两个电路中相对应的端子 1、2、3 间的电压分别相等，即 $u_{12\triangle} = u_{12Y}$，$u_{23\triangle} = u_{23Y}$（因而有 $u_{31\triangle} = u_{31Y}$）时，则流入或流出两个电路端子 1、2、3 的电流一一对应相等，即 $i_{1\triangle} = i_{1Y}$，$i_{2\triangle} = i_{2Y}$（因而有 $i_{3\triangle} = i_{3Y}$），反之亦然。于是，两个电路中在任一对应端（例如端子 3）开路时，其余一对对应端子（端子 1、2）间的端口等效电阻就必然相等，这可以由叠加原理

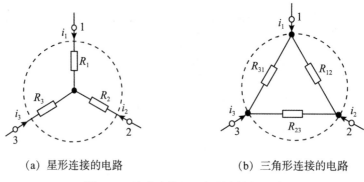

(a) 星形连接的电路　　　　　　(b) 三角形连接的电路

图 2-10　星形连接和三角形连接的电路

(见第 4 章)得到证明。

2.5.1　电阻的 Y 形连接与△形连接之间等效变换时参数的一般关系

由于 Y 形连接与 △ 形连接的电路结构已经指定, 所以只需根据等效电路的定义, 推导出这两种电路电阻参数之间的关系。首先, 同时令图 2-10(a)、(b)中两个电路的端子 3 开路形成从端子 1、2 看进去的二端电路, 在图 2-10(a)中, 1、2 两端的等效电阻为 $R_{Y12} = R_1 + R_2$; 在图 2-11(b)中, 1、2 两端的等效电阻为 $R_{\triangle12} = (R_{23} + R_{31}) \mathbin{/\mkern-5mu/} R_{12}$, 这两个电路等效, 则 $R_{Y12} = R_{\triangle12}$, 即

$$R_1 + R_2 = (R_{23} + R_{31}) \mathbin{/\mkern-5mu/} R_{12} = \frac{R_{12}(R_{23} + R_{31})}{R_{12} + R_{23} + R_{31}} \tag{2-14}$$

同理, 分别令端子 2 和 1 开路可得

$$R_1 + R_3 = (R_{12} + R_{23}) \mathbin{/\mkern-5mu/} R_{31} = \frac{R_{31}(R_{12} + R_{23})}{R_{12} + R_{23} + R_{31}} \tag{2-15}$$

$$R_2 + R_3 = (R_{12} + R_{31}) \mathbin{/\mkern-5mu/} R_{23} = \frac{R_{23}(R_{12} + R_{31})}{R_{12} + R_{23} + R_{31}} \tag{2-16}$$

式(2-14)~式(2-16)即为 Y 形电路和 △ 形电路相互等效时其电阻参数之间的关系式, 它们构成了这两种电路用电阻参数表示的等效条件。

2.5.2　电阻的 Y 形连接与△形连接之间等效变换时的参数计算

2.5.2.1　△→Y 等效变换

将式(2-14)~式(2-16)相加再除以 2 可得

$$R_1 + R_2 + R_3 = \frac{R_{12}R_{23} + R_{23}R_{31} + R_{31}R_{12}}{R_{12} + R_{23} + R_{31}} \tag{2-17}$$

分别用式(2-17)减去式(2-16)、式(2-15)和式(2-14)可得

$$\left.\begin{array}{l} R_1 = \dfrac{R_{31}R_{12}}{R_{12} + R_{23} + R_{31}} \\[3mm] R_2 = \dfrac{R_{12}R_{23}}{R_{12} + R_{23} + R_{31}} \\[3mm] R_3 = \dfrac{R_{23}R_{31}}{R_{12} + R_{23} + R_{31}} \end{array}\right\} \tag{2-18}$$

应用式(2-18)可以在已知的 △ 形连接结构中 3 个电阻参数的情况下求出与其相等效的 Y 形连接结构中的 3 个电阻参数。式(2-18)的一般形式可以表示为

$$Y \text{ 形电阻} = \frac{\triangle \text{ 形相邻两电阻之积}}{\triangle \text{ 形三电阻之和}}$$

显然，Y 形等效电路中比 △ 形连接电路中多出了一个 R_1、R_2、R_3 连接的节点。

2.5.2.2　Y→△ 等效变换

将式(2-18)两两分别相乘可得

$$R_1 R_2 = \frac{R_{12}^2 R_{23} R_{31}}{(R_{12} + R_{23} + R_{31})^2} \tag{2-19}$$

$$R_2 R_3 = \frac{R_{12} R_{23}^2 R_{31}}{(R_{12} + R_{23} + R_{31})^2} \tag{2-20}$$

$$R_3 R_1 = \frac{R_{12} R_{23} R_{31}^2}{(R_{12} + R_{23} + R_{31})^2} \tag{2-21}$$

将式(2-19)、式(2-20)和式(2-21)相加可得

$$R_1 R_2 + R_2 R_3 + R_3 R_1 = \frac{R_{12} R_{23} R_{31}(R_{12} + R_{23} + R_{31})}{(R_{12} + R_{23} + R_{31})^2} = \frac{R_{12} R_{23} R_{31}}{R_{12} + R_{23} + R_{31}} \tag{2-22}$$

式(2-22)分别除以式(2-18)中各式，可得

$$\left.\begin{array}{l} R_{12} = R_1 + R_2 + \dfrac{R_1 R_2}{R_3} = \dfrac{R_1 R_2 + R_2 R_3 + R_3 R_1}{R_3} \\[3mm] R_{23} = R_2 + R_3 + \dfrac{R_2 R_3}{R_1} = \dfrac{R_1 R_2 + R_2 R_3 + R_3 R_1}{R_1} \\[3mm] R_{31} = R_3 + R_1 + \dfrac{R_1 R_3}{R_2} = \dfrac{R_1 R_2 + R_2 R_3 + R_3 R_1}{R_2} \end{array}\right\} \tag{2-23}$$

应用式(2-23)，可以在已知的 Y 形连接结构中 3 个电阻参数的情况下求出与其相等效的 △ 形连接结构中的 3 个电阻参数。式(2-23)的一般形式可以表示为

$$\triangle \text{ 形电阻} = \frac{Y \text{ 形电阻两两乘积之和}}{Y \text{ 形不相邻电阻}}$$

将式(2-22)改用电导参数表示，则可以得到与式(2-17)的一般式在形式上一致，故十分便于联想记忆且方便计算的结论，即

$$\triangle \ 形电导 = \frac{Y\ 形相邻两电导之积}{Y\ 形三电导之和}$$

例如, $G_{12} = \dfrac{G_1 G_2}{G_1 + G_2 + G_3}$ 。

2.5.2.3　等值电阻 Y 形连接与等值电阻 △ 形连接之间的等效变换

若 Y 形电路中 3 个电阻或 $\triangle$ 形电路中 3 个电阻的电阻值均相等, 即 $R_1 = R_2 = R_3 = R_Y$ 或 $R_{12} = R_{23} = R_{31} = R_\triangle$, 则称为对称 Y 形电路或对称 $\triangle$ 形电路。此时, 根据式(2-18)或式(2-23)可知

$$R_\triangle = 3R_Y \ 或 \ R_Y = \frac{1}{3} R_\triangle$$

一般说来, 非串、并联结构的电阻电路应用若干次 Y-△ 变换后, 就能成为串、并联电路。

2.6　复杂连接电阻电路的等效变换

复杂连接是指电路中的元件或支路并非串、并联的简单组合, 这时, 通常需要根据具体结构和所求利用 Y-△ 变换将其变为串、并联并存即混联电路再进行等效变换。

【例 2-4】　求图 2-11(a)中的电压 u_{ab} 和 u_{cd} 。

解　观察图 2-11(a)可知, 既可以把该图中的 Y 形联接转化为 △ 形, 也可以把 △ 形转化为 Y 形, 但是由于需要求解节点 c 、 d 之间的电压 u_{cd} , 所以应采用 △ 形转化为 Y 形的方法, 否则若采用 Y 形转化为 △ 形变换, 点 c 或 d 就会在电路中消失, 从而无法求解指定的电压 u_{cd} 。

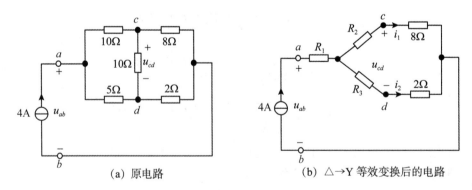

(a) 原电路　　　　　　(b) △→Y 等效变换后的电路

图 2-11　例 2-4 图

将 10Ω、10Ω、5Ω 三个电阻组成的三角形连接变换为图 2-11 中的 R_1 , R_2 , R_3 星形连

接，并有

$$R_1 = \frac{5 \times 10}{10 + 10 + 5} = 2(\Omega), \quad R_2 = \frac{10 \times 10}{10 + 10 + 5} = 4(\Omega), \quad R_3 = \frac{5 \times 10}{10 + 10 + 5} = 2(\Omega)$$

分别应用分流公式和广义 KVL 可得

$$i_1 = \frac{R_3 + 2}{R_3 + 2 + R_2 + 8} \times 4 = \frac{2 + 2}{2 + 2 + 4 + 8} \times 4 = 1\text{A}, \quad i_2 = \frac{R_2 + 2}{R_3 + 2 + R_2 + 8} \times 4$$

$$= \frac{4 + 8}{2 + 2 + 4 + 8} \times 4 = 3(\text{A}),$$

$$u_{cd} = -R_2 i_1 + R_3 i_2 = -4 \times 1 + 2 \times 3 = 2(\text{V})$$

从 a、b 端口看进去的等效电阻为

$$R_{ab} = R_1 + \frac{(R_2 + 8)(R_3 + 2)}{R_2 + 8 + R_3 + 2} = 2 + \frac{(4 + 8) \times (2 + 2)}{4 + 8 + 2 + 2} = 5\Omega$$

因此可得 $u_{ab} = 4 \times R_{ab} = 4 \times 5 = 20\text{V}$。

【例 2-5】　求图 2-12(a)中的电压 u_{AB}。

解　首先将图 2-12(a)所示 A-B 右侧电阻电路中 a、b、c、d 四个节点所关联的部分改画为如图 2-12(b)所示的形式，这时，由于 6Ω、12Ω、4Ω、8Ω、9Ω 构成平衡电阻电桥，故可将 9Ω 断开，于是 A-B 右侧电阻电路如图 2-12(c)所示，由此可计算出从 20Ω 向右看去并连同它在内的等效电阻为

$$R_{eq1} = \frac{1}{\dfrac{1}{4 + 6} + \dfrac{1}{8 + 12} + \dfrac{1}{20}} = 5(\Omega)$$

进而可计算得出 A-B 右侧、连同 10Ω 在内的等效电阻为

$$R_{eq2} = \frac{1}{\dfrac{1}{2 + 3 + 5} + \dfrac{1}{10}} = 5(\Omega)$$

这时，图 2-12(a)的等效电路如图 2-12(d)所示，将其中 5Ω、2Ω、1Ω 构成的 $\triangle$ 连接进行 $\triangle \rightarrow Y$ 等效变换可得如图 2-12(e)所示的电路，将其中串联电阻 4Ω 和 $\frac{5}{4}\Omega$ 等效为 $\frac{21}{4}\Omega$ 电阻，将串联电阻 $\frac{5}{8}\Omega$ 和 2Ω 等效为 $\frac{21}{8}\Omega$ 电阻，于是这 5 个电阻支路构成平衡电桥，故可将 $\frac{1}{4}\Omega$ 电阻断开，得到如图 2-12(f)所示的电路，由此可以应用分压公式求出电压 u_{AB} 为

$$u_{AB} = 9 \times \frac{\dfrac{5}{4} + \dfrac{5}{8}}{4 + 2 + \dfrac{5}{4} + \dfrac{5}{8}} = 2\frac{1}{7}(\text{V})$$

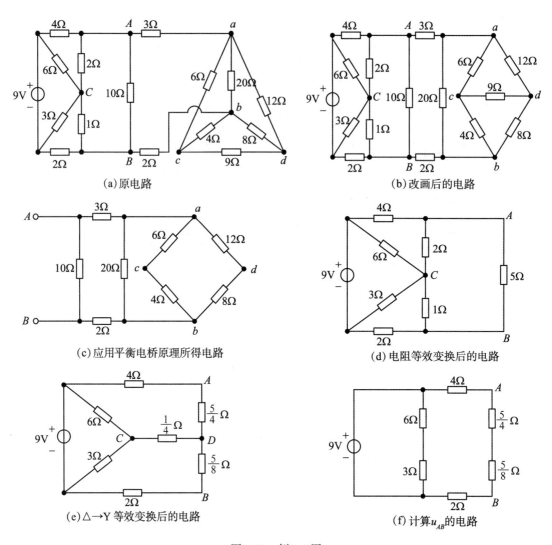

(a) 原电路

(b) 改画后的电路

(c) 应用平衡电桥原理所得电路

(d) 电阻等效变换后的电路

(e) △→Y 等效变换后的电路

(f) 计算 u_{AB} 的电路

图 2-12　例 2-5 图

2.7　含源单口电路的等效变换

2.7.1　独立电源的串联和并联

2.7.1.1　独立电压源的串联和并联

1. 串联

图 2-13(a)、(b)所示单口电路的端口特性方程分别为

$$u(t) = u_{S_1}(t) + u_{S_2}(t) + \cdots + u_{S_n}(t) = \sum_{k=1}^{n} u_{S_k}(t), \quad u(t) = u_S(t)$$

根据等效定义可知，只有当式(2-24)成立，即

$$u_S(t) = u_{S_1}(t) + u_{S_2}(t) + \cdots + u_{S_n}(t) = \sum_{k=1}^{n} u_{S_k}(t) \tag{2-24}$$

这两个单口电路才对外互为等效。显然，若图 2-13(a)中 $u_{S_k}(t)$ ($k=1$, 2, $\cdots$, n)的参考方向与图 2-13(b)中 $u_S(t)$ 的参考方向一致，则根据 KVL，其在式(2-24)中的符号取"+"，反之取"–"。

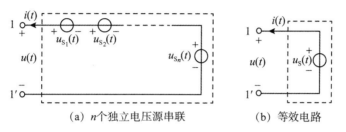

(a) n 个独立电压源串联   (b) 等效电路

图 2-13 n 个独立电压源串联及其等效电路

2. 并联

只有电压相等且极性一致的独立电压源才允许并联形成一个单口电路，否则将违背 KVL。图 2-14(a)、(b)所示单口电路的端口特性方程分别为

$$u(t) = u_{S_1}(t) = u_{S_2}(t) = \cdots = u_{S_n}(t), \quad u(t) = u_S(t)$$

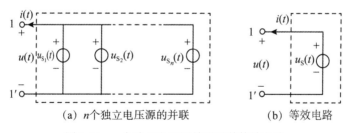

(a) n 个独立电压源的并联   (b) 等效电路

图 2-14 n 个独立电压源并联及其等效电路

根据等效定义可知，只有当式(2-25)成立，即

$$u_S(t) = u_{S_1}(t) = u_{S_2}(t) = \cdots = u_{S_n}(t) \tag{2-25}$$

这两个单口电路才对外互为等效。

需要注意的是，由多个独立电压源并联后会形成完全由电压源组成的回路，故而每一电源中的电流都是不确定的，因为由这些电源组成的回路中的电阻为零，例如，在图 2-14(a)中，令 $n=2$，即构成由两个电压源组成的回路，该回路中可以有任意值的回路电流而不会影响电源电压。但是，实际电压源都会有不为零、一定大小的串联内电阻，因此，这种电压源并联后，每一电压源中的电流均是确定的。

2.7.1.2 独立电流源的串联与并联

1. 串联

只有电流相等且参考方向一致的电流源才允许串联形成一个单口电路，否则违背 KCL。图 2-15(a)、(b)所示单口电路的端口特性方程分别为

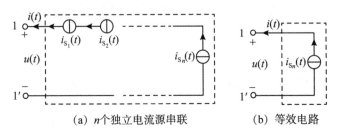

(a) n个独立电流源串联   (b) 等效电路

图 2-15 n 个独立电流源串联及其等效电路

$$i(t) = i_{S_1}(t) = i_{S_2}(t) = \cdots = i_{S_n}(t)\,,\ i(t) = i_S(t)$$

根据等效定义可知，只有当式(2-26)成立，即

$$i_S(t) = i_{S_1}(t) = i_{S_2}(t) = \cdots = i_{S_n}(t) \tag{2-26}$$

这两个单口电路才对外互为等效。

需要指出的是，由多个独立电流源串联后会形成完全由电流源支路连接而成的节点，故而每一电源中的端电压都是不确定的，例如，在图 2-15(a)中，令 $n = 2$ 即构成由两个电流源组成的支路，根据 KVL，假设端口 1-1′ 的电压为 $u(t) = u_{S_1}(t) + u_{S_2}(t)$，其中 $u_{S_1}(t)$、$u_{S_2}(t)$ 分别为两个电流源的端电压，显然，仅由此一个方程无法同时确定 $u_{S_1}(t)$ 和 $u_{S_2}(t)$。但是，实际电流源都会有一定大小、不为零的并联内电导，因此，这种电流源串联后，每一电源的端电压均是确定的。

因此，在对实际电路建模时，不可出现将两个或多个独立电压源并联以及将两个或多个独立电流源串联的情况，否则，将使得整个电路没有唯一解。明确这一点，是这里对此进行讨论的主要目的。

2. 并联

图 2-16(a)、(b)所示单口电路的端口特性方程分别为

$$i(t) = i_{S_1}(t) + i_{S_2}(t) + \cdots + i_{S_n}(t) = \sum_{k=1}^{n} i_{S_k}(t)\,,\ i(t) = i_S(t)$$

根据等效定义可知，只有当式(2-27)成立，即

$$i_S(t) = i_{S_1}(t) + i_{S_2}(t) + \cdots + i_{S_n}(t) = \sum_{k=1}^{n} i_{S_k}(t) \tag{2-27}$$

这两个单口电路才对外互为等效。显然，若图 2-16(a)中 $i_{S_k}(t)(k = 1,\ 2,\ \cdots,\ n)$ 的参考方向与图 2-16(b)中 $i_S(t)$ 的参考方向一致，则根据 KCL，其在式(2-27)中的符号取 "+"，反之取 "−"。

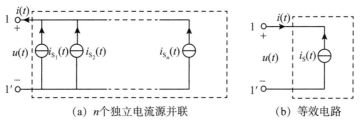

（a）n个独立电流源并联　　（b）等效电路

图 2-16　n个独立电流源并联及其等效电路

2.7.2 独立电源与任意单口电路或元件的串联和并联

2.7.2.1 独立电流源与任意单口电路或元件的串联

图 2-17（a）、（b）所示单口电路的端口特性方程均为 $i(t) = i_S(t)$，因此，根据等效定义可知，这两个单口电路对外互为等效。这表明，一个独立电流源与任意单口电路或元件串联可以等效为该电流源。

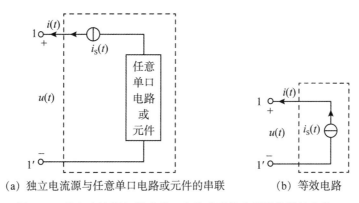

（a）独立电流源与任意单口电路或元件的串联　　（b）等效电路

图 2-17　独立电流源与任意单口电路或元件串联及其等效电路

2.7.2.2 独立电压源与任意单口电路或元件的并联

图 2-18（a）、（b）所示单口电路的端口特性方程同为 $u(t) = u_S(t)$，因此，根据等效定义可知，这两个单口电路对外互为等效，这表明一个独立电压源与任意单口电路或元件的并联可以等效为该电压源。

【例 2-6】 试求图 2-19（a）所示电路中的电压 u 和电流 i。

解 （1）求电压 u。首先将图 2-19（a）改画为图 2-19（b），将其中 4A 电流源与整个串联部分等效得到图 2-19（c），再将图 2-19（c）中 4A 电流源与 2Ω 电阻并联等效为 8V 电压源与 2Ω 电阻串联，最后可等效为图 2-19（e）所示的单回路电路，根据分压公式可得

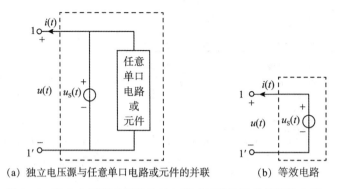

（a）独立电压源与任意单口电路或元件的并联   （b）等效电路

图 2-18 独立电压源与任意单口电路或元件并联及其等效电路

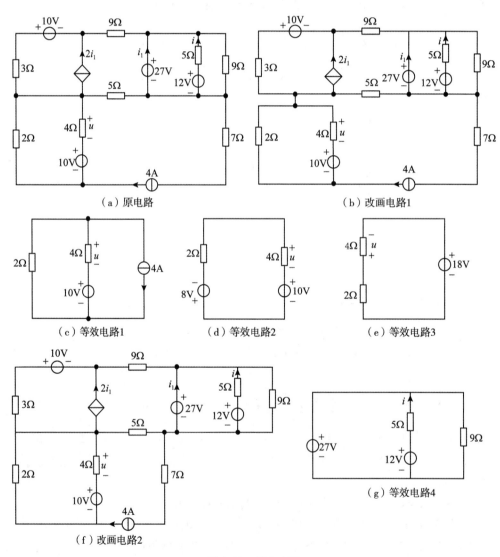

（a）原电路   （b）改画电路1

（c）等效电路1   （d）等效电路2   （e）等效电路3

（f）改画电路2   （g）等效电路4

图 2-19 例 2-6 图

$$u = -\frac{4}{2+4} \times 18 = -12(\text{V})$$

（2）求电压 i。将图 2-19(a) 改画为图 2-19(f)，再将其中 27V 电压源与整个左边的并联部分等效得到图 2-19(g) 所示的单节点回路，因此可得

$$i = \frac{12-27}{5} = -3(\text{A})$$

2.7.3 实际电压源与实际电流源的电路模型及其等效变换

理想电源的输出不会受其所端接的外电路的影响，但是实际电源的输出却会随着其所端接的外电路的改变而变化。

若一个独立电压源或受控电压源的源支路与无源元件串联，则称为有伴独立电压源或有伴受控电压源，也简称为有伴电压源；若一个独立电流源或受控电流源的源支路与无源元件并联，则称其为有伴独立电流源或有伴受控电流源，也简称为有伴电流源。反之，则分别称为无伴电压源和无伴电流源。

2.7.3.1 实际电压源的电路模型及其端口特性

实际电压源向负载供电时，其电流会在电源内部产生热损耗，这种热耗散可用电源内阻 R_S 来表示，因此，实际电压源的电路模型如图 2-20(a) 中虚线框内所示，其中 $u_S(t)$ 为一有伴电压源，在图示电压和电流的参考方向下，根据 KVL，其端口伏安特性可以表示为

$$u(t) = u_S(t) - R_{u_S}i(t) \tag{2-28}$$

由式（2-28）可知，若图 2-20(a) 中实际电压源所端接的为一电阻，其值减小则会使端电流 $i(t)$ 增大，R_{u_S} 上的电压降 $R_{u_S}i(t)$ 亦随之增大，从而端电压 $u(t)$ 减小，即实际电压源的端电压随其端电流的增大按直线规律下降，图 2-21(a) 所示为实际电压源在某一瞬时 t 的 $u \sim i$ 特性。

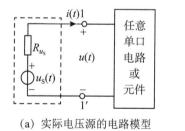
（a）实际电压源的电路模型

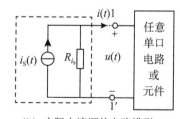
（b）实际电流源的电路模型

图 2-20 实际电压源与实际电流源的电路模型

当实际电压源输出端开路，即 $i(t) = 0$ 时，其输出电压为开路电压，即有 $u(t) = u_{oc}(t) = u_S(t)$；当输出端短路，即 $u(t) = 0$ 时，其输出电流为短路电流且取得最大值，即有 $i(t) = i_{sc}(t) = u_S(t)/R_{u_S}$。但是，实际电压源在使用时是不允许短路的，因为内阻 R_{u_S} 很

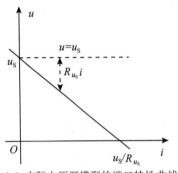 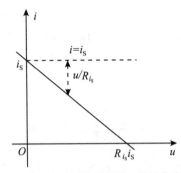

(a) 实际电压源模型的端口特性曲线　　　　(b) 实际电流源模型的端口特性曲线

图 2-21　实际电压源模型与实际电流源模型的端口特性曲线

小，短路所产生的过大电流会烧毁电源。若 $R_{u_S} \rightarrow 0$，实际电压源的输出电压 $u(t)$ 等于 $u_S(t)$ 而成为一理想电压源，因此，对于实际电压源而言，其内阻越小越好。由伏安特性曲线图 2-21(a) 可见，点 $(u_S(t)/R_{u_S}, 0)$ 为端口电压 $u(t)$ 符号改变的分界点。

2.7.3.2　实际电流源的电路模型及其端口特性

实际电流源在向负载供出电能的同时，电源内部也会有热耗散，这种热耗散可用电源内电导 $G_{i_S}(= 1/R_{i_S})$ 来表示，它起着分流的作用，因此，实际电流源的电路模型如图 2-20(b) 中虚线框内所示，其中 $i_S(t)$ 为一有伴电流源，在图示电压和电流的参考方向下，根据 KCL，其端口伏安特性可以表示为

$$i(t) = i_S(t) - \frac{u(t)}{R_{i_S}} = i_S(t) - G_{i_S}u(t) \tag{2-29}$$

由式(2-29) 可知，若图 2-20(b) 中所端接的为一电阻，其值增大，则会使端电压 $u(t)$ 增大，从而端电流 $i(t)$ 减小，即实际电流源的端电流会随其端电压的增大按直线规律下降。

图 2-21(b) 所示为实际电流源在某一瞬时 t 的 $i \sim u$ 特性。

当实际电流源输出端开路，即 $i(t) = 0$ 时，其输出电压为开路电压且取得最大值，有 $u(t) = u_{oc}(t) = i_S(t)R_{i_S}$，但是，实际电流源在使用时是不允许开路的，因为内导 G_{i_S} 很小，开路所产生的过大端电压会将电源击穿；当输出端短路，即 $u(t) = 0$ 时，其输出电流为短路电流，有 $i(t) = i_{sc}(t) = i_S(t)$。若 $R_{i_S} \rightarrow \infty (G_{i_S} \rightarrow 0)$，实际电流源的输出电流 $i(t)$ 等于 $i_S(t)$ 而成为一理想电流源，因此，对于实际电流源而言，其内阻越大越好即内导越小越好。由伏安特性曲线图 2-21(b) 可见，点 $(R_{i_S}i_S(t), 0)$ 或 $(i_S(t)/G_{i_S}, 0)$ 为端口电流 $i(t)$ 符号改变的分界点。

2.7.3.3　实际电压源与实际电流源电路模型的等效变换

将式(2-28) 改写为

$$i(t) = \frac{u_S(t)}{R_{u_S}} - \frac{u(t)}{R_{u_S}} \tag{2-30}$$

若实际电压源与实际电流源模型等效,则式(2-29)和式(2-30)必须相同,即在同样的端电压 $u(t)$ 下,两个电源具有相同的端电流 $i(t)$,因此该两式右边两项应分别相等,即

$$\begin{cases} R_{u_S} = R_{i_S} = R \\ i_S(t) = \dfrac{u_S(t)}{R} \end{cases} \tag{2-31}$$

上式即为实际电压源与实际电流源模型在电路参数上的等效条件,利用该式可以在已知一种电源参数的情况下,得出其等效电源的电路参数,对应的等效电路结构如图 2-20 (a)、(b)所示,其中电流源电流的流出端子必须与电压源正极性端子相对应。

如同任何等效电路一样,这两种电源模型之间的等效也是对外电路而言的,即它们对外提供相同的电压、电流和功率,但其内部却是不等效的,例如,在两种电源均为开路的情况下,它们对外均不发出功率,由于这时流过实际电压源模型内阻的电流为零,故其内部功率消耗亦为零,而流过实际电流源模型内阻的电流不为零,故其内部却存在大小等于 $R_{i_S}i_S^2(t)$ 的功率消耗;在两种电源均为短路的情况下,因为此时流过实际电流源模型内阻的电流为零,故其内部功率消耗亦为零,而流过实际电压源模型内阻的电流不为零,该短路电流等于 $u_S(t)/R_{u_S}$,故其内部却存在大小等于 $u_S^2(t)/R_{u_S}$ 的功率消耗。

【例 2-7】 求图 2-22(a)所示电路中的电流 i。

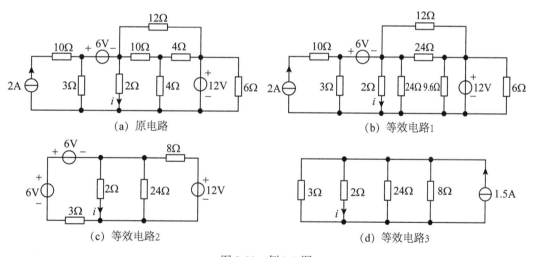

图 2-22 例 2-7 图

解 首先将图 2-22(a)中 10Ω,4Ω,4Ω 三个电阻构成的 Y 形连接等效变换成 △形连接,如图 2-22(b)所示。再将图 2-22(b)中最左边 2A 电流源与 10Ω 电阻串联等效为 2A 电流源,并将最右边 12V 电压源与 9.6Ω 和 6Ω 电阻的并联连接等效为 12V 电压源;同时将 2A 电流源与 3Ω 电阻并联连接等效变换为 6V 电压源与 3Ω 电阻的串联;将图 2-22(b)中最上方 12Ω 与 24Ω 并联连接等效变换为 8Ω 的电阻,这时电路如图 2-22(c)所示,其中两

个 6V 电压源反向串联，对外等效电压为零，再将 8Ω 电阻与 12V 电压源串联连接等效变换成 8Ω 电阻与 1.5A 电流源并联，如图 2-22(d)所示，由此可得

$$i = \frac{\dfrac{1}{2}}{\dfrac{1}{3} + \dfrac{1}{2} + \dfrac{1}{24} + \dfrac{1}{8}} \times 1.5 = 0.75(\text{A})$$

2.7.4　无伴独立电源的转移

无伴独立电源支路在有些情况下不便于电路分析计算，例如第 3 章中节点法和网孔法或回路法中电路方程的建立，这时，需要将它们等效转移到与其相关联的含有无源元件支路上而成为有伴电源。

2.7.4.1　无伴独立电压源的转移

在图 2-23(a)所示的电路中，含有一无伴电压源支路。按照 n 个相同电压值和极性的电压源并联与单个这样的电压源对外等效的原理，在其两端另外并联两个完全相同的电压源 $u_S(t)$，如图 2-23(b)所示。由对外等效性可知，除了电压源 $u_S(t)$ 支路外，这种并联对整个电路中其他支路的电压、电流不会产生任何影响。进一步，再将图 2-23(b)中节点 n_2 拉伸分裂成 3 个等位点 n_2、n_2 和 n_2，如图 2-23(c)所示，由于这 3 个等位点之间的两条短路线中均无电流，所以可以将这两根连线断开，如图 2-23(d)所示，这时，电路中已不

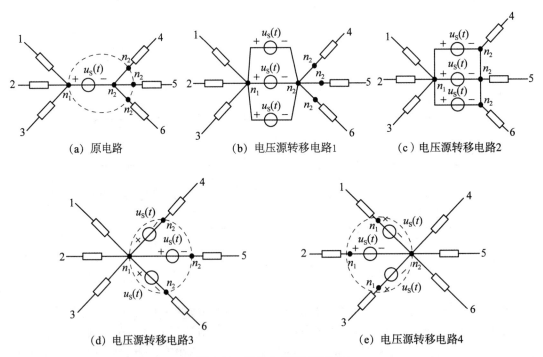

(a) 原电路　　　　(b) 电压源转移电路1　　　　(c) 电压源转移电路2

(d) 电压源转移电路3　　　　(e) 电压源转移电路4

图 2-23　无伴电压源转移示例

复存在无伴电压源支路。根据电压源并联与单个电压源对外等效的原理，图 2-23(a)、(d)中虚线框内的部分互为等效电路，即对于 4 个端子 n_1、n_2、n_2、n_2 以外的电路，两者是等效的。因此，用图 2-23(d)进行分析计算，除原电压源 u_S 支路本身外(对内不等效)，电路其他部分的电量和由图 2-23(a)所求得的完全相同。

从图 2-23(a)到图 2-23(d)的等效来看，该等效变换实质上就是将电压源 $u_S(t)$ 在不改变其电压极性和大小的情况下顺移过节点 n_2 再分别与 n_2 所连接的各支路相串联并将原无伴电压源 $u_S(t)$ 所在的两个端结点短接为一点。同样，也可将无伴电压源 $u_S(t)$ 按节点 n_1 进行转移，如图 2-23(e)所示。

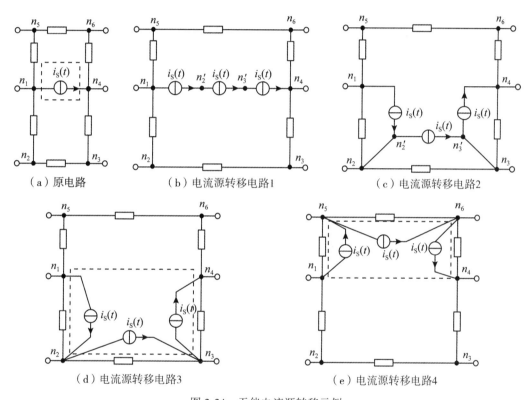

（a）原电路　　　　　（b）电流源转移电路1　　　　　（c）电流源转移电路2

（d）电流源转移电路3　　　　　　　（e）电流源转移电路4

图 2-24　无伴电流源转移示例

2.7.4.2　无伴独立电流源的转移

在图 2-24(a)所示的电路中，含有一无伴电流源支路。按照 n 个相同电流值和流向的电流源串联与单个这样的电流源对外等效的原理，在其两端另外串联两个完全相同的电流源 $i_S(t)$，如图 2-24(b)所示。由对外等效性可知，除了电流 $i_S(t)$ 支路外，这种串联对整个电路中其他支路的电压、电流不会有任何影响。进一步，再将图 2-24(b)中节点 n_2' 和 n_2 以及 n_3' 和 n_3 分别用短路线连接起来，得到图 2-24(c)，由 KCL 可知，其中所连短路线中并无电流，因而图 2-24(c)、(b)完全相同。分别将图 2-24(c)中等电位点 n_2' 和 n_2 以及

n'_3 和 n_3 缩为一点得到图 2-24(d)，这时，电路中已不复存在无伴电流源支路。因此，根据电流源串联与单个电流源对外等效的原理，图 2-24(a)、(d)中虚线框内的部分互为等效电路，因此，用图 2-24(d)进行分析计算，除原电流源 $i_s(t)$ 支路本身外(对内不等效)，电路其他部分的电量和由图 2-24(a)所求得的完全相同。

这种等效变换实质上就是将电流源 $i_s(t)$ 不改变其电流流向和大小的情况下转移并联至与无伴电流源同一回路的其余每一支路上，并将原无伴电流源 $i_s(t)$ 所在的支路开路。从图 2-24(a)到图 2-24(d)的等效是向图 2-24(a)中下面的回路进行转移的。同样，也可将无伴电流源向图 2-24(a)中上面的回路转移，所得等效电路如图 2-24(e)所示。根据 KCL，图 2-24(d)中节点 n_2 和 n_3 以及图 2-24(e)中节点 n_5 和 n_6 均有电流源 $i_s(t)$ 电流一进一出，故其无新增电流。

【例 2-8】 求如图 2-25(a)所示电路中的电流 i。

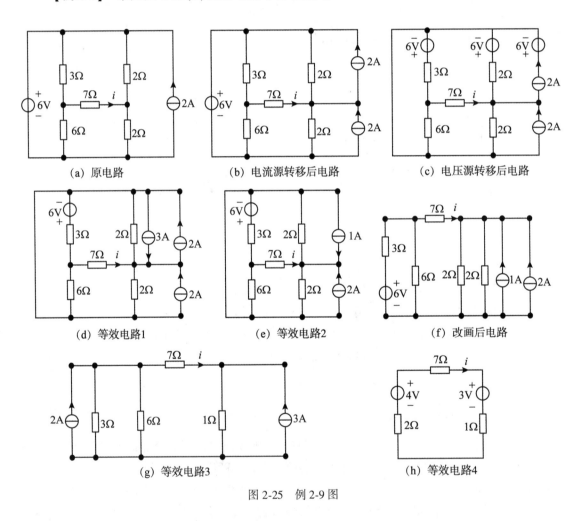

图 2-25　例 2-9 图

解 图 2-25(a)中有一个 6V 的无伴电压源和一个 2A 的无伴电流源，可以先将 2A 无伴电流源等效转移得到图 2-25(b)，再等效转移 6V 电压源得到图 2-25(c)，并将其中 6V

与 2Ω 串联以及 6V 与 2A 串联的两条支路分别作等效变换得出图 2-25(d)。进一步，对图 2-25(d)中两条电流源支路分别作等效变换得出图 2-25(e)，由于图 2-25(e)中上半部分电路和下半部分电路有短路线相连接，所以将上半部分电路沿 7Ω 为轴线对折连接得到图 2-25(f)，并对其中左边的有伴电压源和右边的两个电流源以及当中的两个并联的 2Ω 电阻作等效变换得到图 2-25(g)。最后，对 7Ω 左边和右边电路部分别作等效变换，得到图 2-25(h)所示的单回路电路，因此求出

$$i = \frac{4-3}{7+2+1} = 0.1(\text{A})$$

应该注意，在整个等效变换的过程中，一直要保持住欲求电量所在支路，这里为电流 i 所在的 7Ω 支路。

2.8 含受控电源单口电路的等效变换

2.8.1 受控源的源支路与任意单口电路或元件的串联和并联

由于给定电路中的受控源的控制量是确定的，随时间按一定的规律变化或为一常数，因此其受控支路(源支路)具有独立电源的特性，即受控电压源源支路的电压以及受控电流源源支路的电流也是确定的，即不受外电路的影响。因此，也可以对受控源的源支路作在等效方法上完全同于独立电源对应情况的等效变换，只是需要注意在变换过程中保留源支路的控制变量，以使受控关系明确。

由于这类等效变换的对象仅为受控源的源支路，因此，在以下讨论等效变换原理时，为了简便，未画出控制支路和控制量。

2.8.1.1 受控电流源源支路与任意单口电路或元件的串联

若一受控电流源的源支路与任意一个单口电路或元件串联且该单口电路中或元件上不含任何源支路的控制支路，则此串联电路对外部电路而言，可以等效为该受控电流源的源支路，如图 2-26 所示。

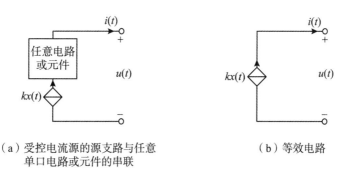

（a）受控电流源的源支路与任意
单口电路或元件的串联

（b）等效电路

图 2-26 受控电流源的源支路与任意单口电路或元件的串联及其等效电路

2.8.1.2 受控电压源源支路与任意单口电路或元件的并联

若一受控电压源的源支路与任意一个单口电路或元件并联且该单口电路中或元件上不含任何源支路的控制支路，则此并联电路对外部电路而言，可以等效为该受控电压源的源支路，如图 2-27 所示。

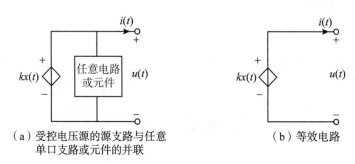

（a）受控电压源的源支路与任意　　　　　　　　（b）等效电路
单口支路或元件的并联

图 2-27 受控电压源的源支路与任意单口支路或元件的并联及其等效电路

【例 2-9】 试求图 2-28(a)所示电路中的电流 i。

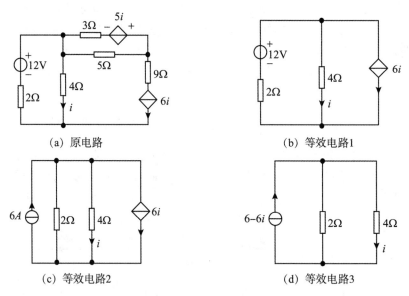

(a) 原电路　　　　　　　　　　　　　(b) 等效电路1

(c) 等效电路2　　　　　　　　　　　　(d) 等效电路3

图 2-28 例 2-9 图

解图 2-28(a)中电阻 3Ω 与受控电压源 $5i$ 串联后与电阻 5Ω 并联，再与电阻 9Ω、受控电流源 $6i$ 串联，可以等效为一个 $6i$ 的受控电流源，如图 2-28(b)所示。12V 电压源与电阻 2Ω 串联可等效为 6A 电流源与电阻 2Ω 并联，如图 2-28(c)所示。6A 电流源与受控电流源 $6i$ 并联可等效为一个 $6-6i$ 的电流源，如图 2-28(d)所示为一单节点偶电路，则根据分流原理，有

$$i = \frac{2}{2+4}(6-6i)$$

解得 $i = \frac{2}{3}$A。

【例 2-10】 电路如图 2-29(a)所示，试用等效分析法求电压 u。

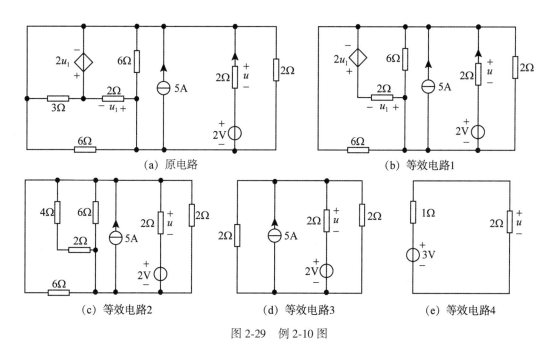

图 2-29　例 2-10 图

解 将受控电压源 $2u_1$ 与 3Ω 的并联支路等效为该受控电压源本身，如图 2-29(b)所示。由于当控制量为受控源所在支路的电压或电流时，该受控源可以直接等效为一电阻，所以图 2-29(b)中 $2u_1$ 等效为一电阻 $R = \frac{2u_1}{u_1/2} = 4\Omega$，如图 2-29(c)所示，再将 5A 电流源左边的电阻等效为一个 2Ω 电阻，如图 2-29(d)所示，最后将图 2-29(d)等效为图 2-29(e)所示的单回路电路。由分压公式可得 $u = \frac{2}{1+2} \times 3 = 2$(V)。

2.8.2　有伴受控电压源与有伴受控电流源的等效变换

有伴受控电压源与有伴受控电流源之间的等效变换在方法上和有伴独立电压源与有伴独立电流源之间的等效变换完全相同，如图 2-30 所示。

【例 2-11】 电路如图 2-31(a)所示，试用等效分析法求电流 i。

解 首先将 2V 电压源与 1Ω 电阻的串联等效为 2A 与 1Ω 电阻的并联，再将两个 1Ω 电阻并联等效为一个 0.5Ω 电阻，如图 2-31(b)所示。由于受控源可以与独立源一起参加等效变换，所以可以将图 2-31(b)中 $4u$ 的受控电流源与 2A 的独立电流源并联(相加)等效

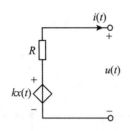
（a）有伴受控电压源的源支路

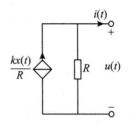
（b）有伴受控电流源的源支路

图 2-30　有伴受控电压源与有伴受控电流源之间的等效变换

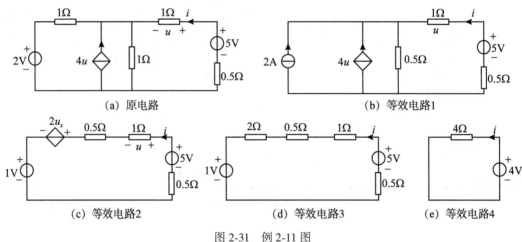

（a）原电路

（b）等效电路1

（c）等效电路2

（d）等效电路3

（e）等效电路4

图 2-31　例 2-11 图

后变换为图 2-31（c）的电压源模型，其中，受控电压源 $2u$ 受本支路中 1Ω 电阻上的电压 u 控制且参考方向一致，所以 $2u$ 受控电压源可以等效为一个 2Ω 的电阻，如图 2-30（d）所示。最后将图 2-31（d）中的电压源和电阻分别作串联等效得到图 2-31（e）所示的单回路电路，由此可得

$$i = 4/4 = 1(\mathrm{A})。$$

2.8.3　无伴受控电源源支路的转移

无伴受控电压源的源支路以及无伴受控电流源的源支路的转移方法分别与无伴独立电压源以及无伴独立电流源的完全类似。

【例 2-12】　求图 2-32（a）所示电路中的电压 u_x。

解　由于外网孔中有一个 4V 的无伴电压源支路，故将受控电流源 $2u_x$ 沿外网孔转移，可得图 2-32（b），接着将 4V 独立电压源与 $2u_x$ 受控电流源并联等效为 4V 电压源，再将该电源与 4Ω 电阻的串联作等效，并将 $2u_x$ 受控电流源与 2Ω 电阻作等效变换后，再与相连的 2Ω 电阻作等效变换，得到图 2-32（c），最后再作等效变换，得到图 2-32（d）所示的单节点偶电路。对于图 2-32（d），由 KCL 可得

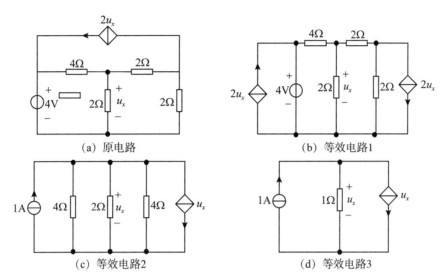

图 2-32   例 2-12 图

$$u_x = (1 - u_x) \times 1 = 1 - u_x$$

解得 $u_x = 0.5\text{V}$。

2.8.4 受控电源控制变量的代换

为了更方便地简化电路结构，有时需要受控源的控制变量所在的支路也参与等效变换，这时，为了保证受控源的控制关系继续存在且不改变，在作这种变换之前，必须应用 KCL、KVL 或 VCR 将控制变量代换为不作等效变换部分电路中的某一电压或电流，即将原控制变量转换为新控制变量，且并不改变原本的控制关系。例如，在对受控电流源源支路与任意单口电路或元件的串联，以及受控电压源支路与任意单口电路或元件的并联情况下进行等效变换时，若该单口电路中或元件上包含源支路的控制支路，则可以先利用受控源控制变量代换的方法将控制变量替换后，作出如图 2-26(b) 和 2-27(b) 所示的等效电路。再例如，在对有伴受控电压源与有伴受控电流源作等效变换时，若其中电阻 R 上有控制变量，则在变换之前也需要将该控制量进行代换。

【例 2-13】 在如图 2-33 所示电路中，已知 $R_1 = 1\Omega$，$R_2 = 2\Omega$，$R_3 = 3\Omega$，$i_S = 5\text{A}$，试求 i_1 和 u_2。

解 对图 2-33(a) 中由支路 R_1、$2i_3$、R_3、和 i_S 构成的广义节点列写 KCL 方程，将控制变量 i_3 代换用 i_1 表示，即

$$i_3 = i_1 - i_S = i_1 - 5 \tag{2-32}$$

对由受控源 u_2 和电阻 R_1、R_2、R_3 构成的回路列写 KVL 方程可得

$$u_2 + i_1 R_1 + u_2 = i_3 R_3 \tag{2-33}$$

将式 (2-32) 代入式 (2-33)，便可以用 i_1 来代换控制变量 u_2，即

$$u_2 = i_1 - 7.5 \tag{2-34}$$

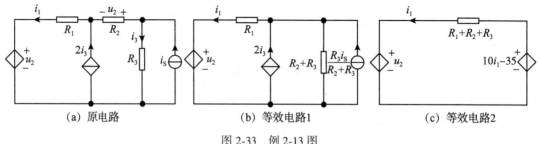

图 2-33　例 2-13 图

将图 2-33（a）中电流源 i_S 与电阻 R_3 并联等效为电压源 $i_S R_3$ 和电阻 R_3 串联，再将 R_2 与 R_3 的串联等效为 $R_2 + R_3$，接着将电压源 $i_S R_3$ 和 $R_2 + R_3$ 的串联等效为电流源 $\dfrac{i_S R_3}{R_2 + R_3}$ 与电阻 $R_2 + R_3$ 的并联，如图 2-33（b）所示。

由于受控电流源 $2i_3$ 和独立电流源 $\dfrac{i_S R_3}{R_2 + R_3}$ 均发出恒定的电流，故而在理论分析上，根据 KCL，可将两者的并联等效成一新的受控电流源或独立电流源：$\dfrac{i_S R_3}{R_2 + R_3} + 2i_3$，再将该电流源与并联电阻 $R_2 + R_3$ 等效为电压源 $\left(\dfrac{i_S R_3}{R_2 + R_3} + 2i_3\right)(R_2 + R_3)$ 与等效电阻 $R_1 + R_2 + R_3$ 的串联，如图 2-33（c）所示。

应用式（2-32），可得 $\left(\dfrac{i_S R_3}{R_2 + R_3} + 2i_3\right)(R_2 + R_3) = 10i_1 - 35$，对图 2-33（c）中回路列写 KVL 方程可得

$$u_2 + (R_1 + R_2 + R_3)i_1 = 10i_1 - 35$$

应用式（2-34）可解得 $i_1 = \dfrac{55}{6} \approx 9.167（A）$，$u_2 = i_1 - 7.5 \approx 9.167 - 7.5 \approx 1.667（V）$。

2.9　单口电路的输入电阻

2.9.1　输入电阻的定义

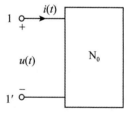

如图 2-34 所示，对于任意一个不含独立电源、仅含线性电阻、线性受控源的有源单口电路或仅含线性电阻的无源单口电路 N_0，其端口电压 $u(t)$ 与端口电流 $i(t)$ 之比定义为该单口电路的输入电阻，即

图 2-34　无源或有源单口电阻电路

$$R_{in} = \frac{u(t)}{i(t)} \tag{2-35}$$

式(2-35)是在 $u(t)$ 和 $i(t)$ 的参考方向对 N_0 而言是关联的情况下得出的,若非关联,则式(2-35)的右边应有负号"$-$"。单口电阻电路端口的输入电阻在数值上等于该电路端口的等效电阻,但是,两者定义的物理视角却是不同的。

按照定义,待求输入电阻的单口电路是不含独立电源的,因此,当需要求含独立电源的单口电路的输入电阻时,应将其中独立电源置零。

2.9.2 求输入电阻的基本方法

直接按输入电阻的定义来求解输入电阻是最为一般方法,称为外施电源法,即在单口电路端口施加一电压源 $u_s(t) = u(t)$,求出端口电流 $i(t)$,或在其端口施加一电流源 $i_s(t) = i(t)$,求出端口电压 $u(t)$,再根据式(2-35)即可求得其输入电阻的大小。当单口电路内部含有受控源等有源元件时,一般都应采用这种方法。直接按定义求输入电阻的方法既适用于"黑箱"单口电路,也适用于"白箱"单口电路,对于前者采用的是测量端口电流(外施电压源)或电压(外施电流源)的方法。当一端口电路中仅含电阻元件时,可以利用电阻的串、并联等效,通过逐次等效的方法求解其输入电阻。

【**例 2-14**】 试求图 2-35(a)所示电路 a、b 端的输入电阻 R_{ab}。

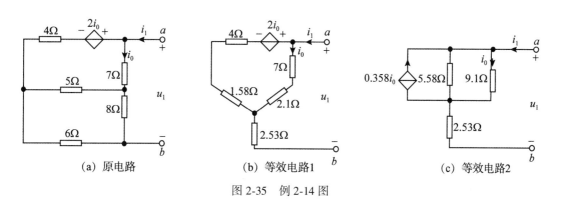

(a) 原电路 (b) 等效电路1 (c) 等效电路2

图 2-35 例 2-14 图

解 将图 2-35(a)中由 5Ω、6Ω 和 8Ω 三个电阻构成的三角形连接等效变换为星形连接,如图 2-35(b)所示。再将受控电压源 $2i_0$V 和电阻 5.58Ω 构成的串联支路变为受控电流源 $0.358i_0$A 和电阻 5.58Ω 构成的并联支路,如图 2-35(c)所示,根据 KCL 可得

$$-i_1 - 0.358i_0 + i_0 + \frac{9.1i_0}{5.58} = 0$$

解得 $i_1 = 2.27i_0$。根据 KVL 可得

$$9.1i_0 + 2.53i_1 = u_1$$

在上式中代入 $i_0 = \dfrac{i_1}{2.27}$,可得

$$R_{ab} = \frac{u_1}{i_1} = 6.53\Omega$$

【**例 2-15**】 试求图 2-36(a)所示电路的输入电阻 R_{in},已知 $\mu = 2$。

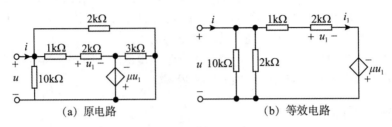

图 2-36 例 2-15 图

解 在图 2-36(a)所示电路中，由于 3kΩ 电阻与受控电压源 μu_1 并联，因此可以等效为受控电压源 μu_1，如图 2-36(b)所示，受控电压源 μu_1 与控制量 u_1 在同一支路，可先求出该局部单口电路的输入电阻 R_{in1}。由 KVL 和欧姆定律可得

$$u = 10^3 i_1 + u_1 - \mu u_1 = 10^3 i_1 + (1 - \mu) u_1 = 10^3 i_1 + (1 - \mu) 2 \times 10^3 i_1$$

则

$$R_{in1} = \frac{u}{i_1} = (3 - 2\mu) \times 10^3 \Omega$$

或者首先利用 $i_1 = \dfrac{u_1}{2 \times 10^3}$，求出受控电压源 μu_1 对应的电阻，即 $-\dfrac{\mu u_1}{i_1} = -2\mu \times 10^3 \Omega$，再利用电阻串联等效求出 $R_{in1} = (3 - 2\mu) \times 10^3 \Omega$。因此，整个单口电路的输入电阻为

$$R_{in} = \frac{10^3}{\dfrac{1}{10} + \dfrac{1}{2} + \dfrac{1}{3 - 2\mu}} = \frac{5(3 - 2\mu)}{2(7 - 3\mu)} \times 10^3 = -2.5 \times 10^3 \Omega$$

可见，在控制系数 μ 取不同值时，输入电阻可能为正值或零值，甚至是负值，这表明，对于含有受控源的单口电路，其输入电阻或等效电阻可能为负电阻，这时，该单口电路对外提供能量。

2.10 无源、含受控源或含源单口电感、电容电路的等效变换

类似于电阻电路的情况，对于一个无源、含受控源或含源单口电感、电容电路，也可以建立起其等效电路。下面首先讨论初始电压不为零的电容和初始电流不为零的电感的等效电路。

2.10.1 串联电容电路

2.10.1.1 串联电容电路的等效电容

对于如图 2-37(a)所示的 n 个电容(第 k 个电容的初始电压为 $u_{C_k}(0)$ $(k = 1, 2, \cdots, n)$ 的串联电路应用 KVL 可得

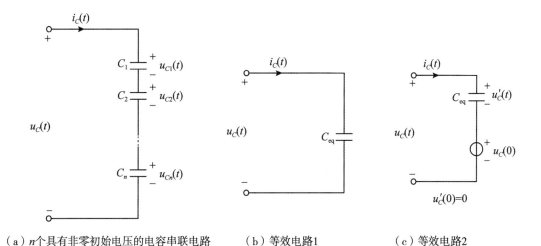

（a）n个具有非零初始电压的电容串联电路　　　（b）等效电路1　　　（c）等效电路2

图 2-37　n 个具有非零初始电压的电容串联及其等效电路

$$u_C(t) = \sum_{k=1}^{n} u_{C_k}(t) = \sum_{k=1}^{n} \left[u_{C_k}(0) + \frac{1}{C_k} \int_0^t i_{C_k}(\tau)\,\mathrm{d}\tau \right]$$

$$= \sum_{k=1}^{n} u_{C_k}(0) + \left(\sum_{k=1}^{n} \frac{1}{C_k} \right) \int_0^t i_C(\tau)\,\mathrm{d}\tau = u_C(0) + \frac{1}{C_{\mathrm{eq}}} \int_0^t i_C(\tau)\,\mathrm{d}\tau$$

$$(2\text{-}36)$$

式中，$u_C(0) = \sum_{k=1}^{n} u_{C_k}(0)$，$C_{\mathrm{eq}} = \dfrac{1}{\sum\limits_{k=1}^{n} \dfrac{1}{C_k}}$。由式（2-36）可得

$$\begin{cases} i_C(t) = C_{\mathrm{eq}} \dfrac{\mathrm{d}u_C(t)}{\mathrm{d}t} \\ u_C(0) = \sum\limits_{k=1}^{n} u_{C_k}(0) \end{cases} \qquad (2\text{-}37)$$

　　由式（2-36）和式（2-37）可知，n 个各具有初始电压 $u_{C_k}(0)$ 的电容的串联可以等效为一个具有初始电压 $u_C(0)$ 的等效电容 C_{eq}，也可以等效为一个初始电压为零的等效电容 C_{eq} 和一个独立电压源 $u_C(0)$ 的串联，分别如图 2-37（b）、（c）所示。显然，当 $k = 1$ 即仅一个电容为这时的特殊情况。

2.10.1.2　串联电容元件的分压

　　设图 2-37（a）中 n 个串联电容的初始电压 $u_{C_k}(0)(k=1,\ 2,\ \cdots,\ n)$ 均为零，则端口电压为

$$u_C(t) = \left(\sum_{k=1}^{n} \frac{1}{C_k} \right) \int_0^t i_C(\tau)\,\mathrm{d}\tau = \frac{1}{C_{\mathrm{eq}}} \int_0^t i_C(\tau)\,\mathrm{d}\tau \qquad (2\text{-}38)$$

即

$$C_{eq}u_C(t) = \int_0^t i_C(\tau)\mathrm{d}\tau \tag{2-39}$$

第 k 个电容上的电压为

$$u_{C_k}(t) = \frac{1}{C_k}\int_0^t i_C(\tau)\mathrm{d}\tau \tag{2-40}$$

将式(2-39)代入式(2-40)，可以得出 n 个串联电容的分压公式为

$$u_{C_k}(t) = \frac{C_{eq}}{C_k}u_C(t), \quad k = 1, 2, \cdots, n \tag{2-41}$$

可以看出，电容串联时，其等效电容计算式与分压公式分别与电阻并联时的等效电阻计算式与分流公式在形式上对应相似。例如，两电容串联时，其等效电容和分压公式分别为

$$C_{eq} = \frac{C_1 C_2}{C_1 + C_2}$$

$$u_{C_1}(t) = \frac{C_2}{C_1 + C_2}u_C(t), \quad u_{C_2}(t) = \frac{C_1}{C_1 + C_2}u_C(t)$$

2.10.2　并联电容电路

2.10.2.1　并联电容电路的等效电容

对于如图 2-38(a)所示的 n 个初始电压相同即 $u_{C_k}(0) = u_C(0)(k = 1, 2, \cdots, n)$ 的并联电容，由 KCL 可得

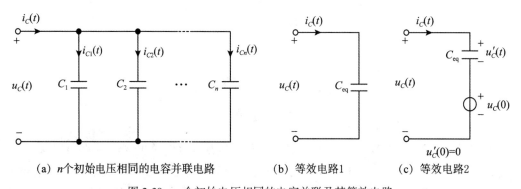

(a) n 个初始电压相同的电容并联电路　　(b) 等效电路1　　(c) 等效电路2

图 2-38　n 个初始电压相同的电容并联及其等效电路

$$i_C(t) = \sum_{k=1}^n i_{C_k}(t) = \sum_{k=1}^n C_k \frac{\mathrm{d}u_{C_k}(t)}{\mathrm{d}t} = \sum_{k=1}^n C_k \frac{\mathrm{d}u_C(t)}{\mathrm{d}t} = \left(\sum_{k=1}^n C_k\right)\frac{\mathrm{d}u_C(t)}{\mathrm{d}t} = C_{eq}\frac{\mathrm{d}u_C(t)}{\mathrm{d}t} \tag{2-42}$$

式中，$C_{eq} = \sum_{k=1}^n C_k$。由式(2-42)可得

$$u_C(t) = u_C(0) + \frac{1}{C_{eq}}\int_0^t i_C(\tau)\mathrm{d}\tau \tag{2-43}$$

由式(2-42)和式(2-43)可知，n 个初始电压相同的电容并联可以等效为一个具有同一初始电压 $u_C(0)$ 的等效电容 C_{eq}，也可以等效为一个初始电压为零的等效电容 C_{eq} 和一独立电压源 $u_C(0)$ 的串联，分别如图 2-38(b)、(c)所示。显然，$k = 1$ 即仅有一个电容为这时的特殊情况。

2.10.2.2 并联电容元件的分流

在图 2-38(a)中，第 k 个电容中的电流为

$$i_{C_k}(t) = C_k \frac{\mathrm{d}u_C(t)}{\mathrm{d}t} \tag{2-44}$$

将式(2-42)代入式(2-44)，可得并联电容的分流公式，即

$$i_{C_k}(t) = \frac{C_k}{C_{eq}} i_C(t) \tag{2-45}$$

可以看出，电容并联时，其等效电容计算式与分流公式分别与电阻串联时的等效电阻计算式与分压公式在形式上对应相似。

2.10.3 串联电感电路

2.10.3.1 串联电感电路的等效电感

对于如图 2-39(a)所示的 n 个初始电流相同即 $i_{L_k}(0)=i_L(0)(k=1, 2, \cdots, n)$ 的串联电感电路，由 KVL 可得

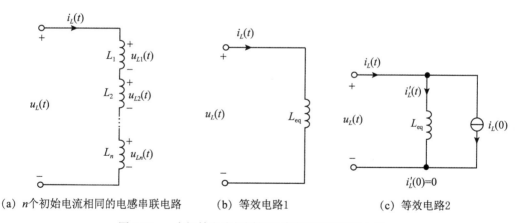

(a) n个初始电流相同的电感串联电路　(b) 等效电路1　(c) 等效电路2

图 2-39　n 个初始电流相同的电感串联及其等效电路

$$u_L(t) = \sum_{k=1}^{n} u_{L_k}(t) = \sum_{k=1}^{n} L_k \frac{\mathrm{d}i_{L_k}(t)}{\mathrm{d}t} = \sum_{k=1}^{n} L_k \frac{\mathrm{d}i_L(t)}{\mathrm{d}t} = \left(\sum_{k=1}^{n} L_k\right) \frac{\mathrm{d}i_L(t)}{\mathrm{d}t} = L_{eq} \frac{\mathrm{d}i_L(t)}{\mathrm{d}t} \tag{2-46}$$

式中，$L_{eq} = \sum_{k=1}^{n} L_k$。由式(2-46)可得

$$i_L(t) = i_L(0) + \frac{1}{L_{eq}} \int_0^t u_L(\tau)\mathrm{d}\tau \tag{2-47}$$

由式(2-46)和式(2-47)可知，n 个初始电流相同的电感串联可以等效为一个具有同一初始电流 $i_L(0)$ 的等效电感 L_{eq}，也可以等效为一个初始电流为零的等效电感 L_{eq} 和一独立电流源 $i_L(0)$ 的并联，分别如图 2-39(b)、(c)所示。显然，$k=1$ 即仅一个电感为这时的特殊情况。

2.10.3.2　串联电感元件的分压

图 2-39(a)所示电路中第 k 个电感上的电压为

$$u_{L_k}(t) = L_k \frac{\mathrm{d}i_{L_k}(t)}{\mathrm{d}t} = L_k \frac{\mathrm{d}i_L(t)}{\mathrm{d}t} \tag{2-48}$$

将式(2-46)代入式(2-48)，可得串联电感的分压公式，即

$$u_{L_k}(t) = \frac{L_k}{L_{eq}} u_L(t), \quad k = 1, 2, \cdots, n \tag{2-49}$$

可以看出，电感元件串联时，其等效电感计算式与分压公式分别与电阻串联时的等效电阻计算式与分压公式在形式上对应相似。

2.10.4　并联电感电路

2.10.4.1　并联电感电路的等效电感

对于如图 2-40(a)所示的 n 个电感(第 k 个电感的初始电流为 $i_{L_k}(0)$($k=1, 2, \cdots, n$) 的并联电路，由 KCL 可得

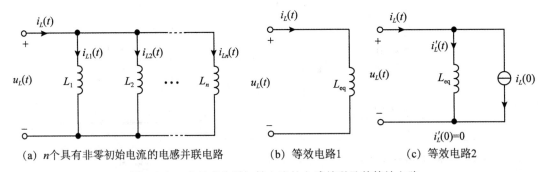

(a) n个具有非零初始电流的电感并联电路　　(b) 等效电路1　　(c) 等效电路2

图 2-40　n个具有非零初始电流的电感并联及其等效电路

$$\begin{aligned} i_L(t) &= \sum_{k=1}^{n} i_{L_k}(t) = \sum_{k=1}^{n} \left[i_{L_k}(0) + \frac{1}{L_k} \int_0^t u_{L_k}(\tau)\mathrm{d}\tau \right] \\ &= \sum_{k=1}^{n} i_{L_k}(0) + \left(\sum_{k=1}^{n} \frac{1}{L_k} \right) \int_0^t u_L(\tau)\mathrm{d}\tau = i_L(0) + \frac{1}{L_{eq}} \int_0^t u_L(\tau)\mathrm{d}\tau \end{aligned} \tag{2-50}$$

式中，$i_L(0) = \sum\limits_{k=1}^{n} i_{L_k}(0)$，$L_{eq} = \dfrac{1}{\sum\limits_{k=1}^{n} \dfrac{1}{L_k}}$。由式(2-50)可得

$$\begin{cases} u_L(t) = L_{eq} \dfrac{\mathrm{d}i_L(t)}{\mathrm{d}t} \\ i_L(0) = \sum\limits_{k=1}^{n} i_{L_k}(0) \end{cases} \tag{2-51}$$

由式(2-50)和式(2-51)可知，n 个各具有非零初始电流的电感并联可以等效为一个具有初始电流 $i_L(0)$ 的等效电感 L_{eq}，也可以等效为一个初始电流为零的等效电感和一独立电流源 $i_L(0)$ 的并联，分别如图 2-40(b)、(c)所示。显然，$k=1$ 即仅有一个电感为这时的特殊情况。

2.10.4.2　并联电感元件的分流

设图 2-40(a)中 n 个并联电感的初始电流 $i_{L_k}(0)(k=1,2,\cdots,n)$ 均为零，则端口电流为

$$i_L(t) = \frac{1}{L_{eq}} \int_0^t u_L(\tau) \mathrm{d}\tau \tag{2-52}$$

即有

$$\int_0^t u_L(\tau) \mathrm{d}\tau = L_{eq} i_L(t) \tag{2-53}$$

第 k 个电感中的电流为

$$i_{L_k}(t) = \frac{1}{L_k} \int_0^t u_L(\tau) \mathrm{d}\tau \tag{2-54}$$

将式(2-53)代入式(2-54)，可以得出 n 个电感并联的分流公式为

$$i_{L_k} = \frac{L_{eq}}{L_k} i, \quad k = 1, 2, \cdots, n \tag{2-55}$$

可以看出，电感元件并联时，其等效电感计算式与分流公式分别与电阻并联时的等效电阻计算式与分流公式在形式上的对应相似。

2.10.5　混联电容或电感电路

若干个电容或电感的混联电路的等效电容或电感的计算方法与混联电阻电路的相同。

【例 2-16】　在图 2-41 所示电路中，已知 $u(t) = 10\mathrm{e}^{-3t}\mathrm{V}$，$u_1(0) = 2\mathrm{V}$。求 $u_2(0)$、$u_1(t)$ 和 $u_2(t)$，以及 $i(t)$、$i_1(t)$ 和 $i_2(t)$。

解　由 KVL 可得

$$u_2(0) = u(0) - u_1(0) = 10 - 2 = 8(\mathrm{V})$$

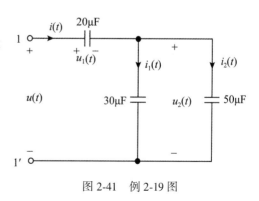

图 2-41　例 2-19 图

端口 11′的等效电容为 $C_{\text{eq}} = \dfrac{(30 + 50) \times 20}{(30 + 50) + 20} = 16(\mu\text{F})$。

$$i(t) = C_{\text{eq}}\frac{\mathrm{d}u(t)}{\mathrm{d}t} = 16 \times 10^{-6}\frac{\mathrm{d}(10\mathrm{e}^{-3t})}{\mathrm{d}t} = 16 \times 10^{-6} \times 10 \times (-3\mathrm{e}^{-3t}) = (-480 \times 10^{-6})\mathrm{e}^{-3t}\,\text{A}$$

$$u_1(t) = \frac{1}{20 \times 10^{-6}}\int_0^t i(\tau)\mathrm{d}\tau + u_1(0) = \frac{1}{20 \times 10^{-6}}\int_0^t (-480)\mathrm{e}^{-3t} \times 10^{-6}\mathrm{d}t + 2$$

$$= \frac{-480}{-60}\mathrm{e}^{-3t}\Big|_0^t + 2 = 8\mathrm{e}^{-3t} - 8 + 2 = (-6 + 8\mathrm{e}^{-3t})\,\text{V}$$

$$u_2(t) = u(t) - u_1(t) = 10\mathrm{e}^{-3t} + 6 - 8\mathrm{e}^{-3t} = (6 + 2\mathrm{e}^{-3t})\,\text{V}$$

$$i_1(t) = 30 \times 10^{-6}\frac{\mathrm{d}u_2(t)}{\mathrm{d}t} = 30 \times 10^{-6} \times 2 \times (-3)\mathrm{e}^{-3t} = (-180 \times 10^{-6})\mathrm{e}^{-3t}\,\text{A}$$

$$i_2(t) = 50 \times 10^{-6}\frac{\mathrm{d}u_2(t)}{\mathrm{d}t} = 50 \times 10^{-6} \times 2 \times (-3)\mathrm{e}^{-3t} = (-300 \times 10^{-6})\mathrm{e}^{-3t}\,\text{A}$$

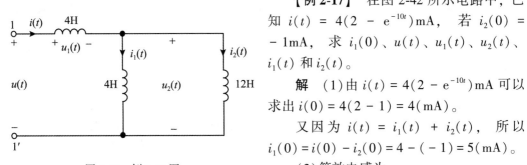

图 2-42　例 2-17 图

【例 2-17】　在图 2-42 所示电路中，已知 $i(t) = 4(2 - \mathrm{e}^{-10t})\text{mA}$，若 $i_2(0) = -1\text{mA}$，求 $i_1(0)$、$u(t)$、$u_1(t)$、$u_2(t)$、$i_1(t)$ 和 $i_2(t)$。

解　(1) 由 $i(t) = 4(2 - \mathrm{e}^{-10t})\text{mA}$ 可以求出 $i(0) = 4(2 - 1) = 4(\text{mA})$。

又因为 $i(t) = i_1(t) + i_2(t)$，所以 $i_1(0) = i(0) - i_2(0) = 4 - (-1) = 5(\text{mA})$。

(2) 等效电感为

$$L_{\text{eq}} = 2 + 4 \mathbin{/\mkern-5mu/} 12 = 2 + 3 = 5(\text{H})$$

因此

$$u(t) = L_{\text{eq}}\frac{\mathrm{d}i(t)}{\mathrm{d}t} = 5 \times 4 \times (-1) \times (-10)\mathrm{e}^{-10t} = 200\mathrm{e}^{-10t}(\text{mV})$$

$$u_1(t) = 2\frac{\mathrm{d}i(t)}{\mathrm{d}t} = 2 \times (-4) \times (-10)\mathrm{e}^{-10t} = 80\mathrm{e}^{-10t}(\text{mV})$$

又因为 $u(t) = u_1(t) + u_2(t)$，则

$$u_2(t) = u(t) - u_1(t) = 120\mathrm{e}^{-10t}\text{mV}$$

(3) 由电感的 VCR 可以求出

$$i_1(t) = \frac{1}{4}\int_0^t u_2\mathrm{d}t + i_1(0) = \frac{120}{4}\int_0^t \mathrm{e}^{-10t}\mathrm{d}t + 5 = -3\mathrm{e}^{-10t}\Big|_0^t + 5 = -3\mathrm{e}^{-10t} + 3 + 5$$

$$= 8 - 3\mathrm{e}^{-10t}(\text{mA})$$

$$i_2(t) = \frac{1}{12}\int_0^t u_2\mathrm{d}t + i_2(0) = \frac{120}{12}\int_0^t \mathrm{e}^{-10t}\mathrm{d}t - 1 = -\mathrm{e}^{-10t}\Big|_0^t - 1 = -\mathrm{e}^{-10t} + 1 - 1$$

$$= -\mathrm{e}^{-10t}(\text{mA})$$

【例 2-18】　求图 2-43 所示电路的等效电感 L_{eq}。

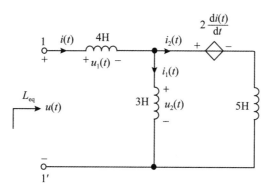

图 2-43　例 2-18 图

解　由图 2-43 列写 KVL 可得

$$u(t) = u_1(t) + u_2(t) = 4 \frac{\mathrm{d}i}{\mathrm{d}t} + u_2(t) \tag{2-56}$$

$$u_2(t) = 2 \frac{\mathrm{d}i(t)}{\mathrm{d}t} + 5 \frac{\mathrm{d}i_2(t)}{\mathrm{d}t} \tag{2-57}$$

将 KCL：$i_2(t) = i(t) - i_1(t)$ 以及 $u_2(t) = 3 \frac{\mathrm{d}i_1(t)}{\mathrm{d}t}$ 代入式(2-57)，可得

$$u_2(t) = 2 \frac{\mathrm{d}i(t)}{\mathrm{d}t} + 5 \frac{\mathrm{d}i(t)}{\mathrm{d}t} - 5 \frac{\mathrm{d}i_1(t)}{\mathrm{d}t} = 7 \frac{\mathrm{d}i(t)}{\mathrm{d}t} - 5 \frac{u_2(t)}{3}$$

因此有

$$u_2(t) = \frac{35}{8} \frac{\mathrm{d}i(t)}{\mathrm{d}t} \tag{2-58}$$

将式(2-58)代入式(2-56)有

$$u(t) = 4 \frac{\mathrm{d}i(t)}{\mathrm{d}t} + \frac{35}{8} \frac{\mathrm{d}i(t)}{\mathrm{d}t} = \frac{67}{8} \frac{\mathrm{d}i(t)}{\mathrm{d}t}$$

因此有

$$L_{\mathrm{eq}} = \frac{67}{8} = 8.375(\mathrm{H})$$

对于复杂连接的电容或电感电路，类同于复杂连接的电阻电路，需要用到星形连接和三角形连接之间的等效变换，先将它们等效变换为混联连接，再进行等效变换。在直接套用电阻电路的星形连接和三角形连接之间的等效变换公式进行电容或电感等效变换时，变换式中 R 分别用 L 和 $1/C$ 替换。

2.10.6　电容或电感元件与独立电源的串联与并联之间的等效变换

2.10.6.1　电容元件与独立电源的串联与并联之间的等效变换

一初始电压为零的电容元件与一独立电压源串联而成的电路如图 2-44(a)所示，根据

KVL 可知，其积分形式的端口电压电流关系为

$$u(t) = u_\mathrm{S}(t) + \frac{1}{C}\int_0^t i(\tau)\,\mathrm{d}\tau \tag{2-59}$$

对式(2-59)两边对变量 t 求导，可得其微分形式的端口电压电流关系为

$$i(t) = C\frac{\mathrm{d}u(t)}{\mathrm{d}t} - C\frac{\mathrm{d}u_\mathrm{S}(t)}{\mathrm{d}t} \tag{2-60}$$

式(2-60)为 KCL 方程，由于所考察的电路变量仅为 $u(t)$ 和 $i(t)$，因此第一项为电容元件微分形式的电压电流关系，第二项 $C\dfrac{\mathrm{d}u_\mathrm{S}(t)}{\mathrm{d}t}$ 应为一电流源，令

$$i_\mathrm{S}(t) = C\frac{\mathrm{d}u_\mathrm{S}(t)}{\mathrm{d}t} \tag{2-61}$$

将式(2-61)改写为积分形式

$$u_\mathrm{S}(t) = \frac{1}{C}\int_0^t i_\mathrm{S}(\tau)\,\mathrm{d}\tau \tag{2-62}$$

式(2-59)和式(2-60)所代表端口伏安关系完全相同的，所以它们对应的电路模型应等效，即由式(2-59)得出的如图 2-44(a)所示的电路与由式(2-60)得出的如图 2-44(b)所示的电路是等效的，而式(2-61)或式(2-62)为这两个电路等效的条件。

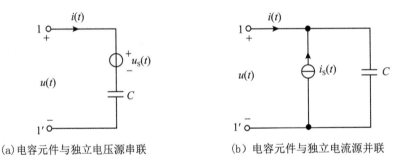

(a) 电容元件与独立电压源串联 (b) 电容元件与独立电流源并联

图 2-44 电容元件与独立电源的串联与并联之间的等效变换

2.10.6.2 电感元件与独立电源的串联与并联之间的等效变换

一初始电流为零的电感元件一与独立电压源串联而成的电路如图 2-45(a)所示，根据 KVL 可知，其端口电压电流关系为

$$u(t) = u_\mathrm{S}(t) + L\frac{\mathrm{d}i(t)}{\mathrm{d}t} \tag{2-63}$$

对式(2-63)两边对变量 t 积分，可得其积分形式的端口电压电流关系为

$$i(t) = \frac{1}{L}\int_0^t u(\tau)\,\mathrm{d}\tau - \frac{1}{L}\int_0^t u_\mathrm{S}(\tau)\,\mathrm{d}\tau \tag{2-64}$$

式(2-64)为 KCL 方程，其中第一项为电感元件积分形式的电压电流关系，第二项

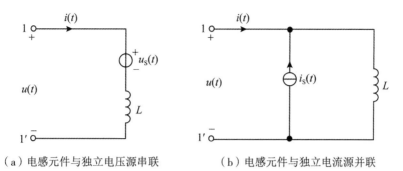

（a）电感元件与独立电压源串联　　　（b）电感元件与独立电流源并联

图 2-45　电感元件与独立电源的串联与并联之间的等效变换

$\dfrac{1}{L}\displaystyle\int_0^t u_S(\tau)\mathrm{d}\tau$ 应为一电流源，令

$$i_S(t) = \frac{1}{L}\int_0^t u_S(\tau)\mathrm{d}\tau \tag{2-65}$$

将式(2-65)改写为微分形式

$$u_S(t) = L\frac{\mathrm{d}i_S(t)}{\mathrm{d}t} \tag{2-66}$$

式(2-63)和式(2-64)所代表端口伏安关系完全相同，所以它们对应的电路模型应等效，即由式(2-63)得出的如图 2-45(a)所示的电路与由式(2-64)得出的如图 2-45(b)所示的电路是等效的，而式(2-65)或式(2-66)为这两个电路等效的条件。

【例 2-19】　求如图 2-46(a)所示电路的等效电路。

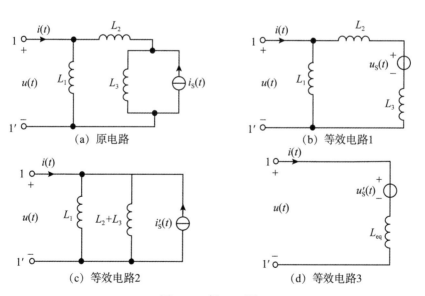

(a) 原电路　　　　　　　　(b) 等效电路1

(c) 等效电路2　　　　　　　(d) 等效电路3

图 2-46　例 2-20 图

解　电流源 $i_\mathrm{S}(t)$ 与电感 L_3 并联可等效为一个电压源 $u_\mathrm{S}(t)$ 与电感 L_3 串联，如图 2-46 (b)所示，其中 $u_\mathrm{S}(t) = L_3 \dfrac{\mathrm{d}i_\mathrm{S}(t)}{\mathrm{d}t}$。电压源 $u_\mathrm{S}(t)$ 与电感 $(L_2 + L_3)$ 串联可等效为电流源 $i'_\mathrm{S}(t)$ 与电感 $(L_2 + L_3)$ 并联，如图 2-46(c)所示，其中 $i'_\mathrm{S}(t) = \dfrac{1}{L_2 + L_3} \displaystyle\int_0^t u_\mathrm{S}(\tau)\,\mathrm{d}\tau = \dfrac{1}{L_2 + L_3} \displaystyle\int_0^t L_3 \dfrac{\mathrm{d}i_\mathrm{S}(\tau)}{\mathrm{d}\tau}\,\mathrm{d}\tau = \dfrac{L_3}{L_2 + L_3} i_\mathrm{S}(t)$。电感 $(L_2 + L_3)$ 与电感 L_1 并联可等效为电感 $L_{\mathrm{eq}} = \dfrac{L_1(L_2 + L_3)}{L_1 + L_2 + L_3}$，电流源 $i'_\mathrm{S}(t)$ 与电感 L_{eq} 并联可等效为电压源 $u'_\mathrm{S}(t)$ 与电感 L_{eq} 串联，如图 2-46(d)所示，其中 $u'_\mathrm{S}(t) = L_{\mathrm{eq}} \dfrac{\mathrm{d}i'_\mathrm{S}(t)}{\mathrm{d}t} = \dfrac{L_1(L_2 + L_3)}{L_1 + L_2 + L_3} \dfrac{\mathrm{d}\left(\dfrac{L_3}{L_2 + L_3} i_\mathrm{S}(t)\right)}{\mathrm{d}t} = \dfrac{L_1 L_3}{L_1 + L_2 + L_3} \dfrac{\mathrm{d}i_\mathrm{S}(t)}{\mathrm{d}t}$

图 2-46(d)即为所求的等效电路。

习　　题

2-1　电阻网络如题 2-1 图(a)、(b)所示。(1)求端口 a，b 的入端等效电阻 R_{ab}；(2)若端口为 c，b，试求等效电阻 R_{cb}。

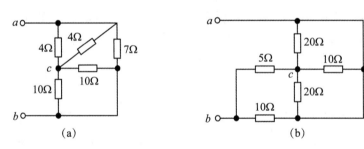

题 2-1 图

2-2　求题 2-2 图所示电路的等效电阻 R_{ab}。

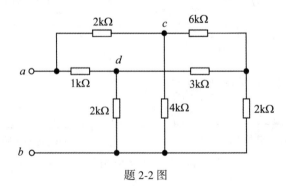

题 2-2 图

2-3　电路如题 2-3 图所示。试分别求 12V 电压源和 5A 电流源发出的功率。

2-4　试求题 2-4 图所示桥式电路中的电流 i。

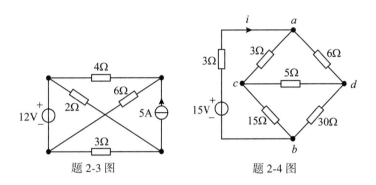

题 2-3 图　　　　　　　　题 2-4 图

2-5　试求题 2-5 图(a)、(b)、(c)3 个子电路 a，b 端的等效电阻值。

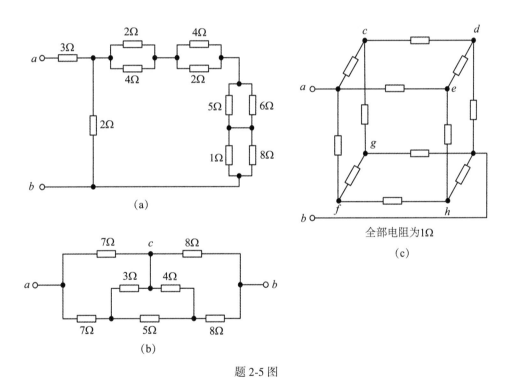

(a)

全部电阻为 1Ω

(c)

(b)

题 2-5 图

2-6　求题 2-6 图所示电路中的电流 I。

2-7　在题 2-7 图所示电路中，$R_1 = 2\Omega$，$R_2 = 4\Omega$，$R_3 = 5\Omega$，$R_4 = 3\Omega$，$R_5 = 10\Omega$，$R_6 = 4\Omega$，$E = 10V$，求 E 中电流 I。

2-8　电路如题 2-8 图所示。(1)当 $R = 20\Omega$ 时，求等值电阻 R_{ab}；(2)当 $R = 30\Omega$ 时，求等值电阻 R_{ab}。

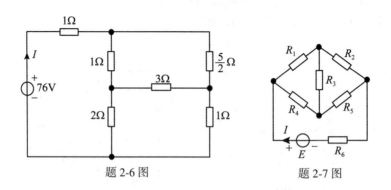

题 2-6 图　　　　　　　　题 2-7 图

2-9　电路如题 2-9 图所示。求电压传输比 u_o/u_i。

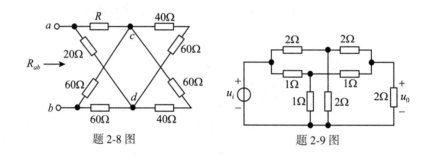

题 2-8 图　　　　　　　　题 2-9 图

2-10　求题 2-10 图所示电路中电流 I。

2-11　求题 2-11 图所示电路中的 I，U 及 CCVS 所吸收的功率。

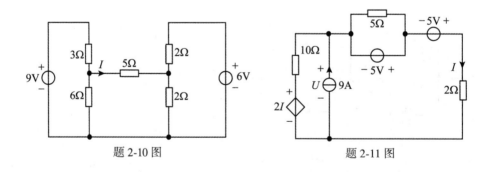

题 2-10 图　　　　　　　　题 2-11 图

2-12　试把题 2-12 图(a)、(b)所示的两个电路分别变换成单一的理想电流源与线性定常电阻元件相并联的电源支路。

2-13　利用电源的等效变换，求题 2-13 图所示电路的电流 i。

2-14　将题 2-14 图所示电路中的 △ 形连接电路等效为 Y 形连接电路。

2-15　已知题 2-15 图所示电路中，$U_{S_1} = 10V$，$U_{S_2} = 7.6V$，$I_{S_1} = -2A$，$I_{S_2} = 2A$，$R_1 = 5\Omega$，$R_2 = 3\Omega$，$R_3 = R_4 = R_5 = 6\Omega$，$R_6 = 2\Omega$，$R_7 = 14\Omega$。试求电压源 U_{S_1} 供出的功率。

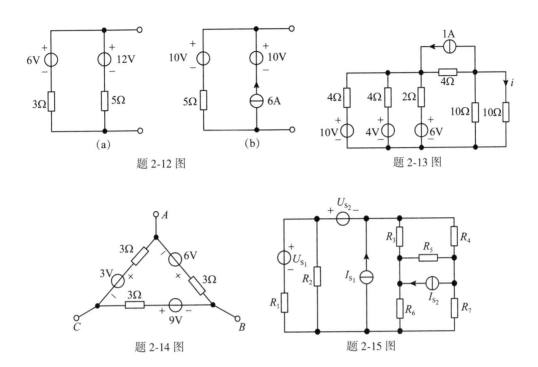

题 2-12 图

题 2-13 图

题 2-14 图

题 2-15 图

2-16　利用电源的等效变换、电阻电路的 △-Y 等效变换，把题 2-16 图示的 △ 形连接电路等效为 Y 形连接电路。

2-17　求题 2-17 图所示电路的入端电阻 R_{AB}。

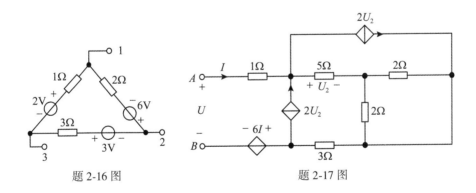

题 2-16 图

题 2-17 图

2-18　化简题 2-18 图所示电路。

2-19　在题 2-19 图所示电路中，$R_1 = R_3 = R_4$，$R_2 = 2R_1$，CCVS 的电压 $u_C = 4R_1 i_1$，利用电源等效变换求电压 u_{10}。

2-20　在题 2-20 图示电路中，求：（1）a，b 看作输入端时的输入电阻 R_{in}；（2）c，d 看作输出端的输出电阻 R_{out}。

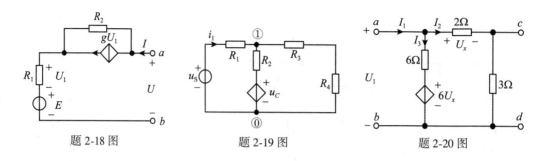

题 2-18 图　　　　　　　题 2-19 图　　　　　　　题 2-20 图

2-21　求题 2-21 图(a)、(b)、(c)所示电路的等效电感。

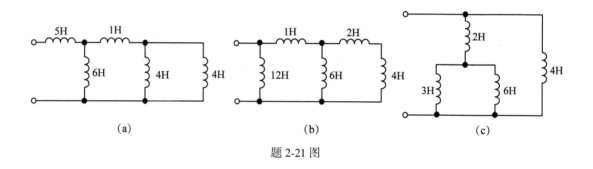

(a)　　　　　　　　　(b)　　　　　　　　　(c)

题 2-21 图

2-22　求题 2-22 图所示电路的等效电感。

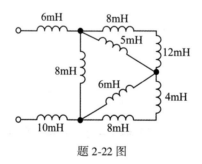

题 2-22 图

2-23　求题 2-23 图(a)、(b)、(c)所示电路中的等效电容。

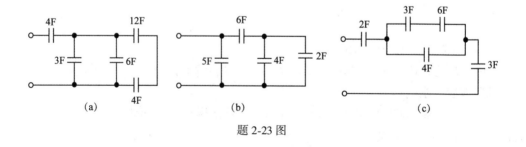

(a)　　　　　　　　　(b)　　　　　　　　　(c)

题 2-23 图

2-24　求题 2-24 图所示电路中的等效电容。

2-25　求题 2-25 图所示电路的等效电容。

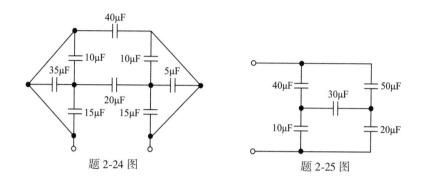

题 2-24 图　　　　　　　　　　题 2-25 图

2-26　在题 2-26 图所示电路中，已知 $i_s(t) = 6e^{-2t}$ mA（$t \geqslant 0$），$i_1(0) = 4$ mA。求：（1）$i_2(0)$；（2）$i_1(t)$ 和 $i_2(t)$（$t > 0$）；（3）$u_1(t)$ 和 $u_2(t)$（$t > 0$）；（4）在 $t = 0.5$ s 时，每个电感中储存的能量。

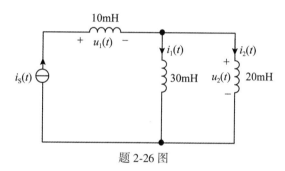

题 2-26 图

2-27　在题 2-27 图所示电路中，已知 $u = 10e^{-3t}$ V，$u_1(0) = 2$ V，求：（1）$u_2(0)$；（2）$u_1(t)$ 和 $u_2(t)$；（3）$i(t)$，$i_1(t)$ 和 $i_2(t)$。

2-28　求题 2-28 图所示电路的等效电路。已知 $C = 0.4$ F，$u_C(0) = 3$ V，$u_s(t) = 2e^{-6t}$ V，$t \geqslant 0$。

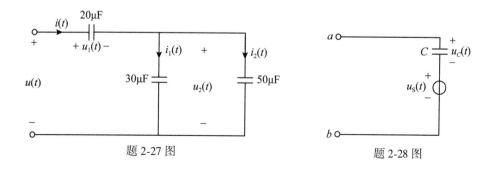

题 2-27 图　　　　　　　　　　题 2-28 图

第3章　电路的一般分析方法

本章介绍电路的一般分析方法，包括 $2b$ 法、支路电流法、支路电压法、网孔电流法、回路电流法、节点电压法等五种电路分析方法。

3.1　电路的一般分析方法概述

电路分析是指在给定电路连接结构和元件参数的情况下求解其中某些指定或所有支路电压或电流以及功率等电路变量。电路的一般分析方法则是选取一定的电路变量(电压或电流)作为待求量，再依据 KCL、KVL 和 VCR。列写关于这些变量方程(组)并求解电路的方法，因而也称为电路方程法，它是最为系统的电路分析方法，普遍适用于任何类型的集中参数电路。

视电路方程中待求电路变量类型的不同，电路方程法主要包括支路变量法、网孔电流法、回路电流法、节点电压法等，所有这些分析方法的基础是 2b 分析法，它们的方程可以视为由 2b 分析法的方程演变而来。

随建立电路方程方法的不同，电路方程法又分为：视察法，通过对电路的直接观察建立电路方程以适于手工计算；系统法，应用网络图论知识采用系统的方法建立电路方程以便于计算机计算。本章仅讨论前者对应的几种电路分析方法。

3.2　支路变量法

支路变量法是直接以待求的支路电流和/或支路电压作为电路变量，应用两类约束，列写出与支路变量数相等的独立方程，得出所要求解的支路变量。按所需求解支路变量不同而分为两类：2b 法和 b 法，后者又分为支路电流法和支路电压法。

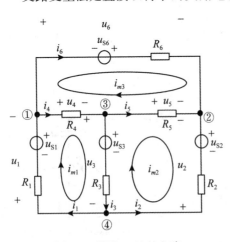

图 3-1　说明 2b 法的电路

3.2.1　2b 法

对于一个具有 n 个节点、b 条支路的电路，若要一次求出其所有支路上的电流和电压这 $2b$ 个变量，则同时应用两类约束可以得到关于所有这些变量的 $2b$ 个相互独立的方程，联立求解，便可同时求出 b 个支路电流和 b 个支路电压。例如，在图 3-1 所示的电路中，共有 4 个节点、6 条支路和 3 个网孔。

对所设独立节点①、②、③分别列写 KCL 方程可得

$$n_1: \qquad\qquad -i_1 + i_4 + i_6 = 0$$
$$n_2: \qquad\qquad -i_2 - i_5 - i_6 = 0 \left.\right\} \qquad (3\text{-}1)$$
$$n_3: \qquad\qquad -i_3 - i_4 + i_5 = 0$$

各支路电压和支路电流均取关联参考方向，对网孔 m_1、m_2 和 m_3 分别列写 KVL 方程，可得

$$u_1 + u_3 + u_4 = 0$$
$$-u_2 - u_3 + u_5 = 0 \left.\right\} \qquad (3\text{-}2)$$
$$-u_4 - u_5 + u_6 = 0$$

再分别列出 6 条支路的 VCR 方程为

$$u_1 = R_1 i_1 - u_{S_1}$$
$$u_2 = R_2 i_2 - u_{S_2}$$
$$u_3 = R_3 i_3 + u_{S_3}$$
$$u_4 = R_4 i_4 \qquad\qquad \left.\right\} \qquad (3\text{-}3)$$
$$u_5 = R_5 i_5$$
$$u_6 = R_6 i_6 - u_{S_6}$$

联立求解式(3-1)、式(3-2)和式(3-3)这 $12(2b = 2\times6 = 12)$ 个方程，便可解出 6 个支路电流和 6 个支路电压，共 12 个变量。

3.2.2 b 法

3.2.2.1 支路电流法

对于不含无伴电流源和无伴电压源的电路，直接将 b 个以支路电流表示支路电压的 VCR 方程代入 KVL 方程，将原 $b-n+1$ 个独立 KVL 方程中的支路电压变量替换为支路电流变量，连同所列出的 $n-1$ 个独立的 KCL 方程，便可得到以 b 个以支路电流为变量的独立方程。求解它们得出 b 个支路电流，再应用 VCR 即可求得支路电压。例如，将式(3-3)代入式(3-2)，便可得到以支路电流表示的 KVL 方程，即

$$R_1 i_1 + R_3 i_3 + R_4 i_4 = u_{S_1} - u_{S_3}$$
$$-R_2 i_2 - R_3 i_3 + R_5 i_5 = -u_{S_2} + u_{S_3} \left.\right\} \qquad (3\text{-}4)$$
$$-R_4 i_4 - R_5 i_5 + R_6 i_6 = u_{S_6}$$

联立式(3-1)和式(3-4)可解出 6 个支路电流变量，将它们代入 VCR 方程(3-3)便可解得支路电压变量。

【例 3-1】 在图 3-2 所示电路中，给定 $R_1 = 1\Omega$，$R_2 = 2\Omega$，$R_3 = 3\Omega$，$u_{S_1} = 1\text{V}$，$u_{S_3} = 3\text{V}$，$g_m = 2\text{S}$，试用支路电流法求电流 i_1 与 i_3。

解 对节点①列写 KCL 方程，即

$$-i_1 + g_m u - i_3 = 0 \qquad\qquad (3\text{-}5)$$

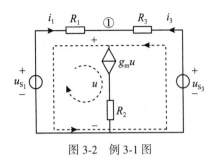

图 3-2　例 3-1 图

受控电流源的控制量 u 并非所求的支路电流，因此，将其用支路电流 i_1 表示，有

$$u = - R_1 i_1 + u_{S_1} \tag{3-6}$$

将式(3-6)代入式(3-5)，经整理后可得

$$(1 + g_m R_1) i_1 + i_3 = g_m u_{S_1}$$

代入数据后有

$$3 i_1 + i_3 = 2 \tag{3-7}$$

避开受控电流源列写回路方程可得

$$- R_1 i_1 + R_3 i_3 = - u_{S_1} + u_{S_3}$$

代入数据后有

$$- i_1 + 3 i_3 = - 1 + 3 = 2 \tag{3-8}$$

联立解式(3-7)和式(3-8)得 $i_1 = 0.4\text{A}$，$i_3 = 0.8\text{A}$。

由于与电流源串联的元件只会影响该电流源的端电压，而不会影响电路其余部分的响应，因此，本例中电阻 R_2 未出现在分析计算中。

3.2.2.2　支路电压法

对于不含无伴电流源和无伴电压源的电路，直接将 b 个以支路电压表示支路电流的 VCR 方程代入 KCL 方程，将原 $n-1$ 个独立 KCL 方程中的支路电流变量替换为支路电压。加上所列出的 $b-n+1$ 个独立的 KVL 方程，就可得到以 b 个支路电压为变量的 b 个独立的方程，求解它们得到 b 个支路电压，再应用 VCR 即可求得支路电流。例如，将式(3-3)改为以支路电压表示支路电流的 VCR，再将其代入式(3-1)便可得出以支路电压表示的 KCL 方程，即

$$\left.
\begin{aligned}
- \frac{u_1}{R_1} + \frac{u_4}{R_4} + \frac{u_6}{R_6} &= \frac{u_{S_1}}{R_1} - \frac{u_{S_6}}{R_6} \\
- \frac{u_2}{R_2} - \frac{u_5}{R_5} - \frac{u_6}{R_6} &= \frac{u_{S_2}}{R_2} + \frac{u_{S_6}}{R_6} \\
\frac{u_3}{R_3} - \frac{u_4}{R_4} + \frac{u_5}{R_5} &= \frac{u_{S_3}}{R_3}
\end{aligned}
\right\} \tag{3-9}$$

联立式(3-2)和式(3-9)解出 6 个支路电压变量，将它们代入 VCR 方程(3-3)便可解得支路电流变量。

事实上，可以直接用观察法列出以支路电压为变量、形如式(3-9)的 KCL 方程组，省去将 VCR 代入 KCL 这一过程。这时，若记式(3-9)中任一节点 KCL 为 $\sum \dfrac{u_k}{R_k} = \sum i_{S_k}$，则通过连接到该节点上所有电阻流出电流的代数和等于连接到该节点的所有电流源(仅含电流源与电阻的电路)与等效电流源(对于含有有伴电压源支路，将其等效变换为等效电流源与电阻的并联)流入电流的代数和，其中，无论经过电源等效变换与否，只要电阻上电

压的参考正极性连接到该节点者，$\dfrac{u_k}{R_k}$ 项前面取正号，否则取负号；电流源或等效电流源的参考方向指向节点者，i_{S_k} 项前面取正号，否则取负号。

3.3 最少电路变量的选取

从数学的知识可以知道，要用最少数目的电路变量来描述一个电路问题，所选择的一组待求变量应该同时具有完备性和独立性。所谓完备性，是指电路中其他所有同类变量都能用这组变量表示；而独立性则是指所选定的这些变量彼此之间不能相互表示。

在支路电流法中，一旦求出 b 个支路电流变量，便可以利用它们根据支路的 VCR 求出所有支路电压，进而得出其他待求量，因此，b 个支路电流是一组完备的电路变量，但它们却不具有独立性，这是因为在一个具有 n 个节点、b 条支路的电路中，彼此独立的支路电流 KCL 方程数仅为 $n-1$，它们约束了 $n-1$ 个支路电流使之非独立，因此，b 个支路电流中只有 $b-(n-1)=b-n+1$ 个是彼此独立，故而可以选它们作为独立电流变量，为了求解这些变量，只需利用它们列写 $b-n+1$ 个电路方程，即独立的网孔或回路 KVL 方程，一旦求出这 $b-n+1$ 个独立电流变量，其余 $n-1$ 个电流变量可以由 $n-1$ 个支路电流 KCL 方程求出，因此，从 b 个支路电流中选出的 $b-n+1$ 个电流变量是完备且独立的，它们构成了电流变量空间的一组基底。

进一步对所求出的支路电流变量利用 VCR，便可求得全部支路电压，从而完成了电路分析的任务。

在支路电压法中，只要求出 b 个支路电压变量，就可以由它们根据支路的 VCR 求出所有支路电流和其他欲求量，因此 b 个支路电压也是一组完备的电路变量。但它们却不具有独立性，这是因为在一个具有 n 个节点、b 条支路的电路中，彼此独立的支路电压 KVL 方程数仅为 $b-(n-1)=b-n+1$，它们约束了 $b-n+1$ 个支路电压，使之非独立，因此，b 个支路电压中只有 $n-1$ 个是彼此独立的，故而可以选它们作为独立电压变量，为了求解这些变量，只需列写 $n-1$ 个电路方程，即独立的节点电流方程，一旦求出这 $n-1$ 个独立电压变量，其余 $b-(n-1)$ 个电压变量可以由 $b-(n-1)$ 个支路电压 KVL 方程求出，因此，从 b 个支路电压中选出的 $n-1$ 个电压变量是完备且独立的，它们构成了电压变量空间的一组基底。

最后，再对所求出的支路电压变量利用 VCR，便可求得全部支路电流，从而完成了电路分析的工作。

电路中最基本的变量是支路电流和支路电压，它们受到仅有的两类电路拓扑结构关系的约束，所以电路中其他类型的电流、电压变量，包括针对电路问题从数学角度假想的变量都会通过 KCL 或 KVL 与支路电流或支路电压发生必然的联系，因此，上述关于支路电流和支路电压的完备性和独立性的概念可以推广到一般的电流、电压变量，从而得出结论：在一个具有 n 个节点、b 条支路的连通电路中，只有 $b-n+1$ 个电流变量或 $n-1$ 个电压变量同时具有完备性和独立性。显然，如果能分别选择出上述变量，将会使方程数目由支路电流法中的 b 个减少为 $b-n+1$ 个，或者由支路电压法中的 b 个减少为 $n-1$ 个（一般电路

中节点数 n 都小于支路数 b）。下面讨论三种选择兼具完备性和独立性的电流变量和电压变量的方法，它们分别对应着三种以最少变量对电路进行分析的方法。

3.4　网孔分析法

3.4.1　网孔电流与网孔方程

在图 3-3(a)所示的平面电路中共有 4 个节点和 6 条支路，对其中节点①、②、③分别列出的 KCL 方程为

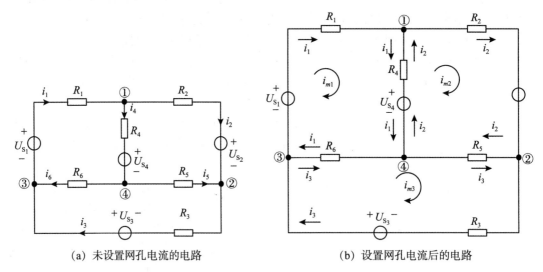

(a)　未设置网孔电流的电路　　　　　(b)　设置网孔电流后的电路

图 3-3　说明网孔分析法的电路

$$\left.\begin{array}{l} i_4 = i_1 - i_2 \\ i_5 = -i_2 + i_3 \\ i_6 = i_1 - i_3 \end{array}\right\} \tag{3-10}$$

由式(3-10)可知，可以选 i_1、i_2 和 i_3 作为独立支路电流变量。

由式(3-10)中 $i_4 = i_1 - i_2$ 可知，按支路电流 i_4 的参考方向，它可以分解为两个电流分量 i_1 和 $-i_2$，它们的参考方向均与 i_4 的相同，即离开节点①指向节点④，由于 $-i_2$ 与 i_2 两者参考方向相反，所以，可将 i_4 用图 3-3(b)中的两个支路电流 i_1 和 i_2 表示。类似的，由式(3-10)中 $i_5 = -i_2 + i_3$ 可知，支路电流 i_5 也可以分解表示为图 3-3(b)中所示的两个电流 i_3 和 i_2。最后，由式(3-10)中 $i_6 = i_1 - i_3$ 可知，支路电流 i_6 可以表示为如图 3-3(b)中的两个电流 i_1 和 i_3。

当将图 3-3(a)中每两个网孔公共支路上的支路电流 i_4、i_5、i_6 分别用非公共支路上支路电流 i_1、i_2 和 i_3 表示后，就可以将 i_1、i_2、i_3 均看成是在对应 3 个网孔中沿着各自网孔边界支路连续流动的电流，如图 3-3(b)所示，把它们分别改记为 i_{m1}、i_{m2} 和 i_{m3}，这种从支

路电流中选出的、按照所指定的参考方向沿着网孔边界连续流动的假想电流，称为网孔电流。与可以实际测量到的支路电流相比，网孔电流在实际电路中并不存在，它是一组为便于电路分析而人为引入的电流。

由于任何一条支路必定单独属于某一网孔或为两个网孔的公共支路，因此，根据 KCL，各支路电流均为流过该支路的网孔电流的代数和，当网孔电流流过支路的参考方向与支路电流的参考方向相同时，该网孔电流项前面取正号，否则取负号。例如，在图 3-3 (b)中，支路 1、2 和 3 分别只归属于一个网孔，于是有

$$i_1 = i_{m1}, \quad i_2 = i_{m2}, \quad i_3 = i_{m3}$$

支路 4、5 和 6 分别为两个网孔所共有，因此有

$$\left. \begin{aligned} i_4 &= i_{m1} - i_{m2} \\ i_5 &= -i_{m2} + i_{m3} \\ i_6 &= i_{m1} - i_{m3} \end{aligned} \right\} \tag{3-11}$$

式中，三个代数和式实际上就是式(3-10)。因此，一旦求得了 $3(b-n+1=6-4+1)$ 个网孔电流即支路电流，就可以由它们应用 $3(n-1=4-1)$ 个 KCL 方程确定余下的支路电流，再依据支路的 VCR，便可以得出全部支路电压，进而还可以求得功率等。因此，网孔电流是一组完备且独立的电流变量。

由于网孔电流沿着其所流动的网孔自行闭合，流进沿途的任一节点后随即又全部流出该节点，因此它符合电流连续性原理，即自动满足 KCL，因此，在对任一节点用网孔电流变量列写的 KCL 方程中，同一网孔电流都会一正一负出现两次，相互抵消，代数和为零。例如，对于节点①的 KCL 方程用网孔电流表示有

$$-i_{m1} + i_{m2} + (i_{m1} - i_{m2}) = 0$$

上式为等于零的恒等式，它说明网孔电流是线性无关或者说是彼此独立的变量，它们自动满足了 KCL，故而不必为其列写 KCL 方程。

对于一个具有 n 个节点、b 条支路的平面电路，网孔分析法是以 $b-n+1$ 个网孔电流为待求变量、按网孔据 KVL 建立电路方程的一种电路分析方法，所建立的方程称为网孔电流方程，简称网孔方程。网孔分析法比支路电流分析法少去了按 KCL 建立的 $n-1$ 个节点电流方程。

3.4.2 电源均为独立电压源时的网孔分析法

由于网孔分析法是以网孔电流为变量列写 KVL 方程，所以就电路中的电源类型来说，电压源是最为便于列写方程的电源。对于图 3-3(b)所示电路中的 3 个网孔，应用元件的 VCR 可以列出以网孔电流 i_{m1}、i_{m2}、i_{m3} 为变量的 KVL 方程如下：

$$\left. \begin{aligned} m_1: & \quad R_1 i_{m1} + R_4(i_{m1} - i_{m2}) + R_6(i_{m1} - i_{m3}) = u_{S_1} - u_{S_4} \\ m_2: & \quad R_2 i_{m2} + R_4(i_{m2} - i_{m1}) + R_5(i_{m2} - i_{m3}) = -u_{S_2} + u_{S_4} \\ m_3: & \quad R_3 i_{m3} + R_5(i_{m3} - i_{m2}) + R_6(i_{m3} - i_{m1}) = u_{S_3} \end{aligned} \right\} \tag{3-12}$$

将式(3-12)整理后可得网孔方程为

$$m_1: \qquad (R_1 + R_4 + R_6)i_{m1} - R_4 i_{m2} - R_6 i_{m3} = u_{S_1} - u_{S_4}$$
$$m_2: \qquad - R_4 i_{m1} + (R_2 + R_4 + R_5)i_{m2} - R_5 i_{m3} = - u_{S_2} + u_{S_4} \qquad (3\text{-}13)$$
$$m_3: \qquad - R_6 i_{m1} - R_5 i_{m2} + (R_3 + R_5 + R_6)i_{m3} = u_{S_3}$$

为了能够对仅由电阻和独立电压源组成的电路直接用观察法列写出网孔方程式，先来看一下方程(3-13)左边网孔电流变量的系数和右端电压源项以及整个方程所蕴含的规律：

（1）自电阻：在网孔方程中，第 k 个网孔电流变量 $i_{mk}(k = 1, 2, 3)$ 在该网孔的网孔方程中的系数（主对角线上的系数），称为网孔 k 的自电阻，记为 R_{kk}，其值等于组成网孔 k 中所有支路的电阻（与电压源并联者除外，因为网孔方程是 KVL 方程，所以与电压源并联的电阻不得计入网孔方程）之和，且恒为正值，网孔 1、2、3 的自电阻分别为

$$R_{11} = R_1 + R_4 + R_6, \qquad R_{22} = R_2 + R_4 + R_5, \qquad R_{33} = R_3 + R_5 + R_6$$

因为取网孔电流方向作为列写 KVL 方程时的绕行方向，所以各网孔的自电阻恒为正。

（2）互电阻：电路中与第 k 个网孔相邻网孔 $j(j \neq k; j, k = 1, 2, 3)$ 的网孔电流 i_{mj} 在网孔 k 方程中的系数称为网孔 k 和 j 的互电阻记为 R_{kj}，对于一般电路，互电阻 R_{kj} 的值可正可负或零，若两网孔电流 i_{mk} 和 i_{mj} 流过 R_{kj} 的方向相同，则 R_{kj} 取正，否则取负；若网孔 k 与 j 之间无公共电阻支路，则 R_{kj} 为零。因此可知，网孔 1、2 和 2、3 以及 1、3 之间的互电阻分别为

$$R_{12} = R_{21} = - R_4, \quad R_{23} = R_{32} = - R_5, \quad R_{13} = R_{31} = - R_6$$

（3）电压源项：网孔方程中第 k 个方程中右边的电压源项记为 $u_{S_{kk}}(k = 1, 2, 3)$，表示沿该网孔电流方向网孔中所有电压源电压升的代数和。因此，计算 $u_{S_{kk}}$ 时，该网孔电压源项 $u_{S_{kk}}$ 中各电压源前正负取号方法是：按网孔电流方向绕行时，从电压源的参考负极性走向其正极性，取正号，反之取负号。当网孔 k 中没有电压源支路时，则 $u_{S_{kk}} = 0$。因此，网孔 1、2、3 的电压源项分别为

$$u_{S_{11}} = u_{S_1} - u_{S_4}, \quad u_{S_{22}} = - u_{S_2} + u_{S_4}, \quad u_{S_{33}} = u_{S_3}$$

通过以上分析，可以归纳得出具有 3 个网孔电路的网孔方程的一般形式为

$$m_1: \qquad R_{11} i_{m1} + R_{12} i_{m2} + R_{13} i_{m3} = u_{S_{11}}$$
$$m_2: \qquad R_{21} i_{m1} + R_{22} i_{m2} + R_{23} i_{m3} = u_{S_{22}} \qquad (3\text{-}14)$$
$$m_3: \qquad R_{31} i_{m1} + R_{32} i_{m2} + R_{33} i_{m3} = u_{S_{33}}$$

对于仅由独立电压源和线性电阻构成、具有 m 个网孔的平面电路，设所对应的 m 个网孔电流分别为 i_{m1}，i_{m2}，$\cdots$，i_{mm}，可以推广得出其网孔方程的一般形式，其中每一个方程直接用观察法建立的规则为

$$\underbrace{\text{自电阻} \times \genfrac{}{}{0pt}{}{\text{本网孔的}}{\text{网孔电流}} + \genfrac{}{}{0pt}{}{\sum \text{本网孔与相邻网孔}}{\text{互电阻(或正或负或零)}} \times \genfrac{}{}{0pt}{}{\text{相邻网孔的}}{\text{网孔电流}}}_{\text{本网孔中所有非源器件支路所引起电压降的代数和}} = \genfrac{}{}{0pt}{}{\text{本网孔中沿网孔电流方向绕行}}{\text{所有独立电压源电压升的代数和}}$$

上式左边只涉及本网孔中的非电源元件，而右边只涉及本网孔中的电压源，是独立电压源所引起的电压升的代数和。正因为如此，当电压源有电阻与之并联时，该电阻不得计入自阻和互阻中，否则将多计入一电压项，违反 KVL。于是，在列写网孔方程时应该将

与电压源并联的支路视作开路处理。

因此，在应用网孔法分析电路时，只需要在选定各网孔电流后，通过观察电路结构分别对各网孔由其自电阻、互电阻以及电压源项直接得出形如上述通式的网孔方程。

为了应用观察法列写网孔方程方便，一般将所有的网孔电流均取顺时针方向或逆时针方向，这时网孔电流都以相反的方向流过相邻网孔的公共支路，因此，所有互电阻前面皆取负号，即等于两相邻网孔公共支路上所有电阻(与电压源并联者除外)之和的负值。

3.4.3 独立电流源支路的处理方法

下面按电路中所含有的独立电流源为有伴电流源与无伴电流源两种情况分别讨论列写网孔方程的方法。

3.4.3.1 有伴电流源支路的处理方法

当电路中包含有伴独立电流源支路时，应该首先将其等效变换为有伴电压源支路，然后按照前述电源为电压源支路时的观察法列写网孔方程并求解。

【例 3-2】 在图 3-4(a)所示的电路中，$u_S = 13V$，$i_S = 2A$，$R_1 = 5\Omega$，$R_2 = 1\Omega$，$R_3 = 3\Omega$，求电流 i_1、i_2 和 i_3。

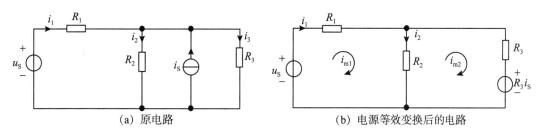

(a) 原电路 (b) 电源等效变换后的电路

图 3-4 例 3-2 图

解 图 3-4 中，电流源 i_S 可以与 R_2 或 R_3 作电源等效变换，与 R_3 作电源等效变换的结果示于图 3-4(b)中，选取网孔电流及其参考方向后列写网孔方程如下：

$$(R_1 + R_2)i_{m1} - R_2 i_{m2} = u_S$$
$$- R_2 i_{m1} + (R_2 + R_3)i_{m2} = - R_3 i_S$$

代入数据，解出 $i_{m1} = 2A$，$i_{m2} = - 1A$，据此可以求出 $i_1 = i_{m1} = 2A$，$i_2 = i_{m1} - i_{m2} = 3A$。退回到原电路应用 KCL 可以求得

$$i_3 = i_1 + i_S - i_2 = 1A$$

3.4.3.2 无伴电流源支路的处理方法

由于无伴电流源支路上电阻为零(电导为无穷大)，所以无法将其等效变换成电压源，从而不能直接应用上述观察法列写网孔方程。这时，若无伴电流源支路位于外网孔边界上，则根据 KCL 该电流源支路所在网孔的网孔电流即为已知，无需对此网孔列写网孔方程；若无伴独立电流源为两网孔的公共支路，由于网孔方程是以网孔电流为变量的 KVL

方程，所以这时可以先增设无伴电流源的端电压为待求变量 u，从而将其视为独立电压源 u 来列写网孔方程。但是，为了使方程数与变量数相等，必须相应地增补一个独立的辅助方程，即根据 KCL 将该已知电流源的电流表示成流经它的两网孔电流的代数和。若电路中存在着多个无伴独立电流源支路，其处理方法依此推理。此外，还可以先对无伴电流源进行转移再应用网孔法，再者就是使用所谓超网孔法。

【例 3-3】 一电路如图 3-5(a)所示，已知所有电阻 $R = 60\Omega$，$i_S = 5A$，$u_S = 100V$。试求各独立源和受控源的功率。

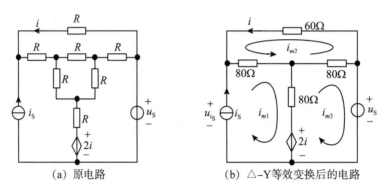

图 3-5 例 3-3 图

解 将图 3-5(a)电路中 3 个作△连接的电阻 R 进行△-Y 等效变换，得图 3-5(b)所示的电路，其中 i_S 所在网孔的网孔电流 $i_{m1} = i_S = 5A$，对余下两个网孔列写网孔方程，即

$$m_2: \qquad 80i_{m1} + (60 + 80 + 80)i_{m2} + 80i_{m3} = 0 \qquad (3\text{-}15)$$

$$m_3: \qquad -80i_{m1} + 80i_{m2} + (80 + 80)i_{m3} = 2i - u_S \qquad (3\text{-}16)$$

由于受控源的控制变量 i 即为 i_{m2}，故而无需补充方程，在式(3-16)中代入 $i = i_{m2}$ 并加以整理，可得

$$-80i_{m1} + 78i_{m2} + (80 + 80)i_{m3} = -u_S \qquad (3\text{-}17)$$

在式(3-15)和式(3-17)中代入数据后，联立求解得 $i = i_{m2} = -3.04A$，$i_{m3} = 3.36A$，再由外网孔回路方程求出 $u_{i_S} = 282.4V$，据此求出 3 个电源的功率分别为

$$P_{i_S} = u_{i_S} \cdot i_{m1} = 282.4 \times 5 = 1412(\text{W}) \text{（供出）}$$

$$P_{u_S} = u_S \cdot i_{m3} = 100 \times 3.36 = 336(\text{W}) \text{（吸收）}$$

$$P_{2i} = (i_{m1} - i_{m3}) \cdot 2i_{m2} = (5 - 3.36) \times 2 \times (-3.04) = -9.97(\text{W}) \text{（供出）}$$

【例 3-4】 在如图 3-6(a)所示电路中，试求电压 u_0。

解 在图 3-6(a)中，根据欧姆定律，有

$$u_0 = 2 \times (3i_1 - 2)$$

因此，应该先求出 i_1。为此，将 10V 电压源与 1Ω 并联的电路等效为 10V 电压源，2A 电流源以及与之串联的电路等效为 2A 电流源，如图 3-6(b)所示，其中网孔 1 的电流 $i_{m1} = 2A$，由网孔 2、3 可得其网孔方程：

$$m_2: \qquad 4i_{m2} + 2i_{m3} = 2 - 2u_2 \qquad (3\text{-}18)$$

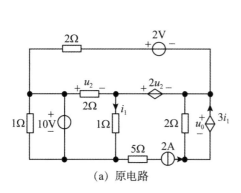 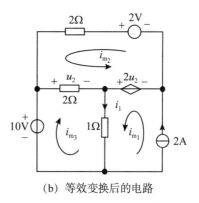

(a) 原电路　　　　　　　　　(b) 等效变换后的电路

图 3-6　例 3-4 图

$$m_3: \qquad\qquad 2i_{m2} + 3i_{m3} + 2 \times 1 = 10 \qquad\qquad (3\text{-}19)$$

将 $u_2 = 2(i_{m2} + i_{m3})$ 代入式(3-18)并加整理，再联立式(3-19)解得 $i_{m3} = 5A$。因此有

$$i_1 = i_{m1} + i_{m3} = 2 + 5 = 7(A)$$

于是，由图 3-6(a)可得

$$u_0 = 2 \times (3i_1 - 2) = 2 \times (3 \times 7 - 2) = 38(V)$$

【例 3-5】　求图 3-7 所示电路中的电流 i_1、u_2。

解　在如图 3-7 所示电路中选取 3 个网孔电流 i_{m1}、i_{m2}、i_{m3}，其中 $i_{m1} = 2A$。设 5A 电流源端电压为 u_x，可以列出网孔 2、3 的网孔方程分别为

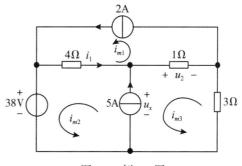

图 3-7　例 3-5 图

$$m_2: \qquad -4i_{m1} + 4i_{m2} = u_x - 38$$

$$m_3: \qquad -i_{m1} + 4i_{m3} = -u_x$$

由于增设了一个电压变量 u_x，所以必须相应地补充一个独立方程，即 5A 电流源与两网孔电流之间的关系(KCL)，有

$$i_{m2} - i_{m3} = 5$$

由所列 3 个方程可以解出 $i_{m2} = -1A$，$i_{m3} = -6A$。由此可以求出

$$i_1 = i_{m1} - i_{m2} = 2 - (-1) = 3(A)$$

$$u_2 = 1 \times (i_{m1} - i_{m3}) = 2 - (-6) = 8(V)$$

【例 3-6】　在图 3-8(a)所示的电路中求电流 i_1、i_2 和 i_3。

解　将 8A 无伴电流源转移，如图 3-8(b)所示，将其中有伴电流源支路等效变换为有伴电压源支路，如图 3-8(c)所示，列出其中两个网孔的网孔方程，即

$$m_1: \qquad \left(\frac{1}{4} + \frac{1}{3} + 1 + \frac{1}{5}\right)i_1 - \left(1 + \frac{1}{5}\right)i_3 = \frac{8}{3} + 1 + 8 + 5$$

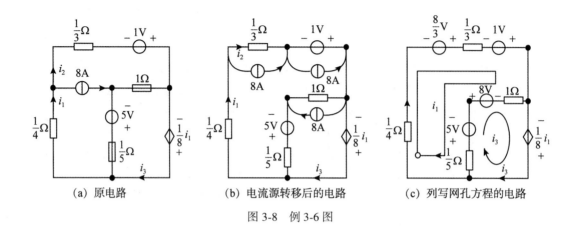

(a) 原电路　　　　　　(b) 电流源转移后的电路　　　　　(c) 列写网孔方程的电路

图 3-8　例 3-6 图

m_2:　　　　　　　　$-\left(1 + \dfrac{1}{5}\right)i_1 + \left(1 + \dfrac{1}{5}\right)i_3 = \dfrac{1}{8}i_1 - 5 - 8$

对上述方程整理可得

$$107i_1 - 72i_3 = 1000$$

$$-53i_1 + 48i_3 = -520$$

解得 $i_1 = 8\mathrm{A}$，$i_3 = -2\mathrm{A}$，在图 3-8(a) 或 (b) 中应用 KCL 可得 $i_2 = i_1 - 8 = 0$。

3.4.4　受控源支路的处理方法

当电路中含有受控源支路时，应首先将受控源视为独立源，按照含独立源时所对应的情况来列写方程，只是视具体情形有可能需要另外补充电路方程，这时，若控制变量就是网孔电流变量，由于未引入新的变量，故无需增补辅助方程，而若控制变量并非网孔电流变量，则需要增补辅助方程，即在控制变量所在处应用 KCL、KVL 或 VCR 等将控制变量用网孔电流变量来表示，再将所有方程整理成以网孔电流为变量的网孔方程(组)来求解。

对于不含受控源的电路，$R_{kj} = R_{jk}(k \neq j)$，而对于含有无伴独立电流源或受控源的电路，一般而言，$R_{kj} \neq R_{jk}(k \neq j)$，甚至自电阻也可能会是负值。

【例 3-7】　在图 3-9 所示的电路中，求电压 u_3。

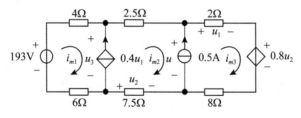

图 3-9　例 3-7 图

解 在图3-9中，设网孔电流i_{m1}、i_{m2}、i_{m3}，两个无伴电流源的端电压分别为u和u_3，列写3个网孔方程为

$$m_1: \qquad\qquad\qquad 10i_{m1} = 193 - u_3 \qquad\qquad\qquad (3\text{-}20)$$

$$m_2: \qquad\qquad\qquad 10i_{m2} = u_3 - u \qquad\qquad\qquad (3\text{-}21)$$

$$m_3: \qquad\qquad\qquad 10i_{m3} = u - 0.8u_2 \qquad\qquad\qquad (3\text{-}22)$$

对于上式中非网孔电流变量u和u_3，按照无伴电流源电流与网孔电流之间的关系补充两个KCL方程，即

$$-i_{m1} + i_{m2} = 0.4u_1 \qquad\qquad\qquad (3\text{-}23)$$

$$-i_{m2} + i_{m3} = 0.5 \qquad\qquad\qquad (3\text{-}24)$$

由于式(3-22)和式(3-23)中受控源的控制变量u_2和u_1均不是所求的网孔电流变量，故须依据VCR再补充两个方程，即

$$u_1 = 2i_{m3} \qquad\qquad\qquad (3\text{-}25)$$

$$u_2 = -7.5i_{m2} \qquad\qquad\qquad (3\text{-}26)$$

将式(3-25)代入式(3-23)，式(3-26)代入式(3-22)以消去u_1和u_2，得

$$-i_{m1} + i_{m2} - 0.8i_{m3} = 0 \qquad\qquad\qquad (3\text{-}27)$$

$$-6i_{m2} + 10i_{m3} = u \qquad\qquad\qquad (3\text{-}28)$$

为消去i_{m3}，将式(3-24)代入式(3-27)和式(3-28)，有

$$4i_{m2} + 5 = u \qquad\qquad\qquad (3\text{-}29)$$

$$0.2i_{m2} - i_{m1} = 0.4 \qquad\qquad\qquad (3\text{-}30)$$

联立求解式(3-20)、式(3-21)、式(3-29)和式(3-30)，可得$u_3 = 173\text{V}$。

【例3-8】 在图3-10(a)所示的电路中，求i_1和u_1。

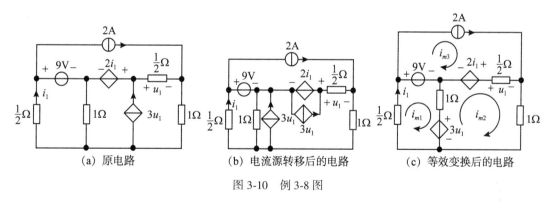

图3-10 例3-8图

解 采用电流源转移法将图3-10(a)中无伴压控电流源$3u_1$支路转移得出图3-10(b)所示电路，其中受控电压源$2i_1$与受控电流源$3u_1$并联，可等效为受控电压源$2i_1$。再利用电源等效变换的概念把受控电流源$3u_1$和电阻1Ω的并联等效为受控电压源$3u_1$与1Ω电阻的串联，得到图3-10(c)所示电路，在其中设网孔电流i_{m1}、i_{m2}、i_{m3}，网孔3的电流为$i_{m3} = 2\text{A}$，对网孔1和2列写网孔方程为

$$m_1: \qquad \left(\frac{1}{2}+1\right)i_{m1} - i_{m2} = -9 - 3u_1$$

$$m_2: \qquad -i_{m1} + \left(2+\frac{1}{2}\right)i_{m2} - \frac{1}{2}\times 2 = 2i_1 + 3u_1$$

为将控制变量转换成待求的网孔电流变量所增补的方程为

$$i_1 = i_{m1}, \qquad u_1 = \frac{1}{2}(i_{m2}-2)$$

将增补方程代入所列写的网孔方程再整理并代入数据可得

$$3i_{m1} + i_{m2} = -12$$

$$-3i_{m1} + i_{m2} = -2$$

解之可得 $i_1 = i_{m1} = -1.67\text{A}$, $i_{m2} = -7\text{A}$, $u_1 = \frac{1}{2}(i_{m2}-2) = \frac{1}{2}(-7-2) = -4.5(\text{A})$。

当平面电路中含有一个或多个作为两个网孔公共电路的无伴电流源时, 除了增设电压变量法外, 还有一种比较简单的处理方法, 称为超网孔法。

图 3-11　例 3-9 图

【例 3-9】　在图 3-11 所示的电路中, 求 5Ω 电阻的端电压 u_5。

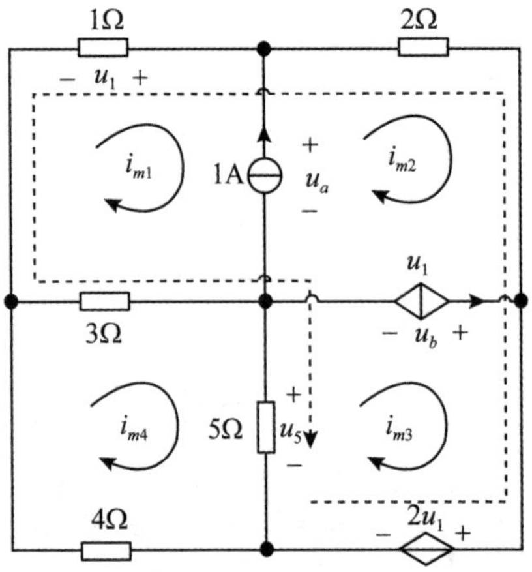

解　对 1A 独立电流源和 u_1 受控电流源分别添设其端电压变量 u_a 和 u_b, 再分别对网孔 1, 2, 3, 4 列写回路方程, 即

$$m_1: \qquad 4i_{m1} - 3i_{m4} = -u_a \qquad (3\text{-}31)$$

$$m_2: \qquad 2i_{m2} = u_a - u_b \qquad (3\text{-}32)$$

$$m_3: \qquad 5i_{m3} - 5i_{m4} = u_b - 2u_1 \qquad (3\text{-}33)$$

$$m_4: \qquad -3i_{m1} - 5i_{m3} + 12i_{m4} = 0 \qquad (3\text{-}34)$$

将式(3-31)~式(3-33)相加便消去 u_a、u_b, 得到用虚线表示的超网孔的网孔方程, 即

$$4i_{m1} + 2i_{m2} + 5i_{m3} - 8i_{m4} = -2u_1 \qquad (3\text{-}35)$$

显然, 超网孔不再涉及无伴电流源, 由于将 3 个独立网孔方程合为一个超网孔方程, 因此, 必须借助两个无伴电流源与流经它的网孔电流之间的关系(KCL)对应补充两个独立方程才能使方程数等于网孔电流数, 此外, 由于控制变量 u_1 并非待求的网孔电流, 故而必须借助欧姆定律再补充一个方程。于是有

$$i_{m2} - i_{m1} = 1, \qquad i_{m3} - i_{m2} = u_1, \qquad u_1 = -i_{m1}$$

联立求解式(3-34)、式(3-35)以及 3 个补充方程, 可以解得 $i_{m1} = -u_1 = -\frac{11}{6}\text{A}$, $i_{m2} = -\frac{5}{6}\text{A}$, $i_{m3} = 1\text{A}$, $i_{m4} = -\frac{1}{24}\text{A}$, 据此可以求得 5Ω 电阻的端电压为

$$u_5 = 5 \times (i_{m4} - i_{m3}) = 5 \times \left(-\frac{1}{24} - 1\right) = -5.208(\mathrm{V})$$

在实际列写超网孔方程时,应该利用元件的 VCR 将超网孔中各元件电压分别用对应的网孔电流来表示,从而直接得到超网孔方程,此例为式(3-35),再列写普通网孔方程并补充无伴电流源与流经它的网孔电流之间的关系方程,以使方程数等于变量数,便可联立求解出网孔电流。

除了超网孔法,回路分析法为处理位于两网孔公共支路上无伴电流源提供了另一种有效方法。

3.5 回路分析法

3.5.1 回路电流与回路方程

由于网孔是一种特殊的回路,因此,对于回路也可以按照所指定的参考方向沿着回路边界连续流动的假想电流即回路电流作为电路变量来列写回路的 KVL 方程,此即为回路分析法。

在一个具有 n 个节点、b 条支路的电路中,依据 KVL 所建立的以 $b - n + 1$ 个独立回路电流为变量的方程,称为回路电流方程,简称回路方程。

类似于对网孔电流的讨论可知,回路电流也是一组完备的独立变量。因此,当求出一组独立的回路电流后,可以由 KCL 确定所有的支路电流,再依据支路的 VCR 便可以得出全部支路电压,进而还可以求得功率等。

3.5.2 电源均为独立电压源时的回路分析法

对于如图 3-12 所示的电源均为独立电压源的电路,可以借鉴网孔法列写其以回路电流 i_{l1}、i_{l2} 和 i_{l3} 为变量的回路方程为

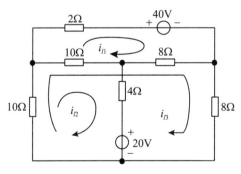

图 3-12 电源均为独立电压源的电路

l_1:
$$20i_{l1} - 10i_{l2} - 18i_{l3} = -40$$

$$l_2: \qquad\qquad\qquad -10i_{l1} + 24i_{l2} + 20i_{l3} = -20$$

$$l_3: \qquad\qquad\qquad -18i_{l1} + 20i_{l2} + 36i_{l3} = 0$$

对于仅由独立电压源和线性电阻构成、具有 l 个回路的平面连通电路，设所对应的 l 个回路电流分别为 i_{l1}，i_{l2}，$\cdots$，i_{ll}，可以得出其回路方程的一般形式：

$$\left.\begin{aligned}
l_1: \qquad & R_{11}i_{l1} + R_{12}i_{l2} + \cdots + R_{1l}i_{ll} = u_{S_{11}} \\
l_2: \qquad & R_{21}i_{l1} + R_{22}i_{l2} + \cdots + R_{2l}i_{ll} = u_{S_{22}} \\
& \qquad\qquad\qquad \cdots\cdots \\
l_l: \qquad & R_{l1}i_{l1} + R_{l2}i_{l2} + \cdots + R_{ll}i_{ll} = u_{S_{ll}}
\end{aligned}\right\} \qquad (3\text{-}36)$$

式中，每一个方程直接用观察法建立的规则为

$$\underbrace{自电阻 \times \genfrac{}{}{0pt}{}{本回路的}{回路电流} + \genfrac{}{}{0pt}{}{\sum 本回路与相邻回路}{互电阻(或正或负或零)} \times \genfrac{}{}{0pt}{}{相邻回路的}{回路电流}}_{本回路中所有非源器件支路所引起电压降的代数和} = \genfrac{}{}{0pt}{}{本回路中沿回路电流方向绕行}{所有独立电压源电压升的代数和}$$

在这种回路方程的一般形式中，自电阻 $R_{ii}(i = 1, 2, \cdots, l)$ 分别为各回路中所有电阻之和，恒为正；互电阻 $R_{ij}(i \ne j; i, j = 1, 2, \cdots, l)$ 为回路 i 与回路 j 的公共支路上的电阻，其值可正可负或零，若两回路电流 i_{li} 和 i_{lj} 流过 R_{ij} 的方向相同，则 R_{ij} 取正，否则取负；若网孔 i 与 j 之间无公共电阻支路，则 R_{ij} 为零。对于不含受控源的线性电路，有 $R_{ij} = R_{ji}$。

3.5.3　独立电流源支路的处理方法

类似于网孔法，当电路中包含有伴独立电流源时，首先将其等效变换为有伴电压源后再对所得电路列写回路方程；当电路中包含无伴独立电流源支路时，有两种基本的处理方法：(1)由于回路的选取较网孔更灵活，所以选取一组特别的独立回路，即使得每一无伴独立电流源均各仅属于一个回路，于是，这些回路的电流便为已知，因此，无需对这些回路列写方程，故而减少了所列方程的数目；(2)对于电流源增设其端电压变量，与此相应，必须增补独立的辅助方程，即根据 KCL 将该电流源电流表示成流经它的各回路电流的代数和。

【例 3-10】　在图 3-13 所示电路中，用回路法求支路电流 i_1，i_2，i_3 和 i_4。

解　在图 3-13 所示电路中，按照每一独立电流源独占一个回路的原则选取回路，于是只需列写回路 l_1 的方程，即

$$l_1: (2 + 4 + 2 + 3)i_{l1} + (2 + 3 + 4)i_{l2} - 2i_{l3} - 3i_{l4} + 4i_{l5} + (2 + 3)i_{l6} = -2 - 7 + 12 - 10$$

将 $i_{l2} = 2\text{A}$，$i_{l3} = 4\text{A}$，$i_{l4} = 1\text{A}$，$i_{l5} = 1\text{A}$，$i_{l6} = 3\text{A}$ 代入方程，解得 $i_{l1} = -3\text{A}$。

于是所求各支路电流为

$$i_1 = i_{l1} = -3\text{A}, \quad i_2 = i_{l1} + i_{l2} - i_{l3} + i_{l6} = -2\text{A}$$

$$i_3 = i_{l1} + i_{l2} - i_{l4} + i_{l6} = 1\text{A}, \quad i_4 = i_{l1} + i_{l2} + i_{l5} = 0$$

3.5.4　受控源支路的处理方法

对含有受控源的电路列写回路方程时，同于网孔法，仍将受控源视为独立电源，按照独立源的情况采取相应的方法列写回路方程。依据具体情形，也有可能要另外追加电路方

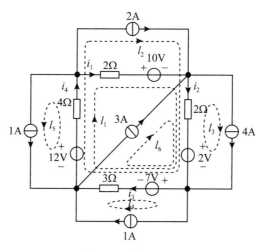

图 3-13 例 3-10 图

程：若控制变量就是回路电流，无需增补辅助方程，而当控制变量并非回路电流时，则需要增补辅助方程，即在控制变量所在处应用 KCL、KVL 或 VCR 等将控制变量用回路电流变量表示出来，再将所有方程整理成以回路电流为变量的回路方程。进行求解或直接联立求解。

对于含有受控源的电路，一般而言，$R_{ij} \neq R_{ji}(i, j = 1, 2, \cdots; i \neq j)$；甚至于自电阻也可能会为负值。

【例 3-11】 求图 3-14 所示电路中的 u_1。

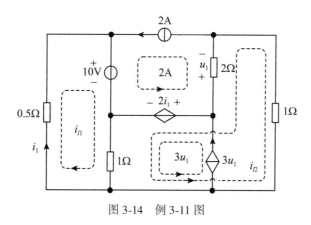

图 3-14 例 3-11 图

解 无伴受控电流源 $3u_1$ 处于两网孔的公共支路上，采用回路法求解比较简单。让每一个无伴电流源独居一个回路，设回路电流及其绕行方向如图 3-14 所示，所列回路方程为

l_1: $\qquad\qquad 1.5i_{l_1} + i_{l_2} + 3u_1 = -10$

l_2: $\qquad\qquad i_{l_1} + 4i_{l_2} - 2 \times 2 + 3u_1 = -2i_1 = -2i_{l_1}$

根据 KCL 补充方程为

$$u_1 = 2 \times (2 - i_{l_2})$$

在上述方程中消去 i_{l_2} 后，整理可得

$$\begin{cases} 1.5i_{l_1} + 2.5u_1 = -12 \\ 3i_{l_1} + u_1 = -4 \end{cases}$$

解得 $u_1 = -5\text{V}$。

3.6　节点分析法

3.6.1　节点电压与节点方程

上面讨论的网孔分析法和回路分析法是以一组完备的独立电流变量即网孔电流和回路电流作为电路变量。与此相对应，也可以选用一组完备的独立电压变量作为电路的待求变量，节点电压就是这样一种变量。

对于一个具有 n 个节点的电路，任意选定其中某一节点作为参考节点，并设其电位为零，则其他 $n-1$ 个独立节点的电位就是它们与该参考节点之间的电压，称为这些节点的节点电压，这表明节点电压的参考方向是以参考节点为负极性，各独立节点为正极性，由独立节点指向参考节点的。

如图 3-15 所示，根据 KVL，任一支路电压 u_{jk} 等于其两端节点电压之差，即

$$u_{jk} = u_j - u_k$$

因此有

$$i_{jk} = \frac{u_{jk}}{R_{jk}} = \frac{u_j - u_k}{R_{jk}} \tag{3-37}$$

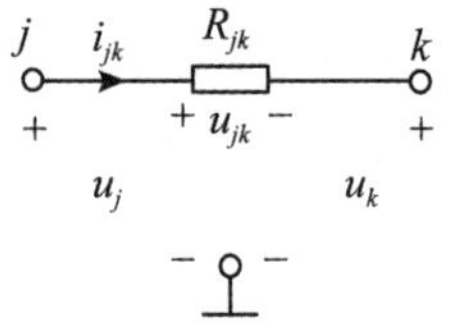

图 3-15　支路电压、支路电流与节点电压关系的示意图

上式表明，支路电流为其相关节点电压的线性组合。

在图 3-16 所示的电路中共有 4 个节点、6 条支路，各支路电压和电流取关联参考方向，当选定节点④为参考节点时，节点①、②、③即为独立节点，所对应的节点电压分别表示为 u_{n1}、u_{n2}、u_{n3}，它们分别是支路 1、2、3 的电压。一旦求得这 $3(n-1=4-1)$ 个节点电压，便可对其应用上述支路电压与节点电压关系求出余下 3 个支路电压，这表明所有支路电压可以用节点电压的代数和表示，即

$$u_1 = u_{n1},\ u_2 = u_{n2},\ u_3 = u_{n3},\ u_4 = u_{n1} - u_{n2},\ u_5 = u_{n1} - u_{n3},\ u_6 = u_{n2} - u_{n3}$$

由支路的 VCR 并应用式(3-37)可以求出含电阻的支路的电流，于是所有支路电流求出为

$$\left.\begin{array}{l} i_1 = -i_{S_1},\ i_2 = \dfrac{u_2}{R_2} = \dfrac{u_{n2}}{R_2},\ i_3 = \dfrac{u_3}{R_3} - i_{S3} = \dfrac{u_{n3}}{R_3} - i_{S3} \\[3mm] i_4 = \dfrac{u_4}{R_4} = \dfrac{u_{n1} - u_{n2}}{R_4},\ i_5 = \dfrac{u_5}{R_5} = \dfrac{u_{n1} - u_{n3}}{R_5},\ i_6 = -i_{S_6} \end{array}\right\} \tag{3-38}$$

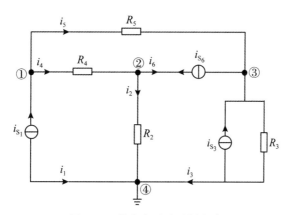

图 3-16 节点电压法示例电路

进而还可以求得功率等。因此，节点电压是一组完备且独立的电压变量。

对于沿任一回路的 KVL 方程来说，若回路中各个支路电压均以节点电压表示，则该方程中每一节点的节点电压均会出现二次，一次为正，一次为负，相互抵消，代数和为零。例如，若将沿 i_{S_1}、R_2、R_4 回路的 3 个支路电压 u_1、u_2、u_4 均以节点电压表示，再按顺时针绕行列出该回路的 KVL 方程，则有

$$-u_1 + u_2 + u_4 = -u_{n1} + u_{n2} + (u_{n1} - u_{n2}) = 0$$

上式为等于零的恒等式，它说明节点电压是线性无关，或者说是彼此独立的电压变量，它们自动满足了 KVL，故而不必为其列写 KVL 方程。

对于一个具有 n 个节点的电路，节点分析法是以 $n-1$ 个节点电压为待求变量，对节点依据 KCL 建立电路方程的一种电路分析方法，所建立的方程称为节点电压方程，简称节点方程。节点分析法比支路电压分析法少去了按 KVL 建立的 $b-n+1$ 个回路电压方程。

3.6.2 电源均为独立电流源时的节点分析法

由于节点分析法是以节点电压为变量列写 KCL 方程，所以这时对于列写方程最为方便的电源类型是电流源。

在图 3-16 所示的电路中，分别对独立节点①、②、③列写 KCL 方程，可得

$$
\left.
\begin{aligned}
n_1: \quad & i_1 + i_4 + i_5 = 0 \\
n_2: \quad & i_2 - i_4 + i_6 = 0 \\
n_3: \quad & i_3 - i_5 - i_6 = 0
\end{aligned}
\right\} \tag{3-39}
$$

将式(3-38)代入式(3-39)，整理后便得到以节点电压为变量的 KCL 方程，即

$$
\left.
\begin{aligned}
n_1: \quad & \left(\frac{1}{R_4} + \frac{1}{R_5}\right)u_{n1} - \frac{1}{R_4}u_{n2} - \frac{1}{R_5}u_{n3} = i_{S_1} \\
n_2: \quad & -\frac{1}{R_4}u_{n1} + \left(\frac{1}{R_2} + \frac{1}{R_4}\right)u_{n2} = i_{S_6} \\
n_3: \quad & -\frac{1}{R_5}u_{n1} + \left(\frac{1}{R_3} + \frac{1}{R_5}\right)u_{n3} = i_{S_3} - i_{S_6}
\end{aligned}
\right\} \tag{3-40}
$$

式(3-40)就是图 3-16 所示电路的节点方程。

为了能够对仅由电阻和独立电流源组成的电路直接用观察法列出其节点方程，考察一下式(3-40)左边节点电压变量的系数和右边的电流源项，从而得出整个节点方程所蕴含的基本规律：

3.6.2.1 自电导

在节点方程中，第 i 个节点电压变量 $u_{n_i}(i=1,2,3)$ 在该节点的节点方程中的系数（主对角线上的系数），称为节点 i 的自电导，记为 G_{ii}，其值等于连接于节点 i 上各支路的电导（与电流源串联者除外，因为节点方程是 KCL 方程，所以与电流源串联的电阻不得计入节点方程）之和，且恒为正值，本例中，节点①、②、③的自电导分别为

$$G_{11} = G_4 + G_5, \quad G_{22} = G_2 + G_4, \quad G_{33} = G_3 + G_5$$

式中，G_2、G_3、G_4、G_5 为图 3-16 中对应 4 个支路的电导。

3.6.2.2 互电导

电路中与第 i 个节点相连节点 $j(i,j=1,2,3; j \neq i)$ 的节点电压 u_{nj} 在节点 i 方程中系数，称为节点 i 和 j 的互电导，记为 G_{ij}，其值恒等于节点 i 与 j 之间所有直接相连的公共支路上电导（与电流源串联者除外）之和的负值。于是，节点 1、2 以及 1、3 之间的互电导分别为

$$G_{12} = G_{21} = - G_4, \quad G_{13} = G_{31} = - G_5$$

如果两个节点 i 和 j 之间没有直接相连的电导元件支路时，则 $G_{ij} = 0$。节点 2、3 之间的互电导为

$$G_{23} = G_{32} = 0$$

3.6.2.3 电流源项

第 i 个节点方程右边的电流源项表示流入该节点的所有电流源电流的代数和，记为 $i_{S_{ii}}(i=1,2,3)$，计算 $i_{S_{ii}}$ 时，当某电流源支路电流的参考方向指向节点 i 时，该项电流取正号，否则取负号。当节点 i 没有电流源支路与之相连时，则 $i_{S_{ii}} = 0$。因此，流入节点 1、2、3 的电流分别为

$$i_{S_{11}} = i_{S_1}, \quad i_{S_{22}} = i_{S_6}, \quad i_{S_{33}} = i_{S_3} - i_{S_6}$$

通过以上分析，可以归纳得出具有 3 个独立节点电路的节点方程的一般形式为

$$
\left.
\begin{aligned}
G_{11}u_{n1} + G_{12}u_{n2} + G_{13}u_{n3} &= i_{S_{11}} \\
G_{21}u_{n1} + G_{22}u_{n2} + G_{23}u_{n3} &= i_{S_{22}} \\
G_{31}u_{n1} + G_{32}u_{32}u_{n2} + G_{33}u_{n3} &= i_{S_{33}}
\end{aligned}
\right\}
\tag{3-41}
$$

对于仅由电阻和独立电流源组成、具有 n 个独立节点的电路，设其 n 个节点电压分别为 u_{n1}，u_{n2}，…，u_{nn}，则由式(3-41)可以推广得出其节点方程的通式，其中每一个方程直接用观察法列写的规则为

$$\underbrace{\underbrace{\text{本节点自电导}}\times\begin{matrix}\text{本节点的}\\\text{节点电压}\end{matrix}+\sum\begin{matrix}\text{本节点与相邻}\\\text{节点互电导}(\text{取负值})\end{matrix}\times\begin{matrix}\text{相邻节点的}\\\text{节点电压}\end{matrix}}_{\text{通过本节点所连接的所有非源元件支路流出本节点电流的和}}=\begin{matrix}\text{流入本节点电}\\\text{流源电流的代数和}\end{matrix}$$

因此，在应用节点法分析电路时，只需在选定参考节点并确定各节点电压变量之后，通过观察电路结构分别对各独立节点得出其自电导、互电导以及电流源项，直接应用上述规则式，便可得出节点电压方程。

自电导恒为正、互电导恒为负的原因是在于节点电压的参考方向均设定为由独立节点指向参考节点，因此，各节点电压在自导中所产生的电流总是流出本节点的，对应的，在根据 KCL 所得的该节点方程中，这些电流项前应取"+"号，故视自电导恒为正值，然而其他节点电压通过互导所产生的电流总是流入本节点的，故在本节点的 KCL 方程中，这些电流项前应取"–"号，于是视互电导恒为负值。

3.6.3 独立电压源支路的处理方法

下面按电路中所含有的独立电压源为有伴电压源与无伴电压源两种情况分别讨论列写节点方程的方法。

3.6.3.1 有伴独立电压源支路的处理方法

当电路中含有伴电压源支路时，应该首先将其等效变换为有伴电流源支路，然后按照上面介绍的电源为电流源支路时的观察法列写节点方程。

【例 3-12】 求图 3-17(a)所示电路中的 i_1 和 u_2。

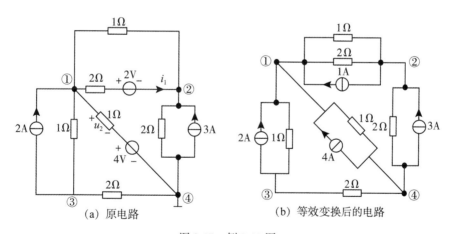

(a) 原电路　　　　　　　　　(b) 等效变换后的电路

图 3-17　例 3-12 图

解　选图 3-17(a)中第 4 个节点为参考节点，三个独立节点①、②、③的电压分别设为 u_{n1}、u_{n2}、u_{n3}。分别将 2V、2Ω 以及 4V、1Ω 串联组合的两个有伴电压源支路等效变换为 1A、2Ω 以及 4A、1Ω 并联组合的两个有伴电流源支路，如图 3-17(b)所示，分别对其中节点①、②、③列出节点方程如下：

$$n_1: \quad \left(1 + 1 + \frac{1}{2} + 1\right)u_{n1} - \left(1 + \frac{1}{2}\right)u_{n2} - u_{n3} = 2 + 1 + 4$$

$$n_2: \quad -\left(1 + \frac{1}{2}\right)u_{n1} + \left(1 + \frac{1}{2} + \frac{1}{2}\right)u_{n2} = 3 - 1 \qquad\qquad (3\text{-}42)$$

$$n_3: \quad -u_{n1} + \left(1 + \frac{1}{2}\right)u_{n3} = -2$$

由式(3-42)可得

$$\left. \begin{aligned} 3.5u_{n1} - 1.5u_{n2} - u_{n3} &= 7 \\ -1.5u_{n1} + 2u_{n2} &= 2 \\ -u_{n1} + 1.5u_{n3} &= -2 \end{aligned} \right\} \qquad\qquad (3\text{-}43)$$

联立求解可得

$$u_{n1} = 2.356\text{V}, \quad u_{n2} = 2.767\text{V}, \quad u_{n3} = -2.904\text{V}$$

根据等效变换的观点，图 3-17(a)中各节点电压值就是图 3-17(b)相应节点的电压值，因此，借助所求结果可以在图 3-17(a)中求出 i_1 和 u_2，由支路 VCR 与 KVL 可分别求出

$$i_1 = \frac{u_{n1} - u_{n2} - 2}{2} = \frac{2.356 - 2.767 - 2}{2} = -1.206(\text{A})$$

$$u_2 = u_{n1} - 4 = 2.356 - 4 = -1.644(\text{V})$$

一般说来，对于包含有伴电压源的电路，在列写节点方程时，可以不必画出如图 3-17(b)这样的等效电路而直接用观察法列写，只是要注意，当电压源的正极性端连接着某独立节点时，该节点方程右边由等效变换所得的电流源电流值取正号，反之取负号。另外，如果要求解有伴电压源支路的电流、电压，应该按照本例，将由等效电路所得出的节点电压应用于等效变换前原有伴电压源支路，因为等效变换前后这部分电路的结构已完全不同了。

3.6.3.2　无伴电压源支路的处理方法

由于无伴电压源支路上电阻为零(电导为无穷大)，所以无法将其等效变换成电流源，从而不能直接用上述观察法列写节点方程。这时，若电路中只含有一个无伴电压源支路，则可选择该无伴电压源支路所连接的两个节点之一作为参考节点，则另一节点的电压便为已知电压，等于该电压源电压的正值(选择负极性所连节点作参考节点)或负值(选择正极性所连节点作为参考节点)，无需对此独立节点列写节点方程；若含有两个或更多个无伴独立电压源且它们并无公共节点，这时可以先增设无伴电压源的端电流为待求变量 i，从而将其视为独立电流源 i 来列写节点方程。但是，为了使方程数与变量数相等，必须相应地增补一个独立的辅助方程，即根据 KVL 将该电压源的电压表示成其两端节点电压的代数和。此外，还可以先对无伴电压源进行转移，再应用网孔法，或使用所谓超节点法。

【例 3-13】　在图 3-18 所示电路中，求 u 和 i。

解　节点②、④之间有一无伴电压源支路，因此，可以选 10V 电压源的负极性端，即节点④作为参考节点，于是，节点②的电压便为已知，有 $u_{n2} = 10\text{V}$，因此，只需将 5V 电压源与 5Ω 电阻的串联结构等效为 1A 电流源与 5Ω 电阻的并联结构，再对节点①、③按

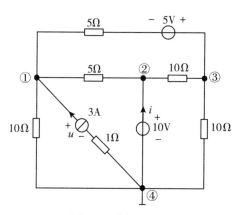

图 3-18 例 3-13 图

观察法列写节点方程如下:

$$n_1: \qquad \left(\frac{1}{10}+\frac{1}{5}+\frac{1}{5}\right)u_{n1}-\frac{1}{5}\times u_{n2}-\frac{1}{5}u_{n3}=3-\frac{5}{5}$$

$$n_3: \qquad -\frac{1}{5}u_{n1}-\frac{1}{10}\times u_{n2}+\left(\frac{1}{5}+\frac{1}{10}+\frac{1}{10}\right)u_{n3}=\frac{5}{5}$$

$$(3\text{-}44)$$

将 $u_{n2}=10\text{V}$ 代入式(3-44)可得

$$0.5u_{n1}-0.2u_{n3}=4$$
$$-0.2u_{n1}+0.4u_{n3}=2$$

解之得 $u_{n1}=12.5\text{V}$,$u_{n3}=11.25\text{V}$。由 KCL 可以求得

$$i=\frac{u_{n2}-u_{n3}}{10}+\frac{u_{n2}-u_{n1}}{5}=\frac{10-11.25}{10}+\frac{10-12.5}{5}=-0.625(\text{A})$$

根据 KVL 有 $u_{n1}=u-1\times3$,故求得电压 $u=u_{n1}+3=12.5+3=15.5(\text{V})$。

值得注意的是,由于 3A 电流源与 1Ω 电阻串联支路的电流即为 3A 电流源的电流,而节点方程是 KCL 方程,所以在列写式(3-44)时,只需计及该支路的 3A 电流。从等效角度来看,可以将这两者串联所构成的支路等效为一个 3A 的电流源支路,这种等效是对外的,但对内部是不等效的,因为等效前后所得的两个电流源的端电压并不相等,若要求出原电路中 3A 电流源或 1Ω 电阻的端电压,则应退回到等效前的支路中进行计算。从电路结构上看,若在列写节点方程时将与电流源相串联电阻所对应的电导计入该节点方程内,则是将原电路中电流源与电阻的串联支路改变为这两个元件的并联支路,即改变了原电路的结构,因而所列方程便不是所求电路的节点方程。

【例 3-14】 在图 3-19 所示电路中,求 i_1 和 8V 电压源的功率。

解 在图 3-19 所示电路中有两个无伴电压支

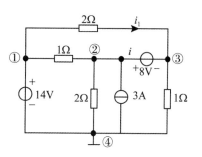

图 3-19 例 3-14 图

路，选 14V 电压源的负极端作为参考节点，对 8V 无伴电压源支路增设一支路电流变量 i。节点①的电压为已知，有 $u_{n1} = 14V$，用观察法直接分别对节点②、③列写节点方程可得

$$n_2: \qquad u_{n1} + \left(1 + \frac{1}{2}\right) u_{n2} = 3 - i$$
$$n_3 \qquad -\frac{1}{2} u_{n1} + \left(1 + \frac{1}{2}\right) u_{n3} = i \qquad\qquad (3\text{-}45)$$

应用 KVL 增补节点②、③之间电压与 8V 无伴电压源电压的关系：

$$u_{n2} - u_{n3} = 8 \qquad\qquad (3\text{-}46)$$

联立求解式(3-45)和式(3-46)可得

$$u_{n2} = 12V, \; u_{n3} = 4V, \; i = -1A$$

应用 VCR 可求得

$$i_1 = \frac{u_{n1} - u_{n3}}{2} = \frac{10}{2} = 5(A)$$

8V 电压源的功率为

$$p = ui = 8 \times (-1) = -8(W)(\text{发出})$$

【例 3-15】　在如图 3-20(a)所示的电路中，已知 $u_{S_1} = 5V$，$u_{S_2} = 10V$，$i_S = 3A$，$R_1 = R_5 = 5\Omega$，$R_2 = R_3 = R_4 = 10\Omega$，求电流 i_1、i_2、i_3 和 i_4。

解　应用理想电压源转移法，将图 3-20(a)所示电路中 u_{S_2} 转移到 R_2 和 R_5 所在的支路中，如图 3-20(b)所示，这时，所列节点方程为

$$n_1: \qquad \left(\frac{1}{R_1} + \frac{1}{R_4} + \frac{1}{R_5}\right) u_{n1} - \frac{1}{R_1} u_{n2} = i_S + \frac{u_{S_2}}{R_5} - \frac{u_{S_1}}{R_1}$$
$$n_2: \qquad -\frac{1}{R_1} u_{n1} + \left(\frac{1}{R_1} + \frac{1}{R_2} + \frac{1}{R_3}\right) u_{n2} = \frac{u_{S_1}}{R_1} + \frac{u_{S_2}}{R_2} \qquad\qquad (3\text{-}47)$$

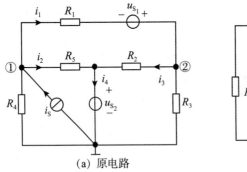
(a) 原电路

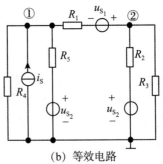
(b) 等效电路

图 3-20　例 3-15 图

在式(3-47)中代入已知参数，可得

$$0.5u_{n1} - 0.2u_{n2} = 4$$
$$- 0.2u_{n1} + 0.4u_{n2} = 2$$

解之可得 $u_{n1} = 12.5\text{V}$，$u_{n2} = 11.25\text{V}$。退回到图 3-20(a) 所示电路，应用欧姆定律和 KCL 分别可得

$$i_1 = \frac{u_{n1} - u_{n2} + u_{S_1}}{R_1} = 1.25\text{A}, \quad i_2 = \frac{u_{n1} - u_{S_2}}{R_5} = 0.5\text{A}, \quad i_3 = \frac{u_{n2} - u_{S_2}}{R_2} = 0.125\text{A}$$

应用 KCL，可得 $i_4 = i_2 + i_3 = 0.5 + 0.125 = 0.625(\text{A})$。

3.6.4 受控源支路的处理方法

在对含有受控源的电路列写节点方程时，应将受控源视为独立源，按照上述独立源的对应情况处理。当受控源的控制变量是节点电压时，无需增补辅助方程；否则，需要增补辅助方程，即在控制变量所在处应用 KCL、KVL 或 VCR 等将控制变量用节点电压表示出来，再将所有方程整理成以节点电压为变量的节点方程形式进行求解或直接联立求解。

对于含有受控源的电路，互电导 G_{ij} 与 G_{ji} 有可能不相等，甚至于自电导也可能会是负值。

【例 3-16】 在图 3-21 所示的电路中，求 i_x 和 u_x。

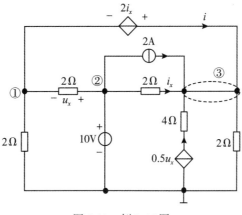

图 3-21 例 3-16 图

解 在所给电路中有 10V 和 $2i_x$ 两个无伴电压源，由于选 10V 电压源的负极作为参考节点，所以节点 2 的电压为 $u_{n2} = 10\text{V}$。

对于大小为 $2i_x$ 的无伴受控电压源增设一个支路电流变量 i 后再分别列出节点 1 和 3 的节点方程为

$$
\left.
\begin{array}{ll}
n_1: & \left(\dfrac{1}{2} + \dfrac{1}{2}\right)u_{n1} - \dfrac{1}{2}u_{n2} = -i \\[2mm]
n_2: & -\dfrac{1}{2}u_{n2} + \left(\dfrac{1}{2} + \dfrac{1}{2}\right)u_{n3} = i + 0.5u_x + 2
\end{array}
\right\}
\quad (3\text{-}48)
$$

对于增添电流变量 i，必须对应补充一个方程，即反映无伴受控电压源的端电压与其两相关节点电压关系的 KVL 方程：

$$2i_x = u_{n3} - u_{n1} \tag{3-49}$$

又由于无伴受控电压源的端电压和无伴受控电流源的端电流均非节点电压变量，所以还应再补充两个方程，依据 KVL 和 VCR 可得

$$u_x = u_{n2} - u_{n1}$$

$$i_x = \frac{u_{n2} - u_{n3}}{2} \tag{3-50}$$

由式(3-48)、式(3-49)和式(3-50)可得

$$3u_{n1} + 2u_{n3} = 34$$

$$-u_{n1} + 2u_{n3} = 10$$

解得 $u_{n1} = 6\text{V}$，$u_{n3} = 8\text{V}$。最后可以求得

$$u_x = u_{n2} - u_{n1} = 10 - 6 = 4(\text{V})$$

$$i_x = \frac{1}{2}(u_{n2} - u_{n3}) = \frac{1}{2}(10 - 8) = 1(\text{A})$$

当电路中含有一个或多个连接于两个独立节点之间的无伴电压源时，除了增设电压变量法外，还有一种比较简单的处理方法，即超节点法。

【例 3-17】 在图 3-22(a)所示电路中，试求 u_x。

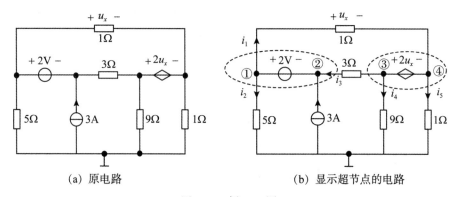

(a) 原电路　　　　　　　　(b) 显示超节点的电路

图 3-22　例 3-17 图

解 对于图 3-22(a)所示的电路，设支路电流及其参考方向如图 3-22(b)所示。将节点 1、2 视为一个超节点即广义节点，节点 3、4 也视为一个超节点，用虚线框表示，首先对第一个超节点应用 KCL 可得

$$i_3 + 3 = i_1 + i_2$$

将上式中支路电流用与其相关的节点电压表示可得

$$\frac{u_{n3} - u_{n2}}{3} + 3 = u_{n1} - u_{n4} + \frac{u_{n1}}{5}$$

即

$$16u_{n1} + 5u_{n2} - 5u_{n3} - 15u_{n4} = 45 \tag{3-51}$$

同理，对于超节点 2，有

$$i_1 + i_3 + i_4 + i_5$$

将上式中支路电流也用与其相关的节点电压表示可得

$$u_{n1} - u_{n4} = \frac{u_{n3} - u_{n2}}{3} + \frac{u_{n3}}{9} + u_{n4}$$

即

$$9u_{n1} + 3u_{n2} - 4u_{n3} - 18u_{n4} = 0 \tag{3-52}$$

在图 3-22(a)、(b)所示电路中有 4 个独立节点及其对应的节点电压变量，而通过 2 个超节点只能得出 2 个 KCL 方程，其中却包含 4 个节点电压变量。因此，必须增补 2 个独立方程，它们分别为 2V 独立电压源和 $2u_x$ 受控电压源与其两端节点电压的关系，即

$$u_{n1} - u_{n2} = 2 \tag{3-53}$$

$$u_{n3} - u_{n4} = 2u_x = 2(u_{n1} - u_{n4}) \tag{3-54}$$

联立求解式(3-51)~式(3-54)可得

$$u_{n1} = 5V, \quad u_{n2} = 3V, \quad u_{n3} = 9V, \quad u_{n4} = 1V$$

因此可得

$$u_x = u_{n1} - u_{n4} = 4V$$

从 KVL 的约束关系来看，一个超节点所关联的两个节点电压变量中只有一个是独立的，因而这两个节点或多个这样的节点也就可以合视为一个超节点。超节点法避开了无伴电压源所在支路电流在求解前未知，故而无法直接列写节点方程的问题。

由此例可知，对于无伴受控电压源，其处理方法与无伴独立电压源的完全一样，只是视控制变量是否为节点电压变量决定要不要追补将控制变量用节点电压表示的方程。

【例 3-18】 在图 3-23 所示电路中 u_x，u_y，i 和 i_x 之值。

解 在图 3-23 所示电路中，节点①的电压已知为 $u_{n1} = -4V$，节点②③④的节点方程分别为

$$n_2: -\frac{1}{0.5}u_{n1} + \left(\frac{1}{0.5} + \frac{1}{0.5} + 1\right)u_{n2} - u_{n3} = \frac{2}{0.5} + 2i_x \tag{3-55}$$

$$n_3: \quad -u_{n2} + u_{n3} = 2u_x - 2i_x + i \tag{3-56}$$

$$n_4: \quad -u_{n1} + u_{n4} = 2 - i \tag{3-57}$$

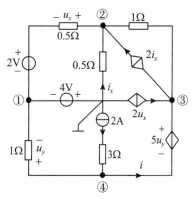

图 3-23 例 3-18 图

由于控制变量 i_x、u_x 和 u_y 均非节点电压变量，故而必须增补关于它们的方程，即 $\dfrac{u_{n2}}{0.5} = -i_x$；$-u_{n1} + u_{n2} - 2 = u_x$ 和 $u_y = u_{n4} - u_{n1}$；又由于对于无伴受控电压源 $5u_y$ 增设了支路电流变量 i，所以必须补充方程 $u_{n3} - u_{n4} = 5u_y$。

将 $u_{n1} = -4V$ 和 $i_x = -2u_{n2}$ 代入式(3-55)可得

$$9u_{n2} - u_{n3} = -4 \tag{3-58}$$

将式(3-56)和式(3-57)相加，并在式中代入 $u_{n1} = -4V$、$-u_{n1} + u_{n2} - 2 = u_x$ 以及

$i_x = -2u_{n2}$ 可得

$$7u_{n2} - u_{n3} - u_{n4} = -2 \tag{3-59}$$

将两个补充方程 $u_y = u_{n4} - u_{n1}$ 和 $u_{n3} - u_{n4} = 5u_y$ 联立，并应用 $u_{n1} = -4V$ 可得

$$u_{n3} - 6u_{n4} = 20 \tag{3-60}$$

联立求解式(3-58)、式(3-59)和式(3-60)，可得

$$u_{n2} = 0.19V, \quad u_{n3} = 5.71V, \quad u_{n4} = -2.38V$$

据此可得 $u_x = 2.19V$，$u_y = 1.62V$；$i = 0.38A$，$i_x = -0.38A$。

本章着重介绍了特别适合于复杂电路的三种分析计算方法，即网孔法、回路法和节点法，具体进行分析计算时选用那种方法需要综合比较，主要应从下述两个方面着眼：

(1)总体比较：支路法方程数目较多因而较少使用。由于网孔法中的网孔与节点法中的节点均易于选取，所以，手算时通常选用这两种方法，但前者只适用于平面电路，后者则无此限制，因而更具有普遍意义，回路法和割集法(第 12 章)属于更一般化的分析方法，较多地应用于大规模电路的计算机分析。而在这一方面，节点分析法应用得最为广泛，因为往往一个大型电路的独立节点数要少于其独立回路数，而且用节点法的一个显著优点是便于编制程序。

(2)具体考虑：①从电路中所含的电源种类以及电路元件的连接关系上来说，如果更多的是电压源以及串联连接的元件，则用网孔法或回路法较为方便；而在有很多电流源以及并联连接元件的情况下，则更适宜选用节点法。②从希望求解电路方程数目少的角度出发，对于节点少的电路应采用节点法，而对于网孔或回路少的电路则应采用网孔法或回路法。③根据所要求的物理量选择合适的方法，若要求的是某个或若干个支路电压，选择节点分析法立即可以求出解答，无需从网孔法或回路法求出网孔或回路电流后，再求支路电流，最后根据 VCR 得到支路电压，若想要求解某个或若干个支路电流，则最好应用网孔法或回路法直接求解。

习　题

3-1　在题 3-1 图所示电路中，试用支路电流法求各支路电流。

3-2　用网孔电流法求解题 3-2 图所示电路中电流 i_5。

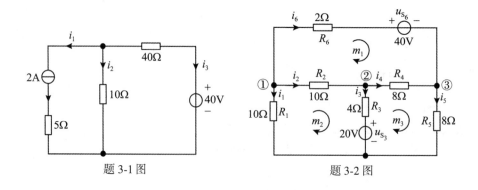

题 3-1 图　　　　　　　　　　题 3-2 图

3-3　电路如题 3-3 图所示，求 4A 电流源发出的功率。

3-4　电路如题 3-4 图所示，求各支路电流。

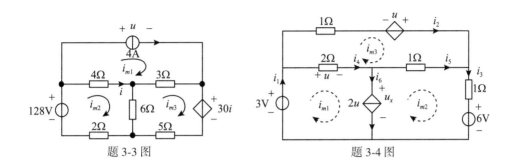

题 3-3 图　　　　　　　　　　题 3-4 图

3-5　电路如题 3-5 图所示，求各支路电流及两个受控源吸收的功率。

3-6　求题 3-6 图所示电路的网孔回路电流方程和节点电压方程。

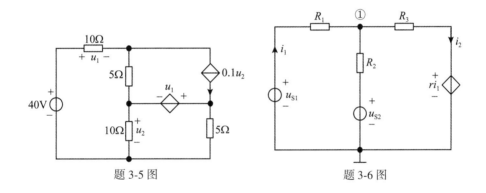

题 3-5 图　　　　　　　　　　题 3-6 图

3-7　在题 3-7 图所示电路中，试用超网孔的方法求解 i_1，i_2，i_3，i_4。

3-8　在题 3-8 图所示电路中，使用回路电流法求支路电流 I_1，I_2，I_3 和 I_4。

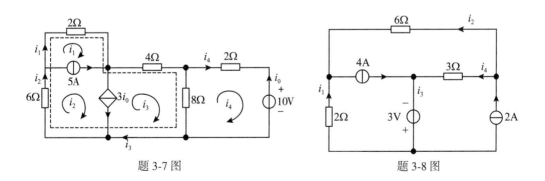

题 3-7 图　　　　　　　　　　题 3-8 图

3-9　电路题 3-9 图所示。试用回路电流法求各支路电流，并求两独立源发出的功率。

3-10　用回路电流法求解题 3-10 图所示电路中电流 I_α 和电压 U_o。

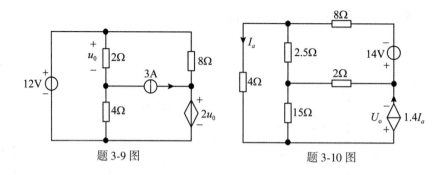

题 3-9 图   题 3-10 图

3-11 在如题 3-11 图所示电路中，使用回路电流法求各个支路电流。

3-12 试列写题 3-12 图所示电路的节点电压方程。

3-13 在题 3-13 图所示电路中，已知：$U_{S_1} = 8V$，$U_{S_2} = 20V$，$R_1 = R_2 = R_3 = 4\Omega$，$R_4 = R_5 = 1\Omega$。求图中电流 I_x 及各独立电源提供的功率。

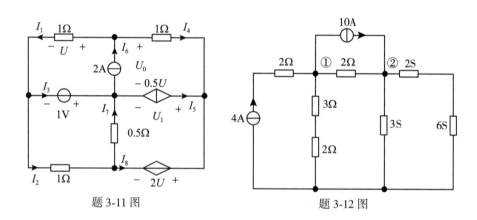

题 3-11 图   题 3-12 图

3-14 在题 3-14 所示电路中，使用节点法求各个节点电压及支路电流 I。

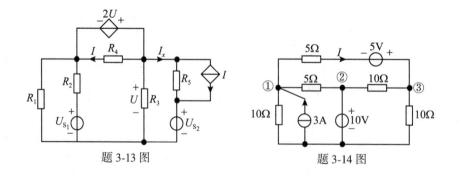

题 3-13 图   题 3-14 图

3-15 试用超节点方法求题 3-15 图所示电路中各个节点电压。

3-16 用节点法求题 3-16 图所示电路中各电源发出的功率。

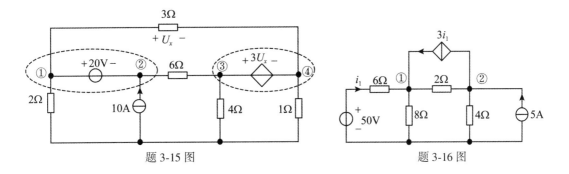

题 3-15 图　　　　　　　题 3-16 图

3-17　电路如题 3-17 图所示，用节点法求各节点电压及电流 i_1。

3-18　试求题 3-18 图所示电路中各独立源提供的功率。

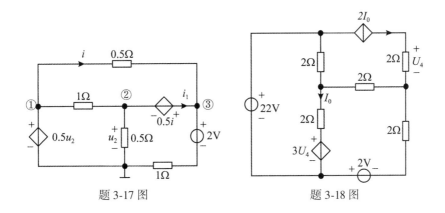

题 3-17 图　　　　　　　题 3-18 图

3-19　电路如题 3-19 图所示，求电流 I 及电压 U。

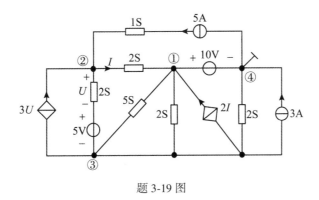

题 3-19 图

3-20　在题 3-20 图所示电路中，已知 $U_S = 12V$，$I_S = 1A$，$a = 2.8$，$R_1 = R_3 = 10\Omega$，$R_2 = R_4 = 5\Omega$。求电流 I_1 及电压源 U_S 发出的功率。

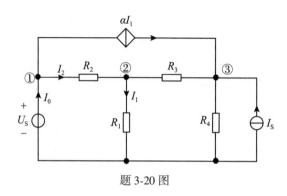

题 3-20 图

3-21 试用节点法列写求题 3-21 图所示电路中各支路电流所需的方程式。

3-22 电路如题 3-22 图所示，求：(1)图中各支路电流；(2)各电源发出的功率及各电阻消耗的功率。

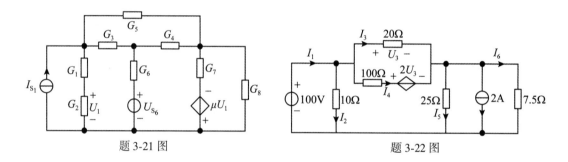

题 3-21 图   题 3-22 图

3-23 用节点电压法求解题 3-23 图所示电路中各个元件的功率并检验功率是否平衡。

3-24 用节点电压法求题 3-24 图所示电路中 U_{n1} 和 U_{n2}。

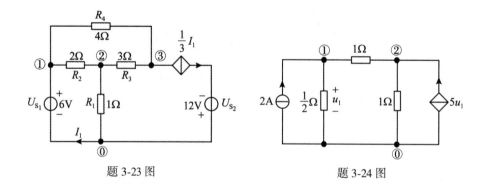

题 3-23 图   题 3-24 图

3-25　在题 3-25 图所示电路中，用节点法求各节点电压及电流 I。

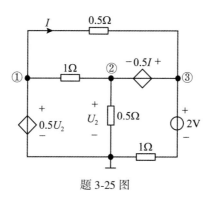

题 3-25 图

第4章 电路定理

本章在第3章的基础上，以线性电阻电路为例，介绍表征电路基本性质的电路定理，它们在电路理论中占有重要地位，是简化电路分析计算的一种重要工具，特别适合于分析方程法所无法胜任的含有"黑箱"的电路。

4.1 齐次定理与叠加定理

第3章介绍了分析求解电路的方程法，这些方程对于电阻电路均是线性代数方程，其左边仅含待求独立电路变量（支路电流、支路电压、回路电流或节点电压）且呈这些变量的线性组合形式，独立源的电压和/或电流均作为非齐次项位于方程右边。这种线性代数方程具有线性性质，即齐次性和叠加性，齐次性在电路理论中体现为线性电路的齐次定理，齐次性和叠加性则合而体现为线性电路的叠加定理。

4.1.1 齐次定理

在图 4-1(a)所示的电路中，利用 KCL、KVL 和 VCR 列出求解 u 和 i 的电路方程为

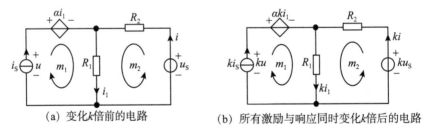

(a) 变化 k 倍前的电路   (b) 所有激励与响应同时变化 k 倍后的电路

图 4-1   说明齐次定理的电路

$$\begin{cases} -u + (\alpha + R_1)i = -(\alpha + R_1)i_S \\ (R_1 + R_2)i = -R_1 i_S + u_S \end{cases} \tag{4-1}$$

式中，两个方程的两边同乘以实常数 k 可得

$$\begin{cases} -ku + (\alpha + R_1)(ki) = -(\alpha + R_1)(ki_S) \\ (R_1 + R_2)(ki) = -R_1(ki_S) + (ku_S) \end{cases} \tag{4-2}$$

由于这时并未改变图 4-1(a)所示电路的结构和参数，因此，式(4-2)所对应的电路如图 4-1(b)所示，由此可知，在支路电压和电流均具有唯一解的情况下，这时激励 ku_S 和 ki_S

126

共同作用所产生的响为 ku 和 ki。显然，图 4-1(a) 电路中其他处电压和电流也都同样会倍乘 k。

类似式 (4-1) 和式 (4-2) 这种齐次关系具有一般性，可以概括为齐次定理。

4.1.1.1 齐次定理的表述

表述 1：在其各支路电压和电流均具有唯一解的线性电路中，当所有独立激励源 $x_i (i = 1，2，\cdots)$ 同时增大或缩小 k 倍 (k 为任意实数) 变为 kx_i 时，电路中任一支路电压或电流响应 y 亦同样增大或缩小 k 倍，变为 ky。

对于只有一个独立源的线性电路，表述 1 演化为表述 2。

表述 2：在只含有一个独立源的线性电路 (各处电压和电流均具有唯一解) 中，当独立激励源 x 变为原来的 k 倍，即 kx (k 为实常数) 时，任一处的电压或电流响应 y 也同样变为原来的 k 倍，即 ky。

显然，表述 2 也可等价为：在只有一个独立激励源的线性电路 (具有唯一解) 中，任一处的电压或电流响应 y 为该激励 x 的比例函数，即 y 与 x 成正比，即

$$y = h_y x \tag{4-3}$$

式 (4-3) 的形式同于描述线性电阻特性的欧姆定律，其中，h_y 为仅取决于电路结构与参数的实常数，与激励无关。

由式 (4-3) 可得

$$\frac{y}{x} = \frac{y'(= ky)}{x'(= kx)} \tag{4-4}$$

式 (4-4) 是一个很有用的结论，其中 y' 是 x' 替换 x 后于 y 所在处的响应。

4.1.1.2 齐次定理的证明

齐次定理的证明可以采用节点法或回路法。

【例 4-1】 在图 4-2 所示电路中，(1) 若 $u_2 = 10\mathrm{V}$，求 i_1 和 u_S；(2) 若 $u_S = 10\mathrm{V}$，求 u_2。

解 (1) 对于图 4-2 所示的梯形电路，可以利用"倒退法"，首先从电路末端开始进行计算。

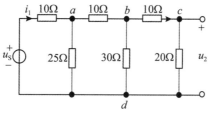

图 4-2 例 4-1 图

由于 $u_{cd} = u_2 = 10\mathrm{V}$，所以利用两串联电阻分压知识可得

$$u_{bc} = \frac{1}{2}u_{cd} = \frac{1}{2}u_2 = 5\text{V}$$

利用 KVL 可得

$$u_{bd} = u_{bc} + u_2 = 15\text{V}$$

由于 $\dfrac{10\Omega}{15\Omega} = \dfrac{u_{ab}}{u_{bd}}$，故而

$$u_{ab} = \frac{2}{3} \times 15 = 10(\text{V})$$

利用 KVL 可得

$$u_{ad} = u_{ab} + u_{bd} = 10 + 15 = 25(\text{V})$$

利用欧姆定律可得

$$i_{ab} = \frac{u_{ab}}{10} = \frac{10}{10} = 1(\text{A}), \quad i_{ad} = \frac{u_{ad}}{25} = \frac{25}{25} = 1(\text{A})$$

利用 KCL 和 KVL 分别可得

$$i_1 = i_{ab} + i_{ad} = 2\text{A}, \quad u_{\text{S}} = 10i_1 + u_{ad} = 20 + 25 = 45(\text{V})$$

(2)由齐次定理有

$$\frac{u_2}{u_{\text{S}}} = \frac{u_2'}{u_{\text{S}}'}$$

由此可得

$$u_2' = \frac{u_2}{u_{\text{S}}}u_{\text{S}}' = \frac{10}{45} \times 10 = 2.22(\text{V})$$

4.1.2 叠加定理

在具体给出叠加定理之前，先通过求解图 4-3(a)所示电路中的 u 和 i 来介绍作为叠加定理基础的叠加性。

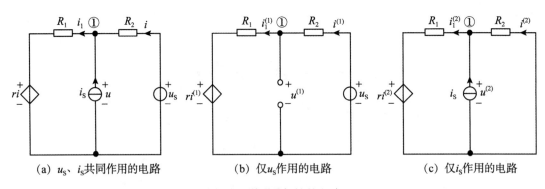

(a) u_{S}、i_{S}共同作用的电路　　(b) 仅u_{S}作用的电路　　(c) 仅i_{S}作用的电路

图 4-3　说明叠加性的电路

在图 4-3(a)所示电路中，对两个网孔分别列写 KVL 方程并利用节点①的 KCL 方程消

去左边网孔 KVL 方程中的变量 i_1 得到电路方程为

$$\begin{cases} u + R_2 i = u_S \\ u - (r + R_1) i = R_1 i_S \end{cases} \tag{4-5}$$

在图 4-3(a)所示的电路中，让理想电流源 i_S 不起作用即将其置零，这时其两端用开路代替，得到图 4-3(b)所示电路，其中受控源视为电阻元件留在电路里，但是其受控关系不变。对该电路列写方程得到式(4-6)，实际上，由于图 4-3(a)、(b)所示两个电路的结构和参数完全相同，所以式(4-6)可以直接在式(4-5)中令 $i_S = 0$，再将变量 u 和 i 分别改写为新电路变量 $u^{(1)}$ 和 $i^{(1)}$ 得到，即

$$\begin{cases} u^{(1)} + R_2 i^{(1)} = u_S \\ u^{(1)} - (r + R_1) i^{(1)} = 0 \end{cases} \tag{4-6}$$

类似的，在图 4-3(a)所示的电路中将理想电压源 u_S 置零，这时其两端用短路代替，得到图 4-3(c)所示电路，其对应新电路变量 $u^{(2)}$ 和 $i^{(2)}$ 的方程为

$$\begin{cases} u^{(2)} + R_2 i^{(2)} = 0 \\ u^{(2)} - (r + R_1) i^{(2)} = R_1 i_S \end{cases} \tag{4-7}$$

将式(4-6)与式(4-7)中第一个方程和第二个方程分别对应相加得

$$\begin{cases} [u^{(1)} + u^{(2)}] + R_2 [i^{(1)} + i^{(2)}] = u_S \\ [u^{(1)} + u^{(2)}] - (r + R_1) [i^{(1)} + i^{(2)}] = R_1 i_S \end{cases} \tag{4-8}$$

比较式(4-5)和式(4-8)可知，两者的系数和右端的非齐次项均相同，因此，由线性代数原理可知，在存在唯一解的情况下，两者的解也相同，即

$$\begin{cases} u = u^{(1)} + u^{(2)} \\ i = i^{(1)} + i^{(2)} \end{cases} \tag{4-9}$$

类似式(4-9)这种线性电路总响应与分响应之间的关系，可以概括为叠加性：线性电路在多个独立源共同作用下产生的电压或电流(总)响应等于这些独立源各自单独作用产生的分响应的叠加(代数和)。所谓代数和，实际上是指若某分响应的参考方向与所求(总)响应的参考方向相反，则其在叠加时应前取负号。

由式(4-6)求得图 4-3(b)所示电路中 $u^{(1)}$ 和 $i^{(1)}$ 分别为

$$u^{(1)} = \frac{R_1 + r}{R_1 + R_2 + r} u_S, \qquad i^{(1)} = \frac{1}{R_1 + R_2 + r} u_S$$

由式(4-7)求得图 4-3(c)所示电路中 $u^{(2)}$ 和 $i^{(2)}$ 分别为

$$u^{(2)} = \frac{R_1 R_2}{R_1 + R_2 + r} i_S, \qquad i^{(2)} = -\frac{R_1}{R_1 + R_2 + r} i_S$$

由此可见，响应 $u^{(1)}$、$i^{(1)}$、$u^{(2)}$ 和 $i^{(2)}$ 均满足齐次定理，将它们对应代入叠加性表示式(4-9)，可得

$$\begin{cases} u = u^{(1)} + u^{(2)} = \dfrac{R_1 + r}{R_1 + R_2 + r} u_S + \dfrac{R_1 R_2}{R_1 + R_2 + r} i_S \\ i = i^{(1)} + i^{(2)} = \dfrac{1}{R_1 + R_2 + r} u_S - \dfrac{R_1}{R_1 + R_2 + r} i_S \end{cases} \tag{4-10}$$

类似式(4-10)这种结论具有普遍性,可以概括为叠加定理。

4.1.2.1　叠加定理的表述

在其各支路电压和电流均具有唯一解的线性电路中,多个独立源共同作用在任一处所产生的响应等于各个独立源单独作用在该处产生的响应的叠加(代数和)。

由于功率和能量与电压或电流不是线性关系,而是二次函数关系,故而叠加定理只能用于电压和电流的计算,而不能用于计算功率和能量,即不可认为线性电路中所有独立源同时激励对某处提供的功率等于各独立源单独作用时对该处提供功率的叠加。例如,对于图 4-3(a)所示电路,R_2 消耗的功率为

$$P_{R_2} = i^2 R_2 = \left(\frac{1}{R_1 + R_2 + r} u_S - \frac{R_1}{R_1 + R_2 + r} i_S \right)^2 R_2 \tag{4-11}$$

在图 4-3(b)中,R_2 消耗的功率 $P_{R_2}^{(1)}$ 为

$$P_{R_2}^{(1)} = \left[i^{(1)} \right]^2 R_2 = \left(\frac{1}{R_1 + R_2 + r} u_S \right)^2 R_2 \tag{4-12}$$

在图 4-3(c)中,R_2 消耗的功率 $P_{R_2}^{(2)}$ 为

$$P_{R_2}^{(2)} = \left[i^{(2)} \right]^2 R_2 = \left(\frac{R_1}{R_1 + R_2 + r} i_S \right)^2 R_2 \tag{4-13}$$

由式(4-11)~式(4-13)可知,$P_{R_2} \neq P_{R_2}^{(1)} + P_{R_2}^{(2)}$。这说明,若要计算某处的功率,只能将该处的电压或电流叠加值代入功率公式计算。

2. 叠加定理的证明

对于任一具有 n 个独立节点、多个独立源以及受控源的线性电阻电路(具有唯一解),若将所有独立电压源都等效变换为对应的电流源,则其 n 个独立节点电压方程为

$$\left.\begin{array}{l} G_{11} u_{n1} + G_{12} u_{n2} + \cdots + G_{1k} u_{nk} + \cdots + G_{1n} u_{nn} = i_{S_{11}} \\ G_{21} u_{n1} + G_{22} u_{n2} + \cdots + G_{2k} u_{nk} + \cdots + G_{2n} u_{nn} = i_{S_{22}} \\ \cdots\cdots \\ G_{k1} u_{n1} + G_{k2} u_{n2} + \cdots + G_{kk} u_{nk} + \cdots + G_{kn} u_{nn} = i_{S_{kk}} \\ \cdots\cdots \\ G_{n1} u_{n1} + G_{n2} u_{n2} + \cdots + G_{nk} u_{nk} + \cdots + G_{nn} u_{nn} = i_{S_{nn}} \end{array}\right\} \tag{4-14}$$

式中,$i_{S_{kk}}$ 为节点 $k(k = 1, 2, \cdots, n)$ 的等值电流源,它是该节点连接的包括独立电压源经等效变换而得到的电流源在内的所有独立电流源的线性组合。

应用克莱姆法则,可解出节点 $k(k = 1, 2, \cdots, n)$ 的电压为

$$u_{nk} = \frac{\Delta_{1k}}{\Delta} i_{S_{11}} + \frac{\Delta_{2k}}{\Delta} i_{S_{22}} + \cdots + \frac{\Delta_{kk}}{\Delta} i_{S_{kk}} + \cdots + \frac{\Delta_{nk}}{\Delta} i_{S_{nn}} \tag{4-15}$$

由于式(4-14)中 $G_{jq}(j = 1, 2, \cdots, k, \cdots, n; q = 1, 2, \cdots, k, \cdots, n)$ 是仅与该电路的结构与元件参数大小有关的实常数。因此式(4-15)中 Δ 和 $\Delta_{jk}(j = 1, 2, \cdots, k, \cdots, n)$ 均亦为仅取决于电路的结构与元件参数的实常数,而与激励无关。

在将式(4-15)中各个独立源的系数归并后可知,任一节点电压为电路中所有独立电流

源的线性组合或所有独立电流源与独立电压源(存在独立电压源等效变换为独立电流源的情况)的线性组合,又由于支路电压是其相关节点电压的代数和,故而各支路电压均为电路中所有独立源的线性组合,再利用支路特性可知,各支路电流亦为电路中所有独立源的线性组合。

上述证明要求线性方程的系数行列式 $\Delta \neq 0$,这时方程的解即节点电压 u_{nk} 存在且唯一,因此,叠加定理必须在电路具有唯一解的条件下才能成立。

叠加定理表明,由于线性电路中各个独立源作为彼此独立的自变量,因而其作用也是彼此独立的,即各个独立源在电路中所产生的响应与电路中其他独立源的存在与否无关,多路通信正是基于这种信号作用的独立性而实现的。

现在给出叠加定理的一般表示形式。设线性电路中共有 q 个独立源 $x_i(i = 1, 2, \cdots, q)$,且任一支路的电压或电流响应为 y,则

$$y = \underbrace{\sum_{i=1}^{q} y_i}_{\text{叠加性}} = \underbrace{\sum_{i=1}^{q} h_i x_i}_{\substack{\text{在叠加上应用齐次性} \\ \text{(叠加定理)}}} \tag{4-16}$$

由式(4-16)可知,叠加原理也可以表述为:线性电路中任一处响应为其所有独立源的线性组合。y_i 为 $x_i(i = 1, 2, \cdots, q)$ 单独作用下 y 的一个响应分量,对给定的线性电路,h_i 仅取决于电路的结构与元件参数的实常数,有

$$h_i = \frac{y_i}{x_i}\bigg|_{x_j = 0(j = 1, 2, \cdots; i-1, i+1, \cdots, n)} \tag{4-17}$$

由式(4-16)也可知,齐次定理为叠加定理的特例。

【例 4-2】 在图 4-4(a)所示电路中,求 3A 电流源产生 30W 功率时,与其串联的电阻 R 之值。

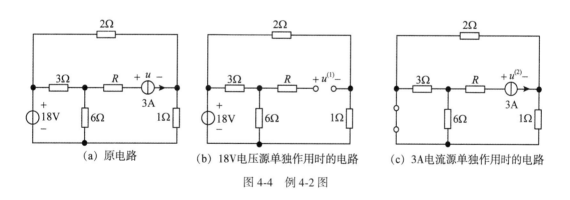

(a) 原电路　　　　(b) 18V电压源单独作用时的电路　　　　(c) 3A电流源单独作用时的电路

图 4-4　例 4-2 图

解 (1)当 18V 电压源单独作用时,电路如图 4-4(b)所示,这时由电压 $u^{(1)}$ 所在回路的 KVL 可知,$u^{(1)}$ 为 6Ω 与 1Ω 电阻上的电压之代数和,即

$$u^{(1)} = 12 - 6 = 6(\text{V})$$

(2)当 3A 电流源单独作用时,电路如图 4-4(c)所示,这时该电流源端电压 $u^{(2)}$ 可由已知功率求出,即

$$P = (u^{(1)} + u^{(2)}) \times i_S$$

在上式中代入已知数据, 可得 $-30 = (6 + u^{(2)}) \times 3$, 因此有 $u^{(2)} = -16\text{V}$。
由图 4-4(c) 所示电路上方网孔的 KVL 可得

$$2 \times 1 + 2 \times 3 + 3R + u^{(2)} = 0$$

由此求出 $R = \dfrac{8}{3}\Omega$。

【例 4-3】　在图 4-5(a) 所示电路中, 电阻 R 可调, 试求 u_R 为定值时 α 之值。

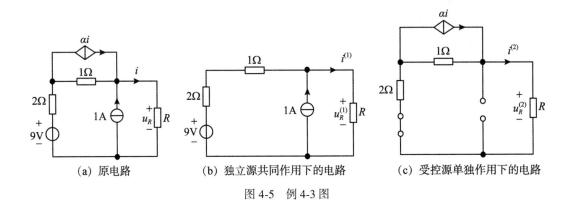

(a) 原电路　　　　　(b) 独立源共同作用下的电路　　　　　(c) 受控源单独作用下的电路

图 4-5　例 4-3 图

解　当线性电路中含有受控源而需要利用叠加定理求解时, 可以有两种处理方法:

(1) 不把受控源当独立源, 而作为电阻元件对待, 即在各独立源分别作用时, 受控源均需保留在电路中, 且要随控制量的改变而改变, 例如, 在图 4-3(a) 所示电路中, 求 u 和 i 时对于受控电压源 ri 就是这样处理的。

(2) 将受控源作为独立源对待, 即受控源单独作用于电路, 但此时受控源与各控制分量无关而仅受原控制量的控制。

这里将受控源当作独立源对待, 先将独立电压源和独立电流源分为一组让它们共同作用, 受控源这时不作用, 电路如图 4-5(b) 所示, 应用节点法可求得 $u_R^{(1)}$ 为

$$u_R^{(1)} = \frac{\dfrac{9}{3} + 1}{\dfrac{1}{3} + \dfrac{1}{R}} = \frac{12R}{3 + R}$$

再令独立源不作用, 受控源 αi 单独作用, 电路如图 4-5(c) 所示, 可求得 $u_R^{(2)}$ 为

$$u_R^{(2)} = \left[\alpha i \cdot \frac{1}{1 + (2 + R)}\right]R = \frac{\alpha i R}{3 + R}$$

由此可见, 由于受控源视为独立电源单独作用时, 其输出 αi 作为已知量处理, 即其控制量为原电路控制量 i, 而非此时电路中的 $i^{(2)}$, 所以无法求出该分电路中的电压、电流的具体数值, 但是这不影响最终结果的求取。应用叠加定理得

$$u_R = u_R^{(1)} + u_R^{(2)} = \frac{12R}{3 + R} + \frac{\alpha i R}{3 + R}$$

在图 4-5(a)中有 $u_R = iR$，故而 $i = u_R/R$，将其代入上式可得

$$u_R = \frac{12R}{3+R} + \frac{\alpha u_R}{3+R}$$

从中解得 $u_R = \dfrac{12R}{3+R-\alpha}$，由此可知当 $\alpha = 3$ 时，$u_R = 12\text{V}$。

将受控源视作独立电源来应用叠加原理求解电路的步骤为：

(1)求解各分响应包括含受控源的分电路的响应，这时受控源的控制量 x_{control} 一定是原电路中的控制量；

(2)应用叠加原理求总响应 y，有 $y = f(x_{\text{control}})$；

(3)在原电路中应用 KCL、KVL 或 VCR 求出总响应 y 与控制量 x_{control} 的关系，即 $y = g(x_{\text{control}})$ 或 $x_{\text{control}} = h(y)$；

(4)联立上面二个关于 y 和 x_{control} 的关系式求解出总响应 y。

【例4-4】 在图 4-6 所示电路中，N_R 为无源线性电阻网络，图 4-6(a)所示电路中短路电流 $i_{\text{sc}} = 10\text{A}$，现将电压源 u_S 反接，短路电流 $i_{\text{sc}} = 6\text{A}$。试求在图 4-6(b)所示的电路中，若短路电流 $i_{\text{sc}} = 0$，这时电压源 u'_S 之值应为图 4-6(a)所示电路中 u_S 值的倍数。

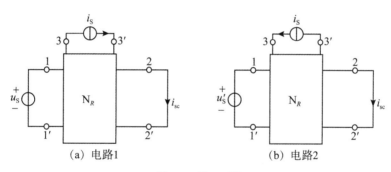

图 4-6 例 4-4 图

解 利用叠加定理，设 $i_{\text{sc}}^{(1)}$ 为电压源 u_S 单独作用时产生的短路电流分量，$i_{\text{sc}}^{(2)}$ 为电流源 i_S 单独作用时产生的短路电流分量，则

$$i_{\text{sc}} = i_{\text{sc}}^{(1)} + i_{\text{sc}}^{(2)}$$

因此，在图 4-6(a)中有

$$10 = i_{\text{sc}}^{(1)} + i_{\text{sc}}^{(2)}$$

若图 4-6(a)中的电压源反接，则有

$$6 = -i_{\text{sc}}^{(1)} + i_{\text{sc}}^{(2)}$$

解得 $i_{\text{sc}}^{(1)} = 2\text{A}$，$i_{\text{sc}}^{(2)} = 8\text{A}$。

由于图 4-6(b)中电流源的参考方向与图 4-6(a)中电流源的相反，故而这时应有 $i_{\text{sc}}^{(2)} = -8\text{A}$。依题意有 $i_{\text{sc}}^{(1)} + i_{\text{sc}}^{(2)} = 0$。在其中代入 $i_{\text{sc}}^{(2)} = -8\text{A}$，则

$$i_{\text{sc}}^{(1)} = 8\text{A}$$

在图 4-6(a)、(b)中同时令 $i_S = 0$，再对它们利用齐次定理可得

$$u_\text{S} : 2 = u'_\text{S} : 8$$

从中求出 $u'_\text{S} = 4u_\text{S}$，即倍数为 4。

下面给出叠加定理的基本要点：

(1)叠加定理只适用于线性电路(时变或时不变)，但是，由于叠加原理中的激励指的是独立源，因此在动态电路分析中，为了应用叠加定理，将电容上的初始电压和电感上的初始电流均作为独立源对待。

(2)叠加定理不适用于非线性电路，因为在该定理的证明过程中认为所有电阻 R 均为常数，从而保证了行列式 Δ 及 $\Delta_{jk}(j = 1, 2, \cdots, k, \cdots, n)$ 均为常数，而与独立源无关，因此，各独立源的作用是彼此独立的；反之，若电阻 R 并非常数，则 Δ 及 Δ_{jk} 均与电路的工作状态有关，这时各独立源产生的响应不再彼此独立。

(2)独立源不作用时，电压源应代之以短路，电流源应代之以开路。

(3)电压、电流响应均为代数量，所以在叠加即求代数和时应注意分响应与总响应的参考方向是否一致，一致时分响应前取正号，否则前取负号。

(4)叠加定理只能用于计算线性电路中电压和电流响应，而不能用来计算功率和能量，例如，若对于某支路应用叠加原理有 $i = i^{(1)} + i^{(2)}$，则其功率应为

$$P = i^2 R = [i^{(1)} + i^{(2)}]^2 R = [i^{(1)}]^2 R + [i^{(2)}]^2 R + 2i^{(1)} R^{(2)} R$$

$$\neq P_1 + P_2 = [i^{(1)}]^2 R + [i^{(2)}]^2 R$$

显然，两者相差一个交叉乘积项。

(5)由叠加定理的证明过程可知，各个独立电源所产生的响应与电路中其他独立电源存在与否无关。因此，当应用叠加原理来求线性电路某处的电压、电流响应时，叠加的方式是任意的，在一个激励只能作用一次的前提下，可以将数个激励分为一组，先求出每一组激励产生的响应分量，再求总响应，分组方式取决于分析计算问题的方便。

4.2　线性电路中两响应之间的线性关系

由叠加原理式(4-16)可知，设任一含源线性电路中第 m 条支路的电压或电流响应为 y_m，第 k 条支路的电压或电流响应为 y_k，则

$$y_m = h_{m1}x_1 + h_{m2}x_2 + \cdots + h_{mj}x_j + \cdots + h_{mq}x_q \tag{4-18}$$

$$y_k = h_{k1}x_1 + h_{k2}x_2 + \cdots + h_{kj}x_j + \cdots + h_{kq}x_q \tag{4-19}$$

若该电路中仅独立源 x_j 发生变化，则式(4-18)右边除 $h_{mj}x_j$，式(4-19)右边除 $h_{kj}x_j$ 外，其他各项均不会发生变化，于是式(4-18)和式(4-19)可以分别简记为

$$y_m = H_m + h_{mj}x_j \tag{4-20}$$

$$y_k = H_k + h_{kj}x_j \tag{4-21}$$

H_m 和 H_k 分别为式(4-18)和式(4-19)右边不变化部分项之和。由式(4-21)可得

$$x_j = \frac{y_k - H_k}{h_{kj}} \tag{4-22}$$

将式(4-22)代入式(4-20)可得

$$y_m = H_m + h_{mj}\frac{y_k - H_k}{h_{kj}} \tag{4-23}$$

整理式(4-23)可得

$$y_m = H_m + h_{mj}\frac{y_k - H_k}{h_{kj}} = ay_k + b \quad (m \neq k) \tag{4-24}$$

式中,$a = \dfrac{h_{mj}}{h_{kj}}$,$b = H_m - \dfrac{h_{mj}H_k}{h_{kj}}$,它们均为与电路结构、元件参数和激励有关的实常数。由于式(4-20)和式(4-21)形式相同,所以也可以逆向推导得出完全一致的表示形式。

由式(4-24)可知,当线性电路中某个独立源发生变化时,其任意两支路的响应(电压或电流)之间具有线性关系。由于并没有限制 y_m 和 y_k 的电量类型,因此式(4-24)中 y_m 和 y_k 既可以是电压,也可以是电流,发生变化的独立源 x_j 既可以是电压源也可以是电流源。

【例 4-5】 在如图 4-7 所示的电路中,N 为一线性含源电阻性电路。u_S 为输出可调的直流电压源。已知当 $u_S = u_{S1}$ 时,$u_1 = 2V$,$i_2 = 3A$,$u_3 = 6V$;当 $u_S = u_{S2}$ 时,$u_1 = 3V$,$i_2 = 5A$。试求:(1)电阻 R;(2)调节 u_S 使 $u_1 = 4V$ 时的 i_2 和 u_3。

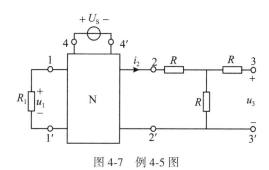

图 4-7 例 4-5 图

解 (1)由题意可得

$$R = \frac{u_3}{i_2} = \frac{6}{3} = 2(\Omega)$$

(2)根据电路中的线性关系可设

$$i_2 = au_1 + b$$

代入已知数据,可得如下方程组:

$$\begin{cases} 2a + b = 3 \\ 3a + b = 5 \end{cases}$$

从中求得两个系数为 $a = 2$,$b = -1$,因此有

$$i_2 = 2u_1 - 1$$

应用上式可知,当 $u_1 = 4V$ 时有

$$i_2 = 2 \times 4 - 1 = 7(A)$$

$$u_3 = Ri_2 = 2 \times 7 = 14(V)$$

4.3　替代定理

4.3.1　替代定理的表述

在任意一个其各支路电压和电流均具有唯一解的电路中，若某支路 k（无论由什么元件组成）的电压为 u_k、电流为 i_k，且该支路与其他支路之间无耦合作用，则该支路：

（1）可以用一个 $u_S = u_k$ 的独立电压源替代，u_S 的参考方向与 u_k 的相同。

（2）也可以用一个 $i_S = i_k$ 的独立电流源替代，i_S 的参考方向与 i_k 的相同；

若作替代后的电路中所有支路电压和电流均具有唯一解，则它们与原电路中相应的电量恒等。

4.3.2　替代定理的证明

4.3.2.1　替代为独立电压源的情况

在图 4-8(a)所示电路中取任一端电压为 u_k 的支路 k，在其 b 点和另一点 c 之间连接一独立电压源 $u_S = u_k$，如图 4-8(b)所示。由于则 a 点和 c 点电位相等（相对于 b 点皆为 u_k）即 $u_{ac} = 0$，所以可以将 a、c 两点短接而不会影响其他部分的工作状态，于是得到图 4-8(c)，根据电压源等效原理可得图 4-8(d)所示电路，这时端电压为 u_k 的任意支路 k 被替代为一个端电压为 $u_S = u_k$ 的独立电压源。

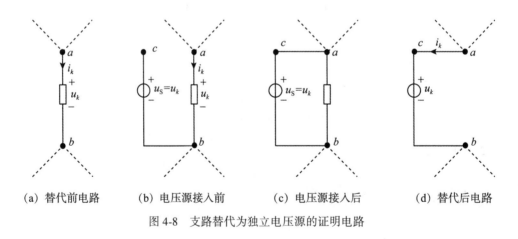

（a）替代前电路　　　（b）电压源接入前　　　（c）电压源接入后　　　（d）替代后电路

图 4-8　支路替代为独立电压源的证明电路

4.3.2.2　替代为独立电流源的情况

在图 4-9(a)所示电路中取任一端电流为 i_k 的支路 k，在其 c、b 两点之间并接一个 $i_S = i_k$ 的独立电流源，如图 4-9(b)所示。根据 KCL 可知，b、c 之间导线支路中无电流，故而可将其开路而不会影响其他部分的工作状态，于是得到图 4-9(c)，根据电流源等效原理可得图 4-9(d)所示电路，这时端电流为 i_k 的任意支路 k 被替代为一个端电流为 $i_S = i_k$ 的独立电流源。

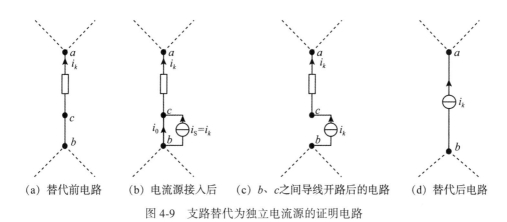

(a) 替代前电路   (b) 电流源接入后   (c) b、c 之间导线开路后的电路   (d) 替代后电路

图 4-9　支路替代为独立电流源的证明电路

应用替代定理可以将一个复杂电路分解为若干电路，并使每一电路都有自己的独立源，从而简化电路分析。例如，图 4-10(a)所示的电路分解为三部分 N_1、N_2 和 N_3，其中借助替代定理，对于 N_1 部分的分析可以利用图 4-10(b)所示电路进行；对于 N_2 部分的分析可以利用图 4-10(c)所示电路进行；对于 N_3 部分的分析则可以利用图 4-10(d)所示电路进行；显然，依据所知的 u_1、u_2、i_1 和 i_2 的多寡，还可以有其他对应的经替代后用于分析的电路。这种处理方法十分有利于分析电子电路中多级放大器的响应。因此，替代定理在含有受控源电路的分析中有着广泛的应用。

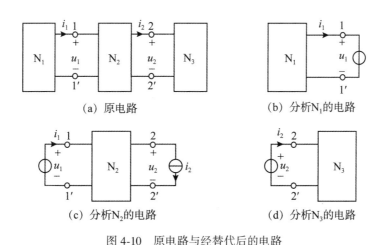

(a) 原电路   (b) 分析N_1的电路

(c) 分析N_2的电路   (d) 分析N_3的电路

图 4-10　原电路与经替代后的电路

【例 4-6】　在图 4-11(a)所示电路中，试求 R_L，使流过其电流为含源网络 N 的端口电流 i 的 1/3。

解　将图 4-11(a)中网络 N 支路和电阻 R_L 支路分别用其电流对应的电流源替代得到

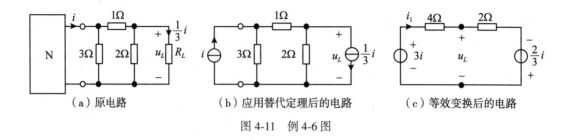

（a）原电路　　　　　（b）应用替代定理后的电路　　　　　（c）等效变换后的电路

图 4-11　例 4-6 图

如图 4-11(b)所示电路，再在该电路中对 2Ω 电阻和 $\frac{1}{3}i$ 电流源部分电路以及 1Ω、3Ω 和 i 电流源部分电路分别作出其等效电路，如图 4-11(c)所示，由此求得

$$i_1 = \frac{11}{18}i, \quad u_L = 2i_1 - \frac{2}{3}i = \frac{5}{9}i$$

故求得

$$R_L = \frac{u_L}{\frac{1}{3}i} = \frac{\frac{5}{9}i}{\frac{1}{3}i} = \frac{5}{3}\Omega$$

【例 4-7】　求如图 4-12(a)所示电路中的电流 i_1。

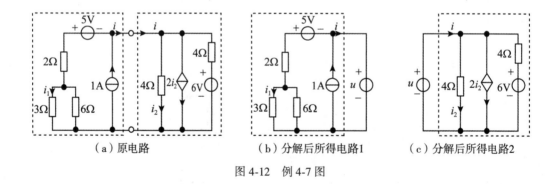

（a）原电路　　　　　（b）分解后所得电路1　　　　　（c）分解后所得电路2

图 4-12　例 4-7 图

解　利用替代定理，将图 4-12(a)所示电路分解为如图 4-12(b)、(c)所示电路，各自都有一个同样大小的独立电压源 u。对于图 4-12(b)所示电路，3Ω 与 6Ω 电阻等效为一个 2Ω 电阻，再与所串联的 2Ω 电阻等效为 4Ω 电阻，因此，由 KCL 可得

$$1 = i + \frac{u+5}{4} \tag{4-25}$$

对于图 4-12(c)所示电路，由 KCL 得出

$$i = (1+2) \times \frac{u}{4} + \frac{u-6}{4} = \frac{4u-6}{4} \tag{4-26}$$

由式(4-25)、(4-26)可得 $u = 1V$。在图 4-12(b)所示电路中利用 $u = 1V$ 求出 i_1 为

$$i_1 = \frac{1+5}{2+2} \times \frac{6}{3+6} = 1(\text{A})$$

【**例 4-8**】 在如图 4-13 所示电路中，N 为含源线性电阻网络，当调节 $R_3 = 8\Omega$ 时，有 $i_1 = 11\text{A}$，$i_2 = 4\text{A}$，$i_3 = 20\text{A}$；当调节 $R_3 = 2\Omega$ 时，则有 $i_1 = 5\text{A}$，$i_2 = 10\text{A}$，$i_3 = 50\text{A}$。试求使 $i_1 = 0$ 时的 R_3 调节值以及此时的 i_2。

解 （1）根据替代定理，图 4-13 中电阻 R_3 支路可用独立源替代，因此，R_3 参数的变化就等同于独立源输出的变化，这时，任意两条支路上的电量之间同样满足线性关系，即有

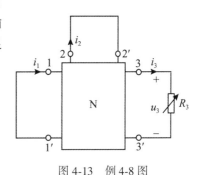

图 4-13 例 4-8 图

$$\begin{cases} i_1 = a_1 i_3 + b_1 \\ i_1 = a_2 u_3 + b_2 \end{cases}$$

将已知数据代入上两式，可求得

$$a_1 = -\frac{1}{5}, \quad b_1 = 15, \quad a_2 = \frac{1}{10}, \quad b_2 = -5$$

因此有

$$\begin{cases} i_1 = -\frac{1}{5}i_3 + 15 \\ i_1 = \frac{1}{10}u_3 - 5 \end{cases}$$

将 $i_1 = 0$ 代入上两式求出 $u_3 = 50\text{V}$，$i_3 = 75\text{A}$。
因此，若使 $i_1 = 0$，R_3 的调节值应为

$$R_3 = \frac{u_3}{i_3} = \frac{50}{75} = \frac{2}{3}(\Omega)$$

（2）将已知数据代入线性关系 $i_1 = a_3 i_2 + b_3$，可得

$$\begin{cases} a_3 \times 4 + b_3 = 11 \\ a_3 \times 10 + b_3 = 5 \end{cases}$$

解之得 $a_3 = -1$，$b_3 = 15$。
因此有 $\qquad\qquad\qquad i_1 = -i_2 + 15$
令 $i_1 = 0$，可得 $i_2 = 15\text{A}$。
下面给出替代定理的基本要点：

（1）应用替代定理的必要前提是应用该定理前和后的电路中所有支路电压和电流均应具有唯一解，这一点对非线性电路应特别加以注意。在图 4-14 所示的电路中，由于经替代后的电路没有唯一解，因此，不能使用替代定理来进行求解。

（2）被替代支路与电路中其他支路不可存在着耦合关系，若需要对含有控制量的支路应用替代定理，可以先将控制量转移，再对该支路应用替代定理。

（3）替代定理适用于集总参数电路，它们可以是线性、非线性、时不变或时变的，当电路中的非线性元件的电压或电流已知时，可以应用替代定理将非线性电路变为线性电路来求解。

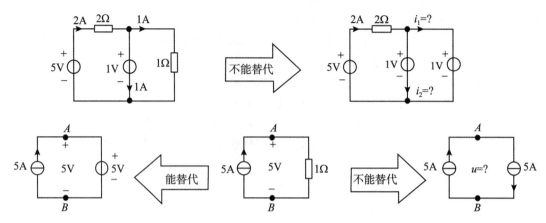

图 4-14　替代后电路没有唯一解的例示

（4）替代前后电路的各支路电压和电流均保持不变。

（5）"替代"与"等效变换"是两个不同的概念。例如，若被替代电路的外部情况发生变换引起电路各处电压、电流的变化，则替代的电压、电流值也必须相应地发生变化，而当对电路进行等效变换时，无论外部情况如何变化，等效电路中的各参数总是保持不变，这也就是说，等效电路反映的是被作等效变换电路的外部特性，而这种外部特性只取决于被等效电路自身的特性，与外部电路是无关的，事实上，因被替代的支路与替代电路元件（独立电压源或独立电流源）不具有相同的的电压、电流关系，所以严格地说，替代定理并不满足第 2 章中所介绍的等效条件。如果要从等效的角度来看，"替代"属于有条件等效，因为它必须在电路确定，并知晓拟被替代支路上电压或电流的限定条件下，才能对该支路作替代，替代前后电路中各支路的电压和电流是等效的。

（6）对于含有 L、C 的电路，将 i_L、u_C 的初值分别用电流源、电压源替代后，可用齐性原理、叠加定理求解其中待求电路变量（见第 7 章）。

4.4　戴维南定理和诺顿定理

我们知道，仅由线性电阻和线性受控源组成的一端口网络可以等效为一个电阻，而当一端口网络内部含有独立电源时，其等效电路一般也会包含独立电源，戴维南定理和诺顿定理各给出了这类网络的一种等效电路形式。

4.4.1　戴维南定理

4.4.1.1　戴维南定理的表述

一个由线性电阻、线性受控源和独立源组成的线性含源一端口电阻网络 N（具有唯一解）对于外部电路而言，可以用一个独立电压源和一个线性电阻相串联的电路即戴维南（等效）电路来等效，该电压源的电压等于网络 N 的端口开路电压 u_{oc}，电阻的阻值则等于

将网络 N 中所有独立源置零后该网络的端口等效电阻(输入电阻) R_eq。

4.4.1.2 戴维南定理的证明

在图 4-15(a)中，设线性含源一端口电阻网络 N 与任意外部网络 N′ 连接，两者不存在耦合关系，且整个网络的支路电压和支路电流具有唯一解。根据替代定理，N′ 可以用一个电流为 i 的电流源替代，如图 4-15(b)所示，对该网络应用叠加原理，即端口电压 u 可以视为两组独立源单独作用下所产生的两个分量的叠加，其中一个分量是由网络 N 内部所有独立源共同作用时所产生的 N 的开路电压 u_oc， 如图 4-15(c)所示；另一个分量则是电流源 i_S 单独作用时所产生的，如图 4-15(d)所示，这时 N 内部所有独立源置零，使 N 变成了一个不含独立源的一端口电阻网络 N_0， 其从 1-1′ 看进去的等效电阻设为 R_eq， 则第二个响应分量为 $-R_\mathrm{eq}i$，因而 N 的端口电压 u 为

$$u = u_\mathrm{oc} - R_\mathrm{eq}i \tag{4-27}$$

由式(4-27)可以得出其对应的电路模型，即 N 的戴维南等效电路如图 4-15(e)所示，其中电压源 u_oc 的参考方向与网络 N 的端口开路电压参考方向有着对应关系，即网络 N 与其戴维南等效电路在其端口均开路时，它们开路电压的参考方向必须一致。

图 4-15(f)是将 N 的戴维南等效电路与 N′ 连接后用以等效计算 N′ 中电压、电流的电路图。

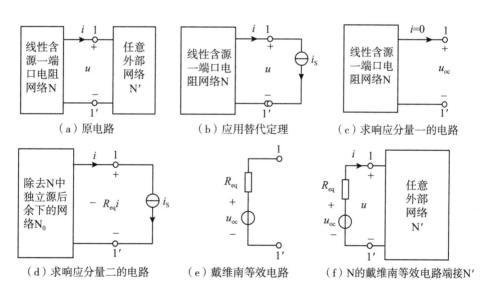

图 4-15　戴维南定理的证明

4.4.2　诺顿定理

4.4.2.1　诺顿定理的表述

一个由线性电阻、线性受控源和独立源组成的线性含源一端口电阻网络 N(具有唯一

141

解），对于外部电路而言，可以用一个独立电流源和一个线性电阻（电导）元件相并联的电路即诺顿（等效）电路来等效，该电流源的电流等于网络 N 的端口短路电流 i_{sc}，电阻元件的电阻则等于将网络 N 中所有独立源置零后该网络的端口等效电阻（输入电阻）R_{eq}。

4.4.2.2　诺顿定理的证明

将图 4-16（a）所示电路中外电路 N′用一个电压为 u 的电压源替代后用叠加定理求出

$$i = i_{sc} - u/R_{eq} = i_{sc} - G_{eq}u \tag{4-28}$$

式中，$G_{eq} = 1/R_{eq}$。由式（4-28）可以得出其对应的电路模型即 N 的诺顿等效电路，如图 4-16（b）所示，其中电流源 i_{sc} 的参考方向与网络 N 的端口短路电流参考方向有着对应关系，即网络 N 与其诺顿等效电路在其端口均短路时，它们短路电流的参考方向必须一致。

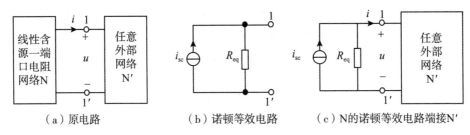

（a）原电路　　　　（b）诺顿等效电路　　　（c）N的诺顿等效电路端接N′

图 4-16　诺顿定理的证明

4.4.3　戴维南电路与诺顿电路之间的等效变换

由于一个线性含源一端口电阻网络既可以有戴维南等效电路，也可以有诺顿等效电路，因此对于同一线性含源一端口电阻网络，这两种等效电路也必定是相互等效的，故而可以从一种电路形式得出另一种电路形式，这时需要注意的是，诺顿等效电路中电流源的电流是从戴维南等效电路中电压源负极所连接的端子流向电压源正极所连接的端子。

在式（4-27）中令 $u = 0$ 或在（4-28）中令 $i = 0$，或直接对比式（4-27）和式（4-28）均可知，戴维南电路与诺顿等效电路参数间的变换关系为

$$u_{oc} = i_{sc}R_{eq} \tag{4-29}$$

式（4-29）表明由某一网络的戴维南等效电路和诺顿等效电路中的任意两个参数可以得出第三个参数：

（1）在求电路的戴维南等效电路（诺顿等效电路）时，若 i_{sc}（u_{oc}）比 u_{oc}（i_{sc}）求取便利，则可先求出其 i_{sc}（u_{oc}），再利用 $u_{oc} = i_{sc}R_{eq}$（$i_{sc} = u_{oc}/R_{eq}$）求得 u_{oc}（i_{sc}）。

（2）一个电路的 R_{eq} 可以利用 $R_{eq} = u_{oc}/i_{sc}$ 求得。

4.4.4　戴维南电路和诺顿电路中电路参数的求法

在具体求解戴维南等效电路和诺顿等效电路之前，先讨论其等效电源和等效电阻的求取方法。

4.4.4.1 等效电源的求法

无论线性含源一端口网络内部是否含有受控源，求取端口开路电压和短路电流在方法上没有区别，即均可应用电路的各种分析方法，例如等效变换法、网孔电流法、节点电压法等对于开路或短路状态下的电路求取相应处的开路电压或短路电流。

4.4.4.2 端口等效电阻的求法

(1)等效变换法：对于独立源置零后仅含线性电阻的无源一端口网络，通过电阻的串、并联等效，Y-△等效变换的方法，求出等效电阻。

(2)外施电源法：对于独立源置零后仅含线性电阻的无源一端口网络以及内含线性电阻和受控源的有源一端口网络，在端口处外施电压源 u_S 或电流源 i_S（给定或不给定它们的具体数学形式或数值均可），求得其端口电流 i（或电压 u），则等效电阻 $R_{eq} = u_S/i$ 或 $R_{eq} = u/i_S$，这时端口电压和端口电流对有源一端口网络为关联参考方向，否则上述等效电阻表示式右边需添加负号"-"。

(3)开路短路法：前已述及对于任何线性含源一端口电阻网络，直接求出其端口开路电压 u_{oc} 和短路电流 i_{sc}，则等效电阻 $R_{eq} = u_{oc}/i_{sc}$。注意，当 u_{oc} 和 i_{sc} 同时为零时，此法失效。

对内部无受控源的含源一端口网络，可以直接逐次采用电源等效变换的方法，最终求出其戴维南等效电路或诺顿等效电路。

【例 4-9】 电路如图 4-17(a)所示，求电流 i。

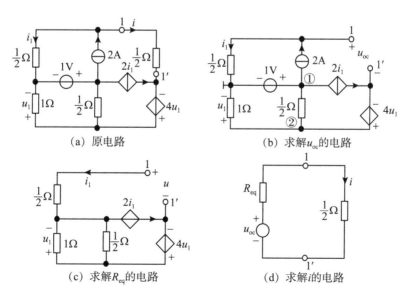

(a) 原电路 (b) 求解 u_{oc} 的电路

(c) 求解 R_{eq} 的电路 (d) 求解 i 的电路

图 4-17 例 4-9 图

解 (1)求开路电压 u_{oc}。电路如图 4-17(b)所示。由于 $i_1 = 2A$，故 $2i_1 = 4A$。由于节

点①的电压已知为 $u_{n1} = 1\text{V}$，故而仅对节点② 8.列写节点电压方程，有

$$-2u_{n1} + (1 + 2)u_{n2} = 4$$

解之得 $u_{n2} = 2\text{V}$，于是

$$u_1 = u_{n2} = 2\text{V}$$

对由 $\dfrac{1}{2}\Omega$，1Ω 和 $4u_1$ 组成的回路列写 KVL 方程求得开路电压 u_{oc} 为

$$u_{oc} = \frac{1}{2}i_1 - u_1 + 4u_1 = 7\text{V}$$

（2）求 R_{eq}。将图 4-17(a) 中独立源置零，在端钮 1-1′ 外加电源得电路图 4-17(c)，其中

$$u_1 = \frac{\dfrac{1}{2}}{1 + \dfrac{1}{2}} \times (2i_1 - i_1) = \frac{1}{3}i_1$$

对由 u、$\dfrac{1}{2}\Omega$、1Ω 和 $4u_1$ 组成的回路列写 KVL 方程，可求得

$$u = \frac{1}{2}i_1 - u_1 + 4u_1 = \frac{1}{2}i_1 + 3u_1 = \frac{1}{2}i_1 + 3 \times \frac{1}{3}i_1 = 1.5i_1$$

所以有

$$R_{eq} = \frac{u}{i_1} = 1.5\Omega$$

（3）求电流 i。由图 4-17(d) 得

$$i = \frac{u_{oc}}{R_{eq} + \dfrac{1}{2}} = \frac{7}{1.5 + 0.5} = 3.5(\text{A})$$

【例 4-10】　试利用诺顿定理求图 4-18(a) 所示电路中流过 4V 电压源的电流 i。

解　将 4V 电压源从电路中断开后求开路电压 u_{oc} 的电路如图 4-18(b) 所示，可得

$$u_{oc} = 4 \times 2 - 50i_1 = 8 - 50 \times (-2) = 108(\text{V})$$

求短路电流 i_{sc} 的电路如图 4-18(c) 所示，对其列写回路方程可得

$$(2 + 4 + 10)(-i_{sc}) + 4 \times 2 + 10 \times 1.5u_1 = 50i_1$$

将补充方程 $i_1 = 1.5u_1 - 2$，$u_1 = -2i_{sc}$ 代入上面回路方程中，求得

$$i_{sc} = -\frac{27}{26}\text{A}$$

因此，等效电阻为

$$R_{eq} = \frac{u_{oc}}{i_{sc}} = \frac{108}{-27/26} = -104(\Omega)$$

将诺顿等效电路与 4V 电压源相连如图 4-18(d) 所示，求得 i 为

$$i = -\frac{27}{26} - \frac{4}{-104} = -1(\text{A})$$

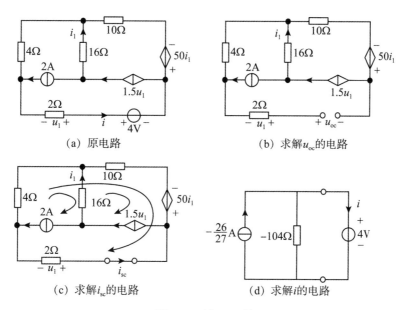

(a) 原电路

(b) 求解u_{oc}的电路

(c) 求解i_{sc}的电路

(d) 求解i的电路

图 4-18　例 4-10 图

【例 4-11】 在图 4-19(a)所示电路中，已知开关 S 断开时，$i = 5A$，求开关接通后 i。

解　求解单个支路的响应可以应用戴维南或诺顿等效电路求解，当电路比较复杂时，也可以采用逐次等效的方法。

首先由开关 S 闭合前电路求节点 c、d 以左电路的戴维南等效电路，具体步骤如下：

(1)求节点 a、b 以左电路的戴维南等效电路。这时，为求解等效电阻，将 u_{S_1}，u_{S_2}，u_{S_3} 短路，将作星形连接的 3 个 2Ω 电阻等效为三角形连接，得到如图 4-19(b)所示电路，从中可以求得 $R_{ab} = 3\Omega$，再设图 4-19(a)中节点 a，b 之间开路电压为 u_{ocab}，则可得节点 a，b 以左电路的戴维南等效电路，将其与受控源 $4i_1$ 相连接可得到如图 14-19(c)所示电路。

(2)求节点 c，d 以左电路的戴维南等效电路。这时为求等效电阻 R_{cd} 的电路如图 14-19(d)所示，采用外施电源法可求得

$$R_{cd} = \frac{u'}{\dfrac{u'}{3} + \dfrac{4u'}{3}} = 0.6\Omega$$

(3)设节点 c，d 之间开路电压为 u_{occd}，于是形成节点 c，d 以左电路的戴维南等效电路，将其与节点 c，d 以右的 3Ω 电阻相连，如图 14-19(e)所示。由等效性原理可知，由已知数据 $i = 5A$ 可以求出 u_{occd}，即

$$u_{occd} = (R_{cd} + 3)i = (0.6 + 3) \times 5 = 18(V)$$

现在求开关闭合后流过 3Ω 电阻的电流 i。将节点 c，d 以左的戴维南等效电路与开关 S 闭合后其余电路连接形成如图 14-9(f)所示电路，利用节点法可以求出

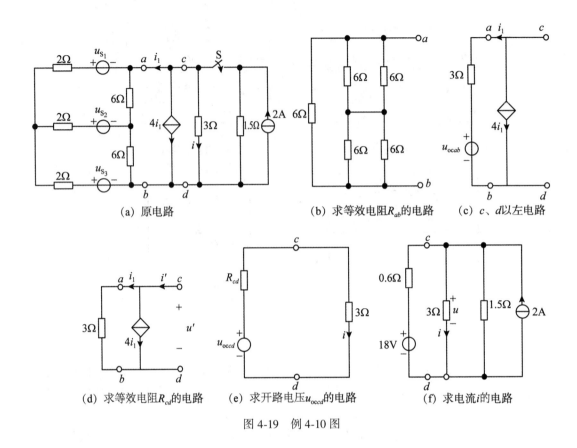

(a) 原电路　　　　　　　　(b) 求等效电阻R_{ab}的电路　　　(c) c、d以左电路

(d) 求等效电阻R_{cd}的电路　　(e) 求开路电压u_{occd}的电路　　(f) 求电流i的电路

图 4-19　例 4-10 图

$$u = \cfrac{\cfrac{18}{0.6} + 2}{\cfrac{1}{0.6} + \cfrac{1}{3} + \cfrac{1}{1.5}} = 12(\text{V})$$

因此 $i = \dfrac{12}{3} = 4(\text{A})$。

【例 4-12】　在图 4-20(a)所示的电路中，N 为含源电阻性网络。已知 $R = \infty$ 时，端口 2-2′ 的电流 $i = i_\infty$；当 $R = 0$ 时，$i = i_0$。端口 1-1′ 的入端电阻为 R_{in}，试求 R 为任意值时端口 2-2′ 的电流 i。

解　由于不能直接建立 i 与 R 的关系，故而以 i_1 为中间变量，先通过戴维南定理求出 i_1 与 R 的关系，即 $i_1 = f_1(R)$，再应用替代定理和叠加定理建立 i 与 i_1 的关系，即 $i = f_2(i_1)$，由此最终建立 i 与 R 的关系即 $i = f(R)$。

(1) 端口 1-1′ 右边的戴维南等效电路与 R 连接形成如图 4-20(b)所示电路，由此可得当 R 为任意值时有

$$i_1 = -\frac{u_{oc}}{R + R_{in}} \tag{4-30}$$

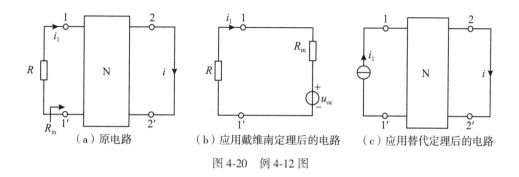

（a）原电路　　　　　（b）应用戴维南定理后的电路　　　　　（c）应用替代定理后的电路

图 4-20　例 4-12 图

由上式可知：当 $R = \infty$ 时，$i_1 = 0$；当 $R = 0$ 时，$i_1 = -\dfrac{u_{\mathrm{oc}}}{R_{\mathrm{in}}}$。

（2）应用替代定理将电阻 R 用电流源 i_1 替代，所得电路如图 4-20（c）所示，对其用叠加定理可得

$$i = k_1 i_1 + k_2 \tag{4-31}$$

式中，$k_1 i_1$ 为电流源 i_1 单独作用时产生的 i 的分量，k_2 为 N 内所有独立源共同作用产生的分量。在式中代入已知数据可得：当 $R = \infty$ 时，有

$$i = i_\infty = k_1 \times 0 + k_2$$

因此求出 $k_2 = i_\infty$。当 $R = 0$ 时，有

$$i = i_0 = k_1 \left(-\frac{u_{\mathrm{oc}}}{R_{\mathrm{in}}} \right) + i_\infty \tag{4-32}$$

解出

$$k_1 = -\frac{(i_0 - i_\infty) R_{\mathrm{in}}}{u_{\mathrm{oc}}}$$

因此，当 R 为任意值时，有

$$i = k_1 i_1 + k_2 = -\frac{(i_0 - i_\infty) R_{\mathrm{in}}}{u_{\mathrm{oc}}} \left(-\frac{u_{\mathrm{oc}}}{R + R_{\mathrm{in}}} \right) + i_\infty = \frac{R_{\mathrm{in}}}{R + R_{\mathrm{in}}} (i_0 - i_\infty) + i_\infty$$

4.4.5　一端口网络内外存在受控源耦合关系时戴维南与诺顿等效电路的多样性

在求解含有受控源的线性含源网络 N 的戴维南与诺顿等效电路时，若网络 N 与外电路不存在耦合，且有唯一解，则 N 的戴维南和诺顿等效电路是唯一的，可以根据前面所述的方法求解。若网络 N 与外部电路 N′ 存在耦合，则主要有两种方法求其戴维南和诺顿等效电路：其一是通过控制量转移使 N 与 N′ 之间的耦合转化为 N 内部之间的耦合，这时，若受控源的输出支路在外电路、控制支路在 N 中，则可先将控制量通过转移变换成 N 的端口电压 u 或端口电流 i（由于 u 或 i 在 N 的端口上，所以即可认为它们在 N 内，也可认为它们在 N 外），再用戴维南定理或诺顿定理求解 N 的等效电路，此时，通过上面两种转

移方式所求得的戴维南或诺顿等效电路参数是相同的；若受控源的输出支路在 N 中，而控制支路在外电路 N′中，则先将控制量通过转移变换成 N 的端口电压 u 或端口电流 i，再用戴维南定理或诺顿定理求解 N 的等效电路，此时通过上面两种转移方式所求得的戴维南或诺顿等效电路参数则是不相同的；其二是直接求出 N 在端口上的电压电流关系。由于欲作等效的一端口网络 N 与外电路存在耦合关系，所以这时不能应用戴维南定理或诺顿定理，因为将 N 开路或短路后将无法确定耦合关系，也就无法正确定出其端口开路电压和短路电流。但是，由于戴维南定理或诺顿定理从本质上说，就是一个含源一端口网络在端口上的电压电流关系，所以可以在不对整个电路作任何更动的情况下，直接对其应用节点法、回路法等求出欲作等效电路的一端口网络 N 在端口上的电压电流关系：$u = f(i) = u_s - Ri$ 或 $i = g(u) = i_s - Gu$，根据所求出的电压电流关系便可得出含源一端口网络 N 的戴维南或诺顿等效电路。

应该指出的是，从根本上来说，由于据第一种方法所得的等效电路是对原一端口网络 N 作了控制量转移后由所得变异单口得出的戴维南与诺顿等效电路，所以并不是原始一端口网络 N 的等效电路，而后一种方法才真正是原始一端口网络 N 的戴维南与诺顿等效电路。但是，应用它们求解外电路的结果却都是相同的。

【例 4-13】　电路如图 4-21(a)所示，试通过 a-b 端左侧电路的戴维南等效电路求电流 i。

解　方法一：将控制量转换为待求戴维南等效电路的端口电流或电压。

(1)分别将端口 a-b 右边和左边电路中的控制量 u_3 和 i_1 转移为端口 a-b 的电流 i。在图 4-21(a)中分别应用欧姆定律和 KVL 可得

$$u_3 = 2i \tag{4-33}$$

$$i_1 = 3i + 4i_1 \tag{4-34}$$

由式(4-34)可得

$$i_1 = -i \tag{4-35}$$

由式(4-33)和式(4-35)可得控制量 u_3 和 i_1 转移为端口电流 i 的电路，如图 4-21(b)所示，为求得端口 a-b 左边的戴维南等效电路，令 a-b 开路，由于 $i = 0$，$4i$ 受控电流源开路，利用分压公式有

$$u_{oc} = \frac{1}{2 + 1} \times 4 = \frac{4}{3}(V)$$

再令 a-b 短路，将 $4i$ 受控电流源与 2Ω 电阻并联等效为 $8i$ 受控电压源与 2Ω 电阻串联，由于这时 $i = i_{sc}$，利用分流公式可得

$$i_{sc} = \frac{1}{1 + 1}\left(\frac{4 + 8i_{sc}}{2 + \frac{1}{2}}\right)$$

解得 $i_{sc} = -\frac{4}{3}A$，故有

$$R_{eq} = \frac{u_{oc}}{i_{sc}} = \frac{4/3}{-4/3} = -1(\Omega)$$

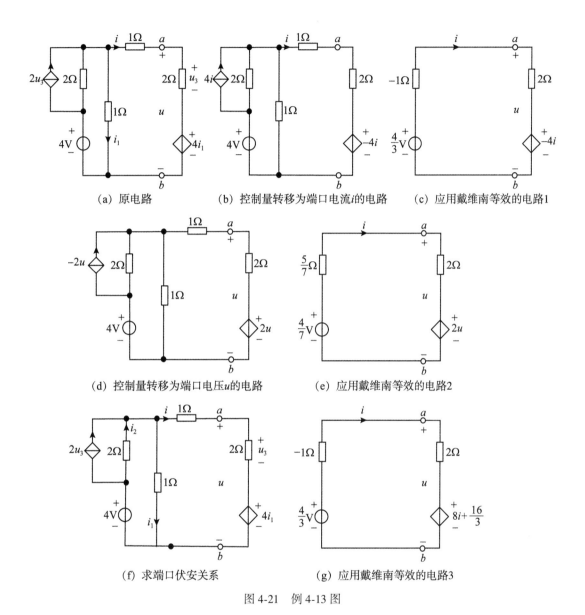

(a) 原电路　　　　　(b) 控制量转移为端口电流i的电路　　　　　(c) 应用戴维南等效的电路1

(d) 控制量转移为端口电压u的电路　　　　　(e) 应用戴维南等效的电路2

(f) 求端口伏安关系　　　　　(g) 应用戴维南等效的电路3

图4-21　例4-13图

因此可得如图4-21(c)所示电路，根据KVL有

$$[2 + (-1)]i - 4i = \frac{4}{3}$$

解得$i = -\dfrac{4}{9}$A。

（2）分别将端口a-b右边和左边电路中的控制量u_3和i_1转移为端口a-b电压u。

在图4-21(a)中分别应用欧姆定律和两次KVL可得

149

$$u = 2i + 4i_1 = -i + i_1$$

故得 $i = -i_1$，又由 KVL 可得

$$u = -1 \times i + 1 \times i_1 = 2i_1$$

由此可得

$$i_1 = \frac{1}{2}u \qquad\qquad (4\text{-}36)$$

应用欧姆定律和上述结果可得

$$u_3 = 2i = -2i_1 = -u \qquad\qquad (4\text{-}37)$$

由式(4-36)和式(4-37)可得控制量 u_3 和 i_1 转移为端口电压 u 的电路，如图 4-21(d)所示，为求得端口 a-b 左边的戴维南等效电路，令 a-b 开路，并且将 $-2u$ 受控电流源与 2Ω 电阻并联等效为 $-4u$ 受控电压源与 2Ω 电阻串联，由于这时 $u = u_{oc}$，利用分压公式可得

$$u_{oc} = \frac{1}{1+2}(-4u_{oc} + 4)$$

解得 $u_{oc} = \frac{4}{7}\text{V}$。再令 a-b 短路，由于这时 $u = 0$，所以 $-2u$ 受控电流源开路，将 4V 电压源和 2Ω 电阻串联等效为 2A 电流源和 2Ω 电阻并联，再利用分流公式可得

$$i_{sc} = \frac{1}{1 + 1 + \dfrac{1}{2}} \times 2 = \frac{4}{5}(\text{A})$$

因此

$$R_{eq} = \frac{u_{oc}}{i_{sc}} = \frac{4/7}{4/5} = \frac{5}{7}(\Omega)$$

此时等效电路如图 4-21(e)所示，由此列回路 KVL 方程并利用 $u = 2i + 2u$，可解得 $i = -\frac{4}{9}$A。

由此可见，尽管通过分别将控制变量转移为戴维南等效电路端口的电流和电压所得到的戴维南等效电路不同，但是最终求出的结果却是相同的。

方法二：直接求出端口 a-b 处的电压与电流的关系：$u = f(i) = a - bi$，由此构造出端口 a-b 以左电路的戴维南等效电路。这是由于所谓两个电路等效，就是它们在指定的端口具有相同的伏安关系 $u = f(i)$，因此，对于一个电路，只要根据 KCL、KVL 和 VCR 求出其指定端口的伏安关系，便可据此得出其对应的等效电路，显然，这种方法对于电路内外有耦合的情况，有时较应用戴维南定理或诺顿定理更为便捷。

在图 4-21(a)中增设变量 i_2 得到如图 4-21(f)所示电路，对其列写 KCL 方程可得

$$2u_3 + i_2 = i + i_1 \qquad\qquad (4\text{-}38)$$

另外有

$$u_3 = 2i \qquad\qquad (4\text{-}39)$$

在两个回路中列写 KVL 方程可得

$$2i_2 + i_1 = 4 \qquad\qquad (4\text{-}40)$$

$$u = i_1 - i \tag{4-41}$$

由以上诸式可得

$$u = i + \frac{4}{3} \tag{4-42}$$

由式(4-41)和(4-42)有

$$i_1 = 2i + \frac{4}{3} \tag{4-43}$$

由式(4-42)可得戴维南等效电路, 再利用式(4-43)得出如图 4-21(g)所示电路, 由 KVL 可得

$$\frac{4}{3} = i + 8i + \frac{16}{3}$$

解得 $i = -\frac{4}{9}\text{A}$。

4.4.6 戴维南定理和诺顿定理的基本要点

(1)由于在证明戴维南定理与诺顿定理的过程中使用了叠加定理, 所以这两个定理仅适用于线性电路, 而其所连接的外部电路则可以是线性, 亦可是非线性的, 因此, 对于非线性电路, 可以作出其线性部分的戴维南或诺顿等效电路, 从而简化分析计算。

(2)对于其与外电路存在耦合关系的电路, 必须先要通过控制量转移建立电路内部耦合关系, 才能应用戴维南定理和诺顿定理求其等效电路, 而由于电路中任何两个变量均存在着确定的关系, 所以也可以直接求取端口的电压电流关系, 从而得到其对应的戴维南和诺顿等效电路。

(3)在求线性含源一端口电阻网络的戴维南等效电路与诺顿等效电路时, 要求在外电路替代为电流源或电压源作为一端口网络的外施激励时, 该一端口网络存在着唯一解, 这实际上是一个含源一端口网络的戴维南等效电路或诺顿等效电路是否存在的问题。例如, 在戴维南定理的证明中, 用外施电流源求得一端口网络在端口处以电流为自变量的 VCR 时, 就要求该一端口网络必须对此电流源的所有电流 i 值均存在唯一解, 这也就是戴维南定理中对一端口网络所提出的具有唯一解的条件的内容。然而, 并非所有一端口网络都能满足这一条件, 例如, 若所讨论的一端口网络只能等效为一个电流源, 则它就无法满足这一条件, 因为两个电流源相串联时, 除了不得违背 KCL 外, 它们两端的电压都具有无穷多个解, 因此, 对于一个只能等效为一个电流源的一端口网络来说, 它就不存在戴维南等效电路; 同理, 在诺顿定理的陈述, 中具有唯一解的条件的内容就是要求该一端口网络必须对端口上的电压源的所有电压 u 值均存在唯一解。若所讨论的一端口网络只能等效为一个电压源, 则它就无法满足这一条件, 因而也就不存在诺顿等效电路。这表明, 并不是任何线性含源一端口网络都能等效简化为戴维南等效电路或诺顿等效电路, 而当一端口网络对外施电流源和电压源的任意电压值和电流值均不存在唯一解时, 则该一端口网络既不存在戴维南等效电路, 亦不存在诺顿等效电路。

(4)在实际求解求线性含源一端口网络的戴维南等效电路或诺顿等效电路之前, 无需

对该一端口网络作唯一解存在性的判定，这时，若计算得到的一个内含受控源的线性含源一端口网络的等效电阻 $R_{eq} = \infty$（$G_{eq} = 0$），则其戴维南等效电路就不存在，而仅存在诺顿等效电路，为一理想电流源；若计算得到的一个内含受控源的线性含源一端口网络的等效电阻 $R_{eq} = 0$（$G_{eq} = \infty$），则其诺顿等效电路就不存在，而仅存在戴维南等效电路，为一理想电压源。从电源等效变换的角度而言，理想电压源和理想电流源均为一种最基本的电路元件，不可能彼此作等效，因此，这时戴维南等效电路和诺顿等效电路中只可能存在一种。只有当内含受控源的线性含源一端口电阻网络的 R_{eq} 不等于 0 和 ∞ 时，它才同时存在着戴维南和诺顿等效电路。

4.5　最大功率传输定理

在电子电路的分析中经常会遇到最大功率传输问题，即使得一个确定的含源一端口网络(例如一个信号源)所连接的负载电阻能够从该电路中能够获得最大功率。应用戴维南定理和诺顿定理十分便于这一问题的讨论。

4.5.1　最大功率传输定理的表述

对于一个与线性含源一端口电阻网络 N 相连的可调负载电阻 R_L，若 R_L 与 N 的戴维南等效电阻 R_{eq} 相等，则其可从 N 中获取最大功率，即

$$P_{R_{Lmax}} = \frac{u_{oc}^2}{4R_{eq}} \tag{4-44}$$

式中，u_{oc} 为网络 N 的开路电压。

4.5.2　最大功率传输定理的证明

将图 4-22(a)中线性含源一端口网络 N 用戴维南等效电路代换后得到如图 4-22(b)所示的电路，由此可得负载电阻 R_L 所能获得的功率为

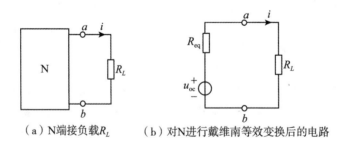

（a）N端接负载R_L　　（b）对N进行戴维南等效变换后的电路

图 4-22　讨论最大功率传输的电路

$$P_{R_L} = i^2 R_L = \left(\frac{u_{oc}}{R_{eq} + R_L}\right)^2 R_L \tag{4-45}$$

式中，u_{oc} 和 R_{eq} 均为实常数，因此，R_L 获得的功率 P_{R_L} 仅随其阻值而变。由于当 $R_L = 0$ 或 $R_L = \infty$ 时均有 $P_{R_L} = 0$，所以 R_L 为 $(0, \infty)$ 区间中的某个阻值时可获得最大功率，因此，求式(4-45)对 R_L 的一阶导数，有

$$\frac{\mathrm{d}P_{R_L}}{\mathrm{d}R_L} = \frac{(R_{eq} + R_L)^2 - 2R_L(R_{eq} + R_L)}{(R_{eq} + R_L)^4} u_{oc}^2$$

令 $\dfrac{\mathrm{d}P_{R_L}}{\mathrm{d}R_L} = 0$，可得

$$(R_{eq} + R_L)^2 - 2R_L(R_{eq} + R_L) = 0$$

解之得

$$R_L = R_{eq} \qquad (4\text{-}46)$$

这表明，当负载电阻 R_L 等于网络 N 的戴维南等效电阻时，R_L 获取最大功率，因此，式(4-45)也称为最大功率匹配条件。将式(4-46)代入式(4-45)，可以得出该最大功率为

$$P_{R_L\max} = \frac{u_{oc}^2}{4R_{eq}}$$

利用戴维南等效电路和诺顿等效电路的参数关系，可知有

$$P_{R_L\max} = \frac{1}{4} i_{sc}^2 R_{eq}$$

负载获得最大功率的情况一般称为负载匹配，简称匹配，这时由于 $R_L = R_{eq}$，故而能量传输效率 $\eta = P_{R_L\max}/P_{u_{oc}} = 50\%$。然而，该效率只是等效电路的效率，而此时含源单口网络 N 中电源供电的效率要低于 50%，这是因为负载开路时，戴维南等效电源便无损耗，但是，网络 N 内部却是有损耗的。

对于通信和无线电系统，出于经济性，总是希望它们工作于匹配状态，使设备能提供最大功率。因为通信和无线电系统的能量消耗并不大，因此，这时效率便降为次要地位。但是，这种情况对于以大功率电能传输为主要任务的电力系统是不允许的，其必须具有很高的传输效率。

【例 4-14】 对于如图 4-23(a)所示电路，试求：(1) R_L 获得最大功率时的取值以及该最大功率；(2) R_L 获得最大功率时独立电压源的供电效率。

解 (1) R_L 获得最大功率之 R_L 值与该最大功率。将 R_L 电阻支路与电路断开后，得到求开路电压 u_{oc} 的电路如图 4-23(b)所示。对其列写回路方程为

$$(10 + 6 + 4) i_1 + 6 \times \frac{1}{5} u_{oc} = 12$$

将 $i_1 = \dfrac{u_{oc}}{10}$ 代入上式后求得 $u_{oc} = \dfrac{15}{4}$ V。

求短路电流 i_{sc} 的电路如图 4-23(c)所示，由此求出

$$i_{sc} = \frac{12}{6 + 4} = \frac{6}{5}(\text{A})$$

则等效电阻为

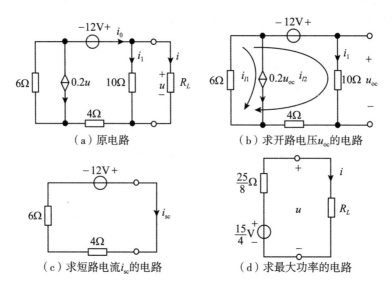

图 4-23 例 4-14 图

$$R_{eq} = \frac{u_{oc}}{i_{sc}} = \frac{15/4}{6/5} = \frac{25}{8}(\Omega)$$

求最大功率电路如图 4-31(d)所示，故当 $R_L = R_{eq} = \frac{25}{8}\Omega$ 时，R_L 可获得最大功率，这时有

$$P_{R_{Lmax}} = \frac{\left(\frac{15}{4}\right)^2}{4 \times \frac{25}{8}} = \frac{9}{8}(W)$$

(2)独立电压源的供电效率。在图 4-23(d)中求出图 4-23(a)中电压为

$$u = \frac{15}{4} \times \frac{1}{2} = \frac{15}{8}(V)$$

根据 KCL 可求出如图 4-23(a)所示电路中流过 12V 电压源的电流为

$$i_0 = i + i_1 = i + \frac{u}{10} = \frac{15/4}{25/4} + \frac{15/8}{10} = \frac{63}{80}(A)$$

12V 电压源的发出的功率为

$$P_{u_S} = u_S \times i_0 = 9.45(W)$$

电源的供电效率为

$$\eta = \frac{P_{Lmax}}{P_{u_S}} = \frac{9/8}{9.45} \times 100\% = 11.9\%$$

【例 4-15】 如图 4-24(a)所示电路中的 R_L 为 8Ω 时，其获得最大功率，试确定的 R_x 值以及 R_L 获得的最大功率。

解 将图 4-24(a)中 24V 电压源短路，如图 4-24(b)所示，用外施电源法求 a-b 端口

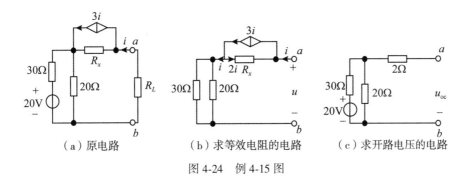

图 4-24 例 4-15 图

等效电阻 R_{eq}，这时有

$$u = \frac{30 \times 20}{30 + 20} i - 2R_x i$$

因此有

$$R_{\text{eq}} = \frac{u}{i} = 12 - 2R_x$$

由最大功率传输定理条件可知应有

$$R_{\text{eq}} = 12 - 2R_x = R_L = 8$$

解得 $R_x = 2\Omega$，即图 4-24(a)中 $R_x = 2\Omega$，这时，将该图中 R_L 断开，如图 4-24(c)所示，求其 a-b 端口的开路电压，由分压公式可以求得

$$u_{\text{oc}} = \frac{20}{30 + 20} \times 20 = 8(\text{V})$$

因此有

$$P_{\max} = \frac{u_{\text{oc}}^{2}}{4R_L} = \frac{8^2}{4 \times 8} = 2(\text{W})$$

4.5.3 最大功率传输定理的基本要点

(1)最大功率传输定理仅适用于线性电路。

(2)最大功率传输定理要求 u_{oc}、R_{eq} 固定不变，当调节负载电阻使 $R_L = R_{\text{eq}}$ 时，R_L 可获得最大功率；但是，若 R_L 固定不变，则调节等效内阻使 $R_{\text{eq}} = 0$，却可使电源发出最大功率。

(3)由于戴维南等效电路是 N 的结构、参数均已改变而对外等效的结果，因此，u_{oc} 的功率并非是 N 中独立电源发出的功率，R_{eq} 消耗的功率也非等于 N 中所有电阻消耗的总功率。

4.6 特勒根定理

特勒根定理仅通过克希霍夫两个定律导出，故而也与电路元件的性质无关，因此，为

155

了便于讨论特勒根定理，对于任何一个由集中参数元件组成的电路，不论及其元件的特性，只考虑元件之间的连接情况，而将电路中的每一个支路(一个或多个元件组成)用一条线段代替，仍其称为支路；将电路中支路的连接点即节点也用一个圆点表示，并亦称为节点。如此由电路图(diagram)而得到的一个点、线的集合称为电路的图(graph)或线形图(linear graph)。对于这种图，若按照与之相应电路图中各支路电压和电流取关联参考方向的约定给出其对应各支路的参考方向，则称之为有向图或有向拓扑图，否则称为无向图。

图 4-25(a)、(b)中两个电路 N 和 $\hat{N}$ 均具有 4 个节点、6 条支路，所对应的有向图如图 4-25(c)所示，其中箭头表示支路电压和电流的关联参考方向。

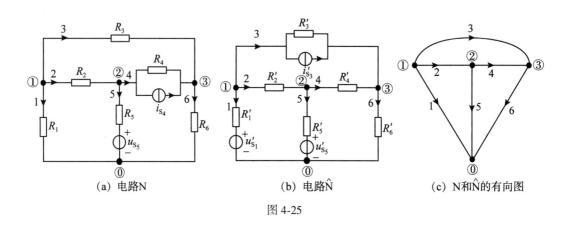

图 4-25

特勒根定理有两个内容，分别称为特勒根定理 1 和特勒根定理 2。

特勒根定理 1：对于任意一个具有 n 个节点、b 条支路的集中参数电路，假设其满足 KVL 的支路电压 u_k 和满足 KCL 的支路电流 $i_k(k = 1, 2, \cdots, b)$ 取关联参考方向，则

$$\sum_{k=1}^{b} u_k i_k = 0 \tag{4-47}$$

证明：任意一个具有 n 个节点、b 条支路的集中参数电路 N 的有向拓扑简图如图 4-26(a)所示，选取节点 n 为参考节点，设支路电流为 $i_k(k = 1, 2, \cdots, b)$ 在每个节点均满足 KCL，则第 $j(j = 1, 2, \cdots, n - 1)$ 个节点的 KCL 方程可以表示为

$$\sum_{k=1}^{b} a_{jk} i_k = 0, \quad j = 1, 2, \cdots, n - 1 \tag{4-48}$$

式中，系数 a_{jk} 由式(4-49)决定，即

$$a_{jk} = \begin{cases} 0, & \text{支路 } k \text{ 没有与节点 } j \text{ 相连} \\ +1, & \text{支路 } k \text{ 与节点 } j \text{ 相连且其参考方向离开节点 } j \\ -1, & \text{支路 } k \text{ 与节点 } j \text{ 相连且其参考方向指向节点 } j \end{cases} \tag{4-49}$$

设第 j 个独立节点的节点电压为 $u_{n_j}(j = 1, 2, \cdots, n - 1)$，则在式(4-48)两边同乘以 $u_{n_j}(j = 1, 2, \cdots, n - 1)$，可得 $\left(\sum_{k=1}^{b} a_{jk} i_k\right) u_{n_j} = 0, \quad j = 1, 2, \cdots, n - 1$，因而有

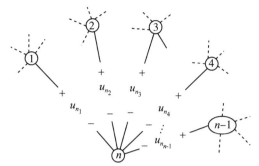（a）集中参数电路N的有向拓扑简图　　　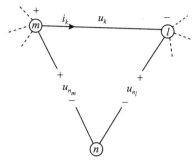（b）支路k连接于节点m和l之间

图 4-26 特勒根定理 1 的证明

$$\sum_{j=1}^{n-1} \left(\sum_{k=1}^{b} a_{jk} i_k u_{n_j} \right) = 0 \tag{4-50}$$

将式（4-50）展开表示，可得

$$u_{n_1} \sum_{k=1}^{b} a_{1k} i_k + u_{n_2} \sum_{k=1}^{b} a_{2k} i_k + \cdots + u_{n_{(n-1)}} \sum_{k=1}^{b} a_{(n-1)k} i_k = 0 \tag{4-51}$$

因此可得

$$\sum_{k=1}^{b} \left(a_{1k} u_{n_1} + a_{2k} u_{n_2} + \cdots + a_{(n-1)k} u_{n_{(n-1)}} \right) i_k = 0 \tag{4-52}$$

式（4-52）括号中只有两项不为零，因为任一支路 k 只会连接于两个节点之间，若设其连接在节点 m 和 l 之间，如图 4-26（b）所示，则有

$$a_{mk} = +1, \; a_{lk} = -1, \; a_{pk} = 0, \; p \neq m, \; p \neq l \tag{4-53}$$

将式（4-53）中的这些系数值代入式（4-52），可得

$$\sum_{k=1}^{b} (u_{n_m} - u_{n_l}) i_k = 0 \tag{4-54}$$

设各支路电压 $u_k(k = 1, 2, \cdots, b)$ 在每个回路均满足 KVL，则有 $u_{n_m} - u_{n_l} = u_k$，因此，式（4-54）变为

$$\sum_{k=1}^{b} u_k i_k = 0 \tag{4-55}$$

式（4-55）具有非常明确的物理意义：对于任一集中参数电路，在任意时刻 t，其全部支路所吸收功率的代数和恒等于零，即电路中所产生功率的总和与所消耗功率的总和恒等。因此，特勒根定理 1 又称为瞬时功率守恒定理。

由于特勒根定理不涉及各元件的特性，而只要求电路的有向图是确定的，因此可以将特勒根定理 1 加以推广，得出关于两个具有同一有向图的电路的特勒根定理 2。

特勒根定理 2：对于两个均具有 n 个节点、b 条支路的集中参数电路 N 和 $\hat{N}$，假设它们各支路电压和支路电流均为关联参考方向，且两者的有向图相同，即两个图中对应节点和支路编号顺序以及参考方向完全一样，则

$$\sum_{k=1}^{b} u_k \hat{i}_k = 0 \qquad (4\text{-}56)$$

或

$$\sum_{k=1}^{b} \hat{u}_k i_k = 0 \qquad (4\text{-}57)$$

式中，$u_k(k = 1, 2, \cdots, b)$，$i_k(k = 1, 2, \cdots, b)$ 以及 $\hat{u}_k(k = 1, 2, \cdots, b)$，$\hat{i}_k(k = 1, 2, \cdots, b)$ 分别为 N 和 $\hat{N}$ 中支路 k 的电压和电流，它们分别均须满足 KVL 和 KCL。

证明：在求和式（4-50）中将括号内 i_k 改为 $\hat{i}_k$ 可以证明式（4-56），而将括号内的 u_{n_j} 改为 $\hat{u}_{n_j}$ 即可证明式（4-57）。

特勒根定理 2 表明，两个具有相同有向图的集中参数电路之间存在着一种内在的物理联系，即电路 N 中的支路电压（或电流）与 $\hat{N}$ 对应支路电流（或电压）乘积在任意时刻 t 之代数和恒等于零。虽然各乘积项均具有功率的量纲，但是由于其中的支路电压和电流并非源自同一电路，所以其乘积并不表示该支路的功率，也就无任何实际的物理意义，故而称之为似功率。因此，特勒根定理 2 又称为瞬时似功率守恒定理。由于特勒根定理 2 是对两个相同有向图而言的，所以特勒根定理 1 可以视为特勒根定理 2 在电路 N 和 $\hat{N}$ 为同一电路时的特例。

【例 4-16】 在图 4-27 所示的电路中，N_0 为无源线性电阻网络，试求图 4-27（b）中的电压 u_1。

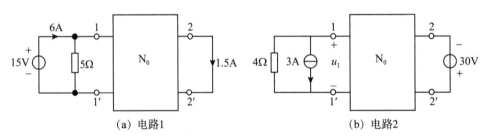

图 4-27　例 4-16 图

解　对图 4-27 中两个电路应用特勒根定理 2 可得

$$15 \times \left(3 + \frac{u_1}{4}\right) + 0 = \left(\frac{15}{5} - 6\right) \times u_1 - 1.5 \times 30$$

解之可得 $u_1 = -13.33\text{V}$。上面求和项前冠以正号或负号是依据特勒根定理 2 中等式两边求和项前正负号的确定原则：两个电路中对应支路 k 的电压和电流为关联参考方向，则 $u_k \hat{i}_k$ 或 $\hat{u}_k i_k$ 前取正号，否则前取负号。

【例 4-17】 在图 4-28（a）所示电路中，已知 N_0 为无源线性电阻网络，电压源 $u_S = 8\text{V}$，电阻 $R_2 = 60\Omega$。当 R_2 支路开路时，如图 4-28（b）所示，端口 22′ 的开路电压 $u_{2\text{oc}} = 12\text{V}$，从端口 22′ 看进去的等效电阻 $R_o = 30\Omega$（此时 u_S 短路），试求图 4-28（a）、（b）中所

示电路中电压源 u_S 支路的电流差值 $i_1 - i_1'$。

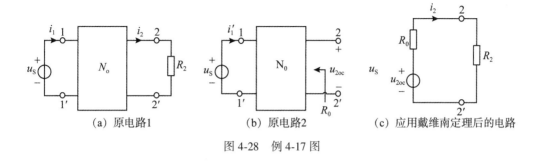

(a) 原电路1　　　(b) 原电路2　　　(c) 应用戴维南定理后的电路

图 4-28　例 4-17 图

解 对图 4-28(a)中的整个电路和图 4-28(b)中的整个电路应用特勒根定理 2，有

$$- u_S i_1' + i_2 R_2 \times 0 = - i_1 u_S + i_2 u_{2oc}$$

因此可得到 $i_1 - i_1'$ 的表达式为

$$i_1 - i_1' = \frac{i_2 u_{2oc}}{u_S}$$

对如图 4-28(a)所示电路应用戴维南定理，得到如图 4-28(c)所示电路，由此可得

$$i_2 = \frac{u_{2oc}}{R_0 + R_2}$$

于是有

$$i_1 - i_1' = \frac{i_2 u_{2oc}}{u_S} = \frac{\dfrac{u_{2oc}^2}{R_0 + R_2}}{u_S} = \frac{\dfrac{12^2}{30 + 60}}{8} = 0.2(A)$$

【例 4-18】 在图 4-29(a)所示电路中，N 为仅由线性电阻组成的对称网络，已知当 $R_2 = \dfrac{1}{3}\Omega$ 时，$u_1 = 2V$，$i_2 = 1.5A$，试求当 $R_2 = 0$ 时的 u_1 和 i_2 的值。

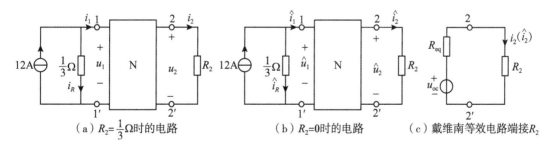

(a) $R_2 = \dfrac{1}{3}\Omega$ 时的电路　　　(b) $R_2 = 0$ 时的电路　　　(c) 戴维南等效电路端接 R_2

图 4-29　例 4-18 图

解 (1) $R_2 = 0$ 时的电路如图 4-29(b)所示。对图 4-29(a)、(b)应用特勒根定理，两者的数据分别为

当 $R_2 = \frac{1}{3}\Omega$ 时：$u_1 = 2\mathrm{V}$，$u_2 = R_2 i_2 = \frac{1}{3} \times 1.5 = 0.5\mathrm{V}$，$i_R = \frac{u_1}{1/3} = 2 \times 3 = 6\mathrm{A}$，$i_1 = 12 - i_R = 12 - 6 = 6\mathrm{A}$，$i_2 = 1.5\mathrm{A}$。

$R_2 = 0$ 时：$\hat{u}_1$ 未知，$\hat{u}_2 = 0$，$\hat{i}_R = \hat{u}_1 / \frac{1}{3} = 3\hat{u}_1$，$\hat{i}_1 = 12 - \hat{i}_R = 12 - 3\hat{u}_1$，$\hat{i}_2$ 未知。

在上述 4 个未知量中，应该首先求解 $\hat{i}_2$，为此，在图 4-29(a)、(b) 中，设定 R_2 左侧电路的戴维南等效电路并端接 R_2，如图 4-29(c) 所示。由于已知 N 为仅由线性电阻组成的对称网络，因此，在图 4-29(a) 中，当 $R_2 = \frac{1}{3}\Omega$ 时，除 12A 电流源外，整个电路具有对称性，故而从 R_2 所在端口向左看进去的入端电阻即戴维南等效电阻 R_{eq} 应等于从 $\frac{1}{3}\Omega$ 所在端口向右看进去的入端电阻，即

$$R_{eq} = \frac{u_1}{i_1} = \frac{u_1}{12 - i_R} = \frac{2}{12 - 6} = \frac{1}{3}(\Omega)$$

在图 4-29(c) 所示电路中，当 $R_2 = \frac{1}{3}\Omega$ 时，可得

$$u_{oc} = i_2(R_{eq} + R_2) = 1.5 \times \left(\frac{1}{3} + \frac{1}{3}\right) = 1.5 \times \frac{2}{3} = 1(\mathrm{V})$$

借助图 4-29(c) 所示电路，可以求出图 4-29(b) 中，当 $R_2 = 0$ 时，$\hat{i}_2$ 为

$$\hat{i}_2 = \frac{u_{oc}}{R_{eq}} = \frac{1}{1/3} = 3(\mathrm{A})$$

这时，对图 4-29(a)、(b) 应用特勒根定理，可得

$$-u_1 \times 12 + u_1 \times \hat{i}_R + u_2 \times \hat{i}_2 = -\hat{u}_1 \times 12 + \hat{u}_1 \times i_R + \hat{u}_2 i_2$$

代入具体数据后有

$$-2 \times 12 + 2 \times 3\hat{u}_1 + 0.5 \times 3 = -12\hat{u}_1 + 6\hat{u}_1 + 0 \times i_2$$

即

$$-24 + 6\hat{u}_1 + 1.5 = -12\hat{u}_1 + 6\hat{u}_1$$

即 $12\hat{u}_1 = 22.5$，因此有 $\hat{u}_1 = 1.875\mathrm{V}$，于是，当 $R_2 = 0$ 时，$u_1 = 1.875\mathrm{V}$，$i_2 = 3\mathrm{A}$。

下面给出特勒根定理的基本要点：

(1) 由于在证明特勒根定理 1 时，只要求电路中各支路电压 $u_k(k = 1, 2, \cdots, b)$ 和各支路电流 $i_k(k = 1, 2, \cdots, b)$ 分别满足 KVL 和 KCL，而对它们的取值并无限制，即可以是任意有限值，因此，对任意 $t_1 \neq t_2$ 或 $t_1 = t_2$，若每个时刻的支路电压 $u_k(t_1)(k = 1, 2, \cdots, b)$ 和支路电流 $i_k(t_2)(k = 1, 2, \cdots, b)$ 分别满足 KVL 和 KCL，则有

$$\sum_{k=1}^{b} u_k(t_1) i_k(t_2) = 0$$

类似地，对于任意 $t_1 \neq t_2$ 或 $t_1 = t_2$，特勒根定理 2 的形式可以表示为

$$\sum_{k=1}^{b} u_k(t_1) \hat{i}_k(t_2) = 0 \quad \text{或} \quad \sum_{k=1}^{b} \hat{u}_k(t_1) i_k(t_2) = 0$$

（2）要求电路中的支路电压 u_k 和支路电流 i_k 必须满足关联参考方向；否则，公式中加负号，即取 $-u_k$、i_k 或 u_k、$-i_k$。

4.7 互易定理

对于电学、通信、力学以及声学等物理系统，若将其激励和响应互易位置而响应和激励的比值关系保持不变，则称该系统具有互易性。互易性在电路理论中对于研究双口网络或天线等传输线的性质与设计具有十分重要的意义，在测量技术中也有着广泛应用。

图 4-30 中的 N_R 具有两个端口与外电路相联，称为双口电路、二端口网络或双口网络。

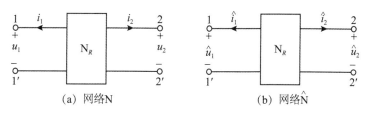

图 4-30 互易定理证明用图

互易定理：对于一个仅由线性电阻组成的无源双口电路，在单一激励下，若将激励和响应互换其所在端口位置而只要这时所形成的两个电路中激励置零后电路的拓扑结构相同，则响应和激励的比值相等。

证明：设图 4-30 中 N_R 内部仅有 $b - 2$ 个线性电阻，它们各组成一条支路，编号从 3 到 b，计入其外施激励端口支路和响应所在端口支路，整个网络 N 和 $\hat{N}$ 均共有 b 条支路，各支路电压电流均取关联参考方向。由于 N_R 为无源电阻网络，所以其中各支路的 VCR 根据欧姆定律有

$$u_k = R_k i_k, \qquad k = 3, 4, \cdots, b \tag{4-58}$$

$$\hat{u}_k = R_k \hat{i}_k, \qquad k = 3, 4, \cdots, b \tag{4-59}$$

由于图 4-30(a)、(b)所示的网络 N 和 $\hat{N}$ 具有相同的拓扑图，对其应用特勒根似功率定理，可得

$$\sum_{k=1}^{b} u_k \hat{i}_k = u_1 \hat{i}_1 + u_2 \hat{i}_2 + \sum_{k=3}^{b} u_k \hat{i}_k = 0 \tag{4-60}$$

$$\sum_{k=1}^{b} \hat{u}_k i_k = \hat{u}_1 i_1 + \hat{u}_2 i_2 + \sum_{k=3}^{b} \hat{u}_k i_k = 0 \tag{4-61}$$

应用式(4-58)、式(4-59)可得

$$\sum_{k=3}^{b} u_k \hat{i}_k = \sum_{k=3}^{b} (R_k i_k) \hat{i}_k = \sum_{k=3}^{b} (R_k \hat{i}_k) i_k = \sum_{k=3}^{b} \hat{u}_k i_k \tag{4-62}$$

在式(4-60)、式(4-61)中应用式(4-62)可得

$$u_1\hat{i}_1 + u_2\hat{i}_2 = \hat{u}_1 i_1 + \hat{u}_2 i_2 \tag{4-63}$$

满足所谓激励置零后 N 和 $\hat{N}$ 的电路拓扑结构相同这一条件的激励(独立电压源或独立电流源)和响应(开路电压或短路电流)类型的搭配仅有三种情况,它们对应着互易定理的三种形式:

4.7.1 互易定理形式一及其证明

分别将图 4-31(a)、(b)中的独立电压源激励 u_{S_1} 和 u_{S_2} 置零后,其所在端口支路变为短路,这时 N 和 $\hat{N}$ 的电路拓扑结构完全相同。

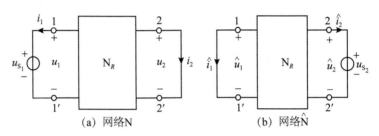

(a) 网络N (b) 网络$\hat{N}$

图 4-31 互易定理的第一种形式

设图 4-31(a)中端口 2-2′ 的短路电流响应为 i_2,交换激励与响应位置后图 4-31(b)中端口 1-1′ 的短路电流响应为 $\hat{i}_1$,则将 $u_1 = u_{S_1}$、$u_2 = 0$、$\hat{u}_1 = 0$、$\hat{u}_2 = u_{S_2}$ 代入式(4-63)可得 $\hat{i}_1 u_{S_1} = i_2 u_{S_2}$,于是有

$$\frac{i_2}{u_{S_1}} = \frac{\hat{i}_1}{u_{S_2}} \tag{4-64}$$

式中,若 $u_{S_1} = u_{S_2}$,则 $\hat{i}_1 = i_2$。这表明,在互易电路中,电压源和理想电流表的位置互换前后,电流表的读数保持不变。

4.7.2 互易定理形式二及其证明

分别将图 4-32(a)、(b)中的独立电流源激励 i_{S_1} 和 i_{S_2} 置零后,其所在端口支路变为开路,这时 N 和 $\hat{N}$ 的电路拓扑结构完全相同。

设图 4-32(a)中端口 2-2′ 的开路电压响应为 u_2,交换激励与响应位置后图 4-32(b)中端口 1-1′ 的开路电压响应为 $\hat{u}$,则将 $i_1 = -i_{S_1}$、$i_2 = 0$、$\hat{i}_1 = 0$、$\hat{i}_2 = -i_{S_2}$ 代入式(4-64)可得 $-u_2 i_{S_2} = -\hat{u}_1 i_{S_1}$,由此可得

$$\frac{u_2}{i_{S_1}} = \frac{\hat{u}_1}{i_{S_2}} \tag{4-65}$$

式中,若 $i_{S_1} = i_{S_2}$,则 $\hat{u}_1 = u_2$。这表明,在互易电路中,电流源和理想电压表的位置互换前后,电压表的读数保持不变。

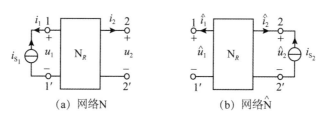

图 4-32　互易定理的第二种形式

4.7.3　互易定理形式三及其证明

分别将图 4-33(a)、(b)中的独立电压源激励 u_{S_1} 和独立电流源激励 i_{S_2} 置零后，其所在端口支路分别变为短路和开路，这时 N 和 $\hat{N}$ 的电路拓扑结构完全相同。

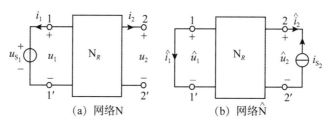

图 4-33　互易定理的第三种形式

设图 4-33(a)中端口 2-2′ 的开路电压响应设 u_2，交换激励与响应位置后图 4-33(b)中端口 1-1′ 的短路电流响应为 $\hat{i}_1$，则将 $u_1 = -u_{S_1}$，$i_2 = 0$，$\hat{u}_1 = 0$，$\hat{i}_2 = -i_{S_2}$ 代入式(4-63)可得 $u_{S1}\hat{i}_1 - u_2 i_{S2} = 0$，故有

$$\frac{u_2}{u_{S_1}} = \frac{\hat{i}_1}{i_{S_2}} \tag{4-66}$$

式(4-66)中，若 u_{S_1} 和 i_{S_2} 的单位分别为伏特和安培，而数值满足 $u_{S_1} = i_{S_2}$，则 u_2 和 $\hat{i}_1$ 的单位也分别为伏特和安培，其数值满足 $u_2 = \hat{i}_1$。这表明，在互易电路中，将电流源改换为理想电压表，理想电流表改换为电压源(与电流源波形相同)前后，两种理想电表的读数相同。

通过上述证明过程可知，首先，双口网络 N_R 必须满足 $\displaystyle\sum_{k=3}^{b} u_k\hat{i}_k = \sum_{k=3}^{b} \hat{u}_k i_k$，才可能具有互易性。其次，还必须满足 N_R 的外施激励置零后 N 和 $\hat{N}$ 的电路拓扑结构相同这一条件，否则，N_R 不具有互易性，也正因为如此，互易定理只有三种形式，例如，在图 4-34(a)、(b)所示电路中的 N_R 由线性时不变电阻构成，外施激励和响应均为电压源和开路电压，这时两个网络中响应与激励的比值并不相等，分别为

$$\frac{u_2}{u_{S_1}} = \frac{1}{8} \neq \frac{\hat{u}_1}{u_{S_2}} = \frac{1}{5}$$

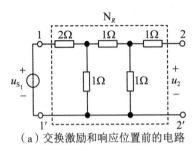 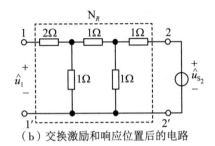

（a）交换激励和响应位置前的电路　　　（b）交换激励和响应位置后的电路

图 4-34　不满足互易定理示例

因此，在这种激励和响应类型的搭配方式下，整个电路不具有互易性，这是因为去掉图 4-34（a）中的激励电压源 u_{S_1} 作用后，端口 1-1′ 支路变为短路，端口 2-2′ 支路为开路，而去掉图 4-34（b）中的激励电压源 u_{S_2} 作用后，端口 1-1′ 支路为开路，端口 2-2′ 支路变为短路，此时，这两个电路的拓扑结构不同。但是，可以验证 N_R 满足互易定理中的任何一种形式，例如由图 4-35（a）可得

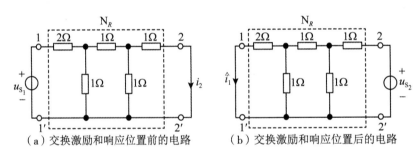

（a）交换激励和响应位置前的电路　　　（b）交换激励和响应位置后的电路

图 4-35　满足互易定理示例

$$\frac{i_2}{u_{S_1}} = \frac{i_2}{i_2 \times 1 + 2i_2 \times 1 + 5i_2 \times 2} = \frac{1}{13}$$

由图 4-35（b）可得

$$\frac{\hat{i}_1}{u_{S_2}} = \frac{\hat{i}_1}{\hat{i}_1 \times 2 + 3\hat{i}_1 \times 1 + 8\hat{i}_1 \times 1} = \frac{1}{13}$$

可见，满足互易定理的第一种形式。

对于互易定理的激励与响应类型而言，通常应该一个是电压（电流），一个是电流（电压），如果二者同为电压或电流，网络一般不满足互易定理，因为此时激励置零后两个电路的整体拓扑结构不同了。

【例 4-19】　电路如图 4-36（a）所示，试求 4V 电压源提供的功率。

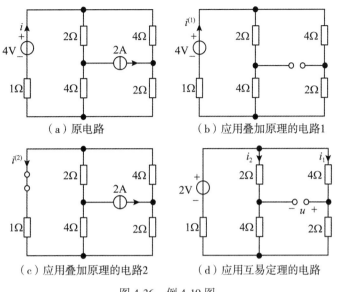

图 4-36   例 4-19 图

解   叠加定理的两个分电路分别如图 4-36(b)、(c)所示。由图 4-36(b)得

$$i^{(1)} = \frac{4}{1 + \dfrac{2+4}{2}} = 1(\mathrm{A})$$

根据互易定理形式三,将图 4-36(c)中的 2A 电流源变成等数值的 2V 电压源后移至 1Ω 电阻支路,如图 4-36(d)所示。由互易定理得

$$i^{(2)} = u = -4i_1 + 2i_2 = -4 \times \frac{2}{1 + \dfrac{2+4}{2}} \times \frac{1}{2} + 2 \times \frac{2}{1 + \dfrac{2+4}{2}} \times \frac{1}{2} = -\frac{1}{2}(\mathrm{A})$$

由叠加定理得

$$i = i^{(1)} - i^{(2)} = 1 - \left(-\frac{1}{2}\right) = 1.5(\mathrm{A})$$

所以

$$P = 4 \times 1.5 = 6(\mathrm{W})$$

【例 4-20】   如图 4-37(a)所示电路中,N_R 为无源线性电阻网络,已知 $i_1 = 6\mathrm{A}$,$i_2 = 4\mathrm{A}$,现将电阻 R 与 8V 电压源串联,如图 4-37(b)所示,试求其中通过 32V 电压源的电流 $\hat{i}_1$。

解   图 4-37(a)所示电路中仅有一个电压源,而图 4-37(b)所示电路中有两个电压源,为了应用互易定理,对于后者中 $\hat{i}_1$ 应用叠加定理,即

$$\hat{i}_1 = \hat{i}_1^{(1)} + \hat{i}_1^{(2)} \tag{4-67}$$

式中,$\hat{i}_1^{(1)}$ 为由 8V 电压源单独作用下的响应,$\hat{i}_1^{(2)}$ 为由 32V 电压源单独作用下的响应,这

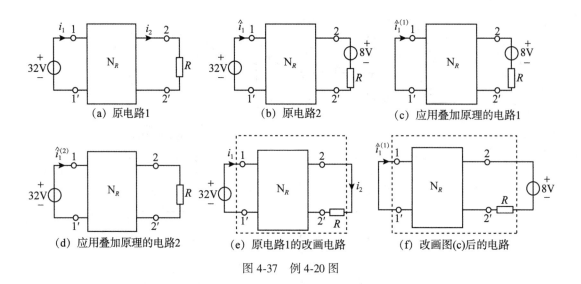

图 4-37　例 4-20 图

时电路分别如图 4-37(c)、(d)所示。

为了应用互易定理形式二，将图 4-37(a)中 R 与 N_R 组合起来即将该图改画为图 4-37(e)所示电路，与此类似，将图 4-37(c)改画为图 4-37(f)所示电路，对这两个改画电路应用互易定理形式一，即

$$\frac{i_2}{32} = \frac{4}{32} = -\frac{\hat{i}_1^{(1)}}{8} \qquad (4\text{-}68)$$

由此解得 $\hat{i}_1^{(1)} = -1\text{A}$。注意到图 4-37(d)同于图 4-37(a)，因此可得 $\hat{i}_1^{(2)} = i_1 = 6\text{A}$，于是应用式(4-67)可得

$$\hat{i}_1 = \hat{i}_1^{(1)} + \hat{i}_1^{(2)} = -1 + 6 = 5(\text{A})$$

【例 4-21】　在如图 4-38 所示电路中，N_R 为无源线性电阻网络。在图 4-38(a)中，$i_{S_1} = 3\text{A}$，$u_1 = 6\text{V}$，$u_2 = 12\text{V}$，$i_3 = 1\text{A}$；在图 4-38(b)中，$R_1 = 1\Omega$，$\hat{i}_{S2} = 1.5\text{A}$，$\hat{u}_{S_3} = 18\text{V}$，求图 4-38(b)中电流 $\hat{i}_{R_1}$ 之值。

解　由于所求为图 4-38(b)中单个电阻 R_1 支路中流过的电流，故而采用戴维南定理，为此必须求出图 4-38(b)中端口 1-1′ 的开路电压和等效电阻。

(1)求图 4-38(b)中端口 1-1′ 的开路电压 $\hat{u}_{1\text{oc}}$。

在图 4-38(a)、(b)，中利用端口 1-1′ 与端口 2-2′ 的激励响应关系求解图 4-38(b)中端口 1-1′ 的第一个开路电压分量，这时，在图 4-38(b)中令 $\hat{u}_{S_3} = 0$，仅让端口 2-2′ 的激励 $\hat{i}_{S_2} = 1.5\text{A}$ 单独作用，并且将电阻 R_1 开路，这时，对于图 4-38(a)、(b)的端口 1-1′ 与端口 2-2′ 应用互易定理形式 2 可得图 4-38(b)中仅 $\hat{i}_{S_2} = 1.5A$ 单独作用在端口 1-1′ 产生的开路电压，即

$$\hat{u}_{1\text{oc}}^{(1)} = \frac{12}{3} \times 1.5 = 6(\text{V})$$

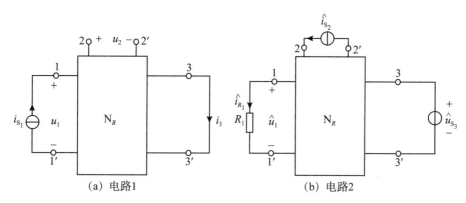

图 4-38   例 4-21 图

在图 4-38(a)、(b)中利用端口 1-1′ 与端口 3 − 3′ 的激励响应关系求解图 4-38(b)中端口 1-1′ 的第二个开路电压分量,这时,在图 4-38(b)中令 $\hat{i}_{S_2} = 0$, 仅让端口 3-3′ 的激励 $\hat{u}_{S_3} = 18\text{V}$ 单独作用,并且仍将电阻 R_1 开路,这时,对于图 4-38(a)、(b)的端口 1-1′ 与端口 3 − 3′ 应用互易定理形式 3 可得图 4-38(b)中仅 $\hat{u}_{S_3} = 18\text{V}$ 单独作用在端口 1-1′ 产生的开路电压,即

$$\hat{u}_{1\text{oc}}^{(2)} = \frac{18}{3} \times 1 = 6(\text{V})$$

应用叠加定理可得图 4-38(b)中由 $\hat{i}_{S2} = 1.5\text{A}$ 和 $\hat{u}_{S3} = 18\text{V}$ 共同作用在端口 1-1′ 产生的开路电压为

$$\hat{u}_{1\text{oc}} = \hat{u}_{1\text{oc}}^{(1)} + \hat{u}_{1\text{oc}}^{(2)} = 6 + 6 = 12(\text{V})$$

(2)求图 4-38(b)中端口 1-1′ 的戴维南等效电阻 R_{eq}。

令 $\hat{i}_{S_2} = 0$, $\hat{u}_{S_3} = 0$, 这时图 4-38(a)、(b)在端口 1-1′ 右边的电路完全相同,因此,利用图 4-38(a)求出

$$R_{\text{eq}} = \frac{u_1}{i_{S_1}} = \frac{6}{3} = 2(\Omega)$$

利用所求戴维南等效电路求出图 4-38(b)中电流 $\hat{i}_{R_1}$, 即

$$\hat{i}_{R_1} = \frac{\hat{u}_{1\text{oc}}}{R_1 + R_{\text{eq}}} = \frac{12}{1 + 2} = 4(\text{A})$$

下面给出互易定理的基本要点:

(1)仅由线性电阻(时变或时不变的)构成的双口网络服从互易定理,事实上,仅由线性时不变电阻、电感、电容、耦合电感以及理想变压器(第 10 章)构成且电容上初始电压以及电感上的初始电流为零的双口网络也满足互易定理;含有非线性元件的电路通常不具有互易性;含有线性时不变、时变元件或受控源的电路也不一定具有互易性;内含独立电源的双口网络通常亦不遵从互易定理,这是因为此类激励在所论及的两个支路中所产生的

响应一般并不相等，因此，支路的总响应与激励间不再满足互易定理。

（2）对于不含独立源的电路，若其网孔电阻、节点电导或回路电阻矩阵是对称的，则称该电路为互易电路。

（3）三种形式互易定理的数学表示式与其对应的电路图中激励与响应的特定参考方向相关联。对于互易定理形式一和形式二，若互易两支路在互易前后激励和响应的参考方向均关联或均非关联，则相同激励产生的响应相同，而若一对激励和响应的参考方向为关联，而另一对激励和响应的参考方向为非关联，则相同激励产生的响应相差一负号。对于均形式三，若互易两支路在互易前后激励和响应的参考方向中，一对激励和响应的参考方向为关联，而另一对激励和响应的参考方向为非关联，则相同数值的激励产生相同数值的响应；而若两对的参考方向均关联或均非关联，则相同数值的激励产生的响应在数值上相差一负号。

（3）对于互易电路而言互易前后激励值保持相等，响应值亦不变，但一般说来电路其余部分的电流或电压会改变。

4.8 对偶电路与对偶原理

4.8.1 对偶性

对偶性是平面电路的一个重要特性。利用对偶性，可以对这类电路中存在的一些规律进行类比，同时也形成了分析研究电路的一个重要方法即对偶分析法。

通过前面的讨论可以看到，电路变量、电路元件、电路定律和定理以及分析计算方法等都是成对出现的，并且存在着相类似的、一一对应的特性，在电路理论中，将这种互相对应的相似性称为对偶性。例如，欧姆定律用电阻可以表示为

$$u = Ri \tag{4-69}$$

而用电导来表示则为

$$i = Gu \tag{4-70}$$

显然，式（4-69）和式（4-70）在表示形式上相似，其中电阻元件（参数）和电导元件（参数）对偶，电压变量与电流变量对偶，因此，若在式（4-69）与式（4-70）中按照这种对偶关系进行彼此对应互换，则可由其中一式得到另一式，故而这两个表示式也互为对偶。

电路中最基本的对偶量是两个电路变量：电压和电流。所有其他的对偶量和对偶关系均源自这两者的对偶性，而首先得出的是电阻与电导、电感与电容这些基本元件及其元件约束关系之间的对偶性，再就是电路结构的约束关系 KCL 与 KVL 之间的对偶性，由于电路中的所有公式和定理均由电路的元件约束和结构约束推导而得，所以由这两类具有对偶性的约束所导出的一切关系及其相应的电路结构均应具有对偶性。例如，由于电流与电压对偶，而串联连接中流过同一电流，并联接中承受同一电压，所以串联与并联结构也对偶，又由于电路元件与结构的对偶，必然有描述电路变量关系的电路定律对偶，再由于电路结构与定律的对偶，必然导致电路方程式的对偶，这种对偶又必定导致电路解答的对偶，因此，电路对偶性普遍存在并且具有重要意义。

在电路分析中，将具有相互对偶性的一对元素，统称为对偶元素，包括对偶变量、对偶元件、对偶术语、对偶连接结构方式、对偶定律和定理以及对偶分析方法及其方程等。表4-1列出了平面电路中常见的对偶元素。

表4-1 　　　　　　　　　　　**电路中存在的基本对偶元素**

电路的对偶变量		电路的对偶元件	
电压 u	电流 i	电阻	电导
磁链 Ψ	电荷 q	电感	电容
网孔电流	节点电压	电压源	电流源
连支电流（第14章）	树枝电压（第14章）	**电路的对偶结构**	
u_L	i_C	网孔	节点
		回路	割集（第14章）
i_L	u_C	外网孔	参考节点
		连支	树支
电路的对偶参数		基本回路（第14章）	基本割集（第14章）
电阻 R	电导 G	串联	并联
电感 L	电容 C	三角形	星形
网孔自电阻	节点自电导	**电路中的对偶关系式**	
网孔电阻矩阵	节点电导矩阵	基尔霍夫电流定律 $\sum i(t) = 0$	基尔霍夫电压定律 $\sum u(t) = 0$
回路电阻矩阵	割集电导矩阵	欧姆定律 $u = Ri$	欧姆定律 $i = Gu$
网孔互电阻	节点互电导	电感元件伏安关系式	电容元件伏安关系式
电路的对偶定理		$u_L = L\dfrac{\mathrm{d}i_L}{\mathrm{d}t}$ 或 $i_l = i_L(0_-) + \dfrac{1}{L}\displaystyle\int_{0_-}^{t} u_L(\xi)\mathrm{d}\xi$	$i_C = C\dfrac{\mathrm{d}u_C}{\mathrm{d}t}$ 或 $u_C = u_C(0_-) + \dfrac{1}{C}\displaystyle\int_{0_-}^{t} i_C(\xi)\mathrm{d}\xi$
戴维南定理	诺顿定理		
替代定理（已知电压可用理想电压源替代）	替代定理（已知电流可用理想电流源替代）		
互易定理（电压源与响应短路电流互易位置）	互易定理（电流源与响应开路电压互易位置）		
电路的对偶开短		网孔方程	节点方程
开路	短路		

4.8.2 对偶有向图与对偶电路

一个电路的构成要素为其拓扑结构和支路，于是，电路的对偶性也取决于其拓扑的对偶性和支路的对偶性。因此，可以首先从电路的拓扑和支路两方面讨论电路对应的有向图的对偶有向图的形成方法，进而据此给出对偶电路的构成方法。由于电路的基本构件是元件，故而这里规定一条支路仅对应一个元件。

4.8.2.1 对偶有向图

对于一个具有 n 个节点和 b 条支路的平面有向图 G，若将其由边界起向外包围的无穷大区域即外网孔计入，则在网孔数 $b-(n-1)$ 上再加 1，故共有 $b-n+2$ 个网孔。这样，每条支路皆为相邻两个网孔所共有而为其公共支路。

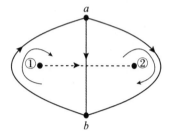

图 4-39 确定对偶支路的有向图示例

在图 4-39 所示的有向图中，支路 ab 连接 a、b 两个节点，两个网孔的绕行方向均取顺时针，在这两个网孔内各设置一个节点，即①和②，它们分别与其所在网孔对偶，再用一条穿过支路 ab 的支路连接这两个节点，作为支路 ab 的对偶支路。由于支路 ab 的方向与左边网孔的绕行方向相同，故而定义支路①②的方向由节点①指向节点②。

利用上述方法，对于一个给定的平面有向图 G，便可构成其对偶图 G_d，这时首先对 G 中的 $b-(n-1)$ 个(内)网孔均标设顺时针绕行方向(或反时针绕行方向)，于是，每两个网孔共有支路的方向就与其中一个网孔的绕行方向同向，而与另一个网孔的绕行方向反向。对于那些(内)网孔与外网孔之间的公共支路(若仅就(内)网孔而言实际上为非公共支路)，规定外网孔的绕行方向总是与其相邻(内)网孔的绕行方向相同，因此，这时仅仅只需考虑(内)网孔的绕行方向即可，再在包括外网孔在内的所有网孔内设置一个节点，接着用连线支路连接 G 中相邻网孔内的节点，这时每条连线支路必须并且只能穿过一条 G 中两网孔间公共支路，以使 G 中所有支路均对应有其在 G_d 中的对偶支路，其支路方向按上述原则确定。

【例 4-22】 一平面有向图如图 4-40(a)所示，试构造其对偶图。

解 (1)在图 4-40(a)中，对两(内)网孔均标出其顺时针绕行方向，并在该两个网孔与外网孔内各设置一个节点即①、②和③；

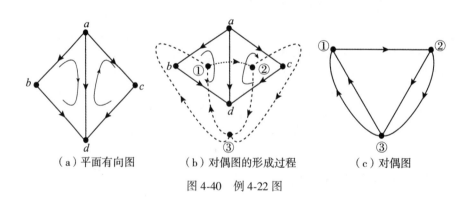

（a）平面有向图　　　（b）对偶图的形成过程　　　（c）对偶图

图 4-40 例 4-22 图

（2）穿过支路 ad 连接节点①、②构成该支路的对偶支路，其方向从节点①至②；穿过支路 ab 连结节点①、③构成该支路的对偶支路，其方向从节点③至①；穿过支路 bd 连结节点①、③构成该支路的对偶支路，其方向从节点③至①；穿过支路 ac 连接节点②、③构成该支路的对偶支路，其方向从节点②至③。穿过支路 cd 连接节点②、③构成该支路的对偶支路，其方向从节点②至③；

（3）由图 4-40(b)可知，节点①、②和③及其连接支路所构成的对偶图如图 4-40(c)所示。

4.8.2.2 对偶电路

对于两个平面电路，若其中一个电路的网孔电流方程组（或节点电压方程组）经对偶元素对应置换后，可以变为另一电路的节点电压方程组（或网孔电流方程组），则称这两个电路为对偶电路。

一个平面电路 N 对偶电路 N_d 的拓扑结构和支路可以基于一个元件对应一条支路，直接按照对偶有向图 G_d 的形成方法作出，而支路元件和电量则是由各自的对偶元素得到的，即电阻元件 R 支路对偶着电导元件 G 支路，在数值上 $G=R$，电容元件 C 支路对偶着电感元件 L 支路，在数值上 $L=C$，电压源 u_S 支路对偶着电流源 i_S 支路，在数值上 $i_S=u_S$，支路电压变量 u 对偶着支路电流变量，在数值上 $i=u$，这些均反之亦然。对于受控电源的源支路，VCCS 与 CCVS 互为对偶，其控制系数在数值上相等；VCVS 与 CCCS 彼此对偶，其控制系数在数值上也相等。

这里仍遵循有向图中的约定，因此，当电路中某网孔电流方向与支路方向一致时，其对偶支路的方向为离开该网孔对偶节点的方向，对于电压源和电流源支路，由于有向图中的支路方向为电压电流关联方向，故而对应于电路中的电压源，以其电压降方向作为支路方向；对于电流源，以其电流流出的方向作为其支路方向，换句话说，电路 N 中的电压源的电压升与网孔电流的顺时针方向一致，则对偶电路 N_d 的对偶电流源流入该网孔相应的对偶节点；电路 N 中的电流源的电流流向与网孔电流的顺时针方向一致，则对偶电路 N_d 中对偶节点处对偶电压源的极性为正。

【例 4-23】 试画出图 4-41(a)所示电路的对偶电路。

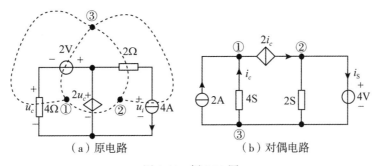

图 4-41 例 4-23 图

解 在图 4-41(a)所示电路中，在两个网孔内分别设置对偶电路 N_d 的独立节点①、②，在外网孔设置参考节点③，并设定两个网孔电流的绕行方向均为顺时针，再用连线（N_d 的支路）连接电路 N 中相邻网孔内的节点，这时每条连线必须并且只能穿过 N 中两网孔间公共支路上的一个元件，如此直至穿过所有元件；接着，在连线上画出被连线穿过的元件的对偶元件作为该连线支路上的元件，同时标出独立电压源和受控电压源的对偶电流源支路的电流方向以及独立电流源的对偶电压源的电压极性。再标出其各元件参数，将对偶电路重画于图 4-41(b)。

【例 4-24】 试画出图 4-42(a)所示电路的对偶电路。

解 按照对偶电路的做法画出对偶电路如 4-42(b)所示。由于 4-42(a)中所示电路中网孔 1 的电流为已知即 $i_{m_1} = i_{S_1}$，故而仅列写网孔 2 和 3 的网孔方程分别为

$$m_2: \qquad -\frac{1}{C_4}\int i_{S_1}\mathrm{d}t + R_2 i_{m2} + \frac{1}{C_4}\int i_{m2}\mathrm{d}t - R_2 i_{m3} = -u_{S_2} \qquad (4\text{-}71)$$

$$m_3: \qquad -R_1 i_{S_1} - R_2 i_{m2} + R_3 i_{m3} + L_5\frac{\mathrm{d}}{\mathrm{d}t}i_{m3} + R_2 i_{m3} + R_1 i_{m3} = u_{S_2} \qquad (4\text{-}72)$$

由于如图 4-42(b)所示对偶电路 N_d 中节点①的电压为已知即 $u_{n_1} = u_{S_1}$，故而仅列写节点②和③的节点方程分别为

$$n_2: \qquad -\frac{1}{L_4}\int u_{S_1}\mathrm{d}t + G_2 u_{n2} + \frac{1}{L_4}\int u_{n2}\mathrm{d}t - G_2 u_{n3} = -i_{S_2} \qquad (4\text{-}73)$$

$$n_3: \qquad -G_1 u_{S_1} - G_2 u_{n2} + G_3 u_{n3} + C_5\frac{\mathrm{d}}{\mathrm{d}t}u_{n3} + G_2 u_{n3} + G_1 u_{n3} = i_{S_2} \qquad (4\text{-}74)$$

对比式(4-71)和式(4-73)以及式(4-72)和式(4-74)可知，当两个电路互为对偶时，一个电路的节点电压方程和另一电路的网孔电流方程具有完全相同的形式，仅仅存在彼此对偶元素的差异，并且一电路的独立节点数必定等于另一电路的独立网孔数，两电路的支路数也必定相等。

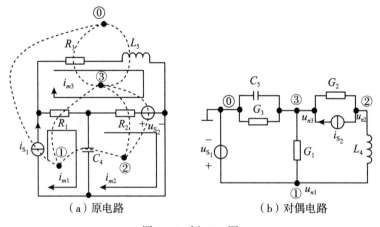

图 4-42 例 4-24 图

4.8.3　对偶原理与对偶分析法

对偶原理表明，对于任何两个相互对偶的电路 N 和 N_d，若将 N 中某些元素之间关系、方程等中的所有元素(电压、电流、元件和术语等)分别以与之对偶的元素替换后，则所得的对偶关系、方程等对 N_d 也一定成立。

显然，对偶原理是基于表 4-1 中的各对偶关系，它们均有相同的数学形式，并且若有任何陈述对电路 N 成立，则一定有与之对偶的陈述对于电路 N_d 也成立，例如，电阻的串联和电导的并联，戴维南定理和诺顿定理等。

一旦得出一平面电路的解，其对偶电路的解就可以根据对偶原理立即得出，由此可见对偶原理在电路理论中的普遍意义。

对偶原理揭示了相互对偶的两个电路及其电路关系式之间的内在联系，由此产生了电路的对偶分析方法。

4.8.4　对偶原理的基本要点

(1)从电路的拓扑来说，非平面图的对偶图是不存在的。这是因为若将非平面图张在一个球面上，则必定有支路的交叉，因而其中至少有一条支路是属于两个以上的网孔。这样与该支路相对偶的支路必将连接在两个以上的节点上，这是没有物理意义的，而若将一个平面图张在一个球面上，并从球心往外看，则内外网孔显然并无区别，特别是平面图的每条支路为两个网孔所共有，这与每条支路连接于两个节点之间的情况相对偶。因此，只有平面电路才存在其对偶电路。

(2)由于目前尚未找到互感元件的对偶元件，因此，对于任何不含互感元件的平面电路均存在着其对偶电路，包括非线性平面电路(例如，非线性元件的独立电压源与独立电流源互为对偶)。

(3)功率和能量没有其对偶元素，这是因为它们与电压或电流之间不是一次函数关系的缘故。

(4)对偶与等效是两个完全不同的概念，即互为对偶的两电路不是相互等效的电路，例如 *RLC* 串联电路和 *GCL* 并联电路互为对偶，但并不等效，两个等效电路的外特性相同，但是两个对偶电路的外特性不一定相同。但是，两个等效电路的对偶电路彼此也是等效的。

(5)各种对偶关系是相互的，即对任何电路元件或电路进行两次对偶变换便得到原电路元件或电路。

习　　题

4-1　题 4-1 图所示电路中含有 4 个独立电源，一个电流控制的受控电压源。求 3A 独立电流源产生的功率 P_3。

4-2　试用叠加定理计算题 4-2 图所示电路中的 *I* 和 *U*。

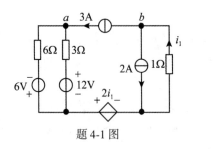

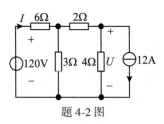

题 4-1 图　　　　　　　　　　题 4-2 图

4-3　在题 4-3 图所示电路中，$U_S = 16V$，在 U_S、I_{S_1}、I_{S_2} 作用下有 $U = 20V$。试问：欲在 I_{S_1}、I_{S_2} 保持不变之下要 $U = 0V$，则应使 U_S 为何值？

4-4　在题 4-4 图所示电路中，当 $I_S = 2A$ 时，$I = -1A$；当 $I_S = 4A$ 时，$I = 0A$。试问：当 $I = 1A$ 时，I_S 为何值？

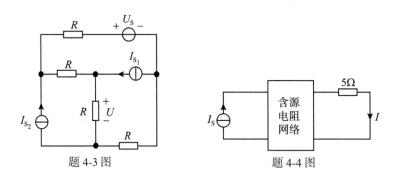

题 4-3 图　　　　　　　　　　题 4-4 图

4-5　用叠加定理求题 4-5 图所示电路中电压 U。

4-6　在题 4-6 图所示电路中，$U_{S_1} = 10V$，$U_{S_2} = 15V$，当开关 S 在位置 1 时，毫安表的读数为 $I' = 40mA$；当开关 S 合向位置 2 时，毫安表的读数 $I'' = -60mA$。试问：若将开关 S 合上位置 3，则毫安表的读数为多少？

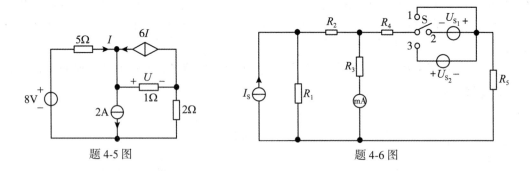

题 4-5 图　　　　　　　　　　题 4-6 图

4-7　在题 4-7 图所示电路中，N 为线性含源直流网络，其中 i_S 为输出可调的直流电流源。已知当 $i_S = I_{S_1}$ 时，$u_1 = 2V$，$i_2 = 3A$；当 $i_S = I_{S_2}$ 时，$u_1 = 6V$，$i_2 = 5A$。若调节 i_S 使得

$u_1 = 3V$，求 i_2。

4-8　试用替代定理求题 4-8 图所示电路中电压 u_x。已知 $u = 2V$。

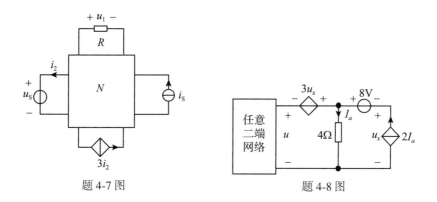

题 4-7 图　　　　　　　　　题 4-8 图

4-9　在题 4-9 图所示电路中，已知 $U = 2V$，试用替代定理求各 U_x，I_x 和 I。

4-10　在题 4-10 图所示电路中，N_R 为无源电阻网络。当 $R = R_1$ 时，$I_1 = 5A$，$I_2 = 2A$；当 $R = R_2$ 时，$I_1 = 4A$，$I_2 = 1A$。试求 $R = \infty$ 时电流 I_1 之值。

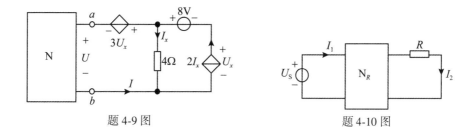

题 4-9 图　　　　　　　　　题 4-10 图

4-11　在如题 4-11 图所示电路中，(1)选一电阻替代原来的电流源，使电路的各电压，各电流不受影响；(2)选一电流源替代原来的 18Ω 电阻，使电路的各电压、各电流不受影响。

4-12　如题 4-12 图所示电路是一个电桥测量电路。求电阻 R 分别为 1Ω、2Ω 和 5Ω 时 ab 支路的电流 i。

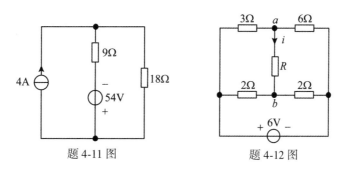

题 4-11 图　　　　　　　　　题 4-12 图

4-13 在题 4-13 图所示电路中，已知 R_x 支路的电流为 0.5A，试求 R_x。

4-14 电路如题 4-14 图(a)、(b)所示，图(a)中 $U = 12.5V$，图(b)中 $I = 10mA$，求网络 N 对 a、b 端的戴维南等效电路。

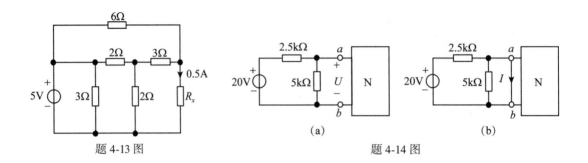

题 4-13 图　　　　　题 4-14 图

4-15 应用诺顿定理求题 4-15 图所示电路的电流 I。

4-16 在题 4-16 图所示电路中，$u_{S_1} = 40V$，$u_{S_2} = 40V$，$R_1 = 4\Omega$，$R_2 = 2\Omega$，$R_3 = 5\Omega$，$R_4 = 10\Omega$，$R_5 = 8\Omega$，$R_6 = 2\Omega$。求流过 R_3 的电流 i。

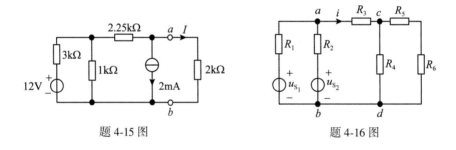

题 4-15 图　　　　　题 4-16 图

4-17 求题 4-17 图所示电路在端口 1-1′的戴维南和诺顿等效电路，已知受控源 $i_c = 0.75i_1$。

4-18 试求题 4-18 图所示电路中 N 的戴维南等效电路。

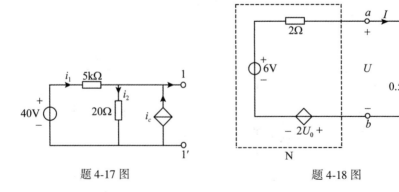

题 4-17 图　　　　　题 4-18 图

4-19　在题 4-19 图所示电路中，(1)负载电阻 R_L 为何值时，可以获得最大功率? 求此最大功率；(2)若负载电阻 R_L 有微小的变化 ΔR_L，电流 i 将随之改变 Δi，求电流 i 对电阻 R_L 的灵敏度 $S_{R_L}^i$。其中，$S_{R_L}^i = \dfrac{\Delta i/i}{\Delta R_L/R_L}$。

4-20　在题 4-20 图所示电路中，试问：(1)R 为多大时，它吸收的功率最大? 求此最大功率。(2)若 $R=80\Omega$，欲使 R 中电流为零，则 ab 间应并接什么元件? 其参数为多少? 画出电路图。

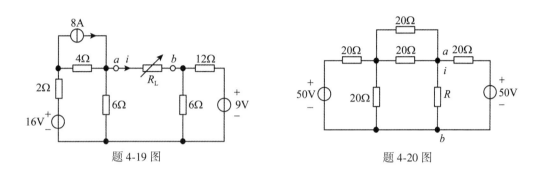

题 4-19 图　　　　　题 4-20 图

4-21　在题 4-21 图所示电路中，电阻 R 获得的最大功率为多少? 电路的传输效率 η 为多少?

4-22　在题 4-22 图所示线性电路中，已知当 $R_5 = 8\Omega$ 时，$I_5 = 20A$，$I_0 = -11A$，当 $R_5 = 2\Omega$ 时，$I_5 = 50A$，$I_0 = -5A$。试问：(1)R_5 为何值时消耗的功率最大，该功率为多少? (2)R_5 为何值时，R_0 消耗的功率最小，该功率为多少?

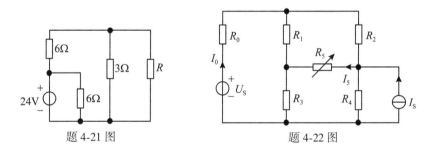

题 4-21 图　　　　　题 4-22 图

4-23　在题 4-23 图所示电路中，N_R 仅由电阻组成，$U_{S_1} = 6V$。当 U_{S_1} 作用，$U_{S_2} = 0$ 时，$U_1 = 3V$，$U_2 = 0.5V$；当 U_{S_1} 和 U_{S_2} 共同作用时，$U_3 = -2V$。求 U_{S_2}。

4-24　在题 4-24 图(a)、(b)所示电路中，N_R 为纯电阻网络，利用特勒根定理计算电流 $\hat{I}_1$。

4-25　在题 4-25 图所示电路中，有两组已知条件：(1)当 $U_1 = 10V$，$R_2 = 4\Omega$ 时，$I_1 = 2A$，$I_2 = 1A$；(2)当 $U_1 = 24V$，$R_2 = 1\Omega$ 时，$I_1 = 6A$。求后一组条件下的 I_2。

4-26　在题 4-26 图所示电路中，N_R 为线性电阻网络。当 S 断开时，测得 $I_1 = 3mA$，

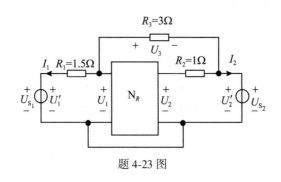

题 4-23 图

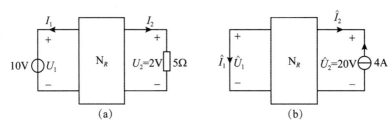

题 4-24 图

$U_2 = 6V$；当 S 闭合时，测得 $U_2 = 2V$；（1）当 R 为何值时可获得最大功率？求此最大功率。
（2）当 R 获得最大功率时，求电流 I_1。

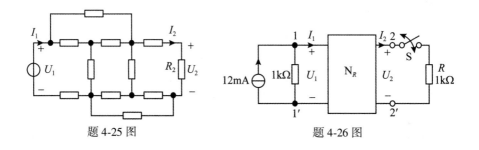

题 4-25 图   题 4-26 图

4-27 在题 4-27 图（a）、（b）所示电路中，N_R 为线性时不变电阻网络。已知图（a）所示电路中 $U_S = 10V$，$R_1 = 1\Omega$，$U_2 = \dfrac{4}{3}V$，$I_1 = 2A$；图（b）所示电路中 $I_S = 2A$，$R_2 = 4\Omega$，$U_1 = 12V$，试求电压 U_2。

4-28 在题 4-28 图所示电路中，N_R 仅由线性时不变电阻组成。对不同的输入直流电压 U_S 及不同的 R_1、R_2 值进行了两次测量，得下列数据：当 $R_1 = R_2 = 2\Omega$ 时，$U_S = 8V$，$I_1 = 2A$，$U_2 = 2V$；当 $R_1 = 1.4\Omega$，$R_2 = 0.8\Omega$ 时，$U_S = 9V$；$I_1 = 3A$，求这时 U_2 之值。

4-29 线性无源电阻网络如题 4-29 图（a）所示，$U_S = 100V$，$U_2 = 20V$。当电路改为图（b）时，求电流 I。

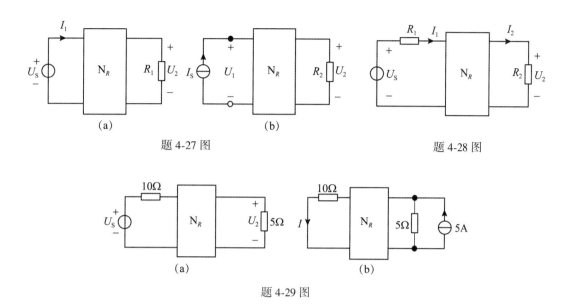

题 4-27 图　　　　　　　　　　　题 4-28 图

题 4-29 图

4-30　已知一线性时不变电阻网络如题 4-30 图(a)所示，求图(b)所示电路中的电流 i。

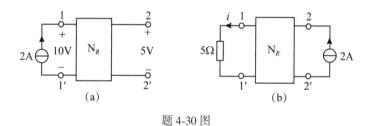

题 4-30 图

4-31　用互易定理求题 4-31 图所示电路中电流表的读数。

4-32　画出如题 4-32 图所示电路的对偶电路。

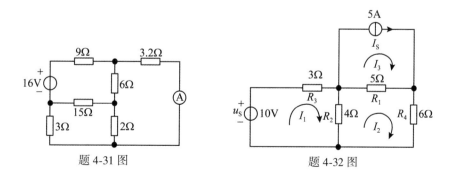

题 4-31 图　　　　　　　　　　　题 4-32 图

4-33　求题 4-33 图所示电路的对偶电路。

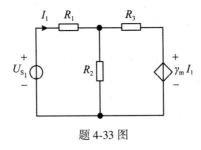

题 4-33 图

第5章　含运算放大器的电阻电路

本章所介绍的运算放大器是电路中一种应用非常广泛的重要多端元件。本章主要内容包括运算放大器的电路模型、理想运算放大器的条件以及含有理想运算放大器的电阻电路的分析和计算。

5.1　实际运算放大器及其电路符号与输入输出特性

实际运算放大器是一种包含数十个晶体管和许多电阻的多端集成电路，从功能上来说是一种高放大倍数并带有深度负反馈的多级直接耦合放大电路。作为一种多端元件，运算放大器早期用于模拟量的运算，例如求和、微分、积分、乘法、除法以及求对数和反对数等，因此得其名，简称"运放"。20世纪60年代开始，通过采用集成电路技术制作运算放大器，其应用已经远远超出了数学运算、放大输入电压的范围，成为最重要的常用电路器件之一。

尽管实际运算放大器型号不同、内部结构复杂不一、对外引出端子数目各异，但是从电路分析的角度出发，仅仅关注的是其输出电压和输入电压间的关系即其外特性，因而将其视为一个"黑箱"。

5.1.1　电路符号

实际运算放大器是一种有源器件，为了维持其正常工作，需要外接直流电压源（偏置电压源）u_S，图5-1所示为运算放大器工作时的示意图，其中省去了为改善其性能而在外部采取一定措施的若干端钮。由于直流供电电源并不影响运算放大器的输入输出特性分析，因此，通常略其不画，用图5-2所示的电路作为运算放大器的电路符号，其中有两个输入端和一个输出端，输入电压 u_- 所对应的端子称为反相输入端，用符号"–"表示，因为当 u_- 单独施加于该端子时，输出电压 u_o 与输入电压 u_- 反相；输入电压 u_+ 所对应的端子称为同相输入端，用符号"+"表示，因为当 u_+ 单独施加于该端子时，输出电压 u_o 与输入电压 u_+ 同相。这里的"–"和"+"并非指电压的参考极性，而仅是用来区分两种不同类型输入端的标记。$u_d = u_+ - u_-$ 为差动输入电压，i_-、i_+ 和 i_o 分别表示反相输入端、同相输入端和输出端的端电流。此外，还有一个公共接地端，实际运算放大器的接地端是通过偏置电源来形成的，所有电压及其正、负都是对零电位点的"公共接地端"或"地"而言的。

运算放大器的国家标准电路符号为方框形，其中的"▷"表示是放大器，A 为运放输出端开路且无外接反馈时的电压放大倍数，一般称为开环电压放大倍数（开环电压增益：

181

有限增益）。A 越高，所构成的运算电路越稳定，运算精度也越高。

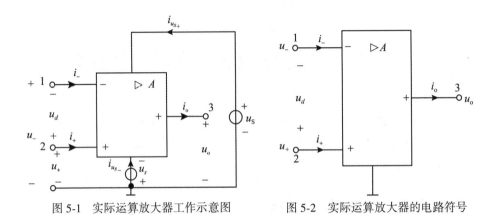

图 5-1　实际运算放大器工作示意图　　　　图 5-2　实际运算放大器的电路符号

5.1.2　输入输出特性

运算放大器的主要特征是其高放大倍数，即输出电压与输入电压的比值。如图 5-1 所示，若在输入"−"端和输入"+"端分别加一电压 u_- 和 u_+，这时令运算放大器的输出端开路，测量输出电压 u_o，便得到表征实际运算放大器的输出电压 u_o 与差动输入电压 u_d 的关系曲线，称为输入输出特性，亦称转移特性。实际运算放大器典型的输入输出特性如图 5-3(a) 所示，可以将其分段线性近似为图 5-3(b) 所示的形状，它分为三个区域：

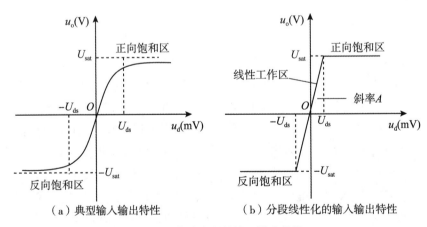

（a）典型输入输出特性　　　　　　（b）分段线性化的输入输出特性

图 5-3　实际运算放大器的输入输出特性

(1) 线性区域 $\left(|u_d| < U_{ds} = \dfrac{U_{sat}}{A} \right)$：这时，运算放大器对输入电压线性地放大，输出电压与输入电压成正比，在差动输入情况下有 $u_o = Au_d = A(u_+ - u_-)$，其单端输入的情况为 $u_o = Au_+$（u_o 与输入电压 u_+ 同相）以及 $u_o = -Au_-$（u_o 与输入电压 u_- 反相）。

运放工作进入饱和区时的输入电压值 U_{ds} 很小（mV级），输出电压 u_o（V级）达到一定值后就趋于饱和，饱和电压 U_{sat} 一般为几伏或几十伏，因此，斜率（开环增益）$A = \dfrac{U_{sat}}{U_{ds}}$ 很大，例如，若 $U_{sat} = 13V$，$A = 10^5$，则 $U_{ds} = 0.13mV$，所以当运算放大器工作在线性放大区内，可以近似地认为 $U_{ds} \approx 0$。又由于运放的输入电阻很大，因此从"–"端、"+"端流入运放的电流 i_- 和 i_+ 都很小。

（2）正向饱和区 $\left(u_d > U_{ds} = \dfrac{U_{sat}}{A} \right)$：这时，输出电压为一正的恒定值，即 $u_o = U_{sat}$。

（3）反向饱和区 $\left(u_d < -U_{ds} = -\dfrac{U_{sat}}{A} \right)$：这时，输出电压为一负的恒定值，即 $u_o = -U_{sat}$。

在饱和区内，运放的输出电压一般比其外加直流电源的电压小 2V 左右。

需要说明的是，图 5-3 实际上是运算放大器的静态特性，在电流、电压变化不太快或低频的情形下可以用它表征运算放大器的输入输出特性。此外，本章不讨论运算放大器在饱和区工作的情况。

实际运算放大器在直流和低频下、工作于线性区的电路模型如图 5-4 所示，其中 R_{in} 为运算放大器的输入电阻（由运放的两个输入端或由各输入端与接地端观察），R_o 为运算放大器的输出电阻（由运放的输出端与接地端观察），模型中的三个参数的典型值和理想值如表 5-1 所示。由图 5-4 可得该电路的简化模型如图 5-5 所示。

表 5-1　　　　　　　　　　　运放参数的典型值和理想值

参数	典型范围	理想值
开环增益 A	$10^5 \sim 10^8$	∞
输入电阻 R_{in}	$10^6 \sim 10^{13}\,\Omega$	∞
输出电阻 R_o	$10 \sim 100\,\Omega$	0

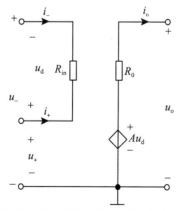

图 5-4　工作于线性区的实际运放的电路模型

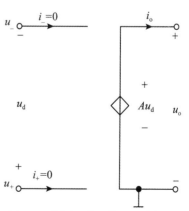

图 5-5　实际运放的简化电路模型

实际上，图 5-4 所示是实际运算放大器的一种简化等效电路，其输出与输入电压间的关系用压控电压源表示，据此可以对含运算放大器的电路作定量分析和计算。但是，若要得到更为准确的分析结果，则需要计及实际运算放大器中的诸多因素而采用较为复杂的模型。

运放的线性区间（$-U_{ds} < u_d < U_{ds}$）是非常小的，例如差动输入电压 u_d 的范围有的仅为 $-0.13\mathrm{mV} \sim 0.13\mathrm{mV}$，因此，在具体应用时，若不外加适当措施，则当 u_d 稍稍变化，就很容易使运放越出线性工作区而进入饱和区，对此，实际中采用负反馈方式以使运放稳定地工作于线性区。所谓负反馈，就是由运放外接的元器件将一部分输出引入到运放的反相输入端，如图 5-6 所示。若将一部分输出引入到运放的同相输入端，则称为正反馈，采用这种反馈连接方式的运放一般工作在饱和区。运放在实际工作中都会采用正或负反馈的连接方式。当运放通过外接元件构成反馈电路时，称该电路为闭环系统。

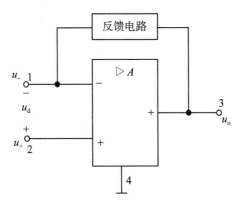

图 5-6　带有负反馈的实际运算放大器图示

5.2　理想运算放大器的条件、特性与电路符号

5.2.1　构成理想运算放大器的条件

我们知道，由于实际运算放大器的开环放大倍数 A，而输出电压仅为十几伏，因此两个输入端间的电压 $u_d = \left(\dfrac{u_o}{A} \right)$ 就很小，此外，运算放大器的输入电阻 R_{in} 很大，故而其两个输入端电流 i_- 和 i_+ 也很小，据此可以将实际运算放大器理想化，即认为 $A \to \infty$，$R_{in} \to \infty$，$R_o \to 0$，它们就是实际运算放大器视为理想运算放大器的条件，实际上，构成条件只需要前两者。

5.2.2　理想运算放大器的特性

由构成理想运算放大器的条件可以导出其工作在线性区时的两个重要特性：

（1）由于 $R_{in} \to \infty$，于是从运放的两个输入端看进去相当于断路，因此从这两个输入端流入运放的电流为零，即 $i_+ = i_- = 0$，这一特性称为"虚断"。

（2）由于 $u_o = Au_d$，而 $A \to \infty$，但 u_o 却为有限值，因此必有 $u_d = 0$ 或 $u_+ = u_-$，这表明理想运算放大器的两输入端之间的电压为零或两输入端的对地电位相等，即两输入端之间等同于短路，这一特性称为"虚短"。

上述两个特性是运放自身的固有特性，与外接元件无关。此外，理想运放与频率无关。

从能量观点来看，理想运算放大器是有源元件，它能向外电路提供能量，利用图 5-7 所示电路可以对此进行简要说明，这时，运算放大器吸收的功率为

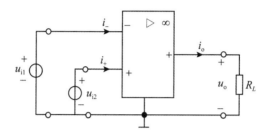

图 5-7 理想运算放大器为有源元件的简要说明图

$$p = u_{i1}i_- + u_{i2}i_+ - u_oi_o$$

在上式中利用"虚断"，即 $i_- = 0$，$i_+ = 0$ 以及 $u_o = R_Li_o$，可得

$$p = -R_Li_o^2 < 0$$

这表明运算放大器实际向外接电阻 R_L 输出功率，故而为有源元件。

理想运放实际上并不存在，但是，实际运放的技术指标接近理想化条件，因此在分析时用理想运放代替实际运放所引起的误差非常小，符合工程要求，但是，这样就可使分析过程大为简化。因此，电路理论中作为电路元件的运算放大器是实际运算放大器的理想化模型。

5.2.3 理想运算放大器的电路符号和输入输出特性

分别在实际运放的电路符号和输入输出特性中应用理想运放的 $A \to \infty$（无限增益），便可得到理想运放的电路符号和输入输出特性，如图 5-8、图 5-9 所示，这时，理想运放的输入输出特性是实际运放分段线性化的输入输出特性的线性区趋近于纵轴的极限情况。

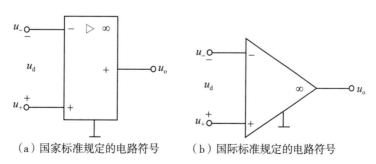

（a）国家标准规定的电路符号　　（b）国际标准规定的电路符号

图 5-8 理想运放的电路符号

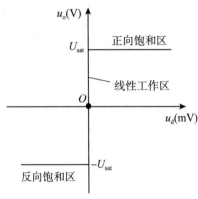

图 5-9　理想运放的输入输出特性

5.3　含理想运算放大器的电阻电路分析

在理想运放的输入输出关系式 $u_o = Au_d$ 中，由于 $A \to \infty$，$u_d = 0$，因此，利用该式无法求出输出电压 u_o，故而不用其分析计算含理想运算放大器的电路。

引入理想运放的概念实际上就是得出了其"虚断"和"虚短"特性，利用节点电压法、回路法和 VCR，便可以来分析计算含运算放大器的电阻电路，其中运放的接法均采用负反馈方式，且工作于线性区。实际上，对于含有运算放大器的电路比较适合的分析方法是节点法。但是，由于运算放大器的输出端电流不能用输出端电压表示，故而不宜对运放的输出端节点列写节点电压方程，而对除运算放大器的输出端节点之外的其他所有节点列写节点电压方程时，需要用到"虚断"特性，接着再对所列方程应用"虚短"特性加以简化，进而得出待求解方程。此外，应该注意的是，由于从理想运算放大器的输出端到公共接地端为一受控电压源，所以如果要求运算放大器输出端电流 i_o，则必须先求出连接在输出端上其他各支路的电流，再由 KCL 求出 i_o。

由实际运放的输入输出特性可知，其为非线性器件，而工作于线性区的理想运放由于输出电压 u_o 与差动输入电压为 u_d 线性关系即 $u_o = Au_d$，故而为一线性（放大）元件，因此，叠加定理和戴维南等定理等均可应用于含理想运算放大器的线性电路分析。

5.3.1　基本运放电路

这里基本运放电路是指内含单个运放且完成基本功能的电路。其中，反相放大器和同相放大器是两种最基本的放大电路，很多由运放组成的电路均是这两种电路组合演变的结果。

【例 5-1】　反相放大器如图 5-10(a) 所示，试求其输出电压 u_o 与输入电压 u_i 之间的关系。

解　图 5-10(a) 中运放的输出电压 u_o 通过电阻 R_f 反馈到运放的反相输入端，构成负反馈连接方式从而使电路得以稳定地工作于线性区。利用"虚断"（$i_- = 0$）对节点①列写

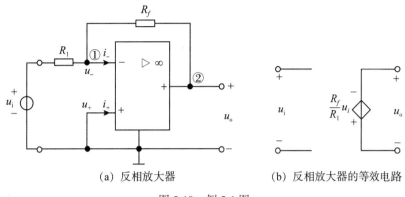

(a) 反相放大器　　　　　　　(b) 反相放大器的等效电路

图 5-10　例 5-1 图

节点电压方程可得

$$-\frac{1}{R_f}u_o + \left(\frac{1}{R_1} + \frac{1}{R_f}\right)u_- = \frac{1}{R_1}u_i \tag{5-1}$$

对式(5-1)利用"虚短"($u_- = u_+ = 0$)，可得

$$\frac{u_o}{u_i} = -\frac{R_f}{R_1} \quad \text{或} \quad u_o = -\frac{R_f}{R_1}u_i \tag{5-2}$$

式(5-2)中的负号表明 u_o 与 u_i 反相，因此图5-10(a)所示电路被称为反相放大器(反相比例运算电路)。当 $R_1 = R_f$ 时，$u_o = -u_i$，这时反相放大器为一反相电路。反相放大器的闭环电压增益(闭环放大倍数) $A_u = \dfrac{R_f}{R_1}$，通过选择不同的 R_1 和 R_f 值可以得到不同的 A_u。A_u 仅仅取决于运放的外部连接，而与其开环电压增益 A 无关，实际上，A 的意义在于，A 越大，则实际运放越接近理想运放。这时，将含有实际运放的电路视为含有理想运放的电路来分析所得出的结果与实际结果就越相符。这也表明，在理想运放的条件下，整个电路的功能与运放自身的性能无关。

由式(5-2)可知，反相放大器相当于一个电压控制电压源，其等效电路如图5-10(b)所示。实际中，为了保证运算放大器工作在线性放大区，必须将输入电压 u_i 的幅值限制在一定的范围内。例如，若该电路中 $R_1 = 1\text{k}\Omega$，$R_f = 12\text{k}\Omega$，运放饱和电压 $U_{\text{sat}} = 12\text{V}$，则 u_i 的幅值应满足：

$$|u_i| < \frac{R_1}{R_f}U_{\text{sat}} = \frac{1}{12} \times 12 = 1(\text{V})$$

为了考察将实际运算放大器视为理想运算放大器进行电路分析的准确程度，将图5-10(a)所示反相放大器中的理想运算放大器用图5-4所示的实际运算放大器等效电路替代而得到图5-11(b)所示的反相放大器的等效电路，注意到 $u_{n_1} = u_-$，$u_{n_2} = u_o$，分别对节点①、②列写节点电压方程可得

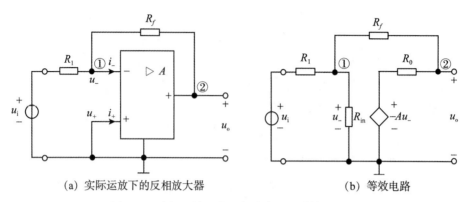

（a）实际运放下的反相放大器　　　　　　（b）等效电路

图 5-11　实际运放下的反相放大器及其等效电路

$$n_1: \qquad \left.\begin{aligned}\left(\frac{1}{R_1} + \frac{1}{R_{in}} + \frac{1}{R_f}\right)u_- - \frac{1}{R_f}u_o = \frac{1}{R_1}u_i \\ n_2: \qquad - \frac{1}{R_f}u_- + \left(\frac{1}{R_f} + \frac{1}{R_o}\right)u_o = - \frac{1}{R_o}Au_-\end{aligned}\right\} \tag{5-3}$$

将式（5-3）整理可得

$$\left.\begin{aligned}(G_1 + G_{in} + G_f)u_- - G_f u_o = G_1 u_i \\ (AG_o - G_f)u_- + (G_f + G_o)u_o = 0\end{aligned}\right\} \tag{5-4}$$

式中，各电导分别为与之相同下标的电阻的倒数。由式（5-4）解得运放的输出电压为

$$u_o = u_{n2} = - \frac{G_1}{G_f}\frac{G_f(AG_o - G_f)}{G_f(AG_o - G_f) + (G_1 + G_{in} + G_f)(G_f + G_o)}u_i \tag{5-5}$$

由于实际运放的 A 值很大，因此，根据实际电路的参数值可知，解式（5-5）的分母中第一项 $G_f(AG_o - G_f)$ 的值较其后第二项 $(G_1 + G_{in} + G_f)(G_f + G_o)$ 的值远远要大，故相比之下，后项完全可以忽略不计，这时，运放的输出电压可以足够精确地表示为

$$u_o \approx - \frac{G_1}{G_f}u_i = - \frac{R_f}{R_1}u_i$$

由此可知，将电路中的实际运算放大器视为理想运算放大器来进行分析所得结果可以满足工程实际的要求。

【例 5-2】　同相放大器如图 5-12 所示，试求输出电压 u_o 与输入电压 u_i 之间的关系。

解　图 5-12 中运放的输出电压 u_o 通过电阻 R_1、R_f 反馈到运放的反相输入端，使运放构成了闭环，故而电路处于负反馈的闭环状态，从而保证运放得以稳定地工作在线性区。

利用"虚断"（$i_- = 0$），对节点①列节点电压方程，可得

$$n_1: \qquad \left(\frac{1}{R_1} + \frac{1}{R_f}\right)u_- - \frac{1}{R_f}u_o = 0 \tag{5-6}$$

对式（5-6）利用"虚短"（$u_- = u_+ = u_i$）可得

$$\frac{u_o}{u_i} = 1 + \frac{R_f}{R_1} \quad 或 \quad u_o = \left(1 + \frac{R_f}{R_1}\right)u_i \tag{5-7}$$

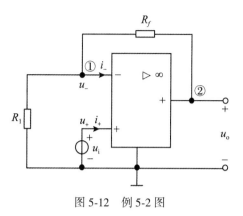

图 5-12 例 5-2 图

由于 $i_- = 0$，因此，由 R_1 和 R_f 组成的电路实际上是一个分压器，它将输出电压 u_o 的一部分送回给运放的反相输入端，这时有

$$u_i = u_+ = u_- = \frac{R_1}{R_1 + R_f} u_o$$

由此也可得出 u_o / u_i 比值。

式(5-7)中的正号表明，u_o 与 u_i 同相，故而图 5-12 所示电路被称为同相放大器(同相比例运算电路)，该电路的电压增益即闭环电压增益(闭环放大倍数) $A_u = \dfrac{u_o}{u_i} = 1 + \dfrac{R_f}{R_1}$，可见选择不同的 R_1 和 R_f 值，就可以获得不同的 A_u 且 $A_u \geqslant 1$。

由式(5-7)可知，当 $R_f = 0$(R_f 改为短路)、$R_1 = \infty$ (R_1 改为开路)时，$u_o = u_i$，即电路的输出电压完全"复现"输入电压，故而这种电路被称为电压跟随器，其电路模型如图 5-13(a)所示。由于 $i_+ = 0$，$u_o = u_i$，因此，电压跟随器电路的等效模型为一单位增益电压控制电压源，如图 5-13(b)所示，其中输入端口为开路，并且输出电压等于输入电压而与外接负载无关，即使输入电压 u_i 存在内阻，输出电压 u_o 也与其无关。

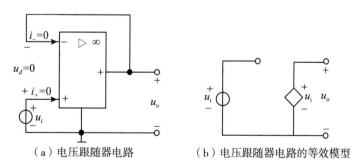

（a）电压跟随器电路　　　　　　（b）电压跟随器电路的等效模型

图 5-13　电压跟随器电路及其等效模型

在实际电路中，由于电压跟随器具有非常高的输入电阻，因而用作级间放大器(缓冲

放大器或隔离放大器)来隔离两个电路,以使两个电路之间的影响最小,消除级间的负载效应。例如,在如图 5-14(a)所示 R_1 和 R_2 构成分压电路中,开路电压 $u_{\mathrm{ooc}} = \dfrac{R_2}{R_1 + R_2} u_{\mathrm{i}}$,接 R_L 后,$u_{\mathrm{o}} < u_{\mathrm{ooc}}$,这表明分压器的输出电压 u_{o} 随负载电阻 R_L 的变化而改变,而若在电阻 R_2 与负载电阻 R_L 之间接入电压跟随器,如图 5-14(b)所示,由于运算放大器输入电阻趋于无穷大(开路),故而负载电阻 R_L 上得到不变的电压,即

$$u_{\mathrm{o}} = u_{\mathrm{ooc}} = \frac{R_2}{R_1 + R_2} u_{\mathrm{i}}$$

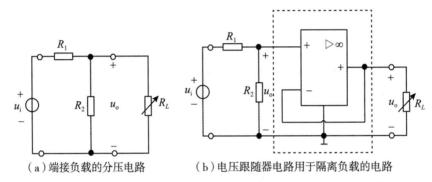

(a)端接负载的分压电路　　　　(b)电压跟随器电路用于隔离负载的电路

图 5-14　端接负载的分压电路与电压跟随器用于隔离负载的电路

这时,负载电阻 R_L 的作用被隔离了,因此,电压跟随器在实际电路中起隔离作用。

【例 5-3】　加法器电路如图 5-15 所示,试求输出电压 u_{o} 与输入电压 u_{i_1}、u_{i_2}、u_{i_3} 的关系。

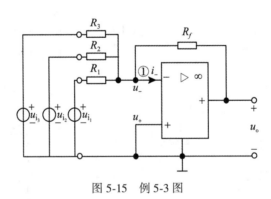

图 5-15　例 5-3 图

解　这个电路接成反相输入放大电路,属于多端输入。利用"虚断"($i_- = 0$),对节点①列节点电压方程,可得

$$n_1: \qquad \left(\frac{1}{R_1} + \frac{1}{R_2} + \frac{1}{R_3} + \frac{1}{R_f} \right) u_- - \frac{u_{\mathrm{o}}}{R_f} = \frac{u_{\mathrm{i}_1}}{R_1} + \frac{u_{\mathrm{i}_2}}{R_2} + \frac{u_{\mathrm{i}_3}}{R_3} \qquad (5\text{-}8)$$

对式(5-8)利用"虚短"($u_- = u_+ = 0$)可得

$$u_o = -R_f\left(\frac{u_{i_1}}{R_1} + \frac{u_{i_2}}{R_2} + \frac{u_{i_3}}{R_3}\right) \tag{5-9}$$

若取 $R_1 = R_2 = R_3 = R_f$，则

$$u_o = -(u_{i_1} + u_{i_2} + u_{i_3})$$

由此可见，该电路可以实现输入电压的求和运算，故称为加法器，而若在其输出端再接一级反相电路，则可消去负号实现一般的算术加法。由图 5-15 可知，若电路中仅有一个输入，则变为图 5-10(a) 所示的反相放大器。此外，对于图 5-15 所示电路应用叠加定理，也可求得解式(5-9)，这时，首先令 $u_{i_2} = u_{i_3} = 0$，仅 u_{i_1} 单独作用，便可求出 $u_o^{(1)} = -\frac{R_f}{R_1}u_{i_1}$，类似可求出 $u_o^{(2)} = -\frac{R_f}{R_2}u_{i_2}$ 和 $u_o^{(3)} = -\frac{R_f}{R_3}u_{i_3}$，三者相加可为所得。

【例 5-4】 差分放大器电路如图 5-16 所示，试求输出电压 u_o 与输入电压 u_{i_1} 和 u_{i_2} 间的关系。

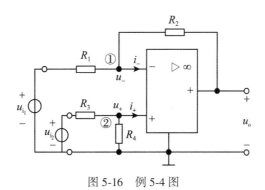

图 5-16　例 5-4 图

解 分别利用 $i_- = 0$ 和 $i_+ = 0$ 即"虚断"，对节点①、②列写节点电压方程可得

$$
\left.
\begin{aligned}
n_1: & \quad \left(\frac{1}{R_1} + \frac{1}{R_2}\right)u_{n_1} - \frac{1}{R_2}u_o = \frac{u_{i_1}}{R_1} \\[2mm]
n_2: & \quad \left(\frac{1}{R_3} + \frac{1}{R_4}\right)u_{n_2} = \frac{u_{i_2}}{R_3}
\end{aligned}
\right\} \tag{5-10}
$$

利用"虚短"可得 $u_{n_1} = u_{n_2}$，据此由式(5-10)可得

$$u_o = -\frac{R_2}{R_1}u_{i_1} + \left(1 + \frac{R_2}{R_1}\right)\left(\frac{R_4}{R_3 + R_4}\right)u_{i_2}$$

特别是当 $\dfrac{R_2}{R_1} = \dfrac{R_4}{R_3} = A_d$ 时，有

$$u_o = A_d(u_{i_2} - u_{i_1})$$

由此可见，输出电压与两个输入电压之差成比例，当 $R_1 = R_2$ 并且 $R_3 = R_4$ 时，则 $u_o = u_{i_2} - u_{i_1}$，该电路实现了减法功能。

应用叠加定理，该电路可以分解为反相放大器和同相放大器两个电路，当电压源 u_{i_1} 单独作用时，将电压源 u_{i_2} 短路，这时运算放大器同相输入端端接的并联电阻 $R_3 /\!/ R_4$ 由于 i_+ 为零而不起作用，电路为反相放大器，输出电压分量为

$$u_o^{(1)} = -\frac{R_2}{R_1}u_{i_1}$$

当电压源 u_{i_2} 单独作用时，电压源 u_{i_1} 为零，此时电路为同相放大器，施加在运算放大器同相输入端的电压为 $\dfrac{R_4}{R_3 + R_4}u_{i_2}$。根据同相放大器输入输出电压关系可得此时运放的输出电压分量为

$$u_o^{(2)} = \left(1 + \frac{R_2}{R_1}\right)\left(\frac{R_4}{R_3 + R_4}\right)u_{i_2}$$

当 $\dfrac{R_2}{R_1} = \dfrac{R_4}{R_3} = A_d$ 时，两电压源 u_{i_1} 和 u_{i_2} 共同作用时运放的输出电压为

$$u_o = u_o^{(1)} + u_o^{(2)} = A_d(u_{i_2} - u_{i_1}) \tag{5-11}$$

5.3.2　含有多个运放的电路

由于运算放大器不存在负载效应，因此，关于单个运算放大器电路的分析和结论可以直接应用到含有多个理想运算放大器级联或嵌套的电路中。通常，运放电路是级联的，这时，后级含运放电路的输入是前一级含运放电路的输出，将所有含运放电路连接在一起不影响单个运放电路的工作，即总的电压增益等于各级运放电路电压增益的乘积，对于图 5-17 所示的运放电路级联结构，应有

$$A_u = A_{u_1}A_{u_2}A_{u_3}$$

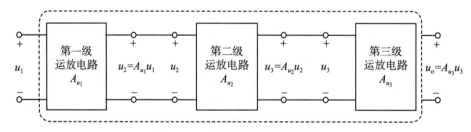

图 5-17　三个含运放电路的级联

若电路包含多个非级联的运放，标准的分析方法仍然是节点电压法。

【例 5-5】　在如图 5-18 所示的电路中，$R_1 = 1\text{k}\Omega$，分别求当 $R_f = \infty$ 以及 $R_f = 40\text{k}\Omega$ 时的 u_1，u_2，u_0，i_1，i_2 和 i_f。

解　（1）当 $R_f = \infty$ 时，两个反相放大器是级联的，在含有电源的输入回路中，由于 $u_+ = 0$，故有 $u_- = u_+ = 0$，因而根据分压关系可得

$$u_1 = \frac{5}{5+1}u_i = \frac{5}{6}u_i$$

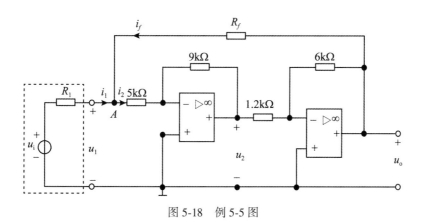

图 5-18 例 5-5 图

利用反相放大器的输入输出关系可得

$$u_2 = -\frac{9}{5}u_1 = -\frac{9}{5}\left(\frac{5}{6}u_i\right) = -1.5u_i$$

$$u_0 = -\frac{6}{1.2}u_2 = -5(-1.5u_i) = 7.5u_i$$

$$i_1 = i_2 = \frac{u_i}{6000} = 0.166u_i \text{mA}$$

$$i_f = 0$$

（2）当 $R_f = 40\text{k}\Omega$ 时，两个反相放大器的输入输出关系：$u_0 = -5u_2$ 及 $u_2 = -\frac{9}{5}u_1 = -1.8u_1$，所以 $u_0 = 9u_1$ 对节点 A 列写节点方程可得

$$-\frac{1}{R_f}u_0 + \left(\frac{1}{R_1} + \frac{1}{R_f} + \frac{1}{5}\right)u_1 = \frac{1}{R_1}u_i \qquad (5\text{-}12)$$

代入数据可得

$$-\frac{1}{40}u_0 + \left(\frac{1}{1} + \frac{1}{40} + \frac{1}{5}\right)u_1 = u_i$$

联立 $u_0 = 9u_1$ 和上式可解得

$$u_1 = u_i$$

因此有

$$u_2 = -1.8u_1 = -1.8u_i$$
$$u_0 = -5u_2 = -5(-1.8u_i) = 9u_i$$
$$i_1 = \frac{u_i - u_1}{R_1} = \frac{u_i - u_1}{1000} = 0$$

应用 KCL 有

$$i_f = i_2 = \frac{u_1}{5000} = \frac{u_i}{5000} = 0.2u_i \text{mA}$$

【**例 5-6**】 在测量控制系统中，用来放大传感器输出的微弱电压、电流或电荷信号的放大电路称为测量放大电路，亦称仪表放大器，它与一般运算放大器构成的放大电路相比，具有电路结构对称、抗干扰能力强的优点。典型的三运放仪表放大器基本电路结构如图 5-19 所示。试求输出电压 u_o 与输入电压 u_{i_1} 和 u_{i_2} 之间的关系。

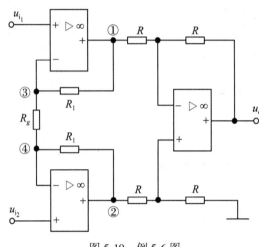

图 5-19 例 5-6 图

解 利用例 5-4 中差分放大器电路的分析结果可得

$$u_o = u_{n_2} - u_{n_1}$$

利用 $i_- = 0$ 即"虚断"分别列写节点③、④的方程，可得

$$n_3: \qquad -\frac{1}{R_1}u_{n_1} + \left(\frac{1}{R_1} + \frac{1}{R_g}\right)u_{n_3} - \frac{1}{R_g}u_{n_4} = 0 \qquad (5\text{-}13)$$

$$n_4: \qquad -\frac{1}{R_1}u_{n_2} - \frac{1}{R_g}u_{n_3} + \left(\frac{1}{R_1} + \frac{1}{R_g}\right)u_{n_4} = 0 \qquad (5\text{-}14)$$

分别由式(5-13)和式(5-14)可得

$$u_{n_1} = \left(1 + \frac{R_1}{R_g}\right)u_{n_3} - \frac{R_1}{R_g}u_{n_4} \qquad (5\text{-}15)$$

$$u_{n_2} = -\frac{R_1}{R_g}u_{n_3} + \left(1 + \frac{R_1}{R_g}\right)u_{n_4} \qquad (5\text{-}16)$$

式(5-16)减去式(5-15)可得

$$u_{n_2} - u_{n_1} = \left(1 + \frac{2R_1}{R_g}\right)(u_{n_4} - u_{n_3}) \qquad (5\text{-}17)$$

由"虚短"可得

$$u_{n_3} = u_{i_1}, \qquad u_{n_4} = u_{i_2}$$

因此得到

$$u_o = u_{n_2} - u_{n_1} = \left(1 + \frac{2R_1}{R_g}\right)(u_{i_2} - u_{i_1})$$

【例5-7】 在图 5-20 所示电路中，已知 $u_o = -5u_{i_1} + 4u_{i_2}$，试求 R_x 和 R_f。

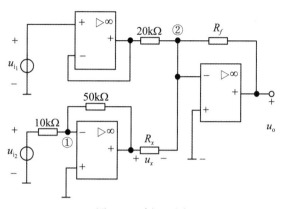

图 5-20 例 5-7 图

解 设电阻 R_x 两端的电压为 u_x，利用"虚短"并考虑"虚断"对节点①列写 KCL 方程可得

$$\frac{u_{i_2}}{10 \times 10^3} = \frac{0 - u_x}{50 \times 10^3}$$

即

$$u_x = -5u_{i_2} \tag{5-18}$$

类似地，对节点②列写 KCL 得

$$\frac{u_{i_1} - 0}{20 \times 10^3} + \frac{u_x}{R_x} = \frac{0 - u_o}{R_f} \tag{5-19}$$

在式(5-19)中代入式(5-18)和已知条件：$u_o = -5u_{i_1} + 4u_{i_2}$，可得

$$\frac{u_{i_1}}{20 \times 10^3} - \frac{5u_{i_2}}{R_x} = \frac{5u_{i_1}}{R_f} - \frac{4u_{i_2}}{R_f}$$

即

$$\frac{u_{i_1}}{20 \times 10^3} - \frac{u_{i_2}}{\dfrac{R_x}{5}} = \frac{u_{i_1}}{\dfrac{R_f}{5}} - \frac{u_{i_2}}{\dfrac{R_f}{4}} \tag{5-20}$$

令式(5-20)两边对应系数相等可解得

$$R_x = 125\text{k}\Omega, \qquad R_f = 100\text{k}\Omega$$

【例5-8】 在图 5-21(a)所示同相输入理想运放电路中，$R_1 = 1\text{k}\Omega$，$R_2 = 2\text{k}\Omega$，$R_3 = 3\text{k}\Omega$，$u_S = 1\text{V}$，试求 R 等于何值时可以获得最大功率并求出该最大功率。

解 (1)求 ab 端的戴维南等效电路。在图 5-21(b)中有

$$u_{aboc} = R_3 i_3 \tag{5-21}$$

由于 $i_3 = i_2 = i_1 = \dfrac{u_S}{R_1}$，可得

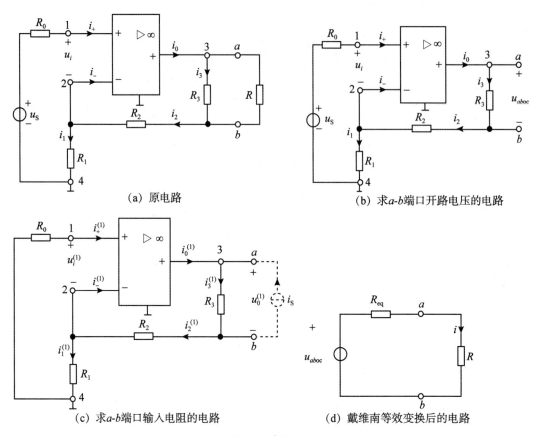

(a) 原电路 　　　　　　　　　　(b) 求 a-b 端口开路电压的电路

(c) 求 a-b 端口输入电阻的电路 　　　　(d) 戴维南等效变换后的电路

图 5-21　例 5-8 图

$$u_{aboc} = \frac{R_3}{R_1}u_{S} = \frac{3 \times 10^3}{1 \times 10^3} \times 1 = 3(\mathrm{V})$$

u_{aboc} 与 u_{S} 成正比例, 即 u_{aboc} 与 u_{S} 同相, 故图 5-21(b) 电路为同相输入比例器电路。令独立源 u_{S} 置零、在 a-b 端口加电流源 i_{S} 后的电路如图 5-21(c) 所示, 应用"虚断"可得

$$i_2^{(1)} = i_1^{(1)} = 0$$

因此, 对 $i_o^{(1)}$ 和 $i_2^{(1)}$ 所在支路应用广义 KCL 可知 $i_o^{(1)} = 0$, 于是有

$$u_0^{(1)} = R_3 i_3^{(1)} = R_3 i_{S}$$

故而 a-b 端口的输出电阻为

$$R_{eq} = \frac{u_o^{(1)}}{i_{S}} = R_3 = 3\mathrm{k}\Omega$$

由此可得戴维南等效变换后的电路如图 5-21(d) 所示。当 $R = R_{eq} = 3\mathrm{k}\Omega$ 时, 它可获得最大功率, 即

$$P_{Rmax} = \frac{u_{aboc}^2}{4R_{eq}} = \frac{3^2}{4 \times 3 \times 10^3} = 0.75(\mathrm{mW})$$

【**例 5-9**】　在图 5-22 所示的电路中，求电压 u_{1o} 和 u_{2o}、i_3。

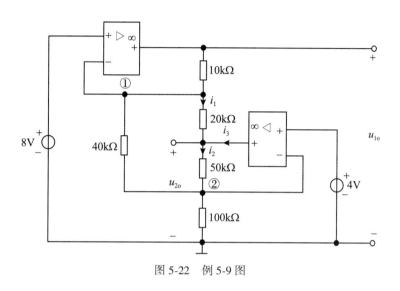

图 5-22　例 5-9 图

解　应用"虚断"分别对节点①、②列节点方程可得

n_1:　$$\left(\frac{1}{10}+\frac{1}{20}+\frac{1}{40}\right)u_{n_1}-\frac{1}{10}u_{1o}-\frac{1}{20}u_{2o}-\frac{1}{40}\times u_{n_2}=0$$

n_2:　$$-\frac{1}{40}u_{n_1}-\frac{1}{50}u_{2o}+\left(\frac{1}{40}+\frac{1}{100}+\frac{1}{50}\right)u_{n_2}=0$$

对所得方程应用"虚短"可得 $u_{n_1}=8V$，$u_{n_2}=4V$，据此将原方程简化为

$$4u_{1o}+2u_{2o}=52,\qquad u_{2o}=1$$

解之可得 $u_{1o}=12.5V$，$u_{2o}=1V$。应用 KVL 和欧姆定律可得

$$i_1=\frac{u_{n_1}-u_{2o}}{20}=\frac{8-1}{20}=0.35(\text{mA})$$

类似可以求出

$$i_2=\frac{u_{2o}-u_{n_2}}{50}=\frac{1-4}{50}=-0.06(\text{mA})$$

应用 KCL 可得

$$i_3=i_2-i_1=-0.06-0.35=-0.41(\text{mA})$$

习　　题

5-1　试求题 5-1 图所示电路中的电压比 $\dfrac{u_o}{u_S}$。

5-2　试求题 5-2 图所示电路中的电压 u_o 和电流 i_o。

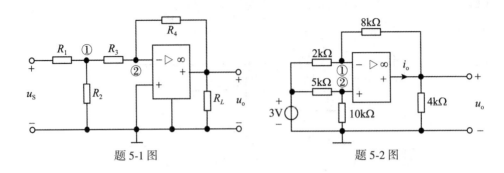

题 5-1 图　　　　　　　　题 5-2 图

5-3　电路如题 5-3 图所示，设 $R_f = 16R$，试证明该电路的输出 u_o 与输入 $u_1 \sim u_4$ 的关系为 $u_o = -(8u_1 + 4u_2 + 2u_3 + u_4)$。

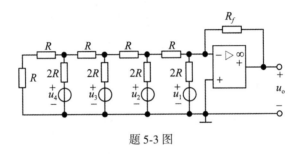

题 5-3 图

5-4　用运放可实现受控源，试将题 5-4 图所示电路以一个受控源形式表示，并求其控制系数。

5-5　在题 5-5 图所示电路中，试求 u_o 和 u_{S_1}、u_{S_2} 之间的关系。

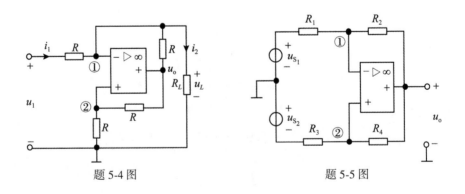

题 5-4 图　　　　　　　　题 5-5 图

5-6　在题 5-6 图所示电路中，试证明若满足 $R_1R_4 = R_2R_3$，则电流 i_L 仅取决于 u_1，而与负载电阻 R_L 无关。

5-7　电路如题 5-7 图所示，已知 $u_{i_1} = 1\text{V}$，$u_{i_2} = 2\text{V}$，$u_{i3} = 4\text{V}$，$u_{i4} = 8\text{V}$，$R_1 = R_2 = 1\text{k}\Omega$，$R_3 = R_4 = 2\text{k}\Omega$，$R_f = 5\text{k}\Omega$，试求输出电压 u_o。

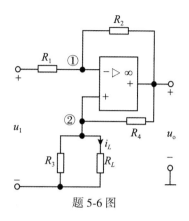

题 5-6 图

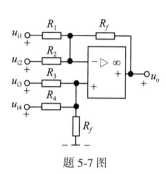

题 5-7 图

5-8　在题 5-8 图所示电路中,已知 $R_1 = 1\Omega, R_2 = 10\Omega, R_3 = 20\Omega, R_4 = 4\Omega$,试求电压放大倍数 A_u。

5-9　在题 5-9 图所示电路中, 已知 $u_i = 10V$, $R_L = 2k\Omega$, 试求 i_L 的大小。

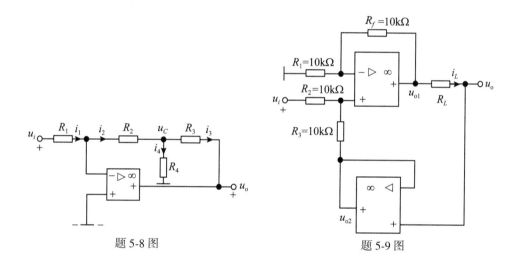

题 5-8 图

题 5-9 图

5-10　在题 5-10 图所示电路中, 已知 $u_i = 3V$, 试求 u_o。

5-11　在题 5-11 图所示电路中, 已知 $u_i = 2V$, 试分别求出 $R_f = \infty$ 时和 $R_f = 2k\Omega$ 时的 u_o。

5-12　在题 5-12 图所示电路中, 已知 $u_i = 3V$, $R_1 = R_3 = 2k\Omega$, $R_2 = R_5 = 4k\Omega$, $R_4 = 6k\Omega$, 试求电流 i_5。

5-13　在题 5-13 图所示电路中, 已知 R_L 为可调负载, 试求:（1）R_L 获得最大功率时的阻值;（2）该最大功率 $P_{R_{L\max}}$。

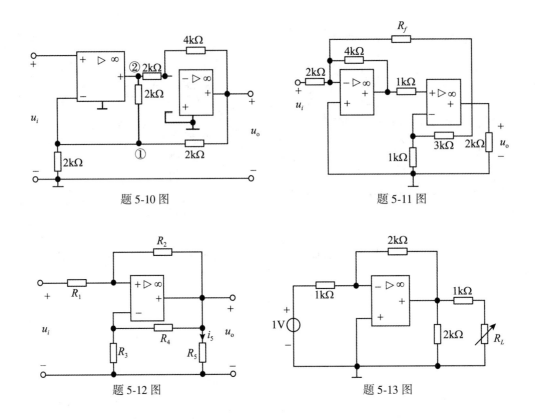

题 5-10 图　　　　　　　　　　　　　题 5-11 图

题 5-12 图　　　　　　　　　　　　　题 5-13 图

5-14　在题 5-14 图所示电路中，试求 u_C、u_D 以及从电压源向右看进去的输入电阻 R_{in}。

5-15　试求题 5-15 图所示电路的输出电压与输入电压的关系式。

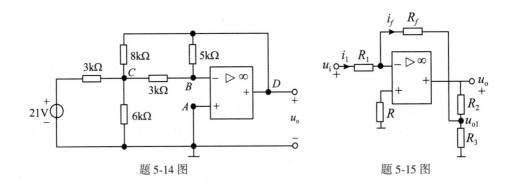

题 5-14 图　　　　　　　　　　　　　题 5-15 图

5-16　电路如题 5-16 图所示，其中 $u_o = -(5u_1 + 0.5u_2)$，$R_3 = 10\text{k}\Omega$，试求 R_1，R_2。

5-17　在题 5-17 图所示电路中，试分别求出各电路的输出电压 u_o。

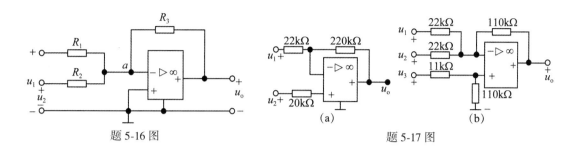

题 5-16 图　　　　　　　(a)　题 5-17 图　　　　(b)

5-18　在题 5-18 图所示电路中，设 a-b 端口开路，试求电流比 $\dfrac{i_1}{i_4}$。

5-19　设题 5-19 图所示电路的输出电压为 $u_0 = -3u_1 - 0.2u_2$，已知 $R_3 = 10\text{k}\Omega$，求 R_1 和 R_2。

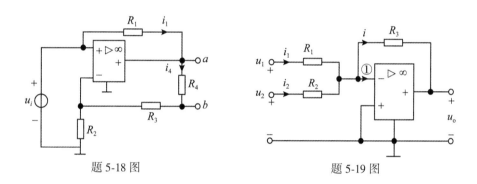

题 5-18 图　　　　　　　　　题 5-19 图

5-20　在题 5-20 图所示电路中，试求输出电压 $u_o = -(u_{i1} + 2u_{i2} + 3u_{i3})$ 时，电路中电阻 R_1、R_2、R_3 之间的关系。

5-21　试求题 5-21 图所示电路的电压之比 $\dfrac{u_o}{u_i}$。

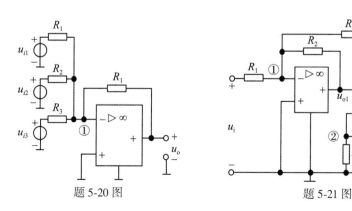

题 5-20 图　　　　　　　　　题 5-21 图

5-22 推导如题 5-22 图所示电路中输出电压与输入电压的关系式，其中 $R_2 = R_f$。

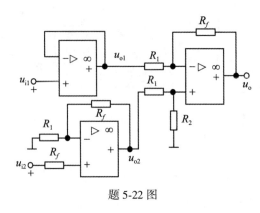

题 5-22 图

5-23 在题 5-23 图所示电路中，$u_i = 2V$，试求电压 u_o 和电流 i_o。

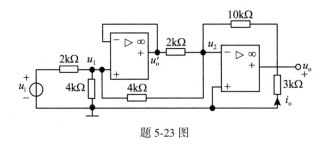

题 5-23 图

5-24 试求题 5-24 图所示电路中 u_o 和 u_1、u_2 的关系。

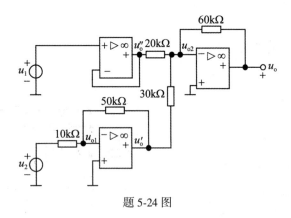

题 5-24 图

第6章　阶跃函数、冲激函数与
动态元件的连续性原理

本章主要介绍奇异函数族中两个基本函数，即阶跃函数和冲激函数，以及电容和电感这两个动态元件的连续性原理。

6.1　奇异函数简述

在电路分析中，除了经常用到常量、正弦函数和指数函数等经典函数外，还会用到一类特殊的函数，即奇异函数，又称为广义函数，其定义为：函数本身具有不连续点(跳跃点)或其导数或积分具有不连续点以及某(些)点处其幅值趋于无穷大的函数。阶跃函数和冲激函数为两个最基本的奇异函数，它们除了可用于函数和波形表示外，还常用于模拟电路理论和电子线路中的某些物理过程，以及分析信号与系统等。

6.2　阶跃函数

6.2.1　单位阶跃函数的定义与电路模拟

英国电气工程师亥维赛德(Heaveside)首先提出单位阶跃函数的概念，并将其定义为

$$\varepsilon(t) = \begin{cases} 0, & t \leqslant 0_- \\ 1, & t \geqslant 0_+ \end{cases} \tag{6-1}$$

该函数的波形由两个以 $t=0$ 为分界的无限长直线段构成，如图6-1所示。单位阶跃函数为不连续函数，$t=0$ 为其间断点，有 $\varepsilon(0_-)=0$，$\varepsilon(0_+)=1$，因此，在 $t=0$ 时刻的函数值不确定，即没有定义，此处函数导数也奇异，故 $\varepsilon(t)$ 为奇异函数。数学上一般规定，若函数在某时刻出现跳变，则可用该时刻函数的左极限(若存在)与右极限(若存在)的平均值来对此时刻的函数值作出定义。因此，对于 $\varepsilon(t)$ 有

$$\varepsilon(0) = \frac{1}{2}\left[\lim_{t \to 0_-}\varepsilon(t) + \lim_{t \to 0_+}\varepsilon(t)\right] = \frac{1}{2}(0+1) = \frac{1}{2} \tag{6-2}$$

即为单位阶跃函数在 $t=0$ 时刻的算术平均值。显然，单位阶跃函数没有量纲，所谓"单位"是指其非零的函数值为1。

在物理上，单位阶跃函数可以利用一理想电容与一理想电压源连接的充电电路来产生，如图6-2所示，我们知道，理想开关只有两个确定的状态，即断开或闭合。若开关 S 在 $t'=0$ 时刻闭合，则 $t'=0_-$ 表示其闭合前一瞬间，$t'=0_+$ 表示它闭合后第一瞬间，$t'=0$ 代

表它正在闭合的瞬间，其动作是不确定的。设 S 在 $t = 0$ 时刻闭合，且理想电容闭合前的储能为 0，即 $u_c(t) = 0$，$t \leq 0_-$；在 S 闭合瞬间即 $t = 0_+$，根据 KVL，电容立刻被充满电荷从而建立起 1V 的电容电压并保持下去，即 $u_c(t) = 1V$，$t \geq 0_+$。这表明在 $t = 0$ 时刻，电容电压发生了 1V 的强迫跃变，即 $u_c(t) = \varepsilon(t)V$。严格说来，这种强迫跃变是不存在的，因为实际上并不存在内阻为零、功率无限大的理想电压源，并且连接导线上也存在着电阻。但是，从工程实际的角度来看，一个电容与一个容量很大的电源相连时，电源电压变动非常小，因而完全可以忽略，连接导线的电阻也近似为零。当忽略了这些因素后，电容电压在开关闭合的一瞬间就会发生所谓的强迫跃变，它确实可以近似反映客观实际，也便于工程上进行分析处理。

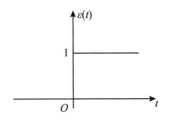

图 6-1　单位阶跃函数的波形

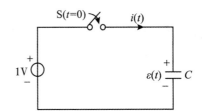

图 6-2　单位阶跃函数产生的电路模拟

6.2.2　阶跃函数的一般形式

由于阶跃函数波形的一般特征是其波形仅有两段无穷长的直线，并且一段位于时间轴上，另一段则平行于时间轴，两段直线之间有一个跳变点，因此，根据阶跃函数的这个特点再加上其幅度描述可以得出阶跃函数的一般形式为

$$\varepsilon_G(t) = A\varepsilon(mt + t_0) \tag{6-3}$$

式中，A 为任意实常数，表示 $\varepsilon_G(t)$ 平行于时间 t 轴的直线段距该轴的距离或高度；$mt + t_0$ 为 $\varepsilon_G(t)$ 的复合变量(亦称宗量)，对比 $\varepsilon(t)$ 和 $\varepsilon(mt + t_0)$ 可知，当 $(mt + t_0) \leq 0_-$ 时，$\varepsilon_G(t) = 0$，当 $(mt + t_0) \geq 0_+$ 时，$\varepsilon_G(t) = A$，因此，通过解不等式 $(mt + t_0) \leq 0_-$ 或 $(mt + t_0) \geq 0_+$，可以确定 $\varepsilon_G(t)$ 在时间轴 t 上的跳变点以及非零值直线段的延伸方向，从而画出 $\varepsilon_G(t)$ 的波形。

【例 6-1】　试画出 $f(t) = -\dfrac{1}{2}\varepsilon(-t - 1)$ 的波形。

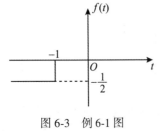

图 6-3　例 6-1 图

解　当 $(-t - 1) \geq 0_+$，即 $t \leq -1_-$ 时，$f(t) = -\dfrac{1}{2}$，而当 $t \geq -1_+$ 时，$f(t) = 0$，由此画出 $f(t)$ 的波形如图 6-3 所示。

在 $\varepsilon_G(t)$ 的定义式(6-3)中取 $t_0 > 0$，并令 $A = 1$ 以及 $m = \pm 1$ 便可得到单位阶跃函数的四种常用的延迟与负延迟形式，即

$$\varepsilon(t - t_0) = \begin{cases} 0, & t \leqslant t_{0_-} \\ 1, & t \geqslant t_{0_+} \end{cases} \qquad \varepsilon(t + t_0) = \begin{cases} 0, & t \leqslant -t_{0_-} \\ 1, & t \geqslant -t_{0_+} \end{cases}$$

$$\varepsilon(t_0 - t) = \begin{cases} 1, & t \leqslant t_{0_-} \\ 0, & t \geqslant t_{0_+} \end{cases} \qquad \varepsilon(-t_0 - t) = \begin{cases} 1, & t \leqslant -t_{0_-} \\ 0, & t \geqslant -t_{0_+} \end{cases}$$

这四个式子对应的波形分别如图 6-4(a)、(b)、(c)、(d)所示, 其中 $\varepsilon(t_0 - t)$ 和 $\varepsilon(-t_0 - t)$ 分别称为反褶延迟和反褶负延迟, 因为这时首先要将 $\varepsilon(t)$ 沿纵轴镜像对褶再作延迟。$\varepsilon(t - t_0)$ 一般称为延迟单位阶跃函数。

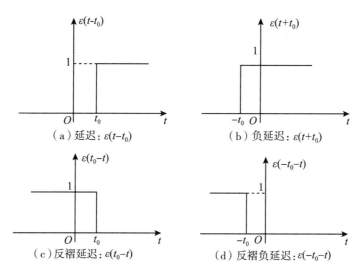

图 6-4　四种延迟单位阶跃函数

阶跃函数更为一般的形式可以表示为 $\varepsilon[\varphi(t)]$, 称为复合阶跃函数, 其宗量 $\varphi(t)$ 通常为关于 t 的高次多项式。

【例 6-2】　试画出复合阶跃函数 $f(t) = \varepsilon(t^2 - 1)$ 的波形图。

解　由 $t^2 - 1 = (t + 1)(t - 1)$ 可得

$$f(t) = \varepsilon(t^2 - 1) = \varepsilon[(t + 1)(t - 1)]$$

根据单位阶跃函数的定义可知, 当 $(t + 1)(t - 1) \geqslant 0_+$, 即 $|t| \geqslant 1_+$ 时, $\varepsilon(t^2 - 1) = 1$; 当 $(t + 1)(t - 1) \leqslant 0_-$, 即 $|t| \leqslant 1_-$ 时, $\varepsilon(t^2 - 1) = 0$, 因此可得

$$f(t) = \varepsilon(t^2 - 1) = \begin{cases} 0, & |t| \leqslant 1_- \\ 1, & |t| \geqslant 1_+ \end{cases}$$

将此分段函数用单位阶跃函数表示为

$$f(t) = \varepsilon(t - 1) + \varepsilon(-t - 1)$$

其波形如图 6-5 所示。

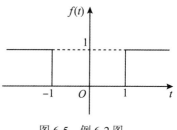

图 6-5　例 6-2 图

6.2.3 单位阶跃函数的物理与数学作用

6.2.3.1 表示开关元件的动作

由于单位阶跃函数 $\varepsilon(t)$ 仅在 $t \geqslant 0_+$ 才不为零而等于 1，因此，利用 $\varepsilon(t)$ 可以将图 6-6(a) 中 1V 的电压源与开关的闭合一起等效为 $\varepsilon(t)$V 的单位阶跃电压源，如图 6-4(b) 所示。对偶地，可以将图 6-7(c) 中 1A 的电流源与开关的断开一起等效为 $\varepsilon(t)$A 的单位阶跃电流源，如图 6-7(d) 所示。

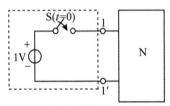 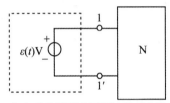

(a) 1V电压源与开关的组合连接于电路　　(b) 单位阶跃电压源连接于电路

图 6-6　1V 电压源与开关的组合及其等效电路

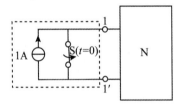 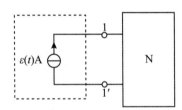

(a) 1A电流源与开关的组合连接于电路　　(b) 单位阶跃电流源连接于电路

图 6-7　1A 电流源与开关的组合及其等效电路

类似的，可以用 $\varepsilon(t)$ 和 $\varepsilon(t-t_0)$ 表示在 $t=0$ 和 $t=t_0$ 时刻通过开关的闭合或断开接入任意电压源 $u_S(t)$ 或电流源 $i_S(t)$，例如，这时若图 6-6(a) 中 1V 改为 $u_S(t)$，则图 6-6(b) 中 $\varepsilon(t)$V 对应改为 $u_S(t)\varepsilon(t)$V，若开关对 $u_S(t)$ 的闭合时刻为 $t=t_0$，则图 6-6(b) 中对应改为 $u_S(t)\varepsilon(t-t_0)$V。由于 $\varepsilon(t)$、$\varepsilon(t-t_0)$ 在电路中可以同时表示开关的开或闭的动作与动作时间，故而称为开关函数，用作开关元件的数学模拟。

6.2.3.2 表示数学表示式与函数波形

1. "起始"任意函数 $f(t)$

设 $f(t)$ 是对所有的时间 t 都有定义的任意函数，则其与单位阶跃函数的乘积在阶跃之前为零，在阶跃之后保持原 $f(t)$ 之值，即

$$f(t)\varepsilon(t) = \begin{cases} 0, & t \leqslant 0_- \\ f(t), & t \geqslant 0_+ \end{cases} \tag{6-4}$$

同理有

$$f(t)\varepsilon(t-t_0) = \begin{cases} 0, & t \leqslant t_{0_-} \\ f(t), & t \geqslant t_{0_+} \end{cases} \tag{6-5}$$

例如，$u_S(t)\varepsilon(t)$ 和 $u_S(t)\varepsilon(t-t_0)$。单位阶跃函数这种"起始"任意函数的功能可以用于表示电路中任意激励和响应的起始时刻。

2. 构成门函数以表示分段连续函数及其波形

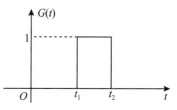

图 6-8 门函数 $G(t)$ 的波形

门函数 $G(t)$ 的波形如图6-8所示，其函数值在 $t_1 < t < t_2$ 区间内为1，而在此区间外均为零。由于函数形状似一扇门，故而得此名。门函数可以利用两个具有不同延时的阶跃函数之差或之积来表示，即 $G(t) = \varepsilon(t - t_1) - \varepsilon(t - t_2)$，$t_2 > t_1$；$G(t) = \varepsilon(t_2 - t) - \varepsilon(t_1 - t)$，$t_2 > t_1$；$G(t) = \varepsilon(t - t_1)\varepsilon(t_2 - t)$，$t_2 > t_1$，它们分别如图6-9(a)、(b)、(c)所示。

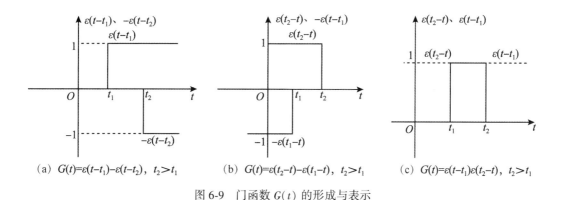

(a) $G(t)=\varepsilon(t-t_1)-\varepsilon(t-t_2)$, $t_2>t_1$ (b) $G(t)=\varepsilon(t_2-t)-\varepsilon(t_1-t)$, $t_2>t_1$ (c) $G(t)=\varepsilon(t-t_1)\varepsilon(t_2-t)$, $t_2>t_1$

图 6-9 门函数 $G(t)$ 的形成与表示

此外，门函数还可以用脉冲函数来表示。单位脉冲函数 $P_\Delta(t)$ 的数学定义为

$$P_\Delta(t) = \begin{cases} 0, & t < 0 \\ \dfrac{1}{\Delta}, & 0 < t < \Delta \\ 0, & t > \Delta \end{cases} \tag{6-6}$$

其波形由三个直线段构成，如图6-10(a)所示，矩形波的宽度为 Δ，高度为 $\dfrac{1}{\Delta}$，故其面积 $S_P = \dfrac{1}{\Delta} \cdot \Delta = 1$，其为 $P_\Delta(t)$ 的系数，即为"单位"之意。在脉冲电路和自动控制中，往往需要加入一方波正半周的波形，其作用时间较短，单位脉冲函数主要就是用以表示这种波形。

一般脉冲函数的数学表示式为 $AP_\Delta(t - t_1)$，其波形如图6-10(b)所示，$\Delta = t_2 - t_1$ 为脉冲宽度，t_1 为脉冲函数的脉冲前沿起始点，故脉冲函数的脉冲后沿下降点为 $t_2 = \Delta + t_1$。需要注意的是，A 并非为脉冲的幅度，而是脉冲占据的面积，因此，若脉冲函数的幅度为

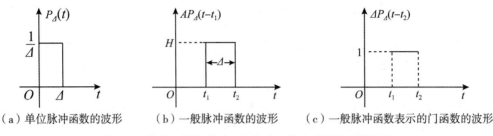

（a）单位脉冲函数的波形　　　（b）一般脉冲函数的波形　　　（c）一般脉冲函数表示的门函数的波形

图 6-10　脉冲函数与利用一般脉冲函数表示的门函的波形

H，由于 $A = H \times \Delta$，故而脉冲的幅度 $H = A \times \dfrac{1}{\Delta}$，例如，单位脉冲函数 $P_\Delta(t)$ 的幅度并非为 1，而是 $1 \times \dfrac{1}{\Delta} = \dfrac{1}{\Delta}$。$\dfrac{1}{2} P_2(t-4)$ 以及 $2P_{\frac{1}{2}}(t-2)$ 均为一般脉冲函数。在由一般脉冲函数波形写出其表示式时，可以先由该函数在时间坐标轴上起点的坐标值确定 t_1，次由函数的脉宽 $t_2 - t_1$ 定出 Δ 值从而写出 $P_\Delta(t - t_1)$，再由 $H = A \cdot \dfrac{1}{\Delta}$ 确定 $A = H \cdot \Delta$，最终得到 $AP_\Delta(t - t_1)$ 的表示式。

门函数也可以用一般脉冲函数来表示，即

$$G(t) = \Delta P_\Delta(t - t_1) \tag{6-7}$$

式中，脉冲宽度 $\Delta = t_2 - t_1$。这种表示的波形如图 6-10（c）所示。

由门函数 $G(t)$ 的分段性可以看出，借助门函数表示分段连续函数 $f(t)$ 可以采用"分段叠加法"，即将 $f(t)$ 中不为零的每段函数的定义式与其相应用以定义时间区段的门函数相乘后再予以叠加。因此，一个 N 段连续函数 $f(t)$ 可以表示为

$$f(t) = \sum_{i=1}^{N} f_i(t) = \sum_{i=1}^{N} f(t)\left[\varepsilon(t - t_i) - \varepsilon(t - t_{i+1})\right], \quad t_{i+1} > t_i \tag{6-8}$$

式中，$f_i(t)$ 为 $f(t)$ 在 $t \in (t_i, t_{i+1})$ 区间内的第 i 段函数，即任意分段连续函数 $f(t)$ 通过与门函数 $\varepsilon(t - t_i) - \varepsilon(t - t_{i+1})$ 相乘，可以截取其所在时间区间内的那一段函数 $f_i(t)$，这通常也称为加窗处理。若从 $f(t)$ 的波形写出其如式（6-8）这种表示式，则 $f_i(t)$ 应是分段连续函数 $f(t)$ 波形图中第 i 段函数的实际波形延伸到正、负无穷远后所形成波形的表示式。

【例 6-3】　试借助门函数表示下列分段连续函数：

$$f(t) = \begin{cases} t, & 0 < t < 1 \\ 1, & 1 \leqslant t < 2 \\ t^2 - 2, & t \geqslant 2 \end{cases}$$

解　根据式（6-8）可得

$$f(t) = t[\varepsilon(t) - \varepsilon(t-1)] + [\varepsilon(t-1) - \varepsilon(t-2)] + (t^2 - 2)\varepsilon(t-2)$$

显然，利用门函数可以将分段连续函数或其波形用一个完整的数学式紧凑清晰地表示出来，且便于对其作各种数学运算，特别是如同例 6-3 这样利用由两个阶跃函数之差构成的门函数来表示分段连续函数的波形，非常便于对其进行求导和积分运算。

【例 6-4】 试分别借助门函数的阶跃函数之差、之积以及脉冲函数的表示形式，写出图 6-11 所示波形的数学表示式。

解 分别根据门函数的阶跃函数之差、之积以及脉冲函数的表示形式可以得到

(1) $f(t) = \varepsilon(t) - \varepsilon(t-1) + (2-t)[\varepsilon(t-1) - \varepsilon(t-2)]$；

(2) $f(t) = \varepsilon(1-t) - \varepsilon(-t) + (2-t)[\varepsilon(2-t) - \varepsilon(1-t)]$；

(3) $f(t) = \varepsilon(t)\varepsilon(1-t) + (2-t)[\varepsilon(t-1)\varepsilon(2-t)]$；

(4) $f(t) = P_1(t) + (2-t)P_1(t-1)$。

除了"分段叠加法"，对于分段连续函数 $f(t)$，还可以采用"直接叠加法"，即利用单位阶跃函数和延迟单位阶跃函数起始函数的功能，每次在函数波形开始发生变化的起点，在原函数的基础上叠加一个新的函数以反映波形的变化规律。这时，若一个分为 N 段的连续函数 $f(t)$ 的波形结束后归零直至无穷，则该波形的表示式为

$$f(t) = \sum_{i=1}^{N+1} f_i(t)\varepsilon(t-t_i) \tag{6-9}$$

式中，t_i 为第 i 段波形的起点在时间轴上的坐标值，$f_i(t)$ 为

$$f_i(t) = f_{\text{第}i\text{段波形}}(t) - \sum_{k=1}^{i-1} f_k(t) \tag{6-10}$$

式中，$f_{\text{第}i\text{段波形}}(t)$ 是 $f(t)$ 分段函数波形图中第 i 段函数的实际波形延伸到正、负无穷远后所形成波形的表示式。由反映叠加性的式(6-9)可知，第 i 段函数 $f_i(t)$ 的波形会在自身上累加其前面所有函数，即 $\sum_{k=1}^{i-1} f_k(t)$ 的波形，从而得到 $f_{\text{第}i\text{段波形}}(t)$ 的波形，因此为了能够依据式(6-9)画出分段连续函数 $f(t)$ 的实际波形，或者说它能无误反映分段连续函数 $f(t)$ 的波形，其中 $f_i(t)$ 必须满足式(6-10)，将式(6-10)代入式(6-9)后，其中的 $\sum_{k=1}^{i-1} f_k(t)$ 就会恰好与式(6-9)中前面的累加项抵消，余下的正是第 i 段函数 $f_{\text{第}i\text{段波形}}(t)$ 的波形。显然，对于最后一个波形结束后归零直至无穷的情况，必须在式(6-10)中取 $f_{\text{第}(N+1)\text{段波形}}(t) = 0$，这样将 $f_{(N+1)}(t) = f_{\text{第}(N+1)\text{段波形}}(t) - \sum_{k=1}^{N} f_k(t)$ 代入式(6-9)后，$\sum_{k=1}^{N} f_k(t)$ 与前面所有的累加项抵消得到零，即 $f_{\text{第}(N+1)\text{段波形}}(t) = 0$ 表示波形归零。之所以对于 $f(t)$ 的波形结束后归零直至无穷这种情况应用直接叠加法，式(6-9)中会出现 $N+1$ 项就是这个原因。若一个分为 N 段的连续函数 $f(t)$ 波形的最后一段为阶跃函数或正弦函数等持续到无穷的函数波形，则 $f(t)$ 波形的表示式为

$$f(t) = \sum_{i=1}^{N} f_i(t)\varepsilon(t-t_i) \tag{6-11}$$

【例 6-5】 试利用"直接叠加法"写出图 6-12 所示波形的表示式。

解 首先由图 6-12 中的波形图得出其中第 1 段波形延伸到正、负无穷远后所形成波

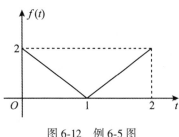

图6-12　例6-5图

形的表示式，即

$$f_{\text{第1段波形}}(t) = 2(1-t)$$

由于其前面无波形，故由式(6-10)可得

$$f_1(t) = f_{\text{第1段波形}}(t) = 2(1-t)$$

由图6-12中的波形图得出其中第2段波形延伸到正、负无穷远后所形成波形的表示式，即

$$f_{\text{第2段波形}}(t) = 2(t-1)$$

由式(6-10)可得

$$f_2(t) = f_{\text{第2段波形}}(t) - f_1(t) = 2(t-1) - 2(1-t) = 4(t-1)$$

由于第2段波形后归零，即分段函数已无定义，所以为了抵消前面波形叠加性的作用使波形最后归零，取 $f_{\text{第3段波形}}(t) = 0$，由式(6-10)可得

$$f_3(t) = f_{\text{第3段波形}}(t) - (f_1(t) + f_2(t)) = 0 - (2(1-t) + 4(t-1)) = 2(1-t)$$

由式(6-9)可得图6-11所示波形的表示式为

$$f(t) = 2(1-t)\varepsilon(t) + 4(t-1)\varepsilon(t-1) + 2(1-t)\varepsilon(t-2)$$

6.3　冲激函数

6.3.1　单位冲激函数的定义与电路模拟

在给出单位冲激函数的定义之前，先给出单位冲激函数是单位脉冲函数的极限情况，即若令单位脉冲函数的宽度 $\Delta \to 0$，则其幅度变为 $\lim\limits_{\Delta \to 0} P_\Delta(t) \to \infty$，同时保持单位脉冲函数的面积不变，即

$$\lim_{\Delta \to 0} \int_{-\infty}^{\infty} P_\Delta(t)\,\mathrm{d}t = \lim_{\Delta \to 0} \int_0^\Delta P_\Delta(t)\,\mathrm{d}t = \lim_{\Delta \to 0} \Delta \cdot \frac{1}{\Delta} = 1$$

英国物理学家狄拉克(Dirac)归纳总结了所有单位面积函数极限演变为单位冲激函数的情况，按照它们的这两个特征给出了单位冲激函数 $\delta(t)$ 的数学定义式，即

$$\begin{cases} \delta(t) = \begin{cases} 0, & t \neq 0 \\ \infty, & t = 0 \end{cases} \\ \int_{-\infty}^{+\infty} \delta(t)\,\mathrm{d}t = 1 \end{cases} \tag{6-12}$$

$\delta(t)$ 的波形如图6-13所示，其中箭头旁标注的数值1即 $\int_{-\infty}^{+\infty} \delta(t)\,\mathrm{d}t = 1$ 的含义是该函数波形下的面积为1，常称为冲激强度，也是"单位"之称的由来。由式(6-12)可知，要完整地描述一个单位冲激函数，需要同时给出其两个特点，事实上，由于 $\delta(t) = \begin{cases} 0, & t \neq 0 \\ \infty, & t = 0 \end{cases}$ 表明该函数波形宽度无限窄(时间无限短)、幅度无穷高，

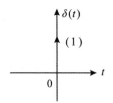

图6-13　单位冲激函数的波形

因而仅此就已经表明这是一个冲激函数，因为它刻画了冲激函数最本质的特征，只是还必须同时说明其强度的大小才能构成对于冲激函数的完整描述，因而还需要给出其图形与时间轴所围成的面积即冲激函数强度的大小，此处是单位冲激函数，故该面积为 1。

由式(6-12)可知，单位冲激函数作为一个"点函数"，只存在于 $t = 0$ 时刻，即在 0_- 到 0_+ 时出现一个冲激，故式(6-12)中 $\int_{-\infty}^{+\infty} \delta(t)\,dt = \int_{0_-}^{0_+} \delta(t)\,dt = 1$。此外，由式(6-12)中的第二式可知，若 t 代表时间，则 $\delta(t)$ 的单位为 $1/s$。

如前所述，实际上任何持续时间极短而幅度较大、面积为有限值的脉冲都可以近似按冲激函数处理，因为重要的是其面积即强度，而非其波形形状，面积代表了这种作用时间极短的脉冲作为物理信号时所具有的能量。

$\delta(t)$ 可以近似描述用其抽象表示的很多物理过程和现象，例如，在如图 6-2 所示的充电电路中，由于 1V 的电压源在 $t = 0$ 时刻突然接到从未充过电的 1F 电容器上，则电容器端电压就会从 $t = 0_-$ 到 $t = 0_+$ 这个极短的瞬间内由 0V 突然跃变到 1V，这说明只要一个电容器的充电电荷在一瞬间变化一定的数量，则电容器的充电电流便是 $\delta(t)$，该冲激电流实际上就是一定数量的电荷在一瞬间转移的结果。由图 6-2 所示电路，可得

$$i(0_+) = \frac{dq}{dt} \approx \frac{\Delta q}{\Delta t} = \frac{q(0_+) - q(0_-)}{0_+ - 0_-}$$

$$= \frac{Cu_C(0_+) - Cu_C(0_-)}{0_+ - 0_-} = \frac{1 \times 1 - 0}{0_+ - 0_-} = \infty$$

又有

$$\int_{-\infty}^{\infty} i(0_+)\,dt = \int_{q(0_-)}^{q(0_+)} dq = q(0_+) = 1\text{C}$$

该积分值代表了 $t = 0$ 瞬间向电容器充电的电流作为 $\delta(t)$ 函数的强度，因此在 $t = 0$ 时刻对电容器充电的冲激电流可以表示为

$$i(0) = 1 \times \delta(t) = \delta(t)\,\text{A}$$

此冲激电流 $\delta(t)$ 在 $t = 0$ 瞬间从 1V 电压源的极板向电容器的极板上搬移了 1C 的有限量电荷，因为 $\delta(t)$ 在 $t = 0_-$ 到 $t = 0_+$ 这段时间内的积分值为 1。这表明电容器在理想合闸（不需要时间）过程中出现的电流，适合用 $\delta(t)$ 来描述。事实上，单位冲激函数可以视为所有在较短时间内产生很大能量这类现象的理想化模型，如自然界中电闪雷击、地震、火山爆发，工业生产中的强电火花，以及日常生活中用铁锤瞬间敲打钉子时钉子所受到的冲激力，等等。

6.3.2 冲激函数的一般形式

冲激函数的一般形式为 $\delta_G(t) = A\delta(t - t_0)$，其定义为

$$\begin{cases} \delta_G(t) = \begin{cases} \infty, & t = t_0 \\ 0, & t \neq t_0 \end{cases} \\ \int_{-\infty}^{\infty} A\delta(t - t_0)\,dt = \int_{t_{0-}}^{t_{0+}} A\delta(t - t_0)\,dt = A \end{cases} \tag{6-13}$$

式中，冲激函数的强度 A 和时延因子 t_0 均为任意实常数，图 6-14(a)、(b)、(c) 分别为 $A=1$，$A>0$，$t_0>0$ 时 $\delta(t-t_0)$、$A\delta(t-t_0)$ 和 $A\delta(t+t_0)$ 的波形。

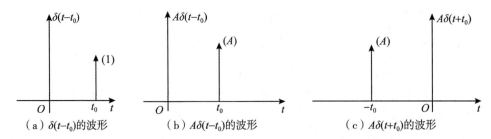

图 6-14　延迟单位冲激函数、延迟和负延迟的冲激函数的波形

冲激函数更为一般的形式可以表示为 $\delta[\varphi(t)]$，通常称为复合冲激函数，其宗量 $\varphi(t)$ 为一可微函数，例如 $\delta(t^2-a^2)$ 等。

6.3.3　单位冲激函数的常用性质

6.3.3.1　乘积性质

由于 $\delta(t)$ 仅在 $t=0$ 时不为零，其他处均为零，因此若函数 $f(t)$ 在 $t=0$ 有定义，则

$$f(t)\delta(t)=f(0)\delta(t) \tag{6-14}$$

类似地，若函数 $f(t)$ 在 t_0 有定义，则

$$f(t)\delta(t-t_0)=f(t_0)\delta(t-t_0) \tag{6-15}$$

由式(6-14)和式(6-15)右边可见，这种乘积结果分别产生一个新的冲激函数 $\delta(t)$ 和 $\delta(t-t_0)$，其强度分别为 $f(0)$ 和 $f(t_0)$。

【例 6-6】　试求下列函数值：$f(t)=4\varepsilon(t+3)\delta(t+2)$。

解　直接利用乘积性质可得

$$f(t)=4\varepsilon(t+3)\delta(t+2)=4\varepsilon(-2+3)\delta(t+2)=4\delta(t+2)$$

6.3.3.2　筛选性质

若函数 $f(t)$ 在 $t=0$ 有定义，则直接利用乘积性质可得

$$\int_{-\infty}^{+\infty}\delta(t)f(t)\mathrm{d}t=\int_{-\infty}^{+\infty}\delta(t)f(0)\mathrm{d}t=f(0)\int_{-\infty}^{+\infty}\delta(t)\mathrm{d}t=f(0) \tag{6-16}$$

若函数 $f(t)$ 在 $t=t_0$ 有定义，则直接利用乘积性质可得

$$\int_{-\infty}^{+\infty}f(t)\delta(t-t_0)\mathrm{d}t=\int_{-\infty}^{+\infty}f(t_0)\delta(t-t_0)\mathrm{d}t=f(t_0)\int_{-\infty}^{+\infty}\delta(t-t_0)\mathrm{d}t=f(t_0) \tag{6-17}$$

式(6-16)和式(6-17)称为冲激函数的筛选性质，也称为抽样性质或取样性质。因为利用这种性质可以将函数 $f(t)$ 在 $t=0$ 时刻的函数值 $f(0)$ 或在 $t=t_0$ 时刻的函数值 $f(t_0)$ 筛选出来。

【例 6-7】　试求下列积分：$f(t)=\displaystyle\int_{-\infty}^{\infty}\delta(t-t_0)\varepsilon(t-2t_0)\mathrm{d}t$，$t_0>0$。

解　由筛选性质式(6-17)可以求得

$$f(t) = \int_{-\infty}^{\infty} \delta(t - t_0)\varepsilon(t - 2t_0)\,\mathrm{d}t = \varepsilon(-t_0) = 0$$

6.3.3.3　偶函数性质

利用变量代换可得

$$\int_{-\infty}^{\infty} \delta(-t)\,\mathrm{d}t = \int_{\infty}^{-\infty} \delta(t)\,\mathrm{d}(-t) = \int_{-\infty}^{\infty} \delta(t)\,\mathrm{d}t = 1 \qquad (6\text{-}18)$$

因此，单位冲激信号 $\delta(t)$ 为偶函数，即 $\delta(t) = \delta(-t)$，类似可得

$$\delta(t - t_0) = \delta(t_0 - t) \qquad (6\text{-}19)$$

【例 6-8】　试画出 $f(t) = 5\delta(2 - t)$ 的波形。

解　利用偶函数性质式(6-19)可得

$$f(t) = 5\delta(2 - t) = 5\delta[-(t - 2)] = 5\delta(t - 2)$$

因此，得出波形如图 6-14(b)所示，其中 $A = 5$，$t_0 = 2$。

此外，冲激函数的一阶导数 $\delta'(t) = \dfrac{\mathrm{d}\delta(t)}{\mathrm{d}t}$ 也是奇异函数，一般称为单位冲激偶函数，其波形如图 6-15 所示，由一个正单位冲激和一个紧接着的负单位冲激组成，两者的幅值均为无穷大。

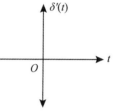

图 6-15　单位冲激偶函数 $\delta'(t)$ 的波形

6.3.4　单位冲激函数与单位阶跃函数的关系

利用单位冲激函数是单位脉冲函数的极限可得

$$\delta(t) = \lim_{\Delta \to 0} P_\Delta(t) = \lim_{\Delta \to 0} \frac{1}{\Delta}[\varepsilon(t) - \varepsilon(t - \Delta)] = \frac{\mathrm{d}\varepsilon(t)}{\mathrm{d}t}, \quad \forall t \qquad (6\text{-}20)$$

事实上，由于 $\varepsilon(t)$ 在除 $t = 0$ 以外的各点均为定值，其变化率都等于零，而在 $t = 0$ 处不连续，其变化率奇异，为无穷大，因此，$\varepsilon(t)$ 对于时间的变化率即导数为 $\delta(t)$。此外，由 $\varepsilon(t)$ 的定义可得

$$\int_{-\infty}^{t} \delta(\tau)\,\mathrm{d}\tau = \begin{cases} 0, & t \leqslant 0_- \\ 1, & t \geqslant 0_+ \end{cases} = \varepsilon(t) \qquad (6\text{-}21)$$

类似可得

$$\delta(t - t_0) = \frac{\mathrm{d}\varepsilon(t - t_0)}{\mathrm{d}t}, \quad \forall t \qquad (6\text{-}22)$$

$$\int_{-\infty}^{t} \delta(\tau - t_0)\,\mathrm{d}\tau = \begin{cases} 0, & t \leqslant t_{0-} \\ 1, & t \geqslant t_{0+} \end{cases} = \varepsilon(t - t_0) \qquad (6\text{-}23)$$

由式(6-20)或式(6-22)可知，对于存在不连续点即跃变点的函数 $f(t)$，其一阶导数 $\dfrac{\mathrm{d}f(t)}{\mathrm{d}t}$ 中在 $f(t)$ 的跃变点处必将出现冲激函数，其强度为阶跃跃变的幅度，而极性与该跃变的极性一致，即若 $f(t)$ 在其跃变点 $t = t_0$ 处向函数轴正向跃变(正极性阶跃)，则 $\dfrac{\mathrm{d}f(t)}{\mathrm{d}t}$

中 $t = t_0$ 处的冲激函数 $\delta(t - t_0)$ 前取正号，其强度为阶跃跃变的幅度，对应的波形中的箭头向上；若 $f(t)$ 在其跃变点 $t = t_0$ 处向函数轴负向跃变（负极性阶跃），则 $\dfrac{\mathrm{d}f(t)}{\mathrm{d}t}$ 中 $t = t_0$ 处的冲激函数 $\delta(t - t_0)$ 前取负号，其强度亦为阶跃跃变的幅度，对应的波形中的箭头向下。此外，在 $f(t)$ 为直线方程的波形区间，$\dfrac{\mathrm{d}f(t)}{\mathrm{d}t}$ 的波形将为 t 轴上方或下方的矩形脉冲，分别对应 $f(t)$ 的斜率为正或负的情况，脉冲的幅度为 $f(t)$ 的斜率；在 $f(t)$ 为常数、其波形表现为平行于或重合于 t 轴（此时常数为零）的直线段区间，$\dfrac{\mathrm{d}f(t)}{\mathrm{d}t}$ 恒为零，这些均为对于 $f(t)$ 求导数的结果。

【例 6-9】　如图 6-16（a）所示的电容元件的电压波形如图 6-16（b）所示，试求电容电流 $i_C(t)$ 并绘出其波形。

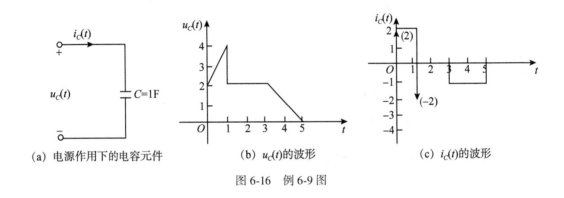

（a）电源作用下的电容元件　　　（b）$u_C(t)$ 的波形　　　（c）$i_C(t)$ 的波形

图 6-16　例 6-9 图

解　由图 6-16（b）可得 $u_C(t)$ 的表示式为
$$u_C(t) = (2t + 2)[\varepsilon(t) - \varepsilon(t - 1)] + 2[\varepsilon(t - 1) - \varepsilon(t - 3)]$$
$$+ (-t + 5)[\varepsilon(t - 3) - \varepsilon(t - 5)]$$

因此
$$i_C(t) = C\frac{\mathrm{d}u_C(t)}{\mathrm{d}t}$$
$$= 2[\varepsilon(t) - \varepsilon(t - 1)] + (2t + 2)[\delta(t) - \delta(t - 1)] + 2[\delta(t - 1)$$
$$- \delta(t - 3)] - [\varepsilon(t - 3) - \varepsilon(t - 5)] + (-t + 5)[\delta(t - 3) - \delta(t - 5)]$$
$$= 2[\varepsilon(t) - \varepsilon(t - 1)] - [\varepsilon(t - 3) - \varepsilon(t - 5)] + 2\delta(t)$$
$$- 4\delta(t - 1) + 2[\delta(t - 1) - \delta(t - 3)] + 2\delta(t - 3)$$
$$= 2[\varepsilon(t) - \varepsilon(t - 1)] - [\varepsilon(t - 3) - \varepsilon(t - 5)] + 2\delta(t) - 2\delta(t - 1)$$

$i_C(t)$ 的波形如图 6-16（c）所示，对于分段函数 $u_C(t)$、$i_C(t)$ 的波形作如下分析：

（1）当 $t < 0$，$u_C(t) = 0$，但在 $t = 0$ 处，$u_C(t)$ 从 0 正向跃变至 2，因此，在该处，$i_C(t)$ 为一冲激函数：$2\delta(t)$。

（2）当 $0 < t < 1$，$u_C(t) = 2t + 2$，其波形为一斜率为 2 的直线段，因此，在该区间，

$i_C(t)$ 为一幅度为 2、位于 t 轴上方的矩形脉冲。

（3）在 $t = 1$ 处，$u_C(t)$ 从 4 负向跃变至 2，因此，在该处，$i_C(t)$ 为一冲激函数：$-2\delta(t-1)$。

（4）当 $1 < t \leqslant 3$，$u_C(t) = 2$，其波形为平行于 t 轴的直线段，因此，在该区间，$i_C(t) = 0$，其波形为一重合于 t 轴的直线段。

（5）当 $3 \leqslant t \leqslant 5$，$u_C(t) = -t + 5$，其波形为一斜率为-1的直线段，因此，在该区间，$i_C(t)$ 为一幅度为 1、位于 t 轴下方的矩形脉冲。

（6）当 $t \geqslant 5$，$u_C(t) = 0$，其波形为重合于 t 轴的直线段，因此，在该区间，$i_C(t) = 0$，其波形亦为重合于 t 轴的直线段。

6.4 动态元件的连续性原理

在电路分析中，为了研究电路中电流、电压从一种变化规律过渡到另一种新的变化规律的情况，需要将开始发生这种变化的那一瞬间作为讨论的初始或起始时刻，一般记为 $t = 0$，而为了便于从数学上对于电路变量在这一瞬间的连续性进行分析，则需要对初始时刻 $t = 0$ 的前一瞬间 $t = 0_-$ 和后一瞬间 $t = 0_+$ 加以区分，利用它们分别可以构成电路变量在 $t = 0$ 的左极限和右极限。因此，必须注意区分 $t = 0_-$、0、0_+ 这三个时刻，显然，对于连续变量 $i(t)$、$u(t)$ 及其波形则无需作这种区分。

在以 $t = 0$ 作为 $i(t)$、$u(t)$ 变化规律发生改变的初始时刻的情况下，将它们在 $t = 0_-$ 时刻的值称为其原始值，而将在 $t = 0_+$ 时刻的值称为其初始值。显然，若 $i(t)$、$u(t)$ 在 $t = 0$ 处连续，便有 $i(0) = i(0_+) = i(0_-)$，$u(0) = u(0_+) = u(0_-)$，此时这三者均可作为各自的初始值。类似的，也可以任意时刻 $t = t_0$ 作为初始时刻。

6.4.1 电容电压的连续性原理

现在讨论电容电压的变化规律在 $t = 0$ 时刻发生改变，电容电压在该时刻的连续性问题。在电容元件伏安关系的积分式(1-25)中，令 $t_0 = 0_-$，$t = 0_+$ 则有

$$u_C(0_+) = u_C(0_-) + \frac{1}{C}\int_{0_-}^{0_+} i_C(\tau)\,d\tau \tag{6-24}$$

若在 $t = 0$ 时刻 $i_C(t)$ 为有限值即非无穷大，则式(6-24)中右边的积分项为零，因而可得

$$u_C(0_+) = u_C(0_-) \tag{6-25}$$

对于任意时刻 $t = t_0$，由于

$$u_C(t_{0_+}) = u_C(t_{0_-}) + \frac{1}{C}\int_{t_{0_-}}^{t_{0_+}} i_C(\tau)\,d\tau \tag{6-26}$$

故而有

$$u_C(t_{0_+}) = u_C(t_{0_-}) \tag{6-27}$$

由 $i(t) = \dfrac{dq(t)}{dt}$ 可得

$$q_C(0_+) = q_C(0_-) + \int_{0_-}^{0_+} i_C(t)\,dt \tag{6-28}$$

$$q_C(t_{0_+}) = q_C(t_{0_-}) + \int_{t_{0_-}}^{t_{0_+}} i_C(t)\,dt \tag{6-29}$$

同理可得

$$q_C(0_+) = q_C(0_-) \tag{6-30}$$

$$q_C(t_{0_+}) = q_C(t_{0_-}) \tag{6-31}$$

这表明，若电容电流 $i_C(t)$ 在某一时刻为有限值，则在该时刻电容电压和电荷是连续的而不会发生跃变；反之，若 $i_C(t)$ 在某一时刻为冲激函数或含有冲激函数，则 $u_C(t)$ 和 $q_C(t)$ 在该时刻不连续，这时必须分别应用式(6-24)和式(6-26)求出 $u_C(0_+)$ 和 $u_C(t_{0_+})$，分别利用式(6-28)和式(6-29)求出 $q_C(0_+)$ 和 $q_C(t_{0_+})$。

在图 6-6(a)所示的电路中，将 1V 电压源改为任意有限大小的直流电压源 u_S，网络 N 改为电容量为 C 的电容元件，且其电压电流取关联参考方向，则由 $u_C(t) = u_S\varepsilon(t)$ 可得电容的充电电流为一冲激电流，即

$$i_C(t) = C\frac{du_C(t)}{dt} = C\frac{d[u_S\varepsilon(t)]}{dt} = Cu_S\frac{d\varepsilon(t)}{dt} = Cu_S\delta(t) \tag{6-32}$$

由式(6-28)可得电容上电荷的跳变量为

$$\Delta q_C = \int_{0_-}^{0_+} i_C(t)\,dt = \int_{0_-}^{0_+} Cu_S\delta(t)\,dt = Cu_S \tag{6-33}$$

将式(6-33)代入式(6-32)，可得

$$i_C(t) = \Delta q_C\delta(t) \tag{6-34}$$

这表明：①当流过电容元件的电流(充电或放电)为冲激电流时，电容电压会发生强迫跃变：$u_C(0_-) = 0$，而 $u_C(0_+) = u_S$；②在冲激电流流过电容元件的瞬间：$0_- \sim 0_+$，电容极板上电荷的跳变量为冲激电流的强度 Cu_S。

【例 6-10】 已知图 6-17 所示电路中的 $u_{C_1}(0_-) = u_{C_2}(0_-) = u_{C_3}(0_-) = 50\text{V}$，$C_1 = C_2 = C_3 = 1\text{F}$，$u_{S_1} = 100\text{V}$，$u_{S_2} = 75\text{V}$，试确定 $t = 0_+$ 时各电容的电压值及各冲激电流。

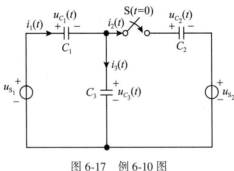

图 6-17　例 6-10 图

解　(1)在开关闭合后的第一瞬间，即 $t = 0_+$ 时刻，对如图 6-17 所示电路中左、右两个网孔分别列 KVL 方程，可得

$$u_{C_1}(0_+) + u_{C_3}(0_+) = u_{S1} \tag{6-35}$$

$$u_{C_3}(0_+) - u_{C_2}(0_+) = u_{S2} \tag{6-36}$$

（2）利用电容 VCR 的一般表示式可得 3 个电容的 VCR 分别为

$$u_{C_1}(0_+) = u_{C_1}(0_-) + \frac{1}{C_1}\int_{0_-}^{0_+} i_1 \mathrm{d}t \tag{6-37}$$

$$u_{C_2}(0_+) = u_{C_2}(0_-) + \frac{1}{C_2}\int_{0_-}^{0_+} i_2 \mathrm{d}t \tag{6-38}$$

$$u_{C_3}(0_+) = u_{C_3}(0_-) + \frac{1}{C_3}\int_{0_-}^{0_+} (i_1 - i_2)\mathrm{d}t \tag{6-39}$$

（3）将式（6-37）～（6-39）对应代入式（6-35）和式（6-36），可得

$$u_{C_1}(0_-) + \frac{1}{C_1}\int_{0_-}^{0_+} i_1 \mathrm{d}t + u_{C_3}(0_-) + \frac{1}{C_3}\int_{0_-}^{0_+} (i_1 - i_2)\mathrm{d}t = u_{S_1} \tag{6-40}$$

$$u_{C_3}(0_-) + \frac{1}{C_3}\int_{0_-}^{0_+} (i_1 - i_2)\mathrm{d}t - u_{C_2}(0_-) - \frac{1}{C_2}\int_{0_-}^{0_+} i_2 \mathrm{d}t = u_{S_2} \tag{6-41}$$

（4）在式（6-40）和（6-41）中，令 $\Delta q_1 = \int_{0_-}^{0_+} i_1 \mathrm{d}t$，$\Delta q_2 = \int_{0_-}^{0_+} i_2 \mathrm{d}t$，并代入已知数据，便可得到关于 Δq_1 和 Δq_2 的方程如下：

$$2\Delta q_1 - \Delta q_2 = 0 \tag{6-42}$$

$$\Delta q_1 - 2\Delta q_2 = 75 \tag{6-43}$$

联立求解式（6-42）和式（6-43），可得

$$\Delta q_1 = -25C, \qquad \Delta q_2 = -50C$$

所以

$$u_{C_1}(0_+) = u_{C_1}(0_-) + \frac{\Delta q_1}{C_1} = 50 - \frac{25}{1} = 25(\mathrm{V})$$

$$u_{C_2}(0_+) = u_{C_2}(0_-) + \frac{\Delta q_2}{C_2} = 50 - \frac{50}{1} = 0(\mathrm{V})$$

$$u_{C_3}(0_+) = u_{C_3}(0_-) + \frac{\Delta q_1 - \Delta q_2}{C_3} = 50 + \frac{-25+50}{1} = 50 + 25 = 75(\mathrm{V})$$

由于 $t = 0$ 时 3 个电容的电压均发生跃变而不满足连续性，这正是由于此时这 3 个电容电流均出现冲激电流，即

$$i_1(t) = \Delta q_1 \delta(t) = -25\delta(t)\,\mathrm{A}$$

$$i_2(t) = \Delta q_2 \delta(t) = -50\delta(t)\,\mathrm{A}$$

$$i_3(t) = i_1 - i_2 = (-25 + 50)\delta(t) = 25\delta(t)\,\mathrm{A}$$

由于此例中 $C_1 = 1\mathrm{F}$，$C_2 = 1\mathrm{F}$，$C_3 = 1\mathrm{F}$，所以冲激电流的强度等于电压的跃变值。

这种开关动作后形成的仅由电容或电容和独立电压源一起连接而成的回路中的 $u_C(0_+)$ 也可以利用第 7 章中的电荷守恒原理求解，且更为方便。

6.4.2 电感电流的连续性原理

对于电感元件利用对偶原理或对式（6-25）、式（6-27）、式（6-30）和式（6-31）采用与电

容电压连续性相仿的证明方法可得电感电流的连续性表示式。已知电感的 VCR 为

$$i_L(0_+) = i_L(0_-) + \frac{1}{L} \int_{0_-}^{0_+} u_L(\tau) \mathrm{d}\tau \tag{6-44}$$

$$i_L(t_{0_+}) = i_L(t_{0_-}) + \frac{1}{L} \int_{t_{0_-}}^{t_{0_+}} u_L(\tau) \mathrm{d}\tau \tag{6-45}$$

若在 $t = 0$ 和 $t = t_0$ 时刻 $u_L(t)$ 为有限值即非无穷大，则分别由式(6-44)和式(6-45)可得

$$i_L(0_+) = i_L(0_-) \tag{6-46}$$

$$i_L(t_{0_+}) = i_L(t_{0_-}) \tag{6-47}$$

由 $u(t) = \dfrac{\mathrm{d}\Psi(t)}{\mathrm{d}t}$ 可得

$$\Psi_L(0_+) = \Psi_L(0_-) + \int_{0_-}^{0_+} u_L(t) \mathrm{d}t \tag{6-48}$$

$$\Psi_L(t_{0_+}) = \Psi_L(t_{0_-}) + \int_{t_{0_-}}^{t_{0_+}} u_L(t) \mathrm{d}t \tag{6-49}$$

同理可得

$$\Psi_L(0_+) = \Psi_L(0_-) \tag{6-50}$$

$$\Psi_L(t_{0_+}) = \Psi_L(t_{0_-}) \tag{6-51}$$

这表明，若电感电压 $u_L(t)$ 在某一时刻为有限值，则在该时刻电感电流和磁通链是连续的，而不会发生跃变；反之，若电感电压 $u_L(t)$ 在某一时刻为冲激函数或含有冲激函数，则 $i_L(t)$ 和 $\Psi_L(t)$ 在该时刻不连续，这时必须分别应用式(6-44)和式(6-45)求出 $i_L(0_+)$ 和 $i_L(t_{0_+})$，分别利用式(6-48)和式(6-49)求出 $\Psi_L(0_+)$ 和 $\Psi_L(t_{0_+})$。

在图 6-7(a)所示的电路中，将 1A 电流源改为任意有限大小的直流电流源 i_S，网络 N 改为电感量为 L 的电感元件，且其电压电流取关联参考方向，则由 $i_L(t) = i_S \varepsilon(t)$ 可得电感端电压为一冲激电压，即

$$u_L(t) = L \frac{\mathrm{d}i_L(t)}{\mathrm{d}t} = L \frac{\mathrm{d}[i_S \varepsilon(t)]}{\mathrm{d}t} = L i_S \frac{\mathrm{d}\varepsilon(t)}{\mathrm{d}t} = L i_S \delta(t) \tag{6-52}$$

由式(6-48)可得电感中磁通链的跳变量为

$$\Delta \Psi_L = \int_{0_-}^{0_+} u_L(t) \mathrm{d}t = \int_{0_-}^{0_+} L i_S \delta(t) \mathrm{d}t = L i_S \tag{6-53}$$

将式(6-53)代入式(6-52)可得

$$u_L(t) = \Delta \Psi_L \delta(t) \tag{6-54}$$

这表明：①当电感元件的端电压为冲激电压时，电感电流会发生强迫跃变：$i_L(0_-) = 0$，而 $i_L(0_+) = i_S$；②在冲激电压施于电感元件两端的瞬间：$0_- \sim 0_+$，电感中磁通链的跳变量为冲激电压的强度 $L i_S$。

【例 6-11】 图 6-18 所示的电路在开关断开前一直工作于直流下，$t = 0$ 时将开关打开，已知 $i_S = 1\mathrm{A}$，$R = 10\Omega$，$L_1 = 0.3\mathrm{H}$，$L_2 = 0.2\mathrm{H}$，试求 $i_{L_1}(0_+)$ 和 $i_{L_2}(0_+)$。

解　(1)开关断开前一瞬间，即 $t = 0_-$，电路为直流稳态电路，因此电感短路，电流

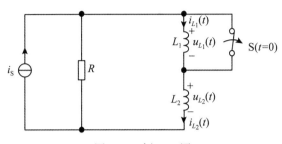

图 6-18 例 6-11 图

流经开关与电感元件 L_2，因此有 $i_{L_1}(0_-) = 0$，$i_{L_2}(0_-) = 1\text{A}$。

（2）开关断开后第一瞬间即 $t = 0_+$，由 KCL 可得 $i_{L_1}(0_+) = i_{L_2}(0_+)$，即

$$i_{L_1}(0_-) + \frac{1}{L_1}\int_{0_-}^{0_+} u_{L_1}\mathrm{d}t = i_{L_2}(0_-) + \frac{1}{L_2}\int_{0_-}^{0_+} u_{L_2}\mathrm{d}t \tag{6-55}$$

（3）$t \geqslant 0_-$，由 KVL，可得

$$u_{L_1}(t) + u_{L_2}(t) = R[i_\mathrm{S} - i_{L_2}(t)] \tag{6-56}$$

将式（6-56）从 $t = 0_-$ 到 $t = 0_+$ 积分可得

$$\int_{0_-}^{0_+} u_{L_1}\mathrm{d}t + \int_{0_-}^{0_+} u_{L_2}\mathrm{d}t = \int_{0_-}^{0_+} R(i_\mathrm{S} - i_{L_2})\mathrm{d}t \tag{6-57}$$

式（6-57）右端被积函数为有限值，故右端积分为零，因而有

$$\int_{0_-}^{0_+} u_{L_1}\mathrm{d}t + \int_{0_-}^{0_+} u_{L_2}\mathrm{d}t = 0 \tag{6-58}$$

令 $\Delta\Psi_{L_1} = \int_{0_-}^{0_+} u_{L_1}\mathrm{d}t$，$\Delta\Psi_{L_2} = \int_{0_-}^{0_+} u_{L_2}\mathrm{d}t$，则式（6-55）和（6-58）可分别写为

$$i_{L_1}(0_-) + \frac{\Delta\Psi_{L_1}}{L_1} = i_{L_2}(0_-) + \frac{\Delta\Psi_{L_2}}{L_2} \tag{6-59}$$

$$\Delta\Psi_{L_1} + \Delta\Psi_{L_2} = 0 \tag{6-60}$$

将 $i_{L_1}(0_-) = 0$ 和 $i_{L_2}(0_-) = 1\text{A}$ 代入式（6-59），联立求解式（6-59）和式（6-60）可得

$$\Delta\Psi_{L_1} = \frac{L_1 L_2}{L_1 + L_2} = \frac{0.3 \times 0.2}{0.3 + 0.2} = 0.12, \quad \Delta\Psi_{L_2} = -\frac{L_1 L_2}{L_1 + L_2} = -0.12$$

所以

$$i_{L_1}(0_+) = i_{L_1}(0_-) + \frac{\Delta\Psi_{L_1}}{L_1} = 0 + \frac{L_2}{L_1 + L_2} = \frac{L_2}{L_1 + L_2} = \frac{0.2}{0.3 + 0.2} = 0.4(\text{A})$$

$$i_{L_2}(0_+) = i_{L_2}(0_-) + \frac{\Delta\Psi_{L_2}}{L_2} = 1 - \frac{L_1}{L_1 + L_2} = \frac{L_2}{L_1 + L_2} = \frac{0.2}{0.3 + 0.2} = 0.4(\text{A})$$

由此可见，$t = 0$ 瞬间两个电感的电流均发生跃变而不满足连续性，这是由于此时这两个电感上均出现冲激电压，即

$$u_{L_1}(t) = \Delta\Psi_{L_1}\delta(t) = 0.12\delta(t)\text{V}$$

$$u_{L_2}(t) = \Delta\Psi_{L_2}\delta(t) = -0.12\delta(t)\text{V}$$

对于这种开关动作后形成的仅由电感或电感和独立电流源连接而成的节点，其所连电感支路中的 $i_L(0_+)$ 也可以利用第 7 章中的磁链守恒原理求解，且更为便利。

习　题

6-1　试求出题 6-1 图所示波形的函数表示式。

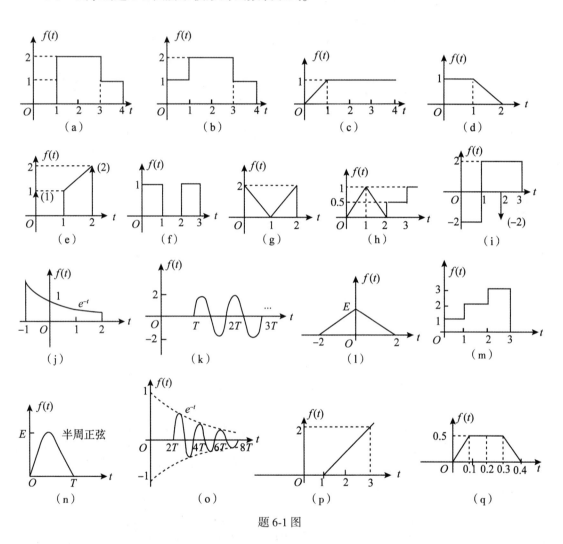

题 6-1 图

6-2　试画出下列函数的波形：（1）$f(t) = -2\varepsilon(-t+1)$；（2）$2P_{\frac{1}{2}}(t-1)$。

6-3　试画出下列各函数的波形：

（1）$2e^{-2t}\delta(t-1)$；（2）$\varepsilon(2-t)\delta(t+2)$；

（3）$\varepsilon(t)\varepsilon(1-t)\delta(t-2)$；（4）$2\delta\left(-t-\dfrac{1}{2}\right)$。

6-4　试画出下列各函数的波形，并指出其中哪个函数为 $e^{-t}\varepsilon(t)$ 的延迟函数：

(1) $f_1(t) = e^{-t}\varepsilon(t)$；　(2) $f_2(t) = e^{-(t-1)}\varepsilon(t)$；　(3) $f_3(t) = e^{-t}\varepsilon(t-1)$；

(4) $f_4(t) = e^{-(t-1)}\varepsilon(t-1)$；　(5) $f_5(t) = e^{-t}\varepsilon(-t)$；　(6) $f_6(t) = e^{-t}\varepsilon(-t+1)$。

6-5　计算以下各式：

(1) $f(t+t_0)\delta(t-t_0)$；　(2) $e^{-t}\sin t\delta(t+1)$；　(3) $f(t-t_0)\delta(t)$；　(4) $f(t_0-t)\delta(t)$；

(5) $\delta(t-t_0)\varepsilon(t-t_0/2)$；　(6) $\delta(t-t_0)\varepsilon(t-2t_0)$；　(7) $\int_{-4}^{2} e^{t}\delta(t+3)\mathrm{d}t$；

(8) $\int_{-\infty}^{\infty}(e^{-t}+t)\delta(t+2)\mathrm{d}t$；　(9) $\int_{-\infty}^{\infty}(t+\sin t)\delta(t-\pi/6)\mathrm{d}t$；

(10) $\int_{-\infty}^{\infty} e^{-j\omega t}\big[\delta(t)-\delta(t-t_0)\big]\mathrm{d}t$。

6-6　在题6-6图所示电路中，开关S闭合前电路为一工作了很久的直流电路，在 $t=0$ 时开关闭合，试求 $i_L(0_+)$、$u_{C_1}(0_+)$ 和 $u_{C_2}(0_+)$。

6-7　在题6-7图所示电路中，开关S断开前电路为一工作了很久的直流电路，$t=0$ 时开关S断开，试求 $u_C(0_+)$、$i_L(0_+)$。

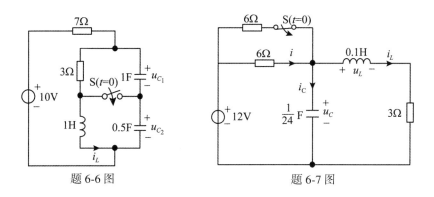

题 6-6 图　　　　　　　　题 6-7 图

6-8　在题6-8图所示电路中，已知 $i_C(t) = 3\delta(t)\,\mathrm{A}$，$u_C(0_-) = 2\mathrm{V}$，$C = 1\mathrm{F}$，试求电容电压 $u_C(0_+)$。

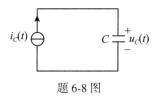

题 6-8 图

第7章 动态电路过渡过程的时域分析

本章主要介绍动态电路过渡过程的基本概念；动态电路初始值的确定方法；一阶、二阶电路的经典解法，以及零输入响应和零状态响应；阶跃响应和冲激响应；卷积积分计算方法等。

7.1 动态电路过渡过程的基本概念

7.1.1 稳态与暂态

我们知道，仅由电阻、受控源和独立电源等其伏安特性为代数方程的代数元件（静态元件）组成的电路，统称为电阻电路，其数学模型是代数方程，因此，电阻电路又称为静态电路，由于代数元件的伏安特性表现为即时特性，或称为无记忆特性，故而电阻电路中任一时刻的响应仅与作用于电路的激励的同时刻值有关，而与此刻前作用于电路的激励值无关，然而，电容和电感元件的伏安特性均为微分或积分方程，因而包含这类动态元件的电路称为动态电路，其数学模型亦为微分或积分方程。由于电容和电感元件伏安特性的记忆特质，故而动态电路中任一时刻的响应不仅与电路激励的同时刻值，还与电路激励在此刻前的值有关。

一般而言，电路的工作状态用其支路电流和支路电压来表示，可分为两种状态即稳定状态（简称稳态）和过渡状态（简称暂态或瞬态）。电阻电路只有一种工作状态，即稳态，动态电路则可以有两种工作状态。本章仅讨论反映动态电路过渡状态的暂态过程，或称过渡过程。

线性电路的稳态同时具有以下两个特点：

（1）电路中的电流和电压在理论上可以随时间无限存在下去，而不会改变其性状；

（2）在给定的电路结构和参数下，电路的状态即其支路电流和支路电压仅取决于激励电压源的输出电压或/和激励电流源的输出电流的形式，即：

①若电路中各个（可以是单个）激励源的输出在时间上恒定即均为直流，则该电路中各处的电流和电压也均为不随时间而改变的直流量，这就是前面讨论的直流电路的情况。

②若电路中各个（可以是单个）激励源的输出在时间上均为同一频率的正弦波，则电路中各处的电流和电压也均为与各激励源的输出同一频率的正弦量（谐振情况除外），这称为线性电路的频率保持性。

③若电路中各个（可以是单个）激励源的输出均为周期相同的非正弦周期量，则电路中各处的电流和电压为具有同样周期的周期性函数（谐振情况除外）。

这表明，稳态仅仅存在于以上三类电源激励的电路中，由于直流、正弦激励为周期性激励的特例，因此也可以说稳态仅仅存在于周期性电源激励的电路中，但一般认为稳态仅仅存在于直流和周期性电源激励的电路中。

所谓暂态，是由于某种原因使电路从一个稳态过渡变化到另一个稳态的中间状态，在这个过渡时间内所发生的现象称为过渡现象或暂态现象，所经历的中间过程称为过渡过程或暂态过程。

电阻电路由于其中不含储能元件，因而不会发生必须渐变的能量贮存与释放过程即过渡过程，也就是在电路结构或参数变化的同时，电阻电路中各支路电压和电流均会从一种稳态不需要经历时间地直接跳变到另一种稳态，例如图 7-1(a)所示的直流电压瞬变。

由于动态元件能量贮存与释放不可能瞬时完成，因而当电路的结构或参数发生变化时就会发生过渡过程，图 7-1(b)为两种电压过渡过程变化曲线。

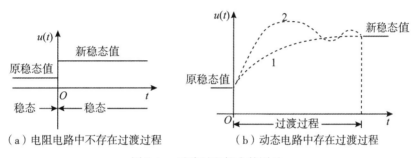

（a）电阻电路中不存在过渡过程   （b）动态电路中存在过渡过程

图 7-1   过渡过程概念的图示

需要注意的是，大多数情况下过渡过程是从稳态开始的，但是，也有时会当一个过渡过程尚未结束时，电路某种工作条件同时又发生跳变，电路就会直接进入另一个过渡过程。此外，当电路在某稳态下突然接入的并非为前述的三种激励源，例如接入指数激励等时，电路的过渡过程就会无限持续下去，不会进入新的稳态。

在大多数情况下，电路过渡过程的持续时间很短，有的甚至只有几毫秒到几百毫秒或更短，但其中产生的某些物理现象，有时会使电路元件受到损伤或破坏。例如，半导体电路过渡过程中产生的过电压或过电流可能会直接损坏半导体器件，大电机接入电力系统很可能会产生严重的冲击电流，造成设备事故等，而另一方面，在脉冲技术中，人们却又常利用电路的过渡现象，产生工业或科学实验所需的方波、正弦波或脉冲等各种波形。因此，研究过渡过程的目的就是要通过分析电路的暂态现象，定量计算动态电路中的支路电流、电压，估算过渡过程时间，避免损害电路元件，或利用电路的暂态现象产生所需的各种波形等。

7.1.2   过渡过程产生的原因

7.1.2.1   外因

动态电路只有在其工作条件跳变即发生换路的情况下才有可能产生过渡过程，即导致电路工作状态的变化。所谓换路，是指电路的连接结构或电路参数的任何改变，这可能是电路接通或断开电源，电路的短暂闭合，开关的通、断，电路参数的阶跃式变化，作用于电路的电源的幅值、频率或相位的跳跃变化，等等。理论上假设换路是在瞬间发生的，即是在时间段 $\Delta t = 0$ 内完成的，这是因为实际换路动作过程的时长 Δt 通常总是极为短暂的，事实上又并不关注 Δt 瞬间所发生的物理过程，而仅仅关注电路在换路结束后其电压、电流的变化规律，因而可以抽象地认为 $\Delta t = 0$。

　　显然，电路发生换路的时刻可以是任意的，但是，对于时不变电路来说，由于其响应的变化规律与激励施加于电路的时刻无关，即激励延迟一段时间 t_0 开始作用，响应也会同样延迟 t_0 开始出现，但其波形保持不变。因此，通常为讨论问题方便，一般假设计时开始的时刻 $t = 0$ 为换路的瞬间，这样，过渡过程发生的起点时刻就是 $t = 0$。但是，由于换路时电路中某些电流、电压可能会发生跳变，故而为了区分跳变前后的数值，引入 $t = 0_-$ 和 $t = 0_+$ 两个时刻，前者从负值趋近于零，为换路前的最后时刻；后者则从正值趋近于零，为换路后的第一时刻，于是换路就可视为始于 0_- 而终于 0_+，即在 $t = 0$ 这一瞬间完成的动作，因此，过渡过程的计时始点为 $t = 0_+$。由于冲激函数的起始时刻为 $t = 0_-$，因此，当 $t = 0$ 时刻有冲激电源激励时，过渡过程发生的计时起点应为 0_-。

　　显然，若换路时刻为 $t_0(t_0 \neq 0)$，则可以通过时间变量代换将换路时刻转换至 $t = 0$。

7.1.2.2　内因

　　动态电路产生过渡过程的根本原因是其中存在电容和/或电感这类储能元件。从能量观点来看，电容和电感中的能量 $w_e = \dfrac{1}{2}Cu_C^2$ 和 $w_m = \dfrac{1}{2}Li_L^2$ 的释放与吸收都需要一定时间，这就使得电路中各支路电流和电压的变化需要历经所谓过渡过程的时间，若不然，假如电容、电感中的有限能量 Δw 的释放与吸收能在瞬间即 $\Delta t \rightarrow 0$ 内完成，则由 $p = \lim\limits_{\Delta t \to 0} \dfrac{\Delta w}{\Delta t}$ 可知，在换路瞬间 $t = 0$，瞬时功率 p 必须为无限大，而在不可能出现无穷大电压(违背 KVL)、无穷大电流(违背 KCL)的动态电路中，p 总是一个有限值，因此，这种电路中不可能出现积累于电容元件中的电场能量和电感元件中的磁场能量的瞬间跳变，即实际情况下能量的转换和累积需要时间，即从一种能量状态到达另一种新的能量状态必须经历一个过渡过程，否则，在任一时刻 t，要维持电路中的功率平衡，需要有相应产生或吸收无限大功率的电路元件，这通常只能是电源功率为无穷大的情况下才有可能，显然，这在实际中是无法做到的。

　　电感电流和电容电压只能渐变而不能跳变的特性分别称为电感和电容的电磁惯性，因此，瞬间切断电感中的电流是不可能的，在断开处必定会引起火花或电弧，以消耗尽积聚在电感中的磁场能量，一般应转接到一个放电电路，以消耗磁场储能。同理，短路充有电的电容时，必然会在短接处引起火花，以耗尽积聚在电容中的电场能量。

　　由于在实际电路中，每一个元器件都含有电感量和电容量，所以这些元器件的电压和电流均不可能发生阶跃变化。但是，若将实际情况理想化，即完全忽略掉线圈中的分布式电容，则线圈上的电压就能够发生阶跃变化。与此对偶，若完全忽略电容器上的电感，则电容器的电流也就能够发生阶跃变化。

7.1.3 过渡过程产生的充要条件

动态电路即使发生了换路，也有可能不产生过渡过程，例如，假定一个电容在换路前已充电到电压值 U_s，通过合上开关和一个电阻以及一个电压值亦为 U_s 的电压源相串联连接成一个回路，显然，根据 KVL 可知，开关合上后，电容电压会维持在 U_s 的数值上不变，这表明当直流电路中动态元件的初始值与其稳态值相同时，即使发生换路，整个电路也不会产生过渡过程。由此可知，电路中既含有储能元件又发生换路，仅为其过渡过程产生的必要条件而非充分条件。由于动态电路发生过渡过程的根本原因是其中储能发生了变化，也就是说，这种过程实际上就是电路中电容和/或电感上储能变化(逐渐增加或减少)的过程，直到整个电路中储能不再变化时，电路就会到达另一稳态。因此，动态电路产生过渡过程的充要条件是电路发生换路，并且其中至少有一个储能元件在换路前后两个稳态下的储能状态是不同的，或者换路后永远也不会进入新的稳态。

7.2 电路的阶数及其确定方法

7.2.1 电路阶数的概念

从数学形式上，动态电路的阶数可以根据描述它们的微分方程的阶数来定义。但是，在有的同一电路中，一个变量与另一变量的微分方程的阶数却彼此不同。因此，只有当电路中所有电路变量的微分方程的阶数都相同时，上述定义才是准确的；否则，应当以电路变量最高阶微分方程数的阶数作为电路的阶数。

从电路形式上，电路的阶数定义为电路中所含有的独立动态元件的个数。所谓独立动态元件，就是指电容元件的电压不能根据 KVL 用其他电容电压和/或独立电压源电压来表示；电感元件的电流不能根据 KCL 用其他电感上的电流和/或独立电流源电流来表示。当电路中仅含有一个独立动态元件时，称之为一阶电路，含有两个独立动态元件时，称之为二阶电路，依此类推。二阶以上的电路通常称为高阶电路。由于使用电路中的独立动态元件个数来确定电路阶数的方法具有一定的普适性，因此本书采用这种方法。显然，电路的阶数 N_{order} 不可能超过其中储能元件的总数 N_{LC}，即恒有

$$N_{order} \leqslant N_{LC}$$

7.2.2 电路阶数的确定方法

要从给定的电路图确定该电路的阶数，就必须首先了解独立动态元件的确定方法。为此，先给出几个相关定义：

(1)仅由电容元件或仅由电容元件和电压源(独立、受控)构成的回路，称为纯电容回路。

(2)仅由电感元件或仅由电感元件和电流源(独立、受控)构成的割集或节点，称为纯电感割集，或节点；割集的概念在第 14 章介绍，此处暂且理解为一个广义节点，因此，所谓纯电感割集就是一个闭合面所切割到的支路集合中的各支路均为电感元件支路或电感

元件支路加上独立电流源支路。

(3)若其中不存在受控源的电路既不含纯电容回路又不含纯电感割集或节点,则该电路称为常态电路。

(4)若其中不存在受控源的电路含纯电容回路与/或纯电感割集(或节点),则该电路称为非常态电路。

图 7-2(a)、(b)、(c)所示分别为一电路与其中所含的独立的纯电容回路和独立的纯电感割集,这一结果可以通过直接观察得到,也可以采用下述方法,即将图 7-2(a)中所有电感、电阻和电流源开路得出图 7-2(b);将图 7-2(a)中所有电容、电阻和电压源短路得到图 7-2(c)。

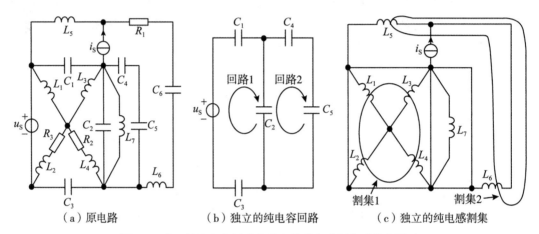

（a）原电路　　　　　　　（b）独立的纯电容回路　　　　　（c）独立的纯电感割集

图 7-2　独立的纯电容回路和独立的纯电感割集或节点图示

下面讨论常态电路和非常态电路阶数的确定方法。

7.2.2.1　常态电路阶数的确定方法

由于常态电路中各电容电压以及各电感电流都是彼此独立的,故常态电路中所有动态元件均为独立动态元件,因而这种电路的阶数 N_{order} 等于其中动态元件总数 N_{LC} 即 $N_{\text{order}} = N_{LC}$。

7.2.2.2　非常态电路阶数的确定方法

非常态电路中每一个独立的纯电容回路的各电压之间存在一个线性约束:KVL 即它们彼此是线性相关的,故而该回路中必存在一个非独立的电容元件;每一个独立的纯电感割集或节点的各电流之间存在一个线性约束:KCL 即它们彼此也是线性相关,因而该割集或节点中必存在一个非独立的电感元件。因此,非常态电路的阶数 N_{order} 等于电路中动态元件总数 N_{LC} 减去该电路中独立的纯电容回路数 $N_{\text{only}C}$ 和独立的纯电感割集或节点数 $N_{\text{only}L}$,即

$$N_{\text{order}} = N_{LC} - N_{\text{only}C} - N_{\text{only}L}$$

对于结构比较简单的非常态电路，可以通过观察直接确定其中的 N_{onlyC} 和 N_{onlyL}，例如，对于如图 7-2(a)所示电路，其 $N_{onlyC} = 2$，$N_{onlyL} = 2$，因此该电路的阶数为9，即

$$N_{order} = N_{LC} - N_{onlyC} - N_{onlyL} = 13 - 2 - 2 = 9$$

对于结构比较复杂的非常态电路，一般需要利用网络图论(第14章)等方法确定其阶数。

当动态电路中含有受控源等有源元件时，电路阶数的确定要复杂得多，这时，有可能会由于线性受控源的特性方程额外引入一个代数约束而使电路的阶数降低。通常，受控源是否会通过其特性约束影响电路的阶数，只能通过具体应用两类约束进行数学运算得出结论，而一般无法如同纯电容回路、纯电感割集(节点)那样直接单独根据电路元件的连接情况而定。事实上，对于线性有源电路，至今尚无得出一个明确的规律或普适的显式公式可以直接判定受控源是否会影响网络的阶数，以及若发生影响所降低的阶数，尽管如此，这时，N_{order} 的界限可以表示为

$$N_{LC} - N_{onlyC} - N_{onlyL} \geqslant N_{order} \geqslant 0$$

7.3 换路后动态电路求解变量的选取与微分方程的建立

分析动态电路过渡过程的方法共有三种，即时域分析法(又称经典分析法，简称经典法)、复频域分析法和状态变量分析法。所谓时域分析法，就是利用两类约束列写动态电路在换路后即 $t \geqslant 0_+$ 关于某一电流或电压响应变量的微分方程，并确定其初始条件再求出该微分方程的定解。经典法多用于一阶和二阶电路，这是由于高阶电路的微分方程列写比较困难，初始条件也难以确定，因此，对于这类电路的分析一般采用复频域分析法或状态变量分析方法。

7.3.1 求解变量的选取

一般而言，采用时域分析方法求解动态电路响应时，可以选取节点电压、网孔电流、回路电流，或直接以支路电流或电压等作为待求变量，因为根据两类约束可以列写出电路中任何变量的微分方程，但是，求解响应变量还需要初始条件，为此，可以利用电容电压或电感电流的连续性原理等有关方法首先求得电容电压或电感电流的初始条件，但是，在其他变量的初始条件在尚未求出前，这两个初始条件都是无法得到的，此外，连续性原理基于动态元件的储能状态不能跳变，而电容电压或电感电流决定着电路的储能状态，因此，一般选取电容电压或电感电流为求解变量，一旦求得其解，便可由它们求得电路中其他变量的变化规律。

在含有多个动态元件的电路中，选取某电容电压或电感电流为求解变量的原则是易于建立与求解关于它的微分方程。例如，对于 R、L、C 和电流源四者并联的电路结构，选取电感电流比选取电容电压作为求解变量更易于其微分方程的求解和初始条件的计算。总而言之，恰当地选择电容电压或电感电流作为求解变量，是分析动态电路中的一个重要环节。

7.3.2 微分方程的建立

类似于直流电阻电路的代数方程，建立换路后动态电路微分方程的方法也有三种：

(1)根据元件特性方程和克希霍夫定律列出电路方程组，然后从中围绕某一待求量利用代入法等进行消元处理，得出仅含该待求量的微分方程。由于这种方法列写方程和运算过程比较繁琐，故而适用于换路后其结构较为简单的电路。

(2)先选择网孔电流或独立回路电流，为待求量利用网孔或回路电流法建立一组微分-积分方程，再通过对其进行消元处理，将它们化为只含有一个待求量的微分方程。

(3)先选择节点电压为待求量，利用节点法建立一组微分-积分方程，再通过对其进行消元处理，将它们化为只含有一个待求量的微分方程。

后面两种方法通常较为简捷，特别是若所求待求量较多，则可以先根据具体电路选取节点电压、网孔电流或回路电流作为待求量建立微分方程，解出这些量后，再根据克希霍夫定律和/或元件特性方程求解出其他待求量。

需要指出的是，一般来说，在同一电路中，关于任一变量的微分方程的形式与其中变量的参考方向无关，即无论各变量采用何种参考方向，最后关于该变量的微分方程的形式均应是相同的；否则，同一电路中同一变量因各变量参考方向的不同而得到不同形式的微分方程，进而得到不同的解，显然是不可能的。

7.3.2.1 直接法

所谓直接法，是相对于算子法而言的，就是直接利用上述三种方法之一，列写关于待求量的微分方程。

【例7-1】 在如图7-3所示的电路中，开关 S 在 $t = 0$ 时合上，已知 $R_1 = 2\Omega$，$R_2 = 6\Omega$，$L_1 = 2H$，$L_2 = 3H$，$C = \dfrac{1}{6}F$，$u_C(0_-) = 6V$，$i_{L_1}(0_-) = 0$，$i_{L_2}(0_-) = 0$，试对开关 S 闭合后的电路建立以 i_{L_1} 为变量的微分方程。

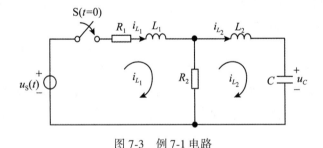

图 7-3 例 7-1 电路

解 对图7-3所示换路后电路中的两个网孔列写网孔电流方程，可得

$$(R_1 + R_2)i_{L_1} + L_1\frac{di_{L_1}}{dt} - R_2 i_{L_2} = u_S(t) \tag{7-1}$$

$$-R_2 i_{L_1} + R_2 i_{L_2} + L_2 \frac{\mathrm{d}i_{L_2}}{\mathrm{d}t} + \frac{1}{C} \int_{0_-}^{t} i_{L_2}(\tau)\,\mathrm{d}\tau + u_C(0_-) = 0 \qquad (7\text{-}2)$$

为消除式(7-1)和式(7-2)中的变量 i_{L_2}，由式(7-1)可得

$$i_{L_2} = \frac{(R_1 + R_2)i_{L_1} + L_1 \dfrac{\mathrm{d}i_{L_1}}{\mathrm{d}t} - u_{\mathrm{S}}(t)}{R_2} \qquad (7\text{-}3)$$

将式(7-3)代入式(7-2)，可得

$$\left[R_1 i_{L_1} + L_1 \frac{\mathrm{d}i_{L_1}}{\mathrm{d}t} + R_2 i_{L_1} - u_{\mathrm{S}}(t) \right] - R_2 i_{L_1} + \frac{L_2}{R_2}\left[R_1 \frac{\mathrm{d}i_{L_1}}{\mathrm{d}t} + L_1 \frac{\mathrm{d}^2 i_{L_1}}{\mathrm{d}t^2} + R_2 \frac{\mathrm{d}i_{L_1}}{\mathrm{d}t} - \frac{\mathrm{d}u_{\mathrm{S}}(t)}{\mathrm{d}t} \right]$$

$$+ \frac{1}{CR_2} \int_0^t \left[R_1 i_{L_1}(\tau) + L_1 \frac{\mathrm{d}i_{L_1}(\tau)}{\mathrm{d}\tau} + R_2 i_{L_1}(\tau) - u_{\mathrm{S}}(\tau) \right]\mathrm{d}\tau + u_C(0_-) = 0 \qquad (7\text{-}4)$$

在式(7-4)两边对 t 求一阶导数以消去积分运算，整理后可得

$$\frac{L_1 L_2}{R_2} \frac{\mathrm{d}^3 i_{L_1}}{\mathrm{d}t^3} + \left(L_2 + \frac{L_2 R_1}{R_2} + L_1 \right) \frac{\mathrm{d}^2 i_{L_1}}{\mathrm{d}t^2} + \left(R_1 + \frac{L_1}{CR_2} \right) \frac{\mathrm{d}i_{L_1}}{\mathrm{d}t} + \frac{R_1 + R_2}{CR_2} i_{L_1} = \frac{L_2}{R_2} \frac{\mathrm{d}^2 u_{\mathrm{S}}(t)}{\mathrm{d}t^2} + \frac{\mathrm{d}u_{\mathrm{S}}(t)}{\mathrm{d}t} + \frac{u_{\mathrm{S}}(t)}{CR_2}$$

$$(7\text{-}5)$$

将已知数据代入式(7-5)，可以得到以 i_{L_1} 为变量的三阶常系数线性非齐次微分方程，即

$$\frac{\mathrm{d}^3 i_{L_1}}{\mathrm{d}t^3} + 6 \frac{\mathrm{d}^2 i_{L_1}}{\mathrm{d}t^2} + 4 \frac{\mathrm{d}i_{L_1}}{\mathrm{d}t} + 8 i_{L_1} = \frac{1}{2} \frac{\mathrm{d}^2 u_{\mathrm{S}}(t)}{\mathrm{d}t^2} + \frac{\mathrm{d}u_{\mathrm{S}}(t)}{\mathrm{d}t} + u_{\mathrm{S}}(t), \qquad t \geqslant 0_+$$

由于这里是求解支路电流，因而采用网孔法较节点法更为简单。

*7.3.2.2 算子法

在微分方程理论中引入的微分算子和积分算子分别为

微分算子：$\qquad D = \dfrac{\mathrm{d}}{\mathrm{d}t},\ D^n = \dfrac{\mathrm{d}^n}{\mathrm{d}t^n}(n = 1,\ 2,\ \cdots)$

积分算子：$\qquad D^{-1} = \displaystyle\int_{-\infty}^{t}\mathrm{d}t$，并且 $D^{-1} = \dfrac{1}{D}$

微分算子和积分算子的运算规则为：

(1)若 $Df_1(t) = Df_2(t)$，$f_1(t) \neq f_2(t)$，则

$$f_1(t) = f_2(t) + A$$

式中，A 为常数。该规则只需在 $Df_1(t) = Df_2(t)$ 两边同时积分便可证明，它表明在等式两边的算子 D 不能直接相消约。

(2)若 $f(t)$ 为 t 的可微函数，则

$$D \cdot \frac{1}{D}f(t) \neq \frac{1}{D} \cdot Df(t)$$

即 $\qquad D \cdot \dfrac{1}{D} = 1,\ \dfrac{1}{D} \cdot D \neq 1$

这表明当积分算子 D^{-1} 被左乘一个 D 时，这两个算子同一般代数量相同，分子与分母中的 D 可以相消约；当算子 D^{-1} 被右乘一个 D 时，分子和分母中的 D 不能相消约，这是因为

$$\frac{1}{D} \cdot Df(t) = \int_{-\infty}^{t} \frac{\mathrm{d}}{\mathrm{d}\tau} f(\tau) \mathrm{d}\tau = \int_{-\infty}^{t} \mathrm{d}f(\tau) = f(t) - f(-\infty)$$

而

$$D \cdot \frac{1}{D} f(t) = \frac{\mathrm{d}}{\mathrm{d}t} \int_{-\infty}^{t} f(\tau) \mathrm{d}\tau = f(t)$$

这说明，由于一般情况下，$f(-\infty) \neq 0$，故微分算子和积分算子的乘法通常不满足交换律。只有当 $f(-\infty) = 0$，才会有 $D \cdot \frac{1}{D} = \frac{1}{D} \cdot D = 1$，即满足普通变量的运算规则。从物理意义上来说，如要求电容电压 $u_C(t)$ 或电感电流 $i_L(t)$ 在 $t = -\infty$ 时刻为零，这一物理假设在推导电容元件和电感元件积分形式的伏安关系时曾经用到。

将规则(2)加以推广，可以得出结论：若 $N(D)$ 是算子 D 的任意次多项式，则由于

$$N(D) \cdot \frac{1}{N(D)} = 1, \quad \frac{1}{N(D)} \cdot N(D) \neq 1$$

因此

$$N(D) \cdot \frac{1}{N(D)} f(t) \neq \frac{1}{N(D)} \cdot N(D) f(t)$$

此外，由于 $f(t)D = f(t) \frac{\mathrm{d}}{\mathrm{d}t}$，$f(t)D^{-1} = f(t) \int_{-\infty}^{t} \mathrm{d}t$ 并不具有任何数学意义，故而一个函数右乘 D 或 D^{-1} 是没有意义的。在电路分析中一般定义 $D^{-1} = \int_{0_-}^{t} \mathrm{d}t$。

显然，随着电路阶数的增高，利用直接法建立待求电路变量微分方程的数学运算会越发繁琐，因此，对于二阶及以上的电路，可以采用算子符号将利用节点法、网孔法或回路法建立的一组微分-积分方程表示成代数方程组，再利用联立代数方程求解的代入消元法或克兰姆法则得出以微分算子作为待求电路变量的常系数代数方程，最后将该代数方程中的微分算子"还原"为微分运算符号，则可得出所要建立的微分方程。但是，这种方法的计算过程仍然比较复杂。根据数学模型与物理模型的一一对应性可知，电路中原始电压 $u_C(0_-)$ 不为零的电容元件可以等效为一个电压源和一个零原始电压的电容元件相串联的电路，一个原始电流 $i_L(0_-)$ 不为零的电感元件可以等效为一个电流源和一个零原始电流的电感元件相并联的电路。由于利用微分算子 D 或积分算子 $\frac{1}{D}$ 可以将零初始电压的电容元件和零初始电流的电感元件的微分、积分形式的伏安特性方程分别表示为代数形式，即 $u_C = \frac{1}{CD} i_C$ 和 $i_C = CD u_C$，以及 $u_L = LD i_L$ 和 $i_L = \frac{1}{LD} u_L$，因此，对照电阻的伏安特性方程可知，零初始电压电容的广义电阻和广义电导分别为 $\frac{1}{CD}$ 和 CD；零初始电流电感的广义电阻和广义电导分别为 LD 和 $\frac{1}{LD}$。于是，借助微分算子或积分算子，对于给定的动态电路列写微分方程演化为对于对应的"电阻电路"列写代数方程。最后，将其中微分算子替

换为微分运算符号，便可得到所需的微分方程。需要注意的是，广义电阻和广义电导中算子 D 和元件参数的书写顺序不可交换，例如 CD 不可写为 DC，因为这样的微分作用会由于 C 为常数而使 DC 变为零。

利用算子法建立动态电路微分方程的步骤为：

(1)将电路中 0_- 初始电压不为零的电容元件替换为一个电压源(与初始电压具有相同的参考方向和大小)和一个零初始电压的电容元件(用 $\dfrac{1}{CD}$ 或 CD 表示)相串联的电路；将 0_- 初始电流不为零的电感元件替换为一个电流源(与初始电流具有相同的参考方向和大小)和一个零初始电流的电感元件(用 LD 或 $\dfrac{1}{LD}$ 表示)相并联的电路。

(2)对所形成的"电阻电路"利用适合的电路分析方法，例如节点法、网孔法等列出代数方程组，然后利用代入消元法或克兰姆法则，便可得出以微分算子作为待求响应变量的常系数的代数方程，再将其中微分算子替还为 $\dfrac{\mathrm{d}}{\mathrm{d}t}$，便可得到待求响应变量的微分方程。

【例 7-2】 对于图 7-3 所示电路，试利用算子法建立以 i_{L_1} 为变量的微分方程。

解 将图 7-3 所示换路后电路中的电容和电感分别用相应的串联和并联等效电路替代，其中元件参数用广义阻抗和广义导纳表示，于是得到如图 7-4 所示的"电阻电路"，其中由于两个电感元件的初始值为零，故而对应的等效电流源均为零。利用网孔法列写该电路的 KVL 方程可得以 i_{L_1}、i_{L_2} 为变量的二元一次方程，即

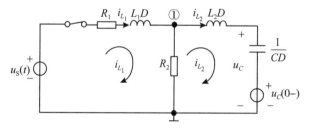

图 7-4 例 7-2 电路

$$(R_1 + R_2 + L_1 D)i_{L_1} - R_2 i_{L_2} = u_\mathrm{S}(t) \tag{7-6}$$

$$-R_2 i_{L_1} + \left(R_2 + L_2 D + \frac{1}{CD}\right)i_{L_2} = -u_C(0_-) \tag{7-7}$$

从式(7-6)，可得 i_{L_2}

$$i_{L_2} = \frac{(R_1 + R_2 + L_1 D)i_{L_1} - u_\mathrm{S}(t)}{R_2} \tag{7-8}$$

将式(7-8)代入式(7-7)可得

$$\left[(R_1 + R_2 + L_1 D)i_{L_1} - u_\mathrm{S}\right]\left(R_2 + L_2 D + \frac{1}{CD}\right) - R_2^2 i_{L_1} + R_2 u_C(0_-) = 0 \tag{7-9}$$

在式(7-9)中代入数据，整理可得

$$(D^3 + 6D^2 + 4D + 8)i_{L_1} = \frac{D^2 + 2D + 2}{2}u_{\mathrm{S}}(t) \tag{7-10}$$

将 $D^n = \dfrac{\mathrm{d}}{\mathrm{d}t^n}$ 代入式(7-10)后可得

$$\frac{\mathrm{d}^3 i_{L_1}}{\mathrm{d}t^3} + 6\frac{\mathrm{d}^2 i_{L_1}}{\mathrm{d}t^2} + 4\frac{\mathrm{d}i_{L_1}}{\mathrm{d}t} + 8i_{L_1} = \frac{1}{2}\frac{\mathrm{d}^2 u_{\mathrm{S}}(t)}{\mathrm{d}t^2} + \frac{\mathrm{d}u_{\mathrm{S}}(t)}{\mathrm{d}t} + u_{\mathrm{S}}(t), \quad t \geqslant 0_+$$

可见，与例 7-1 所得结果相同。若利用节点法则需要先列出节点 1 的节点方程，即

$$\left(\frac{1}{R_1 + L_1 D} + \frac{1}{R_2} + \frac{1}{L_2 D + \dfrac{1}{CD}} \right) u_{n1} = \frac{u_{\mathrm{S}}}{R_1 + L_1 D} + \frac{u_C(0_-)}{L_2 D + \dfrac{1}{CD}}$$

由此解出节点电压 u_{n1} 的表示式，再将其带入通过左边网孔的 KVL 方程得到的 i_{L_1} 的表示式中，即

$$i_{L_1} = \frac{u_{\mathrm{S}} - u_{n1}}{R_1 + L_1 D}$$

进而得到与使用网孔法时相同的关于 i_{L_1} 的微分方程。

7.4　动态电路响应的常系数微分方程及其解的一般形式

对于由线性时不变 R、L、C 等构成的 n 阶动态电路，当换路时刻为 $t = 0$ 且电路中仅含一个激励 $x(t)$ 时，换路后电路响应 $y(t)$ 的常系数线性微分方程及其初始条件的一般形式为

$$\begin{cases} \displaystyle\sum_{i=0}^{n} a_i \frac{\mathrm{d}^{(i)}}{\mathrm{d}t^i}y(t) = \sum_{j=0}^{m} b_j \frac{\mathrm{d}^{(j)}}{\mathrm{d}t^j}x(t), \ t \geqslant 0_+ \\ y(0_+) = y_0, \ \dfrac{\mathrm{d}y(0_+)}{\mathrm{d}t} = y_1, \ \cdots, \ \dfrac{\mathrm{d}^{(n-1)}}{\mathrm{d}t^{(n-1)}}y(0_+) = y_{(n-1)} \end{cases} \tag{7-11}$$

式中，系数 a_i、b_j 均取决于电路的结构和参数值。

当电路中存在多个激励 $x_k(t)(k = 1, 2, \cdots)$ 时，关于响应 $y(t)$ 的常系数线性微分方程的一般形式为

$$\sum_{i=0}^{n} a_i \frac{\mathrm{d}^{(i)}}{\mathrm{d}t^i}y(t) = \sum_{j=0}^{m} b_j \frac{\mathrm{d}^{(j)}}{\mathrm{d}t^j}x_1(t) + \sum_{j=0}^{m_1} c_j \frac{\mathrm{d}^{(j)}}{\mathrm{d}t^j}x_2(t) + \sum_{j=0}^{m_2} d_j \frac{\mathrm{d}^{(j)}}{\mathrm{d}t^j}x_3(t) + \cdots, \quad t \geqslant 0_+$$

$$\tag{7-12}$$

对于不含受控电源等有源元件，由线性时不变正值电阻 R、正值电感 L，正值电容 C 所构成的电路，其对应微分方程的各系数 a_i、b_j、c_j 等的符号相同，即同为正或同为负，绝不会出现正负相间的情况。

线性电路在多激励下的响应可以方便地采用叠加原理求解。因此，以下仅讨论单电源激励下电路的微分方程式(7-11)的情况，其通解 $y(t)$（全解）是相应齐次微分方程的通解 $y_h(t)$ 与非齐次微分方程的一个特解 $y_p(t)$ 之和，即

$$y(t) = y_h(t) + y_p(t), \quad t \geqslant 0_+ \tag{7-13}$$

将 $y_h(t) = Ae^{\lambda t}$ 其代入齐次微分方程，可得对应的特征方程为

$$a_n \lambda^n + a_{n-1} \lambda^{n-1} + \cdots + a_1 \lambda + a_0 = 0 \qquad (7\text{-}14)$$

若特征根 $\lambda_i (i = 1, 2, \cdots, n)$ 为 n 个不相等的实根，则

$$y_h(t) = \sum_{i=1}^{n} k_i e^{\lambda_i t} \qquad (7\text{-}15)$$

若 $\lambda_i (i = 1, 2, \cdots, n)$ 中仅有一个 r 重根 λ_q，则

$$y_h(t) = \sum_{i=1}^{n-r} k_i e^{\lambda_i t} + \sum_{j=0}^{r-1} k_j t^j e^{\lambda_q t} \qquad (7\text{-}16)$$

式中，k_i，k_j 为积分常数，由 n 个初始条件决定。

7.5 自由响应、强迫响应与全响应

7.5.1 自由响应

从电路响应的角度而言，非齐次微分方程的全解 $y(t)$ 表示换路后动态电路的完全响应，简称全响应。齐次微分方程的通解 $y_h(t)$ 和非齐次微分方程的特解 $y_p(t)$ 分别表示全响应的两个分量。由于齐次微分方程中不含激励函数，所以其通解 $y_h(t)$ 的变化规律与激励无关，是由换路前储能元件所储存的有限能量所引起的，一般按指数规律衰减，且衰减规律仅与电路自身的结构和元件参数有关，因此，$y_h(t)$ 称为自由分量、自由响应或固有响应，常记为 $y_n(t)$。尽管自由响应的变化规律与激励源无关，但是其变化规模则与激励有关，这是由于 $y_n(t)$ 中的待定常系数需要由全响应 $y(t)$ 的初始条件来决定因而与激励相关联的缘故。

由式(7-15)和式(7-16)可以看出，$y_n(t)$ 的变化规律取决于特征根 λ_i 是实数、复数或虚数。对于由线性时不变正值电阻 R、正值电感 L，正值电容 C 所构成的无外施激励源电路(对应齐次微分方程)而言，若特征根 λ_i 为实数 α_i，其值必定小于零，倘若 $\alpha_i > 0$，则 $y_n(t)$ 中与该特征根对应的项就会随着时间的增加而无限增大，这意味着电路中换路前的储能会无限增大，这显然是不可能的；若特征根 λ_i 为复数 $\alpha_i + j\omega_i$，则其实部 α_i 必须为负数，且存在成对的共轭根 $\lambda_i^* = \alpha_i - j\omega_i$，这时 $y_n(t)$ 中与这两个特征根对应的两项共同组成一振幅按指数规律衰减的正弦电流或电压函数，即 $I_m e^{\alpha_i t} \sin(\omega_i t + \theta)$ 或 $U_m e^{\alpha_i t} \sin(\omega_i t + \theta)$，这才会符合齐次微分方程所对应的无外施激励源的情况。倘若这时 α_i 不为负实数，则振幅将无限增大，意味着电路的原始储能也会无限增大，这显然也是不可能的；特征根 λ_i 不可能为虚数 $j\omega_i$，因为这样就会存在成对的共轭根 $\lambda_i^* = -j\omega_i$，致使 $y_n(t)$ 中与这两个特征根对应的两项就会合一，组成一个振幅不变的正弦电流或电压函数 $I_m \sin \omega_i t$ 或 $U_m \sin \omega_i t$，这意味着电路中恒常存在着一个不衰减的正弦电流或电压，这对于含有耗能的正电阻而无外施激励源的动态电路来说是绝不可能的，因为只要存在正电阻，不衰减的正弦电流流过它时，在每个周期内都会消耗一定的能量，随着时间的增加，在电阻上消耗的能量就会无限增大，而电路原本的储能却是有限的。事实上，这种情况只会出现在仅含正值电感 L、正值电容 C 的所谓无外施激励源的无损电路中，并且这时成对出现

的共轭纯虚根 $\lambda_i = j\omega_i$ 和 $\lambda_i^* = -j\omega_i$ 必须是单根(或称为无重根),因为若纯虚根的重数 $m>1$,则与其相应的解的 m 项的形式为 $(k_0 + k_1t + k_2t^2 + \cdots + k_{m-1}t^{m-1})\sin\omega_i t$,这时就会产生上升幅度趋于无限大的振荡,这也是不可能的,因为在无外施激励源电路中不存在能量源,并且其中磁场和电场的原始储能也是有限而不可能上升的。

无损电路(理想情况)的纯虚根在虚轴上的分布位置如图 7-5 所示。

从以上讨论可知,对于由正电阻、正电感和正电容组成的实际无源电路,其对应齐次微分方程的特征方程的特征根只可能是实根或复根,并且:

(1)因为特征方程的系数均为正实数,故而所有根的实部均为负值即 $\operatorname{Re}(\alpha_i) < 0$,这表明,在线性有损电路中自由分量的各项都会随着时间的增长按指数规律衰减,最终趋于零,即其过渡过程为一衰减过程。

(2)由于特征方程的各系数为实数,所以特征根若为复根则必须是成对的共轭根,这样,作为微分方程解的时间函数电压 $u(t)$、电流 $i(t)$ 在物理上也才为实数。

实际无源电路对应齐次微分方程的特征方程的实根和复根在复平面上的分布位置如图 7-6 所示。

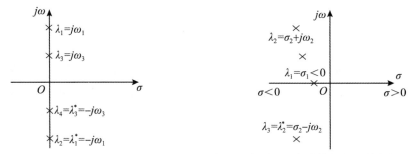

图 7-5　无损电路特征方程的纯虚根分布　　图 7-6　实际无源电路特征方程的实根和复根分布

此外,从数学上来说,奇次特征方程必有一实根,其余为实根或共轭复根;偶次特征方程必有偶数个实根或共轭复根。

7.5.2　强迫响应

由于特解 $y_p(t)$ 仅取决于外施激励源,故而称为强制分量或强迫响应,其变化规律与外施激励的变化规律相同而与电路换路前的原始储能无关,也记为 $y_f(t)$。

7.5.3　全响应

式(7-13)的物理表示为

$$y(t)(全响应) = y_n(t)(自由响应) + y_f(t)(强迫响应), \quad t \geq 0_+ \qquad (7-17)$$

需要注意的是,全响应分解为自由响应与强迫响应之和,是从解析观点出发的,电路中实际存在的是两个分量之和的形式,它们并非单独存在,此外,这种分解方式着眼于电路的工作状态,并由此得出暂态或瞬态的概念,即当激励源为直流或周期函数时,强迫响应代表了电路换路以后进入新稳态后的解,故称其为稳态响应(直流稳态响应或周期稳态

响应），这时，作为自由响应与强迫响应分解的特殊情况，全响应又可分解为

$$y(t)（全响应）= y_t(t)（暂态响应）+ y_s(t)（稳态响应），t \geqslant 0_+ \tag{7-18}$$

显然，稳态响应的含义较窄，例如，当激励是一衰减的指数函数时，强迫响应将是以相同规律衰减的指数函数，这时强迫响应便不能称为稳态响应。

随时间增长而最终衰减至零的齐次微分方程的解称为暂态(响应)分量，这是基于该分量仅存在于暂态过程之中；又称为自由(响应)分量，这是因为它只取决于电路的结构、参数和初始值。电路发生换路后产生过渡过程现象，正是因为出现暂态分量的缘故，而从过渡过程发生的充要条件来看，自由响应分量的产生是由电路换路前一个稳态下存储于电路场中的能量与换路后的稳态下存储于电路场中的能量不等所致。

7.6 电路的稳定性

电路稳定是其能够正常工作的必要条件，所谓电路是稳定的，从某种意义上可以理解为当时间趋于无穷大时，电路中的电压，电流均为有限值，这表明，稳定电路的自由响应必然随着 $t \to \infty$ 而消失，而不稳定电路的自由响应则会随着 $t \to \infty$ 而无限增长。因此，电路的稳定性讨论实质上归结为判断特征方程特征根实部的正、负号问题。对于不含受控电源等有源元件、而仅由正值元件(R 、 L 、 C 等)所构成的电路而言，由于正值电阻的存在，其对应的特征方程的特征根(实数根或复数根)的实部均为负值，其自由响应的绝对值总是按指数规律衰减，最终趋于零，因此这种电路是稳定的；若这种电路中不含有电阻，则特征根为纯虚根，则该电路为临界稳定。这时自由响应表现为等幅振荡，根据方程根与系数的关系可知，这两种情况下，特征方程的各项系数即微分方程各项系数均是同号的，不会存在正负相间的情况；若特征根中只要出现了一个正实部的根或重虚根，则该电路是不稳定的，这时自由响应的绝对值会随着时间的增长而无限增加。对于稳定或不稳定的电路而言，其特征根实部的正、负号决定电路是稳定还是发散，其绝对值的大小则决定了稳定或发散的快慢即衰减或增长的程度，稳定情况下特征根实部 α 称为衰减系数；特征根的虚部 ω 则决定了在电路在稳定或发散过程中振荡的角频率，即自由响应振荡的角频率，称为振荡频率，例如发散（ $\alpha > 0$ ）时的 $I_m e^{\alpha t} \sin(\omega t + \theta)$ 或 $U_m e^{\alpha t} \sin(\omega t + \theta)$ 。

视电路不同，其中受控源的外特性可能表现为正电阻也可能表现为负电阻，因此含有呈现正电阻特性的受控源的电路是稳定的；若电路中含有呈现负电阻特性的受控源，则所对应的微分方程中就会出现负系数，因而就会有实部为正的特征根，电路就是不稳定的。因此，含有受控源的电路稳定与否，取决于电路的形式以及其参数之间的关系。显然，只有稳定或临界稳定电路才会达到稳态，也只有稳定的电路才能满足正常工作的需要。

7.7 初始条件的确定

求解所建立的关于响应变量 $y(t)$ 的微分方程式必须利用换路前后 $(0_-, 0_+)$ 的电路以及 $t \geqslant 0_+$ 的电路，通过两类约束求出该变量及其各阶导数在 $t = 0_+$ 时刻的初始条件(初始值) $y^{(k)}(0_+)$ ，将其代入微分方程的通解，以确定其中的待定系数。

电路在 $t = 0$ 接入激励(换路)之时，由于激励源的作用，在某些情况下，响应 $y(t)$ 及其各阶导数有可能发生跳变，即 $y^{(k)}(0_+) \neq y^{(k)}(0_-)$，而在另一些情况下则可能不会发生跳变，即 $y^{(k)}(0_+) = y^{(k)}(0_-)$。

由于电容电压或电感电流在任何时刻的值决定着该时刻电路的储能状态，因此，引入"状态变量"的概念，它们是一组能够直接或间接表示电路能量状态且为数最少(即线性独立)的变量，其在某时刻的取值，能够表明电路在该时刻的能量状态，简称状态。状态与该时刻施加到电路的激励源共同确定电路此刻以及之后的变化规律。

通常将电路中各独立的电容电压 $u_C(t)$(或电荷量 $q_C(t)$)和各独立的电感电流 $i_L(t)$(或磁通链 $\Psi_L(t)$)选做一组状态变量。假定换路在 $t = 0$ 时刻发生，则它们在换路前的最后瞬间($t = 0_-$)的取值集合 $[u_{C_1}(0_-), u_{C_2}(0_-), \cdots, i_{L_1}(0_-), i_{L_2}(0_-), \cdots]$ 称为电路的原始状态(它们反映了电路的原始储能)，而在换路后的初始瞬间($t = 0_+$)的取值集合 $[u_{C_1}(0_+), u_{C_2}(0_+), \cdots, i_{L_1}(0_+), i_{L_2}(0_+), \cdots]$ 称为电路的初始状态(它们反映了电路的初始储能)。电路的初始状态可以由其原始状态连同换路时施加到电路的激励源一起确定。为此，需要先确定电路的原始状态。

由于电路中可能存在非独立电容元件、非独立电感元件，并且电容电压、电感电流可能会发生跳变，因此，若包括各独立电容电压和各独立电感电流在内的所有电容电压和电感电流在换路瞬间(即 $t = 0_-$ 到 $t = 0_+$ 时)没有发生跳变，则电路的初始状态即为其原始状态；反之则不然。此外，对于任何一个动态电路，无论其中是否存在非独立电容电压、非独立电感电流，若在 $t = 0_-$ 时所有电容电压和电感电流均为零，则称电路为零原始状态(zero original state)，简称零状态(zero state)，此时的电容、电感分别称为零状态电容、零状态电感，简称零态电容、零态电感。

下面按换路后电路为有界激励下的常态和非常态电路两种情况来讨论其初始条件的求取问题。

对于任意 $t \geqslant 0_+$ 的动态电路，无论是以其中哪个响应变量建立微分方程，求取初始条件的第一步是必须由换路前的电路求出其中所有的 $u_C(0_-)$ 和 $i_L(0_-)$。这是由于电容电压和电感电流是电磁惯性量(电磁能量特性)，具有记忆能力，所以换路后电路的过渡过程与 $u_C(0_-)$ 和 $i_L(0_-)$ 相关联，而其余所有电压、电流在 $t = 0_-$ 时的值对各电量初始条件的求解均不起作用，并且这些电量与电磁能量无关，因而不会激发换路后的电路响应。

无论换路后的电路是有界激励下的常态电路或非常态电路，都可以分别根据换路前的电路处于稳态或暂态，求出其中所有的 $u_C(0_-)$ 和 $i_L(0_-)$，即：

(1)换路前电路处于稳态。

直流稳态电路：在 $t = 0_-$ 时刻的电路中将电容用开路代替，电感用短路替代后得到 0_- 等效电路(直流电阻电路)，对其求解得到 $u_C(0_-)$ 和 $i_L(0_-)$。

正弦交流稳态电路(第 8 章)：在 $t = 0_-$ 时刻的电路中直接利用解微分方程的方法求解出 $u_C(t)$ 和 $i_L(t)$ 或通过利用相量法(第 8 章)求取时域函数 $u_C(t)$ 和 $i_L(t)$ 后，令 $t = 0_-$，便可求得 $u_C(0_-)$ 和 $i_L(0_-)$。

(2)换路前电路处于暂态。这时，对于 $t \leqslant 0_-$ 电路，求出 $u_C(t)$ 和 $i_L(t)$ 的过渡过程解，再令 $t = 0_-$，便求得 $u_C(0_-)$ 和 $i_L(0_-)$ 值。

7.7.1 换路后有界激励下常态电路(可以附含受控源)的初始条件

这时求取初始条件的步骤如下:

步骤 1:按照上面介绍的方法求取换路前电路中所有的 $u_C(0_-)$ 和 $i_L(0_-)$。

步骤 2:由所求得的 $u_C(0_-)$ 和 $i_L(0_-)$ 直接分别得到所有对应的 $u_C(0_+)$ 和 $i_L(0_+)$,即

$$u_C(0_+) = u_C(0_-), \ i_L(0_+) = i_L(0_-)$$

在有界激励下,若换路后的电路为常态电路(可以附含受控源),则换路时电容电压 $u_C(t)$ 和电感电流 $i_L(t)$ 均不会发生跳变,即必须满足连续性原理,这是因为电容电压的跳变将会导致其电流从零跳变到无穷大,此无穷大电流则会在该电容元件所在回路中电感和电阻上产生无穷大电压(它们的级别不同)或其他元件上的电压也变为无穷大,从而使该回路的 KVL 方程得不到满足,或者会使该电容元件所在割集或节点的 KCL 因为其他支路电流均为有限值而得不到满足;电感电流的跳变将会导致其电压趋于无穷大,从而使该电感元件所在回路的 KVL 方程因为其他支路电压均为有限值而得不到满足。

对于任意动态电路,在换路瞬间,除 u_C 和 i_L 外,其余所有电压、电流均由于与储能无关,故而视具体电路而定,都有可能发生跳变,并且电感电压的跳变和电容电流的跳变并不会引起无限大电压或无限大电流,因而也就不会违反 KCL 和 KVL。此外,由于换路前后的电路是两个完全不同的电路,并且除 $u_C(t)$ 和 $i_L(t)$ 外,其余所有电压、电流不存在 $t = 0_+$ 和 $t = 0_-$ 之间的固有联系,因此无法通过任何电路定律或定理,由这些电量在 $t = 0_-$ 时之值,确定其在 $t = 0_+$ 时之值故而也无法利用这些电量的 0_- 值建立各电量的初始条件。

对于不含受控源的常态电路以及附含受控源且其并未使电路阶数降低的常态电路,这时求出的所有 $u_C(0_+)$ 和 $i_L(0_+)$ 构成电路的初始状态,并且初始状态中各 $u_C(0_+)$ 和 $i_L(0_+)$ 与(原始)状态中各 $u_C(0_-)$ 和 $i_L(0_-)$ 对应相等。

步骤 3:求取初始条件。一旦求得所有的 $u_C(0_+)$ 和 $i_L(0_+)$ 值,便可以利用它们以及换路后的电路及其激励求出初始条件,即任意待求电路变量及其各阶导数在 $t = 0_+$ 时刻的值。

下面将初始条件的阶数分为两类来讨论初始条件的计算问题。

7.7.1.1 零阶与一阶初始条件

零阶与一阶初始条件通常与 $t = 0_+$ 时刻电路的支路电压或支路电流有关,故而可以通过建立 $t = 0_+$ 等效电路来求取零阶及一阶初始条件。

1. 0_+ 等效电路

所谓 0_+ 等效电路,就是根据替代定理,将原电路中的电容元件由 $u_C(0_+)(= u_C(0_-))$ 的直流电压源替代,电感元件用 $i_L(0_+)(= i_L(0_-))$ 的直流电流源替代,各独立电源均以其在 $t = 0_+$ 时的值所形成的直流电源替代,其余所有元件(包括受控源)予以保留而构成的电路。若已知或求出 $u_C(0_-) = 0$、$i_L(0_-) = 0$,则 0_+ 等效电路中电容元件就以短路替代,电感元件则以开路替代,这与电容元件、电感元件在直流稳态的等效情况正好相反,彼时,

电容元件等效于开路、电感元件等效于短路。显然，0_+ 等效电路为一直流电阻电路。

2. 零阶初始条件

在 0_+ 等效电路利用各种电路求解方法便可求出 $t = 0_+$ 时各支路电压及电流的初始值，即它们的零阶初始条件，其中包括所有的 $i_C(0_+)$ 和 $u_L(0_+)$ 值。

3. 一阶初始条件

利用 $i_C(0_+)$ 和 $u_L(0_+)$ 以及电容和电感元件的伏安特性，便可分别求出电容电压和电感电流一阶导数的初始值，即

$$\left.\begin{array}{l} \dfrac{\mathrm{d}u_C(0_+)}{\mathrm{d}t} = \dfrac{1}{C}i_C(0_+) \\[2mm] \dfrac{\mathrm{d}i_L(0_+)}{\mathrm{d}t} = \dfrac{1}{L}u_L(0_+) \end{array}\right\}$$

这表明利用 0_+ 等效电路可以求出给定电路中任何处的电压与电流变量的初始条件以及 $\dfrac{\mathrm{d}u_C(0_+)}{\mathrm{d}t}$ 和 $\dfrac{\mathrm{d}i_L(0_+)}{\mathrm{d}t}$。但是，由于 0_+ 等效电路为一直流电阻电路，而除 $\dfrac{\mathrm{d}u_C(0_+)}{\mathrm{d}t}$ 和 $\dfrac{\mathrm{d}i_L(0_+)}{\mathrm{d}t}$ 外的其他变量的一阶导数的初始值均要涉及这些变量的导数运算，即需要对关于这些变量的 KCL、KVL 或 VCR 方程两边求导数，故而利用 0_+ 等效电路得出的结果必然为零，因此，除 $\dfrac{\mathrm{d}u_C(0_+)}{\mathrm{d}t}$ 和 $\dfrac{\mathrm{d}i_L(0_+)}{\mathrm{d}t}$ 外所有其他电路变量的一阶导数的初始值只能通过在换路后 $(t \geqslant 0_+)$ 的动态电路中列出关于这些变量的 KCL、KVL 或 VCR 方程，再在其两边求一阶导数后令 $t = 0_+$ 得到。当电路结构比较复杂时，为了消去上述方程中的其他非待求变量，则需要另外列写关于这些变量的 KCL、KVL 或 VCR 方程，并在其两边对 t 求一阶导数，再令 $t = 0_+$ 得到补充方程，通过代入法或联立求解上述方程组便可求出欲求变量一阶导数的初始值。

【例 7-3】 在如图 7-7(a)所示电路中，当开关 S 由端子 1 投向端子 2 前，电路已经达到稳态，并且 $i_S = 3\mathrm{A}$，$R_1 = 2\Omega$，$R_2 = 4\Omega$，$C = 0.5\mathrm{F}$，$u_S = 20\mathrm{V}$，$L = 0.6\mathrm{H}$，试求：(1)零阶初始条件：$i_L(0_+)$，$u_C(0_+)$，$u_L(0_+)$，$i_C(0_+)$，$u_{R_1}(0_+)$，$u_{R_2}(0_+)$，$i_{R_1}(0_+)$，$i_{R_2}(0_+)$；(2)一阶导数初始条件：$\dfrac{\mathrm{d}i_L(0_+)}{\mathrm{d}t}$，$\dfrac{\mathrm{d}u_C(0_+)}{\mathrm{d}t}$，$\dfrac{\mathrm{d}u_L(0_+)}{\mathrm{d}t}$，$\dfrac{\mathrm{d}u_{R_1}(0_+)}{\mathrm{d}t}$，$\dfrac{\mathrm{d}u_{R_2}(0_+)}{\mathrm{d}t}$，$\dfrac{\mathrm{d}i_{R_1}(0_+)}{\mathrm{d}t}$。

解 (1)求零阶初始条件。在开关 S 投向 2 之前的 $t = 0_-$ 时刻，电路处于直流稳态，这时电容相当于开路，电感相当于短路，由此可得 0_- 等效电路，如图 7-7(b)所示，由此可得

$$u_{R_1}(0_-) = 0, \quad i_L(0_-) = 0, \quad u_C(0_-) = -20\mathrm{V}$$

由于 $t = 0_-$ 时，电路处于直流稳态，故这三个电量的导数在此刻均为零。

应用连续性原理可得 $i_L(0_+) = i_L(0_-) = 0$，$u_C(0_+) = u_C(0_-) = -20\mathrm{V}$，据此作如图 6-7(c)所示的 0_+ 等效电路。对其中间网孔应用 KVL 可得

$$u_{R_1}(0_+) = u_{R_2}(0_+) \tag{7-19}$$

对节点 ① 列写 KCL 方程，可得

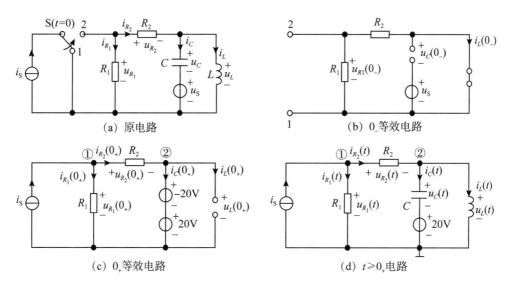

图 7-7 例 6-3 图

$$\frac{u_{R_1}(0_+)}{2} + \frac{u_{R_2}(0_+)}{4} = 3 \tag{7-20}$$

由式(7-19)、(7-20)可得

$$u_{R_1}(0_+) = u_{R_2}(0_+) = 4\text{V}$$

对节点 ② 列写 KCL 方程,可得

$$i_C(0_+) = \frac{u_{R_2}(0_+)}{4} - i_L(0_+) = 1 - 0 = 1(\text{A})$$

此外还可得

$$u_L(0_+) = 0, \ i_{R_1}(0_+) = \frac{u_{R_1}(0_+)}{R_1} = \frac{4}{2} = 2(\text{A}), \ i_{R_2}(0_+) = \frac{u_{R_2}(0_+)}{R_2} = \frac{4}{4} = 1(\text{A})$$

(2)求一阶初始条件。

$$\frac{\mathrm{d}i_L(0_+)}{\mathrm{d}t} = \frac{u_L(0_+)}{L} = \frac{0}{0.6} = 0, \ \frac{\mathrm{d}u_C(0_+)}{\mathrm{d}t} = \frac{i_C(0_+)}{C} = \frac{1}{0.5} = 2(\text{V/s})$$

其他变量一阶导数的初始值必须利用换路后即 $t \geqslant 0_+$ 的电路求取,故作出 $t \geqslant 0_+$ 电路如图 7-7(d)所示,对其节点 ① 应用 KCL 可得

$$\frac{u_{R_1}(t)}{2} + \frac{u_{R_2}(t)}{4} = 3 \tag{7-21}$$

对式(7-21)两边求一阶导数,再令 $t = 0_+$ 可得

$$2\frac{\mathrm{d}u_{R_1}(0_+)}{\mathrm{d}t} + \frac{\mathrm{d}u_{R_2}(0_+)}{\mathrm{d}t} = 0 \tag{7-22}$$

对图 7-7(d)的中间网孔应用 KVL 可得

$$-u_{R_1}(t) + u_{R_2}(t) + u_C(t) = -20 \tag{7-23}$$

对式(7-23)两边求一阶导数,再令 $t = 0_+$ 可得

$$-\frac{du_{R_1}(0_+)}{dt} + \frac{du_{R_2}(0_+)}{dt} + \frac{du_C(0_+)}{dt} = 0 \tag{7-24}$$

将 $\dfrac{du_C(0_+)}{dt} = 2$ 代入式(7-24)可得

$$-\frac{du_{R_1}(0_+)}{dt} + \frac{du_{R_2}(0_+)}{dt} = -2 \tag{7-25}$$

联立求解式(7-22)和式(7-25)可得

$$\frac{du_{R_1}(0_+)}{dt} = \frac{2}{3}\text{V/s}, \qquad \frac{du_{R_2}(0_+)}{dt} = -\frac{4}{3} = -1.33(\text{V/s})$$

对 $u_{R_1}(t) = R_1 i_{R_1}(t)$ 两边求一阶导数,并令 $t = 0_+$ 可得

$$\frac{di_{R_1}(0_+)}{dt} = \frac{1}{2} \times \frac{du_{R_1}(0_+)}{dt} \times = \frac{1}{2} \times \frac{2}{3} = \frac{1}{3} = 0.33(\text{A/s})$$

对图 7-7(d)的右边网孔列 KVL 方程可得

$$u_L(t) - u_C(t) = 20 \tag{7-26}$$

对式(7-26)两边求一阶导数,并令 $t = 0_+$ 可得

$$\frac{du_L(0_+)}{dt} = \frac{du_C(0_+)}{dt} = 2\text{V/s}$$

7.7.1.2 二阶与高阶初始条件

对于包括 $u_C(t)$ 和 $i_L(t)$ 在内的所有电路变量的二阶与高阶导数的初始条件,由于它们与 $t = 0_+$ 时刻的支路电压和支路电流无直接联系,故而只能在换路后 $(t \geq 0_+)$ 的动态电路中利用 KCL、KVL 列写含有这些变量的微分方程或代数方程,再在方程两边分别对时间 t 求所需阶导数后,令 $t = 0_+$ 求得。事实上,对于结构比较复杂的电路,为了消去上述方程中其他非求变量的导数项,则需要另外列写关于这些非求变量的 KCL、KVL 方程,并也在其两边对 t 求所需阶导数,再令 $t = 0_+$ 得到补充方程,通过代入法或联立求解上述方程组便可求出欲求电路变量各阶导数初始值。例如,对于某个变量二阶导数初始值的求取一般还会用到自身或其他变量一阶导数初始值以及零阶导数初始值,这时则需要借助零阶与一阶初始条件的求解方法。

【例 7-4】 在如图 7-8(a)所示的电路中,已知 $u_S = 3\text{V}$, $L_1 = L_2 = 1\text{H}$, $C = 1\text{F}$, $R_1 = R_2 = R_3 = R_4 = 1\Omega$, 试求二阶初始条件: $\dfrac{d^2 i_{L_1}(0_+)}{dt^2}$, $\dfrac{d^2 i_{L_2}(0_+)}{dt^2}$, $\dfrac{d^2 u_C(0_+)}{dt^2}$。

解 (1)做出 0_- 等效电路如图 7-8(b)所示,由此可求得

$$i_{L_1}(0_-) = \frac{u_s}{R_1 + R_3 /\!/ R_4} = \frac{3}{1 + 0.5} = 2(\text{A})$$

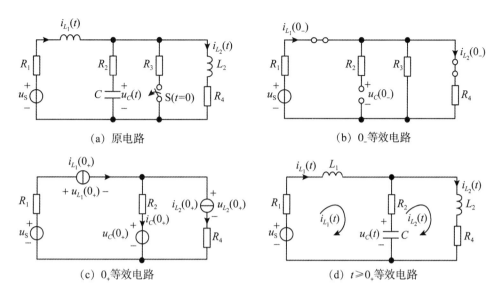

图 7-8 例 7-4 图

$$i_{L_2}(0_-) = \frac{i_{L_1}(0_-)}{2} = \frac{2}{2} = 1(\text{A})$$

$$u_C(0_-) = u_S - R_1 i_{L_1}(0_-) = 3 - 1 \times 2 = 1(\text{V})$$

（2）根据连续性原理可得 $i_{L_1}(0_+) = 2\text{A}$，$i_{L_2}(0_+) = 1\text{A}$，$u_C(0_+) = 1\text{V}$，据此作出 0_+ 等效电路如图 7-8(c)所示，以求出 $\dfrac{\mathrm{d}i_{L_1}(0_+)}{\mathrm{d}t}$，$\dfrac{\mathrm{d}i_{L_2}(0_+)}{\mathrm{d}t}$，$\dfrac{\mathrm{d}u_C(0_+)}{\mathrm{d}t}$。先求得

$$i_C(0_+) = i_{L_1}(0_+) - i_{L_2}(0_+) = 2 - 1 = 1\text{A}$$

$$u_{L_1}(0_+) = u_S - R_1 i_{L_1}(0_+) - R_2 i_C(0_+) - u_C(0_+) = 3 - 2 \times 1 - 1 \times 1 - 1 = -1(\text{V})$$

$$u_{L_2}(0_+) = R_2 i_C(0_+) + u_C(0_+) - R_4 i_{L_2}(0_+) = 1 \times 1 + 1 - 1 \times 1 = 1(\text{V})$$

于是有

$$\frac{\mathrm{d}i_{L_1}(0_+)}{\mathrm{d}t} = \frac{1}{L_1} u_{L_1}(0_+) = \frac{1}{1} \times (-1) = -1(\text{A/s})$$

$$\frac{\mathrm{d}i_{L_2}(0_+)}{\mathrm{d}t} = \frac{1}{L_2} u_{L_2}(0_+) = \frac{1}{1} \times 1 = 1(\text{A/s})$$

$$\frac{\mathrm{d}u_C(0_+)}{\mathrm{d}t} = \frac{1}{C} i_C(0_+) \; \frac{1}{1} \times -1 = 1(\text{V/s})$$

（3）$t \geqslant 0_+$ 时的电路如图 7-8(d)所示，以求出 $\dfrac{\mathrm{d}^2 i_{L_1}(0_+)}{\mathrm{d}t^2}$，$\dfrac{\mathrm{d}^2 i_{L_2}(0_+)}{\mathrm{d}t^2}$，$\dfrac{\mathrm{d}^2 u_C(0_+)}{\mathrm{d}t^2}$。由网孔法对该图中两个网孔分别列写网孔方程，可得

$$R_1 i_{L_1}(t) + L_1 \frac{\mathrm{d}i_{L_1}(t)}{\mathrm{d}t} + R_2[i_{L_1}(t) - i_{L_2}(t)] + \frac{1}{C}\int_{-\infty}^{t}[i_{L_1}(\tau) - i_{L_2}(\tau)]\mathrm{d}\tau = u_\mathrm{S}, \quad t \geq 0_+$$

$$(7\text{-}27)$$

$$R_4 i_{L_2}(t) + L_2 \frac{\mathrm{d}i_{L_2}(t)}{\mathrm{d}t} + R_2[i_{L_2}(t) - i_{L_1}(t)] - \frac{1}{C}\int_{-\infty}^{t}[i_{L_2}(\tau) - i_{L_1}(\tau)]\mathrm{d}\tau = 0, \quad t \geq 0_+$$

$$(7\text{-}28)$$

分别对式(7-27)、式(7-28)求一阶导数,并令 $t = 0_+$,然后再代入 $i_{L_1}(0_+) = 2\mathrm{A}$,
$i_{L_2}(0_+) = 1\mathrm{A}$,$\dfrac{\mathrm{d}i_{L_1}(0_+)}{\mathrm{d}t} = -1\mathrm{A/s}$,$\dfrac{\mathrm{d}i_{L_2}(0_+)}{\mathrm{d}t} = 1\mathrm{A/s}$ 以及相关电路参数值,可得

$$\frac{\mathrm{d}^2 i_{L_1}(0_+)}{\mathrm{d}t^2} = -\frac{R_1 + R_2}{L_1}\frac{\mathrm{d}i_{L_1}(0_+)}{\mathrm{d}t} + \frac{R_2}{L_1}\frac{\mathrm{d}i_{L_2}(0_+)}{\mathrm{d}t} - \frac{1}{L_1 C}[i_{L_1}(0_+) - i_{L_2}(0_+)]$$
$$= 2 + 1 - 1 = 2(\mathrm{A/s^2})$$

$$\frac{\mathrm{d}^2 i_{L_2}(0_+)}{\mathrm{d}t^2} = -\frac{R_2 + R_4}{L_2}\frac{\mathrm{d}i_{L_2}(0_+)}{\mathrm{d}t} + \frac{R_2}{L_2}\frac{\mathrm{d}i_{L_1}(0_+)}{\mathrm{d}t} + \frac{1}{L_2 C}[i_{L_2}(0_+) - i_{L_1}(0_+)]$$
$$= -2 - 1 - 1 = -4(\mathrm{A/s^2})$$

对图 7-8(d)中右边网孔列写网孔方程,可得

$$R_4 i_{L_2}(t) + L_2 \frac{\mathrm{d}i_{L_2}(t)}{\mathrm{d}t} - R_2 C \frac{\mathrm{d}u_C(t)}{\mathrm{d}t} - u_C = 0, \quad t \geq 0_+ \qquad (7\text{-}29)$$

对式(7-29)求一阶导数并令 $t = 0_+$,再代入 $\dfrac{\mathrm{d}i_{L_2}(0_+)}{\mathrm{d}t} = 1\mathrm{A/s}$,$\dfrac{\mathrm{d}^2 i_{L_2}(0_+)}{\mathrm{d}t^2} = -4\mathrm{A/s^2}$,
$\dfrac{\mathrm{d}u_C(0_+)}{\mathrm{d}t} = 1\mathrm{V/s}$ 以及相关电路参数值,可得

$$\frac{\mathrm{d}^2 u_C(0_+)}{\mathrm{d}t^2} = \frac{L_2}{R_2 C}\frac{\mathrm{d}^2 i_{L_2}(0_+)}{\mathrm{d}t^2} + \frac{R_4}{R_2 C}\frac{\mathrm{d}i_{L_2}(0_+)}{\mathrm{d}t} - \frac{1}{R_2 C}\frac{\mathrm{d}u_C(0_+)}{\mathrm{d}t} = -4 + 1 - 1 = -4(\mathrm{V/s^2})$$

7.7.2 换路后有界激励下非常态电路(可以附含受控源)的初始条件

7.7.2.1 换路时纯电容回路中电容电压、纯电感割集或节点中电感电流跳变的概念

在有界激励下,若换路后的电路中较之换路前出现了由于换路支路接入、断开参与而构成的新的纯电容回路和/或纯电感割集(或节点),从而形成了非常态电路(可以附含受控源),则因换路而新出现的纯电容回路中的电容电压、新出现的纯电感割集(节点)中的电感电流可能会跃变,而与换路(支路)无关,即换路前原本就已经存在的纯电容回路中的电容电压、纯电感割集(节点)中的电感电流一般不会跃变。

电容电压和电感电流的连续性原理分别是从这两类元件的特性方程导出的,但是对于一个动态电路而言,其中的电容电压和电感电流除了要服从元件本身的约束关系外,还必

须满足 KCL 和 KVL。因此，对于换路后形成的、含有纯电容回路(可以附含受控电压源)和/或纯电感割集或节点(可以附含受控电流源)的非常态电路，即使在有界电源激励下，纯电容回路中的所有或部分电容电压在换路瞬刻有可能发生跳变，即 $u_C(0_+) \neq u_C(0_-)$，而纯电感割集或节点中所有或部分电感电流在换路前后也有可能发生跳变，即 $i_L(0_+) \neq i_L(0_-)$。这种跳变产生的原因是经换路形成的纯电容回路中电容中出现了冲激电流，致使该电容电压发生跳变，以保证该纯电容回路满足 KVL；经换路形成的纯电感割集或节点电感两端产生了冲激电压，导致该电感电流发生跳变，以保证该纯电感割集或节点满足 KCL。

下面分别介绍用以确定电容电压跳变量的割集(节点)电荷守恒原理以及确定电感电流跳变量的回路磁链守恒原理，并讨论这些跳变量的计算问题。

7.7.2.2 割集(节点)电荷守恒原理

割集(节点)电荷守恒原理实际上是 KCL 的另一种表达形式。

1. 割集(节点)电荷守恒原理的表述

对于电路中任一含有 n 个电容元件的割集或连接 n 个电容元件的节点，若换路前后该割集中或节点上所有电容极板上的电荷总量分别为 $\sum_{j=1}^{n} q_{C_j}(0_-)$ 和 $\sum_{j=1}^{n} q_{C_j}(0_+)$，且有

$$\sum_{j=1}^{n} q_{C_j}(0_+) = \sum_{j=1}^{n} q_{C_j}(0_-) \tag{7-30}$$

则与该割集或节点相关的电容元件极板上的电荷是守恒(连续)的，式(7-30)中 q_{C_j} 为第 j 个电容元件极板上所带电荷，若其对应电容为 C_j，端电压为 u_{C_j}，则式(7-30)可以表示为

$$\sum_{j=1}^{n} C_j u_{C_j}(0_+) = \sum_{j=1}^{n} C_j u_{C_j}(0_-) \tag{7-31}$$

2. 割集(节点)电荷守恒原理的证明

在电路中任取一含有电容元件的割集如图 7-9 所示。设割集共含有 p 条支路，其中有 n 条电容支路，将全部支路电流按所有电容元件支路电流和其余非电容元件支路电流分为两组，由 KCL 可得

$$\sum_{j=1}^{n} i_{C_j}(t) + \sum_{j=n+1}^{p} i_j(t) = 0 \tag{7-32}$$

式中，$i_{C_j}(t)$ 为流过电容 C_j 的电流，将 $i_{C_j}(t) = \dfrac{\mathrm{d}q_{C_j}(t)}{\mathrm{d}t}$ 代入可得

$$\sum_{j=1}^{n} \frac{\mathrm{d}q_{C_j}(t)}{\mathrm{d}t} + \sum_{j=n+1}^{p} i_j(t) = 0 \tag{7-33}$$

对式(7-33)两边在区间 $[0_-, 0_+]$ 作积分，可得

$$\sum_{j=1}^{n} \left[q_{C_j}(0_+) - q_{C_j}(0_-) \right] + \sum_{j=n+1}^{p} \int_{0_-}^{0_+} i_j(t)\,\mathrm{d}t = 0 \tag{7-34}$$

假设在图 7-9 中，各非电容元件支路电流 $i_j(t)(j = n+1, \cdots, p)$ 在区间 $[0_-, 0_+]$ 是

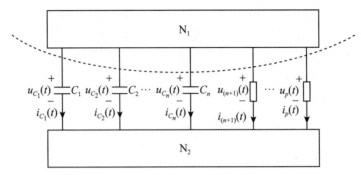

图 7-9 包含 n 个电容元件的割集示例

有界的(非或者不含冲激电流),则式(7-34)中 $\int_{0_-}^{0_+} i_j(t)\,\mathrm{d}t = 0$,故 $\sum_{j=n+1}^{p} \int_{0_-}^{0_+} i_j(t)\,\mathrm{d}t = 0$,或者即使非电容元件支路中某些支路存在冲激电流致使其 $\int_{0_-}^{0_+} i_j(t)\,\mathrm{d}t \neq 0$,但是这些冲激电流相互抵消从而有 $\sum_{j=n+1}^{p} \int_{0_-}^{0_+} i_j(t)\,\mathrm{d}t = 0$,于是可得割集(节点)电荷守恒式,即

$$\sum_{j=1}^{n} q_{C_j}(0_+) = \sum_{j=1}^{n} q_{C_j}(0_-) \tag{7-35}$$

利用 $q_{C_j}(t) = C_j u_{C_j}(t)$,可得

$$\sum_{j=1}^{n} C_j u_{C_j}(0_+) = \sum_{j=1}^{n} C_j u_{C_j}(0_-) \tag{7-36}$$

需要注意的是,电容 C_j 支路既可以是纯电容支路,也可以是 C_j 串联其他元件(或其他元件的组合)例如,电阻、电压源等形成的支路。

对比式(7-34)和式(7-35)可知,割集(节点)电荷守恒是有条件的,即若该割集(节点)关联非电容支路,则这些支路电流中不含冲激电流分量,或虽含有冲激分量,但这些冲激电流应互相抵消使其和为零,即无论如何,必须满足 $\sum_{j=n+1}^{p} \int_{0_-}^{0_+} i_j(t)\,\mathrm{d}t = 0$,这时,这类割集(节点)中的电荷仅在 $[0_-,0_+]$ 守恒;特别的,若一割集(节点)仅由电容支路构成,这时 KCL 式(7-33)变为 $\sum_{j=1}^{n} \dfrac{\mathrm{d}q_{C_j}(t)}{\mathrm{d}t} = 0$,对其两边从 $0_+ \sim \infty$ 积分可得

$$\sum_{j=1}^{n} q_{C_j}(0_+) = \sum_{j=1}^{n} q_{C_j}(0_-) = \sum_{j=1}^{n} q_{C_j}(\infty)$$

利用 $q_{C_j}(t) = C_j u_{C_j}(t)$,可得

$$\sum_{j=1}^{n} C_j u_{C_j}(0_+) = \sum_{j=1}^{n} C_j u_{C_j}(0_-) = \sum_{j=1}^{n} C_j u_{C_j}(\infty)$$

这表明这类割集(节点)中电容极板上的总电荷量在 $[0_-,\infty]$ 中任一时刻均保持守恒不变,这是由于在仅由电容支路构成的割集中,电容对外部放电只会使得电容极板上的电荷分布发生变化,而其总和却是恒定不变的。

对于有界外施激励下的非常态电路，引起电容电压跃变的冲激电流只可能会出现在纯电容回路中，即纯电容回路中的电容和/或电压源上，而不会出现在包括电阻和电感在内的其他元件上，即其他支路上的电流都是有界的，否则电阻就会消耗无穷大的功率，电感上就会瞬时储存无穷大的磁场能量，这在有界激励下是根本不可能的，而电流源的电流本身就是有界的，也不可能出现冲激电流。

由式(7-36)的推导过程可知，一个割集(节点)上的电荷是否守恒，仅仅取决于该割集(节点)所关联的各非电容支路是否不含冲激电流，或即使含有冲激电流，它们之和是否为零。例如，在如图 7-10 所示电路中，电容 C_4 在开关 S 合上前并未充电，在换路瞬间，由于原未充电的电容 C_4 的接入，故而根据由电压源 u_S、电容 C_2 和 C_4 组成的回路的 KVL 方程可知，C_2 和 C_4 的电压将产生跳变，故而这两个电容中就会流过冲激电流。然而，电阻 R 所在支路不可能流过冲激电流，此外，由电容 C_1 和 u_S 组成的回路的 KVL 方程可知，电容 C_1 的电压受 u_S 电压的钳制，不可能发生跳变，故电容 C_1 也无冲激电流通过，因此，上述流过电容 C_2 和 C_4 的冲激电流只有流过电压源 u_S 支路。这样，在由电容支路和其他支路组成的三个独立割集中，由于割集 1 和割集 2 中均有除电容支路(分别为 C_4 和 C_2 支路)外的其他支路，即电压源 u_S 支路中含有无法相消的冲激电流，因而这两个割集的电荷不守恒，不能应用式(7-35)或式(7-36)，而由于割集 3 中除电容支路(C_4 和 C_2 支路)外的其他支路即电压源 R、C_3 串联支路中不含有冲激电流，故而割集 3 的电荷守恒，可以应用式(7-35)或式(7-36)。

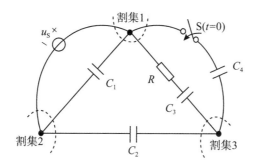

图 7-10　含有电荷守恒割集与电荷不守恒割集的电路示例

电路中存在由换路所形成的纯电容回路，是换路时该回路中电容电压发生跃变的必要条件，而判别是否会发生这种跃变的原则是：若利用由电容电压的连续性原理所得的 $u_{C_j}(0_-)(j=1, 2, \cdots)$ 列写的换路后 $t=0_+$ 时刻纯电容回路的 KVL 方程得不到满足，则该纯电容回路中的个别或某些甚至所有的电容电压在换路时会发生跃变；反之，若该 KVL 方程得到满足，则该纯电容回路中的电容电压在换路时不会发生跃变。

7.7.2.3　纯电容回路中电容电压跳变量的计算

由于在推导式(7-36)的过程中，对割集(节点)所关联的各电容支路电流并无限制，即它们可为有界电流亦可是冲激电流，因此，只要首先利用前面介绍的有界电源激励下常态电路(可以附含受控源)求所有电容电压即 $u_{C_j}(0_-)(j = 1, 2, \cdots, n)$ 的方法求出这些值,再通过联立求解割集(节点)电荷守恒式(7-36)与 $t = 0_+$ 时刻纯电容回路中关于 $u_{C_j}(0_+)(j = 1, 2, \cdots, n)$ 的 KVL 方程,便可以得到所有情况下换路后纯电容回路中各 $u_{C_j}(0_+)$,这包括:

(1)换路时纯电容回路中所有发生跳变后的电容电压 $u_{C_j}(0_+)$,这时割集(节点)所关联的对应各电容支路电流中均存在造成这些电容电压跳变的冲激电流;

(2)换路时纯电容回路中部分或单个电容电压发生跳变后的 $u_{C_{j_r}}(0_+)$,以及余下未发生跳变的电容电压 $u_{C_{j_s}}(0_+)$(两部分电容个数之和为 n 即 $\sum j_r + \sum j_s = n$),这时割集(节点)所对应关联的 $\sum j_r$ 个电容支路电流中存在引起这些电容电压跳变的冲激电流,而 $\sum j_s$ 个电容支路电流中不存在冲激电流;

(3)换路时纯电容回路中的所有均未发生跳变的电容电压 $u_{C_j}(0_+)$,这时割集(节点)所对应的各电容支路电流中均不存在冲激电流。

需要注意的是,在进行上述计算之前,必须首先检验应用式(7-36)的条件即割集(节点)所关联的各非电容支路中均不含冲激电流或冲激电流之和为零是否得到满足。

【例 7-5】 在如图 7-11 所示的电路中,已知 $u_{S_1} = 12V$,$u_{S_2} = 6V$,$R_1 = R_2 = 10\Omega$,$C_1 = C_2 = 0.1\mu F$,$u_{C_1}(0_-) = 0$,开关 S 闭合前电路已达稳态,试求 $u_{C_1}(0_+)$ 和 $u_{C_2}(0_+)$。

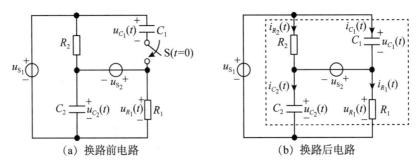

(a) 换路前电路   (b) 换路后电路

图 7-11 例 7-5 图

解 换路前 $t = 0_-$ 时刻电路处于直流稳态,这时电容均等效于开路,因此,在 R_1、R_2、u_{S_1}、u_{S_2} 组成的串联回路中利用分压公式,可得

$$u_{R_1}(0_-) = \frac{R_1}{R_1 + R_2}(u_{S_1} + u_{S_2}) = \frac{10}{10 + 10} \times 18 = 9(\text{V})$$

由 KVL 方程可得

$$u_{C_2}(0_-) = -u_{S_2} + u_{R_1}(0_-) = -6 + 9 = 3(\text{V})$$

换路后电路如图 7-11(b)所示,其在换路瞬间,由于原未充电电容 C_1 的接入,因而根据由 C_1、C_2、u_{S_1}、u_{S_2} 所构成的纯电容回路的 KVL 方程可知,C_1 和 C_2 的电压将产生跳变,所以这两个电容中会流过冲激电流,但是,在有界外施激励下,引起电容电压跳变的冲激电流只可能出现在纯电容回路中的电容和/或电压源上,因此 R_1 上电流 $i_{R_1}(t)$ 和 R_2 上

电流 $i_{R_2}(t)$ 不可能为冲激电流，故而不满足连续性原理。

考虑 C_1、C_2、R_1、R_2 组成的割集，对其可得 KCL 方程，即

$$i_{C_2}(t) - i_{C_1}(t) + i_{R_1}(t) - i_{R_2}(t) = 0 \qquad (7\text{-}37)$$

由于 $i_{R_1}(t)$ 和 $i_{R_2}(t)$ 不为冲激电流，因而满足应用割集(节点)电荷守恒原理的条件。由式(7-37)写出该割集的电荷守恒方程为

$$C_2 u_{C_2}(0_+) - C_2 u_{C_2}(0_-) - [C_1 u_{C_1}(0_+) - C_1 u_{C_1}(0_-)] = 0$$

即

$$C_2 u_{C_2}(0_+) - C_1 u_{C_1}(0_+) = C_2 u_{C_2}(0_-) - C_1 u_{C_1}(0_-)$$

代入已知数据可得

$$u_{C_2}(0_+) - u_{C_1}(0_+) = 3 \qquad (7\text{-}38)$$

对换路后电路中由 u_{S_1}、u_{S_2}、C_1 和 C_2 组成的纯电容回路列写其在 $t = 0_+$ 时刻的 KVL 方程，可得

$$u_{C_1}(0_+) + u_{C_2}(0_+) = 6 \qquad (7\text{-}39)$$

联立求解式(7-38)和式(7-39)，可得

$$u_{C_1}(0_+) = 1.5\text{V}, \qquad u_{C_2}(0_+) = 4.5\text{V}$$

若在图 7-11(a)中仅将开关 S 改接到与 R_1 相串联，其他不变，再将 $u_{C_1}(0_-) = 0$ 这个已知条件去除，其他已知条件不变，仍求 $u_{C_1}(0_+)$ 和 $u_{C_2}(0_+)$，则可求出

$$u_{C_1}(0_-) = -u_{S_2} = -6\text{V}, \qquad u_{C_2}(0_-) = u_{S_1} = 12\text{V}$$

对 C_1、C_2、R_1、R_2 组成割集应用电荷守恒式，可得

$$u_{C_2}(0_+) - u_{C_1}(0_+) = 18 \qquad (7\text{-}40)$$

对换路后电路中由 u_{S1}、u_{S2}、C_1 和 C_2 组成的纯电容回路列写其在 $t = 0_+$ 时刻的 KVL 方程，可得

$$u_{C_1}(0_+) + u_{C_2}(0_+) = 6 \qquad (7\text{-}41)$$

联立求解式(7-40)和式(7-41)，可得

$$u_{C_1}(0_+) = -6\text{V}, \qquad u_{C_2}(0_+) = 12\text{V}$$

由此可见，两个电容 C_1，C_2 上的电压均未发生跃变，这是割集(节点)电荷守恒原理应用于割集(节点)上各电容电流均为非冲激电流，因而各电容电压均未发生跃变，即连续性原理适用的情况。由 u_{S_1}、u_{S_2}、C_1 和 C_2 组成的纯电容回路中的两个电容电压均未发生跃变，是因为该回路在换路前已经存在，并非是因为换路支路的参与而形成的，因此，该回路中的两个电容电压在 $t = 0_-$ 时刻和 $t = 0_+$ 时刻满足该回路的同一个 KVL 方程，故而它们均不会发生跃变。显然，若某电容为一换路后新形成的纯电容回路和换路前原有的纯电容回路的公共支路，且该电容在新形成的纯电容回路中发生了跃变，则换路前原有的纯电容回路中的电容电压也会相应跃变。

7.7.2.4 回路磁链守恒原理

回路磁链守恒原理实际上是 KVL 的另一种表示形式，它与割集(节点)电荷守恒原理互为对偶。

1. 回路磁链守恒原理的表述

对于电路中任一含有 n 个电感元件的回路，若换路前后该回路中各电感元件的总磁链数分别为 $\sum\limits_{j=1}^{n} \Psi_{L_j}(0_-)$ 和 $\sum\limits_{j=1}^{n} \Psi_{L_j}(0_+)$，且有

$$\sum_{j=1}^{n} \Psi_{L_j}(0_+) = \sum_{j-1}^{n} \Psi_{L_j}(0_-) \tag{7-42}$$

则该回路中电感元件的总磁链是守恒的。式(7-42)中，Ψ_{L_j} 为第 j 个电感元件的磁链，若其对应电感为 L_j，端电流为 i_{L_j}，则式(7-42)可以表示为

$$\sum_{j=1}^{n} L_j i_{L_j}(0_+) = \sum_{j=1}^{n} L_j i_{L_j}(0_-) \tag{7-43}$$

2. 回路磁链守恒原理的证明

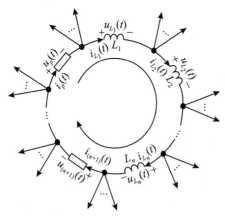

图 7-12　包含 n 个电感元件的回路示例

在电路中任取一含有电感元件的回路如图 7-12 所示。设回路中共含有 p 条支路，其中有 n 条电感支路，将全部支路电压按所有电感元件支路电压和其余非电感元件支路电压分为两组，由 KVL 可得

$$\sum_{j=1}^{n} u_{L_j}(t) + \sum_{j=n+1}^{p} u_j(t) = 0 \tag{7-44}$$

式中，$u_{L_j}(t)$ 为电感 L_j 的端电压，对其利用式

$$u_{L_j}(t) = \frac{\mathrm{d}\Psi_{L_j}(t)}{\mathrm{d}t}$$ 可得

$$\sum_{j=1}^{n} \frac{\mathrm{d}\Psi_{L_j}(t)}{\mathrm{d}t} + \sum_{j=n+1}^{p} u_j(t) = 0 \tag{7-45}$$

对式(7-45)两边在区间 $[0_-, 0_+]$ 作积分，可得

$$\sum_{j=1}^{n} \left[\Psi_{L_j}(0_+) - \Psi_{L_j}(0_-) \right] + \sum_{j=n+1}^{p} \int_{0_-}^{0_+} u_j(t)\mathrm{d}t = 0 \tag{7-46}$$

假设在图 7-12 中，各非电感元件支路电压 $u_j(t)(j = n+1, \cdots, p)$ 在区间 $[0_-, 0_+]$ 是有界的(非或者不含冲激电压)，则式(7-46)中 $\int_{0_-}^{0_+} u_j(t)\mathrm{d}t = 0$，故 $\sum\limits_{j=n+1}^{p} \int_{0_-}^{0_+} u_j(t)\mathrm{d}t = 0$，或者即使非电感元件支路中某些支路的端电压为冲激电压致使其 $\int_{0_-}^{0_+} u_j(t)\mathrm{d}t \neq 0$，但是这些冲激电压相互抵消，从而有 $\sum\limits_{j=n+1}^{p} \int_{0_-}^{0_+} u_j(t)\mathrm{d}t = 0$，于是可得回路磁链守恒式，即

$$\sum_{j=1}^{n} \Psi_{L_j}(0_+) = \sum_{j=1}^{n} \Psi_{L_j}(0_-) \tag{7-47}$$

利用 $\Psi_{L_j}(t) = L_j i_{L_j}(t)$，可得

$$\sum_{j=1}^{n} L_j i_{L_j}(0_+) = \sum_{j=1}^{n} L_j i_{L_j}(0_-) \tag{7-48}$$

对比式(7-46)和式(7-47)可知，回路磁链守恒是有条件的，即若该回路的组成中存在非电感支路，则这些支路的端电压不含冲激电压分量，或虽含有冲激分量，但这些冲激电压应互相抵消使其和为零，即无论如何，必须满足 $\sum\limits_{j=n+1}^{p}\int_{0_-}^{0_+}u_j(t)\,\mathrm{d}t=0$，这时这类回路中的磁链仅在 $[0_-,0_+]$ 守恒；特别的，若一回路仅含有电感支路，这时 KVL 式(7-45)变为

$$\sum_{j=1}^{n}\frac{\mathrm{d}\Psi_{L_j}(t)}{\mathrm{d}t}=0,\quad \text{对其两边从 } 0_+\sim\infty \text{ 积分可得}$$

$$\sum_{j=1}^{n}\Psi_{L_j}(0_+)=\sum_{j=1}^{n}\Psi_{L_j}(0_-)=\sum_{j=1}^{n}\Psi_{L_j}(\infty)$$

利用 $\Psi_{L_j}(t)=L_j i_{L_j}(t)$ 可得

$$\sum_{j=1}^{n}L_j i_{L_j}(0_+)=\sum_{j=1}^{n}L_j i_{L_j}(0_-)=\sum_{j=1}^{n}L_j i_{L_j}(\infty)$$

这表明这类回路中电感上的总磁链在 $[0_-,\infty]$ 中任一时刻均守恒不变，这是由于在仅由电感支路构成的回路中，电感对外部放磁只会使电感上的磁链分布发生变化，而其总和却是恒定不变的。

对于有界外施激励下的非常态电路，引起电感电流跳变的冲激电压只可能会出现在纯电感割集(节点)中，即纯电感割集(节点)中的电感和/或电流源上，而不会出现在包括电阻和电容在内的其他元件上，即其他支路上的电压都是有界的，否则，电阻就会消耗无穷大的功率，电容中就会瞬时储存无穷大的电场能量，这在有界激励下是绝对不可能的，而电压源的电压本身就是有界的，也不可能出现冲激电压。

由式(7-48)的推导过程可知，一个回路的磁链是否守恒，唯一取决于该回路中所含的各非电感元件支路是否不含冲激电压，或即使含有冲激电压，它们之和是否为零。例如，在如图 7-13 所示电路中，由于 R_1、R_2 两端不会产生冲激电压，故而回路 l_1 的磁链守恒，因此，对该回路可以应用式(7-47)或式(7-48)。当开关 S 断开前，连接有 R_S、R_1、R_2 和 L_3 的四个支路均关联于节点①，它们满足该节点的 KCL 方程，开关 S 的突然断开必然使该方程中剩余三个支路电流发生突变，然而，由于 L_3 支路的电流为理想电流源 i_S，不会发生变化，故而发生突变的就只能是 L_1 和 L_2 上的电流，因此 L_1 和 L_2 两端分别出现冲激电压，但是，L_3 两端不会出现冲激电压，于是，在回路 l_2 中，R_2、L_3 的端电压均非冲激电压，而 L_2 的端电压则是冲激电压，因此，为了使该回路的 KVL 方程左方与右方均包含冲激电压而使方程平衡，即能够成立，电流源 i_S 的端电压就必须为冲激电压，这样就违反了回路磁链守恒成立的条件，故回路 l_2 的磁链不守恒，因而对该回路不能应用式(7-47)或式(7-48)。

电路中存在由换路所形成的纯电感割集(节点)是换路时该割集(节点)中电感电流发生跃变的必要条件，而判别是否会发生这种跃变的原则是：若利用由电感电流的连续性原理所得的 $i_{L_j}(0_+)$($j=1,2,\cdots$) 列写的换路后 $t=0_+$ 时刻纯电感割集(节点)的 KCL 方程得不到满足，则该纯电感割集(节点)中的个别或某些甚至所有的电感电流在换路时就发生了跃变；反之，若该 KCL 方程得到满足，则该纯电感割集(节点)中的电感电流在换路时未发生跃变。

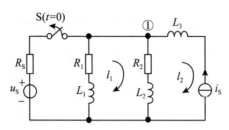

图 7-13　含有磁链守恒回路与磁链不守恒回路的电路示例

7.7.2.5　纯电感割集(节点)中电感电流跳变量的计算

由于在推导式(7-48)的过程中，对回路中各电感支路电压并无限制，即它们可为有界电压，也可为冲激电压，因此，只要首先利用有界电源激励下常态电路(可以附含受控源)求所有电感电流即 $i_{L_j}(0_-)$($j=1$，2，$\cdots$，n)的方法求出这些值，再通过联立求解回路磁链守恒式(7-48)和 $t=0_+$ 时刻纯电感割集(节点)中关于 $i_{L_j}(0_+)$($j=1$，2，$\cdots$，n)的 KCL 方程，就可以得到所有情况下换路后纯电感割集(节点)中各电感电流 $i_{L_j}(0_+)$，这包括：

(1)换路时纯电感割集(节点)中所有发生跳变后的电感电流 $i_{L_j}(0_+)$，这时回路中所对应的各电感电压中均存在造成这些电感电流跳变的冲激电压；

(2)换路时纯电感割集(节点)中部分或单个电感电流发生跳变后的 $i_{L_{j_r}}(0_+)$ 以及余下未发生跳变的电感电流 $i_{L_{j_s}}(0_+)$(两部分电感个数之和为 n 即 $\sum j_r + \sum j_s = n$)，这时回路中所对应的 $\sum j_r$ 个电感电压中存在引起这些电感电流跳变的冲激电压，而 $\sum j_s$ 个电感电压中不存在冲激电压；

(3)换路时纯电感割集(节点)中所有均未发生跳变的电感电流 $i_{L_j}(0_+)$，这时回路中所对应的各电感电压中均不存在冲激电压。

需要注意的是，在进行上述计算之前，必须首先检验应用式(7-48)的条件，即回路中各非电感元件电压中均不含冲激电压或冲激电压之和为零是否得到满足。

【例 7-6】　在图 7-14 所示的电路中，已知 $u_S=4\text{V}$，$R_1=R_2=R_3=2\Omega$，$L_1=1\text{H}$，$L_2=L_3=2\text{H}$，开关 S 打开前电路处于稳态，$t=0$ 时将开关断开，试求 $i_{L_1}(0_+)$、$i_{L_2}(0_+)$ 和 $i_{L_3}(0_+)$。

解　$t=0_-$ 时电路处于直流稳态，电感等效于短路，因此，L_1、L_2 和 L_3 电流分别为

$$i_{L_1}(0_-)=\frac{u_S}{R_1}=\frac{4}{2}=2\text{A}，\quad i_{L_2}(0_-)=i_{L_3}(0_-)=0$$

当 $t=0_+$ 时，由 KCL 可得

$$-i_{L_1}(0_+)+i_{L_2}(0_+)+i_{L_3}(0_+)=0$$

由于 R_1、R_2、R_3 和 u_S 两端均无冲激电压出现，故而可以分别列写回路 l_1 和 l_2 的磁链守恒方程，即

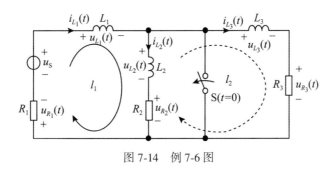

图 7-14 例 7-6 图

$$L_1 i_{L_1}(0_+) + L_2 i_{L_2}(0_+) = L_1 i_{L_1}(0_-)$$

$$- L_2 i_{L_2}(0_+) + L_3 i_{L_3}(0_+) = 0$$

联立求解以上 3 个方程可求得

$$i_{L_1}(0_+) = \frac{(L_1 L_2 + L_1 L_3) u_S}{R_1(L_1 L_2 + L_1 L_3 + L_2 L_3)} = \frac{(2 + 2) \times 4}{2 \times (2 + 2 + 4)} = 1(\text{A})$$

$$i_{L_2}(0_+) = \frac{L_1 L_3 u_S}{R_1(L_1 L_2 + L_1 L_3 + L_2 L_3)} = \frac{1 \times 2 \times 4}{2 \times (2 + 2 + 4)} = 0.5(\text{A})$$

$$i_{L_3}(0_+) = \frac{L_1 L_2 u_S}{R_1(L_1 L_2 + L_1 L_3 + L_2 L_3)} = \frac{1 \times 2 \times 4}{2 \times (2 + 2 + 4)} = 0.5(\text{A})$$

由此可见，3 个电感电流在 0_- 到 0_+ 瞬间均发生了跳变。

一旦确定了有界激励下非常态网络所有的 $u_C(0_+)$、$i_L(0_+)$，就可以利用前面介绍的包括 0_+ 等效电路等求解初始条件的方法求出非常态网络中任一待求响应变量的各阶初始条件，从而再通过其微分方程求出该响应变量的时域表示式。

7.7.3 常态电路(可以附含受控源)在冲激激励作用下的初始条件

在冲激激励作用下，常态电路中某些电容电压、电感电流可能会发生跃变。例如，对于如图 7-15 所示冲激电流源作用下的电路，对节点①列写 KCL 方程，可得

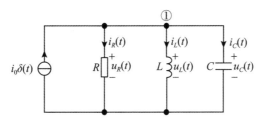

图 7-15 冲激电流源作用下的 *RLC* 并联电路

$$C \frac{\mathrm{d} u_C(t)}{\mathrm{d} t} + \frac{u_C(t)}{R} + i_L(0_-) + \frac{1}{L} \int_{0_-}^{t} u_C(\tau) \mathrm{d}\tau = i_0 \delta(t)$$

251

式中，右方为一冲激函数，要使式子左边与右边平衡，左边也必须包含冲激函数，并且左边的冲激函数只能含在导数阶数最高那一项，因此，$C \dfrac{\mathrm{d} u_C(t)}{\mathrm{d} t} \left(= i_C(t) \right)$ 包含了冲激函数，这说明 $u_C(t)$ 在冲激电流的作用下 $t = 0$ 时会发生有限跳变，即 $u_C(0_+) \neq u_C(0_-) \left[u_C(0_-) \right.$ 为零或一有限值 $\left. \right]$，从而使得电流 $i_R(t)$ 在 $t = 0$ 时为一有限值，故而电阻电压 $u_R(t) (= u_L(t))$ 亦为一有限值，而电流 $i_L(t)$ 由于电感元件没有承受无限大电压的冲激，故而在 $t = 0$ 时不能发生跳变，即 $i_L(0_+) = i_L(0_-)$。

与图 7-15 中电路对偶，在冲激电压源作用下的 RLC 串联电路中，$i_L(t)$ 在冲激电压作用下 $t = 0$ 时会发生有限跳变，即 $i_L(0_+) \neq i_L(0_-)$（$i_L(0_-)$ 为零或一有限值），但这一有限电流对电容充电，不能使 $u_C(t)$ 发生跳变，即 $u_C(0_+) = u_C(0_-)$。

由于冲激电源的作用时间仅为 $t = 0$ 这一瞬刻即在区间 $(0_-, 0_+)$ 内，因此，对于一个其 $u_C(0_-)$ 值为零的电容元件而言，若有冲激电流在 $(0_-, 0_+)$ 流过它，在此瞬间，由于冲激电流突然瞬刻作用，所以电容电压还来不及跃变，只有在 $t = 0_+$ 时刻才由该冲激电流建立起一个有限电压 $u_C(0_+)$，因而在 $(0_-, 0_+)$ 内零态电容相当于短路；对于一个其 $i_L(0_-)$ 值为零的电感元件而言，若有冲激电压在 $(0_-, 0_+)$ 施加于它，电感电流在此瞬间同样来不及跃变，只有在 $t = 0_+$ 时刻才通过该冲激电压建立起一有限电流 $i_L(0_+)$，故而在 $(0_-, 0_+)$ 内零态电感相当于开路。因此，对于冲激激励作用下的常态电路，为了计算其中所有的 $u_C(0_+)$ 和 $i_L(0_+)$，可以在区间 $(0_-, 0_+)$ 将电路中所有零态电容元件短路，零态电感元件开路，而包括冲激电源在内的其他元件均保留不变，从而得到一个 $t = 0$ 即 $(0_-, 0_+)$ 时刻的等效电阻电路，从中可以求出 $(0_-, 0_+)$ 内流过电容元件的冲激电流 $i_C(t)$（若存在）以及电感元件两端的冲激电压 $u_L(t)$（若存在），进而再通过它们，并分别利用这两种元件的伏安关系求出 $u_C(0_+)$ 和 $i_L(0_+)$。更为一般的情况则是冲激激励作用下的电容、电感为非零态，这时将其分别等效为一个零态电容与一个电压值为 $u_C(0_-)$ 电压源串联以及一个零态电感与一个电流值为 $i_L(0_-)$ 电流源并联，因此，$u_C(0_+)$ 和 $i_L(0_+)$ 的一般计算式为

$$u_C(0_+) = u_C(0_-) + \frac{1}{C} \int_{0_-}^{0_+} i_C(t)\,\mathrm{d} t \tag{7-49}$$

$$i_L(0_+) = i_L(0_-) + \frac{1}{L} \int_{0_-}^{0_+} u_L(t)\,\mathrm{d} t \tag{7-50}$$

这表明，无论 $u_C(0_-)$、$i_L(0_-)$ 是否为零，都可以首先作出 $(0_-, 0_+)$ 时的等效电阻电路，求出该电路中的流过电容元件的冲激电流 i_C（若存在）以及电感元件的冲激电压 u_L（若存在），再分别求出式(7-49)中的 $\dfrac{1}{C} \int_{0_-}^{0_+} i_C(t)\,\mathrm{d} t$ 和式(7-50)中的 $\dfrac{1}{L} \int_{0_-}^{0_+} u_L(t)\,\mathrm{d} t$，若 $u_C(0_-) = 0$、$i_L(0_-) = 0$，则式(7-49)、式(7-50)中这两项分别取零；若 $u_C(0_-) \neq 0$ 和 $i_L(0_-) \neq 0$，则分别按式(7-49)、式(7-50)对应加上已知的 $u_C(0_-)$ 和 $i_L(0_-)$，从而得到 $u_C(0_+)$ 和 $i_L(0_+)$。

一旦求出所有的 $u_C(0_+)$ 和 $i_L(0_+)$，就可以按照求零阶和其他阶初始条件的方法求取这些初始条件，但是，需要注意的是，由于冲激电源的作用时间仅为 $(0_-, 0_+)$ 即 $t = 0$ 瞬

刻，$t \geq 0_+$ 为零，因此，在所作 0_+ 等效电阻电路时，除了将原电路中的电容用值为 $u_C(0_+)$ 的直流电压源替代，电感用值为 $i_L(0_+)$ 的直流电流源替代外，还要将冲激电源置零，即将冲激电压源短路，冲激电流源开路，其他不变。此外，求除了 $\dfrac{\mathrm{d}u_C(0_+)}{\mathrm{d}t}$，$\dfrac{\mathrm{d}i_L(0_+)}{\mathrm{d}t}$ 外的一阶初始条件和二阶以及高阶初始条件时，在所需的 $t \geq 0_+$ 的电路中也要将原电路中的冲激电源置零。

【例 7-7】 在如图 7-16(a) 所示的电路中，已知 $u_C(0_-) = -2\mathrm{V}$，$i_L(0_-) = 1\mathrm{A}$，试求 $\dfrac{\mathrm{d}i_L(0_+)}{\mathrm{d}t}$ 和 $\dfrac{\mathrm{d}u_C(0_+)}{\mathrm{d}t}$。

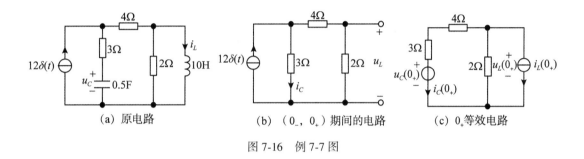

图 7-16 例 7-7 图

解 在冲激电源作用期间的等效电路如图 7-16(b) 所示，由此可得

$$i_C(t) = \frac{4+2}{3+4+2} \times 12\delta(t) = 8\delta(t)\,\mathrm{A}$$

$$u_L(t) = 2 \times [12\delta(t) - 8\delta(t)] = 8\delta(t)\,\mathrm{V}$$

于是有

$$u_C(0_+) = u_C(0_-) + \frac{1}{0.5} \int_{0_-}^{0_+} i_C(t)\,\mathrm{d}t = -2 + 2\int_{0_-}^{0_+} 8\delta(t)\,\mathrm{d}t = 14\mathrm{V}$$

$$i_L(0_+) = i_L(0_-) + \frac{1}{10} \int_{0_-}^{0_+} u_L(t)\,\mathrm{d}t = 1 + \frac{1}{10}\int_{0_-}^{0_+} 8\delta(t)\,\mathrm{d}t = 1.8\mathrm{A}$$

据此做出 $t = 0_+$ 时的等效电路如图 7-16(c) 所示，列 KVL 方程为

$$u_C(0_+) + (3+4) \times i_C(0_+) + [i_L(0_+) + i_C(0_+)] \times 2 = 0$$

$$u_L(0_+) = -[i_L(0_+) + i_C(0_+)] \times 2$$

可得

$$u_L(0_+) = \frac{14}{45}\mathrm{V}, \quad i_C(0_+) = -\frac{88}{45}\mathrm{A} \approx -1.96\mathrm{A}$$

于是

$$\frac{\mathrm{d}u_C(0_+)}{\mathrm{d}t} = \frac{1}{0.5} i_C(0_+) = -\frac{176}{45}\mathrm{V/s} \approx 3.91\mathrm{V/s}$$

$$\frac{\mathrm{d}i_L(0_+)}{\mathrm{d}t} = \frac{1}{10} u_L(0_+) = \frac{7}{225}\mathrm{A/s}$$

7.8　一阶电路的响应

本节利用经典法具体分析一阶电路的过渡过程，首先建立关于所求响应的一阶微分方程，而后求出该微分方程所要满足的初始条件，最终求出该微分方程的定解，即一阶电路响应的表示式。实际计算时，一般采用简便方法，即直接套用所得出的一阶电路响应解的通用公式来求取响应，而无需列写并求解微分方程。

工程实际中存在大量的一阶电路，例如微分电路、积分电路等。

在研究电路的过渡过程时，对于动态电路的响应可以有两种分解方式：一是前面介绍的分解为自由分量(或暂态分量)和强制分量(或稳态分量)，这种分解方式着眼于电路的响应与其工作状态之间的关系；二是分解为零输入响应和零状态响应，这时所关注的是电路的激励和响应之间的因果关系。根据具体电路不同，动态电路换路后的响应可能是由电路中的外施激励和所有储能元件在 $t = 0_-$ 时的储能这两种能量源共同引起的，也可能是两者之一单独产生的。所谓零输入响应，是指换路后的电路在没有外施激励作用的情况下，仅由电路中所有储能元件在 $t = 0_-$ 时的储能所产生的响应。从物理上说，零输入响应除了取决于电路中全部电容电压和电感电流在 $t = 0_-$ 时的值以外，还取决于电路的结构和参数，而与外施激励无关；所谓零状态响应，则是指换路后的电路中所有储能元件在 $t = 0_-$ 时的储能均为零，即电路处于零状态而仅由外施激励所产生的响应。

7.8.1　一阶电路的零输入响应

7.8.1.1　一阶电路零输入响应的一般表示式

换路后一阶电路零输入响应 $y_{zi}(t)$ 的一阶齐次线性常微分方程及其初始条件的一般形式可以表示为

$$\left.\begin{array}{c} \dfrac{\mathrm{d}y_{zi}(t)}{\mathrm{d}t} + ay_{zi}(t) = 0, \ t \geqslant 0_+ \\[2mm] y_{zi}(0_+) = y_{zi0} \end{array}\right\} \tag{7-51}$$

设式中齐次微分方程的通解(自由响应)为 $y_{zi}(t) = Ae^{\lambda t}$，并将其代入可得特征方程，即

$$\lambda + a = 0$$

由此求出特征根为

$$\lambda = -a$$

因此，该齐次微分方程式的通解为

$$y_{zi}(t) = Ae^{-at} \tag{7-52}$$

将初始条件 $y_{zi}(0_+) = y_0$ 代入，可确定待定常数为

$$A = y_{zi}(0_+) = y_{zi0}$$

于是，式(7-51)所描述的一阶电路的零输入响应为

$$y_{zi}(t) = y_{zi}(0_+)e^{-at}, \qquad t \geqslant 0_+ \tag{7-53}$$

需要强调的是，零输入响应的初始值仅仅是由电路在 $t = 0_-$ 时的原始储能产生的，即仅仅取决于 $u_C(0_-)$ 和/或 $i_L(0_-)$。

7.8.1.2　典型一阶电路的零输入响应

换路后典型的零输入一阶电路仅含一个电阻和一个储能元件，包括 RC 电路和 RL 电路。下面分别讨论这两种电路的零输入响应。

1. RC 电路的零输入响应

(1) 微分方程的建立与求解。图 7-17 所示的电路在开关 S 原合于位置 1 且处于稳态，在 $t = 0$ 时，S 突然由位置 1 改接于位置 2，形成零输入下的 RC 电路，由于该电路激励为零，故而属于有界激励下的常态电路，因此满足连续性原理即 $u_C(0_+) = u_C(0_-) = U_0$，$u_C(0_+)$ 为电路的初始状态，它表明电路初始储能为 $W_C(0_+) = \dfrac{1}{2}CU_0^2 = W_C(0_-)$。

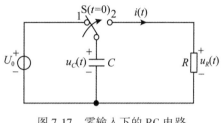

图 7-17　零输入下的 RC 电路

在图 7-17 中换路后的电路中，以电容电压 $u_C(t)$ 为零输入响应变量，将电阻元件 VCR：$u_R(t) = Ri(t)$ 代入 KVL：$u_C(t) = u_R(t)$，再在其中代入电容元件 VCR：$i(t) = -C\dfrac{\mathrm{d}u_C(t)}{\mathrm{d}t}$ 便可以建立 $u_C(t)$ 所满足的一阶线性常系数齐次微分方程，对其附以初始条件可得

$$\left.\begin{array}{l} \dfrac{\mathrm{d}u_C(t)}{\mathrm{d}t} + \dfrac{1}{RC}u_C(t) = 0,\ t \geq 0_+ \\[2mm] u_C(0_+) = u_C(0_-) = U_0 \end{array}\right\} \tag{7-54}$$

直接利用式(7-53)可得式(7-54)中的零输入响应电容电压 $u_C(t)$ 为

$$u_C(t) = U_0 \mathrm{e}^{-\frac{t}{RC}},\ t \geq 0_+ \tag{7-55}$$

一旦求得 $u_C(t)$，图 7-17 中换路后 $(t \geq 0_+)$ 电路的其他电压和电流可以直接利用克希霍夫定律和元件特性方程，而不必列写关于它们的微分方程求解，例如，放电回路电流 $i(t)$ 为

$$i(t) = -C\dfrac{\mathrm{d}u_C(t)}{\mathrm{d}t} = -CU_0\left(-\dfrac{1}{RC}\right)\mathrm{e}^{-\frac{t}{RC}} = \dfrac{U_0}{R}\mathrm{e}^{-\frac{1}{RC}t},\ t \geq 0_+ \tag{7-56}$$

利用电阻的特性方程也可得到上述结果。从数学运算上来说，电容的伏安特性方程中的求导数运算，以及电阻的 VCR、KCL 和 KVL 中的代数运算均不会改变指数变化规律，因此一旦求出 $u_C(t)$，各响应均按同一指数规律，随着时间的增长，由其换路后初始值单调衰减至零，为暂态响应或自由响应。

图 7-18 中所示为 $u_C(t)$ 和 $i(t)$ 的波形，可以看到，除 $u_C(t)$ 外，$i(t)$ 等其他响应量都在换路时发生了跳变，例如，由图 7-18 或式(7-56)，可知有 $i(0_+) = \dfrac{u_C(0_+)}{R} = \dfrac{U_0}{R}$，即 $i(t)$ 发生了由 0 到 U_0/R 的阶跃变化，这是由于电容电压不能跃变所决定的，而从实际电路来说，则是因为完全忽略了电路中的电感所导致的。

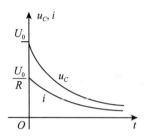

图 7-18　RC 电路零输入响应 $u_c(t)$
和 $i(t)$ 的变化曲线

（2）放电过程与能量转换。RC 电路零输入响应的变化过程实际上是该电路中电容向电阻释放其电场能的过程。换路前，电容的两个极板上分别带有正、负电荷 $q_c(0_-) = CU_0$，电容上原始储存的电场能量为 $W_C(0_-) = \dfrac{1}{2}CU_0^2$，正是它引起了换路后电路的零输入响应；换路后，电容与电阻构成了放电回路。电容正极板上的正电荷，通过电阻向电容的负极板迁徙形成放电电流 $i(t)$，并与负极板所带的负电荷中和，从而使电容极板上的电荷量渐次减少，电容内的电场强度发生变化，因此电容内出现位移电流，而电容极板间的电压 $u_c(t)$ 随着极板上电荷的逐渐减少，从 U_0 缓慢降低直至为零，放电电流 $i(t)$ 也随着电容电压降低相应地从 $\dfrac{U_0}{R}$ 渐渐减小最终至零。此外，由于放电过程只发生正、负极板的电荷中和，并没有反向对电容充电，因此在整个放电过程中，电容电压不改变符号，即在整个放电过程中电容电压单调递减至零，其间不会过零，放电电流亦是，这两者的渐小反映放电过程逐渐变缓。

在整个放电过程中，电容所储存的电场能量 $W_C(0_-)$，通过放电电流被电阻所全部吸收，转化为热能而消耗殆尽，即

$$W_R(0_+,\ \infty) = \int_{0_+}^{\infty} i^2(t)R\mathrm{d}t = R\int_{0_+}^{\infty}\left(\frac{U_0}{R}\mathrm{e}^{-\frac{t}{RC}}\right)^2\mathrm{d}t = \frac{U_0^2}{R}\int_{0_+}^{\infty}\mathrm{e}^{-\frac{2t}{RC}}\mathrm{d}t = \frac{1}{2}CU_0^2 = W_C(0_-)$$

（3）固有频率与时间常数。可以看出，RC 电路中 $u_c(t)$ 等所有零输入响应的表示式均为具有同一衰减系数的指数函数，该衰减系数即是电路中所有响应相同形式的微分方程所共同的特征根 $\lambda = -\dfrac{1}{RC}$。由于指数函数 $\mathrm{e}^{\lambda t}$ 要求 λt 为无量纲的数，因此 λ 的量纲应为 $1/\mathrm{s}$，即是频率的量纲，而 λ 又仅仅取决于电路自身的结构与参数，故而称为电路的固有频率。此外，对于同一个 RC 电路，其各零输入响应都具有同一衰减系数的指数函数从物理上可以解释为若利用替代定理将 $t \geqslant 0_+$ 后的电路中的电容元件用电压为 $u_c(t) = U_0\mathrm{e}^{-\frac{t}{RC}}$ 电压源替代，则原电路即变为一电阻电路，这时应用 KCL、KVL、电阻元件的 VCR 等代数运算来求解其他各零输入响应都不会改变该指数函数的性状，因而这些响应均与作为电压源的 $u_c(t)$ 具有同一衰减系数的指数函数，只是由于各响应的初始条件不同，故而指数函数的系数会有所不同。

将一阶电路微分方程对应的特征根即电路的固有频率的倒数定义为时间常数 τ 即 $\tau = -1/\lambda$，它是专属于一阶电路的概念。从 τ 的定义可知，其具有时间的量纲，因而称为时间常数，对于 RC 电路而言，由 $\tau = RC$ 可以推出：

$$\tau \text{ 的量纲} = [RC] = [欧]\cdot[法] = [欧]\cdot\left[\frac{库仑}{伏}\right] = [欧]\cdot\left[\frac{安\cdot秒}{伏}\right] = [欧]\cdot\left[\frac{秒}{欧}\right] = [秒]$$

由指数函数的性质可知，暂态过程进程的快慢或长短取决于 τ，τ 在负指数函数指数

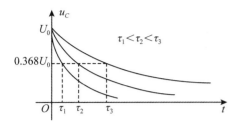

图 7-19 三个不同时间常数下 $u_c(t)$ 的
过渡过程曲线

的分母上，故若 $\tau_1 > \tau_2$，则 $\mathrm{e}^{-\frac{t}{\tau_1}} > \mathrm{e}^{-\frac{t}{\tau_2}}$，即 τ 越大，指数函数衰减越慢，过渡过程越长，因而 τ 越大的电路，其暂态过程所经历的时间越长。作为对比，图 7-19 中给出了三个不同时间常数下 $u_c(t)$ 的过渡过程曲线。

表 7-1 中列出了指数函数 $\mathrm{e}^{-t/\tau}$ 在 t 取整数倍 τ 时的对应数值，从中可以看出，理论上，指数函数 $\mathrm{e}^{-t/\tau}$ 要到 $t \to \infty$ 才衰减至零，但实际上经过 $3\tau \sim 5\tau$ 的时间后，指数函数已衰减到其起始值(这里为 $u_c(t)$ 的初始值 U_0)的 5% 以下，这时工程上认为它已经衰减到接近于零，即可认为电路的过渡过程已告结束。

表 7-1　　　　　　　　　指数函数 $\mathrm{e}^{-t/\tau}$ 在 t 取整数倍 τ 时的对应数值

t	0	τ	2τ	3τ	4τ	5τ	$\cdots$	∞
$\dfrac{u_c(t)}{U_0} = \mathrm{e}^{-t/\tau}$	1	0.368	0.135	0.05	0.018	0.007	$\cdots$	0

一阶电路的时间常数 τ 的大小仅仅取决于电路的结构和参数，而与零输入响应的初始值大小无关，对于 RC 电路而言，其时间常数正比于 R、C，即 R、C 越大，时间常数越大。这可以从决定零输入响应进程长短(τ 负责描述)的能量的角度加以解释：在同样的初始电压 U_0 下，若电阻 R 一定，则放电电流的初始值 $\dfrac{U_0}{R}$ 一定，这时，电容 C 越大，则电容上起始的电荷越多，电场的初始储能就越大，电阻需要更长的时间来消耗这些初始能量，即放电过程也就越长；在相同的初始电压 U_0 下，若电容 C 一定，电阻 R 越大，则在相同的储能下，在同样的放电时间内电阻消耗的功率 $P_R = U_0^2 \mathrm{e}^{-\frac{2t}{RC}}/R$ 就越小，因而放电进程就较慢，过渡过程也就越长。

时间常数 τ 也可以从其对应的零状态响应曲线上求取，由此可以看出其明确的几何意义。在图 7-20 中，过 $u_c(t) = U_0 \mathrm{e}^{-t/\tau}$ 的曲线上任一点 A 作切线交 t 轴于点 C，自 A 点作 t 轴的垂线，交 t 轴于点 B，于是有

$$BC = \frac{AB}{\tan a} = \frac{u_c(t)}{-\dfrac{\mathrm{d}u_c(t)}{\mathrm{d}t}} = \frac{U_0 \mathrm{e}^{-t/\tau}}{\dfrac{1}{\tau} U_0 \mathrm{e}^{-t/\tau}} = \tau$$

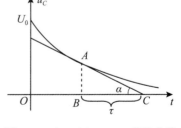

图 7-20　由 $u_c(t) = U_0 \mathrm{e}^{-t/\tau}$ 的曲线
求取时间常数 τ 的图示

这表明 t 轴上 BC 的长度就等于时间常数 τ，换句话说，τ 等于 $u_c(t)$ 曲线上任一点的次切距，此即为 τ 的几何意义。由上述结果还可以看到，由指数函数 $\mathrm{e}^{-t/\tau}$ 的曲线上任一点，以该点的斜率进行直线衰减，经过时间 τ 后就衰减到零。

需要指出的是，式(7-54)与图 7-17 所示电路中电量的参考方向无关。

2. *RL* 电路的零输入响应

（1）微分方程的建立与求解。图 7-21 所示的电路在开关 S 断开前处于稳态，在 $t = 0$ 时刻，将 S 断开形成零输入下的 *RL* 电路，由于该电路亦为一激励为零即有界激励下的常态电路，故而满足连续性原理即 $i_L(0_+) = i_L(0_-) = I_0$，$i_L(0_+)$ 为电路的初始状态，它表明电路的初始储能为 $W_L(0_+) = \dfrac{1}{2}LI_0^2 = W_L(0_-)$。

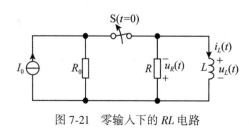

图 7-21　零输入下的 *RL* 电路

在图 7-21 所示换路后的电路中，以电感电流 $i_L(t)$ 为零输入响应变量，分别将电感和电阻的 VCR：$u_L(t) = L\dfrac{\mathrm{d}i_L(t)}{\mathrm{d}t}$ 和 $u_R(t) = Ri_L(t)$，代入该电路的 KVL：$u_L(t) + u_R(t) = 0$，便可以建立 $i_L(t)$ 所满足的一阶线性常系数齐次微分方程，再附以初始条件可得

$$\left.\begin{array}{r} \dfrac{\mathrm{d}i_L(t)}{\mathrm{d}t} + \dfrac{R}{L}i_L(t) = 0, \ t \geqslant 0_+ \\[3mm] i_L(0_+) = i_L(0_-) = I_0 \end{array}\right\} \tag{7-57}$$

根据式（7-53）可得式（7-57）中电感电流 $i_L(t)$ 为

$$i_L(t) = I_0\mathrm{e}^{-\frac{R}{L}t} = I_0\mathrm{e}^{-\frac{t}{\tau}} \tag{7-58}$$

式中，$\tau = L/R$ 为一阶 *RL* 电路的时间常数，其量纲亦为 s，即。

$$\tau \text{ 的量纲} = [\text{亨}]/[\text{欧}] = [\text{韦}]/[\text{安}][\text{欧}]$$

$$= [\text{伏}][\text{秒}]/[\text{安}][\text{欧}] = [\text{秒}]$$

时间常数 τ 与固有频率 λ 关系仍为 $\tau = -1/\lambda$。*RL* 电路的时间常数 τ 正比于 L、反比于 R，这是因为在同样的初始电流 I_0 下，若电阻 R 一定，L 越大，电感中的初始储能就越大，放电过程就越长；在相同储能的初始电流 I_0 下，电阻 R 越大，其消耗的功率 $P_R = RI_0^2\mathrm{e}^{-\frac{2Rt}{L}}$ 就越大，因而放电过程就会更快。

一旦求得了电感电流 $i_L(t)$，就可以直接求出电感和电阻上的电压分别为

$$u_L(t) = L\frac{\mathrm{d}i_L(t)}{\mathrm{d}t} = -RI_0\mathrm{e}^{-\frac{t}{\tau}}, \ t \geqslant 0_+$$

$$u_R(t) = Ri_L(t) = RI_0\mathrm{e}^{-\frac{t}{\tau}}, \ t \geqslant 0_+$$

$i_L(t)$、$u_L(t)$ 和 $u_R(t)$ 的波形如图 7-22 所示。由于 *RL* 电路中所有响应的微分方程形式相同，因此它们均按同一指数规律由换路后的初始值单调衰减至零，为暂态响应或自由响应。除 $i_L(t)$ 外，$u_L(t)$ 等其他响应量均于换路时发生了跳变。

图 7-22　*RL* 电路零输入响应 $i_L(t)$、$u_L(t)$ 和 $u_R(t)$ 的变化曲线

（2）放电过程与能量转换。一阶 *RL* 电路零输入响应的变化过程实际上是该电路中电感向电阻释放磁场能量的过程。换路前，电感元件原始储存的磁场能量

为 $W_L(0_-) = \dfrac{1}{2}LI_0^2$，正是它引起了换路后电路的零输入响应。在电感电流通过电阻释能的整个过程中，电感原始储存的磁场能量和电感电流单调递减，最终当 t 趋于 ∞ 时，减少到零，并且电感磁能被电阻以热能的形式消耗殆尽，即

$$W_R(0_+,\ \infty) = \int_{0_+}^{\infty} i_R^2(t)R\mathrm{d}t = R\int_{0_+}^{\infty}(I_0 e^{-\frac{R}{L}t})^2 \mathrm{d}t = RI_0^2 \int_{0_+}^{\infty} e^{-\frac{2Rt}{L}}\mathrm{d}t = \frac{1}{2}LI_0^2 = W_L(0_-)$$

通过上面对于一阶 RC 和 RL 电路零输入响应的讨论可以看到，同一个电路的所有零输入响应均具有式(7-51)的微分方程形式，因而一阶电路的零输入响应 $y_{zi}(t)$ 的一般表示式为

$$y_{zi}(t) = y_{zi}(0_+)e^{-\frac{t}{\tau}},\ t \geqslant 0_+ \tag{7-59}$$

式中，$y_{zi}(0_+)$ 为 $y_{zi}(t)$ 的初始值，τ 为电路的时间常数，这说明求取一阶电路的零输入响应仅仅需要两个要素。

7.8.1.3 一般一阶电路的零输入响应

换路后的零输入一阶电路大多包含数个电阻、若干可以等效为一个元件的同类动态元件(若干电容或电感)，也可能包含受控源等其他类型的元件，通常称其为其一般一阶电路，即一般一阶 RC 电路和一般一阶 RL 电路，显然，其零输入响应可以通过列写、求解待求响应量的微分方程得到，但是较为简单的方法是首先通过等效变换，将其变换为典型一阶 RC 或 RL 电路，如图 7-23 所示，其中，电容 C_{eq} 和电感 L_{eq} 是按串并联等效(根据电路结构变换过程中可能还会用到 $Y-\triangle$ 变换)得出的等效电容和电感，R_{eq} 则是从 C_{eq} 或 L_{eq} 两端向电路的电阻部分看进去的等效电阻，接着求出等效 RC 电路中的电容电压或等效 RL 电路中的电感电流，进而退回到原电路按照电阻电路的求解方法，求出电阻上的响应量，其中也可以先将所求得的电容电压用独立电压源替代或电感电流用独立电流源替代，再对所得电阻电路求解。

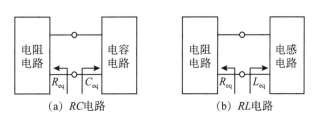

(a) RC 电路   (b) RL 电路

图 7-23 零输入下一般一阶 RC 和 RL 电路的等效电路

对于电路中所有零输入响应均可直接套用式(7-59)，此时各自的 $y_{zi}(0_+)$ 按照零阶初始条件的求法得到，而各响应量共同的换路后电路的时间常数为 $\tau = R_{eq}C_{eq}$（一般一阶 RC 电路）或 $\tau = \dfrac{L_{eq}}{R_{eq}}$（一般一阶 RL 电路）。

【例7-8】 在图 7-24(a)所示的电路中，已知：$u_S = 48\mathrm{V}$，$R_S = 4\mathrm{k}\Omega$，$R_1 = 2\mathrm{k}\Omega$，$R_2 =$

$3\text{k}\Omega$，$R_3 = 6\text{k}\Omega$，$C = 5\mu\text{F}$，开关 S 断开前，电路处于稳态，在 $t = 0$ 时，将 S 断开，试求 S 断开后 $u_C(t)$、$i_1(t)$、$i_2(t)$ 和 $i_3(t)$。

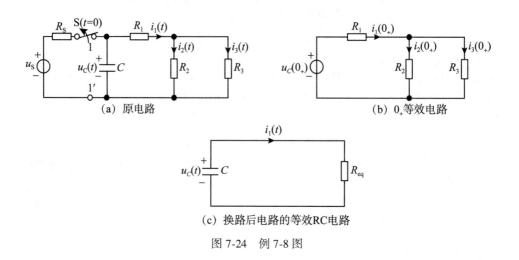

(a) 原电路　　　　(b) 0_+ 等效电路

(c) 换路后电路的等效 RC 电路

图 7-24　例 7-8 图

解　(1)换路前电路处于直流稳态，故电容相当于开路，这时由端口 1-1′ 看进去的等效电阻为

$$R_{\text{eq}} = R_1 + \frac{R_2 R_3}{R_2 + R_3} = 2 + \frac{3 \times 6}{3 + 6} = 4(\text{k}\Omega)$$

根据分压公式可以求出电容电压

$$u_C(0_-) = \frac{R_{\text{eq}}}{R_{\text{S}} + R_{\text{eq}}} u_{\text{S}} = \frac{4}{4 + 4} \times 48 = 24(\text{V})$$

根据连续性原理可得

$$u_C(0_+) = u_C(0_-) = 24(\text{V})$$

当开关断开即 $t = 0_+$ 时，等效电路图如图 7-24(b)所示，由此可得

$$i_1(0_+) = \frac{u_C(0_+)}{R_{\text{eq}}} = \frac{24}{4 \times 10^3} = 6 \times 10^{-3}(\text{A})$$

由分流公式可得

$$i_2(0_+) = \frac{R_3}{R_2 + R_3} i_1(0_+) = \frac{6}{3 + 6} \times 6 \times 10^{-3} = 4 \times 10^{-3}(\text{A})$$

$$i_3(0_+) = \frac{R_2}{R_2 + R_3} i_1(0_+) = \frac{3}{3 + 6} \times 6 \times 10^{-3} = 2 \times 10^{-3}(\text{A})$$

(2)换路后电路的等效电路如图 7-24(c)所示，电路的时间常数为

$$\tau = R_{\text{eq}} C = 4 \times 10^3 \times 5 \times 10^{-6} = 0.02(\text{s})$$

(3)根据零输入响应的一般式(7-59)，可得

$$u_C(t) = u_C(0_+)e^{-t/\tau} = 24e^{-50t}V, \quad t \geqslant 0_+$$

$$i_1(t) = i_1(0_+)e^{-t/\tau} = 6 \times 10^{-3}e^{-50t}A = 6e^{-50t}mA, \quad t \geqslant 0_+$$

$$i_2(t) = i_2(0_+)e^{-t/\tau} = 4 \times 10^{-3}e^{-50t}A = 4e^{-50t}mA, \quad t \geqslant 0_+$$

$$i_3(t) = i_3(0_+)e^{-t/\tau} = 2 \times 10^{-3}e^{-50t}A = 2e^{-50t}mA, \quad t \geqslant 0_+$$

【例7-9】 在图7-25(a)所示的电路中，已知：$u_S = 18V$，$R_1 = 120\Omega$，$R_2 = 60\Omega$，$R_3 = 90\Omega$，$R_4 = 50\Omega$，$L_1 = 1mH$，$L_2 = 2mH$，$L_3 = 3mH$，电路原处稳态，$t = 0$ 时，将 S 开关打开，试确定 $t \geqslant 0_+$ 时 $i_1(t)$ 与 $i_2(t)$。

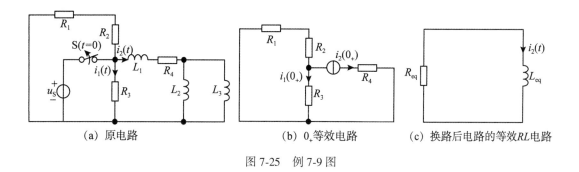

(a) 原电路　　　　　　(b) 0_+ 等效电路　　　　(c) 换路后电路的等效RL电路

图7-25 例7-9图

解 (1)在 $t = 0_-$ 时，电路处于直流稳态，因此，电感相当于短路，可以求出

$$i_1(0_-) = \frac{u_S}{R_3} = \frac{18}{90} = 0.2(A)$$

$$i_2(0_-) = \frac{u_S}{R_4} = \frac{18}{50} = 0.36(A)$$

根据连续性原理可得

$$i_2(0_+) = i_2(0_-) = 0.36A$$

(2) 0_+ 等效电路如图7-25(b)所示，根据分流公式，得到

$$i_1(0_+) = -i_2(0_+)(R_1 + R_2)/(R_1 + R_2 + R_3)$$

$$= -0.36(120 + 60)/(120 + 60 + 90) = -0.24(A)$$

由此可见，$i_1(0_+) \neq i_1(0_-)$。

(3)在 $t \geqslant 0_+$ 时，零输入 RL 电路的等效电感为

$$L_{eq} = L_1 + (L_2 /\!/ L_3) = 1 + \frac{2 \times 3}{2 + 3} = 2.2(mH)$$

从等效电感看进去的等效电阻为

$$R_{eq} = [(R_1 + R_2) /\!/ R_3] + R_4 = \frac{(120 + 60) \times 90}{120 + 90 + 60} + 50 = 110(\Omega)$$

换路后电路的等效电路如图7-25(c)所示，时间常数为

$$\tau = L_{eq}/R_{eq} = 2.2 \times 10^{-3}/110 = 0.2 \times 10^{-4}(s)$$

因此有

261

$$i_1(t) = i_1(0_+)e^{-t/\tau} = -0.24e^{-5 \times 10^4 t} A, \ t \geqslant 0_+$$

$$i_2(t) = i_2(0_+)e^{-t/\tau} = 0.36e^{-5 \times 10^4 t} A, \ t \geqslant 0_+$$

【例 7-10】　在如图 7-26(a)所示的电路中，已知 $R_1 = 4\Omega$，$R_2 = 1\Omega$，$R_3 = 2\Omega$，$C_1 = 0.4F$，$C_2 = 0.8F$，$u_{C_1}(0_-) = 2V$，$u_{C_2}(0_-) = 4V$，求开关 S 在 $t = 0$ 闭合后电容电压 $u_{C_1}(t)$、$u_{C_2}(t)$。

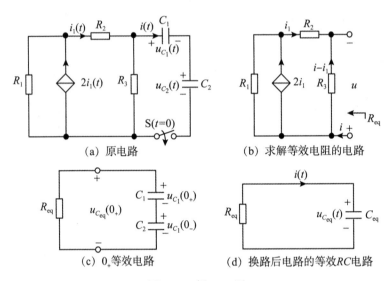

图 7-26　例 7-10 图

解　(1)电路换路后，其中的两个串联电容元件可以等效为一个电容元件，因此可将该二阶电路化为一阶电路求解，为此，先求出电容左侧的等效电阻，由图 7-26(b)列出 KVL 方程为

$$u = -R_1 \times (2i_1 - i_1) + R_2 \times i_1 = -4 \times (2i_1 - i_1) + 1 \times i_1 = -3i_3$$

$$u = R_3 \times (i - i_1) = 2 \times (i - i_1) = 2i - 2i_1$$

联立可得

$$u = 6i$$

由此可得

$$R_{eq} = \frac{u}{i} = 6\Omega$$

(2) 0_+ 等效电路如图 7-26(c)所示，有

$$u_{C_{eq}}(0_+) = u_{C_1}(0_+) + u_{C_2}(0_+) = u_{C_1}(0_-) + u_{C_2}(0_-) = 2 + 4 = 6(V)$$

(3)换路后的等效电路如图 7-26(d)所示，其中等效电容 C_{eq} 为

$$C_{eq} = \frac{C_1 C_2}{C_1 + C_2} = \frac{0.4 \times 0.8}{0.4 + 0.8} = \frac{4}{15}(F)$$

该电路时间常数为

$$\tau = R_{\text{eq}}C_{\text{eq}} = 6 \times \frac{4}{15} = 1.6(\text{s})$$

于是得

$$u_{C_{\text{eq}}}(t) = u_{C_{\text{eq}}}(0_+)\mathrm{e}^{-\frac{t}{\tau}} = 6\mathrm{e}^{-\frac{t}{1.6}} = 6\mathrm{e}^{-0.625t}\text{V}, \quad t \geqslant 0_+$$

因此，图 7-26(d) 所示等效电路中的电流为

$$i(t) = C_{\text{eq}}\frac{\mathrm{d}u_{C_{\text{eq}}}(t)}{\mathrm{d}t} = \frac{4}{15}\frac{\mathrm{d}}{\mathrm{d}t}(6\mathrm{e}^{-0.625t}) = -\mathrm{e}^{-0.625t}\text{A}, \quad t \geqslant 0_+$$

(4) $i(t) = i_{C_1}(t) = i_{C_2}(t)$，$t \geqslant 0_+$，因此，在图 7-26(a) 所示电路中，根据电容元件的伏安特性方程可得

$$u_{C_1}(t) = u_{C_1}(0_-) + \frac{1}{C_1}\int_{0_-}^{t} i(\tau)\mathrm{d}\tau = 2 + \frac{1}{0.4}\int_{0_-}^{t}(-\mathrm{e}^{-0.625\tau})\mathrm{d}\tau$$

$$= -2 + 4\mathrm{e}^{-0.625t}\text{V}, \quad t \geqslant 0_+$$

$$u_{C_2}(t) = u_{C_2}(0_-) + \frac{1}{C_2}\int_{0_-}^{t} i(\tau)\mathrm{d}\tau = 4 + \frac{1}{0.8}\int_{0_-}^{t}(-\mathrm{e}^{-0.625\tau})\mathrm{d}\tau$$

$$= (2 + 2\mathrm{e}^{-0.625t})\text{V}, \quad t \geqslant 0_+$$

【例 7-11】 在如图 7-27(a) 所示电路中，已知 $R_1 = 4\Omega$，$R_2 = 4\Omega$，$L_1 = 0.5\text{H}$，$L_2 = 0.5\text{H}$，$i_{L_1}(0_-) = 3\text{A}$，$i_{L_2}(0_-) = -1\text{A}$，试求开关 S_1 和 S_2 在 $t = 0$ 同时闭合后的电流 $i_{L_1}(t)$ 和 $i_{L_2}(t)$。

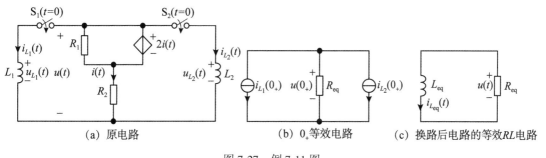

(a) 原电路   (b) 0_+ 等效电路   (c) 换路后电路的等效 RL 电路

图 7-27 例 7-11 图

解 (1) 由于两个电感具有独立的 0_- 时刻的电流值，因而图 7-27(a) 所示的电路实为一个二阶电路，但是，若将两并联电感等效为一个电感，则可以转化为一阶零输入电路。如图 7-27(b) 所示，R_{eq} 是图 7-27(a) 中除电感外的等效电阻，由于 $R_1 = 4\Omega$ 电阻与 $2i$ 受控电压源并联，因此可算出流经该电阻的电流为 $0.5i$，由 KCL 可知，流过受控电压源支路的电流亦为 $0.5i$，因此该受控电压源可以直接等效为一个电阻，其阻值为 $\frac{2i}{0.5i} = 4\Omega$，于是，两个 4Ω 电阻并联再与一个 4Ω 电阻串联可以等效为一个电阻，即

$$R_{\text{eq}} = \frac{4 \times 4}{4 + 4} + 4 = 6(\Omega)$$

（2）图 7-27(a) 所示电路的 0_+ 等效电路如图 7-27(b) 所示，其中

$$i_{L_1}(0_+) = i_{L_1}(0_-) = 3A, \quad i_{L_2}(0_+) = i_{L_2}(0_-) = -1A$$

于是

$$u(0_+) = -[i_{L_1}(0_+) + i_{L_2}(0_+)]R_{eq} = -(3-1) \times 6 = -12(V)$$

（3）换路后的等效电路如图 7-27(c) 所示，其中等效电感为

$$L_{eq} = \frac{L_1 L_2}{L_1 + L_2} = \frac{0.5 \times 0.5}{0.5 + 0.5} = 0.25(H)$$

因此可得该等效电路的时间常数为

$$\tau = \frac{L_{eq}}{R_{eq}} = \frac{0.25}{6} = \frac{1}{24}(s)$$

（4）由图 7-27(c) 所示等效电路可得

$$u(t) = u(0_+)e^{-\frac{t}{\tau}} = -12e^{-24t}V, \quad t \geq 0_+$$

（5）$u(t) = u_{L_1}(t) = u_{L_2}(t)$，$t \geq 0_+$，因此在图 7-27(a) 所示电路中，根据电感元件的伏安特性方程可得

$$i_{L_1}(t) = i_{L_1}(0_-) + \frac{1}{L_1}\int_{0_-}^{t} u_1(\tau)d\tau = 3 + \frac{1}{0.5}\int_{0_-}^{t}(-12e^{-24\tau})d\tau$$

$$= 3 + (e^{-24t} - 1) = (2 + e^{-24t})A, \quad t \geq 0_+$$

$$i_{L_2}(t) = i_{L_2}(0_-) + \frac{1}{L_2}\int_{0_-}^{t} u(\tau)d\tau = -1 + \frac{1}{0.5}\int_{0_-}^{t}(-12e^{-24\tau})d\tau$$

$$= -1 + (e^{-24t} - 1) = (-2 + e^{-24t})A, \quad t \geq 0_+$$

也可以先计算 $i_{L_{eq}}(0_+) = i_{L_{eq}}(0_-) = i_{L_1}(0_-) + i_{L_2}(0_-) = 3 - 1 = 2A$，再计算出 $i_{L_{eq}}(t) = i_{L_{eq}}(0_+)e^{-\frac{t}{\tau}} = 2e^{-24t}A$，$t \geq 0_+$ 和 $u(t) = -i_{L_{eq}}(t)R_{eq} = -6 \times 2e^{-24t} = -12e^{-24t}V$，$t \geq 0_+$。接着利用上面电感元件的伏安特性方程求得 $i_{L_1}(t)$ 和 $i_{L_2}(t)$。

由例 7-10 和例 7-11 分别可知，在过渡过程结束后，其中两个电容上的电压以及两个电感中的电流均为非零值，而并不符合一般零输入响应所具有的初值不为零而终值为零的特点，这表明，尽管式(7-59)为一阶电路零输入响应一般表示式，但是，对于换路后含有纯电容割集(节点)和纯电感回路的一阶电路，其中各动态元件的零输入响应均不可直接套用式(7-59)，而需根据其 VCR 来计算。

7.8.2 一阶电路的零状态响应

我们知道，所谓零状态响应，是指电路在 $t = 0_-$ 时所有储能为零即所有 $u_C(0_-)$ 和 $i_L(0_-)$ 均为零的情况下，仅由 $t = 0_+$ 时外施于电路的激励所产生的响应。

本节讨论一阶电路分别在两种激励即直流和正弦激励下的零状态响应。在此之前，先推导直接求解零状态响应的三要素公式，即零状态响应的一般表示式。

7.8.2.1 一阶电路零状态响应的一般表示式

设一阶电路零状态响应 $y_{zs}(t)$ 对应的一阶非齐次线性常微分方程及其非零初始条件的

形式为

$$\left.\begin{array}{l} \dfrac{\mathrm{d}y_{zs}(t)}{\mathrm{d}t} + ay_{zs}(t) = bx(t)\,,\ t \geqslant 0_+ \\ y_{zs}(0_+) = y_{zs0} \end{array}\right\} \qquad (7\text{-}60)$$

式中，非齐次线性常微分方程的通解为齐次方程的通解（自由分量）$y_{zsh}(t) = A\mathrm{e}^{-\frac{t}{\tau}}$ 与非齐次微分方程的特解（强制分量）$y_{zsp}(t)$ 之和，即

$$y_{zs}(t) = y_{zsh}(t) + y_{zsp}(t) = A\mathrm{e}^{-\frac{t}{\tau}} + y_{zsp}(t) \qquad (7\text{-}61)$$

式中，积分常数 A 由初始条件决定，即

$$y_{zs}(0_+) = A + y_{zsp}(0_+)$$

于是有

$$A = y_{zs}(0_+) - y_{zsp}(0_+)$$

则式(7-61)为

$$y_{zz}(t) = y_{zsp}(t) + [y_{zs}(0_+) - y_{zsp}(0_+)]\mathrm{e}^{-\frac{t}{\tau}}\,,\ t \geqslant 0_+ \qquad (7\text{-}62)$$

式(7-62)是一阶电路零状态响应的表示式，又称为三要素式，因为对于一个给定的电路，一旦从中求出 $y_{zs}(0_+)$，$y_{zsp}(t)$ 和 $\tau\left(=\dfrac{1}{a}\right)$ 这三个要素，并将其代入式(7-62)，便可求出该电路的零状态响应。在电路存在稳态响应的情况下，将式(7-62)中的强制分量 $y_{zsp}(t)$ 改记为稳态分量 $y_{zs\infty}(t)$，则该式变为

$$y_{zs}(t) = y_{zs\infty}(t) + [y_{zs}(0_+) - y_{zs\infty}(0_+)]\mathrm{e}^{-\frac{t}{\tau}}\,,\ t \geqslant 0_+ \qquad (7\text{-}63)$$

特别的，当外施激励为直流源时，由于 $y_{zs\infty}(t)$ 为常数，因此式(7-63)中 $y_{zs\infty}(t) = y_{zs\infty}(0_+)$，将两者皆用 $y_{zs}(\infty)$ 表示，则式(7-63)变为

$$y_{zs}(t) = y_{zs}(\infty) + [y_{zs}(0_+) - y_{zs}(\infty)]\mathrm{e}^{-\frac{t}{\tau}}\,,\ t \geqslant 0_+ \qquad (7\text{-}64)$$

7.8.2.2 直流激励下的零状态响应

直流激励下一阶电路零状态响应 $y_{zs}(t)$ 从其对应的非齐次线性常微分方程及其解来说，有以下三种形式：

(1)形式一：$y_{zs}(t)$ 对应的一阶非齐次线性常微分方程及其初始条件为

$$\left.\begin{array}{l} \dfrac{\mathrm{d}y_{zs}(t)}{\mathrm{d}t} + ay_{zs}(t) = bx(t)\,,\ t \geqslant 0_+ \\ y_{zs}(0_+) = y_{zs}(0_-) = 0 \end{array}\right\} \qquad (7\text{-}65)$$

在这种情况下，外施激励在接入瞬间并未使零状态响应 $y_{zs}(t)$ 发生跃变，典型的就是零态电容的电压 $u_C(t)$ 和零态电感的电流 $i_L(t)$ 满足连续性原理，即有 $u_C(0_+) = u_C(0_-) = 0$，$i_L(0_+) = i_L(0_-) = 0$。

在式(7-64)中代入式(7-65)中的初始条件 $y_{zs}(0_+) = 0$，可得式(7-65)的零状态响应解 $y_{zs}(t)$ 为

$$y_{zs}(t) = y_{zs}(\infty)\left(1 - \mathrm{e}^{-\frac{t}{\tau}}\right)\,,\ t \geqslant 0_+ \qquad (7\text{-}66)$$

式中，$y_{zs}(t)$ 可以是电容电压 $u_C(t)$、电感电流 $i_L(t)$、电阻电压 $u_R(t)$、电流 $i_R(t)$ 以及其他元件上的电压和电流。一旦根据给定电路求出式(7-66)中的两要素，即 $y_{zs}(\infty)$ 和 $\tau(=1/a)$ 后，便可得到其零状态响应。

需要注意的是，含有耗能元件的一阶线性定常电路存在 $y_{zs}(\infty)$，因此其零状态响应 $y_{zs}(t)$ 可以直接套用式(7-66)得到，但是在某些特殊输入下，例如衰减的指数激励源，此类电路不存在稳态分量 $y_{zs}(\infty)$，但是却一定存在强制响应分量，因而这时就不能套用该式求取其零状态响应，而只能套用式(7-62)，并令其中 $y_{zs}(0_+) = 0$。

（2）形式二：$y_{zs}(t)$ 对应的一阶齐次线性常微分方程及其初始条件为

$$\left.\begin{array}{c} \dfrac{\mathrm{d}y_{zs}(t)}{\mathrm{d}t} + ay_{zs}(t) = 0, \ t \geqslant 0_+ \\[2mm] y_{zs}(0_+) = y_{zs0} \end{array}\right\} \tag{7-67}$$

电容电流 $i_C(t)$、电感电压 $u_L(t)$、电阻电压 $u_R(t)$ 和电流 $i_R(t)$ 这些与电路的储能状态无关的变量无论有无冲激电流、冲激电压的作用，在外施激励接入瞬间均可能发生跳变，典型的就是电容电流 $i_C(t)$ 和电感电压 $u_L(t)$，即尽管 $i_C(0_-) = 0$、$u_L(0_-) = 0$，但是 $i_C(0_+) \neq 0$，$u_L(0_+) \neq 0$，这些零状态响应的初始值 $y_{zs}(0_+)$ 可以通过 0_+ 等效电路得到。

由于齐次微分方程为非齐次微分方程的特例，因此在式(7-64)中令 $y_{zs}(\infty) = 0$，便可得式(7-67)的零状态响应解为

$$y_{zs}(t) = y_{zs}(0_+)\mathrm{e}^{-\frac{t}{\tau}} = y_{zs0}\mathrm{e}^{-\frac{t}{\tau}}, \ t \geqslant 0_+ \tag{7-68}$$

式中，$y_{zs}(t)$ 可以是电容电流 $i_C(t)$、电感电压 $u_L(t)$ 或电阻上的电压 $u_R(t)$ 和电流 $i_R(t)$ 以及其他元件上的电压和电流，由式(7-67)可知，尽管这时 $y_{zs}(t)$ 为零状态响应，但是却具有零输入响应的形式，这是由于虽然 $y_{zs}(t)$ 的初值 $y_{zs}(0_+) \neq 0$，但是其稳态值 $y_{zs}(\infty) = 0$ 的缘故，而之所以得到式(7-67)这种本为零输入响应所应满足的齐次微分方程形式，是因为在推得该微分方程的过程中通过在所得的含有直流激励的 KVL 或 KCL 方程两边对时间求一阶导数致使微分方程右边的直流激励变为零的缘故。

根据具体电路求出 $y_{zs}(0_+)$ 和 $\tau(=1/a)$ 后直接套用式(7-68)，或者在电路中利用 KCL、KVL 或 VCR 便可以求出此种情况下的零状态响应。

（3）形式三：$y_{zs}(t)$ 对应的一阶非齐次线性常微分方程及其初始条件为

$$\left.\begin{array}{c} \dfrac{\mathrm{d}y_{zs}(t)}{\mathrm{d}t} + ay_{zs}(t) = bx(t), \ t \geqslant 0_+ \\[2mm] y_{zs}(0_+) = y_{zs0} \end{array}\right\} \tag{7-69}$$

对比式(7-69)和式(7-60)可知，这时零状态响应表示式最为"完备"，即此时外施激励使 $y_{zs}(t)$ 在换路时发生跃变，故而初始值 $y_{zs}(0_+) \neq 0$，同时由于稳态值 $y_{zs}(\infty) \neq 0$。因此，直接根据给定电路求出 $y_{zs}(t)$ 的三要素，即 $y_{zs}(0_+)$，$y_{zs}(\infty)$ 和 $\tau(=1/a)$，并将其代入式(7-64)，可求出这种情况下的零状态响应。

式(7-69)中的 $y_{zs}(t)$ 可以是除电容电压、电容电流以及电感电压、电感电流之外其他元件上的电压和电流，例如，电阻电压 $u_R(t)$、电阻电流 $i_R(t)$ 和电流源的端电压等。

在同一个电路中，可能会同时出现以上三种形式的零状态响应。

从式(7-69)可以具体看到，由于电路的稳态响应分量 $y_{zs}(\infty)$ 是其微分方程的特解，因此，其仅与电路的结构和参数以及激励源有关，而与电路的原始状态无关，暂态响应分量 $[y_{zs}(0_+) - y_{zs}(\infty)]\mathrm{e}^{-\frac{t}{\tau}}$ 则不仅与电路的结构和参数以及激励源有关，而且还与电路的原始状态有关，暂态响应分量存在于稳定的电路中，因为这时电路的固有频率为负数，当时间 t 趋于 ∞ 时，它趋于零。

7.8.2.3 典型一阶电路的零状态响应

换路后典型的零状态一阶电路仅含一个电阻、一个储能元件以及一个独立电源，也有 RC 电路和 RL 电路两种类型。下面分别讨论 RC 电路、RL 电路的零状态响应。

1. RC 并联电路的零状态响应

图 7-28 所示的 RC 并联电路在 S 断开前处于零状态，即 $u_C(0_-)=0$，在 $t=0$ 时，开关 S 断开后形成零状态下的一阶 RC 电路，由连续性原理可得 $u_C(0_+)=u_C(0_-)=0$，电路的初始储能为 $W_C(0_+)=\frac{1}{2}Cu_C^2(0_+)=W_C(0_-)=0$。

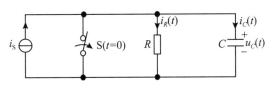

图 7-28 直流源激励、零状态下的 RC 并联电路

对于图 7-28 中换路后的电路，将电阻元件的 VCR：$i_R(t)=\dfrac{u_C(t)}{R}$ 和电容元件的 VCR：$i_C(t)=C\dfrac{\mathrm{d}u_C(t)}{\mathrm{d}t}$ 代入 KCL 方程：$i_C(t)+i_R(t)=i_S$，建立以电容电压 $u_C(t)$ 为零状态响应变量所满足的一阶非齐次线性常系数微分方程，再附以初始条件可得

$$\left.\begin{array}{l}\dfrac{\mathrm{d}u_C(t)}{\mathrm{d}t}+\dfrac{1}{RC}u_C(t)=\dfrac{1}{C}i_S,\ t\geq 0_+\\ u_C(0_+)=u_C(0_-)=0\end{array}\right\} \tag{7-70}$$

当电路达到直流稳态时，电容相当于开路，电流源的电流 i_S 全部流过电阻 R，非齐次微分方程式(7-70)的特解即 $u_C(t)$ 的稳态分量正是该电阻的端电压，即有 $u_C(\infty)=Ri_S$，应用式(7-66)可得

$$u_C(t)=Ri_S(1-\mathrm{e}^{-\frac{t}{\tau}}),\ t\geq 0_+ \tag{7-71}$$

式中，$\tau=RC$，$-Ri_S\mathrm{e}^{-\frac{t}{\tau}}$ 为 $u_C(t)$ 的暂态分量。该电路的固有频率小于零，因而是稳定的。

分别直接利用电容元件和电阻元件的 VCR 可得

$$i_C(t)=C\dfrac{\mathrm{d}u_C(t)}{\mathrm{d}t}=i_S\mathrm{e}^{-\frac{t}{\tau}},\ t\geq 0_+$$

$$i_R(t) = \frac{u_C(t)}{R} = i_S(1 - e^{-\frac{t}{\tau}}), \ t \geq 0_+$$

$u_C(t)$、$i_C(t)$ 和 $i_R(t)$ 的波形如图 7-29 所示，各响应的指数函数具有相同的衰减系数，与零输入响应的 RC 电路一致，因为两者微分方程的特征根相同，故固有频率皆为 $\lambda = -\dfrac{1}{RC}$。

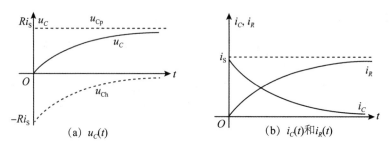

图 7-29 R_C 并联电路零状态响应 $u_C(t)$、$i_C(t)$ 和 $i_R(t)$ 的变化曲线

RC 并联电路的零状态响应实际上是该电路的直流充电过程。结合图 7-29 可以看出，在有界激励下，换路瞬间 $t=0$ 时电容电流为有限值，电容电压不能跳变，电容相当于短路，于是有 $i_R(0_+) = \dfrac{u_C(0_+)}{R} = 0$，根据 KCL 可知，由于 $i_C(0_+) = i_S$，因此这时电流源电流 i_S 全部流过电容，开始对其充电；随着充电过程的继续，电容电压 $u_C(t)$ 从零逐渐升高，根据电阻的特性方程可知，电阻电流 $i_R(t)$ 也随着 $u_C(t)$ 的增高由零逐渐上升，但是由于直流电流源输出的电流 i_S 保持不变，故由 KCL 可知，电容上流过的电流 $i_C(t)$ 必定逐渐减小，当 $t \to \infty$ 时，$i_C(\infty) = 0$，电容相当于开路，则电流源电流 i_S 全部流过电阻，这时 $\left. \dfrac{du_C(t)}{dt} \right|_{t=\infty} = 0$，即电容电压 $u_C(\infty) = Ri_S$ 等于电阻电压，不再变化，电路达到了新的稳态，电容充电过程结束。实际上，经过 $(4 \sim 5) \tau$ 后，$u_C(t) \geq 0.993Ri_S$，基本达到稳定的充电电压，这时就可以认为充电结束。

2. RL 串联电路的零状态响应

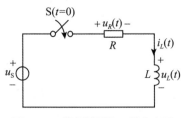

图 7-30 直流源激励、零状态下的 RL 串联电路

图 7-30 所示的电路在 S 合上前处于零状态即 $i_L(0_-) = 0$，在 $t=0$ 时，开关 S 合上后形成零状态下的一阶 RL 串联电路，由连续性可得 $i_L(0_+) = i_L(0_-) = 0$，电路的初始储能为 $W_L(0_+) = \dfrac{1}{2}Li_L^2(0_+) = W_L(0_-) = 0$。

对于图 7-30 中换路后的电路，将电阻元件的 VCR：$u_R(t) = Ri_L(t)$ 和电感元件的 VCR：$u_L(t) = L\dfrac{di_L(t)}{dt}$ 代入 KVL 方程：$u_L(t) + u_R(t) = u_S$，建立以 $i_L(t)$ 为零状态响

应变量所满足的一阶非齐次线性常系数微分方程，再附以初始条件可得

$$\left.\begin{array}{l} \dfrac{\mathrm{d}i_L(t)}{\mathrm{d}t} + \dfrac{R}{L}i_L(t) = \dfrac{1}{L}u_\mathrm{S}, \ \ t \geqslant 0_+ \\[2mm] i_L(0_+) = i_L(0_-) = 0 \end{array}\right\} \tag{7-72}$$

由于图 7-30 与图 7-28 中换路后的电路为对偶电路，故而式(7-72)可以由式(7-70)进行对偶元素交换得到，其解也可由式(7-70)的解进行对偶元素交换得到。

当电路达到直流稳态时，电感相当于短路，因此，非齐次微分方程式(7-72)的特解即 $i_L(t)$ 的稳态分量为 $i_L(\infty) = \dfrac{u_\mathrm{S}}{R}$，应用式(7-66)可得

$$i_L(t) = \frac{u_\mathrm{S}}{R}\left(1 - \mathrm{e}^{-\frac{t}{\tau}}\right), \ \ t \geqslant 0_+ \tag{7-73}$$

式中，$\tau = \dfrac{L}{R}$，电感和电阻电压分别为

$$u_L(t) = L\frac{\mathrm{d}i_L(t)}{\mathrm{d}t} = u_\mathrm{S}\mathrm{e}^{-\frac{t}{\tau}}, \ \ t \geqslant 0_+$$

$$u_R(t) = Ri_L(t) = u_\mathrm{S}\left(1 - \mathrm{e}^{-\frac{t}{\tau}}\right), \ \ t \geqslant 0_+$$

$i_L(t)$、$u_L(t)$、$u_R(t)$ 的波形如图 7-31 所示。整个过渡过程是在电感中建立电流的过程，由于电感中的电流不能跃变，电流从零开始增长，在 $t = 0_+$ 瞬间，电流为零、电阻电压也等于零，电感相当于开路，这时外施电压 u_S 全部加在电感两端，以后电流逐渐增长直到 $\dfrac{u_\mathrm{S}}{R}$，电阻电压也逐渐增长最终至 u_S，由于 KVL 的约束，电感电压则逐渐减小直至零。

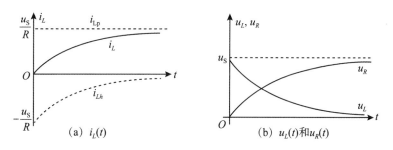

图 7-31 RL 串联电路零状态响应 $i_L(t)$、$u_L(t)$ 和 $u_R(t)$ 的变化曲线

7.8.2.4 一般一阶电路的零状态响应

在电路组成上，零状态下的一般一阶电路除了比零输入下的一般一阶电路多了独立电源外，其余组成部分与之相同，这时电路的零状态响应一般也不会通过列写、求解其微分方程得到，而是直接分别由给定电路先求出对应式(7-64)、式(7-66)或式

（7-68）中零状态响应的所有"要素"（对于直流激励情况），再将它们代入其中。另一种较为简单的方法则是首先通过求电容元件、电感元件以外部分的戴维南等效电路将给定电路变换为典型一阶 RC 或 RL 电路，分别如图 7-32 所示，其中电容 C_{eq} 或电感 L_{eq} 是按串并联等效（根据电路结构变换过程中可能还会用到 $\mathrm{Y} - \triangle$ 变换）得出的等效电容或电感，R_{eq} 则是从 C_{eq} 或 L_{eq} 两端向电路的电阻部分看进去的戴维南等效电阻，这时，首先求出 RC 电路中的电容电压 $u_{C_{\mathrm{eq}}}(t)$ 或 RL 电路中的电感电流 $i_{L_{\mathrm{eq}}}(t)$，进而退回到原电路按照电阻电路的求解方法求出电阻上的响应量，其中也可以先将所求得的电容电压用独立电压源替代，或电感电流用独立电流源替代再行求解。视求解电路方便，亦可以应用诺顿等效后的 RC 或 RL 电路。

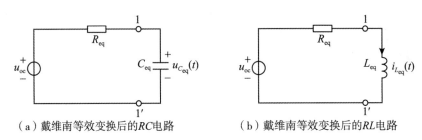

（a）戴维南等效变换后的 RC 电路　　　　（b）戴维南等效变换后的 RL 电路

图 7-32　零状态下戴维南等效变换后的 RC 和 RL 电路

【例 7-12】　在图 7-33（a）所示的电路中，$u_C(0_-) = 0$，在 $t = 0$ 时将开关 S 闭合，已知 $u_{\mathrm{S}} = 10\mathrm{V}$，$R_1 = 4\Omega$，$R_2 = 4\Omega$，$R_3 = 2\Omega$，$C = 1\mathrm{F}$，求开关 S 闭合后的 $u_C(t)$。

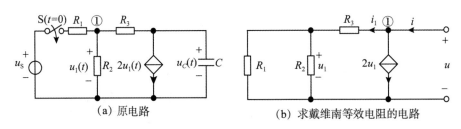

（a）原电路　　　　　　　　（b）求戴维南等效电阻的电路

图 7-33　例 7-12 图

解　（1）由连续性原理可得电容电压的初始值 $u_C(0_+)$，即

$$u_C(0_+) = u_C(0_-) = 0$$

（2）求电容电压的稳态值 $u_C(\infty)$。因直流稳态时电容相当于开路，故 R_3 中电流为 $2u_1(\infty)$，根据图 7-33（a）中节点①的 KCL 可得 R_1 中的电流为 $\dfrac{u_1(\infty)}{R_2} + 2u_1(\infty)$，所以由左边网孔的 KVL 有

$$u_{\mathrm{S}} = R_1\left[\frac{u_1(\infty)}{R_2} + 2u_1(\infty)\right] + u_1(\infty)$$

即
$$10 = 4\left[\frac{u_1(\infty)}{4} + 2u_1(\infty)\right] + u_1(\infty)$$

解之得 $u_1(\infty) = 1V$。

于是由 KVL 可得
$$u_C(\infty) = u_1(\infty) - R_3 \times 2u_1(\infty) = 1 - 2 \times 2 = -3(V)$$

(3)求时间常数 τ。求取从电容两端看进去的戴维南等效电路的等效电阻的电路如图 7-33(b)所示,由节点①的 KCL 可得
$$i = i_1 + 2u_1$$

其中
$$i_1 = \frac{u}{R_3 + \dfrac{R_1 R_2}{R_1 + R_2}} = \frac{u}{4}, \quad u_1 = \frac{R_1 R_2}{R_1 + R_2}i_1 = 2i_1 = \frac{u}{2}$$

故
$$i = i_1 + 2u_1 = \frac{u}{4} + u = \frac{5}{4}u$$

因此等效电阻为
$$R_{eq} = \frac{u}{i} = \frac{4}{5} = 0.8(\Omega)$$

时间常数为
$$\tau = R_{eq}C = 0.8 \times 1 = 0.8(s)$$

由式(7-66)可得所求零状态电容电压为 $u_C(t) = -3(1 - e^{-1.25t})A$, $t \geqslant 0_+$。

【例 7-13】 在如图 7-34(a)所示电路中,已知 $i_S = 4A$, $R = 4\Omega$, $L = 2H$, $i_L(0_-) = 0$, $t = 0$ 时将开关 S 闭合,求 $t \geqslant 0_+$ 时电流 $i_1(t)$ 和电压 $u_1(t)$。

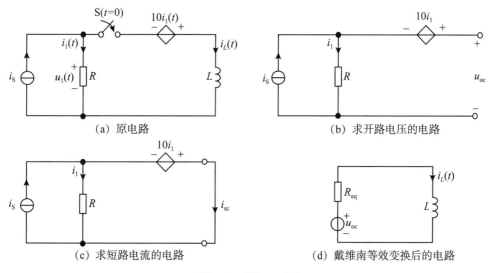

图 7-34 例 7-13 图

解 (1)求戴维南等效电路。求图 7-34(a)所示电路中电感 L 以左二端网络的戴维南等效电路。在如图 7-34(b)所示电路中可得
$$u_{oc} = 10i_1 + 4i_1 = 14i_1 = 14 \times 4 = 56(V)$$

在如图 7-34(c)所示电路中列写右边网孔的 KVL 方程，可得

$$10\,i_1 + Ri_1 = 10i_1 + 4i_1 = 0$$

因此可得 $$i_1 = 0$$

故有 $i_{sc} = i_S = 4\mathrm{A}$，因此有

$$R_{eq} = \frac{u_{oc}}{i_{sc}} = \frac{56}{4} = 14(\Omega)$$

（2）求零状态响应。由图 7-34(d)，可得 $\tau = L/R_{eq} = 2/14 = 1/7(\mathrm{s})$，由式(7-66)可得零状态响应电感电流为

$$i_L(t) = \frac{u_{oc}}{R_{eq}}(1 - \mathrm{e}^{-\frac{t}{\tau}}) = 4(1 - \mathrm{e}^{-7t})\mathrm{A}, \quad t \geqslant 0_+$$

由图 7-34(a)中换路后的电路可知

$$i_1(t) = i_S - i_L(t) = 4 - 4(1 - \mathrm{e}^{-7t}) = 4\mathrm{e}^{-7t}\mathrm{A}, \quad t \geqslant 0_+$$

所以 $$u_1(t) = Ri_1(t) = 4 \times i_1(t) = 16\mathrm{e}^{-7t}\mathrm{V}, \quad t \geqslant 0_+$$

【例 7-14】 在如图 7-35(a)所示的电路中，开关 S 在 $t=0$ 时合上，求换路后的零状态响应 $u_0(t)$。

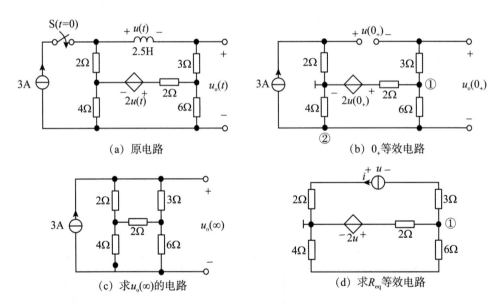

图 7-35 例 7-14 图

解 （1）求 $u_0(0_+)$。由于 $i_L(0_+) = i_L(0_-) = 0$，因此，在 $t = 0_+$ 时电感可视为开路，0_+ 等效电路如图 7-35(b)所示。首先求电感开路电压 $u(0_+)$，为此选择参考节点如图 7-35(b)所示，分别列出节点①和②的节点电压方程，即

$$n_1: \qquad \left(\frac{1}{2} + \frac{1}{6}\right)u_{n_1}(0_+) - \frac{1}{6}u_{n_2}(0_+) = \frac{2u(0_+)}{2}$$

n_2：

$$-\frac{1}{6}u_{n_1}(0_+) + \left(\frac{1}{4} + \frac{1}{6}\right)u_{n_2}(0_+) = -3$$

补充方程为

$$u_{n_1}(0_+) + u(0_+) = 3 \times 2 = 6(\text{V})$$

联立求解上式可得

$$u(0_+) = 3\text{V} \qquad u_{n_2}(0_+) = -6(\text{V})$$

由 KVL 方程可得

$$u(0_+) + u_0(0_+) + u_{n_2}(0_+) = 3 \times 2 = 6(V)$$

解之可得 $u_o(0_+) = 9\text{V}$。

（2）求 $u_o(\infty)$。当电路换路后达到稳态时，电感视为短路，如图 7-35(c) 所示。由于满足电桥平衡条件，故而可将 2Ω 电阻所在支路视作开路，于是

$$u_o(\infty) = 3 \times \frac{6 \times 9}{6 + 9} = 10.8(\text{V})$$

（3）求 R_{eq}。将图 7-35(a) 所示换路后电路中 3A 独立电流源置零，用外施电源法得到电路如图 7-35(d) 所示。列写节点①的节点电压方程，即

$$\left(\frac{1}{2} + \frac{1}{6 + 4}\right)u_{n_1} = \frac{2u}{2} - i$$

补充方程为

$$u_{n_1} = (2 + 3)i - u$$

联立求解以上两式可得

$$R_{eq} = \frac{u}{i} = 2.5\Omega$$

因此，$\tau = \dfrac{L}{R_{eq}} = 1\text{s}$。最后，根据零状态响应的三要素式(7-64)可得

$$u_o(t) = u_o(\infty) + [u_0(0_+) - u_0(\infty)]\mathrm{e}^{-\frac{t}{\tau}} = 10.8 + (9 - 10.8)\mathrm{e}^{-t}$$
$$= 10.8 - 1.8\mathrm{e}^{-t}\text{V}, \ t \geqslant 0_+$$

【例 7-15】　在如图 7-36(a) 所示电路中，网络 N 仅由线性时不变电阻组成，1V 电压源作用于 1-1′端口，在 2-2′端口处接电感时，输出端 3-3′的零状态响应为

$$u_0(t) = \frac{5}{8} - \frac{1}{8}\mathrm{e}^{-t}\text{V}, \ t \geqslant 0_+$$

若将图 7-36(a) 所示电路中 2H 电感元件换接成 2F 的电容元件，求此时输出端口 3-3′的零状态响应 $u_0'(t)$。

解　解法一：直接套用零状态响应表示式。改接电容前即当 2-2′端口端接电感时输出端口 3-3′的零状态响应为

$$u_0(t) = \frac{5}{8} - \frac{1}{8}\mathrm{e}^{-t}\text{V}, \ t \geqslant 0_+$$

零状态响应的三要素公式为

$$u_0(t) = u_0(\infty) + [u_0(0_+) - u_0(\infty)]\mathrm{e}^{-\frac{t}{\tau}}, \ t \geqslant 0_+$$

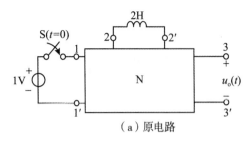
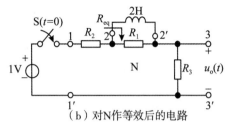

（a）原电路　　　　　　　　　（b）对N作等效后的电路

图 7-36　例 7-15 图

比较以上两式可得 $u_0(0_+) - u_0(\infty) = -\dfrac{1}{8}$，$u_0(\infty) = \dfrac{5}{8}$，因此图 7-36（a）电路中 2-2′

端口接电感时响应 $u_0(t)$ 的三要素分别为 $u_0(0_+) = \dfrac{1}{2}\text{V}$，$u_0(\infty) = \dfrac{5}{8}\text{V}$，$\tau = 1\text{s}$。下面求电

感元件置换为电容元件后所得一阶电路的零状态响应的三要素。由于电路处于零状态即 $u_C(0_-) = 0$，$u_C(0_+) = u_C(0_-) = 0$，故在 $t = 0_+$ 时，电容元件在其所在的电路中相当于短路，相比之下，在 $t = \infty$，即进入直流稳态时，$u_L(\infty) = 0$，这表明这时电感元件在其所在的电路中也相当于短路，于是在这两个不同的时刻，这两个电路完全相同，因此有

$$u_0'(0_+) = u_0(\infty) = \dfrac{5}{8}\text{V}$$

由于在 $t = \infty$，即进入直流稳态时，$i_C(\infty) = 0$，表明这时电容元件在其所在的电路中相当于开路，由于电路处于零状态，即 $i_L(0_-) = 0$，而 $i_L(0_+) = i_L(0_-) = 0$，这表明在 $t = 0_+$ 时，电感元件在其所在的电路中也相当于开路，由此可知，在这两个不同的时刻，这两个电路亦完全相同，因而有

$$u_0'(\infty) = u_0(0_+) = \dfrac{1}{2}\text{V}$$

在电感元件所在的电路中，由于 $\tau = 1\text{s}$，故而从 2-2′端口看进去的戴维南等效电阻为

$$R_{\text{eq}} = \dfrac{L}{\tau} = \dfrac{2}{1} = 2(\Omega)$$

因此，改接电容后有

$$\tau' = R_{\text{eq}}C = 2 \times 2 = 4(\text{s})$$

电感换成电容后输出端的零状态响应为

$$u_0'(t) = u_0'(\infty) + [u_0'(0_+) - u_0'(\infty)]\,\text{e}^{-\frac{t}{\tau'}} = \dfrac{1}{2} + \left[\dfrac{5}{8} - \dfrac{1}{2}\right]\text{e}^{-\frac{1}{4}t} = \dfrac{1}{2} + \dfrac{1}{8}\text{e}^{-\frac{t}{4}}\text{V},\ t \geq 0_+$$

方法二：利用等效电路求解零状态响应。对比改接电容前所给零状态响应表示式与零状态响应三要素式（7-64）可知

$$u_0(0_+) = \dfrac{1}{2}\text{V},\ u_0(\infty) = \dfrac{5}{8}\text{V}$$

等效电阻为 $\qquad R_{eq} = \dfrac{L}{\tau} = \dfrac{2}{1} = 2(\Omega)$

构造等效网络如图 7-36(b)所示，由其可知

$$\frac{R_1(R_2 + R_3)}{R_1 + R_2 + R_3} = R_{eq} = 2$$

改接电容元件前的电路处于稳态时，电感元件相当于短路，由分压公式可以求出

$$u_o(\infty) = \frac{R_3}{R_2 + R_3} \times 1 = \frac{5}{8}\text{V}$$

1V 电压源刚接入时，零态电感元件的电流为零，故电感相当于开路，这时仍应用分压公式可得

$$u_o(0_+) = \frac{R_3}{(R_1 + R_2) + R_3} \times 1 = \frac{1}{2}\text{V}$$

联立求解以上三式可得

$$R_1 = 2.5\Omega, \quad R_2 = 3.75\Omega, \quad R_3 = 6.25\Omega$$

由于改接电容元件后电路仍处于零状态，故而电容电压的初始值为零，即 $t = 0_+$ 时电容元件相当于短路，则在图 7-36(b)所示电路中在端口 2-2′接电容元件的情况下应用分压公式可得

$$u_o'(0_+) = \frac{R_3}{R_2 + R_3} \times 1 = \frac{6.25}{6.25 + 3.75} \times 1 = \frac{5}{8}(\text{V})$$

图 7-36(b)所示电路达到稳态时，其中改接的电容元件可视为开路，仍应用分压公式可得

$$u_o'(\infty) = \frac{R_3}{(R_1 + R_2) + R_3} \times 1 = \frac{6.25}{(2.5 + 3.75) + 6.25} \times 1 = \frac{6.25}{12.5} = \frac{1}{2}(\text{V})$$

$$\tau = R_{eq}C = 4\text{s}$$

所以电感改换成电容后，输出端的零状态响应为

$$u_o'(t) = \frac{1}{2} + \left(\frac{5}{8} - \frac{1}{2}\right)e^{-\frac{t}{4}} = \frac{1}{2} + \frac{1}{8}e^{-\frac{t}{4}}\text{V}, \quad t \geq 0_+$$

7.8.2.5 正弦电源激励下一阶电路零状态响应

对于图 7-37 中换路后正弦电源激励下电路，建立以零状态响应 $i_L(t)$ 为变量的一阶线性常系数非齐次微分方程，再附以初始条件可得

$$\left.\begin{array}{c} L\dfrac{di_L(t)}{dt} + Ri_L(t) = U_m\sin(\omega t + \Psi), \quad t \geq 0_+ \\ i_L(0_+) = i_L(0_-) = 0 \end{array}\right\} \qquad (7\text{-}74)$$

由于电源电压是角频率为 ω 的正弦时间函数，故可设式(7-74)中微分方程的特解，即电路的稳态响应分量 $i_{Ls}(t)$ 为与电源同频率的正弦时间函数，即

$$i_{Ls}(t) = I_m\sin(\omega t + \theta)$$

为了确定该特解中的待定常数 I_m 和 θ，将其代入式(7-74)中的微分方程可得

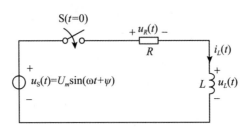

图 7-37　正弦电压激励下零状态 RL 串联电路

$$\omega L I_m \cos(\omega t + \theta) + R I_m \sin(\omega t + \theta) = U_m \sin(\omega t + \Psi) \tag{7-75}$$

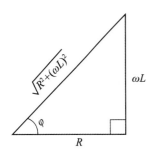

图 7-38　R 和 ωL 构成的
直角三角形

如图 7-38 所示，引入 $\sqrt{R^2 + \omega^2 L^2}$，$\tan\varphi = \dfrac{\omega L}{R}$ 则有

$$\omega L = \sqrt{R^2 + \omega^2 L^2}\,\sin\varphi,\quad R = \sqrt{R^2 + \omega^2 L^2}\,\cos\varphi$$

将上述关系代入式(7-75)，可得

$$I_m \sqrt{R^2 + \omega^2 L^2}\,\big[\sin\varphi\cos(\omega t + \theta) + \cos\varphi\sin(\omega t + \theta)\big]$$
$$= U_m \sin(\omega t + \Psi)$$

于是有

$$I_m \sqrt{R^2 + \omega^2 L^2}\,\sin(\omega t + \theta + \varphi) = U_m \sin(\omega t + \Psi) \tag{7-76}$$

对比式(7-76)两边，可求得特解 $i_{Lp}(t)$ 中的待求常数为

$$I_m = \frac{U_m}{\sqrt{R^2 + \omega^2 L^2}},\quad \theta = \Psi - \varphi = \Psi - \arctan\frac{\omega L}{R}$$

于是得到特解即稳态响应分量为

$$i_{Ls}(t) = I_m \sin(\omega t + \Psi - \varphi)$$

因此，该电路的微分方程通解即电路的零状态响应为

$$i_L(t) = i_{Ls}(t) + i_{Lt}(t) = I_m \sin(\omega t + \Psi - \varphi) + A e^{-\frac{t}{\tau}} \tag{7-77}$$

将初始条件 $i_L(0_+) = 0$ 代入式(7-77)，可得

$$i_L(0_+) = i_{Ls}(0_+) + i_{Lt}(0_+) = I_m \sin(\Psi - \varphi) + A = 0$$

由此可得
$$A = i_{Lt}(0_+) = -\,i_{Ls}(0_+) = -\,I_m \sin(\Psi - \varphi) \tag{7-78}$$

因此，式(7-74)中微分方程的解即电路合闸后的零状态响应为

$$i_L(t) = I_m \sin(\omega t + \Psi - \varphi) - I_m \sin(\Psi - \varphi)e^{-t/\tau},\quad t \geq 0_+ \tag{7-79}$$

由式(7-79)可知，暂态响应分量以时间常数 $\tau = L/R$ 按指数规律衰减，过 $(3 \sim 5)\tau$ 时间后衰减到接近于零，电路便进入正弦稳态。

利用所求得的 $i_L(t)$ 还可以求出电路其他处的零状态响应。

Ψ 是开关闭合即电路接通时电压源的初相角，故称为接入相位角又称合闸角，接通时刻不同，电源电压在 $t = 0_+$ 时的数值就不同，因而其初相 Ψ 的值也就不同，即它取决于接通电路的时刻(即计算时间的起点)。例如，若电源在其电压为正的最大值时接通，则 $\Psi =$ π/2；若电源在其电压由负值增大到零时接通，则 $\Psi = 0$。

由式(7-78)可知，电感电流暂态分量的初值 $i_{L_t}(0_+)$（积分常数 A）与稳态分量的初值 $i_{L_S}(0_+)$ 大小相等，符号相反，而稳态分量的初值又与电源电压的初相角 Ψ 相关即与合闸时刻有关，因此，$i_{L_t}(0_+)$ 和 $i_{L_S}(0_+)$ 也就随着合闸时刻的不同而改变即与 Ψ 值相关，这表明，该电路的过渡过程与 Ψ 值有关，就此可以得出如下结论：

（1）若合闸时刻（$t = 0_+$）发生于 $\Psi = \varphi$，这时电流稳态分量的函数值为零，则暂态分量的初值为零，即

$$A = i_{L_t}(0_+) = - i_{L_S}(0_+) = 0$$

因此，电流中没有暂态分量，这表明一经合闸换路，电路即刻进入稳定状态。无暂态过程发生。如图 7-39(a)所示。

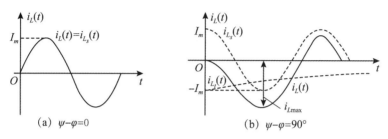

图 7-39 两种情况下电流的变化曲线

（2）若合闸时刻（$t = 0_+$）发生于 $\Psi = \varphi \pm 90°$，这时电流稳态分量函数值的绝对值为极大，则暂态分量初值的绝对值亦为极大，即

$$A = i_{L_t}(0_+) = - i_{L_S}(0_+) = \mp I_m$$

因此，零状态响应为

$$i_L(t) = I_m \sin(\omega t \pm 90°) \mp I_m \mathrm{e}^{-\frac{t}{\tau}} = \pm I_m \cos\omega t \mp I_m \mathrm{e}^{-\frac{t}{\tau}}, \ t \geqslant 0_+ \qquad (7\text{-}80)$$

当 $\Psi = \varphi + 90°$ 时，其波形如图 7-39(b)所示，由此可见，若这时暂态分量又衰减得很慢，即时间常数 $\tau = L/R$ 远大于电源电压（或稳态电流）的周期 T，则自合闸时刻起经过约半个周期的时间后，由于暂态分量衰减得极为微少，故而暂态分量与稳态分量相加后所得的电感电流为 $i_L(T/2) \approx I_m \cos180° - I_m = - 2I_m$，这表明，若在电流的稳态分量经过极大值时合闸，并且电路的时间常数很大，则合闸后电流的最大瞬时绝对值接近于稳态电流幅值的两倍，即 $|i_{L\max}| \approx 2I_m$，而不会达到两倍，这种情况称为过电流现象，在工程实际中必须予以充分重视并避之。

通过上述讨论可知，交流电路的过渡过程与开关接通的时刻有关，或者说与电源电压的合闸角有关，开关接通的时刻不同，稳态分量的初始值就不同，故而暂态分量的初始值也就不同，因此形成了彼此各异的过渡过程。

【例 7-16】 在图 7-37 所示的电路中，正弦电压源 $u_S(t) = 141\sin377t\,\mathrm{V}$，$R = 100\Omega$，$L = 0.5\mathrm{H}$，电感无初始储能，开关 S 在 $u_S(t)$ 经过零并具有正的斜率这个时刻闭合，试求：（1）电感稳态电流表示式；（2）电感暂态电流表示式；（3）电感电流的表示式；（4）若无电感暂态电流分量，应在 $u_S(t)$ 的瞬时值为何值时闭合开关?

解 (1)电感稳态电流表示式。

$$\omega L = 377 \times \frac{1}{2} = 188.5\Omega, \quad \sqrt{R^2 + \omega^2 L^2} = \sqrt{100^2 + 188.5^2} = 213.5(\Omega)$$

$$\varphi = \arctan \frac{\omega L}{R} = \arctan(1.885) = 62°$$

因此，电感稳态电流为

$$i_{Ls}(t) = \frac{U_m}{\sqrt{R^2 + \omega^2 L^2}} \sin(\omega t - \varphi) = \frac{141}{213.5} \sin(377t - 62°) = 0.66\sin(377t - 62°)\text{A}, \ t \geqslant 0_+$$

(2)电感暂态电流表示式。由于电感无初始储能即初始值为零，所以有

$$i_L(0_+) = 0 = i_{Ls}(0_+) + i_{Lt}(0_+) = -0.584 + i_{Lt}(0_+)$$

因此电感暂态电流的初始值为 $i_{Lt}(0_+) = 0.584$A。

时间常数为

$$\tau = \frac{L}{R} = \frac{0.5}{100} = \frac{1}{200}(\text{s})$$

所以电感暂态电流为

$$i_{Lt}(t) = 0.584\text{e}^{-200t}\text{A}, \ t \geqslant 0_+$$

(3)电感电流表示式。将电感稳态电流和电感暂态电流表示式相加可得

$$i_L(t) = i_{Ls}(t) + i_{Lt}(t) = 0.66\sin(377t - 62°) + 0.584\text{e}^{-200t}\text{A}, \ t \geqslant 0_+$$

(4)为了在电感电流中不含暂态分量，开关必须在 $i_{Ls}(t)$ 为零时闭合，因此由 $i_{Ls}(t)$ 表示式可知，这时应有

$$\omega t - \varphi = 0, \ \pi, \ 2\pi, \ \cdots$$

选取其中第一个数值0，可得

$$\omega t = \varphi = 62°$$

这时电源电压相应的瞬时值为

$$u_S(t) = 141\sin 377t \big|_{377t = 62°} = 141\sin 62° = 124.2(\text{V})$$

这表明，当开关在电源电压的瞬时值达到 124.2V 时闭合，则电感电流中无暂态分量，因而 $i_L(t)$ 亦为零。

7.8.3 一阶电路的全响应

线性动态电路的全响应主要有两种求取方法：一是应用叠加原理，即全响应为由动态元件于 $t = 0_-$ 时的储能单独作用引起的零输入响应与外施激励单独作用引起的零状态响应之和。对于具有多个电源激励电路的全响应，亦可应用叠加原理解出。显然，作为线性电路基本性质的叠加原理不仅适用于线性电阻电路，同样也适用于零原始状态下的动态电路即线性动态电路，而对于处于非零原始状态的动态电路，可以将其中电容元件的初始电压和电感元件的初始电流这种内部激励代之以等效独立电源，从而作为外施激励来处理，则整个电路中仅有独立电源作用，因此，这时的非零原始状态动态电路亦为线性动态电路，故而可以应用对于外施激励而言的叠加原理求解全响应，这一结论对于任何阶的线性动态电路均成立。二是直接求解电路对应的非齐次微分方程，即分别求出齐次微分方程的通解和非齐次微分方程的特解，然后对这两者求和，这种解法与求解零（原始）状态响应对应的非齐次微分方程式(7-69)完全相同，仅仅是所用到的初始条件不同，即在确定求全响

应对应微分方程的初始条件时必须考虑非零原始状态下电容的初始电压和/或电感的初始电流，而零状态响应对应微分方程的初始条件仅仅需要考虑外施激励造成的初始电压和/或初始电流，

从数学上来说，线性动态电路的全响应视为零输入响应与零状态响应之和，以及自由响应与强迫响应之和这两种组成方式，实质上是常系数线性非齐次微分方程解的两种叠加方法。

7.8.3.1 全响应两种分解方式之间的区别与联系

一个 n 阶电路在非零原始状态下对应的非齐次微分方程式如式(7-11)所示，其全响应通解 $y(t)$ 可以表示为零输入响应的通解 $y_{zi}(t)$ 与零状态响应的通解 $y_{zs}(t)$ 之和，假设该微分方程的特征方程无重根，则

$$
\begin{aligned}
y(t) &= \underbrace{\sum_{i=1}^{n} k_{zi}\mathrm{e}^{\lambda_i t}}_{\text{零输入相应}\, y_{zi}(t)} + \underbrace{\sum_{i=1}^{n} k_{zs}\mathrm{e}^{\lambda_i t} + y_p(t)}_{\text{零状态响应}\, y_{zs}(t)} \\
&= \underbrace{\sum_{i=1}^{n}(k_{zi}+k_{zs})\mathrm{e}^{\lambda_i t}}_{\text{自由分量}\, y_n(t)} + \underbrace{y_p(t)}_{\text{强制分量}\, y_p(t)} = \underbrace{\sum_{i=1}^{n} k_i \mathrm{e}^{\lambda_i t}}_{\text{自由分量}\, y_n(t)} + \underbrace{y_p(t)}_{\text{强制分量}\, y_p(t)}
\end{aligned}
\tag{7-81}
$$

式中，积分常数 $k_i = k_{zi} + k_{zs} (i = 1, 2, \cdots, n)$ 由非齐次微分方程式(7-11)在给定电路非零原始状态下的 n 个初始条件来确定。由式(7-81)可以看到全响应的两种分解方式之间的区别与联系：

(1)零输入响应和自由分量都满足齐次微分方程，它们有相同的指数规律，即具有相同的时间常数，但却有不同的系数。零输入分量与激励无关，而自由分量的大小与初始状态和外施激励均有关。

(2)零状态响应和强制分量虽都与激励有关，但前者实际上是零状态下微分方程的解，因此它不仅包含有强制分量，还含有反映电路固有性质的指数项。此外，电路在非零原始状态下，全响应的强制分量 $y_p(t)$ 即为同一电路的零状态响应的强制分量；全响应的自由分量 $\sum_{i=1}^{n} k_i \mathrm{e}^{\lambda_i s}$ 则是同一电路零状态响应的自由分量 $\sum_{i=1}^{n} k_{zs}\mathrm{e}^{\lambda_i t}$ 与零输入响应 $\sum_{i=1}^{n} k_{zi}\mathrm{e}^{\lambda_i t}$ 之和。

换路后一阶电路的全响应 $y(t)$ 所对应的非齐次常微分方程及其非零初始值的一般形式为

$$
\left.
\begin{aligned}
\frac{\mathrm{d}y(t)}{\mathrm{d}t} + ay(t) &= bx(t), \quad t \geqslant 0_+ \\
y(0_+) &= y_0
\end{aligned}
\right\}
\tag{7-82}
$$

7.8.3.2 典型一阶电路的全响应

换路后典型的全响应一阶电路在电路组成上仅含一个电阻、一个储能元件以及一个独

立电源，也有 RC 串联、并联电路和 RL 串联、并联电路两大类型，这里仅讨论 RC 并联电路的全响应。

图 7-40 所示的 RC 并联电路在 $t=0$ 时将开关 S 由端子 1 投切到端子 2，这时电路所对应的线性常系数微分方程及其初始条件为

$$\left.\begin{array}{l}\dfrac{\mathrm{d}u_C(t)}{\mathrm{d}t} + \dfrac{1}{RC}u_C(t) = \dfrac{1}{C}i_S, \ t \geq 0_+ \\[3mm] u_C(0_+) = u_C(0_-) = U_0 \end{array}\right\} \tag{7-83}$$

式 (7-83) 是一阶线性非齐次微分方程，具有唯一解。设 $u_{C_{zi}}(t)$ 为零输入响应，它必然满足满足微分方程式 (7-84)，即

$$\left.\begin{array}{l}\dfrac{\mathrm{d}u_{C_{zi}}(t)}{\mathrm{d}t} + \dfrac{1}{RC}u_{C_{zi}}(t) = 0, \ t \geq 0_+ \\[3mm] u_{C_{zi}}(0_+) = U_0 \end{array}\right\} \tag{7-84}$$

设 $u_{C_{zs}}(t)$ 为零状态响应，它必然满足微分方程式 (7-83)，即

$$\left.\begin{array}{l}\dfrac{\mathrm{d}u_{C_{zs}}(t)}{\mathrm{d}t} + \dfrac{1}{RC}u_{C_{zs}}(t) = \dfrac{1}{C}i_S, \ t \geq 0_+ \\[3mm] u_{C_{zs}}(0_+) = 0 \end{array}\right\} \tag{7-85}$$

分别将式 (7-84) 和式 (7-85) 中微分方程和初始条件对应相加，可得

$$\left.\begin{array}{l}\dfrac{\mathrm{d}}{\mathrm{d}t}[u_{C_{zi}}(t) + u_{C_{zs}}(t)] + \dfrac{1}{RC}[u_{C_{zi}}(t) + u_{C_{zs}}(t)] = \dfrac{1}{C}i_S, \ t \geq 0_+ \\[3mm] u_{C_{zi}}(0_+) + u_{C_{zs}}(0_+) = U_0 \end{array}\right\} \tag{7-86}$$

根据微分方程解的唯一性充分条件，比较式 (7-83) 和式 (7-86) 可知，式 (7-83) 的完全解即该式所对应 RC 电路的全响应应当为其零输入响应和零状态响应的叠加，即

$$u_C(t) = u_{C_{zi}}(t) + u_{C_{zs}}(t) = U_0 \mathrm{e}^{-\frac{t}{RC}} + Ri_S(1 - \mathrm{e}^{-\frac{t}{RC}}), \ t \geq 0_+ \tag{7-87}$$

式 (7-83) ~ 式 (7-85) 所对应的电路分别为图 7-40 (a)、(b)、(c)，由此可以作出式 (7-87) 的物理解释。图 7-40 (b) 中 $u_{C_{zi}}(t) = U_0 \mathrm{e}^{-\frac{t}{RC}}(t \geq 0_+)$，图 7-40 (c) 中 $u_{C_{zs}}(t) = Ri_S(1 - \mathrm{e}^{-\frac{t}{RC}})$ $(t \geq 0_+)$，将式 (7-87) 加以整理，可得

$$u_C(t) = U_0 \mathrm{e}^{-\frac{t}{RC}} + Ri_S(1 - \mathrm{e}^{-\frac{t}{RC}}) = \underbrace{(U_0 - Ri_S)\mathrm{e}^{-\frac{t}{RC}}}_{\text{暂态响应}} + \underbrace{Ri_S}_{\text{稳态响应}}, \ t \geq 0_+$$

显然，直接利用求解微分方程的经典方法也可以得出这一结果。

7.8.3.3　一般一阶电路的全响应

对于一般一阶电路，除了上述两种方法，还可以利用戴维南或诺顿定理，即将其中储能元件外的含源一端口电阻电路等效为一电阻性戴维南 (或诺顿) 模型，而将电路中两个及以上同类储能元件等效为一个电容或电感，这时一般一阶电路就等效为如图 7-41 (b)、(c) 所示的典型一阶电路，即 RC 或 RL 电路，利用该电路通过零输入响应与零状态响应叠加、暂态响应与强制响应 (或稳态响应) 叠加或后面介绍的三要素法求出 $u_C(t)$、$i_C(t)$ 或

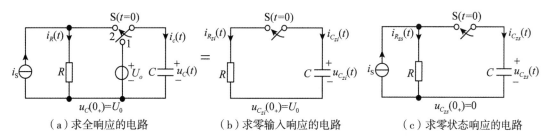

（a）求全响应的电路 （b）求零输入响应的电路 （c）求零状态响应的电路

图 7-40 全响应下 RC 并联电路及其全响应 $u_C(t)$ 的分解求解电路

$i_L(t)$，$u_L(t)$，再退回到原一般一阶电路将电容或电感分别替代为电压源 $u_C(t)$ 或电流源 $i_L(t)$，进而在该电路中应用电阻电路的分析方法求出其他全响应电压或电流。对于 RC 电路，$\tau = R_{eq}C$ 或 $\tau = R_{eq}C_{eq}$，对 RL 电路，$\tau = L/R_{eq}$ 或 $\tau = L_{eq}/R_{eq}$，其中 R_{eq} 为从储能元件(或等效储能元件)两端向电阻电路看进去的戴维南或诺顿等效电阻。

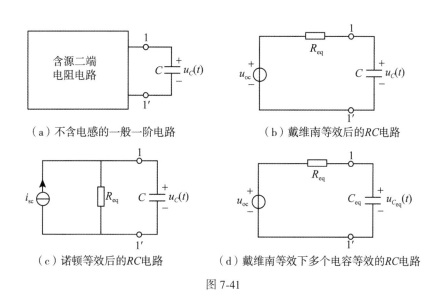

（a）不含电感的一般一阶电路   （b）戴维南等效后的 RC 电路

（c）诺顿等效后的 RC 电路   （d）戴维南等效下多个电容等效的 RC 电路

图 7-41

【例 7-17】 在如图 7-42(a)所示电路中，在 $t = 0$ 时闭合开关，闭合开关前电路已处于稳态，$u_C(0_-) = 1\text{V}$，试求开关闭合后 $i(t)$、$u(t)$。

解 分别利用求解全响应的三种方法求取 $i(t)$ 和 $u(t)$。

方法一：根据全响应=零输入响应+零状态响应计算。

（1）零输入响应：将图 7-42(a)中所有独立电源置零得到图 7-42(b)所示电路，由该图作出其对应的 0_+ 等效电路，从中求出 $i_{zi}(0_+) = -\dfrac{1}{2} = -0.5(\text{A})$，由图 7-42(b)换路后的电路可以求出其时间常数 $\tau = R_{eq}C = (1 + 1) \times 1 = 2\text{s}$。因此零输入响应为

$$i_{zi}(t) = i_{zi}(0_+)\mathrm{e}^{-\frac{t}{\tau}} = -0.5\mathrm{e}^{-0.5t}\text{A},\ t \geqslant 0_+$$

$$u_{zi}(t) = -1 \times i_{zi}(t) = -1 \times (-0.5\mathrm{e}^{-0.5t}) = 0.5\mathrm{e}^{-0.5t}\text{V},\ t \geqslant 0_+$$

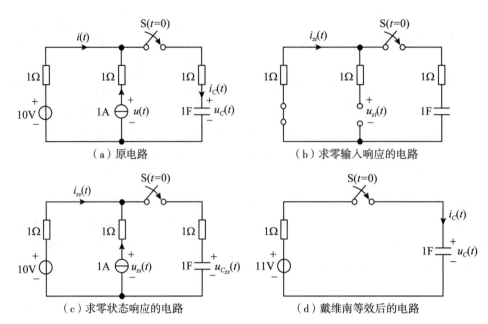

（a）原电路　　　　　　　　　（b）求零输入响应的电路

（c）求零状态响应的电路　　　　　（d）戴维南等效后的电路

图 7-42　例 6-18 图

（2）零状态响应：由图 7-42（a）可得零状态下的电路如图 7-42（c）所示，其原始状态 $u_{C_{zs}}(0_-) = 0$，因此 $u_{C_{zs}}(0_+) = 0$，故可由所作出的 0_+ 等效电路求出 $i_{zs}(0_+) = 4.5\mathrm{A}$，由图 7-42（c）换路后的电路可以求出零状态响应的稳态分量为 $i_{zs}(\infty) = -1\mathrm{A}$，零状态响应为其暂态分量与稳态分量之和，即 $i_{zs}(t) = -1 + k_{zs}\mathrm{e}^{-0.5t}\mathrm{A}$，由初值 $i_{zs}(0_+) = 4.5\mathrm{A}$ 可以求出 $k_{zs} = 5.5$，因此零状态响应为

$$i_{zs}(t) = -1 + 5.5\mathrm{e}^{-0.5t}\mathrm{A},\ t \geqslant 0_+$$

此外，零状态响应也可以直接套用零状态响应三要素式（7-64）求得，即

$$i_{zs}(t) = i_{zs}(\infty) + [i_{zs}(0_+) - i_{zs}(\infty)]\mathrm{e}^{-\frac{t}{\tau}}$$
$$= -1 + [4.5 - (-1)]\mathrm{e}^{-0.5t} = -1 + 5.5\mathrm{e}^{-0.5t}\mathrm{A},\ t \geqslant 0_+$$

由图 7-42（c）换路后的电路中左边网孔的 KVL 可得

$$u_{zs}(t) = 10 + 1 \times 1 - 1 \times i_{zs}(t) = 11 - 1 \times (-1 + 5.5\mathrm{e}^{-0.5t}) = 12 - 5.5\mathrm{e}^{-0.5t}\mathrm{V},\ t \geqslant 0_+$$

对于多个电源激励下的零状态响应也可以利用叠加原理求得。

全响应电流 $i(t)$ 和 $u(t)$ 为

$$i(t) = i_{zi}(t) + i_{zs}(t) = -0.5\mathrm{e}^{-0.5t} - 1 + 5.5\mathrm{e}^{-0.5t} = -1 + 5\mathrm{e}^{-0.5t}\mathrm{A},\ t \geqslant 0_+$$

$$u(t) = u_{zi}(t) + u_{zs}(t) = 0.5\mathrm{e}^{-0.5t} + 12 - 5.5\mathrm{e}^{-0.5t} = 12 - 5\mathrm{e}^{-0.5t}\mathrm{V},\ t \geqslant 0_+$$

方法二：根据全响应 = 暂态分量 + 稳态分量计算。

（1）暂态分量：由于暂态分量对应的是齐次方程的解，因此其所对应的电路仍为图 7-42（b）中换路后的零输入电路。这时，电路的时间常数与零输入响应时的相同，仍为 2s，故而电流的暂态分量为

$$i_t(t) = k\mathrm{e}^{-0.5t}\mathrm{A},\ t \geqslant 0_+$$

(2)稳态分量：由图 7-42(c)换路后的稳态电路可以求出电流的稳态分量 $i_s(t) = -1A$，于是全响应为

$$i(t) = i_t(t) + i_s(t) = ke^{-0.5t} - 1A, \ t \geqslant 0_+$$

由图 7-42(a)所示电路作出其 0_+ 等效电路，其中电容用 1V 电压源替代，于是求得 $i(0_+) = 4A$，因此有

$$i(0_+) = 4 = k - 1$$

由此求得 $k = 5$，故全响应为

$$i(t) = -1 + 5e^{-0.5t}A, \ t \geqslant 0_+$$

根据 $i(t)$ 对图 7-42(a)换路后电路中的左边网孔列写 KVL 可以求出 $u(t)$，即

$$u(t) = 10 + 1 \times 1 - 1 \times i(t) = 11 - (-1 + 5e^{-0.5t}) = (12 - 5e^{-0.5t})V, \ t \geqslant 0_+$$

接着还可以求出 $i_C(t)$ 和 $u_C(t)$。事实上，从求解方便上来说，最为简洁的是首先利用上述两种方法求出 $u_C(t)$，再根据电容的 VCR 求出 $i_C(t)$，继而分别由 KCL 和 KVL 求出 $i(t)$ 和 $u(t)$。

方法三：利用戴维南等效电路求解。

在图 7-42(a)换路后的电路中，从电容两端看进去戴维南等效电路的电压源为 $u_{oc} = 1 \times 1 + 10 = 11(V)$，戴维南等效电阻前已求出为 $R_{eq} = 2\Omega$，故而 $\tau = R_{eq}C = 2 \times 1 = 2(s)$，由 u_{oc} 和 R_{eq} 构建的换路后电路的等效电路如图 7-42(d)所示，为一典型一阶 RC 电路，故其零输入响应为

$$u_{C_{zi}}(t) = e^{-0.5t}V, \ t \geqslant 0_+$$

零状态响应为

$$u_{C_{zs}}(t) = 11(1 - e^{-0.5t})V, \ t \geqslant 0_+$$

因此全响应电容电压为

$$u_C(t) = u_{C_{zi}}(t) + u_{C_{zs}}(t) = e^{-0.5t} + 11(1 - e^{-0.5t}) = 11 - 10e^{-0.5t}V, \ t \geqslant 0_+$$

全响应电容电流为

$$i_C(t) = C\frac{du_C(t)}{dt} = 5e^{-0.5t}A, \ t \geqslant 0_+$$

退回到图 7-42(a)换路后的电路中利用 KCL 求出全响应电流 $i(t)$ 为

$$i(t) = i_C(t) - 1 = -1 + 5e^{-0.5t}A, \ t \geqslant 0_+$$

对图 7-42(a)换路后电路中的右边网孔利用 KVL 求出全响应电压 $u(t)$ 为

$$u(t) = 1 \times 1 + 1 \times i_C(t) + u_C(t) = 1 \times 1 + 1 \times 5e^{-0.5t} + 11 - 10e^{-0.5t}$$
$$= 12 - 5e^{-0.5t}V, \ t \geqslant 0_+$$

7.8.3.4 一阶电路全响应的三要素法

下面介绍仅适用于任意一阶电路的三要素法。比较式(7-60)和式(7-82)可知，两者均为一阶常系数非齐次微分方程，因此它们的通解应该具有相同的形式，只是这两个非齐次方程不同的非零初始条件决定了它们的解中待定常数是不同的，全响应 $y(t)$ 的非零初始条件为 $y(0_+) = y_{zi}(0_+) + y_{zs}(0_+)$，两者相差一个 $y_{zi}(0_+)$。这时只需要将式(7-62)~式(7-64)中的下标"zs"去除便可得到对应情况下的全响应解。于是，换路后电路无论是否存在稳定状态，其全响应的三要素公式的一般形式为

$$y(t) = y_p(t) + [y(0_+) - y_p(0_+)]e^{-\frac{t}{\tau}}, \ t \geqslant 0_+ \qquad (7\text{-}88)$$

在电路存在稳态的情况下，将式(7-88)中强制分量 $y_p(t)$ 改为稳态分量 $y_\infty(t)$，则其全响应的三要素公式的一般形式为

$$y(t) = y_\infty(t) + [y(0_+) - y_\infty(0_+)]e^{-\frac{t}{\tau}}, \ t \geqslant 0_+ \qquad (7\text{-}89)$$

特别的，当外施激励为直流电源时，式(7-89)中稳态响应 $y_\infty(t)$ 为常数，于是 $y_\infty(t) = y_\infty(0_+)$，将它们记为 $y(\infty)$，这时全响应的三要素公式的一般形式为

$$y(t) = y(\infty) + [y(0_+) - y(\infty)]e^{\frac{t}{\tau}}, \ t \geqslant 0_+ \qquad (7\text{-}90)$$

初始值 $y(0_+)$ 由 0_+ 等效电路求得，显然，若所求 $y(t)$ 为电容电压或电感电流，则其 $y(0_+)$ 即为 $u_C(0_+)$ 或 $i_L(0_+)$；若 $y(t)$ 为除电容或电感元件之外的电压或电流，则其 $y(0_+)$ 是由电路中 $u_C(0_+)$ 和/或 $i_L(0_+)$ 以及外施激励在 $t = 0_+$ 时刻的值共同作用形成的；若换路后的电路激励是正弦交流或直流电源，则其稳态分量 $y_\infty(t)$ 或 $y(\infty)$ 分别是换路后稳态电路中该变量的正弦稳态解或直流稳态解，而当激励为其他时间函数时，则 $y_p(t)$ 只能按求常微分方程特解的方法求出；时间常数 τ 由 $t \geqslant 0_+$ 独立源置零后的电路得出，对 RC 电路，$\tau = R_{eq}C_{eq}$，对 RL 电路，$\tau = L_{eq}/R_{eq}$，其中，R_{eq} 为从等效储能元件两端向电阻电路看进去的等效电阻。

若在式(7-90)中应用式 $y(0_+) = y_{zi}(0_+) + y_{zs}(0_+)$，则

$$\begin{aligned}
y(t) &= \underbrace{y(\infty)}_{\text{稳态分量}y_s} + \underbrace{[y(0_+) - y(\infty)]e^{\frac{t}{\tau}}}_{\text{暂态分量}y_t} = y(\infty) + \{[y_{zi}(0_+) + y_{zs}(0_+)] - y(\infty)\}e^{-\frac{t}{\tau}} \\
&= \underbrace{y_{zi}(0_+)e^{\frac{t}{\tau}}}_{\text{零输入响应}y_{zi}(t)} + \underbrace{y(\infty) + [y_{zs}(0_+) - y(\infty)]e^{-\frac{t}{\tau}}}_{\text{零状态响应}y_{zs}(t)} \qquad (7\text{-}91) \\
&= \underbrace{y_{zi}(0_+)e^{-\frac{t}{\tau}}}_{\text{零输入响应}y_{zi}(t)} + \underbrace{y_{zs}(\infty) + [y_{zs}(0_+) - y_{zs}(\infty)]e^{-\frac{t}{\tau}}}_{\text{零状态响应}y_{zs}(t)}, \ t \geqslant 0_+
\end{aligned}$$

上式的最后一个等式用到 $y(\infty) = y_{zs}(\infty)$，例如，在例 6-17 中，$i_{zs}(\infty) = i(\infty) = -1\text{A}$。显然，当外施激励为零时，式(7-91)中，$y_{zs}(0_+) = 0$，$y_{zs}(\infty) = 0$，该式即为零输入响应，而当电路的初始状态为零时，有 $y_{zi}(0_+) = 0$，该式即为零状态响应，由于零输入响应和零状态响应为全响应的特例，因此在三要素法公式亦可用于这两者的求解。

【例 7-18】　在图 7-43 所示的电路中，已知 $R_1 = R_2 = 0.5\Omega$，$R_3 = R_4 = 1\Omega$，$C = 1\text{F}$，$g = 2\text{S}$，$u_C(0_-) = 3\text{V}$，$u_S = 1\text{V}$，试求全响应 $u(t)$。

解　应用三要素法求解。

(1)计算 $u(0_+)$。根据连续性原理可得 $u_C(0_+) = u_C(0_-) = 3\text{V}$，这时由于所求为 $u(0_+)$，故其之外的电路均可以对 $u(0_+)$ 作等效，于是，$u_C(0_+)$、R_2 以及 u_S 和 R_1 的串联这三个并联支路就等效为电压源 $u_C(0_+)$，故而作出 0_+ 等效电路，如图 6-43(b)所示，利用节点法可得

$$\left(\frac{1}{R_3} + \frac{1}{R_4}\right)u(0_+) = \frac{u_C(0_+)}{R_3} - gu_C(0_+)$$

代入 $u_C(0_+) = 3\text{V}$ 可求出 $u(0_+) = -1.5\text{V}$。

(2)计算稳态分量 $u(\infty)$。对于图 6-43(a)中换路后的电路，由于直流稳态下电容等

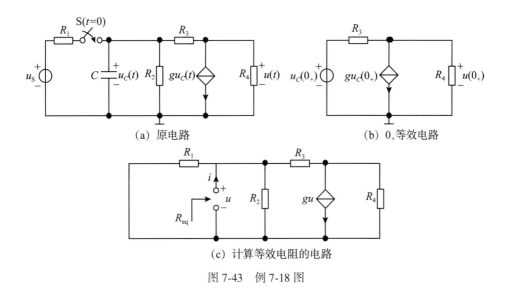

(a) 原电路　　　　　　　　　　(b) 0₊等效电路

(c) 计算等效电阻的电路

图 7-43　例 7-18 图

效于开路，因此列出节点方程为

$$-\frac{1}{R_3}u(\infty) + \left(\frac{1}{R_1} + \frac{1}{R_2} + \frac{1}{R_3}\right)u_C(\infty) = \frac{u_S}{R_1}$$

$$-\frac{1}{R_3}u_C(\infty) + \left(\frac{1}{R_3} + \frac{1}{R_4}\right)u(\infty) = -gu_C(\infty)$$

代入已知数据联立解之可得

$$u(\infty) = -\frac{2}{11}\text{V}$$

(3)计算时间常数 τ。在图 7-43(c)中计算由电容看进去的等效电阻，这时可以先将受控电流源 gu 和 R_4 并联支路等效为受控电压源 guR_4 和 R_4 串联的支路，于是得到 R_3、guR_4 和 R_4 三者串联的支路，利用 KVL 可知该支路流过的电流为 $\dfrac{u + guR_4}{R_3 + R_4}$，因此由 KCL 可得

$$i = \left(\frac{1}{R_1} + \frac{1}{R_2}\right)u + \frac{u + guR_4}{R_3 + R_4} = \frac{11}{2}u$$

代入已知数据可得 $R_{\text{eq}} = \dfrac{u}{i} = \dfrac{2}{11}\Omega$，因此有

$$\tau = R_{\text{eq}}C = \frac{2}{11}\text{s}$$

利用三要素法可以求得

$$u(t) = u(\infty) + \left[u(0_+) - u(\infty)\right]e^{-t/\tau} = -\frac{2}{11} - \frac{29}{22}e^{-11t/2}\text{V}, \quad t \geqslant 0_+$$

【例 7-19】　在图 7-44(a)所示的电路中，已知 $C = 5\text{F}$，$L = 6\text{H}$，$R_1 = R_2 = 2\Omega$，$R_3 = 6\Omega$，$u_{S_1} = 10\text{V}$，$u_{S_2} = 6\text{V}$，$i_S = 4\text{A}$。开关 S 未闭合前电路已达到稳态，S 在 $t = 0$ 闭合，试

求 t>0 时的 $i(t)$。

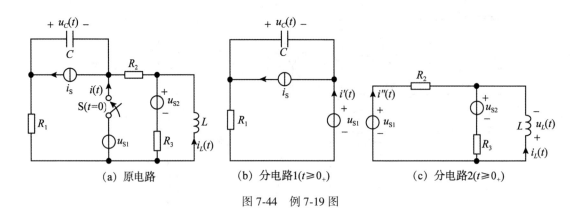

图 7-44　例 7-19 图

解　根据电压源与任意一个单口电路的并联可以等效为该电压源的原理：在图 7-44（a）中，u_{s1} 及其右边电路对其左边电路的作用以及 u_{s1} 及其左边电路对其右边电路的作用可以分别用 u_{s1} 等效，因此，该电路可分为图 7-44（b）、（c）来求解。在图 7-44（b）所示电路中，有

$$\tau_1 = R_1 C = 10\text{s}$$

$$u_C(\infty) = i_S R_1 - u_{S_1} = 4 \times 2 - 10 = -2\text{V}$$

$$u_C(0_+) = u_C(0_-) = i_S(R_1 + R_2) = 16\text{V}$$

根据三要素法可得

$$u_C(t) = -2 + (16 - (-2))e^{-0.1t} = -2 + 18e^{-0.1t}\text{V}, \ t \geq 0_+$$

$$i'(t) = \frac{u_C(t) + u_{S_1}}{R_1} = \frac{-2 + 18e^{-0.1t} + 10}{2} = 4 + 9e^{-0.1t}\text{A}, \ t \geq 0_+$$

在图 7-44（c）所示电路中，有

$$\tau_2 = \frac{R_2 + R_3}{R_2 \times R_3}L = \frac{2+6}{2 \times 6} \times 6 = \frac{8}{12} \times 6 = 4\text{s}$$

$$i_L(0_+) = i_L(0_-) = i_S - \frac{u_{S_2}}{R_3} = 4 - \frac{6}{6} = 3\text{A}$$

$$i_L(\infty) = -\frac{u_{S_1}}{R_2} - \frac{u_{S_2}}{R_3} = -\frac{10}{2} - \frac{6}{6} = -6\text{A}$$

根据三要素法可得

$$i_L(t) = -6 + (3 - (-6))e^{-0.25t} = -6 + 9e^{-0.25t}\text{A}, \ t \geq 0_+$$

又因为

$$u_L(t) = L\frac{\mathrm{d}i_L}{\mathrm{d}t} = 6 \times 9(-0.25)e^{-0.25t} = -13.5e^{-0.25t}\text{V}, \ t \geq 0_+$$

则

$$i''(t) = \frac{u_{S_1} + u_L}{R_2} = 5 - 6.75e^{-0.25t}\text{A}, \ t \geq 0_+$$

$$i(t) = i'(t) + i''(t) = 9 + 9e^{-0.1t} - 6.75e^{-0.25t}A, \ t \geq 0_+$$

需要注意的是，此例实际上是通过独立电压源的等效作用，将一个二阶电路等效为二个一阶电路来求解。

【**例 7-20**】 在如图 7-45(a)所示的电路中，开关 S_1 接在位置 1，S_2 处于打开状态，此时电路已达稳态。在 $t = 0$ 时将开关 S_1 由位置 1 换接到位置 2，在 $t = 1s$ 时将开关 S_1 再由位置 2 换接到位置 1，同时闭合开关 S_2。求换路后的电容电流 $i_C(t)$。

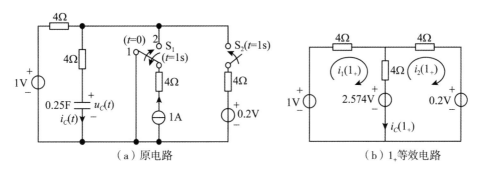

图 7-45　例 7-20 图

解 (1)由开关动作前的 0_- 等效电路求得 $u_C(0_-) = 1V$。

(2)当 $0 < t < 1s$ 时，开关 S_1 由位置 1 接到位置 2，S_2 仍打开，利用连续性原理可得
$$u_C(0_+) = u_C(0_-) = 1V$$
利用 0_+ 等效电路可以求出 $i_C(0_+) = 0.5A$。

电路达到稳态时电容开路，故有
$$i_C(\infty) = 0, \ u_C(\infty) = 1 + 1 \times 4 = 5(V)$$
时间常数为
$$\tau_1 = (4 + 4) \times 0.25 = 2(s)$$
由三要素公式可得
$$u_C(t) = 5 - 4e^{-0.5t}V, \ 0_+ \leq t \leq 1_- s$$
$$i_C(t) = 0.5e^{-0.5t}A, \ 0_+ \leq t \leq 1_- s$$

(3)当 $t = 1s$ 时，S_1 由位置 2 切回到位置 1，S_2 闭合，利用连续性原理可得
$$u_C(1_+) = u_C(1_-) = 5 - 4e^{-0.5 \times 1} = 2.574V$$
在如图 7-45(b)所示的 1_+ 等效电路中利用回路电流法求 $i_C(1_+)$，即
$$8i_1(1_+) - 4i_2(1_+) = 1 - 2.574 = -1.574$$
$$-4i_1(1_+) + 8i_2(1_+) = 2.574 - 0.2 = 2.374$$
由此解出 $i_1(1_+) = 0.039A$，$i_2(1_+) = 0.316A$，故由 KCL 可得
$$i_C(1_+) = i_1(1_+) - i_2(1_+) = 0.039 - 0.316 = -0.277(A)$$

(4)当 $t > 1s$ 且电路达到稳态时电容开路，故有
$$i_C(\infty) = 0$$
时间常数为

287

$$\tau_2 = \left(4 + \frac{4 \times 4}{4 + 4}\right) \times 0.25 = 6 \times 0.25 = 1.5(\mathrm{s})$$

由三要素公式可得

$$i_C(t) = -0.277\mathrm{e}^{-0.67(t-1)}\mathrm{A} \qquad (t \geqslant 1_+ \mathrm{s})$$

可以看到，$i_C(t)$ 在两个换路时刻均发生了跳变。

【例 7-21】　在如图 7-46(a)所示的电路中，$u_C(0_-) = 10\mathrm{V}$，试求开关闭合后的 $u_C(t)$。

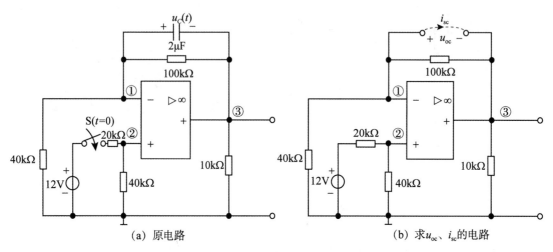

(a) 原电路　　　　　　　　(b) 求 u_{oc}、i_{sc} 的电路

图 7-46　例 7-21 图

解　(1)求取 $u_C(0_+)$。根据连续性原理有

$$u_C(0_+) = u_C(0_-) = 10\mathrm{V}$$

(2)求取 $u_C(\infty)$。当电路处于稳态时，电容元件开路，因此，在图 7-46(b)中，根据理想运放"虚短"和"虚断"的性质可得

$$u_{n_1}(\infty) = u_{n_2}(\infty) = \frac{40}{40 + 20} \times 12 = \frac{2}{3} \times 12 = 8(\mathrm{V})$$

根据"虚断"性质可得

$$\frac{u_{n_1}(\infty)}{40} = \frac{u_{n_3}(\infty) - u_{n_1}(\infty)}{100}$$

由此可得　　　　　$u_{n_1}(\infty) - u_{n_3}(\infty) = -2.5u_{n_1}(\infty) = -20\mathrm{V}$

因此，电容的稳态电压即其开路处的电压为

$$u_C(\infty) = u_{n_1}(\infty) - u_{n_3}(\infty) = u_{\mathrm{oc}} = -20\mathrm{V}$$

(3)求从电容两端看进去的等效电阻 R_{eq} 和时间常数 τ。由理想运放的"虚断"特性可知短路电流为

$$i_{\mathrm{sc}} = -\frac{u_{n_1}(\infty)}{40 \times 10^3} = -\frac{8}{40 \times 10^3} = -2 \times 10^{-4}(\mathrm{A})$$

等效电阻 $\qquad R_{\text{eq}} = \dfrac{u_{\text{oc}}}{i_{\text{sc}}} = \dfrac{-20}{-2 \times 10^{-4}} = 100(\text{k}\Omega)$

时间常数 $\qquad \tau = R_{\text{eq}}C = 100 \times 10^3 \times 2 \times 10^{-6} = 0.2(\text{s})$

所以 $\quad u_C(t) = u_C(\infty) + [u_C(0_+) - u_C(\infty)]\text{e}^{-\frac{t}{\tau}} = -20 + 30\text{e}^{-5t}\text{V}, \ t \geqslant 0_+$

【**例 7-22**】 在如图 7-47(a)所示电路中，N_R 为线性时不变电阻网络，u_S、i_S 为直流电压源和电流源，在 $t = 0$ 开关合上前电路已处于稳定状态，并且已知 $u(0_-) = 10\text{V}$，当 $t = 0.5\text{s}$ 时，$u_C(0.5) = 18\text{V}$，求 $t \geqslant 0$ 时的 $u(t)$。

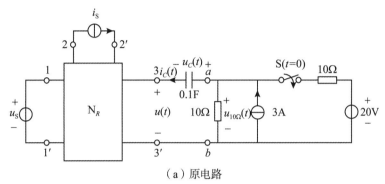

（a）原电路

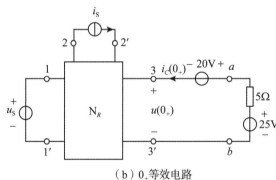

（b）0_+ 等效电路

图 7-47　例 7-22 图

解　(1)求 $u_C(0_+)$。$t = 0_-$ 时，由于电路处于直流稳态，故而电容元件开路，因此，10Ω 电阻上的电压 $u_{10\Omega}(0_-)$ 为

$$u_{10\Omega}(0_-) = 3 \times 10 = 30(\text{V})$$

因此，$u_C(0_-)$ 为

$$u_C(0_-) = u_{10\Omega}(0_-) - u(0_-) = 30 - 10 = 20(\text{V})$$

故而可得

$$u_C(0_+) = u_C(0_-) = 20\text{V}$$

(2)求 $u_C(\infty)$。换路后达到直流稳态时，电容元件开路，故而 $u(\infty) = u(0_-) = 10\text{V}$，对于 3A 电流源和 20V 电压源利用叠加定理，求出 a-b 端口的开路电压，即 $u_{10\Omega}(\infty)$ 为

$$u_{10\Omega}(\infty) = 10 + 15 = 25(\text{V})$$

因此有

$$u_C(\infty) = u_{10\Omega}(\infty) - u(\infty) = 25 - 10 = 15(\text{V})$$

应用三要素法有

$$u_C(t) = 15 + (20 - 15)e^{-\frac{t}{\tau}} = 15 + 5e^{-\frac{t}{\tau}},\ t \geq 0_+$$

由于当 $t = 0.5$ 时，$u_C(0.5) = 18\text{V}$，故而

$$u_C(0.5) = 15 + 5e^{-\frac{0.5}{\tau}} = 18$$

解之可得 $\tau = 0.9788 \approx 1\text{s}$，因此有

$$u_C(t) = 15 + 5e^{-t}\text{V},\ t \geq 0_+$$

$$i_C(t) = C\frac{\mathrm{d}u_C}{\mathrm{d}t} = -0.1 \times 5e^{-t} = -0.5e^{-t}\text{A},\ t \geq 0_+$$

故有 $i_C(0_+) = -0.5\text{A}$。

(3)求 $u(0_+)$。通过作出 $a\text{-}b$ 端口的戴维南等效电路得到 0_+ 等效电路，如图 7-47(b) 所示，由此可得

$$u(0_+) = -u_C(0_+) - 5i_C(0_+) + 25 = -20 + 2.5 + 25 = 7.5(\text{V})$$

在三要素法中代入 $u(\infty) = 10\text{V}$ 和 $u(0_+) = 7.5\text{V}$，可求得

$$u(t) = 10 + (7.5 - 10)e^{-t} = 10 - 2.5e^{-t}\text{V},\ t \geq 0_+$$

【例 7-23】　在如图 7-48(a)所示的电路中，$u_S(t) = 4\sqrt{2}\sin(5 \times 10^4 t + \varphi)\text{V}$，开关 S 在 $t = 0$ 时闭合，闭合前电路已达稳定。试求开关闭合后 $u_C(t)$。

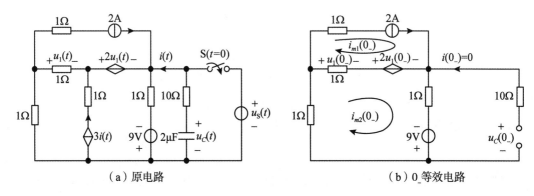

（a）原电路　　　　　　　　　　　（b）0_ 等效电路

图 7-48　例 7-23 图

解　(1)求 $u_C(0_+)$。0_- 等效电路如图 7-48(b)所示，对网孔 2 列写方程得

$$3i_{m2}(0_-) - i_{m1}(0_-) = 9 - 2u_1(0_-) \tag{7-92}$$

在式(7-92)中代入 $i_{m1}(0_-) = 2$ 以及 $u_1(0_-) = i_{m2}(0_-) - 2$ 可以求出 $i_{m2}(0_-) = 3\text{A}$，因此有

$$u_C(0_+) = u_C(0_-) = i_{m2}(0_-) \times 1 - 9 = 3 \times 1 - 9 = -6(\text{V})$$

(2)求 $u_{C\infty}(t)$。S 闭合后，$u_S(t)$ 与 RC 支路并联，故只需考虑 RC 支路与 $u_S(t)$ 列写

KVL 方程，即

$$10 \times 2 \times 10^{-6} \frac{\mathrm{d}u_C(t)}{\mathrm{d}t} + u_C(t) = 4\sqrt{2}\sin(5 \times 10^4 t + \varphi) \tag{7-93}$$

特征方程为 $20 \times 10^{-6}\lambda + 1 = 0$，特征根为 $\lambda = -50000$，将所设特解即电容的稳态电压 $u_{C\infty}(t) = A\sin(5 \times 10^4 t + \varphi) + B\cos(5 \times 10^4 t + \varphi)\mathrm{V}$ 代入式(7-93)可得 $2 \times 10^{-5}[5 \times 10^4 A\cos(5 \times 10^4 t + \varphi) - 5 \times 10^4 B\sin(5 \times 10^4 t + \varphi)] + A\sin(5 \times 10^4 t + \varphi) + B\cos(5 \times 10^4 t + \varphi) = 4\sqrt{2}\sin(5 \times 10^4 t + \varphi)$，即 $(A - B)\sin(5 \times 10^4 t + \varphi) + (A + B)\cos(5 \times 10^4 t + \varphi) = 4\sqrt{2}\sin(5 \times 10^4 t + \varphi)$，于是有

$$\begin{cases} A - B = 4\sqrt{2} \\ A + B = 0 \end{cases}$$

求出 $A = 2\sqrt{2}$，$B = -2\sqrt{2}$。

因此可得电容电压的稳态解为

$$\begin{aligned} u_{C\infty}(t) &= 2\sqrt{2}\sin(5 \times 10^4 t + \varphi) - 2\sqrt{2}\cos(5 \times 10^4 t + \varphi) \\ &= 4[\cos 45°\sin(5 \times 10^4 t + \varphi) - \sin 45°\cos(5 \times 10^4 t + \varphi)] \\ &= 4\sin(5 \times 10^4 t + \varphi - 45°)\mathrm{V} \end{aligned}$$

由此可得电容电压稳态解的初始值为

$$u_{C\infty}(0_+) = 4\sin(\varphi - 45°)\mathrm{V}$$

根据三要素法有

$$\begin{aligned} u_C(t) &= u_{C\infty}(t) + [u_C(0_+) - u_{C\infty}(0_+)]\mathrm{e}^{-5 \times 10^4 t} \\ &= 4\sin(5 \times 10^4 t + \varphi - 45°) + [-6 - 4\sin(\varphi - 45°)]\mathrm{e}^{-5 \times 10^4 t}, \quad t \geqslant 0_+ \end{aligned}$$

【例 7-24】 在如图 7-49 所示的电路中，网络 N_R 仅由线性时不变电阻组成，当开关 S 在位置 a 且电路达到稳态时，电容电压 $u_C = 20\mathrm{V}$，电流 $i_2 = 1\mathrm{A}$，当 $t = 0$ 时开关 S 由 a 合向 b，求 $t > 0$ 时的电容电压 $u_C(t)$。

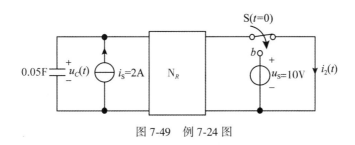

图 7-49　例 7-24 图

解 （1）求电容电压初值 $u_C(0_+) = u_C(0_-) = 20\mathrm{V}$。

（2）求电容电压稳态值 $u_C(\infty)$。对于图 7-49 所示电路，开关 S 闭合在位置 a 与 b 且电路为稳态时，整个电路均为一电阻电路。首先，当开关 S 闭合在位置 a 且电路达到稳态时，由于电容开路，所以线性时不变电阻网络 N_R 的激励仅为 2A 电流源，响应为短路电流 $i_2 = 1\mathrm{A}$；而当开关 S 合向位置 b 且电路达到稳态时，整个电路有两个独立源激励，由

于叠加定理可以用于稳态值的叠加，因此设 10V 电压源单独作用下的网络 N_R 的稳态响应为电容电压 $u_C^{(1)}(\infty)$，对于这两个电路应用互易定理的第三种形式可得

$$u_C^{(1)}(\infty) = \frac{i_2}{i_s}u_S = \frac{1}{2} \times 10 = 5(\text{V})$$

由题意可知 2A 电流源单独作用所引起的电容稳态电压 $u_C^{(2)}(\infty) = u_C(0_-) = 20\text{V}$，于是应用叠加定理可知，当开关 S 合向位置 b 且电路达到稳态时，有

$$u_C(\infty) = u_C^{(1)}(\infty) + u_C^{(2)}(\infty) = 5 + 20 = 25(\text{V})$$

（2）求等效电阻。当开关 S 于位置 b 时，为求从电容两端看进去的等效电阻，将 2A 电流源开路，10V 电压源短路，因此，可以利用开关 S 闭合在位置 a 且电路达到稳态时的电路，因为这时电容开路，网络 N_R 的输入电流为 2A 电流源的电流，其端电压为电容的开路电压即 $u_C(0_-) = 10\text{V}$，于是电路等效电阻为

$$R_{\text{eq}} = \frac{u_C(0_-)}{i_S} = \frac{20}{2} = 10(\Omega)$$

所以时间常数为

$$\tau = R_{\text{eq}}C = 10 \times 0.05 = 0.5(\text{s})$$

利用三要素法求出 $t \geq 0_+$ 的电容电压为

$$u_C(t) = u_C(\infty) + [u_C(0_+) - u_C(\infty)]\text{e}^{-\frac{t}{\tau}} = 25 + (20 - 25)\text{e}^{-2t} = 25 - 5\text{e}^{-2t}\text{V}, \ t \geq 0_+$$

【例 7-25】 已知图 7-50(a)所示电路在 $t<0$ 时已处于稳态，$t=0$ 时开关 S 突然闭合。求 S 闭合后的电压 $u_{C_1}(t)$、$u_{C_2}(t)$ 和电流 $i_{C_2}(t)$。

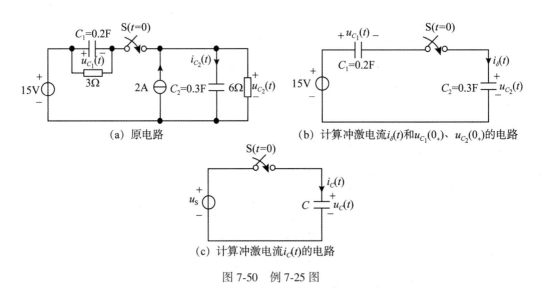

图 7-50　例 7-25 图

解　利用换路前的电路可以求出

$$u_{C_1}(0_-) = 0, \ u_{C_2}(0_-) = 6 \times 2 = 12(\text{V})$$

方法一：根据电荷守恒原理和 KVL 计算 $u_{C_1}(0_+)$ 和 $u_{C_2}(0_+)$，再利用三要素法计算

$u_{C_1}(t)$、$u_{C_2}(t)$；由 $u_{C_2}(t)$ 利用电容元件的伏安特性求得 $i_{C_2}(t)$。

（1）求 $u_{C_1}(0_+)$ 和 $u_{C_2}(0_+)$。由图 7-50(b)利用电荷守恒原理以及 KVL 可得

$$-0.2u_{C_1}(0_+) + 0.3u_{C_2}(0_+) = 0.3u_{C_2}(0_-) = 0.3 \times 12 = 3.6 \tag{7-94}$$

$$u_{C_1}(0_+) + u_{C_2}(0_+) = 15 \tag{7-95}$$

联立解得

$$u_{C_1}(0_+) = \frac{0.3}{0.2 + 0.3}[15 - u_{C_2}(0_-)] = \frac{0.3}{0.2 + 0.3}[15 - 6 \times 2] = 1.8(\text{V})$$

$$u_{C_2}(0_+) = \frac{0.2}{0.2 + 0.3}[15 - u_{C_2}(0_-)] + u_{C_2}(0_-) = \frac{0.2}{0.2 + 0.3}[15 - 6 \times 2] + 6 \times 2 = 13.2(\text{V})$$

也可利用 KVL 求出 $u_{C_2}(0_+) = 15 - u_{C_1}(0_+) = 15 - 1.8 = 13.2(\text{V})$。

（2）求 $u_{C_1}(\infty)$ 和 $u_{C_2}(\infty)$。对图 7-50(a)所示电路换路后到达稳态时的电阻电路应用叠加定理可以求出

$$u_{C_1}(\infty) = \frac{3}{3 + 6} \times 15 - \frac{6}{3 + 6} \times 2 \times 3 = 1 \ (\text{V})$$

利用 KVL 可得

$$u_{C_2}(\infty) = 15 - u_{C_1}(\infty) = 15 - 1 = 14(\text{V})$$

（3）求 τ。由图 7-50(a)所示电路可以求得时间常数为

$$\tau = R_{\text{eq}}C_{\text{eq}} = \frac{3 \times 6}{3 + 6}(0.2 + 0.3) = 1(\text{s})$$

由三要素法求得开关闭合后全响应 $u_{C_1}(t)$ 为

$$u_{C_1}(t) = u_{C_1}(\infty) + [u_{C_1}(0_+) - u_{C_1}(\infty)]e^{-\frac{t}{\tau}} = 1 + (1.8 - 1)e^{-t}$$
$$= (1 + 0.8e^{-t})\text{V}, \ t \geq 0_+$$

利用 KVL 可得

$$u_{C_2}(t) = 15 - u_{C_1}(t) = 15 - (1 + 0.8e^{-t}) = (14 - 0.8e^{-t})\text{V}, \ t \geq 0_+$$

由于求跳变量所对应的时间函数的导数时，应该写出该时间函数在整个时间域 $\infty < t < \infty$ 上的表达式，所以为了利用电容元件的伏安特性求取 $i_{C_2}(t)$，应将 $u_{C_2}(t)$ 表示为

$$u_{C_2}(t) = 12\varepsilon(-t) + (14 - 0.8e^{-t})\varepsilon(t)\text{V}$$

于是有

$$i_{C_2}(t) = C_2\frac{\mathrm{d}u_{C_2}(t)}{\mathrm{d}t} = 0.3\frac{\mathrm{d}}{\mathrm{d}t}[12\varepsilon(-t) + (14 - 0.8e^{-t})\varepsilon(t)]$$
$$= 0.3[-12\delta(-t) + 14\delta(t) + 0.8e^{-t}\varepsilon(t) - 0.8e^{-t}\delta(t)]$$
$$= 0.24e^{-t}\varepsilon(t) + 0.36\delta(t)\text{A}$$

方法二：应用冲激电流和电容元件的伏安特性计算 $u_{C_1}(0_+)$ 和 $u_{C_2}(0_+)$，再用三要素法求出 $u_{C_1}(t)$ 和 $u_{C_2}(t)$。在图 7-50(c)中，u_S 为直流电压源，电容元件为零态，显然，开关合上后，电路必须满足 KVL，因而电容电压必须发生强迫跳变，即

$$u_{C_1}(t) = u_S\varepsilon(t)\text{V}, \quad 于是$$

$$i_C(t) = C\frac{\mathrm{d}u_C(t)}{\mathrm{d}t} = C\frac{\mathrm{d}[u_S\varepsilon(t)]}{\mathrm{d}t} = Cu_S\delta(t) \tag{7-96}$$

对于图 7-50(b) 所示电路，设换路前电容 C_1 和 C_2 上的电压分别为 $u_{C_1}(0_-)$ 和 $u_{C_2}(0_-)$，因此，电路中等效电压源为 $[u_S - u_{C_1}(0_-) - u_{C_2}(0_-)]$，等效电容为 $C_{\mathrm{eq}} = \dfrac{C_1C_2}{C_1 + C_2}$，这时，利用上式可以求出图 7-50(b) 所示电路中回路的冲激电流 $i_\delta(t)$ 为

$$i_\delta(t) = \frac{C_1C_2}{C_1 + C_2}[u_S - u_{C_1}(0_-) - u_{C_2}(0_-)]\delta(t) = \frac{0.2 \times 0.3}{0.2 + 0.3}(15 - 0 - 12)\delta(t) = 0.36\delta(t)\,\mathrm{A}$$

该冲激电流即为图 7-50(a) 所示电路中开关闭合即 $t = 0$ 时两个电容和理想电压源所构成的回路中流过的冲激电流，它致使两个电容电压均发生跳变。

利用电容元件的伏安特性可得

$$u_{C_1}(0_+) = u_{C_1}(0_-) + \frac{1}{C_1}\int_{0_-}^{0_+} i_\delta(t)\,\mathrm{d}t = 0 + \frac{1}{0.2} \times 0.36 = 1.8(\mathrm{V})$$

直接利用 KVL 求出

$$u_{C_2}(0_+) = 15 - u_{C_1}(0_+) = 15 - 1.8 = 13.2(\mathrm{V})$$

接着用三要素法求解全响应 $u_{C_1}(t)$ 和 $u_{C_2}(t)$，进而求解 $i_{C_2}(t)$，结果同于方法一。在求 $i_{C_2}(t)$ 时，除了可以用上面的方法外，还可以先计算出

$$C_2\frac{\mathrm{d}u_{C_2}(t)}{\mathrm{d}t} = 0.3\frac{\mathrm{d}}{\mathrm{d}t}(14 - 0.8\mathrm{e}^{-t}) = 0.24\mathrm{e}^{-t}\varepsilon(t)\,\mathrm{A}$$

再计算出

$$i_{C_2}(t) = 0.24\mathrm{e}^{-t}\varepsilon(t) + i_\delta(t) = 0.24\mathrm{e}^{-t}\varepsilon(t) + 0.36\delta(t)\,\mathrm{A}$$

此例表明，计算电容电压跳变量 $u_C(0_+)$ 有两种方法，即应用冲激电流的概念以及电荷守恒原理。

【例 7-26】　图 7-51(a) 所示电路换路前已经达到稳态。$t = 0$ 时开关 S 由位置 1 合向位置 2，求换路后的电流 $i_{L_1}(t)$、$i_{L_2}(t)$ 和电压 $u_{L_2}(t)$。

解　由换路前电路得

$$i_{L_1}(0_-) = 1\mathrm{A},\ i_{L_2}(0_-) = 0.5\mathrm{A}$$

方法一：根据磁链守恒原理以及 KCL 计算 $i_{L_1}(0_+)$ 和 $i_{L_2}(0_+)$，再用三要素法求 $i_{L_1}(t)$ 和 $i_{L_2}(t)$；由 $i_{L_2}(t)$ 利用电感元件的伏安特性求得 $u_{L_2}(t)$。

(1) 求 $i_{L_1}(0_+)$ 和 $i_{L_2}(0_+)$。由图 7-51(b) 利用磁链守恒原理以及 KCL 可得

$$i_{L_1}(0_+) - 2i_{L_2}(0_+) = i_{L_1}(0_-) - 2i_{L_2}(0_-) = 0 \tag{7-97}$$

$$i_{L_1}(0_+) + i_{L_2}(0_+) = 1 \tag{7-98}$$

联立解式得

$$i_{L_1}(0_+) = \frac{2}{3}\mathrm{A},\ i_{L_2}(0_+) = \frac{1}{3}\mathrm{A}$$

也可利用 KCL 求得　$i_{L_2}(0_+) = 1 - i_{L_1}(0_+) = 1 - \dfrac{2}{3} = \dfrac{1}{3}(\mathrm{A})$

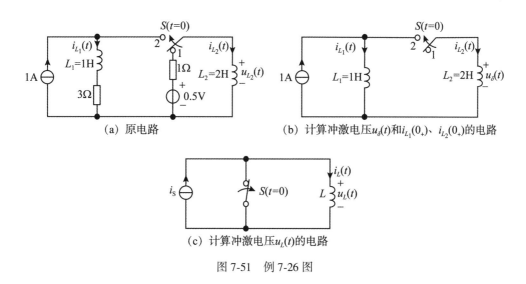

(a) 原电路

(b) 计算冲激电压 $u_\delta(t)$ 和 $i_{L_1}(0_+)$、$i_{L_2}(0_+)$ 的电路

(c) 计算冲激电压 $u_L(t)$ 的电路

图 7-51 例 7-26 图

(2)求 $i_{L_1}(\infty)$ 和 $i_{L_2}(\infty)$。对图 7-51(a)所示电路换路后到达稳态时的电阻电路可以求出

$$i_{L_1}(\infty) = 0, \quad i_{L_2}(\infty) = 1\text{A}$$

(3)求 τ。由在图 7-51(a)所示电路可以求出时间常数为

$$\tau = \frac{L_{eq}}{R} = \frac{1+2}{3} = 1(\text{s})$$

由三要素法求得开关闭合后全响应 $i_{L_1}(t)$ 为

$$i_{L_1}(t) = \frac{2}{3}\text{e}^{-t}\text{A}, \quad t \geq 0_+$$

直接利用 KCL 可得

$$i_{L_2}(t) = 1 - i_{L_1}(t) = 1 - \frac{2}{3}\text{e}^{-t}\text{A}, \quad t \geq 0_+$$

将跳变量所对应的时间函数 $i_{L_2}(t)$ 用整个时间域 $-\infty < t < \infty$ 上的表达式表示,即

$$i_{L_2}(t) = 0.5\varepsilon(-t) + \left(1 - \frac{2}{3}\text{e}^{-t}\right)\varepsilon(t)\text{A}$$

因此有

$$u_{L_2}(t) = L_2\frac{\text{d}i_{L_2}(t)}{\text{d}t} = 2\frac{\text{d}}{\text{d}t}\left[0.5\varepsilon(-t) + \left(1 - \frac{2}{3}\text{e}^{-t}\right)\varepsilon(t)\right] = \frac{4}{3}\text{e}^{-t}\varepsilon(t) - \frac{1}{3}\delta(t)\text{V}$$

方法二:应用冲激电压和电感元件的伏安特性计算 $i_{L_1}(0_+)$ 和 $i_{L_2}(0_+)$,再用三要素法求出 $i_{L_1}(t)$ 和 $i_{L_2}(t)$。在图 7-51(c)所示电路中 i_S 为直流电流源,电感元件为零态,显然,开关合上后,电路必须满足 KCL,故而电感电流必须发生强迫跳变,即

$i_L(t) = i_S\varepsilon(t)\text{A}$, 于是可得

$$u_L(t) = L\frac{\text{d}i_L(t)}{\text{d}t} = L\frac{\text{d}[i_S\varepsilon(t)]}{\text{d}t} = Li_S\delta(t) \tag{7-99}$$

对于图 7-51(b)所示电路，设换路前电感 L_1 和 L_2 上的电流分别为 $i_{L_1}(0_-)$ 和 $i_{L_2}(0_-)$，因此，电路中等效电流源为 $[i_{\mathrm{S}} - i_{L_1}(0_-) - i_{L_2}(0_-)]$，等效电感为 $L_{\mathrm{eq}} = \dfrac{L_1 L_2}{L_1 + L_2}$，这时，利用上式可以求出图 7-51(b)所示电路中冲激电压 $u_\delta(t)$ 为

$$u_\delta(t) = \frac{L_1 L_2}{L_1 + L_2}[i_{\mathrm{S}} - i_{L_1}(0_-) - i_{L_2}(0_-)]\delta(t) = \frac{1 \times 2}{1 + 2}(1 - 1 - 0.5)\delta(t) = -\frac{1}{3}\delta(t)\,\mathrm{V}$$

该冲激电压即为图 7-51(a)所示电路中开关闭合即 $t = 0$ 时两个电感和理想电流源所构成电路两端的冲激电压，它致使两个电感电流均发生跳变。

利用电感元件的伏安特性可得

$$i_{L_1}(0_+) = i_{L_1}(0_-) + \frac{1}{L_1}\int_{0_-}^{0_+} u_\delta(t)\mathrm{d}t = 1 + \frac{1}{1} \times \left(-\frac{1}{3}\right) = \frac{2}{3}(\mathrm{A})$$

直接利用 KCL 求出

$$i_{L_2}(0_+) = 1 - i_{L_1}(0_+) = 1 - \frac{2}{3} = \frac{1}{3}(\mathrm{A})$$

接着用三要素法求解全响电流 $i_{L_1}(t)$、$i_{L_2}(t)$，进而求出电压 $u_{L_2}(t)$，结果同于方法一。

在求 $u_{L_2}(t)$ 时，除了可以用上面的方法外，还可以先计算出

$$L_2\frac{\mathrm{d}i_{L_2}(t)}{\mathrm{d}t} = 2\frac{\mathrm{d}}{\mathrm{d}t}\left(1 - \frac{2}{3}\mathrm{e}^{-t}\right) = \frac{4}{3}\mathrm{e}^{-t}\varepsilon(t)\,\mathrm{V}$$

再计算出

$$u_{L_2}(t) = \frac{4}{3}\mathrm{e}^{-t}\varepsilon(t) + u_\delta(t) = \frac{4}{3}\mathrm{e}^{-t}\varepsilon(t) - \frac{1}{3}\delta(t)\,\mathrm{V}$$

此例表明，计算电感电流跳变量 $i_L(0_+)$ 也有两种方法，即应用冲激电流的概念以及磁链守恒原理。

7.9　二阶电路的响应

二阶电路仅含两个独立储能元件，而其他元件如独立电源、电阻、受控源等的数目则不限。用经典法求解二阶电路的响应实际上就是列写并求解描述该电路的二阶微分方程。

7.9.1　二阶电路微分方程的标准形式

基本或典型的二阶电路为 RLC 串联和 RLC 并联电路，分别如图 7-52 和图 7-53 所示，假设开关闭合(图 7-52)、断开(图 7-53)前电容已充电，电感已充磁，即有 $u_C(0_-) = U_0$，$i(0_-) = I_0$。对于图 7-52 中换路后的 RLC 串联电路，根据 KVL 可得

$$u_L(t) + u_R(t) + u_C(t) = u_{\mathrm{S}}(t) \tag{7-100}$$

在式中代入各元件 VCR：$u_L(t) = L\dfrac{\mathrm{d}i(t)}{\mathrm{d}t}$、$u_R(t) = Ri(t)$ 和 $i(t) = C\dfrac{\mathrm{d}u_C(t)}{\mathrm{d}t}$ 得到以 $u_C(t)$ 为响应变量的二阶常系数非齐次线性微分方程，再辅以初始条件表示为

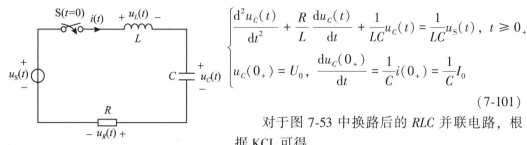

图 7-52 *RLC* 串联电路

$$\begin{cases} \dfrac{\mathrm{d}^2 u_C(t)}{\mathrm{d}t^2} + \dfrac{R}{L}\dfrac{\mathrm{d}u_C(t)}{\mathrm{d}t} + \dfrac{1}{LC}u_C(t) = \dfrac{1}{LC}u_{\mathrm{S}}(t),\ t \geqslant 0_+ \\ u_C(0_+) = U_0,\ \dfrac{\mathrm{d}u_C(0_+)}{\mathrm{d}t} = \dfrac{1}{C}i(0_+) = \dfrac{1}{C}I_0 \end{cases}$$

$$(7\text{-}101)$$

对于图 7-53 中换路后的 *RLC* 并联电路，根据 KCL 可得

$$i_C(t) + i_R(t) + i_L(t) = i_{\mathrm{S}}(t) \qquad (7\text{-}102)$$

在式中仍代入各元件 VCR，得到以 $i_L(t)$ 为响应变量的二阶常系数非齐次线性微分方程，再辅以初始条件表示为

$$\begin{cases} \dfrac{\mathrm{d}^2 i_L(t)}{\mathrm{d}t^2} + \dfrac{1}{RC}\dfrac{\mathrm{d}i_L(t)}{\mathrm{d}t} + \dfrac{1}{LC}i_L(t) = \dfrac{1}{LC}i_{\mathrm{S}}(t),\ t \geqslant 0_+ \\ i_L(0_+) = I_0,\ \dfrac{\mathrm{d}i_L(0_+)}{\mathrm{d}t} = \dfrac{1}{L}u_L(0_+) = \dfrac{1}{L}U_0 \end{cases}$$

$$(7\text{-}103)$$

图 7-52 中 *RLC* 串联电路和图 7-53 中 *RLC* 并联电路实为对偶电路，其对应的方程也呈对偶形式，故而两电路中出现的过渡过程相似。因此，一般将二阶电路的微分方程表示成标准形式，连同其初始条件记为

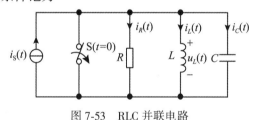

图 7-53 RLC 并联电路

$$\begin{cases} \dfrac{\mathrm{d}^2 y(t)}{\mathrm{d}t^2} + 2\alpha\dfrac{\mathrm{d}y(t)}{\mathrm{d}t} + \omega_0^2 y(t) = \beta x(t),\ t \geqslant 0_+ \\ y(0_+) = y_0,\ \dfrac{\mathrm{d}y(0_+)}{\mathrm{d}t} = y_1 \end{cases}$$

$$(7\text{-}104)$$

式中，常数 α、ω_0 分别称为电路的阻尼系数或衰减系数和无阻尼自然振荡角频率，它们取决于电路结构和参数，因此决定了所描述的二阶电路的动态特性。对于 *RLC* 串联和并联电路，分别有 $\alpha = \dfrac{R}{2L}$ 和 $\alpha = \dfrac{1}{2RC}$，均有 $\omega_0 = \dfrac{1}{\sqrt{LC}}$，对于其他形式的二阶电路，其 α 和 ω_0 由自身的电路结构和参数而定。

7.9.2 二阶电路的零输入响应

在式(7-104)中令 $x(t) = 0$，便可得到换路后二阶零输入电路中任一响应 $y_{zi}(t)$ 所满足的微分方程，连同其初始条件可以表示为

$$\begin{cases} \dfrac{\mathrm{d}^2 y_{zi}(t)}{\mathrm{d}t^2} + 2\alpha \dfrac{\mathrm{d}y_{zi}(t)}{\mathrm{d}t} + \omega_{0\,yzi}^2(t) = 0 \\[3mm] y_{zi}(0_+) = y_0\,,\quad \dfrac{\mathrm{d}y_{zi}(0_+)}{\mathrm{d}t} = y_1 \end{cases} \tag{7-105}$$

7.9.2.1　典型二阶电路的零输入响应

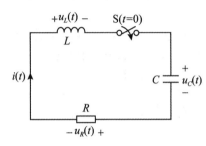

图 7-54　零输入下的 RLC 串联电路

由于 RLC 串联和并联电路所出现的过渡过程具有相似性。因此,这里仅讨论零输入下 RLC 串联电路,如图 7-54 所示,开关闭合前电容已充电,电感也已充磁,即有 $u_C(0_-) = U_0 > 0$, $i_L(0_-) = I_0 > 0$,将式(7-105)微分方程的通解 $u_C(t) = A\mathrm{e}^{\lambda t}$,代入便可得其特征方程为

$$\lambda^2 + 2\alpha\lambda + \omega_0^2 = 0$$

解之可得两个特征根,即电路的两个固有频率或自然频率为

$$\lambda_{1,2} = -\alpha \pm \sqrt{\alpha^2 - \omega_0^2} \tag{7-106}$$

即

$$\lambda_{1,2} = -\frac{R}{2L} \pm \sqrt{\left(\frac{R}{2L}\right)^2 - \frac{1}{LC}} \tag{7-107}$$

因此,根据微分方程解的叠加原理,零输入响应 $u_C(t)$ 可以表示为

$$u_C(t) = k_1 \mathrm{e}^{\lambda_1 t} + k_2 \mathrm{e}^{\lambda_2 t},\quad t \geqslant 0_+ \tag{7-108}$$

由所给初始条件得到式(7-108)中关于待定常数 k_1 和 k_2 的二元一次方程,即

$$\begin{cases} k_1 + k_2 = U_0 \\[2mm] k_1\lambda_1 + k_2\lambda_2 = \dfrac{\mathrm{d}u_C(0_+)}{\mathrm{d}t} = \dfrac{1}{C}I_0 \end{cases} \tag{7-109}$$

求解式(7-109)可得

$$\begin{cases} k_1 = -\dfrac{1}{\lambda_1 - \lambda_2}\left(\lambda_2 U_0 - \dfrac{I_0}{C}\right) \\[3mm] k_2 = -\dfrac{1}{\lambda_1 - \lambda_2}\left(\dfrac{I_0}{C} - \lambda_1 U_0\right) \end{cases} \tag{7-110}$$

现在研究一种十分重要的情况,即图 7-54 电路中电容元件 C 向电阻元件 R 和电感元件 L 放电的过渡过程,这时取 $u_C(0_-) = U_0$, $i(0_-) = O$,因此,由式(7-110)可得

$$\begin{cases} k_1 = -\dfrac{\lambda_2}{\lambda_1 - \lambda_2}U_0 \\[3mm] k_2 = \dfrac{\lambda_1}{\lambda_1 - \lambda_2}U_0 \end{cases} \tag{7-111}$$

因此,$u_C(t)$ 为

$$u_C(t) = -\frac{U_0}{\lambda_1 - \lambda_2}(\lambda_2 e^{\lambda_1 t} - \lambda_1 e^{\lambda_2 t}), \quad t \geqslant 0_+ \tag{7-112}$$

回路电流 $i(t)$ 为

$$i(t) = C\frac{\mathrm{d}u_C(t)}{\mathrm{d}t} = C\frac{\mathrm{d}}{\mathrm{d}t}\left[-\frac{U_0}{\lambda_1 - \lambda_2}(\lambda_2 e^{\lambda_1 t} - \lambda_1 e^{\lambda_2 t})\right]$$

$$= -\frac{CU_0}{\lambda_1 - \lambda_2}\lambda_1\lambda_2(e^{\lambda_1 t} - e^{\lambda_2 t}) = -\frac{U_0}{(\lambda_1 - \lambda_2)L}(e^{\lambda_1 t} - e^{\lambda_2 t}), \quad t \geqslant 0_+ \tag{7-113}$$

式中用到 $\lambda_1\lambda_2 = \omega_0^2 = \dfrac{1}{LC}$。

电感电压 $u_L(t)$ 为

$$u_L(t) = L\frac{\mathrm{d}i(t)}{\mathrm{d}t} = L\frac{\mathrm{d}}{\mathrm{d}t}\left[-\frac{U_0}{L(\lambda_1 - \lambda_2)}(e^{\lambda_1 t} - e^{\lambda_2 t})\right]$$

$$= -\frac{U_0}{\lambda_1 - \lambda_2}(\lambda_1 e^{\lambda_1 t} - \lambda_2 e^{\lambda_2 t}), \quad t \geqslant 0_+ \tag{7-114}$$

由式(7-106)和式(7-107)可知，随 R、L 和 C 的取值不同，λ_1 和 λ_2 可以是两个不相等的负实根、两个相等的负实根、一对共轭复根和一对共轭虚根，与此相应，RLC 串联电路的零输入响应有过阻尼、临界阻尼、欠阻尼和无阻尼四种情况。

所谓阻尼，反映的是电阻参数 R 消耗能量的特征，因此，阻尼的存在阻止两个储能元件之间不间断地交换能量，这种能量交换会产生持续或不衰减的电磁振荡。为了反映特征根与电路过渡过程的性质之间的关系，定义阻尼比 ζ，即

$$\zeta = \frac{\text{实际阻尼}}{\text{临界阻尼}} = \frac{R}{2\sqrt{\dfrac{L}{C}}}$$

通过 ζ 实际上也定义了临界电阻 $R_0 = 2\sqrt{L/C}$。

下面分别讨论上述四种情况：

(1)过阻尼 ($\zeta > 1$) 情况：$\alpha > \omega_0$，即 $R > 2\sqrt{L/C}$。

这时，式(7-107)中根号内的数值大于零，两个特征根为不相等的负实数 λ_1 和 λ_2，因此，在过阻尼情况下，各零输入响应均由两个衰减的指数函数构成。

①电容电压、回路电流、电感电压的变化规律。由于 $\lambda_1 < 0$，$\lambda_2 < 0$，而且 $|\lambda_1| < |\lambda_2|$，即 $\lambda_1 > \lambda_2$，于是，当 $t>0$ 即 t 由零变到无穷大时，$e^{\lambda_1 t}$ 和 $e^{\lambda_2 t}$ 均从 1 下降到零，并且由于 $e^{\lambda_1 t} > e^{\lambda_2 t}$，所以 $e^{\lambda_1 t} - e^{\lambda_2 t}$ 总为正值(如图 7-55 所示)，同时这也说明式(7-112)中 $u_C(t)$ 括号中的第一项 $\lambda_2 e^{\lambda_1 t}$ 比第二项 $\lambda_1 e^{\lambda_2 t}$ 衰减得慢，因此，$u_C(t)$ 在 $t>0$ 后恒为正，数值从 U_0 开始一直单调衰减，最终趋于零，如图 7-56 所示。

由式(7-113)可知，由于 $\dfrac{1}{\lambda_2 - \lambda_1}(e^{\lambda_1 t} - e^{\lambda_2 t}) \leqslant 0$，故而电流 $i(t)$ 在 $t > 0$ 后恒为负，这说明 $i(t)$ 的实际方向与其参考方向相反，即电容一直处于放电状态，并且这个放电电流只有大小变化而无方向改变，即为一非振荡放电电流。$i(t)$ 的变化曲线如图 7-57(a)

所示。

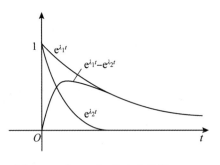

图 7-55　$e^{\lambda_1 t} - e^{\lambda_2 t}$ 的变化曲线

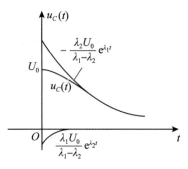

图 7-56　$u_C(t)$ 的变化曲线

由式(7-113)可知，在 $t = 0_+$ 和 $t = \infty$ 时，均有 $i(t) = 0$，前者由电路的初始条件决定，后者则表示放电过程结束，而在整个放电过程中又始终有 $i(t) < 0$ 且是连续的，因此 $i(t)$ 的绝对值在其两个零值之间，必定会在某一时刻 t_m 取得一最大值 $|i|_{\max}$。t_m 之值可由 $\dfrac{\mathrm{d}i(t)}{\mathrm{d}t} = 0$ 或 $u_L(t) = 0$ 确定，于是有

$$\lambda_1 e^{\lambda_1 t} - \lambda_2 e^{\lambda_2 t} = 0$$

因此可得

$$t = t_m = \frac{\ln\left(\dfrac{\lambda_2}{\lambda_1}\right)}{\lambda_1 - \lambda_2}$$

由于 $u_L(t) = L\dfrac{\mathrm{d}i(t)}{\mathrm{d}t}$，因此，从 $i(t)$ 的变化规律可以看出 $u_L(t)$ 的变化趋势。在 $t = 0_+$ 时，有 $i(0_+) = 0$，所以 $u_R(0_+) = Ri(0_+) = 0$，故而 $u_L(0_+) = -u_C(0_+) = -U_0$。在时间段 $0_+ \leqslant t \leqslant t_m$，$i(t)$ 的绝对值是上升的，即有 $\dfrac{\mathrm{d}i(t)}{\mathrm{d}t} < 0$，故 $u_L(t) < 0$；在时间段 $t \geqslant t_m$，$i(t)$ 的绝对值是下降的，即有 $\dfrac{\mathrm{d}i(t)}{\mathrm{d}t} > 0$，故 $u_L(t) > 0$；在时刻 $t = t_m$，$\dfrac{\mathrm{d}i(t)}{\mathrm{d}t} = 0$，故 $u_L(t) = 0$，由式(7-114)可知，在 t$= \infty$ 时亦有 $u_L(t) = 0$。在这两个零值之间，$u_L(t)$ 有一个最大值 $u_{L_{\max}}$，可由 $\dfrac{\mathrm{d}u_L(t)}{\mathrm{d}t} = 0$ 求得该最大值发生的时刻为

$$t = 2\frac{\ln\left(\dfrac{\lambda_2}{\lambda_1}\right)}{\lambda_1 - \lambda_2} = 2t_m$$

在 $t > 2t_m$ 之后，$i(t)$、$u_L(t)$ 逐渐趋于零。整个过渡过程完毕时，$u_C(t)$、$i(t)$、$u_L(t)$ 均为零。u_C、i、u_L 和 Ri 的变化曲线，如图 7-57(b)所示。

②放电过程中的能量转换关系。在 $t = 0_+$ 时，$u_C(t) = U_0$，$i(t) = 0$，这时电容储能等

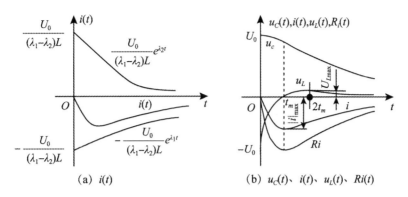

图 7-57　RLC 串联电路过阻尼下的零输入响应的变化曲线

于 $\frac{1}{2}CU_0^2$，电感储能为 0。在 $0_+ < t < t_m$ 时段内，$u_C(t)$ 为正，$u_L(t)$ 和 $i(t)$ 均为负，考虑到图 7-54 中电容、电感和电阻元件上的电压和电流均为关联参考方向，故 $p_C(t) = u_C(t)i(t) < 0$，这表明电容提供电场能量；$p_L(t) = u_L(t)i(t) > 0$，$p_R(t) = u_R(t)i(t) = Ri^2(t) > 0$，即电感吸收来自电容的能量，电阻则消耗来自电容的能量，前者存储于其磁场之中，后者以热能形式释放出去。从能量关系：$W_C = \frac{1}{2}Cu_C^2$ 和 $W_L = \frac{1}{2}Li^2$ 也可以看出，在这期间，u_C 减小，$|i|$ 增大，因此，电容中储存的电场能量由于持续释放而不断减少，电感中储存的磁场能量则由于不断吸收电场能量而增加，而电阻则是在消耗电场能量；当 $t = t_m$ 时，$u_L(t) = 0$，$i(t)$ 的绝对值达到最大值，即电感储能已达到最大值，而电容电压此时还未下降到 0，说明电容还存在剩余能量，在时间段 $t > t_m$，仍有 $p_C(t) = u_C(t)i(t) < 0$，这说明电容一直继续提供能量，$p_L(t) = u_L(t)i(t) < 0$ 表明电感元件将其在 $0_+ < t < t_m$ 时段内吸收的能量释放出来，$p_R(t) = u_R(t)i(t) = Ri^2(t) > 0$ 说明电阻在吸收来自电感和电容的能量。在这期间，除了 u_C 继续减小外，$|i|$ 也由 $0_+ < t < t_m$ 时段内的增大开始变为不断减小，这也说明电容、电感分别向电阻释放电场能量和磁场能量为电阻发热所消耗，由于 u_L 不再改变符号，u_C 和 $|i|$ 一直减小，故这一过程一直持续到时间趋于无穷，这时电感和电容的储能将全部释放给电阻消耗殆尽。图 7-58 给出了上述两个时间段电路中能量流的实际方向(以箭头表示)以及电容、电感和电阻上电压与回路电流的实际方向。

在过阻尼情况下的整个能量转换过程中，只有电场能量转变成磁场能量的过程，而没有磁场能量转变为电场能量的过程，即不出现这两种能量互相转变而发生反复的充放电过程的情况；就电压、电流的变化情况来看，响应曲线最多只穿过时间轴一次，即仅改变一次方向，不出现围绕零值反复摆动的现象，所以是非振荡性的，正因为如此，这种电容元件的单向放电过程称为非振荡放电或非周期性放电过程。

(2)临界阻尼 ($\zeta = 1$) 情况：$\alpha = \omega_0$，即 $R = 2\sqrt{L/C}$。

这时，两个特征根为相等的负实数即 $\lambda_1 = \lambda_2 = -\alpha$，于是，式(7-112)~式(7-114)中的分子和分母均等于零，对此可以利用洛必达法则，以 $u_C(t)$ 为例，视 λ_1 为变量，且令

301

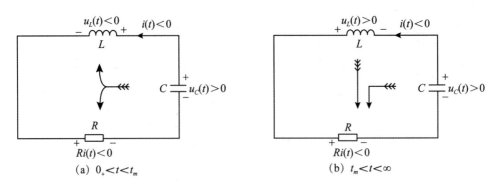

图 7-58　非振荡放电的能量转换过程

其趋近于 $\lambda_2 = -\alpha$，得到

$$u_C(t) = \lim_{\lambda_1 \to \lambda_2 = -\alpha} \left[-\frac{U_0}{\lambda_1 - \lambda_2}(\lambda_2 e^{\lambda_1 t} - \lambda_1 e^{-\lambda_2 t}) \right] = U_0 \lim_{\lambda_1 \to \lambda_2 = -\alpha} \left[-\frac{\dfrac{\mathrm{d}}{\mathrm{d}\lambda_1}(\lambda_2 e^{\lambda_1 t} - \lambda_1 e^{-\lambda_2 t})}{\dfrac{\mathrm{d}}{\mathrm{d}\lambda_1}(\lambda_1 - \lambda_2)} \right]$$

$$= U_0 \lim_{\lambda_1 \to \lambda_2 = -\alpha} \left(-\frac{\lambda_2 t e^{\lambda_1 t} - e^{\lambda_2 t}}{1} \right)$$

$$= U_0(\alpha t + 1) e^{-\alpha t} \quad (t \geqslant 0_+) \tag{7-115}$$

于是，
$$i(t) = C\frac{\mathrm{d}u_C(t)}{\mathrm{d}t} = U_0 C \frac{\mathrm{d}}{\mathrm{d}t}\left[(\alpha t + 1)e^{-\alpha t}\right] = -\frac{U_0}{L}t e^{-\alpha t}, \ t \geqslant 0_+ \tag{7-116}$$

$$u_L(t) = L\frac{\mathrm{d}i(t)}{\mathrm{d}t} = U_0(\alpha t - 1)e^{-\alpha t}, \ t \geqslant 0_+ \tag{7-117}$$

从以上各式可知，在临界阻尼情况下，电路中发生的过渡过程性质与欠阻尼情况下的过渡过程没有本质区别，电路响应仍然是非振荡性(非周期性)的，且是非振荡性放电的极限情况，因为若 R 值进一步变小，小于 $2\sqrt{L/C}$，放电就会振荡，所以称为临界非振荡放电过渡过程。这时，$u_C(t)$，$i(t)$ 和 $u_L(t)$ 的波形与图 7-57 中的基本相似(例如，欠阻尼下 $u_C(t)$ 的波形从 U_0 开始下降趋近于零的速度要快一些)，只是电流达到最大值的时刻要略迟一些，为 $t_m = 1/\alpha$，但是最大值却要大一些，且电流经过峰值后衰减得稍快一些。

(3)欠阻尼 ($\zeta < 1$) 情况：$\alpha < \omega_0$，即 $R < 2\sqrt{L/C}$。

这时，特征根 λ_1 和 λ_2 为一对共轭复数，欠阻尼是实际中最重要也是最为常见的一种情况。

①电容电压、回路电流、电感电压的变化规律。根据式(7-106)可得

$$\lambda_1 = -\alpha + \sqrt{\alpha^2 - \omega_0^2} = -\alpha + j\sqrt{\omega_0^2 - \alpha^2} = -\alpha + j\omega_d \tag{7-118}$$

$$\lambda_2 = -\alpha - \sqrt{\alpha^2 - \omega_0^2} = -\alpha - j\sqrt{\omega_0^2 - \alpha^2} = -\alpha - j\omega_d \tag{7-119}$$

式中，$\omega_d = \sqrt{\omega_0^2 - \alpha^2}$ 称为有阻尼自然振荡角频率；α、ω_0、ω_d 满足直角三角形关系，如图 7-59

所示，有 $\alpha = -\omega_0\cos\varphi$，$\omega_d = \omega_0\sin\varphi$，$\varphi = \arctan\left(-\dfrac{\omega_d}{\alpha}\right)$，

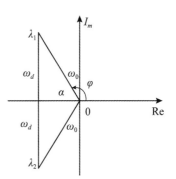

$\dfrac{\pi}{2} < \varphi < \pi$，因此，$\lambda_1$ 和 λ_2 可以写成复指数形式，即

$$\lambda_1 = -\alpha + j\omega_d = \omega_0\cos\varphi + j\omega_0\sin\varphi = \omega_0 e^{j\varphi} \quad (7\text{-}120)$$

$$\lambda_2 = -\alpha - j\omega_d = \omega_0\cos\varphi - j\omega_0\sin\varphi = \omega_0 e^{-j\varphi}$$
$$(7\text{-}121)$$

于是，应用式(7-120)和式(7-121)可得电容电压为

图 7-59 α、ω_0、ω_d 三者之间的关系

$$u_C(t) = -\frac{U_0}{\lambda_1 - \lambda_2}(\lambda_2 e^{\lambda_1 t} - \lambda_1 e^{\lambda_2 t})$$

$$= -\frac{U_0}{2j\omega_d}(\omega_0 e^{-j\varphi} e^{-\alpha t} e^{j\omega_d t} - \omega_0 e^{j\varphi} e^{-\alpha t} e^{-j\omega_d t})$$

$$= -\frac{U_0\omega_0}{2j\omega_d} e^{-\alpha t}\left[e^{j(\omega_d t - \varphi)} - e^{-j(\omega_d t - \varphi)} \right]$$

$$= -U_0\frac{\omega_0}{\omega_d} e^{-\alpha t}\sin(\omega_d t - \varphi), \quad t \geqslant 0_+ \quad (7\text{-}122)$$

应用 $\alpha = -\omega_0\cos\varphi$，$\omega_d = \omega_0\sin\varphi$ 和 $\omega_0 = \dfrac{1}{\sqrt{LC}}$ 可得回路电流

$$i(t) = C\frac{\mathrm{d}u_C(t)}{\mathrm{d}t} = -\frac{U_0}{\omega_d L} e^{-\alpha t}\sin\omega_d t, \quad t \geqslant 0_+ \quad (7\text{-}123)$$

应用 $\alpha = -\omega_0\cos\varphi$，$\omega_d = \omega_0\sin\varphi$ 可得电感电压为

$$u_L(t) = L\frac{\mathrm{d}i(t)}{\mathrm{d}t} = -U_0\frac{\omega_0}{\omega_d} e^{-\alpha t}\sin(\omega_d t + \varphi), \quad t \geqslant 0_+ \quad (7\text{-}124)$$

$u_C(t)$、$i(t)$ 和 $u_L(t)$ 随时间变化的曲线如图 7-60 所示，$u_R(t)$ 的变化曲线与 $i(t)$ 的相似。

分析上面的结果可以得出下列结论：

a. 电路中所有元件的电压和电流都周期性地改变正负号，它们均按照其振荡幅度随时间呈指数衰减的正弦函数规律变化，因而过渡过程呈衰减振荡特性，衰减的快慢取决于衰减因子 $e^{-\alpha t}$ 中的衰减系数 α 的数值，α 越大，振荡幅度衰减得越快，衰减振荡角频率

$\omega_d = \sqrt{\dfrac{1}{LC} - \dfrac{R^2}{4L^2}}$，相应地，衰减振荡周期 $T_d = \dfrac{2\pi}{\omega_d}$。

b. 由式(7-122)可知 $u_C(0_+) = U_0$，$u_C(t) = 0$ 的时刻为 $\omega_d t = \varphi$，$\pi + \varphi$，$2\pi + \varphi$，$\cdots$，$n\pi + \varphi$；由式(7-123)可知，$i(0_+) = 0$，$i(t) = 0$ 的时刻为 $\omega_d t = 0$，π，2π，$\cdots$，$n\pi$，由式(7-124)可知，$u_L(0_+) = -U_0$，$u_L(t) = 0$ 的时刻为 $\omega_d t = \pi - \varphi$，$2\pi - \varphi$，$\cdots$，$n\pi - \varphi$，由于 $\dfrac{\pi}{2} < \varphi < \pi$，故而这三个量的过零点是按 $u_L(t)$、$u_C(t)$ 和 $i(t)$ 依次出现的，有 $t_1 = \dfrac{\pi - \varphi}{\omega_d}$，$t_2 = \dfrac{\varphi}{\omega_d}$，$t_3 = \dfrac{\pi}{\omega_d}$，此外，比较式(7-122)和式(7-124)可知，$u_C(t)$ 与 $u_L(t)$ 的振荡

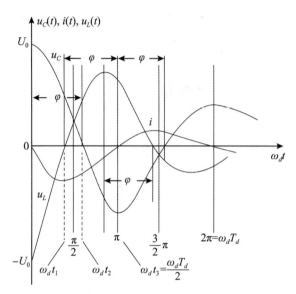

图 7-60　RLC 串联电路欠阻尼下零输入响应变化曲线

相角差为 2φ，而由式(7-123)和式(7-124)可知，$i(t)$ 与 $u_L(t)$ 的振荡相角差为 φ。

c. $u_C(t)$ 与 $u_L(t)$ 的包络线为 $\pm U_0\dfrac{\omega_0}{\omega_d}\mathrm{e}^{-\alpha t}$，$i(t)$ 的包络线为 $\pm\dfrac{U_0}{\omega_d L}\mathrm{e}^{-\alpha t}$，需要注意的是，包络线与响应波形的公切点并非响应波形的极值点，例如，$u_C(t)$ 的波形与其包络线的切点出现在 $\omega_d t=\dfrac{\pi}{2}+\varphi$，$\dfrac{3\pi}{2}+\varphi$，$\cdots$，$\dfrac{2n-1}{2}\pi+\varphi$ 处，而 $u_C(t)$ 的极值却出现在 $\omega_d t=0$，π，2π，$\cdots$，$n\pi$ 处；

②放电过程中的能量转换关系。

a. 在 $t=0_+$ 时，$u_C(t)=U_0$，$i(t)=0$，这时电容储能等于 $\dfrac{1}{2}CU_0^2$，电感储能为 0。

b. 在 $0_+<t<t_1$ 时段内，$u_C(t)$ 为正，$u_L(t)$ 和 $i(t)$ 均为负，所以电容的功率 $p_C(t)=u_C(t)i(t)<0$，电感的功率 $p_L(t)=u_L(t)i(t)>0$，而电阻的功率 $p_R(t)=\mathrm{R}i^2(t)>0$，而由于各元件电压与电流均为关联参考方向，因此在这段时间内电容放出能量，电感和电阻均吸收能量，前者将电场能量转变成磁场能量储存起来，后者则将电场能量转变热能而消耗掉了，如图 7-61(a)所示。在这个时段内，电流由零增长到最大绝对值，其过渡过程的性质与非振荡放电在 $0_+<t<t_m$ 时段放电的一样，对比图 7-57 和图 7-60 中曲线的相似性可以看出这一点。

c. 当 $t=t_1$ 时，$u_L(t)=0$，$|i(t)|$ 达到最大值使得电感储能也达到最大值，而 $u_C(t)$ 此时尚未下降到 0，这说明电容仍残存了一小部分剩余能量可供释放。

d. 在 $t_1<t<t_2$ 时段内，$u_L(t)$ 变为正值，而 $i(t)$ 仍为负值，$u_C(t)$ 仍为正值，所以 $p_L(t)$ 和 $p_C(t)$ 均为负，$p_R(t)$ 为正，这说明电感将其在 $0_+<t<t_1$ 时段内从电容吸获的能

量，电容也将其在该时段尚存的能量一起释放给电阻，如图 7-61(b) 所示，其振荡放电过程的性质类似于非振荡放电在 $t_m < t < \infty$ 时段内的放电情况，对比图 7-57 和图 7-60 中曲线的相似性也可以看出这一点。

e. 当 $t = t_2$ 时，$u_C(t) = 0$，电容已将其储能全部释放出来，而 $|i(t)|$ 尚未下降到 0，这是由于前面时段中能量消耗较小的缘故，而这时电流所对应的磁场能量也是后续过渡过程能够仍然继续的原因。

f. 在 $t_2 < t < t_3 (= T_d/2)$ 时段内，$u_C(t)$ 变为负值，由自感电动势支撑的电流 $i(t)$ 继续以同样的方向流动，即仍为负值，电压 $u_L(t)$ 仍为正值，所以 $p_C(t)$ 为正而 $p_L(t)$ 为负，$p_R(t)$ 为正，这期间，电感向电容和电阻供给能量，电容处在反向充电状态，该过程一直要进行到 t_3 时刻，如图 7-61(c) 所示。

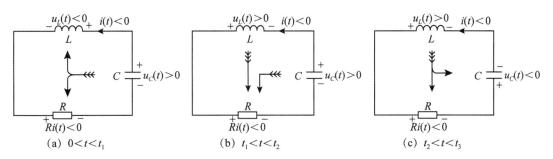

图 7-61　振荡放电的能量转换过程

g. 当 $t = t_3$ 时，$i(t) = 0$，$u_C(t) = -u_L(t)$，且 $|u_C(t)|$ 达到最大值，这时电容储能已达到最大值，即电感已将其储能全部释放出来，电路的全部储能都以电场能量的形式储存于电容中。显然，电容在 t_3 时刻的储能比其初始储能 $\dfrac{1}{2}CU_0^2$ 要小，这是由于在前面的过程中有电阻能量损耗的缘故。在后续的半个周期，电路中的过渡过程精确重复，只是电压和电流的符号与 $0_+ < t < \dfrac{T_d}{2}$ 时段的相反，也就是说，由于电路在 t_3 时刻的状态与在 0 时刻的状态相似，所不同的是，电容电压在 t_3 时刻的实际极性与其在 0 时刻的实际极性相反，因此在 t_3 时刻以后将依次出现电容向电阻和电感反方向放电过程，电容和电感共同向电阻供给能量的过程以及电容的正方向充电过程。经过这些过程，电路又回到原来的状态。往后的能量转换过程又重复进行，直到能量消耗完为止。

从上面的讨论中可以看出，电容 C 和电感 L 在交替地交换能量，电场能量和磁场能量在互相转换，电压和电流均围绕着其过零点摆动，形成振荡。由于各响应波形的振幅是衰减的，所以这种振荡称为衰减振荡或阻尼振荡。

图 7-61 中箭头表示能量流的实际方向，电流和各电压的方向也均为实际方向。

(4) 无阻尼 ($\zeta = 0$) 情况：$\alpha = 0$，即 $R = 0$。

这时，特征根 λ_1 和 λ_2 为一对共轭虚数即 $\lambda_1 = \omega_0 \mathrm{e}^{j90°}$，$\lambda_2 = \omega_0 \mathrm{e}^{-j90°}$。由于 $\alpha\left(= \dfrac{R}{2L}\right)$ 与 R

成正比，R 越小，α 就越小，振荡振幅就衰减得越慢。当 R 值小到可以忽略而令其为零时，$\omega_d = \sqrt{\omega_0^2 - \alpha^2} = \omega_0$，于是，仿照欠阻尼情况下的推导可得电容电压为

$$u_C(t) = -U_0 \sin(\omega_0 t - 90°) = U_0 \cos\omega_0 t, \quad t \geqslant 0_+ \tag{7-125}$$

这时，回路电流和电感电压分别为

$$i(t) = C\frac{\mathrm{d}u_C(t)}{\mathrm{d}t} = -C\omega_0 U_0 \sin\omega_0 t = -\sqrt{\frac{C}{L}}U_0 \sin\omega_0 t, \quad t \geqslant 0_+ \tag{7-126}$$

$$u_L(t) = L\frac{\mathrm{d}i(t)}{\mathrm{d}t} = -U_0 \cos\omega_0 t, \quad t \geqslant 0_+ \tag{7-127}$$

式(7-125)~式(7-127)表明，$u_C(t)$、$i(t)$ 和 $u_L(t)$ 均为正弦函数，因此，电场能量和磁场能量周而复始地进行交换，电路处于不衰减的能量振荡过程中，故而称为无阻尼振荡或等幅振荡，振荡频率为 ω_0。

综上所述，二阶电路的零输入响应存在四种阻尼情况，分别对应着电路的四种动态特性，一个确定的二阶电路处于何种情况完全取决于电路自身的结构和参数，即取决于电路的固有频率(特征根)，而与电路的原始状态和外加激励无关。此外，临界阻尼、欠阻尼和无阻尼情况只存在于含有 LC 元件的二阶电路中，这是由于在只含有同类储能元件的电路中不可能出现能量振荡现象。因此，对两电感或两电容的二阶电路，不可能有欠阻尼情况，自然也不会有临界阻尼和无阻尼情况。

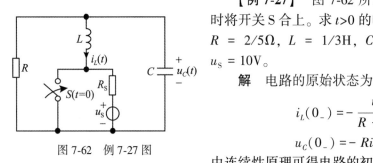

图 7-62　例 7-27 图

【例 7-27】　图 7-62 所示电路原已达稳态，$t = 0$ 时将开关 S 合上。求 $t > 0$ 的响应 $i_L(t)$ 和 $u_C(t)$。已知 $R = 2/5\Omega$，$L = 1/3\mathrm{H}$，$C = 1/2\mathrm{F}$，$R_\mathrm{S} = 1.6\Omega$，$u_\mathrm{S} = 10\mathrm{V}$。

解　电路的原始状态为

$$i_L(0_-) = -\frac{u_\mathrm{S}}{R + R_\mathrm{S}} = -5\mathrm{A}$$

$$u_C(0_-) = -Ri_L(0_-) = 2\mathrm{V}$$

由连续性原理可得电路的初始条件为

$$i_L(0_+) = i_L(0_-) = -5\mathrm{A}$$

$$\frac{\mathrm{d}i_L}{\mathrm{d}t}(0_+) = \frac{1}{L}u_C(0_+) = \frac{1}{L}u_C(0_-) = 6\mathrm{A/s}$$

$t = 0$ 时开关 S 合上后，RLC 构成并联电路，利用 KCL 和元件 VCR 可得以 $i_L(t)$ 为变量的微分方程为

$$LC\frac{\mathrm{d}^2 i_L(t)}{\mathrm{d}t^2} + \frac{L}{R}\frac{\mathrm{d}i_L(t)}{\mathrm{d}t} + i_L(t) = 0$$

代入元件参数值可得

$$\frac{\mathrm{d}^2 i_L(t)}{\mathrm{d}t^2} + 5\frac{\mathrm{d}i_L(t)}{\mathrm{d}t} + 6i_L(t) = 0$$

其特征方程的特征根为 $\lambda_1 = -2$，$\lambda_2 = -3$，故而电路为过阻尼情况，有

$$i_L(t) = k_1 \mathrm{e}^{-2t} + k_2 \mathrm{e}^{-3t}$$

$$\frac{\mathrm{d}i_L(t)}{\mathrm{d}t} = -2k_1\mathrm{e}^{-2t} - 3k_2\mathrm{e}^{-3t}$$

代入 $t = 0_+$ 的初始条件有

$$\begin{cases} k_1 + k_2 = i_L(0_+) = -5 \\ -2k_1 - 3k_2 = \dfrac{\mathrm{d}i_L}{\mathrm{d}t}(0_+) = 6 \end{cases}$$

解得 $k_1 = -9$，$k_2 = 4$，于是

$$\begin{cases} i_L(t) = -9\mathrm{e}^{-2t} + 4\mathrm{e}^{-3t}\mathrm{A}, & t \geqslant 0_+ \\ u_C(t) = L\dfrac{\mathrm{d}i_L(t)}{\mathrm{d}t} = 6\mathrm{e}^{-2t} - 4\mathrm{e}^{-3t}\mathrm{V}, & t \geqslant 0_+ \end{cases}$$

7.9.2.2 一般二阶电路的零输入响应

在求解一般二阶电路的零输入响应时，除了对于同类储能元件连接在一起以及电阻元件连接在一起的情况可以通过作出其等效电路化为典型二阶电路外，通常也是对电路列写微分方程求解。

【例 7-28】 在图 7-63 所示电路中，已知 $u_C(0_-) = 1\mathrm{V}$，$i_L(0_-) = 2\mathrm{A}$，$R_1 = 2\Omega$，$R_2 = 4\Omega$，$L = 2\mathrm{H}$，$C = 1\mathrm{F}$。求零输入响应 $u_C(t)$。

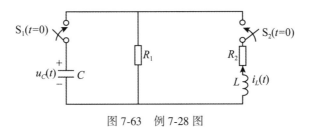

图 7-63   例 7-28 图

解 （1）对图 7-63 中换路后电路的外网孔列写 KVL 方程可得

$$L\frac{\mathrm{d}i_L(t)}{\mathrm{d}t} + R_2 i_L(t) + u_C(t) = 0 \tag{7-128}$$

由 KCL 可得

$$i_L(t) = C\frac{\mathrm{d}u_C(t)}{\mathrm{d}t} + \frac{u_C(t)}{R_1} \tag{7-129}$$

将式（7-129）代入式（7-128），消去 $i_L(t)$，经整理后并利用元件参数值可得

$$2\frac{\mathrm{d}^2 u_C(t)}{\mathrm{d}t^2} + 5\frac{\mathrm{d}u_C(t)}{\mathrm{d}t} + 3u_C(t) = 0$$

（2）分别利用连续性原理以及 0_+ 等效电路可得初始条件为

$$u_C(0_+) = u_C(0_-) = 1\ \mathrm{V}$$

$$\frac{\mathrm{d}u_C(0_+)}{\mathrm{d}t} = \frac{1}{C}\left[i_L(0_+) - \frac{u_C(0_+)}{R_1}\right] = \left(2 - \frac{1}{2}\right) = \frac{3}{2}(\mathrm{V/s})$$

（3）由于特征方程的特征根为 $\lambda_1 = -1$，$\lambda_2 = -\dfrac{3}{2}$，于是零状态响应 $u_C(t)$ 为

$$u_C(t) = k_1 e^{-t} + k_2 e^{-\frac{3}{2}t}, \quad t \geqslant 0_+$$

代入零状态响应的初始条件可得

$$\begin{cases} k_1 + k_2 = 1 \\ -k_1 - \dfrac{3}{2}k_2 = \dfrac{3}{2} \end{cases}$$

解得 $k_1 = 6$，$k_2 = -5$，故零输入响应 $u_C(t)$ 为

$$u_C(t) = 6e^{-t} - 5e^{-\frac{3}{2}t}\text{V}, \quad t \geqslant 0_+$$

7.9.3　二阶电路的零状态响应与全响应

7.9.3.1　典型二阶电路的零状态响应与全响应

零状态和全响应下的典型二阶电路仍分为 RLC 串联电路和 RLC 并联电路，这里仅讨论前者并且激励为直流电压源的情况，后者既可以用相同的方法进行分析，也可以直接利用对偶原理得出结论。

对于如图 7-52 所示 RLC 串联电路，将换路后以 $u_C(t)$ 为响应变量的二阶常系数非齐次线性微分方程表示为标准形式，可得

$$\frac{\mathrm{d}^2 u_C(t)}{\mathrm{d}t^2} + 2\alpha\frac{\mathrm{d}u_C(t)}{\mathrm{d}t} + \omega_0^2 u_C(t) = \omega_0^2 u_\mathrm{S}, \quad t \geqslant 0_+ \tag{7-130}$$

式中，$\alpha = \dfrac{R}{2L}$，$\omega_0 = \dfrac{1}{\sqrt{LC}}$。式（7-130）的解可表示为自由分量和强制分量之和，即

$$u_C(t) = u_{C_n}(t) + u_{C_f}(t) \tag{7-131}$$

显然，强制分量 $u_{C_f}(t)$ 为

$$u_{C_f}(t) = u_\mathrm{S}, \quad t \geqslant 0_+$$

特征根的四种情况对应自由分量 $u_{C_n}(t)$ 四种不同形式，因此 $u_C(t)$ 存在以下四种情况：

过阻尼（$\alpha > \omega_0$）：　　　$u_C(t) = k_1 e^{\lambda_1 t} + k_2 e^{\lambda_2 t} + u_\mathrm{S}$ 　　　　　　　（7-132）

临界阻尼（$\alpha = \omega_0$）：　　$u_C(t) = (k_1 + k_2 t)e^{-\alpha t} + u_\mathrm{S}$ 　　　　　　（7-133）

欠阻尼（$\alpha < \omega_0$）：　　　$u_C(t) = k e^{-\alpha t}\sin(\omega_\mathrm{d} t + \varphi) + u_\mathrm{S}$ 　　　　（7-134）

无阻尼（$\alpha = 0$）：　　　　$u_C(t) = k\sin(\omega_0 t + \varphi) + u_\mathrm{S}$ 　　　　　　（7-135）

式（7-132）~式（7-134）中两个待定常数由微分方程式（7-130）的两个初始条件确定。由于全响应与零状态响应之间在数学求解上的区别仅在于初始条件的不同，因此，若电路为零状态即 $u_C(0_-) = 0$，$i(0_-) = i_L(0_-) = 0$，响应 $u_C(t)$ 则为直流激励下的零状态响应，式（7-130）的初始条件为

$$u_C(0_+) = u_C(0_-) = 0, \quad \frac{\mathrm{d}u_C(0_+)}{\mathrm{d}t} = \frac{1}{C}i_C(0_+) = \frac{1}{C}i_L(0_+) = \frac{1}{C}i_L(0_-) = 0$$

若电路为非零状态，即 $u_C(0_-) \neq 0$ 和/或 $i_L(0_-) \neq 0$，$u_C(t)$ 则为直流激励下的全响应，仍根据连续性原理、0_+ 等效电路以及电容的 VCR 确定初始条件，据此得出 $u_C(t)$ 表示式中的两个待定常数，进而求出全响应 $u_C(t)$。这里仅讨论零状态下过阻尼（$\alpha > \omega_0$）情况。将起始条件代入式（7-132），可得出

$$\begin{cases} k_1 + k_2 + u_S = 0 \\ \lambda_1 k_1 + \lambda_2 k_2 = 0 \end{cases}$$

解得

$$k_1 = \frac{\lambda_2}{\lambda_1 - \lambda_2} u_S, \quad k_2 = -\frac{\lambda_1}{\lambda_1 - \lambda_2} u_S$$

代入式（7-132），可得

$$\begin{aligned} u_C(t) &= -\frac{u_S}{\lambda_1 - \lambda_2}(\lambda_1 e^{\lambda_2 t} - \lambda_2 e^{\lambda_1 t}) + u_S \\ &= u_{C_n}(t) + u_{C_f}(t), \quad t \geq 0_+ \end{aligned} \qquad (7\text{-}136)$$

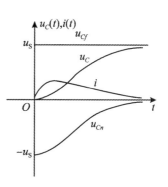

图 7-64　RLC 串联回路中 $u_C(t)$ 和 $i(t)$ 的零状态响应变化曲线

式中，$u_{C_n}(t) = -\dfrac{u_S}{\lambda_1 - \lambda_2}(\lambda_1 e^{\lambda_2 t} - \lambda_2 e^{\lambda_1 t})$ 为自由分量。

$u_{C_f}(t) = u_S$ 为强制分量，回路电流为

$$i(t) = C\frac{\mathrm{d}u_C(t)}{\mathrm{d}t} = -\frac{u_S}{L(\lambda_1 - \lambda_2)}(e^{\lambda_2 t} - e^{\lambda_1 t}), \quad t \geq 0_+$$

$$(7\text{-}137)$$

$u_C(t)$ 和 $i(t)$ 的变化曲线如图 7-64 所示。可以看出，$u_C(t)$ 由零初始值单调地增长到稳态值 u_S，电容元件处于充电过程；$i(t)$ 由零增至一最大值后单调地渐减至零。

7.9.3.2　一般二阶电路的零状态响应与全响应

一般二阶电路的零状态响应与全响应所对应的微分方程如式（7-104）所示。

直流激励下二阶电路全响应的微分方程有时会呈现为零输入响应对应的齐次微分方程式（7-105）的形式，这是由于此时全响应所满足的微分方程右边出现了直流电源的一阶导数，致使方程右边为零，有时从电路中也可以直接看出电路全响应中的稳态分量为零，因此，全响应会呈现为零输入响应的形式，这时类似于一阶电路的情况，即其零状态响应的表示式同于零输入响应的形式，因而在同一二阶电路中，可能会出现有的全响应为全响应形式，有的全响应却为零输入响应形式的情况。

对于零状态响应 $y_{zi}(t)$ 而言，视具体电路，其初始条件 $y_{zi}(0_+)$ 和 $\mathrm{d}y_{zi}(0_+)/\mathrm{d}t$ 有三种情况，即这两者均为零或两者均为非零或两者中仅其一为零，在后面两种情况中，一般而言，激励加入电路，使 $y_{zi}(t)$ 发生了跃变；对于全响应 $y(t)$ 而言，其初始条件仅存在零状态响应的后面两种情况。

二阶电路的全响应有三种求解方法：直接求解微分方程；根据"全响应=自由分量+强

制分量"求解；根据"全响应=零输入响应十零状态响应"求解。

【例7-29】 在图7-65(a)所示电路中，已知 $R_1 = R_2 = R_3 = 2\Omega$，$R_4 = 1\Omega$，$C = 1\text{F}$，$L_1 = L_2 = 2\text{H}$，$u_\text{S} = 10\text{V}$，电路在开关 S 合上前已达到稳态，试求开关在 $t = 0$ 合上后响应 $i_{L_2}(t)$。

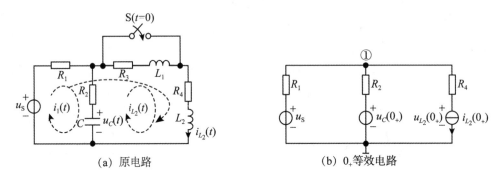

(a) 原电路   (b) 0_+等效电路

图 7-65 例 7-29 图

解 方法一：直接求解微分方程。

(1)对于图7-65(a)所示电路建立换路后电路的微分方程。分别对于左边网孔和外网孔应用 KVL 可得

$$R_1 i_1(t) + R_2 [i_1(t) - i_{L_2}(t)] + u_C(0_-) + \frac{1}{C} \int_{0_-}^{t} [i_1(t) - i_{L_2}(t)] \mathrm{d}\tau = u_\text{S} \quad (7\text{-}138)$$

$$R_1 i_1(t) + R_4 i_{L_2}(t) + L_2 \frac{\mathrm{d}i_{L_2}(t)}{\mathrm{d}t} = u_\text{S} \quad (7\text{-}139)$$

为了消去变量 $i_1(t)$，以建立关于 $i_{L_2}(t)$ 的微分方程，用式(7-138)减去式(7-139)，可得

$$R_2 [i_1(t) - i_{L_2}(t)] + u_C(0_-) + \frac{1}{C} \int_{0_-}^{t} [i_1(t) - i_{L_2}(t)] \mathrm{d}\tau - R_4 i_{L_2}(t) - L_2 \frac{\mathrm{d}i_{L_2}(t)}{\mathrm{d}t} = 0$$
$$(7\text{-}140)$$

对式(7-140)求一阶导数，并代入已知数据，可得

$$2 \frac{\mathrm{d}i_1(t)}{\mathrm{d}t} - 2 \frac{\mathrm{d}i_{L_2}(t)}{\mathrm{d}t} + i_1(t) - i_{L_2}(t) - \frac{\mathrm{d}i_{L_2}(t)}{\mathrm{d}t} - 2 \frac{\mathrm{d}^2 i_{L_2}(t)}{\mathrm{d}t^2} = 0 \quad (7\text{-}141)$$

由式(7-139)可得

$$i_1(t) = \frac{u_\text{S} - R_4 i_{L_2}(t) - L_2 \dfrac{\mathrm{d}i_{L_2}(t)}{\mathrm{d}t}}{R_1} = \frac{10 - i_{L_2}(t) - 2 \dfrac{\mathrm{d}i_{L_2}(t)}{\mathrm{d}t}}{2} \quad (7\text{-}142)$$

对式(7-142)求一阶导数可得

$$\frac{\mathrm{d}i_1(t)}{\mathrm{d}t} = -\frac{1}{2} \frac{\mathrm{d}i_{L_2}(t)}{\mathrm{d}t} - \frac{\mathrm{d}i_{L_2}^2(t)}{\mathrm{d}t^2} \quad (7\text{-}143)$$

将式(7-142)和式(7-143)代入式(7-141)后，整理可得

$$4\frac{d^2 i_{L_2}(t)}{dt^2} + 5\frac{d i_{L_2}(t)}{dt} + \frac{3}{2} i_{L_2}(t) = 5 \tag{7-144}$$

(2)求取初始条件。电路的原始状态为

$$i_{L_2}(0_-) = \frac{u_S}{R_1 + R_3 + R_4} = 2A, \quad u_C(0_-) = (R_3 + R_4) i_{L_2}(0_-) = 6V$$

由连续性原理可得

$$i_{L_2}(0_+) = i_{L_2}(0_-) = 2A, \quad u_C(0_+) = u_C(0_-) = 6V$$

利用图 7-65(b)所示的 0_+ 等效电路求 $\frac{d i_{L_2}}{dt}(0_+)$，这时由节点法可得

$$\left(\frac{1}{R_1} + \frac{1}{R_2}\right) u_{n_1}(0_+) = \frac{u_S}{R_1} + \frac{u_C(0_+)}{R_2} - i_{L_2}(0_+)$$

在上式中代入数据解得 $u_{n_1}(0_+) = 6V$。

于是

$$u_{L_2}(0_+) = L_2 \frac{d i_{L_2}(0_+)}{dt} = u_{n_1}(0_+) - R_4 i_{L_2}(0_+)$$

即

$$\frac{d i_{L_2}(0_+)}{dt} = \frac{1}{L_2}[u_{n_1}(0_+) - R_4 i_{L_2}(0_+)] = \frac{1}{2}(6 - 1 \times 2) = 2(A/s)$$

(3)求解全响应。微分方程式(7-144)对应的特征方程为

$$4\lambda^2 + 5\lambda + \frac{3}{2} = 0$$

故特征根为

$$\lambda_1 = -\frac{1}{2}, \quad \lambda_2 = -\frac{3}{4}$$

因此，微分方程式(7-144)对应的齐次方程的通解 $i_{L_2 h}(t)$ 为

$$i_{L_2 h}(t) = k_1 e^{-\frac{1}{2}t} + k_2 e^{-\frac{3}{4}t}$$

设微分方程式(7-144)的特解为 $i_{L_2 p} = A$，代入该式可求得 $i_{L_2 p} = \frac{10}{3}$，故

$$i_{L_2}(t) = i_{L_2 h}(t) + i_{L_2 p} = k_1 e^{-\frac{1}{2}t} + k_2 e^{-\frac{3}{4}t} + \frac{10}{3}$$

于是有

$$\frac{d i_{L_2}(t)}{dt} = -\frac{1}{2}k_1 e^{-\frac{1}{2}t} - \frac{3}{4}k_2 e^{-\frac{3}{4}t}$$

在上面两式中对应代入式(7-144)的初始条件：$i_{L_2}(0_+) = 2$，$\frac{d i_{L_2}(0_+)}{dt} = 2$，求得 $k_1 = 4$，$k_2 = -\frac{16}{3}$，因此

$$i_{L_2}(t) = 4e^{-\frac{1}{2}t} - \frac{16}{3}e^{-\frac{3}{4}t} + \frac{10}{3}A, \quad t \geq 0_+$$

方法二：全响应＝暂态分量＋强制分量。

（1）求暂态分量 $i_{L_{2n}}(t)$。由于暂态分量是齐次微分方程的通解，而齐次方程对应的是无独立源电路，因此，将图 7-65（a）中原电路的独立电压源置零，得到对应的电路，该电路的响应与原电路全响应的暂态分量具有相同的形式，对独立源置零下换路后的电路按方法一中的方法列写微分方程，并代入数据，可得

$$4\frac{d^2 i_{L_{2n}}(t)}{dt^2} + 5\frac{d i_{L_{2n}}(t)}{dt} + \frac{3}{2}i_{L_{2n}}(t) = 0$$

因此，原电路全响应的暂态分量为

$$i_{L_{2n}}(t) = k_1 e^{-\frac{1}{2}t} + k_2 e^{-\frac{3}{4}t}$$

（2）求强制分量 $i_{L_{2f}}(t)$。直流激励下全响应的强制分量即稳态分量可以直接在原电路中令稳态时电容元件短路、电感元件开路求出。因此，由图 7-65（a）所示电路换路后的电路求得强制分量为

$$i_{L_{2f}}(t) = i_{L_2}(\infty) = \frac{u_S}{R_1 + R_4} = \frac{10}{2+1} = \frac{10}{3}$$

所以

$$i_{L_2}(t) = i_{L_{2n}}(t) + i_{L_{2f}}(t) = k_3 e^{-\frac{1}{2}t} + k_4 e^{-\frac{3}{4}t} + \frac{10}{3}$$

代入 $i_{L_2}(t)$ 的初始条件得 $k_1 = 4$，$k_2 = -\dfrac{16}{3}$，据此求得

$$i_{L_2}(t) = 4e^{-\frac{1}{2}t} - \frac{16}{3}e^{-\frac{3}{4}t} + \frac{10}{3}A, \quad t \geq 0_+$$

方法三：全响应＝零输入响应＋零状态响应。

（1）求零输入响应 $i_{L_{2zi}}(t)$。将图 7-65（a）所示电路中独立电压源置零得到对应的电路，对其换路后的电路按方法一中的方法列写微分方程，并代入数据，可得

$$4\frac{d^2 i_{L_{2zi}}(t)}{dt^2} + 5\frac{d i_{L_{2zi}}(t)}{dt} + \frac{3}{2}i_{L_{2zi}}(t) = 0$$

因此有

$$i_{L_{2zi}}(t) = k_3 e^{-\frac{1}{2}t} + k_4 e^{-\frac{3}{4}t}$$

由连续性原理可得

$$i_{L_{2zi}}(0_+) = i_{L_{2zi}}(0_-) = i_{L_2}(0_-) = 2A$$

在图 7-65（b）中令 $u_S = 0$ 可得零输入下的 0_+ 等效电路，由此可得

$$\left(\frac{1}{R_1} + \frac{1}{R_2}\right)u_{n_{1zi}}(0_+) = \frac{u_C(0_+)}{R_2} - i_{L_2}(0_+)$$

解之可得 $u_{n_{1zi}}(0_+) = 1V$，因此有

$$\frac{d i_{L_{2zi}}(0_+)}{dt} = \frac{1}{L_2}[u_{n_{1zi}}(0_+) - R_4 i_{L_2}(0_+)] = \frac{1}{2}(1 - 1 \times 2) = -\frac{1}{2}(A/s)$$

利用 $i_{L_{2zi}}(t)$ 的初始条件可得

$$\begin{cases} k_3 + k_4 = 2 \\ -\dfrac{1}{2}k_3 - \dfrac{3}{4}k_4 = -\dfrac{1}{2} \end{cases}$$

由此可得 $k_3 = 4$，$k_4 = -2$。于是

$$i_{L_2 zi}(t) = 4e^{-\frac{1}{2}t} - 2e^{-\frac{3}{4}t}\text{A}, \quad t \geq 0_+$$

(2)求零状态响应 $i_{L_2 zs}(t)$。这时电路方程和方法一中的相同，有

$$4\frac{\mathrm{d}^2 i_{L_2 zs}(t)}{\mathrm{d}t^2} + 5\frac{\mathrm{d}i_{L_2 zs}(t)}{\mathrm{d}t} + \frac{3}{2}i_{L_2 zs}(t) = 5$$

于是零状态响应为

$$i_{L_2 zs}(t) = k_5 e^{-\frac{1}{2}t} + k_6 e^{-\frac{3}{4}t} + \frac{10}{3}$$

由于是零状态，故有 $u_{Czs}(0_-) = 0$，$i_{L_2 zs}(0_-) = 0$，于是有 $i_{L_2 zs}(0_+) = 0$，由图 7-65(b)可得零状态下的 0_+ 等效电路，因此有

$$u_{n_1 zs}(0_+) = \frac{u_S}{R_1 + R_2} \times R_2 = \frac{10}{2+2} \times 2 = 5(\text{V})$$

于是 $u_{L_2 zs}(0_+) = u_{n_1 zs}(0_+) = 5\text{V}$，因此可得

$$\frac{\mathrm{d}i_{L_2 zs}(0^+)}{\mathrm{d}t} = \frac{1}{L_2}u_{L_2 zs}(0_+) = \frac{5}{2} = 2.5(\text{A/s})$$

于是有

$$\begin{cases} k_5 + k_6 + \dfrac{10}{3} = 0 \\ -\dfrac{1}{2}k_5 - \dfrac{3}{4}k_6 = 2.5 \end{cases}$$

解得 $k_5 = 0$，$k_6 = -\dfrac{10}{3}$，于是

$$i_{L_2 zs}(t) = -\frac{10}{3}e^{-\frac{3}{4}t} + \frac{10}{3}\text{A}, \quad t \geq 0_t$$

因此，全响应为

$$i_{L_2}(t) = i_{L_2 zi}(t) + i_{L_2 zs}(t) = 4e^{-\frac{1}{2}t} - 2e^{-\frac{3}{4}t} - \frac{10}{3}e^{-\frac{3}{4}t} + \frac{10}{3}$$

$$= 4e^{-\frac{1}{2}t} - \frac{16}{3}e^{-\frac{3}{4}t} + \frac{10}{3}\text{A}, \quad t \geq 0_+$$

可以看到，此时结果与前面两种方法得到的相同。显然，由于方法二只需对含独立源电路对应的无独立源电路列写微分方程，因此，一般而言，该方法易于方法一和方法三。

二阶以上高阶电路动态过程的时域分析方法与二阶电路的相似，但是，由于高阶电路微分方程的建立和相应初始条件，特别是各阶导数的初始条件的确定较为不易，因此，实际中对高阶电路的分析较少采用经典法，一般应用第 13 章(下册)中介绍的复频域分析法。

7.10　阶跃响应和冲激响应

阶跃响应和冲激响应是动态电路分析中两类重要的响应。

7.10.1　阶跃响应

电路对于单一阶跃函数电源激励的零状态响应称为阶跃响应，若此时激励为单位阶跃函数则称为单位阶跃响应，一般用符号 $s(t)$ 表示。由于阶跃响应是零状态响应，电路中各电量的原始值均为零，因此阶跃响应能用 $\varepsilon(t)$ 表示时间定义域，即可以表示为其表达式与 $\varepsilon(t)$ 相乘的形式，一般多采用这种表示方法，特别是在需要对阶跃响应进行微分或积分运算的场合。

若电路的原始状态不为零，则应在所求阶跃响应上再叠加零输入响应，便可求得电路的全响应。对于一阶电路，其阶跃响应可以采用直流电源激励下的三要素法求解；对于二阶电路，一般采用列写、求解直流电源激励下的微分方程的方法求解。从具体求解方法上而言，通常有三种时域方法，这里仅介绍比较系数法之外的两种方法。

7.10.1.1　按照直流电源激励下零状态响应的求解方法求取阶跃响应

这种求解方法源于阶跃电压源 u_S 可以等效为一开关（$t=0_+$ 时闭合）和 u_S 直流电压源串联，阶跃电流源 i_S 可以等效为一开关（$t=0_+$ 时断开）和 i_S 直流电流源并联。

【例 7-30】　在图 7-66(a)所示电路中，已知 $i_S=\varepsilon(t)$A，$i_L(0_-)=0$，$u_C(0_-)=0$。$r_m=1\Omega$，$C=1$F，$g_m=2$S，$L=2H$，求单位阶跃响应 $i_0(t)$ 与 $u(t)$。

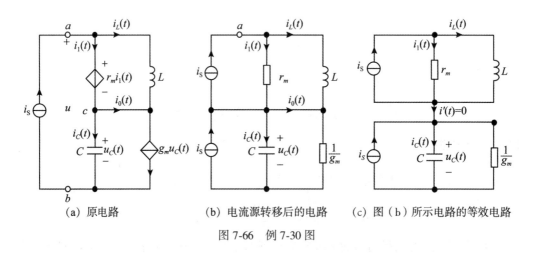

(a) 原电路　　　　(b) 电流源转移后的电路　　　(c) 图（b）所示电路的等效电路

图 7-66　例 7-30 图

解　根据 KCL 可知，求解图 7-66(a)所示电路中 $i_0(t)$ 应先确定 $i_1(t)$ 和 $i_C(t)$，而根据 KVL 可知，欲求解 $u(t)$ 则应先确定 $u_C(t)$ 以及 $r_m i_1(t)$。在图 7-66(a)中，由于

$$\frac{r_m i_1(t)}{i_1(t)}=r_m=1\Omega,\quad \frac{u_C(t)}{g_m u_C(t)}=\frac{1}{g_m}=\frac{1}{2}\Omega$$

因此受控电压源 $r_m i_1(t)$ 和受控电流源 $g_m u_C(t)$ 分别可用 1Ω 和 $\frac{1}{2}\Omega$ 的电阻元件替代。

将电流源 i_S 转移、受控源用电阻元替代后的电路如图 7-66(b) 所示,其等效电路如图 7-66(c) 所示,两者除了 $i_0(t) \neq i'(t)$ 外,其余响应全部相同。在图 7-66(c) 中,由于 $i'(t) = 0$,于是上下两个电路相当于断开,为两个独立的一阶电路,即 RL 和 RC 电路。

(1) $i_S = \varepsilon(t)\mathrm{A}$ 作用下的 RL 电路的响应 $i_1(t)$。该电路的时间常数为 $\tau_L = \dfrac{L}{r_m} = \dfrac{2}{1} = 2\mathrm{s}$,由于 $i_L(0_+) = i_L(0_-) = 0$,因此根据 KCL 可得 $i_1(0_+) = i_S(0_+) = 1\mathrm{A}$,而 $i_1(\infty) = 0$,利用三要素公式可得单位阶跃响应 $i_1(t)$ 为

$$i_1(t) = i_1(\infty) + [i_1(0_+) - i_1(\infty)] \mathrm{e}^{-\frac{t}{\tau_L}} = 0 + (1 - 0)\mathrm{e}^{-\frac{t}{2}} = \mathrm{e}^{-\frac{t}{2}} \varepsilon(t)\mathrm{A}$$

由 $i_1(t)$ 表达式可见,这时零状态响应呈现零输入响应的表示形式。

(2) $i_S = \varepsilon(t)\mathrm{A}$ 作用下的 RC 电路中的响应 $u_C(t)$ 与 $i_C(t)$。该电路的时间常数为 $\tau_C = \dfrac{1}{g_m} C = \dfrac{1}{2}\mathrm{s}$,根据连续性原理有 $u_C(0_+) = u_C(0_-) = 0$,此外还可得 $u_C(\infty) = \dfrac{1}{g_m} i_S = \dfrac{1}{2}\mathrm{V}$,因此单位阶跃响应为

$$u_C(t) = u_C(\infty) + [u_C(0_+) - u_C(\infty)] \mathrm{e}^{-\frac{t}{\tau_C}} = \frac{1}{2} + \left(0 - \frac{1}{2}\right)\mathrm{e}^{-2t} = \frac{1}{2}(1 - \mathrm{e}^{-2t})\varepsilon(t)\mathrm{V}$$

利用电容元件的伏安特性可得

$$i_C(t) = C\frac{\mathrm{d}u_C(t)}{\mathrm{d}t} = \frac{\mathrm{d}}{\mathrm{d}t}\left[\frac{1}{2}(1 - \mathrm{e}^{-2t})\varepsilon(t)\right] = \left[\frac{1}{2}\delta(t)(1 - \mathrm{e}^{-2t}) + \mathrm{e}^{-2t}\varepsilon(t)\right] = \mathrm{e}^{-2t}\varepsilon(t)\mathrm{A}$$

$i_C(t)$ 同样也呈现零输入响应的表示形式。

(3) 确定响应 $i_0(t)$ 与 $u(t)$。

在图 7-66(a) 中节点 c 应用 KCL,可得

$$i_0(t) = i_1(t) - i_C(t) = (\mathrm{e}^{-\frac{t}{2}} - \mathrm{e}^{-2t})\varepsilon(t)\mathrm{A}$$

在图 7-66(a) 中左边网孔中应用 KVL,可得

$$u(t) = r_m i_1(t) + u_C(t) = \left(\frac{1}{2} + \mathrm{e}^{-\frac{t}{2}} - \frac{1}{2}\mathrm{e}^{-2t}\right)\varepsilon(t)\mathrm{V}$$

【例 7-31】 在图 7-67(a) 所示电路中,已知 $u_{S_1} = 1\mathrm{V}$,$u_{S_2}(t) = 5\varepsilon(t)\mathrm{V}$,$R_1 = 1\Omega$,$R_2 = 2\Omega$,$R_3 = 3\Omega$,$C = 1\mathrm{F}$,$L = 4\mathrm{H}$,并且在 u_{S_2} 接入前电路已经处于稳态,试求阶跃响应 $i_3(t)$。

解 (1) 计算原始状态 $u_C(0_-)$ 和 $i_L(0_-)$。0_- 等效电路如图 7-67(b) 所示,有

$$u_C(0_-) = u_{S_1} = 1\mathrm{V},\quad i_L(0_-) = 0$$

(2) 计算换路后在 $u_C(0_-)$、u_{S_1} 和 $u_{S_2}(t)$ 共同作用下的全响应 $i_1(t)$。$u_{S_2}(t)$ 接入电路后,端口 $a\text{-}b$ 右边电路可以等效为电压源 $u_{S_2}(t)$,因此,换路后计算 $i_1(t)$ 的电路如图 7-67(c) 所示,将其中独立源置零后,可得该电路的时间常数为

$$\tau_C = R_1 C_1 = 1 \times 1 = 1(\mathrm{s})$$

根据连续性原理可得 $u_C(0_+) = u_C(0_-) = 1\mathrm{V}$,由图 7-67(c) 所示电路可得其 0_+ 等效电路,从中可得

$$i_1(0_+) = \frac{-u_{S_1}(0_+) + u_C(0_+) + u_{S_2}(0_+)}{R_1} = \frac{-1 + 1 + 5}{1} = 5(\mathrm{A})$$

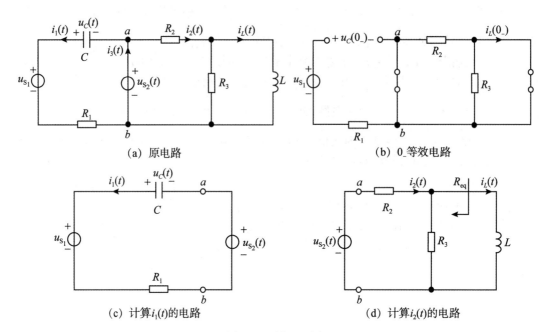

(a)　原电路　　　　　　　　(b)　0_- 等效电路

(c)　计算 $i_1(t)$ 的电路　　　　　　(d)　计算 $i_2(t)$ 的电路

图 7-67　例 7-31 图

图 7-67(c)所示电路换路后进入稳态时，C_1 开路，于是有

$$i_1(\infty) = 0$$

全响应 $i_1(t)$ 为

$$i_1(t) = i_1(\infty) + [i_1(0_+) - i_1(\infty)] e^{-\frac{t}{\tau_C}} = 0 + (5-0) e^{-\frac{t}{1}} = 5 e^{-t} \varepsilon(t) \, \text{A}$$

(3)由于 $i_L(0_-) = 0$，计算仅 $u_{S_2}(t)$ 作用下的零状态响应 $i_2(t)$。

由于 $u_{S_2}(t)$ 接入电路后，端口 a-b 左边电路可以等效为电压源 $u_{S_2}(t)$，因此计算 $i_2(t)$ 的电路如图 7-67(d)所示，将其中独立源置零后从 L 两端看出去的等效电阻为

$$R_{eq} = R_2 \text{ // } R_3 = \frac{R_2 R_3}{R_2 + R_3} = \frac{2 \times 3}{2 + 3} = 1.2(\Omega)$$

因此，电路的时间常数为

$$\tau_L = \frac{L}{R_{eq}} = \frac{4}{1.2} = \frac{1}{0.3}(\text{s})$$

根据连续性原理可得

$$i_L(0_+) = i_L(0_-) = 0$$

因此可得图 7-67(d)所示电路的 0_+ 等效电路，从中可得

$$i_2(0_+) = \frac{u_{S_2}(0_+)}{R_2 + R_3} = \frac{5}{2 + 3} = 1(\text{A})$$

图 7-67(d)所示电路换路后进入稳态后，L 短接，于是由图 7-67(d)所示电路可得

$$i_2(\infty) = \frac{u_{S_2}(t)}{R_2} = \frac{5}{2} = 2.5(\text{A})$$

零状态响应 $i_2(t)$ 为

$$i_2(t) = i_2(\infty) + [i_2(0_+) - i_2(\infty)]e^{-\frac{t}{\tau_L}} = [2.5 + (1 - 2.5)e^{-0.3t}]$$
$$= (2.5 - 1.5e^{-0.3t})\varepsilon(t)\,\text{A}$$

（4）计算响应 $i_3(t)$。对图 7-67(a) 中节点 a 应用 KCL，可得 $i_3(t)$ 为全响应 $i_1(t)$ 与零状态响应 $i_2(t)$ 的叠加，即

$$i_3(t) = i_1(t) + i_2(t) = [5e^{-t} + (2.5 - 1.5e^{-0.3t})]$$
$$= (2.5 + 5e^{-t} - 1.5e^{-0.35t})\varepsilon(t)\,\text{A}$$

【例 7-32】 在图 7-68(a) 所示的电路中，N_R 为仅由线性时不变电阻构成，已知当 $u_S(t) = \varepsilon(t)\,\text{V}$ 时，电容电压和电阻电压的单位阶跃响应分别为 $u_C(t) = (1 - e^{-t})\varepsilon(t)\,\text{V}$ 和 $u_R(t) = (1 - 0.25e^{-t})\varepsilon(t)\,\text{V}$。试求 $u_C(0_-) = 2\text{V}$，$u_S(t) = 3\varepsilon(t)\,\text{V}$ 时电容电压 $u_C(t)$ 和电阻电压 $u_R(t)$。

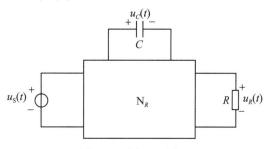

图 7-68 例 7-32 图

解 （1）由于整个电路仅含一个独立的动态元件即电容元件，故为一阶电路，其时间常数为 $\tau = 1\text{s}$，当仅改变激励和初始值而电路结构和参数均保持不变时，一阶电路的时间常数不会发生变化，即这时电路的时间常数仍为 $\tau = 1\text{s}$。

直流激励下的线性动态电路达到稳态时，电容等效于开路，电感等效于短路，整个电路等效于线性电阻电路，因此可以直接应用齐性定理、叠加定理以及互易定理等来求取动态电路的稳态值。当 $u_S(t) = \varepsilon(t)\,\text{V}$ 时，由 $u_C(t)$ 的表达式可得其时 $u_C(\infty) = 1\text{V}$，于是，由齐性定理可知，当 $u_S(t) = 3\varepsilon(t)\,\text{V}$ 时，应有 $u_C(\infty) = 3\text{V}$。因此，当 $u_S(t) = 3\varepsilon(t)\,\text{V}$，$u_C(0_-) = 2\text{V}$ 时，由三要素公式可得电容电压为

$$u_C(t) = u_C(\infty) + [u_C(0_+) - u_C(\infty)]e^{-\frac{t}{\tau}} = 3 + (2 - 3)e^{-t} = (3 - e^{-t})\varepsilon(t)\,\text{V}$$

（2）对于动态电路的暂态过程，可以将其中的电容元件用电压源替代(电感元件用电流源替代)，则整个电路也等效于电阻电路，故而也可以直接应用叠加定理，因此有

$$u_R(t) = k_1 u_C(t) + k_2 u_S(t)$$

当 $u_S(t) = \varepsilon(t)\,\text{V}$ 时，应用叠加定理可得

$$u_R(t) = (1 - 0.25e^{-t}) = k_1(1 - e^{-t}) + k_2 \times 1$$

从中解得 $k_1 = 0.25$，$k_2 = 0.75$。

于是，当 $u_C(0_-) = 2\text{V}$，$u_S(t) = 3\varepsilon(t)\,\text{V}$ 时，由于电路结构与参数未变，故而仍有 $k_1 = 0.25$，$k_2 = 0.75$。对电阻电压再次应用叠加定理可得

$$u_R(t) = k_1 u_C(t) + k_2 u_S(t) = 0.25(3 - e^{-t}) + 0.75 \times 3 = (3 - 0.25e^{-t})\varepsilon(t)\,\text{V}$$

7.10.1.2 利用冲激响应的积分求取阶跃响应

求解方法见下面冲激响应中的介绍。

7.10.2　冲激响应

电路在单一冲激函数电源 $\delta(t)$ 激励下所产生的零状态响应称为单位冲激响应，简称冲激响应，以 $h(t)$ 表示。冲激响应完全表征了电路的暂态特性或固有特性，因此，只要获知电路的冲激响应，便可确定其在任意函数电源激励下的零状态响应。

电路分析中一般也有三种方法求解冲激响应，这里仅介绍比较系数法之外的两种方法。

7.10.2.1　化零状态响应为零输入响应

冲激激励仅在换路的 $(0_-,0_+)$ 期间作用于电路，使其中的电容电压、电感电流发生突变，从而使电路建立起初始状态，在 $(0_-,0_+)$ 以外冲激激励为零，因此，仅含有冲激激励的电路，在 $t \geqslant 0_+$ 为一零输入电路，于是，冲激响应实际上就是由冲激激励建立的初始状态所引起的零输入响应，它与由其他任何情况产生的同一初态所形成的零输入响应没有区别，这表明，用求一般零输入响应的方法求冲激响应的关键在于确定电路在冲激激励作用下所建立的初始状态。在冲激激励作用的 $(0_-,0_+)$ 期间，电路中电容元件视为短路，电感元件视为开路，由此等效电路求出流过电容元件的冲激电流以及电感元件两端的冲激电压，据此再分别由电容和电感的伏安特性方程求出 $u_C(0_+)$ 和 $i_L(0_+)$，接着计算由这些初始状态所产生的零输入响应，即为所求的冲激响应 $h(t)$。

类似于阶跃响应的情况，冲激激励下电路的原始状态也可以不为零。

【例 7-33】　在图 7-69(a)所示电路中，已知 $i_S(t) = \delta(t)\text{A}$，$R = 3\Omega$，$L = 1\text{H}$，$C = 0.5\text{F}$，$u_C(0_-) = 0$，$i_L(0_-) = 0$ 求冲激响应 $u_C(t)$。

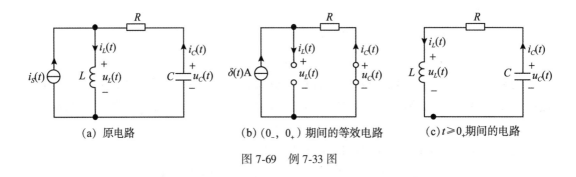

(a) 原电路　　　　　　(b) $(0_-,0_+)$ 期间的等效电路　　　　　(c) $t \geqslant 0_+$ 期间的电路

图 7-69　例 7-33 图

解　(1)求初始条件 $u_C(0_+)$ 和 $i_L(0_+)$。在冲激电流源作用期间 $(0_-,0_+)$ 的等效电路如图 7-69(b)所示，在指定的参考方向下可得

$$i_C(t) = -\delta(t)\text{A}, \quad u_L(t) = R\delta(t) = 3\delta(t)\text{V}$$

由此可见，电容元件上流过冲激电流，因此电容电压就会跳变，电感元件上施加了冲激电压，故而电感电流将会跳变。利用电容与电感元件的 VCR 可得

$$u_C(0_+) = u_C(0_-) - \frac{1}{C}\int_{0_-}^{0_+} i_C(t)\,\mathrm{d}t = 0 - 2\int_{0_-}^{0_+} (-\delta(t)\,\mathrm{d}t = 2\text{V}$$

$$i_L(0_+) = i_L(0_-) + \frac{1}{L}\int_{0_-}^{0_+} u_L(t)\,\mathrm{d}t = 0 + \int_{0_-}^{0_+} 3\delta(t)\,\mathrm{d}t = 3\mathrm{A}$$

（2）求零输入响应即冲激响应 $u_C(t)$。由于原电路中的冲激响应实际上就是该电路在 $t \geq 0_+$ 时的零输入响应，因此，将图 7-69(a) 所示电路中冲激电流源开路后得到其 $t \geq 0_+$ 的零输入电路，如图 7-69(c) 所示，对其分别应用 KCL、KVL 和电容元件的 VCR 可得

$$i_L(t) = i_C(t)$$

$$u_C(t) - Ri_C(t) - L\frac{\mathrm{d}i_L(t)}{\mathrm{d}t} = 0$$

$$i_C(t) = -C\frac{\mathrm{d}u_C(t)}{\mathrm{d}t}$$

由上面三个方程可得微分方程，即

$$\frac{\mathrm{d}^2 u_C(t)}{\mathrm{d}t^2} + \frac{R}{L}\frac{\mathrm{d}u_C(t)}{\mathrm{d}t} + \frac{1}{LC}u_C(t) = 0, \quad t \geq 0_+$$

在上式中代入已知数据可得

$$\frac{\mathrm{d}^2 u_C(t)}{\mathrm{d}t^2} + 3\frac{\mathrm{d}u_C(t)}{\mathrm{d}t} + 2u_C(t) = 0, \quad t \geq 0_+ \tag{7-145}$$

上式对应特征方程的特征根为 $\lambda_1 = -1$，$\lambda_2 = -2$，因此可得零输入响应 $u_C(t)$ 为

$$u_C(t) = k_1\mathrm{e}^{-t} + k_2\mathrm{e}^{-2t}$$

由初始条件得

$$u_C(0_+) = k_1 + k_2 = 2$$

$$i_L(0_+) = -C\frac{\mathrm{d}u_C(0_+)}{\mathrm{d}t} = -0.5(-k_1 - 2k_2) = 3$$

联立上面二式解得 $k_1 = -2$，$k_2 = 4$，因此有

$$u_C(t) = h(t) = (-2\mathrm{e}^{-t} + 4\mathrm{e}^{-2t})\varepsilon(t)\,\mathrm{V}$$

【例 7-34】 在图 7-70 所示电路中，已知 $R_1 = R_2 = 2\Omega$，$C = 0.1\mathrm{F}$，试求 $u_S(t) = \delta(t)\mathrm{V}$，$u_C(0_-) = 2\mathrm{V}$ 时的 $u_C(t)$。

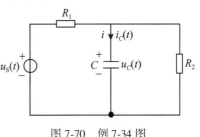

图 7-70　例 7-34 图

解　（1）先令 $u_C(0_-) = 0$，求仅 $u_S(t)$ 作用下的零状态响应 $u_{C_{zs}}(t)$。在冲激电压源作用期间 $(0_-, 0_+)$ 的等效电路中电容看作短路，电容中有冲激电流流过，即

$$i_C(t) = \frac{u_S(t)}{R_1} = \frac{\delta(t)}{2} = 0.5\delta(t)\,\mathrm{A}$$

于是有

$$u_C(0_+) = u_C(0_-) + \frac{1}{C}\int_{0_-}^{0} i_C(t)\,\mathrm{d}t = 0 + \frac{1}{0.1}\int_{0_-}^{0_+} 0.5\delta(t)\,\mathrm{d}t = 5\mathrm{V} \tag{7-146}$$

时间常数为 $\tau = R_{\mathrm{eq}}C = 1 \times 0.1 = 0.1(\mathrm{s})$。于是根据一阶电路零输入响应公式可得

$$u_{C_{zs}}(t) = u_C(0_+)\mathrm{e}^{-\frac{t}{\tau}} = 5\mathrm{e}^{-10t}\varepsilon(t)\,\mathrm{V}$$

（2）求零输入响应 $u_{C_{zi}}(t)$。同样，根据一阶电路的零输入响应公式可得 $u_{C_{zi}}(t)$ 为

$$u_{C_{zi}}(t) = 2\mathrm{e}^{-10t}\varepsilon(t)\,\mathrm{V}$$

（3）全响应为

$$u_C(t) = u_{C_{zs}}(t) + u_{C_{zi}}(t) = 7\mathrm{e}^{-10t}\varepsilon(t)\,\mathrm{V}$$

实际上，在式（7-146）中计及 $u_C(0_-) = 2\mathrm{V}$，可得

$$u_C(0_+) = u_C(0_-) + \frac{1}{0.1}\int_{0_-}^{0_+} i_C(t)\,\mathrm{d}t = 2 + \frac{1}{0.1}\int_{0_-}^{0_+} 0.5\delta(t)\,\mathrm{d}t = 7\mathrm{V}$$

于是求得全响应 $u_C(t) = 7\mathrm{e}^{-10t}\varepsilon(t)\,\mathrm{V}$。

7.10.2.2　由单位阶跃响应的一阶导数求冲激响应

我们知道，单位冲激函数是单位阶跃函数的导数，可以证明冲激响应是单位阶跃响应的导数，即

$$h(t) = \frac{\mathrm{d}s(t)}{\mathrm{d}t} \tag{7-147}$$

单位阶跃响应是冲激响应的积分，即

$$s(t) = \int_{0_-}^{t} h(\tau)\,\mathrm{d}\tau \tag{7-148}$$

必须注意的是，在由单位阶跃响应求冲激响应时，一定要将 $s(t)$ 的时间定义域用单位阶跃函数 $\varepsilon(t)$ 来表示。

【例 7-35】　如图 7-71 所示的电路中，已知 $R_1 = \dfrac{1}{2}\Omega$，$R_2 = 1\Omega$，$C_1 = C_2 = 1\mathrm{F}$，$u_\mathrm{S}(t) = \delta(t)\mathrm{V}$，假设电路为零状态试求冲激响应 $u_0(t)$。

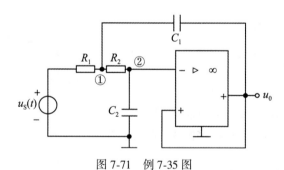

图 7-71　例 7-35 图

解　（1）以 $u_0(t)$ 为求解变量建立描述电路的微分方程。对节点①列写 KCL 方程有

$$\frac{u_{n1}(t) - u_\mathrm{S}(t)}{R_1} + \frac{u_{n1}(t) - u_{n2}(t)}{R_2} + C_1\frac{\mathrm{d}}{\mathrm{d}t}\big[u_{n1}(t) - u_0(t)\big] = 0 \tag{7-149}$$

应用"虚断"特性对节点②列写 KCL 方程可得

$$\frac{u_{n1}(t) - u_{n2}(t)}{R_2} = C_2 \frac{\mathrm{d}u_{n2}(t)}{\mathrm{d}t} \qquad (7\text{-}150)$$

再由"虚短"特性可知有

$$u_{n2}(t) = u_0(t) \qquad (7\text{-}151)$$

联立式(7-149)~式(7-151)，消去 $u_{n1}(t)$、$u_{n2}(t)$ 并代入 $u_S(t) = \varepsilon(t)$ 以及元件参数值，整理可得

$$\frac{\mathrm{d}^2 u_0(t)}{\mathrm{d}t^2} + 3 \frac{\mathrm{d}u_0(t)}{\mathrm{d}t} + 2u_0(t) = 2, \quad t \geqslant 0_+ \qquad (7\text{-}152)$$

（2）确定初始条件。由于电路为零状态，故而有

$$u_0(0_+) = u_{n2}(0_+) = u_{n2}(0_-) = 0$$

又由于电路为零状态且 $u_0(0_+) = 0$，因此对电容元件 C_1 应用 KVL：$u_{C_1}(0_+) = u_{C_1}(0_-) = u_{n1}(0_+) - u_{n2}(0_+) = 0$ 可得 $u_{n1}(0_+) = u_{n2}(0_+) = 0$。应用式(7-150)和式(7-151)可得

$$\frac{\mathrm{d}u_0(0_+)}{\mathrm{d}t} = \frac{1}{R_2 C_2} \big[u_{n1}(0_+) - u_{n2}(0_+) \big] = \frac{0 - 0}{1} = 0$$

（3）求冲激响应。式(7-152)的特征方程为 $\lambda^2 + 3\lambda + 2 = 0$，特征根为 $\lambda_1 = -1$，$\lambda_2 = -2$。特解 u_{0p} 为 $u_{0p} = 1$，于是，单位阶跃响应 $u_0(t)$ 为

$$u_0(t) = k_1 \mathrm{e}^{-t} + k_2 \mathrm{e}^{-2t} + 1$$

对上式微分可得

$$\frac{\mathrm{d}u_0(t)}{\mathrm{d}t} = -k_1 \mathrm{e}^{-t} - 2k_2 \mathrm{e}^{-2t}$$

在上面两式中代入 $t = 0_+$ 的初始条件有

$$\begin{cases} k_1 + k_2 + 1 = 0 \\ -k_1 - 2k_2 = 0 \end{cases}$$

解之得 $k_1 = -2$，$k_2 = 1$，故单位阶跃响应 $u_0(t)$ 为

$$u_0(t) = s(t) = (-2\mathrm{e}^{-t} + \mathrm{e}^{-2t} + 1)\varepsilon(t)\,\mathrm{V}$$

根据单位阶跃响应求出冲激响应为

$$u_0(t) = h(t) = \frac{\mathrm{d}s(t)}{\mathrm{d}t} = (2\mathrm{e}^{-t} - 2\mathrm{e}^{-2t})\varepsilon(t) + (-2\mathrm{e}^{-t} + \mathrm{e}^{-2t} + 1)\delta(t)$$

$$= (2\mathrm{e}^{-t} - 2\mathrm{e}^{-2t})\varepsilon(t)\,\mathrm{V}$$

【例 7-36】 在图 7-72 所示电路中，N_R 为线性时不变零状态互易网络。当图 7-72(a) 中 $u_{S_1}(t) = \delta(t)\,\mathrm{V}$ 时，单位冲激响应 $u_2(t) = \mathrm{e}^{-2t}\varepsilon(t)\,\mathrm{V}$，试求图 7-72(b) 中 $\hat{i}_{S_2}(t) = \varepsilon(t)\,\mathrm{A}$ 时，单位阶跃响应 $\hat{i}_1(t)$。

解 （1）设 $\hat{i}_{S_2}(t) = \delta(t)\,\mathrm{A}$，这时 $\hat{i}_1(t)$ 为冲激响应，由互易定理形式三可得

$$\hat{i}_1(t) = h(t) = \mathrm{e}^{-2t}\varepsilon(t)\,\mathrm{A}$$

（2）再设 $\hat{i}_{S_2}(t) = \varepsilon(t)\,\mathrm{A}$，这时 $\hat{i}_1(t)$ 为单位阶跃响应，因此可得

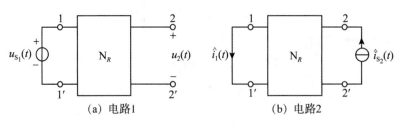

图 7-72　例 7-36 图

$$\hat{i}_1(t) = s(t) = \int_{0_-}^{t} h(\tau)\mathrm{d}\tau = \int_{0_-}^{t} \mathrm{e}^{-2\tau}\varepsilon(\tau)\mathrm{d}\tau = \frac{1}{2}(1 - \mathrm{e}^{-2t})\varepsilon(t)\,\mathrm{A}$$

需要注意的是，冲激响应、单位阶跃响应之间的关系只有在零状态下才成立；对于冲激激励作用下的非零原始状态电路，若应用化零状态响应为零输入响应的方法求解冲激响应，可以在原初始状态的基础上再叠加上冲激激励作用所引起的初始状态。例如，对于例 7-34，有 $u_C(0_+) = 2 + 5 = 7(\mathrm{V})$，因而直接可得 $u_C(t) = 7\mathrm{e}^{-10t}\varepsilon(t)\,\mathrm{V}$；若利用由阶跃响应的一阶导数求解冲激响应的方法，应首先求出零状态下的冲激响应 $h(t) = \dfrac{\mathrm{d}s(t)}{\mathrm{d}t}$，然后再加上零输入响应。

7.11　线性时不变动态电路零输入响应与零状态响应的性质

7.11.1　零输入响应与零状态响应的线性性质

在线性时不变动态电路中，零状态响应是外施激励的线性函数，零输入响应为原始状态的线性函数，即它们均同时满足齐次性和可加性。

7.11.1.1　零输入线性

设第 i 个储能元件的原始状态 $x_i(0_-)(i = 1, 2, \cdots, n)$ 单独作用所产生的零输入响应为 $y_{zi(i)}(t)$，则 $k_1 x_1(0_-)$，$k_2 x_2(0_-)$，$\cdots$，$k_i x_i(0_-)$，$\cdots$，$k_n x_n(0_-)$（k_i 为实常数）共同作用所产生的零输入响应为 $\sum\limits_{i=1}^{n} k_i y_{zi(i)}(t)$。

7.11.1.2　零状态线性

若外施激励 $x_i(t)(i = 1, 2, \cdots, n)$ 单独作用所产生的零状态响应为 $Z_S[x_i(t)] = y_{zs(i)}(t)$，则 n 个外施激励加权叠加形成的激励 $\sum\limits_{i=1}^{n} k_i x_i(t)$ 所产生的零状态响应 $Z_S\left[\sum\limits_{i=1}^{n} k_i x_i(t)\right]$ 等于各激励单独作用所产生的零状态响应的同一加权叠加，即

$$Z_S\left[\sum_{i=1}^n k_i x_i(t)\right] = \sum_{i=1}^n k_i Z_S[x_i(t)] = \sum_{i=1}^n k_i y_{zs(i)}(t) \tag{7-153}$$

式中,Z_S 为零状态响应算子,k_i 为实常数。

在电路分析中,为了计算方便,常利用零状态响应的线性性质,先计算每个外施激励单独作用下产生的零状态响应,然后将它们叠加,以求得各激励共同作用下的零状态响应。特别是在单输入单输出的情况下,当外施输入的波形不大规则时,往往将激励波形分解成若干个,甚至无限多个典型波形,计算每个波形单独作用下的零状态响应,再将它们叠加,以便得到原激励产生的零状态响应;对于零输入响应,也可以利用其线性性质,将给定的原始状态($u_C(0_-)$ 和/或 $i_L(0_-)$)分解成若干组,通过计算每组产生的零输入响应,再将它们叠加,求得所有原始状态一起作用所产生的零输入响应。但是,一般都是直接由给定原始状态共同作用求出零输入响应。

需要注意的是:①线性时不变动态电路的全响应对外施激励或原始状态均不具有线性性质,所以不能将每个外施激励单独作用下产生的全响应叠加起来作为各外施激励共同作用下的全响应;②若将全响应分解成自由分量和强制分量,则强制分量对外施激励也具有线性性质,因此可以分别求出每个外施激励单独作用下的强制分量,然后将它们叠加得到各外施激励共同作用下的强制分量;自由分量对原始状态则不具有线性性质,这是由于自由分量的大小与强制分量有关的缘故,因此,自由分量不能脱离强制分量单独由原始状态求出;而零输入应与零状态响应则是各自独立、两类不同激励下的响应,它们可以分别单独求出来,故而有利于应用叠加原理计算由任意波形激励引起的电路响应。

7.11.2 零状态响应的微分与积分性质

7.11.2.1 微分特性

设外施激励 $x(t)$ 所产生的零状态响应为 $Z_S[x(t)] = y(t)$,激励 $\dfrac{\mathrm{d}x(t)}{\mathrm{d}t}$ 所产生的零状态响应为 $Z_S\left[\dfrac{\mathrm{d}x(t)}{\mathrm{d}t}\right]$,则

$$Z_S\left[\frac{\mathrm{d}x(t)}{\mathrm{d}t}\right] = \frac{\mathrm{d}}{\mathrm{d}t}Z_S[x(t)] = \frac{\mathrm{d}y(t)}{\mathrm{d}t} \tag{7-154}$$

微分特性表明,若外施激励 $x(t)$ 所产生的零状态响应为 $y(t)$,则由激励 $\dfrac{\mathrm{d}x(t)}{\mathrm{d}t}$ 所产生的零状态响为 $\dfrac{\mathrm{d}y(t)}{\mathrm{d}t}$。

7.11.2.2 积分特性

设外施激励 $x(t)$ 所产生的零状态响应为 $Z_S[x(t)] = y(t)$,激励 $\displaystyle\int_{0_-}^t x(\tau)\,\mathrm{d}\tau$ 所产生的零状态响应为 $Z_S\left[\displaystyle\int_{0_-}^t x(\tau)\,\mathrm{d}\tau\right]$,则

$$Z_{\mathrm{S}}\left[\int_{0_-}^{t} x(\tau)\mathrm{d}\tau\right] = \int_{0_-}^{t} Z_{\mathrm{S}}[x(\tau)]\mathrm{d}\tau = \int_{0_-}^{t} y(\tau)\mathrm{d}\tau \tag{7-155}$$

积分特性表明，若外施激励 $x(t)$ 所产生的零状态响应为 $y(t)$，则由激励 $\int_{0_-}^{t} x(\tau)\mathrm{d}\tau$ 产生的零状态响应为 $\int_{0_-}^{t} y(\tau)\mathrm{d}\tau$。

显然，微分或积分特性可以用于在已知线性时不变电路对于某激励的零状态响应的情况下，求取该激励微分或积分作用下的零状态响应。

7.11.3 零状态响应的时不变性质

设外施激励 $x(t)$ 所产生的零状态响应为 $Z_{\mathrm{S}}[x(t)] = y(t)$，激励 $x(t-t_0)$ 所产生的零状态响应为 $Z_{\mathrm{S}}[x(t-t_0)]$，则

$$Z_{\mathrm{S}}[x(t-t_0)] = y(t-t_0) \tag{7-156}$$

线时不变特性表明，若线性时不变电路对于激励 $x(t)$ 的零状态响应为 $y(t)$，则当该激励延时 t_0 为 $x(t-t_0)$ 时，其所产生的零状态响应为 $y(t-t_0)$，即为原零状态响应延时 t_0，由此可知，线性时不变电路零状态响应的波形不会随着激励开始作用的时间变化而改变，即与激励开始作用的时间无关，仅仅随着激励的延迟而作相同的延迟。时不变特性也称定常特性或延时性。

这里利用线性时不变电路的线性和时不变特性推导冲激响应与单位阶跃响应之间的关系。根据冲激函数的定义，它与横轴包围的面积为 1，可以用图 6-10(a) 中的矩形脉冲 $P_\Delta(t)$ 作为其近似的数学模型，由于当 $\Delta \to 0$ 时，$P_\Delta(t) \to \delta(t)$。因此，可以先求出线性时不变电路对 $P_\Delta(t)$ 的响应，然后取 $\Delta \to 0$ 时的极限即得其冲激响应。

$P_\Delta(t)$ 可以表示为

$$P_\Delta(t) = \frac{1}{\Delta}[\varepsilon(t) - \varepsilon(t-\Delta)]$$

若任一线性时不变电路对 $\varepsilon(t)$ 的单位阶跃响应为 $s(t)$，则根据齐次性和时不变特性可知，其对 $\frac{1}{\Delta}\varepsilon(t)$ 和 $-\frac{1}{\Delta}\varepsilon(t-\Delta)$ 的阶跃响应分别为 $\frac{1}{\Delta}s(t)$ 和 $-\frac{1}{\Delta}s(t-\Delta)$，于是该电路在零状态下对 $P_\Delta(t)$ 的响应 $h_\Delta(t)$ 为

$$h_\Delta(t) = \frac{1}{\Delta}[s(t) - s(t-\Delta)]$$

因此可得

$$h(t) = \lim_{\Delta \to 0} h_\Delta(t) = \lim_{\Delta \to 0} \frac{s(t) - s(t-\Delta)}{\Delta} \tag{7-157}$$

可以看出，式(7-157)在 $\Delta \to 0$ 时分子和分母皆为零，极限取不定值。根据洛必塔法则，在式(7-157)中，其分子和分母都对微变量 Δ 取导数，则

$$h(t) = \lim_{\Delta \to 0} \frac{\mathrm{d}}{\mathrm{d}\Delta}[s(t) - s(t-\Delta)] = \lim_{\Delta \to 0}\left[-\frac{\mathrm{d}s(t-\Delta)}{\mathrm{d}\Delta}\right] = \lim_{\Delta \to 0} \frac{\mathrm{d}s(t-\Delta)}{\mathrm{d}(t-\Delta)} = \frac{\mathrm{d}s(t)}{\mathrm{d}t}$$

$$\tag{7-158}$$

式(7-158)表明有

$$s(t) = \int_{-\infty}^{t} h(\tau)\,\mathrm{d}\tau \tag{7-159}$$

【例 7-37】 在图 7-73(a)所示电路中，已知 $u_C(0_-) = 5\mathrm{V}$，求：（1）全响应 $i(t)$；（2）电压源电压增加到 15V 时的全响应 $i(t)$。

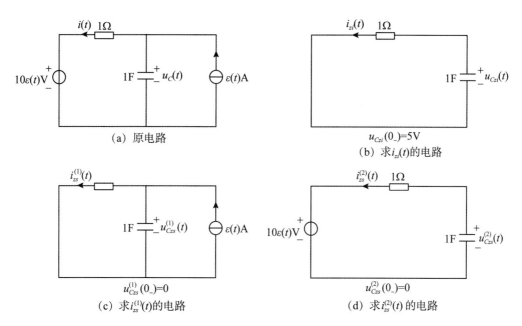

图 7-73 例 7-38 图

解 （1）求零输入响应 $i_{zi}(t)$。根据连续性原理可得 $u_C(0_+) = u_C(0_-) = 5\mathrm{V}$，因此由图 7-73(b)所示电路可得 $i(t)$ 的零输入响应 $i_{zi}(t)$ 为

$$i_{zi}(t) = \frac{u_{Czi}(t)}{1} = \frac{5\mathrm{e}^{-t}}{1} = 5\mathrm{e}^{-t}\varepsilon(t)\,\mathrm{A}$$

（2）求零状态响应 $i_{zs}(t)$。利用零状态响应的线性性质，分别计算图 7-73(c)、(d)中各电源单独作用下的零状态响应。对于图 7-73(c)所示电路，利用三要素法可得

$$i_{zs}^{(1)}(t) = i_{zs}^{(1)}(\infty) + \left[i_{zs}^{(1)}(0_+) - i_{zs}^{(1)}(\infty) \right] \mathrm{e}^{-\frac{t}{\tau}}$$
$$= \left[1 + (0 - 1)\mathrm{e}^{-t} \right] = (1 - \mathrm{e}^{-t})\varepsilon(t)\,\mathrm{A}$$

对于图 7-73(d)所示电路，利用三要素法可得

$$i_{zs}^{(2)}(t) = i_{zs}^{(2)}(\infty) + \left[i_{zs}^{(2)}(0_+) - i_{zs}^{(2)}(\infty) \right] \mathrm{e}^{-\frac{t}{\tau}}$$
$$= 0 + (-10 - 0)\mathrm{e}^{-t} = -10\mathrm{e}^{-t}\varepsilon(t)\,\mathrm{A}$$

因此，两个电源共同作用下的零状态响应 $i_{zs}(t)$ 为

$$i_{zs}(t) = i_{zs}^{(1)}(t) + i_{zs}^{(2)}(t) = (1 - \mathrm{e}^{-t}) + (-10\mathrm{e}^{-t}) = (1 - 11\mathrm{e}^{-t})\varepsilon(t)\,\mathrm{A}$$

全响应 $i(t)$ 为

$$i(t) = i_{zi}(t) + i_{zs}(t) = 5\mathrm{e}^{-t} + (1 - 11\mathrm{e}^{-t}) = (1 - 6\mathrm{e}^{-t})\varepsilon(t)\,\mathrm{A}$$

（3）求电压源电压变为 15V 时的全响应 $i(t)$。当电压源变为 15V 时，在该电压源单独作用下的零状态响应将变为原来的 $\dfrac{15}{10}$ 倍，而零输入响应和电流源单独作用下的零状态响应维持不变，故这时全响应为

$$i(t) = 5\mathrm{e}^{-t} + (1 - \mathrm{e}^{-t}) + \frac{15}{10}(-10\mathrm{e}^{-t}) = (1 - 11\mathrm{e}^{-t})\varepsilon(t)\,\mathrm{A}$$

【**例 7-38**】　在图 7-74（a）所示电路中，P 为线性时不变无源网络，已知电压源 $u_S(t) = \varepsilon(t)\,\mathrm{V}$ 时，输出电压 $u_2(t)$ 的零状态响应为 $u_2(t) = (1 - \mathrm{e}^{-2t})\varepsilon(t)\,\mathrm{V}$。现有电流源 $i_S(t)$ 波形如图 7-74（c）所示，将其接入网络 P 的 2-2′ 端口，如图 7-74（b）所示，求其中 1-1′ 端口输出电流 $i_1(t)$ 的零状态响应。

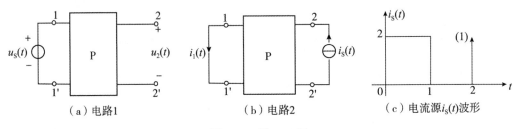

（a）电路1　　　　　　（b）电路2　　　　　　（c）电流源 $i_S(t)$ 波形

图 7-74　例 7-38 图

解　由互易定理第三种形式可知，图 7-74（b）中，当 $i_S(t) = \varepsilon(t)\,\mathrm{A}$ 时，其所产生的单位阶跃响应 $i_1(t) = s(t)$ 在数值上等于图 7-74（a）中的开路电压 $u_2(t)$，即

$$i_1(t) = s(t) = (1 - \mathrm{e}^{-2t})\varepsilon(t)\,\mathrm{A}$$

其冲激响应为

$$h(t) = \frac{\mathrm{d}s(t)}{\mathrm{d}t} = 2\mathrm{e}^{-2t}\varepsilon(t)\,\mathrm{A}$$

根据图 7-74（c）可知，电流源 $i_S(t)$ 波形可以表示为

$$i_S(t) = 2[\varepsilon(t) - \varepsilon(t-1)] + \delta(t-2)\,\mathrm{A}$$

因此，若令

$$i_S(t) = i_{S_1}(t) + i_{S_2}(t) + i_{S_3}(t) = 2\varepsilon(t) - 2\varepsilon(t-1) + \delta(t-2)\,\mathrm{A}$$

则由 $i_S(t) = \varepsilon(t)\,\mathrm{A}$ 所产生的单位阶跃响应为 $i_1(t) = s(t) = (1 - \mathrm{e}^{-2t})\varepsilon(t)\,\mathrm{A}$ 以及零状态响应的齐次性可知，$i_{S_1}(t) = 2\varepsilon(t)\,\mathrm{A}$ 单独作用所产生的阶跃响应为 $i_1^{(1)}(t) = 2(1 - \mathrm{e}^{-2t})\varepsilon(t)\,\mathrm{A}$，再根据零状态响应的齐次性和时不变性可知 $i_{S_2}(t) = -2\varepsilon(t-1)\,\mathrm{A}$ 单独作用所产生的阶跃响应为 $i_1^{(2)}(t) = -2(1 - \mathrm{e}^{-2(t-1)})\varepsilon(t-1)\,\mathrm{A}$，由 $i_S(t) = \delta(t)\,\mathrm{A}$ 所产生的单位冲激响应为 $h(t) = 2\mathrm{e}^{-2t}\varepsilon(t)\,\mathrm{A}$ 以及零状态响应的时不变性可知，$i_{S_3}(t) = \delta(t-2)\,\mathrm{A}$ 单独作用所产生的冲激响应为 $i_1^{(3)}(t) = 2\mathrm{e}^{-2(t-2)}\varepsilon(t-2)\,\mathrm{A}$，最后由零状态响应的可加性可得如图 7-74（c）所示的电流源 $i_S(t)$ 所产生的输出电流 $i_1(t)$ 的零状态响应为

$$i_1(t) = i_1^{(1)}(t) + i_1^{(2)}(t) + i_1^{(3)}(t)$$
$$= 2(1 - e^{-2t})\varepsilon(t) - 2(1 - e^{-2(t-1)})\varepsilon(t-1) + 2e^{-2(t-2)}\varepsilon(t-2)\,A$$

显然，若已知的是 $u_s(t) = \delta(t)$ V 时输出电压 $u_2(t)$ 的零状态响应，则应首先利用冲激响应和单位阶跃响应之间的关系计算出 $i_1(t)$ 的单位阶跃响应，接下来的计算过程与上面的相同。

【例 7-39】 一线性时不变电路，当其原始状态 $x(0_-) = 1$，激励为 $2\varepsilon(t)$ 时，全响应为 $y_1(t) = 1(t \geq 0_+)$；当其原始状态 $x(0_-) = 2$，激励为 $\delta(t)$ 时，全响应为 $y_2(t) = 3e^{-2t}(t \geq 0_+)$，求该电路的冲激响应 $h(t)$。

解 设该电路的单位阶跃响应为 $s(t)$，$x(0_-) = 1$ 时电路的零输入响应为 $y_{zi}(t)$，则根据零输入响应和零状态响应的齐次性以及冲激响应与单位阶跃响应的关系可得

$$y_1(t) = y_{zi}(t) + 2s(t) = 1 \tag{7-160}$$

$$y_2(t) = 2y_{zi}(t) + \frac{ds(t)}{dt} = 3e^{-2t} \tag{7-161}$$

式(7-161)减去 2 倍的式(7-160)可得

$$\frac{ds(t)}{dt} - 4s(t) = 3e^{-2t} - 2 \tag{7-162}$$

式(7-162)的初始条件为 $s(0_+) = 0$，特解为 $0.5 - 0.5e^{-2t}$，式(7-162)中齐次微分方程对应的特征方程的特征根为 4，于是可得

$$s(t) = ke^{4t} + 0.5 - 0.5e^{-2t}$$

对上式利用 $s(0_+) = 0$ 可得 $k = 0$，故而有

$$s(t) = (0.5 - 0.5e^{-2t})\varepsilon(t)$$

因此，该电路的冲激响应 $h(t)$ 为

$$h(t) = \frac{ds(t)}{dt} = e^{-2t}\varepsilon(t) + (0.5 - 0.5e^{-2t})\delta(t) = e^{-2t}\varepsilon(t)$$

【例 7-40】 图 7-75 中的 N 为一含有两个电容的线性 RC 无源网络。已知当 $i_s(t) = \varepsilon(t)$ A 时，全响应为 $u_0(t) = (2 + 4e^{-\frac{t}{6}})\varepsilon(t)$ V，若 N 中电容 C_1 的原始电压 $u_{C_1}(0_-)$ 增加 1 倍，而其它条件不变，则全响应为 $u_0'(t) = 6e^{-\frac{t}{6}}\varepsilon(t)$ V；若在此基础上电容 C_2 的原始电压 $u_{C_2}(0_-)$ 也增加 1 倍，则全响应为 $u_0''(t) = (2 + 10e^{-\frac{t}{6}})\varepsilon(t)$ V。求网络 N 在零状态下的冲激响应 $h(t)$。

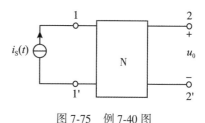

图 7-75 例 7-40 图

解 设 $i_s(t)$ 单独作用时的零状态响应为 $y_{zs}(t)$，$u_{C_1}(0_-)$ 单独作用时产生的零输入响应为 $y_{C_1zi}(t)$，$u_{C_2}(0_-)$ 单独作用时产生的零输入响应为 $y_{C_2zi}(t)$。由于零输入响应是原始状态的线性函数，故而根据叠加定理可得

$$y_{zs}(t) + y_{C_1zi}(t) + y_{C_2zi}(t) = u_0(t) = (2 + 4e^{-\frac{t}{6}})\varepsilon(t)$$

$$y_{zs}(t) + 2y_{C_1zi}(t) + y_{C_2zi}(t) = u_0'(t) = 6e^{-\frac{t}{6}}\varepsilon(t)$$

$$y_{zs}(t) + 2y_{C_1zi}(t) + 2y_{C_2zi}(t) = u_0''(t) = (2 + 10e^{-\frac{t}{6}})\varepsilon(t)$$

联立求解上述三式可得

$$y_{zs}(t) = 2\left(1 - e^{-\frac{t}{6}}\right)\varepsilon(t)\,\mathrm{V}$$

因为 $y_{zs}(t)$ 是单位阶跃激励下的零状态响应，所以网络 N 在零状态下的冲激响应为

$$h(t) = \frac{\mathrm{d}y_{zs}(t)}{\mathrm{d}t} = \frac{1}{3}e^{-\frac{t}{6}}\varepsilon(t)\,\mathrm{V}$$

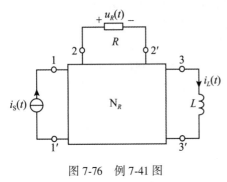

图 7-76　例 7-41 图

【例 7-41】　在图 7-76 所示电路中，N_R 为线性时不变电阻网络，已知 $i_S(t) = 4\varepsilon(t)\,\mathrm{A}$ 时，电感电流 $i_L(t)$ 和电阻电压 $u_R(t)$ 的零状态响应分别为 $i_{L_{zs}}(t) = 2(1 - e^{-t})\varepsilon(t)\,\mathrm{A}$ 和 $u_{R_{zs}}(t) = (2 - 0.5e^{-t})\varepsilon(t)\,\mathrm{V}$。求 $i_L(0_-) = 2\mathrm{A}$，$i_S = 2\varepsilon(t)\,\mathrm{A}$ 时 $t \geqslant 0_+$ 的全响应 $i_L(t)$ 和 $u_R(t)$。

解　（1）求 $i_S = 2\varepsilon(t)\,\mathrm{A}$ 作用下电感电流 $i_L(t)$ 和电阻电压 $u_R(t)$ 的零状态响应。

根据零状态响应的齐次性可知，当 $i_S = 2\varepsilon(t)\,\mathrm{A}$ 时，零状态响应分别为

$$i'_{L_{zs}}(t) = (1 - e^{-t})\varepsilon(t)\,\mathrm{A},\ u'_{R_{zs}}(t) = (1 - 0.25e^{-t})\varepsilon(t)\,\mathrm{V}$$

（2）求零输入响应。利用替代定理将电感电流 $i_L(t)$ 用电流源替代后整个电路变为电阻电路，这时应用叠加定理可得

$$u_R(t) = k_1 i_S(t) + k_2 i_L(t) \tag{7-163}$$

当 $i_S(t) = 4\varepsilon(t)\,\mathrm{A}$ 时，将零状态响应 $u_{R_{zs}}(t)$、$i_{L_{zs}}(t)$ 和 $i_S(t)$ 代入式（7-163），可得

$$(2 - 0.5e^{-t})\varepsilon(t) = k_1 4\varepsilon(t) + k_2 2(1 - e^{-t})\varepsilon(t)$$

解之得 $k_1 = 0.375$，$k_2 = 0.25$。

将图 7-76 等效为典型的 RL 电路，并利用零状态响应表示式中的时间常数可知，当 $i_L(0_-) = 2\mathrm{A}$ 时，$i_L(t)$ 的零输入响应为

$$i_{L_{zi}}(t) = i_L(0_+)e^{-\frac{t}{\tau}} = 2e^{-t}\,\mathrm{A},\ t \geqslant 0_+$$

对于 $i_L(0_-) = 2\mathrm{A}$ 时的零输入响应 $u_{R_{zi}}(t)$，则应用式（7-163），可得

$$u_{R_{zi}}(t) = 0.375 \times 0 + 0.25 i_{L_{zi}}(t) = 0.25 \times 2e^{-t} = 0.5e^{-t}\,\mathrm{V},\ t \geqslant 0_+$$

（3）求 $i_L(0_-) = 2\mathrm{A}$，$i_S = 2\varepsilon(t)\,\mathrm{A}$ 时 $t \geqslant 0_+$ 的全响应。

$$i_L(t) = i'_{L_{zs}}(t) + i_{L_{zi}}(t) = (1 - e^{-t}) + 2e^{-t} = (1 + e^{-t})\,\mathrm{A},\ t \geqslant 0_+$$

$$u_R(t) = u'_{R_{zs}}(t) + u_{R_{zi}}(t) = (1 - 0.25e^{-t}) + 0.5e^{-t} = (1 + 0.25e^{-t})\,\mathrm{V},\ t \geqslant 0_+$$

【例 7-42】　在图 7-77 所示电路中，N_R 为线性时不变电阻网络，当 $u_S(t) = 0$，$i_S(t) = 2\varepsilon(t)\,\mathrm{A}$ 时，$i(t)$ 的零状态响应 $i_{zs}(t)$ 为 $5\left(1 - e^{\frac{t}{\tau}}\right)\varepsilon(t)\,\mathrm{A}$，当 $i_S(t) = 0$ $u_S(t) = 2\varepsilon(t)\,\mathrm{V}$ 时，$i(t)$ 的全响应为 $(3 + 2e^{\frac{t}{\tau}})\varepsilon(t)\,\mathrm{A}$，试求当 $u_S(t) = \delta(t)\,\mathrm{V}$，$i_S = \varepsilon(t)\,\mathrm{A}$ 时 $i(t)$ 的全响应。

解　（1）已知当 $u_S(t) = 0$，$i_S(t) = 2\varepsilon(t)\,\mathrm{A}$ 时，$i(t)$ 的零状态响应为

$$i_{zs}(t) = 5\left(1 - e^{\frac{t}{\tau}}\right)\varepsilon(t)\,\mathrm{A}$$

因此，由零状态响应的齐次性可知当 $u_S(t) = 0$，$i_S(t) = \varepsilon(t)\,\mathrm{A}$ 时，$i(t)$ 的零状态响应

为 $i'_{zs}(t) = \dfrac{5}{2}(1 - \mathrm{e}^{-\frac{t}{\tau}})\varepsilon(t)\,\mathrm{A}$ 。已知当 $i_{\mathrm{S}}(t) = 0$,

$u_{\mathrm{S}}(t) = 2\varepsilon(t)\,\mathrm{V}$ 时，全响应为

$$i(t) = (3 + 2\mathrm{e}^{-\frac{t}{\tau}})\varepsilon(t)\,\mathrm{A}$$

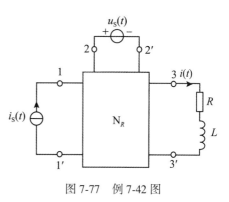

图 7-77　例 7-42 图

在上式中令 $t = 0_+$，则 $i(0_+) = 5\mathrm{A}$，于是，可

得零输入响应为 $i_{zi}(t) = 5\mathrm{e}^{-\frac{t}{\tau}}\mathrm{A}$，故而这时 $i(t)$ 的

零状态响应为

$$i''_{zs}(t) = i(t) - i_{zi}(t) = 3(1 - \mathrm{e}^{-\frac{t}{\tau}})\varepsilon(t)\,\mathrm{A}$$

因此，当 $i_{\mathrm{S}}(t) = 0$, $u_{\mathrm{S}}(t) = \varepsilon(t)\,\mathrm{V}$ 时，全响

应 $i(t)$ 为

$$i(t) = \left[5\mathrm{e}^{-\frac{t}{\tau}} + \frac{3}{2}(1 - \mathrm{e}^{-\frac{t}{\tau}})\right]\varepsilon(t)\,\mathrm{A}$$

故而当 $i_{\mathrm{S}}(t) = 0$, $u_{\mathrm{S}}(t) = \delta(t)\,\mathrm{V}$ 时，全响应 $i(t)$ 为

$$i(t) = 5\mathrm{e}^{-\frac{t}{\tau}}\varepsilon(t) + \frac{\mathrm{d}}{\mathrm{d}t}\left[\frac{3}{2}(1 - \mathrm{e}^{-\frac{t}{\tau}})\varepsilon(t)\right] = 5\mathrm{e}^{-\frac{t}{\tau}}\varepsilon(t) + \frac{3}{2\tau}\mathrm{e}^{-\frac{t}{\tau}}\varepsilon(t) + \frac{3}{2}(1 - \mathrm{e}^{-\frac{t}{\tau}})\delta(t)$$

$$= \left(5 + \frac{3}{2\tau}\right)\mathrm{e}^{-\frac{t}{\tau}}\varepsilon(t)\,\mathrm{A}$$

(3) 若 $u_{\mathrm{S}}(t) = \delta(t)\,\mathrm{V}$, $i_{\mathrm{S}}(t) = \varepsilon(t)\,\mathrm{A}$ 时，根据叠加原理可得 $i(t)$ 的全响应为

$$i(t) = \left(5 + \frac{3}{2\tau}\right)\mathrm{e}^{-\frac{t}{\tau}} + \frac{5}{2}(1 - \mathrm{e}^{-\frac{t}{\tau}}) = \left[2.5 + \left(2.5 + \frac{1.5}{\tau}\right)\mathrm{e}^{-\frac{t}{\tau}}\right]\varepsilon(t)\,\mathrm{A}$$

7.12　卷积积分

利用卷积积分可以通过线性时不变电路对单位冲激函数 $\delta(t)$ 这一特殊输入的零状态响应 $h(t)$ 求取这种电路对于任意输入的零状态响应，而不必列出描述电路的微分方程，特别是电路作为"黑箱"，其冲激响应可以由实验方法测定的情况下，也可以通过卷积积分得出其对任意输入的零状态响应。卷积积分的理论基础是线性电路的线性性质（叠加性和均匀性）以及时不变电路的延时特性，因此，卷积积分适用于任何线性时不变电路。

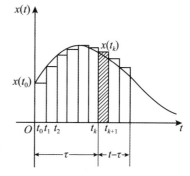

7.12.1　卷积积分式的导出

如图 7-78 所示，将任意激励 $x(t)$ 在时间区间 $[0, t]$ 内的一段波形分解为 n 个相继产生、宽度均为 Δt 的矩形窄脉冲，第 $k+1$ 个脉冲出现时刻为 t_k，其高度为 $x(t_k)$，可以表示为

$$x(t_k)\big[\varepsilon(t - t_k) - \varepsilon(t - t_k - \Delta t)\big], k = 0, 1, \cdots, n-1$$

图 7-78　任意激励 $x(t)$ 的波形用
阶梯曲线近似表示

因此，该脉冲序列所构成的"阶梯"波形 $x^*(t)$ 作为

区间 $[0, t]$ 内 $x(t)$ 的近似可以表示为

$$x^*(t) = \sum_{k=0}^{n-1} x(t_k)[\varepsilon(t-t_k) - \varepsilon(t-t_k-\Delta t)] = \sum_{k=0}^{n-1} x(t_k)\left[\frac{\varepsilon(t-t_k) - \varepsilon(t-t_k-\Delta t)}{\Delta t}\right]\Delta t$$

由图 7-79 可知，当 $\Delta t \to 0$ 时，$x^*(t)$ 即为 $x(t)$，因此有

$$x(t) = \lim_{\Delta t \to 0} x^*(t) = \lim_{\Delta t \to 0} \sum_{k=0}^{n-1} x(t_k)\left[\frac{\varepsilon(t-t_k) - \varepsilon(t-t_k-\Delta t)}{\Delta t}\right]\Delta t$$

$$= \lim_{\Delta t \to 0} \sum_{k=0}^{n-1} x(t_k)\delta(t-t_k)\Delta t \tag{7-164}$$

式中，

$$\lim_{\Delta t \to 0} \frac{\varepsilon(t-t_k) - \varepsilon(t-t_k-\Delta t)}{\Delta t} = \delta(t-t_k)$$

进一步，当 $\Delta t \to 0$ 时，$n \to \infty$，离散变量 t_k 变为连续变量，为了区别于作为观察时刻的时间参变量 t，记其为 τ，离散变量 t_k 的增量 Δt 变为连续变量 τ 的增量，为一无穷小量，记为 $d\tau$，这时在指定时刻 t 对求和变量 k 的无限分段求和式(7-164)演变为定积分，其上、下限分别为离散变量 t_k 的上、下限 0 与 $t(= \lim_{\Delta t \to 0}(n-1)\Delta t)$，即

$$x(t) = \int_0^t x(\tau)\delta(t-\tau)d\tau \tag{7-165}$$

式(7-165)表明，任意激励均可分解为一系列接入时间不同的冲激激励之和。根据线性时不变电路零状态响应的线性和时不变特性可知 $x^*(t)$ 的零状态响应 $y^*(t)$ 为

$$y^*(t) = \sum_{k=0}^{n-1} x(t_k)[s(t-t_k) - s(t-t_k-\Delta t)] = \sum_{k=0}^{n-1} x(t_k)\left[\frac{s(t-t_k) - s(t-t_k-\Delta t)}{\Delta t}\right]\Delta t$$

由上述分析可知，当 $\Delta t \to 0$ 时，"阶梯"波形 $x^*(t)$ 变为 $x(t)$，$x^*(t)$ 的零状态响应 $y^*(t)$ 也就相应变为 $x(t)$ 的零状态响应 $y(t)$，即

$$y(t) = \lim_{\Delta t \to 0} y^*(t) = \lim_{\Delta t \to 0} \sum_{k=0}^{n-1} x(t_k)\left[\frac{s(t-t_k) - s(t-t_k-\Delta t)}{\Delta t}\right]\Delta t = \lim_{\Delta t \to 0} \sum_{k=0}^{n-1} x(t_k)h(t-t_k)\Delta t \tag{7-166}$$

式中，若阶跃响应 $s(t)$ 连续，则得到 $\dfrac{ds(t-t_k)}{dt}$，因而得到冲激响应 $h(t-t_k)$，即

$$\lim_{\Delta t \to 0} \frac{s(t-t_k) - s(t-t_k-\Delta t)}{\Delta t} = \frac{ds(t-t_k)}{dt} = h(t-t_k)$$

类似前述分析，进一步，当 $\Delta t \to 0$ 时，无限分段求和式(7-166)变为普通的定积分，即

$$y(t) = \int_0^t x(\tau)h(t-\tau)d\tau \tag{7-167}$$

式(7-167)中的上限为计算零状态响应的时刻，下限为换路时刻，若被积函数中含有冲激函数则积分下限应为 0_-，该式表明线性时不变电路对于任意激励的零状态响应等于激励函数与该电路的冲激响应 $h(t)$ 的卷积积分(褶积积分)或简称卷积，常记为

$$y(t) = x(t) * h(t) \tag{7-168}$$

式中，$x(\tau)h(t-\tau)\mathrm{d}\tau$ 是 τ 时刻出现、强度为 $x(\tau)\mathrm{d}\tau$ 的冲激函数 $x(\tau)\mathrm{d}\tau\delta(t-\tau)$ 在 t 时刻产生的零状态响应，因此，卷积积分的物理意义表现为任意激励下线性时不变电路在任一时刻 t 的零状态响应等于激励函数开始作用时刻：$\tau=0$ 到 t 时刻：$\tau=t$ 的区间内无穷多个冲激激励分别作用于电路而产生的无穷多个连续出现的冲激响应的叠加。由此可见，冲激响应在卷积积分中占据核心地位，故而也称为卷积积分的积分核。

对式(7-167)应用变量代换可得卷积积分式的另一种形式，即

$$y(t) = \int_0^t h(\tau)x(t-\tau)\mathrm{d}\tau \tag{7-169}$$

对应的，式(7-169)可记为

$$y(t) = h(t) * x(t) \tag{7-170}$$

7.12.2 卷积积分的计算

卷积积分在理论上有两种计算方法：扫描图解法和解析计算。

7.12.2.1 扫描图解法

扫描图解法又称平移图解法。由于任一函数都对应着一个波形，因此扫描图解法实际上是将式(7-167)和式(7-169)的函数运算关系借用图形来表示，它反映了卷积运算的几何意义。由于式(7-167)和式(7-169)中含有参变量 t，因此，当 t 取不同数值时，就会得到不同的 $h(t-\tau)$ 或 $x(t-\tau)$，即它们在向右移动，而对应的 $x(\tau)$ 或 $h(\tau)$ 则固定不动，这表明卷积积分计算的是右移波与固定波的"交积"对 τ 轴的面积。扫描图解法的步骤为

(1)选取右移波。由式(7-167)和式(7-169)可知，既可选 $h(t)$ 亦可选 $x(t)$ 作为右移波。选取原则是右移波形相对简单且便于计算。

(2)对于分段函数 $h(t)$、$x(t)$，写出其表达式。

以下以 $h(t)$ 选为右移波说明后续步骤：

(3)换元：分别将 $x(t)$ 和 $h(t)$ 改为 $x(\tau)$ 和 $h(\tau)$。

(4)反褶：将 $h(\tau)$ 曲线对纵轴反褶过来作出其对纵轴的镜像 $h(-\tau)$。

(5)通过右移 $h(-\tau)$ 扫描 $x(\tau)$：将 $h(-\tau)$ 右移 t 秒而成为 $h(t-\tau)$，根据 $x(\tau)$ 的曲线形状递进增加 t，逐步右移扫描波 $h(-\tau)$ 来扫描 $x(\tau)$。

(6)相乘：形成 $x(\tau)$ 与 $h(t-\tau)$ 的乘积 $x(\tau)h(t-\tau)$。

(7)积分：分段对 $x(\tau)$ 和 $h(t-\tau)$ 的重叠部分的乘积进行积分，积分限的确定取决于两个图形交叠部分的范围，该乘积曲线下面积(一般用阴影部分表示)即代表 $x(t)$ 与 $h(t)$ 在指定时刻 t 的卷积即电路的零状态响应。

【例 7-43】 在图 7-79(a)所示的电路中，响应为 $u(t)$，已知冲激响应 $h(t)$ 的波形如图 7-79(b)所示，激励源 $u_\mathrm{S}(t)$ 的波形如图 7-79(c)所示，试求其零状态响应。

解 根据扫描图解法的主要过程：左移、右移扫描分别如图 7-79(e)~(j)所示，对应分段积分为

(1)当 $t<0$ 时，$u_\mathrm{S}(\tau)$ 和 $h(t-\tau)$ 波形无重叠部分，如图 7-79(f)所示，故卷积积分为

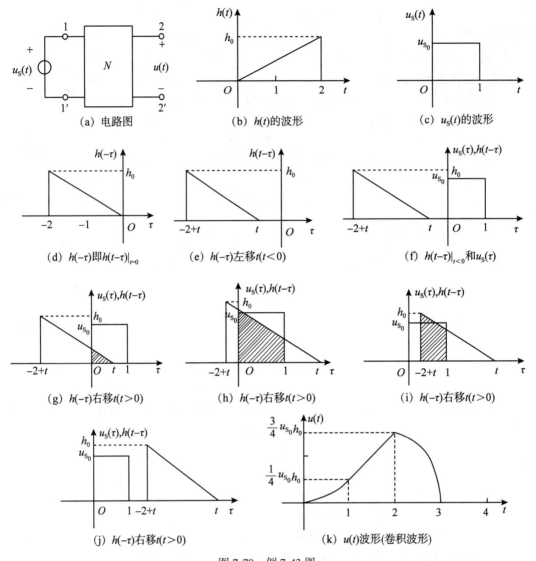

图 7-79 例 7-43 图

$$u(t) = \int_0^t u_S(\tau) h(t-\tau) \mathrm{d}\tau = 0$$

（2）当 $0 \leqslant t < 1$ 时，$u_S(\tau)$ 和 $h(t-\tau)$ 波形交叠部分区间为 $(0, t)$，如图 7-79（g）所示，故卷积积分为

$$u(t) = \int_0^t u_S(\tau) h(t-\tau) \mathrm{d}\tau = \int_0^t u_{S_0} \times \frac{h_0}{2}(t-\tau) \mathrm{d}\tau = \frac{u_{S_0} h_0}{4} t^2$$

（3）当 $1 \leqslant t$ 且 $-2+t < 0$，即 $1 \leqslant t < 2$ 时，$u_S(\tau)$ 和 $h(t-\tau)$ 波形交叠部分区间为 $(0, 1)$，如图 7-79（h）所示，故卷积积分为

$$u(t) = \int_0^1 u_{S_0} \times \frac{h_0}{2}(t-\tau) \mathrm{d}\tau = \frac{u_{S_0} h_0}{2}\left(t - \frac{1}{2}\right)$$

(4)当 $0 \leqslant -2+t < 1$，即 $2 \leqslant t < 3$ 时，$u_{\mathrm{S}}(\tau)$ 和 $h(t-\tau)$ 波形交叠部分区间为 $(-2+t, 1)$，如图 7-79(i)所示，故卷积积分为

$$u(t) = \int_{-2+t}^{1} u_{\mathrm{S}_0} \times \frac{h_0}{2}(t-\tau)\mathrm{d}\tau = \frac{u_{\mathrm{S}_0}h_0}{4}[4-(t-1)^2]$$

(5)当 $-2+t \geqslant 1$，即 $t \geqslant 3$ 时，$u_{\mathrm{S}}(\tau)$ 和 $h(t-\tau)$ 波形无重叠部分，如图 7-77(j)所示，故卷积积分为

$$u(t) = \int_{0}^{t} u_{\mathrm{S}}(\tau)h(t-\tau)\mathrm{d}\tau = 0$$

综上可得卷积积分结果为

$$u(t) = \int_{0}^{t} u_{\mathrm{S}}(\tau)h(t-\tau)\mathrm{d}\tau = \begin{cases} 0, & t < 0 \\ \dfrac{u_{\mathrm{S}_0}h_0}{4}t^2, & 0 \leqslant t < 1 \\ \dfrac{u_{\mathrm{S}_0}h_0}{2}\left(t-\dfrac{1}{2}\right), & 1 \leqslant t < 2 \\ \dfrac{u_{\mathrm{S}_0}h_0}{4}[4-(t-1)^2], & 2 \leqslant t < 3 \\ 0, & t \geqslant 3 \end{cases}$$

$u(t)$ 的波形即卷积波形如图 7-79(k)所示。

7.12.2.2 解析计算

作为普通定积分的卷积积分，由于参变量 t 的存在，使得积分的分段以及每一段积分上、下限的确定成为其计算难点，虽然卷积的物理意义和几何意义有助于卷积积分上、下限的确定，但是实际运用起来仍不方便。下面介绍如何利用门函数来确定卷积积分的上、下限。卷积积分式(7-167)式(7-169)中用到的激励

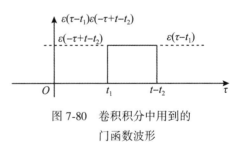

图 7-80　卷积积分中用到的门函数波形

$x(t)$ 和冲激响应 $h(t)$ 一般均可以用单位阶跃函数 $\varepsilon(t)$ 来表示，例如，式(7-167)中 $x(\tau)$ 中某一项为 $x_i(\cdot)\varepsilon(\tau-t_1)$，$h(t-\tau)$ 中某一项为 $h_i(\cdot)\varepsilon(-\tau+t-t_2)$，于是，这两项乘积中的门函数表示式为 $\varepsilon(\tau-t_1)\varepsilon(-\tau+t-t_2)$。注意到此时的自变量为 τ，t 为参变量，则该门函数的波形如图 7-80 所示，其中开门时刻为 t_1，关门时刻为 $t-t_2$，只有在该门函数存在即其函数值非零的区间，对应的被积函数才不为零，显然，门函数形成即其不为零的条件为 $t-t_2 > t_1$，即 $t > t_1+t_2$；否则门函数为零，由于门函数的开闭门时刻界定了其不为零的 τ 域，故而该项积分的上限和下限分别为门函数的开门和闭门时刻，而事实上就时间 t 而言必须满足不等式 $t > t_1+t_2$，因此，该项积分结果的时间定义域可以用阶跃函数表示为 $\varepsilon[t-(t_1+t_2)] = \varepsilon(t-t_1-t_2)$，于是该项定积分的表示式为

$$\int_0^t [x_i(\cdot)h_i(\cdot)]\varepsilon(\tau - t_1)\varepsilon(-\tau + t - t_2)\mathrm{d}\tau = \left[\int_{t_1}^{t-t_2}[x_i(\cdot)h_i(\cdot)]\mathrm{d}\tau\right]\varepsilon(t - t_1 - t_2)$$

$$(7\text{-}171)$$

由于每一积分项可以按照式(7-171)进行解析计算,因此这时卷积积分的计算步骤为:

(1)利用两单位阶跃函数之差表示的门函数写出 $x(t)$ 和 $h(t)$ 在整个时间域上的解析式,经整理后变为用单位阶跃函数表示的解析式。

(2)选取 $x(t)$ 和 $h(t)$ 中波形简单者为扫描波(平移波)并将其表示式中的 t 用 $t - \tau$ 代换,将固定波表示式中的 t 换为 τ 进而写出两者之积的表示式;

(3)利用式(7-171)计算卷积积分中每个分段积分项,各项之和即为所求零状态响应。

利用门函数确定卷积积分上、下限的方法既适用于激励和冲激响应为某一区间的连续函数,也适用于激励和冲激响应为 $t \geqslant 0$ 区间的连续函数,但更加适用于激励为分段函数的情况。

【例 7-44】 图 7-81(a)所示电路的响应为 $i(t)$,已知冲激响应 $h(t)$ 的波形如图 7-81 (b)所示,试求在图 7-81(c)所示激励 $i_\mathrm{S}(t)$ 作用下的零状态响应 $i(t)$。

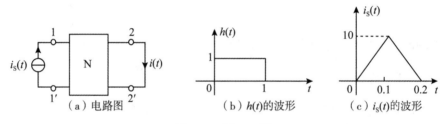

图 7-81 例 7-44 图

解 (1)将激励 $i_\mathrm{S}(t)$ 与冲激响应 $h(t)$ 分别用单位阶跃函数表示,即

$$i_\mathrm{S}(t) = 100t\varepsilon(t) - 100t\varepsilon(t - 0.1) + (20 - 100t)\varepsilon(t - 0.1) - (20 - 100t)\varepsilon(t - 0.2)$$

$$= 100t\varepsilon(t) + (20 - 200t)\varepsilon(t - 0.1) - (20 - 100t)\varepsilon(t - 0.2)$$

$$h(t) = \varepsilon(t) - \varepsilon(t - 1)$$

(2)选 $h(t)$ 为扫描波,故而将 $i_\mathrm{S}(t)$ 中的 t 用 τ 代换,$h(t)$ 中的 t 用 $t - \tau$ 代换,于是有

$$i_\mathrm{S}(\tau) = 100\tau\varepsilon(\tau) + (20 - 200\tau)\varepsilon(\tau - 0.1) - (20 - 100\tau)\varepsilon(\tau - 0.2)$$

$$h(t - \tau) = \varepsilon(t - \tau) - \varepsilon(t - \tau - 1)$$

(3)形成两者之积作为被积函数,即

$$i_\mathrm{S}(\tau)h(t - \tau) = 100\tau\varepsilon(\tau)\varepsilon(t - \tau) + (20 - 200\tau)\varepsilon(\tau - 0.1)\varepsilon(t - \tau)$$

$$- (20 - 100\tau)\varepsilon(\tau - 0.2)\varepsilon(t - \tau) - 100\tau\varepsilon(\tau)\varepsilon(t - \tau - 1)$$

$$- (20 - 200\tau)\varepsilon(\tau - 0.1)\varepsilon(t - \tau - 1)$$

$$+ (20 - 100\tau)\varepsilon(\tau - 0.2)\varepsilon(t - \tau - 1)$$

由此可见,被积函数 $i_\mathrm{S}(\tau)h(t - \tau)$ 共有 6 项,各项积分的上、下限和 t 的取值范围分别决定于各自的门函数。因此,零状态响应为

$$i(t) = \int_0^t i_S(\tau)h(t-\tau)\mathrm{d}\tau$$

$$= \varepsilon(t)\int_0^t 100\tau\mathrm{d}\tau + \varepsilon(t-0.1)\int_{0.1}^t (20-200\tau)\mathrm{d}\tau + \varepsilon(t-0.2)\int_{0.2}^t (100\tau-20)\mathrm{d}\tau$$

$$- \varepsilon(t-1)\int_0^{t-1} 100\tau\mathrm{d}\tau - \varepsilon(t-1.1)\int_{0.1}^{t-1} (20-200\tau)\mathrm{d}\tau + \varepsilon(t-1.2)\int_{0.2}^{t-1} (20-100\tau)\mathrm{d}\tau$$

$$= 50t^2\varepsilon(t) + (-100t^2+20t-1)\varepsilon(t-0.1) + (50t^2-20t+2)\varepsilon(t-0.2)$$

$$+ (-50t^2+100t-50)\varepsilon(t-1) + (100t^2-220t+121)\varepsilon(t-1.1)$$

$$+ (-50t^2+120t-72)\varepsilon(t-1.2)$$

利用单位阶跃函数特性，可以将上面用阶跃函数表示的电路零状态响应在整个时间域中的解析式写成分段函数形式，即

当 $0 \le t \le 0.1$ 时，取第一项：$i(t) = 50t^2$；

当 $0.1 \le t \le 0.2$ 时，取前二项之和：$i(t) = -50t^2 + 20t - 1$；

当 $0.2 \le t \le 1$ 时，取前三项之和：$i(t) = 1$；

当 $1 \le t \le 1.1$ 时，取前四项之和：$i(t) = -50t^2 + 100t - 49$；

当 $1.1 \le t \le 1.2$ 时，取前五项之和：$i(t) = 50t^2 - 120t + 72$；

当 $t \ge 1.2$ 时，取前六项之和：$i(t) = 0$。

习　　题

7-1　在题 7-1 图所示电路中，已知 $R_1 = 4\Omega$，$R_2 = 2\Omega$，$L = 1\mathrm{H}$，$C = 0.5\mathrm{F}$，试建立以 $i_L(t)$ 为电路变量的微分方程。

7-2　在题 7-2 图所示电路中，试列出以 $u_C(t)$ 为电路变量的微分方程。

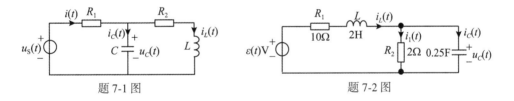

题 7-1 图　　　　　　　　　　　　　　　题 7-2 图

7-3　在题 7-3 图所示电路中，已知 $R_1 = R_2 = 1\Omega$，$R_3 = 4\Omega$，$C_1 = C_2 = 1\mathrm{F}$，$L = 1\mathrm{H}$。试列写描述电路变量 $i(t)$、$u_{C_1}(t)$、$u_{C_2}(t)$ 的微分方程，并说明该电路的阶数。

7-4　在题 7-4 图所示电路中，建立开关 S 合上后以 $i_L(t)$ 为变量的微分方程。

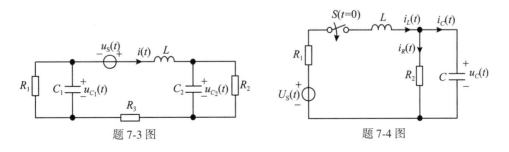

题 7-3 图　　　　　　　　　　　　　　　题 7-4 图

7-5 题 7-5 图所示电路换路前已处于稳态，已知 $u_S = 16V$，$R_1 = 20k\Omega$，$R_2 = 60k\Omega$，$R_3 = R_4 = 30k\Omega$，$C = 1\mu F$，$L = 1.5H$。试求换路后瞬间各支路中的电流和各元件上的电压。

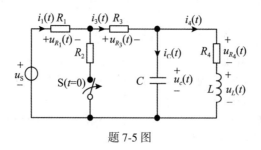

题 7-5 图

7-6 题 7-6 图所示两电路在换路前均已达到稳态，试分别求出开关动作后各电路中所标出电压、电流的初始值和稳态值以及 $\dfrac{\mathrm{d}u_C(0_+)}{\mathrm{d}t}$ 和 $\dfrac{\mathrm{d}i_L(0_+)}{\mathrm{d}t}$。

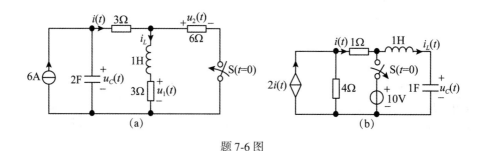

题 7-6 图

7-7 在题 7-7 图所示电路中，已知 $u_{S_1} = 8V$，$u_{S_2} = 2V$，$C_1 = 0.5\mu F$，$C_2 = 0.3\mu F$，电路在换路前已达到稳定状态，试求电容电压 $u_{C_1}(0_+)$、$u_{C_2}(0_+)$。

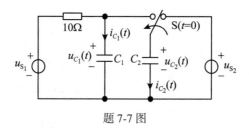

题 7-7 图

7-8 在题 7-8 图所示电路中，已知 $u_S = 20V$，$i_S = 10A$，$R_0 = 1\Omega$，$R_1 = R_3 = 4\Omega$，$R_2 = 2\Omega$，$L_1 = 1H$，$L_2 = 2H$，图(a)、(b)两电路在换路前均已达到稳态。当 $t = 0$ 时开关 S 打开，试分别求出图(a)电路中的 $i_{L_1}(0_+)$、$i_{L_2}(0_+)$、$\dfrac{\mathrm{d}i_{L_1}}{\mathrm{d}t}(0_+)$ 和 $\dfrac{\mathrm{d}i_{L_2}}{\mathrm{d}t}(0_+)$ 以及图(b)电路中的 $i_{L_1}(0_+)$、$i_{L_2}(0_+)$。

7-9　在题 7-9 图所示电路中，已知开关 S 打开前电路已处于稳定状态，u_{S_1} = 10V，u_{S_2} = 6V，R_1 = 5Ω，R_2 = 2Ω，L_1 = 1H，L_2 = 2H，在 t = 0 时刻将开关 S 打开，试计算 $i_1(0_+)$ 和 $i_2(0_+)$。

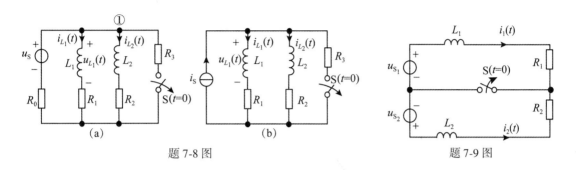

题 7-8 图　　　　　　　　　　　　　题 7-9 图

7-10　在题 7-10 图所示电路中，已知电容元件和电感元件在电源接入前无储能，试确定 $u_C(0_+)$，$\dfrac{\mathrm{d}u_C(0_+)}{\mathrm{d}t}$ 的值。

7-11　在题 7-11 图所示电路中，$u_C(0_-)$ = 0，$i_L(0_-)$ = 0。求 $u_C(0_+)$、$i_L(0_+)$ 以及 $\dfrac{\mathrm{d}u_C(0_+)}{\mathrm{d}t}$、$\dfrac{\mathrm{d}i_L(0_+)}{\mathrm{d}t}$。

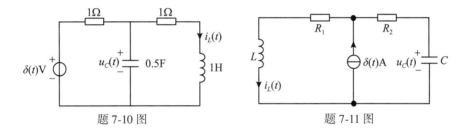

题 7-10 图　　　　　　　　　　　　题 7-11 图

7-12　如题 7-12 图所示，高压设备检修时，一个 40μF 的电容器从高压电网上切除，切除瞬间电容两端的电压为 4.5kV。切除后，电容经本身的漏电电阻 R_S 放电。现测得 R_S = 175MΩ，试求电容电压下降到 1kV 所需要的时间。

7-13　在题 7-13 图所示电路中，电流表的内阻 R_I = 10Ω，电压表的内阻 R_V = 10^4Ω。在换路前电路已处于稳态。(1)求换路后的电感电流 $i_L(t)$ 及电压表的端电压 $u_V(t)$；(2) 若电压表所能承受的反向电压最大为 500V，问：采用何措施可使电压表免受损坏?

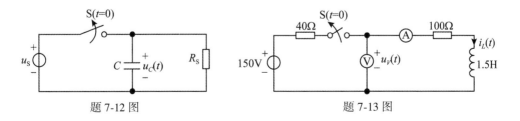

题 7-12 图　　　　　　　　　　　　题 7-13 图

7-14　一电路如题 7-14 图所示,换路前为稳态,$t=0$ 时断开开关,求 $t>0$ 时 $u_L(t)$。

7-15　在题 7-15 图所示电路中,$t=0$ 时,开关 S 合上。已知电容电压的初始值为零,求 $u_C(t)$ 和 $i(t)$。

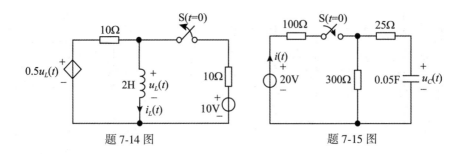

题 7-14 图　　　　　　　　题 7-15 图

7-16　在题 7-16 图所示电路中,开关闭合前电路已经处于稳态,$t=0$ 时开关闭合,求 $t \geq 0$ 时的 $u_C(t)$、$i_C(t)$。已知 $u_S = 200V$, $R_1 = R_2 = R_3 = R_4 = 100\Omega$, $C = 0.01\mu F$。

7-17　题 7-17 图所示电路在换路前已处于稳态。求开关打开后的电流 $i_L(t)$ 和电压 $u(t)$。

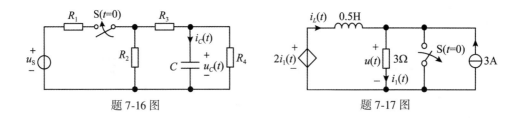

题 7-16 图　　　　　　　　题 7-17 图

7-18　在题 7-18 图所示电路中,已知 N_R 为纯电阻网络,$u_S = 120V$, $R = 60\Omega$, $C = 2\mu F$。开关 S 在 $t=0$ 时闭合,$u_C(0_-) = 0$, $i(0_+) = 4A$, $i(\infty) = 1A$,试求 $u_{22'}(t)$。

7-19　在题 7-19 图所示电路中,开关 S 打开前电路已达稳定,$t=0$ 时开关 S 打开。求 $t \geq 0$ 时的 $i_C(t)$,并求 $t=2ms$ 时电容的能量。

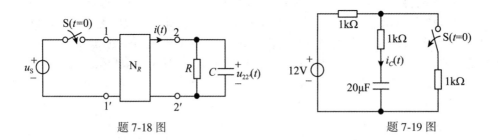

题 7-18 图　　　　　　　　题 7-19 图

7-20　在题 7-20 图所示电路中,已知 $u_{S_1} = 10V$, $u_{S_2} = 5V$, $R_1 = R_2 = 4k\Omega$, $R_3 = 2k\Omega$, $C = 100\mu F$,开关 S 位于 a 时电路已处于稳定状态,试求当开关 S 由 a 转接 b 后的

$u_C(t)$ 及 $i_C(t)$。

7-21 在题 7-21 图所示电路中，已知 $t < 0$ 时开关 S_1 打开，S_2 闭合，电路已达到稳态；$t = 0$ 时开关 S_1 闭合，S_2 打开。试求 $t > 0$ 时的 $u_L(t)$。

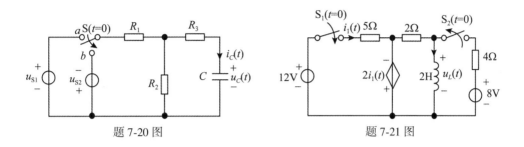

题 7-20 图   题 7-21 图

7-22 在题 7-22 图所示电路中，开关 S 合在位置 1 时已达稳定状态，$t = 0$ 时开关由位置 1 合向位置 2，求 $t \geq 0$ 时的电压 $u_L(t)$。

7-23 在题 7-23 图所示电路中，已知开关 S 断开前电路已达到稳态，$t = 0$ 时开关 S 断开，试求 $t > 0$ 时的电容电流 $i_C(t)$。

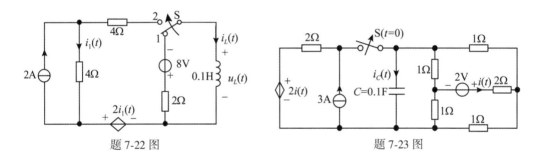

题 7-22 图   题 7-23 图

7-24 在题 7-24 图所示电路中，开关 S 打开前电路已达到稳态，试求开关 S 打开后的电流 $i(t)$ 和 $i_L(t)$。

7-25 在题 7-25 图所示电路中，已知 $u_S(t) = 2\sin(2t)\,\text{V}$，开关 S 闭合前，电路已达到稳态。$t = 0$ 时开关 S 闭合，试求 $t \geq 0$ 时的电流 $i_L(t)$，并分别写出其零输入响应和零状态响应。

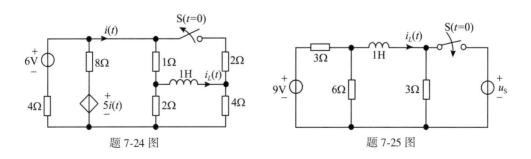

题 7-24 图   题 7-25 图

7-26　在题 7-26 图所示电路中，N_R 为无源线性时不变电阻网络，i_S 为直流电流源，$u_S(t)$ 为正弦电压源，在两电源共同作用下电容电压的全响应为

$$u_C(t) = 3e^{-3t} + 2 - 2\sin(314t + 30°)\text{V}, \quad t \geq 0_+$$

试求：（1）$u_C(t)$ 的零状态响应；（2）当正弦电压源为零时，在同样的初始条件下的全响应 $u_C(t)$。

7-27　在题 7-27 图所示电路中，当开关在位置 1 时，$i = 3\text{A}$，$u_o = 6\text{V}$；当开关在位置 2 时，$u = 15\text{V}$，$u_o = 11\text{V}$。开关在 $t = 0$ 时接在位置 3，且 $u_C(0_-) = 5\text{V}$，求 $t > 0$ 时的 $u_o(t)$。

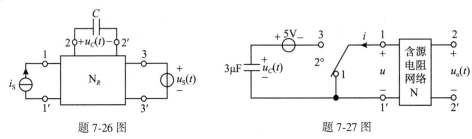

题 7-26 图　　　　　　　　　　　　题 7-27 图

7-28　在题 7-28 图所示电路中，网络 N_R 仅由线性电阻组成。开关 S 合在位置 a 时电路已达稳态，电容电压 $u_C(0_-) = 20\text{V}$，电流 $i_2(0_-) = 1\text{A}$。$t = 0$ 时开关 S 由位置 a 合向 b，求 $t > 0$ 时的电容电压 $u_C(t)$。

7-29　在题 7-29 图所示电路中，已知 $L = 2\text{H}$，$R_1 = 5\Omega$，N_S 为含直流电源的电阻网络，电感、电容元件均无初始储能。若 $t = 0$ 时开关 S_1 合向 a，则 $t \geq 0_+$ 时 $i_L(t) = 2 - e^{-5t}$；若 $t = 0$ 时开关 S_1 合向 b，$t = \ln2\text{s}$ 时再将开关 S_2 闭合，则 $t \geq \ln2\text{s}$ 时 $u_C(t) = 20 - 5e^{-\frac{12}{5}(t - \ln2)}\text{V}$，试求 C、R_2。

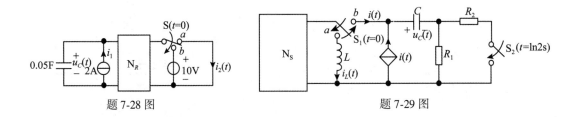

题 7-28 图　　　　　　　　　　　　题 7-29 图

7-30　在题 7-30 图所示电路中，N_R 为线性时不变电阻网络。当 $i_S = 0$，$u_C(0_-) = 12\text{V}$ 时，响应 $u(t) = 4e^{-\frac{1}{3}t}\text{V}$，$t \geq 0_+$。试求在同样初始状态下，$i_S = 3\text{A}$ 时的全响应 $i_C(t)$。

7-31　在题 7-31 图所示电路中，电容的初始电压 $u_C(0_+)$ 一定，激励源均在 $t = 0$ 时接入电路，已知当 $u_S = 2\text{V}$、$i_S = 0$ 时，全响应 $u_C(t) = (1 + e^{-2t})\text{V}$，$t \geq 0_+$；当 $u_S = 0$、$i_S = 2\text{A}$ 时，全响应 $u_C(t) = 4 - 2e^{-2t}\text{V}$，$t \geq 0_+$。

（1）求 R_1、R_2 和 C 的值。

（2）求当 $u_S = 2\text{V}$、$i_S = 2\text{A}$ 时的全响应 $u_C(t)$。

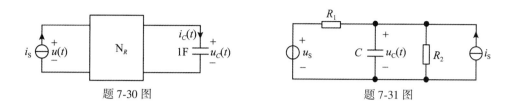

题 7-30 图　　　　　　　　　　　　题 7-31 图

7-32　在题 7-32 图所示电路中，$t=0$ 时开关 S_1 闭合，$t=1s$ 时开关 S_2 闭合，求 $t \geq 0$ 时的电感电流 $i_L(t)$。

7-33　在题 7-33 图所示电路中 $t < 0$ 已处于稳态，当 $t=0$ 时开关 S 闭合，求 $t \geq 0$ 时的电流 $i(t)$。

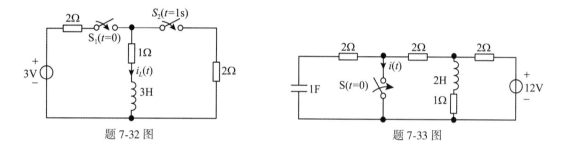

题 7-32 图　　　　　　　　　　　　题 7-33 图

7-34　题 7-34 图所示电路在 $t < 0$ 时已处于稳态。当 $t=0$ 时，受控源的控制系数 γ 突然由 10Ω 变为 5Ω，求 $t \geq 0$ 时的电压 $u_C(t)$。

7-35　在题 7-35 图所示电路中，$t<0$ 时电路已处于稳态，$t=0$ 时开关 S 闭合，求 $t>0$ 时的 $i(t)$。

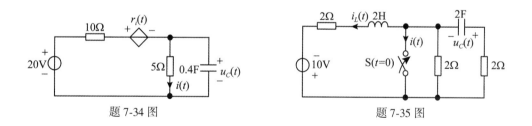

题 7-34 图　　　　　　　　　　　　题 7-35 图

7-36　在题 7-36 图所示电路中，$t<0$ 时电路已处于稳态，$t=0$ 时开关闭合，求 $t>0$ 时的 $i_L(t)$、$u_C(t)$ 和 $i_C(t)$。

7-37　在题 7-37 图所示电路中，已知 $R_1 = 5\Omega$，$R_2 = R_3 = 20\Omega$，$L = 0.1H$，$C = 2F$，$u_{S1} = 40V$，$u_{S2} = 10V$，换路前电路已达到稳态。$t=0$ 时开关 S 闭合，试求换路后流过开关 S 的电流 $i(t)$。

7-38　在题 7-38 图所示电路中，已知 $R_1 = 6\Omega$，$R_2 = 2\Omega$，$R_3 = 8\Omega$，$R_4 = R_5 = 4\Omega$，$C = 500\mu F$，$L = 0.01H$，$i_{S_1} = 4A$，$i_{S_2} = 3A$，开关 S 闭合已久。$t=0$ 时开关 S 打开，试求换路后的电容电压 $u_C(t)$ 和电感电流 $i_L(t)$。

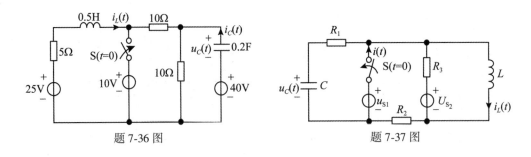

题 7-36 图　　　　　　　　题 7-37 图

7-39　题 7-39 图所示电路原处于稳态，$t = 0$ 时开关 S 打开，试求换路后的 $u_C(t)$、$i_L(t)$。

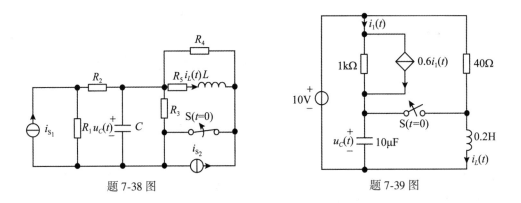

题 7-38 图　　　　　　　　题 7-39 图

7-40　题 7-40 图所示电路换路前已处于稳态，$t = 0$ 时开关 S 由 a 合向 b，试求 $t \geq 0$ 时 $i(t)$ 和 $u_R(t)$。

7-41　题 7-41 图所示电路换路前即 $t < 0$ 时电路已为稳态，已知 $u_{C_2}(0_-) = 0$，$t = 0$ 时开关 S 由 a 投到 b，求 $t \geq 0$ 时的 $u_{C_1}(t)$ 和 $u_{C_2}(t)$。

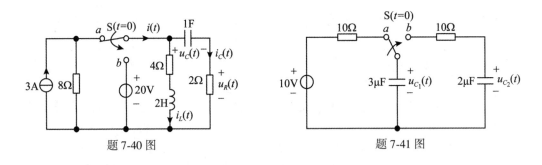

题 7-40 图　　　　　　　　题 7-41 图

7-42　题 7-42 图所示电路换路前处于稳态，$u_{C_2}(0_-) = 6V$，$t = 0$ 时刻开关 S 从 a 端转接到 b 端，试求 $t \geq 0_+$ 时的 $u_{C_1}(t)$ 及 $u_{C_2}(t)$。

7-43　题 7-43 图所示电路换路前处于稳态，已知 $i_S = 6A$，$L_1 = 1H$，$L_2 = 2H$，$R = 1\Omega$，$i_{L_1}(0_-) = 1A$，$i_{L_2}(0_-) = 2A$，试求开关 S 闭合后的电流 $i_{L_1}(t)$ 和 $i_{L_2}(t)$。

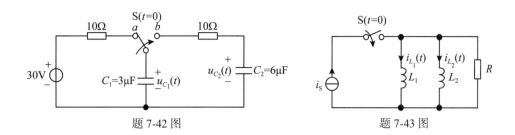

题 7-42 图   题 7-43 图

7-44 题 7-44 图所示电路换路前处于稳态，其中开关 S_1 为断开状态，开关 S_2 为闭合状态，电路无初始储能。在 $t=0$ 时闭合开关 S_1，$t=0.1s$ 时打开开关 S_2。求换路后的电感电流 $i_{L_1}(t)$ $(t \geq 0)$。

7-45 在题 7-45 图所示电路中，已知 $u_C(0.1)=20V$，$0<t<0.1s$ 时，$i_L(t)=1.5-0.5e^{\lambda_1 t}-e^{\lambda_2 t}A$，$t=0.1s$ 时开关 S 闭合。求 $t>0.1s$ 时的电容电压 $u_C(t)$。

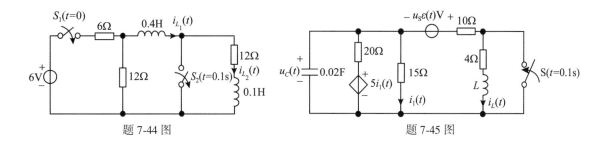

题 7-44 图   题 7-45 图

7-46 求题 7-46 图所示电路的零输入响应 $u_C(t)$，已知 $u_C(0_-)=10V$，$i_L(0_-)=2A$。

7-47 在题 7-47 图所示电路中，已知 $i(0_-)=0$，$u_C(0_-)=0$，开关 S 断开前电路处于稳态，在 $t=0$ 时将开关 S 断开，求电感电流 $i(t)$。

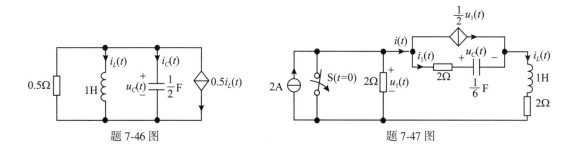

题 7-46 图   题 7-47 图

7-48 在题 7-48 图所示电路中，已知 $u_{S_1}=4V$，$u_{S_2}=2V$，$R_1=2\Omega$，$R_2=4\Omega$，$L=1H$，$C=0.5F$，开关 S 打开前电路已达到稳态，试求开关 S 打开后的电容电压 $u_C(t)$。

7-49 题 7-49 图所示电路在开关闭合前已处于稳态，求电路在开关 S 闭合后电容两端电压 $u_C(t)$，并定性画出其波形图。

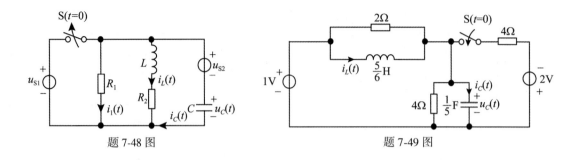

题 7-48 图　　　　　　　　　　　题 7-49 图

7-50　题 7-50 图所示电路在开关 S 闭合前已达稳态，已知 $R = 0.1\Omega$，$L = 0.1H$，$C = 1F$，$u_{S1} = 10V$，$u_{S2} = 5V$。试求 S 在 $t = 0$ 瞬时闭合后电感支路上的电压 $u_L(t)$。

7-51　在题 7-51 图所示电路中，已知 $u_C(0_-) = 1V$，$i_L(0_-) = 2A$，$u_S = 12\varepsilon(t)V$，$R_1 = 4\Omega$，$R_2 = 2\Omega$，$L = 2H$，$C = 1F$。试以 $u_C(t)$ 为变量列出描述电路的微分方程，并求响应 $u_C(t)$ 的零输入响应、零状态响应和全响应。

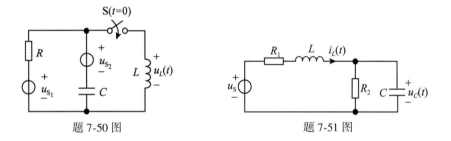

题 7-50 图　　　　　　　　　　　题 7-51 图

7-52　在题 7-52 图所示电路中，已知 $i_S(t) = 10\varepsilon(t)A$，$R_1 = 1\Omega$，$R_2 = 2\Omega$，$C = 1\mu F$，$u_C(0_-) = 2V$，$g_m = 0.25S$，试求 $t > 0$ 时的 $u_C(t)$。

7-53　在题 7-53 图所示电路中，已知 $L = 8H$，$C = 0.5F$。若以 $u(t)$ 为输出，求阶跃响应；若欲使 $u(t)$ 亦为阶跃函数，求 R_1 和 R_2 之值。

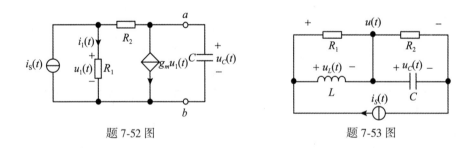

题 7-52 图　　　　　　　　　　　题 7-53 图

7-54　在题 7-54 图所示电路中，N_R 为线性时不变纯电阻网络，图(a)电路中零状态响应为 $u_C(t) = (4 - 4e^{-0.25t})\varepsilon(t)V$。若用 $L = 2H$ 的电感代替电容，如图(b)所示，求零状态响应 $i_L(t)$。

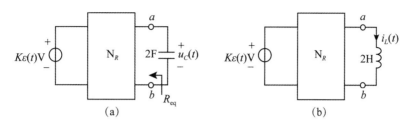

题 7-54 图

7-55　在题 7-55 图所示电路中，已知网络 N 仅由线性时不变电阻组成，电容的初始储能未知，当 $u_S(t) = 2\cos(t)\varepsilon(t)$ 时，$u_C(t) = 1 - 3e^{-t} + \sqrt{2}\cos(t - 45°)$ V，$t \geq 0_+$。试求：(1)在相同原始状态下，两个电源均为零时的 $u_C(t)$；(2)在相同原始状态下，$u_S(t) = 0$ 时的 $u_C(t)$。

7-56　在题 7-56 图所示电路中，已知 $u_S(t) = 5\varepsilon(t)$ V，试求零状态响应 $u_C(t)$。

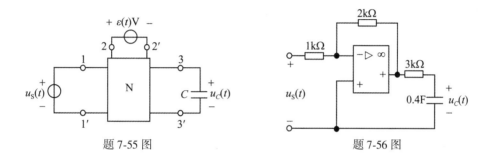

题 7-55 图　　　　　　　　　题 7-56 图

7-57　在题 7-57 图所示电路中，电压源 $u_S(t)$ 为单位阶跃函数，网络 N_R 仅由线性时不变电阻组成，图(a)所示电路中，电容 $C = 2$F，这时输出端的零状态响应为 $u_2(t) = \dfrac{1}{2} + \dfrac{1}{8}e^{-0.25t}$ V$(t \geq 0_+)$。若将图(a)所示电路中的电容用 $L = 2$H 的电感代替，便得到如图(b)所示电路，试求其中零状态响应 $u_2(t)$。

7-58　在题 7-58 图所示电路中，已知 $R = 1\Omega$，$C_1 = 3$F，$C_2 = 1$F，$u_S(t) = 4\delta(t)$ V，试求零状态响应 $u_{C_1}(t)$、$u_{C_2}(t)$。

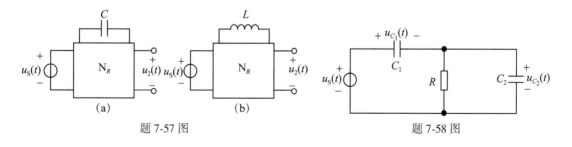

题 7-57 图　　　　　　　　　题 7-58 图

7-59　试求题 7-59 图所示电路中的电感电流 $i_L(t)$ 和电阻电压 $u_R(t)$。

7-60　在题 7-60 图所示电路中，已知 $i_S(t) = \delta(t) + 2\varepsilon(t)\,\text{A}$，$u_S(t) = 4\varepsilon(t)\,\text{V}$，$R_1 = 3\Omega$，$R_2 = 6\Omega$，$R_3 = 4\Omega$，$L = 3\text{H}$，$C = 1\text{F}$，电感与电容元件的初始储能为零，试求 $t > 0$ 时的 $u_C(t)$、$i_L(t)$。

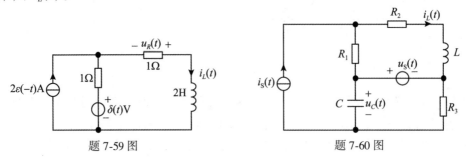

题 7-59 图　　　　　题 7-60 图

7-61　在题 7-61 图所示电路中，电容的初始电压为 0，试分别求下列两种情况时的输出电压 $u_o(t)$：（1）$u_S(t) = U\varepsilon(t)\,\text{V}$；（2）$u_S(t) = \delta(t)\,\text{V}$。

7-62　在题 7-62 图所示电路中，当 $u_S(t)$ 为下列情况：（1）$u_S(t) = 10\varepsilon(t)\,\text{V}$；（2）$u_S(t) = 10\delta(t)\,\text{V}$ 时，求响应 $u_C(t)$。

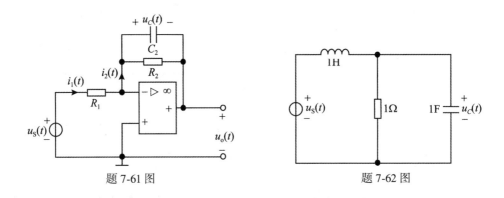

题 7-61 图　　　　　题 7-62 图

7-63　试求题 7-63 图所示电路的冲激响应和阶跃响应 $u_C(t)$，$u_{C_1}(t)$ 和 $i(t)$。

7-64　在题 7-64 图所示电路中，N_R 为线性时不变电阻网络，已知当 $u_S(t) = \varepsilon(t)$ V 时，零状态响应 $u_0(t) = \left(\dfrac{4}{5} - \dfrac{4}{5}\,e^{-\frac{8}{5}t}\right)\varepsilon(t)\text{V}$，试求当 $u_S(t) = \delta(t)\,V$ 且将 0.5H 电感换成 0.05F 电容时的零状态响应 $u_0(t)$。

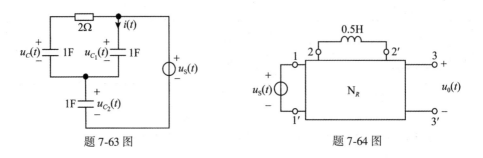

题 7-63 图　　　　　题 7-64 图

7-65　已知题 7-65 图(a)所示电路中的电压源 $u_S(t)$ 的波形如图(b)所示，试求零状态响应 $u(t)$。

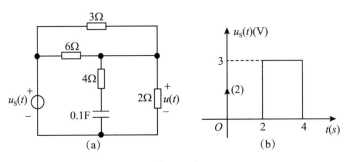

题 7-65 图

7-66　在题 7-66 图所示电路中，N_R 为线性时不变电阻网络，已知 $i_S(t) = 4\varepsilon(t)$ A 时，电感电流 $i_L(t)$ 和电阻电压 $u_R(t)$ 的零状态响应分别为 $i_{Lzs}(t) = 2(1 - e^{-t})\varepsilon(t)$ A 和 $u_{R_{zs}}(t) = (2 - 0.5e^{-t})\varepsilon(t)$ V。试求 $i_L(0_-) = 2$A，$i_S(t) = 2\varepsilon(t)$ A，$t > 0$ 时的 $i_L(t)$ 和 $u_R(t)$。

7-67　在题 7-67 图(a)所示电路中，已知 $R_1 = 1\Omega$，$R_2 = 5\Omega$，$L = 5$H，试求在图(b)所示电流波形激励下的零状态响应 $u(t)$。

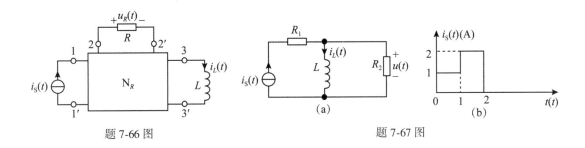

题 7-66 图　　　　　　　题 7-67 图

7-68　在题 7-68 图所示电路中，N 为无源线性非零状态网络，当 $u_S(t) = \varepsilon(t)$ V 时，$i(t) = (2 + 8e^{-t})\varepsilon(t)$ A，当 $u_S(t) = 2\varepsilon(t)$ V 时，$i(t) = (4 + 6e^{-t})\varepsilon(t)$ A，试求当 $u_S(t)$ 为图(b)所示波形时的响应 $i(t)$。

7-69　在题 7-69 图(a)所示电路中，电容 C 原未充电，$R = 1000\Omega$，$C = 10\mu$F。所加电压 $u(t)$ 的波形如图(b)所示，求电容电压 $u_C(t)$。

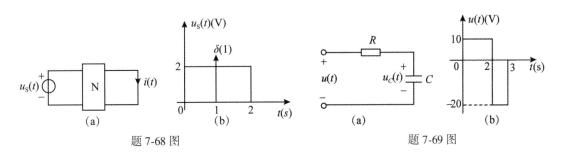

题 7-68 图　　　　　　　题 7-69 图

7-70　在题 7-70 图所示电路中，N_R 为仅由线性时不变电阻构成的网络，已知 $i_S(t) =$ 10A 时，$i_L(t) = (16 + 12e^{-4t})A$，$t \geq 0_+$。若 $i_S(t) = 16A$，$i_L(0_-) = 8A$，试求 $i_L(t)$，$t \geq 0_+$。

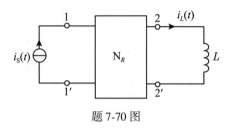

题 7-70 图

7-71　已知某电路有两个储能元件。当原始状态为 $x_1(0_-) = 2$ 和 $x_2(0_-) = 0$ 时，电路的零输入响应为 $2e^{-t} + 3e^{-3t}$，而当原始状态为 $x_1(0_-) = 0$ 和 $x_2(0_-) = 1$ 时，电路的零输入响应为 $4e^{-t} - 2e^{-3t}$。求当 $x_1(0_-) = 6$，$x_2(0_-) = 3$ 时电路的零输入响应。

7-72　在题 7-72 图(a)所示电路中，$R = 1\Omega$，$C = 1F$，电流源 $i_S(t)$ 的波形如图(b)所示，试用卷积法求零状态响应 $u_C(t)$。

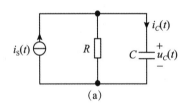
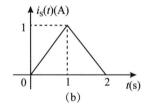

题 7-72 图

7-73　在题 7-73 图(a)所示电路中，已知 $i_S(t)$ 和 $h(t)$ 的波形分别如图(b)、(c)所示，试利用卷积法求零状态响应 $u_0(t)$。

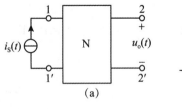
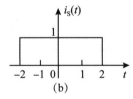
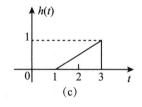

题 7-73 图

第8章　正弦稳态电路分析

与第7章动态电路的暂态时域分析相对应，本章讨论这种电路在正弦激励下的稳态频域分析问题。首先介绍正弦交流电的基本概念和相量表示，然后通过讨论正弦量相量变换及其基本性质导出一种正弦稳态电路的简便分析方法即相量分析法，简称相量法，进而以此为基础，讨论基本元件伏安特性和克希霍夫定律的相量形式，在引入阻抗、导纳概念的基础上介绍正弦稳态电路的等效方法和其他各种分析方法，最后介绍了正弦稳态电路分析中功率定义及其计算，并讨论了最大功率传输条件和功率因数提高问题。

8.1　正弦稳态电路的基本概念

按照正弦规律变化的物理量，统称为正弦量，例如正弦电压、正弦电流和正弦磁通等。正弦量具有正弦函数或余弦函数形式(两者仅存在 π/2 的相位差)，本书中采用正弦函数形式表达正弦量。

电路按激励的变化规律加以分类，可以分为直流电路(其中所有激励均为直流电源)、正弦电路(其中所有激励均为同频率(单一频率)的正弦电压源和/或正弦电流源)和周期性非正弦稳态电路等。正弦电路作为动态电路，可以有两种工作状态，在瞬态或暂态下，电路中电压、电流的变化规律一般不同于电源的变化规律，在稳态下，电路中电压、电流均为与电源同频率的正弦量，这时，正弦电路称为正弦稳态电路，由于正弦电压、电流和电势等通常称为正弦交流电，简称交流电(AC 或 ac)，因此，正弦稳态电路亦称为正弦交流电电路，简称交流电路。

正弦稳态电路分析在电气、电子和控制等工程领域均有十分重要的实际应用和理论意义，其基本原因在于：(1)正弦电压和电流易于产生并便于与非电量转换，例如，发电厂发出的电压为正弦电压；(2)在工程实际和科学研究中，很多仪器设备是以正弦信号作为电源、信号源或输出正弦信号，例如，通信工程与电视广播技术中所用的高频载波均是正弦信号；(3)非正弦稳态电路中的非正弦激励可以通过傅立叶级数分解为一系列不同频率的正弦激励的叠加。因此，非正弦稳态电路的分析可以转化为多频率正弦稳态电路的分析。

正弦稳态电路中的电压和电流表示式中的 t 的延续时间为从 $-\infty$ 到 ∞，$t=0$ 仅表示计时起点，并非意味着正弦电压和电流是从 $t=0$ 才开始出现。因此，正弦稳态响应与初始条件无关，也就是说，它实质上是零状态响应，在时域中可以通过经典法求解电路微分方程的特解得到。

8.2　正弦量的基本概念

这里以正弦电压为例说明正弦量的一些基本概念。设某元件的端电压为正弦电压 $u(t)$，在选定的参考方向下可以表示为

$$u(t) = U_m\sin(\omega t + \varphi) \tag{8-1}$$

式中，U_m、ω 和 φ 称为 $u(t)$ 的三要素，因为利用它们能够完全表征该正弦电压。正弦量的三要素所表示的意义如下：

(1)振幅：正弦量的振幅又称幅值，它是正弦量在整个变化过程中所能达到的最大值，恒取正值。振幅通常带有下标 m，例如 U_m、I_m 和 Φ_m 等。

(2)角频率 ω：表示正弦量在单位时间内变化的角度，因而称为正弦量的角频率，其单位为弧度/秒(rad/s)。通常将正弦量每重复变化一次所历经的时间间隔定义为其周期，记为 T，单位为秒(s)，正弦量每经过一个周期 T，对应的角度就变化了 2π 弧度，因此有

$$\omega T = 2\pi \tag{8-2}$$

将正弦量单位时间内变化的循环次数称为频率，记为 f，因此有 $f=1/T$。频率的单位为 1/秒(1/s)，称为赫[兹](Hz)，我国电力系统交流电的频率为 50Hz($T = 1/f = 1/50 = 0.02$s)，简称工频。在电子技术中常用千赫(kHz)，兆赫(MHz)或吉赫(GHz)作为频率的单位，对应的周期单位分别为毫秒(ms)、微秒(μs)和纳秒(ns)。

由于正弦量循环一次所对应的角度变化为 2π 弧度，而在一秒内循环了 f 次，故在一秒内变化的角度即角频率 ω 应为

$$\omega = 2\pi f = \frac{2\pi}{T} \tag{8-3}$$

由此可知，工频所对应的角频率 $\omega = 314$rad/s。周期 T、频率 f 和角频率 ω 均为描述正弦量变化快慢的物理量。

(3)初相位：在振幅一定的情况下，$\omega t + \varphi$ 反映了正弦量变化的进程，或者说决定了正弦量变化的状态(正弦量在交变过程中瞬时值的大小和正负)，因此称为正弦量的相位，而因为相位是用角度来表示的，所以它又称为相位角，单位为弧度(rad)或度(°)。

正弦量在每一瞬间都具有一定的相位，时间每经过一个周期，相位角便经过 2π 角度，正弦量便重复一次。因此，一般规定相位角的取值范围在 0 到 2π 或 $-\pi$ 到 π 之间。正弦量在其开始的瞬间(即选定的计时起点，一般取 $t=0$)所具有的相位角称为初相位角，简称初相位。当计时起点为 $t=0$ 时，对应有 $(\omega t + \varphi)|_{t=0} = \varphi$。这样，初相位 φ 是正弦量在 $t=0$ 时刻的相位角，也直接决定反映正弦量的初始值即 $t=0$ 时刻的量值，初相位 φ 的单位与 ωt 的相同即为弧度或度，但工程上为了方便习惯以度为单位，因此，要注意将 φ 与 ωt 换算为相同的单位。

一般规定将用正弦函数表示的正弦量波形由负值变为正值时与横坐标相交且距坐标原点最近的交点，称为该波形的起点，即其正半周的起点。正弦量初相位的大小即为该正弦波形起点(交点)与坐标原点之间的距离或"夹角"，若起点在原点以左，或者说当 $t=0$

时，正弦量的值大于零，则初相位为正值，即 $\varphi > 0$，它表示波形的起点(指正弦量的零值)超前时间坐标零点的角度为 φ；若起点在原点以右，或者说当 $t = 0$ 时，正弦量的值小于零，则初相位为负值，即 $\varphi < 0$，它表示波形的起点滞后时间坐标零点的角度为 $|\varphi|$；若起点与原点重合，或者说当 $t = 0$ 时，正弦量的值等于零，则初相位亦为零值，即 $\varphi = 0$，它表示波形的起点滞后时间坐标零点的角度为零。初相位取正、负或零值可以简单地表述为：若交点到坐标原点的走向与坐标横轴的方向一致，则该初相位为正值；两者方向相反，则为负值；交点与坐标原点重合则为零值。

图 8-1 以正弦电压为例给出了其三种可能的初相位，即：(1) $\varphi_1 = 0[u_1(t) = 0,\ t = 0]$；(2) $\varphi_2 > 0[u_2(t) > 0,\ t = 0]$；(3) $\varphi_3 < 0[u_3(t) < 0,\ t = 0]$。

显然，初相位 φ 的大小和正负取决于正弦量波形起点的位置，即与计时起点的选择有关，是一个相对量。如图 8-2 所示的电压 $u(t)$ 的波形，若选 O 点为计时起点，则初相位 $\varphi = \pi/6$，有 $u(t) = U_m\sin(\omega t + \pi/6)$；若以 O' 点为计时起点，则初相位为 $\varphi = 0$，有 $u(t) = U_m\sin(\omega t)$，称为参考正弦量；若选 O'' 点为计时起点，则初相位为 $\varphi = -\pi/6$，有 $u(t) = U_m\sin(\omega t - \pi/6)$。可见，对于同一正弦量选择不同的计时起点，可以得出不同的初相位。但是，在含有多个不同正弦电压和电流的同一电路中，只能规定一个计时起点，即虽然参考正弦量的选择是任意的，但是只能选定一个，这一点在稍后讨论的正弦稳态电路相量分析中是非常重要的。

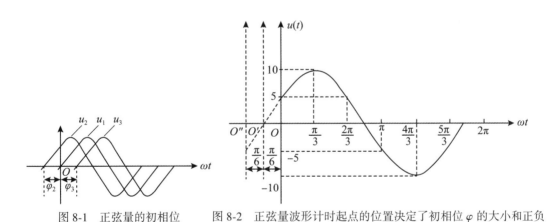

图 8-1　正弦量的初相位　　　　图 8-2　正弦量波形计时起点的位置决定了初相位 φ 的大小和正负

一般规定初相位 φ 的绝对值不大于 π，即 $0 \leqslant |\varphi| \leqslant \pi$，通常称之为初相位的主值范围。

8.3　同频率正弦量之间的相位差

在正弦稳态电路中，各电压、电流都是同频率的正弦量，但是，它们的相位往往不同，而在许多实际问题中，常常需要比较研究这些正弦量之间的相位关系。

任意两个同频率正弦量的相位角之差，称为相位差(phase difference)。例如，对于任意两个同频率的正弦电压 $u_1(t) = U_{1m}\sin(\omega t + \varphi_1)$，$u_2(t) = U_{2m}\sin(\omega t + \varphi_2)$，它们之间的相位差为 $\theta = (\omega t + \varphi_1) - (\omega t + \varphi_2) = \varphi_1 - \varphi_2$，这表明，两个同频率正弦量的相位差等于它们的初相位之差，恒为一常数。下面讨论同频率正弦量之间的相位关系。

两个同频率正弦量的相位差的量值反映这两个正弦量在时间上的超前（领先）与滞后关系，以 $u_1(t)$ 和 $u_2(t)$ 为例：

（1）超前：$0 < \theta(=\varphi_1 - \varphi_2) < \pi$，表明 $u_1(t)$ 在相位上超前于 $u_2(t)$，超前量为 θ 弧度，或者说 $u_1(t)$ 在时间上超前 $u_2(t)$，超前的时间为 θ/ω，即 $u_1(t)$ 比 $u_2(t)$ 早一个 θ 弧度或 θ/ω 的时间先达到正最大值或零值，这也可以表述为 $u_2(t)$ 滞后 $u_1(t)$。

（2）滞后：$-\pi < \theta(=\varphi_1 - \varphi_2) < 0$，表明 $u_1(t)$ 在相位上滞后 $u_2(t)$，滞后量为 $|\theta|$ 弧度，或者说 $u_1(t)$ 在时间上滞后 $u_2(t)$，滞后的时间为 $|\theta|/\omega$，即 $u_1(t)$ 比 $u_2(t)$ 晚一个 $|\theta|$ 弧度或 $|\theta|/\omega$ 的时间后达到正最大值或零值，这也可以表述为 $u_2(t)$ 超前 $u_1(t)$。

图 8-3(a)、(b)分别表示 $u_1(t)$ 超前和滞后 $u_2(t)$ 的情况，可以看出，它们分别对应着从 $t = 0$ 开始，$u_1(t)$ 先达到正最大值（或零值）以及 $u_2(t)$ 先达到正最大值（或零值）。

因此，对于两同频率正弦量，可以根据它们的函数表示式或波形得出它们的超前或滞后关系与弧度，此弧度即为相位差值。

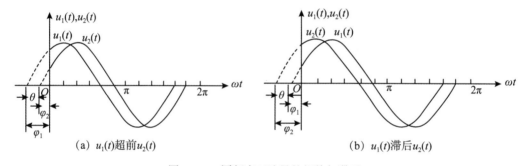

图 8-3　　同频率正弦量的超前与滞后

应该指出的是，两个相位不同的同频率正弦量之间存在着"超前"或"滞后"关系，仅仅反映这两个正弦量变化的进程，即对同一计时起点（或坐标系）而言，它们达到最大值（或零值）的时刻不同，先达到最大值（或零值）的为超前者，后达到最大值（或零值）的为滞后者，但并不是说它们及其波形产生或出现有先有后。

由于正弦量是其相位按 2π 循环变化的周期函数，因此，通常需要规定相位差的范围为 $|\theta| \le \pi$；否则，在比较两个正弦量的相位时，会出现一个正弦波既可以说是"超前于"又可以说是"滞后"于另一正弦波的混淆现象，即当 $u_1(t)$ 超前 $u_2(t)$ 一个 θ 弧度时，也可以说 $u_2(t)$ 超前 $u_1(t)$ 一个 $2\pi - \theta$ 弧度。因此，若从波形图上确定两同频率正弦量的相位差，可选在半个周期以内的两波形上大小相等、方向相同、变化趋势一致的两个点来进行比较；若从函数表达式中两初相之差 $\theta = \varphi_1 - \varphi_2$ 来确定相位差，则当 θ 超出规定范围即 $|\theta| > \pi$ 时，可以通过 $\theta' = 2\pi - \theta$ 将其变换到该规定范围内，即可用 θ' 来表示相位差，若 $\theta' > 0$，则 $u_1(t)$ 滞后 $u_2(t)$ 一个 θ' 弧度；若 $\theta' < 0$，则 $u_1(t)$ 超前 $u_2(t)$ 一个 θ' 弧度。

这样，就可以避免"超前"与"滞后"的含混现象。例如，图 8-4 所示的两个同频率的正弦电压分别为 $u_1(t) = U_m \sin\left(\omega t + \dfrac{3\pi}{4}\right)$，$u_2(t) = U_m \sin\left(\omega t - \dfrac{\pi}{2}\right)$，可以求出两者的相位差为

$$\theta = \varphi_1 - \varphi_2 = \frac{3\pi}{4} - \left(-\frac{\pi}{2}\right) = \frac{5\pi}{4}$$

$\theta > 0$ 表明 $u_1(t)$ 超前 $u_2(t)$ $\dfrac{5\pi}{4}$ 弧度，如图 8-4 所示。但若从波形图上纵轴以右的两个波形来看，也可以说 $u_2(t)$ 超前 $u_1(t)$ 的弧度为 $\theta' = 2\pi - \dfrac{5\pi}{4} = \dfrac{3\pi}{4}$。于是，似乎这两种说法都有道理。但是，按照相位差范围的规定，应该说 $u_2(t)$ 超前 $u_1(t)$，超前量为 $\dfrac{3\pi}{4}$ 弧度。若从波形图上选在半个周期以内的两个波形同时为零值(或最大值)的两点进行比较确定出相位差，则如图 8-4 所示，在所选定的这个周期以内，$u_2(t)$ 较 $u_1(t)$ 早 $\dfrac{3\pi}{4}$ 弧度从负值到达零值。

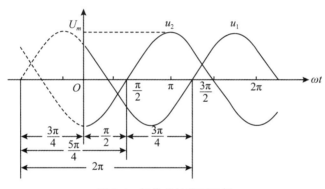

图 8-4　相位差的范围示例

8.4　三种特殊的相位关系

两个同频率正弦量由于其相位差 θ 的特别取值，可能有如下三种特殊的相位关系：

(1)同相：$\theta = \varphi_1 - \varphi_2 = 0$，这时 $u_1(t)$ 与 $u_2(t)$ 的变化进程一致，同时达到最大值或零值，称 $u_1(t)$ 与 $u_2(t)$ 同相。

(2)反相：$\theta = \varphi_1 - \varphi_2 = \pm\pi$，这时当 $u_1(t)$ 达到正最大值(或负正最大值)时，$u_2(t)$ 达到负最大值(或正最大值)，称 $u_1(t)$ 与 $u_2(t)$ 反相。

(3)正交：$\theta = \varphi_1 - \varphi_2 = \pm\dfrac{\pi}{2}$，这时 $u_1(t)$ 达到最大值(或零值)时，$u_2(t)$ 达到零值(或最大值)，称 $u_1(t)$ 与 $u_2(t)$ 正交。

以上三种特殊的相位关系如图 8-5 所示。

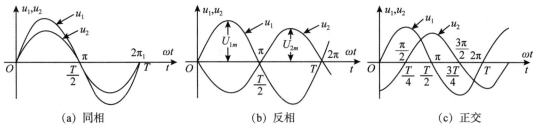

图 8-5　三种特殊的相位关系

　　对于两个同频率的正弦量而言，尽管改变计时起点会使它们的初相发生变化，但是，由于两者初相的改变量相同，故而相位差不变，因此，相位差与计时起点的选择无关，为一绝对量。这样，在正弦稳态电路分析中，为分析简便，通过选择合适的计时起点，使某个正弦电压或电流的初相为零，并令其为参考正弦量，再由相位差来决定其他正弦电压或电流量的初相。

　　对于两个不同频率的正弦量，由于它们的相位差随时间而变，即

$$\theta(t) = (\omega_1 t + \varphi_1) - (\omega_2 t + \varphi_2) = (\omega_1 - \omega_2)t + (\varphi_1 - \varphi_2)$$

所以无法确定它们之间的超前与滞后关系，因而其相位差并无实际意义。

8.5　正弦量的有效值和平均值

　　由于周期性电量(电压、电流等)的瞬时值是随时间不断变化的，因此，当周期性电流通过电路时，其做功能力或电路元件产生或吸收的功率也将随时间而变，但是在实际应用中，通常关心的是周期性电量的平均做功能力或电路元件产生或吸收功率的平均值。为了描述周期性电量的平均做功能力，定义一个与周期性电量的平均做功能力(如电磁功率、电流的热效应等)等效的直流量(电压或电流)的数值作为周期性电量(电压或电流)的有效值。

　　当周期电流 $i(t)$ 流过某线性时不变电阻 R 时，其在一个周期 T 内所做的功为 $W = \int_0^T Ri^2 \mathrm{d}t$。因此，若有直流电流 I 流过该电阻，则在 T 这段时间内电流 I 所做的功应为 $RI^2 T$。当这两个电流在同一电阻 R 上做功的能力相同时，应有

$$RI^2 T = \int_0^T Ri^2(t)\,\mathrm{d}t \tag{8-4}$$

由式(8-4)可得出

$$I = \sqrt{\frac{1}{T}\int_0^T i^2(t)\,\mathrm{d}t} \tag{8-5}$$

　　式(8-5)就是周期电流 $i(t)$ 有效值的定义式，它表明周期量的有效值等于瞬时值的平方在一个周期内积分的平均值的平方根，因此又称为均方根值(root-mean-square value，简写为 rms)。

将正弦电流 $i(t) = I_m \sin(\omega t + \varphi_i)$ 代入式(8-5)，可以求出其有效值为

$$I = \sqrt{\frac{1}{T} \int_0^T i^2(t)\,dt} = \sqrt{\frac{1}{T} \int_0^T I_m^2 \sin^2(\omega t + \varphi_i)\,dt} = \sqrt{\frac{I_m^2}{2T} \int_0^T [1 - \cos^2(\omega t + \varphi_i)]\,dt}$$

$$= \frac{I_m}{\sqrt{2}} = 0.707 I_m \tag{8-6}$$

同理，正弦量电压 $u(t) = U_m \sin(\omega t + \varphi_u)$ 的有效值 $U = \dfrac{U_m}{\sqrt{2}} = 0.707 U_m$。可见，正弦量的最大值与有效值之比为 $\sqrt{2}$，且与正弦量的频率和初相位无关。引入有效值后，正弦电压 $u(t)$ 和电流 $i(t)$ 又可分别表示为 $u(t) = \sqrt{2}\,U\sin(\omega t + \varphi_u)$，$i(t) = \sqrt{2}\,I\sin(\omega t + \varphi_i)$。

在电气工程中，凡是言及正弦电压、电流等量的数值，若无特殊说明，均是指有效值。例如，电气工程中一般的交流电压表和电流表以及万用表的交流挡所测得的数值都是电压和电流的有效值。交流电机和电器等电气设备的铭牌上所标明的额定电压和电流也是指有效值。例如，我国所使用的单相正弦电源的电压即日常所说交流电压的大小为 220V，就是指有效值，其所对应的电压幅值为 $\sqrt{2} \times 220 = 311(\mathrm{V})$。但是，并非在一切场合都用有效值来表征正弦量的大小。例如，在确定各种交流电气设备的耐压值时，就应按电压的最大值来考虑。

周期量的平均值(average value)指的是"均绝值"，即先取其绝对值再作平均。正弦交流电的平均值通常是指其在一个周期内绝对值(或正半波)的平均值。例如，设正弦电流为 $i = I_m \sin(\omega t)$，则其平均值为

$$I_{av} = \frac{1}{T} \int_{-\frac{T}{2}}^{\frac{T}{2}} I_m \, |\sin(\omega t)|\,dt = \frac{2}{T} \int_0^{\frac{T}{2}} I_m \sin\omega t\,dt = \frac{2}{\pi} I_m = 0.637 I_m \tag{8-7}$$

同样有 $U_{av} = \dfrac{2}{\pi} U_m = 0.637 U_m$。比较式(8-6)和式(8-7)，可以发现正弦量的有效值大于其本身的平均值。由平均值可以看出交流电在半个周期内的平均大小，在整流电路中经常用到。

8.6 正弦量的相量表示

8.6.1 复数及其运算

我们知道，由于欧拉恒等式建立了复指数函数与三角函数之间的联系，故而任一复数 z 共有四种表示形式：代数式、极坐标式、指式和三角式，即

$$z = x + jy = r\angle\varphi = re^{j\varphi} = r(\cos\varphi + j\sin\varphi) \tag{8-8}$$

式中，j 为虚数单位，$j = \sqrt{-1}$，复数 z 的图形表示如图8-6所示，由此可以得出4种表示式中各量之间的关系。复数的基本运算共有7种，其中加、减法运算适宜采用代数形式，乘、除法、倒数与平方根运算适宜采用极坐标或复指数形式。复共轭运算则适宜采用任一

种表示形式。对于任意 3 个复数: $z = x + jy = r\angle\varphi$, $z_1 = x_1 + jy_1 = r_1\angle\varphi_1$, $z_2 = x_2 + jy_2 = r_2\angle\varphi_2$, 可以将 7 种复数运算表示如下:

加、减法: $z_1 \pm z_2 = (x_1 \pm x_2) + j(y_1 \pm y_2)$;

乘法: $z_1 z_2 = r_1 r_2 \angle(\varphi_1 + \varphi_2)$;

除法: $\dfrac{z_1}{z_2} = \dfrac{r_1}{r_2}\angle(\varphi_1 - \varphi_2)$;

倒数: $\dfrac{1}{z} = \dfrac{1}{r}\angle(-\varphi)$;

平方根: $\sqrt{z} = \sqrt{r}\angle(\varphi/2)$;

复共轭: $z^* = x - jy = r\angle(-\varphi) = re^{-j\varphi}$。

两个复数的加、减法可以按平行四边形法则在复平面上用其对应向量的相加、减来完成, 如图 8-7 所示, 两个复数的乘、除法在复平面上的图解表示如图 8-8 所示。

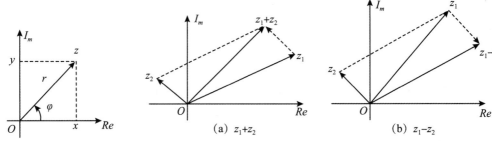

图 8-6　复数 z 的复平面表示　　　　图 8-7　两个复数 z_1、z_2 的加、减运算的图解表示

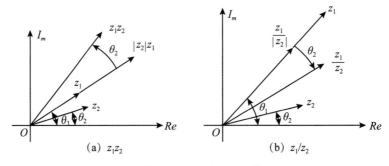

图 8-8　两个复数 z_1、z_2 的乘、除运算的图解表示

【例 8-1】 求下列复数值: (1) $(40\angle 50° + 20\angle -30°)^{1/2}$; (2) $\dfrac{10\angle -30° + (3 - j4)}{(2 + j4)(3 - j5)^*}$。

解　(1) 将极坐标形式变为代数形式准备进行加、法运算:

$$40\angle 50° = 40(\cos 50° + j\sin 50°) = 25.71 + j30.64,$$

$$20\angle -30° = 20[\cos(-30°) + j\sin(-30°)] = 17.32 - j10$$

将上述代数形式相加, 并将结果变为极坐标形式可得

$$40\angle 50° + 20\angle - 30^0 = 43.03 + j20.64 = 47.72\angle 25.63°$$

对上式取平方根得到

$$(40\angle 50° + 20\angle - 30°)^{1/2} = 6.91\angle 12.81°$$

(2)依据复数加法用代数式、乘除法用极坐标式的原则可得

$$\frac{10\angle - 30° + (3 - j4)}{(2 + j4)(3 - j5)^{*}} = \frac{8.66 - j5 + (3 - j4)}{(2 + j4)(3 + j5)} = \frac{11.66 - j9}{- 14 + j22} = \frac{14.73\angle - 37.66°}{26.08\angle 122.47°}$$

$$= 0.565\angle - 160.31°$$

式中，分母 $(2 + j4)(3 + j5)$ 若先变为极坐标式相乘，会产生一定的误差，所以改用代数式相乘。

8.6.2 正弦量相量变换

在正弦稳态电路中，由于其中任一响应变量(电压、电流)都是与激励频率相同的正弦量，仅其振幅与初相位可能有所不同，所以在已知激励频率的情况下，只需求出电路响应变量的振幅和初相位，通过正弦量相量变换引入相量，即可达到这一目的。这里仍以式(8-1)表示的正弦电压为例讨论正弦量相量变换。

在欧拉公式 $e^{j\theta} = \cos\theta + j\sin\theta$ 中令 $\theta = \omega t + \varphi$，则有

$$U_m e^{j(\omega t + \varphi)} = U_m\cos(\omega t + \varphi) + jU_m\sin(\omega t + \varphi) \tag{8-9}$$

由此可见，$U_m\sin(\omega t + \varphi)$ 是复指数函数 $U_m e^{j(\omega t + \varphi)}$ 的虚部，因此，若用算子 $\mathrm{Im}(\cdot)$ 表示对复数取虚部运算，则可得

$$u(t) = U_m\sin(\omega t + \varphi) = \mathrm{Im}(U_m e^{j(\omega t + \varphi)}) = \mathrm{Im}[(U_m e^{j\varphi})e^{j\omega t}] = \mathrm{Im}[(\dot{U}_m)e^{j\omega t}] \tag{8-10}$$

式中，

$$\dot{U}_m = U_m e^{j\varphi} = U_m\angle\varphi \tag{8-11}$$

式(8-10)和式(8-11)中，$\dot{U}_m$ 为一复数，其模 U_m 和辐角 φ 分别是正弦电压 $u(t)$ 的振幅和初相位。将这个含有 $u(t)$ 的 3 个要素中的 2 个要素信息即振幅和初相位的复数，称为 $u(t)$ 的振幅相量或最大值相量，相量符号之所以上方加有一个圆点 "·" 正是为了将其区别于一般的复数，即 $\dot{U}_m$ 是对应于一个正弦量的复数。

由于正弦量的振幅是其有效值的 $\sqrt{2}$ 倍，因此有

$$\dot{U}_m = U_m e^{j\varphi} = U_m\angle\varphi = \sqrt{2}U\angle\varphi$$

称 $U\angle\varphi$ 为有效值相量，记为 $\dot{U}$，即

$$\dot{U} = U\angle\varphi$$

显然，最大值相量和有效值相量的关系为

$$\dot{U}_m = \sqrt{2}\dot{U}$$

以下除非另作说明，相量均为有效值相量。

式(8-10)中，$e^{j\omega t}$ 模为1，辐角为 ωt，由于 ωt 是时间 t 的函数，所以它是一个随时间 t 的增大、以恒定角速度 ω 逆时针方向不断旋转的单位矢量，称为旋转因子，因此，振幅相

量 $\dot{U}_m$ 与旋转因子的乘积 $\dot{U}_m e^{j\omega t} = \sqrt{2}\dot{U} e^{j\omega t}$ 就成为一个旋转相量，它是以角速度 ω 朝逆时针方向旋转、长度为 $U_m = \sqrt{2}U$ 的有向线段，如图 8-9(a) 所示，从几何图形上看，$U_m e^{j(\omega t+\varphi)}$ 的虚部就是旋转相量 $\dot{U}_m e^{j\omega t}$ 在虚轴上的投影，若以 ωt 为横坐标，以该投影为纵坐标，可得出正弦电压波形，如图 8-9(b) 所示。由此可见，在 $t=0$ 时，旋转相量 $\dot{U}_m e^{j\omega t}$ 在复平面的位置相应于相量 $\dot{U}_m$，即在计时开始时，旋转相量与实轴的夹角是相量 $\dot{U}_m$ 的辐角 φ，这时它在虚轴上的投影为 $U_m \sin\varphi$，其数值等于 $u(t) = U_m \sin(\omega t + \varphi)$ 在 $t=0$ 时的值。当 $t=t_1$ 时，旋转相量由 $t=0$ 时的位置逆时针方向旋转了一个角度 ωt_1，这时，它与实轴的夹角也由 $t=0$ 时的 φ 改变为 $\omega t_1 + \varphi$，而它在虚轴上的投影就变为 $U_m \sin(\omega t_1 + \varphi)$，该数值等于 $u(t) = U_m \sin(\omega t + \varphi)$ 在 $t=t_1$ 时的值，以此可以推及到任何瞬间 t。

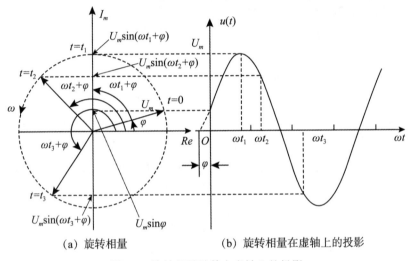

(a) 旋转相量　　　　(b) 旋转相量在虚轴上的投影

图 8-9　旋转相量及其在虚轴上的投影

当相量 $\dot{U} = U\angle\varphi$ 与旋转因子 $e^{j\theta}$ 相乘，就会得到相量 $\dot{U}e^{j\theta} = U\angle\varphi + \theta$，这表明 $\dot{U}e^{j\theta}$ 是将相量 $\dot{U}$ 沿逆时针方向旋转 θ 角度，而其模的大小保持不变的结果。特别的，当 $\theta = \pm 90°$ 时，$e^{\pm 90°} = \pm j$。由此可知，若一个相量乘以 $+j$，则该相量沿逆时针方向旋转 $90°$，而乘以 $-j$，则该相量沿顺时针方向旋转 $90°$，模的大小均保持不变。因此，称 $\pm j$ 为 $\pm 90°$ 旋转因子。

显然，电压最大值相量 $\dot{U}_m$ 还可以表示为

$$\dot{U}_m = U_m e^{j\varphi} = \frac{U_m e^{j(\omega t+\varphi)}}{e^{j\omega t}} = \frac{U_m \cos(\omega t + \varphi) + jU_m \sin(\omega t + \varphi)}{e^{j\omega t}} \tag{8-12}$$

式 (8-12) 表明，将正弦电压 $u(t) = U_m \sin(\omega t + \varphi)$ 乘以 j，再加上相应的余弦量 $U_m \cos(\omega t + \varphi)$，然后除以 $e^{j\omega t}$，就可以得出该正弦电压所对应的最大值相量 $\dot{U}_m$，再除以

$\sqrt{2}$，便可得有效值相量 $\dot{U}$；式(8-10)表明通过该式可以由相量 $\dot{U}_m$ 或 $\dot{U}$ 得出其所对应正弦电压 $u(t)$。从数学上讲，这一对式子以欧拉恒等式作为桥梁在时域正弦电压函数 $u(t)$ 与其对应的频域(又称相量域)函数 $\dot{U}_m$ 或 $\dot{U}$ 之间建立了一种数学变换，称为正弦量相量变换，式(8-12)为正弦量相量变换的正变换，式(8-10)则为反变换。这表明，在确定的频率下，正弦量和相量之间存在着一一对应关系，即由已知的正弦量可以写出其对应的相量；反之，由一已知的相量及其所对应的正弦量的频率，就可以写出该相量所对应的正弦量。

为了描述方便，这里将正弦电压或电流统一表示为正弦量 $f(t) = F_m\sin(\omega t + \varphi) = \sqrt{2}F\sin(\omega t + \varphi)$，对比式(8-10)可知

$$f(t) = F_m\sin(\omega t + \varphi) = \mathrm{Im}\big[F_m e^{j(\omega t+\varphi)}\big] = \mathrm{Im}\big[(\dot{F}_m)e^{j\omega t}\big] = \mathrm{Im}\big[\sqrt{2}(\dot{F})e^{j\omega t}\big] \quad (8\text{-}13)$$

同理也可以得出与式(8-12)相应的表示式。于是，正弦量和相量这种对应关系可以表示为

$$f(t) = \overbrace{F_m\sin(\omega t + \varphi) = \sqrt{2}F\sin(\omega t + \varphi)}^{\text{正弦量}} \Leftrightarrow \overbrace{\dot{F}_m = F_m\angle\varphi \,,\ \dot{F} = F\angle\varphi}^{\text{相量}}$$

其中，符号"⇔"表示正弦量 $f(t)$ 与相量 $\dot{F}_m$ 和 $\dot{F}$ 之间存在着对应或变换关系，两者并不相等。因为正弦量是时间变量 t 的函数，而相量尽管是以其对应的正弦量的最大值或有效值和幅角表示为普通的复数，并没有出现频率变量 ω，但是它隐含着旋转因子 $e^{j\omega t}$，若 ω 改变，则正弦稳态响应也会跟着发生变化，因而相量是频率变量 ω 的函数，然而，在给定的正弦量下，ω 为已知的常量。

由于表示正弦量的相量在数学上就是一个复常数，所以它在几何上可以用复平面上的一条有向线段即矢量来表示，其长度为相量的模，它与正实轴的夹角为相量的幅角。这种在复平面上用有向线段表示电压、电流相量的图形，称为相量图，对于多个同频率的正弦量，由于表示它们对应的各自旋转相量的旋转角速度相同，故而它们之间的相对位置于复平面上在任何时刻均保持不变，因此，就只需要考虑它们的大小和相位，而并不需要考虑它们在旋转，即只需要在指明它们的初始位置的情况下画出各正弦量对应的相量。

【例 8-2】 已知 $u_1(t) = 100\sqrt{2}\sin(314t + 60°)\,\mathrm{V}$，$u_2(t) = 50\sqrt{2}\sin(314t - 60°)\,\mathrm{V}$，试画出它们对应的相量图并求出它们的相位差。

解 $u_1(t)$ 对应的相量为

$$\dot{U}_1 = 100\angle 60°\,\mathrm{V}$$

同理可得 $u_2(t)$ 对应的相量为 $\dot{U}_2 = 50\angle -60°\,\mathrm{V}$，相量图如图 8-10 所示，其中相量的长短按照自选比例确定。两者的相位差为 $\theta = \varphi_1 - \varphi_2 = 120°$，电压 $u_1(t)$ 超前 $u_2(t)$ 的角度为 120°。反过来，若已知电压相量为 $\dot{U}_1 = 100\angle 60°\,\mathrm{V}$，电压的角频率 $\omega = 314\,\mathrm{rad/s}$，则可以得出 $\dot{U}_1$ 对应的 $u_1(t) = 100\sqrt{2}\sin(314t + 60°)\,\mathrm{V}$。

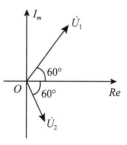

图 8-10 两个正弦电压的相量图

需要指出的是，当正弦稳态电路中同时有正弦函数或余弦函数这两种形式的正弦量时，必须按照本书的约定，将余弦函数表示成正弦函数来求其对应的相量，因为只有这样，才能正确地比较它们的相位关系，相量的辐角（正弦量的初相位）也才有意义。

8.6.3　正弦量相量变换的基本性质

下面介绍正弦量相量变换的基本性质，利用这些基本性质，可以将线性时不变正弦稳态电路分析中原本需要求解线性常微分方程特解的问题转化为求解关于相量的代数方程问题，或者说将求解动态电路稳态解的问题转化为求解静态电路稳态解的问题。

在讨论正弦量相量变换的基本性质时，需要用到取虚部算子 $\text{Im}[\cdot]$ 的如下性质：

(1) 任意多个复数线性组合后取虚部运算等于它们取虚部运算后的线性组合，即

$$\text{Im}\left[k_1 z_1(t) \pm k_2 z_2(t)\right] = k_1 \text{Im}\left[z_1(t)\right] \pm k_2 \text{Im}\left[z_2(t)\right]$$

(2) 取虚部和求导数运算可以交换次序，即

$$\frac{\mathrm{d}}{\mathrm{d}t}\text{Im}\left[kz(t)\right] = \text{Im}\left\{\frac{\mathrm{d}}{\mathrm{d}t}\left[kz(t)\right]\right\} = k\text{Im}\left[\frac{\mathrm{d}}{\mathrm{d}t}z(t)\right]$$

(3) 取虚部和求积分运算可以交换次序，即

$$\int\left\{\text{Im}\left[kz(t)\right]\right\}\mathrm{d}t = \text{Im}\left\{\int\left[kz(t)\right]\mathrm{d}t\right\} = k\text{Im}\left[\int z(t)\mathrm{d}t\right]$$

其中，k_1、k_2 和 k 均为任意复常数或实常数；$z_1(t)$、$z_2(t)$ 和 $z(t)$ 则均为任意实变量 t 的复变函数。对于 $z(t)$ 有 $z(t) = x(t) + jy(t)$，$x(t)$ 和 $y(t)$ 均为实变量 t 的实变函数，例如，下面性质表述所要用到的 $\text{Im}[\sqrt{2}\,\dot{F}\mathrm{e}^{j\omega t}]$ 中的 $\sqrt{2}\,\dot{F}\mathrm{e}^{j\omega t}$：

$$\sqrt{2}\,\dot{F}\mathrm{e}^{j\omega t}(=\dot{F}_m\mathrm{e}^{j\omega t}) = \sqrt{2}F\cos(\omega t + \varphi) + j\sqrt{2}F\sin(\omega t + \varphi)$$

8.6.3.1　唯一性

设任意两个同频率正弦量 $f_1(t) = \sqrt{2}F_1\sin(\omega t + \varphi_1)$ 和 $f_2(t) = \sqrt{2}F_2\sin(\omega t + \varphi_2)$ 所对应的相量分别为 $\dot{F}_1$ 和 $\dot{F}_2$，即 $f_1(t) = \text{Im}[\sqrt{2}\,\dot{F}_1\mathrm{e}^{j\omega t}]$，$f_2(t) = \text{Im}[\sqrt{2}\,\dot{F}_2\mathrm{e}^{j\omega t}]$，若对所有时刻 t 有 $f_1(t) = f_2(t)$，则 $\dot{F}_1 = \dot{F}_2$；反之，若 $\dot{F}_1 = \dot{F}_2$，则对于角频率 ω，有 $f_1(t) = f_2(t)$。

唯一性表明，根据一个正弦量，可以唯一地确定其所对应的一个相量；反之，根据一个频率已知的相量，可以唯一地确定其所对应的正弦量，即正弦量与其相量两者之间是一一对应的。这一性质同其他变换的唯一性具有同样重要的意义，由此可以确保正弦稳态电路分析中基于相量变换的相量法所得出的相量解必定是所求的正弦稳态时域解。

8.6.3.2　线性性

若任意两个同频率正弦量 $f_1(t) = \sqrt{2}F_1\sin(\omega t + \varphi_1)$ 和 $f_2(t) = \sqrt{2}F_2\sin(\omega t + \varphi_2)$ 所对应的相量分别为 $\dot{F}_1$ 和 $\dot{F}_2$，即 $f_1(t) = \text{Im}[\sqrt{2}\,\dot{F}_1\mathrm{e}^{j\omega t}]$，$f_2(t) = \text{Im}[\sqrt{2}\,\dot{F}_2\mathrm{e}^{j\omega t}]$，则对于任意实常数 k_1 和 k_2，正弦量 $k_1 f_1(t) \pm k_2 f_2(t)$ 所对应的相量为 $k_1\dot{F}_1 \pm k_2\dot{F}_2$。

证明：

$$k_1 f_1(t) \pm k_2 f_2(t) = k_1 \mathrm{Im}\left[\sqrt{2}\,(\dot{F}_1)\,e^{j\omega t}\right] \pm k_2 \mathrm{Im}\left[\sqrt{2}\,(\dot{F}_2)\,e^{j\omega t}\right]$$

$$= \mathrm{Im}\left[\sqrt{2}\,(k_1\dot{F}_1)\,e^{j\omega t}\right] \pm \mathrm{Im}\left[\sqrt{2}\,(k_2\dot{F}_2)\,e^{j\omega t}\right] \qquad (8\text{-}14)$$

$$= \mathrm{Im}\left[\sqrt{2}\,(k_1\dot{F}_1 \pm k_2\dot{F}_2)\,e^{j\omega t}\right]$$

上式可以表示为 $k_1 f_1(t) \pm k_2 f_2(t) \Leftrightarrow k_1\dot{F}_1 \pm k_2\dot{F}_2$，这表明由两个同频率正弦量 $f_1(t)$ 和 $f_2(t)$ 线性组合而成的正弦量 $k_1 f_1(t) \pm k_2 f_2(t)$ 所对应的相量是参与线性组合的正弦量 $f_1(t)$ 和 $f_2(t)$ 所对应相量的同一线性组合，即 $k_1\dot{F}_1 \pm k_2\dot{F}_2$。式(8-14)可以推广到任意多个同频率正弦量线性组合的情况。因此，正弦量相量变换是一种线性变换，满足齐次性与可加性。

8.6.3.3 时域微分性质

若任一正弦量 $f(t) = \sqrt{2}F\sin(\omega t + \varphi)$ 所对应的相量为 $\dot{F}$，即 $f(t) = \mathrm{Im}\left[\sqrt{2}\dot{F}e^{j\omega t}\right]$，则正弦量 $\dfrac{\mathrm{d}f(t)}{\mathrm{d}t}$ 所对应的相量为 $j\omega\dot{F}$。

证明：$\dfrac{\mathrm{d}f(t)}{\mathrm{d}t} = \dfrac{\mathrm{d}}{\mathrm{d}t}\left\{\mathrm{Im}\left[\sqrt{2}\dot{F}e^{j\omega t}\right]\right\} = \mathrm{Im}\left[\sqrt{2}\dot{F}\dfrac{\mathrm{d}}{\mathrm{d}t}(e^{j\omega t})\right] = \mathrm{Im}\left[\sqrt{2}\,(j\omega\dot{F})\,e^{j\omega t}\right]$ \qquad (8-15)

上式(8-15)可以表示为 $\dfrac{\mathrm{d}f(t)}{\mathrm{d}t} \Leftrightarrow j\omega\dot{F}$。时域微分性质表明，可以将时域中正弦量 $f(t)$ 对时间的微分运算转化为频域中该正弦量对应相量的代数运算，即相量 $\dot{F}$ 与 $j\omega$ 的乘积运算。

将时域微分性质加以推广可得出一般性结论，即

$$\frac{\mathrm{d}^n f(t)}{\mathrm{d}t^n} \Leftrightarrow (j\omega)^n \dot{F}$$

8.6.3.4 时域积分性质

若任一正弦量 $f(t) = \sqrt{2}F\sin(\omega t + \varphi)$ 所对应的相量为 $\dot{F}$，即 $f(t) = \mathrm{Im}\left[\sqrt{2}\dot{F}e^{j\omega t}\right]$，则正弦量 $\displaystyle\int_{-\infty}^{t} f(\tau)\mathrm{d}\tau$ 所对应的相量为 $\dfrac{1}{j\omega}\dot{F}$。

证明：

$$\int_{-\infty}^{t} f(\tau)\mathrm{d}\tau = \int_{-\infty}^{t} \mathrm{Im}\left[\sqrt{2}\dot{F}e^{j\omega\tau}\right]\mathrm{d}\tau = \mathrm{Im}\left[\sqrt{2}\dot{F}\left(\int_{-\infty}^{t} e^{j\omega\tau}\mathrm{d}\tau\right)\right] = \mathrm{Im}\left[\sqrt{2}\left(\frac{1}{j\omega}\dot{F}\right)e^{j\omega t}\right] \quad (8\text{-}16)$$

式中，假设正弦信号当 $t = -\infty$ 时取零值，从物理意义上说，这是符合实际情况的。式(8-16)可以表示为 $\displaystyle\int_{-\infty}^{t} f(\tau)\mathrm{d}\tau \Leftrightarrow \frac{1}{j\omega}\dot{F}$，时域积分性质表明，可以将时域中正弦量 $f(t)$ 对时间的积分运算转化为频域中该正弦量对应相量的代数运算，即相量 $\dot{F}$ 与 $\dfrac{1}{j\omega}$ 的乘积运算。

将时域积分性质加以推广可得出一般性结论，即

$$\underbrace{\int_{-\infty}^{t}\cdots\int_{-\infty}^{t}f(\tau)\mathrm{d}\tau\cdots\mathrm{d}\tau}_{n次积分}\Leftrightarrow\frac{1}{(j\omega)^{n}}\dot{F}$$

　　根据正弦量相量变换的线性性质、时域微分以及积分性质,可以证明正弦量所具有的一个重要性质,即任意多个同频率的正弦量、正弦量的任意阶导数以及正弦量的任意阶积分三者的代数和仍然是一个同频率的正弦量。

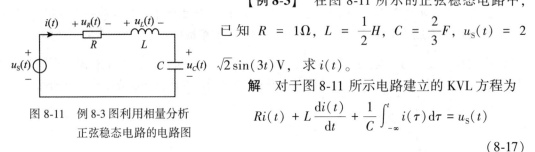

【例 8-3】　在图 8-11 所示的正弦稳态电路中,已知 $R = 1\Omega$, $L = \frac{1}{2}H$, $C = \frac{2}{3}F$, $u_{\mathrm{s}}(t) = 2\sqrt{2}\sin(3t)\,\mathrm{V}$,求 $i(t)$。

图 8-11　例 8-3 图利用相量分析
正弦稳态电路的电路图

　　解　对于图 8-11 所示电路建立的 KVL 方程为

$$Ri(t) + L\frac{\mathrm{d}i(t)}{\mathrm{d}t} + \frac{1}{C}\int_{-\infty}^{t}i(\tau)\mathrm{d}\tau = u_{\mathrm{s}}(t)$$

$$(8\text{-}17)$$

　　由 $u_{\mathrm{s}}(t)$ 得到其对应的相量为 $\dot{U}_{\mathrm{s}} = 2\angle0°\mathrm{V}$,设待求正弦电流 $i(t)$ 所对应的相量为 $\dot{I}$,对式(8-17)分别应用正弦量相量变换的唯一性、线性性质、微分和积分性质可得

$$\left(R + j\omega L + \frac{1}{j\omega C}\right)\dot{I} = \dot{U}_{\mathrm{s}}$$

$$(8\text{-}18)$$

　　在式(8-18)中代入数据,可得

$$\dot{I} = \frac{\dot{U}_{\mathrm{s}}}{R + j\omega L + \frac{1}{j\omega C}} = \frac{2}{1 + j\left(\frac{3}{2} - \frac{1}{2}\right)} = \sqrt{2}\angle-45°\mathrm{A}$$

　　由 $\dot{I} = \sqrt{2}\angle-45°\mathrm{A}$ 可得所求正弦电流 $i(t) = 2\sin(3t - 45°)\,\mathrm{A}$。显然,这种方法比直接解微分方程要简单得多,但是仍需要列写出微分方程。

8.7　基本元件伏安关系和克希霍夫定律的相量形式

　　将 VCR、KCL 和 KVL 的时域形式全部变换为其对应的频域形式,即相量形式,就可以利用它们将电路的时域模型变换为其对应的相量模型,再据此建立以待求响应相量为变量的代数方程,例如式(8-18),从而省去了建立微分方程这一步,这种方法便是正弦稳态电路的相量分析法,简称相量法。

8.7.1　基本元件伏安关系的相量形式

　　这里将导出线性时不变电阻、电感和电容元件伏安关系的相量形式,对其他线性时不变元件以及独立电源直接给出其相量形式。

8.7.1.1　电阻元件伏安关系的相量形式

　　线性时不变电阻元件的时域模型如图 8-12(a)所示,其伏安关系的时域形式为

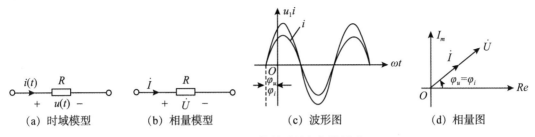

图 8-12　电阻元件的时域与频域描述

$$u(t) = Ri(t) \qquad (8-19)$$

在正弦稳态电路中，设电阻电压 $u(t)$ 和电流 $i(t)$ 分别为

$$u(t) = U_m \sin(\omega t + \varphi_u) = \sqrt{2} U \sin(\omega t + \varphi_u) \qquad (8-20)$$

$$i(t) = I_m \sin(\omega t + \varphi_i) = \sqrt{2} I \sin(\omega t + \varphi_i) \qquad (8-21)$$

应用式(8-13)对式(8-19)两边进行正弦量相量变换，并应用其齐次性质，可得电阻元件伏安关系的相量形式为

$$\dot{U} = R\dot{I} \quad 或 \quad \dot{I} = G\dot{U} \qquad (8-22)$$

由式(8-22)可得电阻元件的相量模型，如图 8-12(b)所示。将式(8-22)中 $\dot{U} = R\dot{I}$ 改写为

$$U \angle \varphi_u = RI \angle \varphi_i \qquad (8-23)$$

比较式(8-23)两边，可得

$$U = RI \quad 和 \quad \varphi_u = \varphi_i$$

由此可知，在电阻元件上电压与电流取关联参考方向的情况下，两者的瞬时值之间、相量之间以及有效值(或幅值)之间的关系均具有欧姆定律的形式；电压与电流具有相同的初相位，即两者同相，因此可得电阻元件的波形图和相量图分别如图 8-12(c)、(d)所示，它们以不同的方式表明了电阻电压与电流的相角间的关系。在图 8-12(d)中，相量 $\dot{U}$ 和 $\dot{I}$ 的长度(自选比例尺确定)表示各自对应正弦量的有效值，它们与正实轴之夹角 φ_u 和 φ_i 是各自对应正弦量的初相位。

8.7.1.2　电容元件伏安关系的相量形式

线性时不变电容元件的时域模型如图 8-13(a)所示，其伏安关系的时域形式为

$$i(t) = C \frac{\mathrm{d}u(t)}{\mathrm{d}t} \qquad (8-24)$$

在正弦稳态电路中，亦设电容电压 $u(t)$ 和电流 $i(t)$ 的表示式分别为式(8-20)和式(8-21)，应用式(8-13)对式(8-24)两边进行正弦量相量变换，并应用其齐次性质和微分性质，可得电容元件伏安关系的相量形式为

$$\dot{I} = j\omega C \dot{U} \text{ 或 } \dot{U} = \frac{1}{j\omega C}\dot{I} \tag{8-25}$$

式(8-25)是一个形式上类似于欧姆定律的线性代数方程，但是，联系 $\dot{U}$ 和 $\dot{I}$ 的不是 R，而是一个复数 $\frac{1}{j\omega C}$，因此，为了在电路图中直接看出 $\dot{U}$ 和 $\dot{I}$ 这种关系，在电容元件符号旁标上 $\frac{1}{j\omega C}$，于是可得电容元件的相量模型如图 8-13(b)所示。将式(8-25)中 $\dot{U} = \frac{1}{j\omega C}\dot{I}$ 改写为

$$U \angle \varphi_u = -j\frac{1}{\omega C}I \angle \varphi_i = \frac{1}{\omega C}I \angle \varphi_i - 90° \tag{8-26}$$

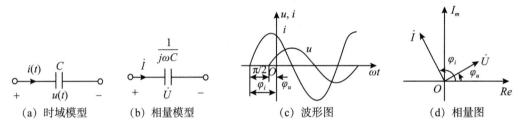

(a) 时域模型　　　(b) 相量模型　　　(c) 波形图　　　(d) 相量图

图 8-13　电容元件的时域与频域描述

比较式(8-26)两边可得

$$U = \frac{1}{\omega C}I \text{ 和 } \varphi_u = \varphi_i - 90°$$

这表明，在电容元件上电压与电流取关联参考方向的情况下，电容电压与电流的有效值(或幅值)之比为 $\frac{1}{\omega C}$，电压滞后电流 90° 或者说电流超前电压 90°。因此可得电容元件的波形图和相量图分别如图 8-13(c)、(d)所示。其中，相量 $\dot{U}$ 和 $\dot{I}$ 的长度(自选比例尺确定)表示各自对应正弦量的有效值，它们与正实轴之夹角 φ_u 和 φ_i 是各自对应正弦量的初相位。

可以看出，与电阻类似，$\frac{1}{\omega C}$ 的大小反映了电容对正弦电流抵抗能力的强弱，因而被称为电容的电抗，简称容抗，单位为欧[姆](Ω)，记为 X_C，即 $X_C = \frac{1}{\omega C}$，这表明，X_C 是频率的函数即 $X_C(\omega)$，对于同一定值电容，X_C 与频率成反比变化，这种频率特性使 X_C 对于不同的频率的正弦电流具有各异的容抗值，频率愈低，容抗愈大，频率愈高，容抗愈小，因此，低频电流难于通过电容，高频电流易于通过电容。特别是：(1)当 $\omega = 0$(直流)时，$X_C \to \infty$，$I \to 0$，即在直流情况下，电容元件等效于开路，亦即电容元件具有阻隔直流的作用，简称"隔直"；(2)当 $\omega \to \infty$ 时，$X_C \to 0$，$U \to 0$，即在频率极高的情况下，电容元件近似等效于短路。

在一定的频率下，X_C 与 C 成反比的原因可以这样解释，即对于电容有 $q(t) = Cu(t)$，于是，当对电容施以一定幅值的正弦电压 $u(t)$ 时，若电容 C 越大，则所产生的电荷量 $q(t)$ 的幅值越大，因而电容电流 $i(t)\left(= \dfrac{\mathrm{d}q(t)}{\mathrm{d}t} \right)$ 的幅值也越大，这说明表征电容对正弦电流抵抗能力的容抗 X_C 就越小；反之，若电容 C 越小，则容抗 X_C 就越大。

对于电容，还可以定义其电纳，简称容纳，记为 B_C，它是容抗的倒数，即 $B_C = 1/X_C = \omega C$，其单位与电导相同，为西门子（S）。定义了 X_C 和 B_C，式（8-25）又可以写为 $\dot{I} = jB_C\dot{U}$ 或 $\dot{U} = -jX_C\dot{I}$。

8.7.1.3 电感元件伏安关系的相量形式

线性时不变电感元件的时域模型如图 8-14(a)所示，其伏安关系的时域形式为

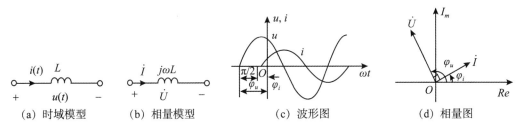

(a) 时域模型   (b) 相量模型   (c) 波形图   (d) 相量图

图 8-14 电感元件的时域与频域描述图

$$u(t) = L\frac{\mathrm{d}i(t)}{\mathrm{d}t} \tag{8-27}$$

在正弦稳态电路中，亦设电感电压 $u(t)$ 和电流 $i(t)$ 的表示式分别为式（8-20）和（8-21），应用式（8-13）对式（8-27）两边进行正弦量相量变换，并应用其齐次性质和微分性质，可得电感元件伏安关系的相量形式为

$$\dot{U} = j\omega L\dot{I} \quad \text{或} \quad \dot{I} = \frac{1}{j\omega L}\dot{U} \tag{8-28}$$

式（8-28）也是一个形式上类似于欧姆定律的线性代数方程，但是，联系 $\dot{U}$ 和 $\dot{I}$ 的不是 R，而是一个复数 $j\omega L$，因此，为了在电路图中直接看出 $\dot{U}$ 和 $\dot{I}$ 这种关系，在电感元件符号旁标上 $j\omega L$，于是可得电感元件的相量模型如图 8-14(b)所示。将式（8-28）中 $\dot{U} = j\omega L\dot{I}$ 改写为

$$U\angle\varphi_u = j\omega LI\angle\varphi_i = \omega LI\angle\varphi_i + 90° \tag{8-29}$$

比较式（8-29）两边，可得

$$U = \omega LI \quad \text{和} \quad \varphi_u = \varphi_i + 90°$$

这表明，在电感元件上电压与电流取关联参考方向的情况下，电感电压与电流的有效值（或幅值）之比为 ωL，电压超前电流 $90°$，或者说电流滞后电压 $90°$。因此可得电感元

件的波形图和相量图分别如图 8-14(c)、(d)所示。在图 8-14(d)中，相量 $\dot{U}$ 和 $\dot{I}$ 的长度（自选比例尺确定）亦表示各自对应正弦量的有效值，它们与正实轴之夹角 φ_u 和 φ_i 也是各自对应正弦量的初相位。

ωL 的大小反映了电感对正弦电流抵抗能力的强弱，它实质上是由于电感电压总趋向于阻止电流的变化而形成的，因而被称为电感的电抗，简称感抗，单位为欧[姆](Ω)，记为 X_L，即 $X_L = \omega L$，这表明，X_L 是频率的函数即 $X_L(\omega)$，对于同一定值电感，X_L 与频率成正比变化，这种频率特性使 X_L 对于不同的频率的正弦电流具有各异的感抗值，频率愈低，感抗愈小，频率愈高，感抗愈大；因此，低频电流易于通过电感，高频电流难于通过电感。特别是：①当 $\omega = 0$(直流)时，$X_L = 0$，$U = 0$，即在直流情况下，电感元件等效于短路，即电感元件对于直流不产生限流和降压作用；②当 $\omega \to \infty$ 时，$X_L \to \infty$，$I \to 0$，即在频率极高的情况下，电容元件近似等效于开路。

在一定的频率下，X_L 与 L 成正比的原因可以这样解释，即对于电感有 $\Psi(t) = Li(t)$，于是，当对电感施以一定幅值的正弦电流 $i(t)$ 时，若电感 L 越大，则所产生的电感磁通链 $\Psi(t)$ 的幅值越大，因而电感电压 $u(t)\left[= \dfrac{\mathrm{d}\Psi(t)}{\mathrm{d}t}\right]$ 的幅值也就越大，这说明表征电感对正弦电流抵抗能力的感抗 X_L 就越大；反之，若电感 L 越小，则感抗 X_L 就越小。

对于电感，还可以定义其电纳，简称感纳 B_L，它是感抗的倒数，即 $B_L = 1/X_L = 1/\omega L$，其单位与电导的相同，为西[门子](S)。定义了 X_L 和 B_L，式(8-28)又可以写为 $\dot{U} = jX_L\dot{I}$ 或 $\dot{I} = -jB_L\dot{U}$。

8.7.1.4　独立电源伏安关系的相量形式

设正弦电压源的电压和正弦电流源的电流表示式分别为 $u_S(t) = \sqrt{2}\,U_S\sin(\omega t + \varphi_u)$ 和 $i_S(t) = \sqrt{2}\,I_S\sin(\omega t + \varphi_i)$，则其对应的相量分别为 $\dot{U}_S = U_S\angle\varphi_u$ 和 $\dot{I}_S = I_S\angle\varphi_i$，由此可得它们的相量模型如图 8-15 所示。

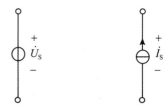

(a) 正弦电压源　　　(b) 正弦电流源

图 8-15　正弦电源相量模型

8.7.1.5　受控电源伏安关系的相量形式

线性受控电源的受控变量与控制变量之间的关系均为线性函数关系，其伏安关系的时域形式为

$$\text{VCVS：} u_2(t) = \mu u_1(t), \quad \text{CCVS：} u_2(t) = r_m i_1(t)$$
$$\text{VCCS：} i_2(t) = g_m u_1(t), \quad \text{CCCS：} i_2(t) = \beta i_1(t)$$

在正弦稳态电路中，上式中各电压和电流均为正弦时间函数，应用式(8-13)对这 4 种受控电源伏安关系时域式两边进行正弦量相量变换，并应用其齐次性质，可得它们伏安关系的相量形式，即

$$\begin{cases} \text{VCVS：} \dot{U}_2 = \mu\dot{U}_1, \quad \text{CCVS：} \dot{U}_2 = r_m\dot{I}_1, \\ \text{VCCS：} \dot{I}_2 = g_m\dot{U}_1, \quad \text{CCCS：} \dot{I}_2 = \beta\dot{I}_1 \end{cases} \tag{8-30}$$

由式(8-30)可以得出 4 种线性受控源的相量模型，如图 8-16 所示。

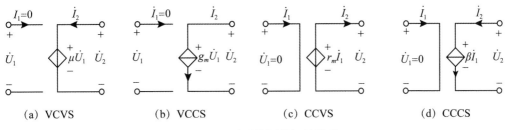

(a) VCVS　　　(b) VCCS　　　(c) CCVS　　　(d) CCCS

图 8-16　四种受控源的相量模型

8.7.1.6　运算放大器伏安关系的相量形式

在对理想运算放大器进行正弦稳态分析时，所要用到的"虚断"和"虚短"相量形式的方程分别为 $\dot{I}_+ = \dot{I}_- = 0$，$\dot{U}_+ = \dot{U}_-$。由于将运算放大器视为"黑箱"双口元件，所以只需将其时域模型中两个端口的电压、电流变量改为相应的相量，即可得到时域模型对应的相量模型。

8.7.2　克希霍夫定律的相量形式

在正弦稳态电路中，所有激励和响应均为同频率的正弦时间函数，故而可以用正弦量相量变换将 KCL 和 KVL 方程的时域形式变换为对应的相量形式。

8.7.2.1　KCL 的相量形式

根据 KCL，在正弦稳态电路中任一节点上，各支路电流瞬时值 $i_k(t)(k = 1, 2, \cdots)$ 的代数和等于零，即

$$\sum_k i_k(t) = 0, \quad \forall t \tag{8-31}$$

式中，设支路电流 $i_k(t) = \sqrt{2}I_k\sin(\omega t + \varphi_{i_k})\text{A}$，则其对应的相量为 $\dot{I}_k = I_k \angle \varphi_{i_k}\text{A}$。由于正弦稳态电路中的各支路电流均为同一频率的正弦电流，而任意多个同频率的正弦量的代数和仍然是一个与原各正弦量频率相同的正弦量。因此，式(8-31)右边为一个零值正弦电流，其对应的相量则为零值相量，应用式(8-13)对式(8-30)两边进行正弦量相量变换，并应用其线性性质，可得 KCL 的相量形式为

$$\sum_k \dot{I}_k = 0, \quad \forall \omega \tag{8-32}$$

式(8-32)表明在正弦稳态电路中，任一节点上各支路电流相量的代数和等于零。

【例 8-4】　在图 8-17(a)所示的电路中，已知 $i_1(t) = 3\sqrt{2}\sin\omega t\,\text{A}$，$i_2(t) = 5\sqrt{2}\sin(\omega t + 30°)\,\text{A}$，$i_3(t) = 6\sqrt{2}\sin(\omega t - 120°)\,\text{A}$，试求电流 $i_4(t)$，并画出相量图。

解　各已知电流相量分别为

$$\dot{I}_1 = 3\angle 0° \text{A}, \quad \dot{I}_2 = 5\angle 30° = 5(\cos 30° + j\sin 30°) = 2.5\sqrt{3} + j2.5\,\text{A}$$

$$\dot{I}_3 = 6\angle -120° = 6[\cos(-120°) + j\sin(-120°)] = -3 - j3\sqrt{3}\,\text{A}$$

由于应用 KCL 不涉及元件特性，故而根据图 8-17(a)所示电路的时域模型所画出其相量模型如图 8-17(b)所示，由此列出 KCL 方程为

$$\dot{I}_4 = \dot{I}_1 + \dot{I}_2 + \dot{I}_3 = 2.5\sqrt{3} - j(3\sqrt{3} - 2.5) = 2.5\sqrt{3} - j2.7 = 5.1\angle -32° \text{A}$$

因此所求电流为

$$i_4(t) = 5.1\sqrt{2}\sin(\omega t - 32°)\,\text{A}$$

利用三角函数和差化积再合并同类项，最后通过积化和差也可得

$$i_4(t) = i_1(t) + i_2(t) + i_3(t) = 5.1\sqrt{2}\sin(\omega t - 32°)\,\text{A}$$

对比上述运算过程可以看出，将正弦量运算转化为相量运算比直接进行正弦量运算要简单得多，从数学上来说，这种将正弦量运算转化为相量运算的方法称为相量法，其步骤为：①将正弦量表示为相量；②对相量按照复数运算规则进行运算；③由相量运算结果得出所求的正弦量。

需要说明的是，将正弦量的运算转化为相量运算仅适用于正弦量的加减法，而不适用于正弦量的乘除法，即对于正弦量的乘除法不能采用对应相量的乘除法来进行。

按照矢量加法的原理可以得出上述相量形式 KCL 方程对应的电流相量相加的相量图，如图 8-17(c)所示，从中可以看出各正弦电流的相位关系。显然，也可以用作相量图的方法求出电流相量 $\dot{I}_4$，即用求向量和的方法先画出和相量 $\dot{I}_1 + \dot{I}_2$，然后再用求矢量和的方法画出和相量 $(\dot{I}_1 + \dot{I}_2) + \dot{I}_3$。

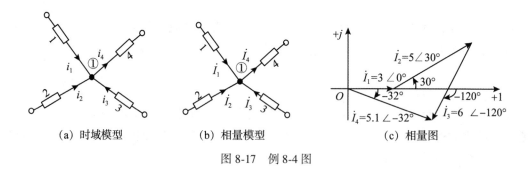

图 8-17　例 8-4 图

8.7.2.2　KVL 的相量形式

根据 KVL，在正弦稳态电路中，任一回路中各支路正弦电压瞬时值 $u_k(t)\,(k = 1,$

2，…）的代数和等于零，即

$$\sum_k u_k(t) = 0, \quad \forall t \tag{8-33}$$

式中，$u_k(t) = \sqrt{2}\,U_k\sin(\omega t + \varphi_{u_k})\mathrm{V}$，其对应的相量为 $\dot{U}_k = U_k\angle\varphi_{u_k}\mathrm{V}$，应用式(8-13)对式(8-32)两边进行正弦量相量变换，并应用其线性性质，可得 KVL 的相量形式为

$$\sum_k \dot{U}_k = 0, \quad \forall \omega \tag{8-34}$$

式(8-34)表明在正弦稳态电路中，任一回路中各支路电压相量的代数和等于零。

【例 8-5】 在图 8-18(a)所示的电路中，已知 $u_1(t) = 5\sqrt{2}\sin(\omega t + 60°)\mathrm{V}$，$u_2(t) = -15\sqrt{2}\sin(\omega t + 150°)\mathrm{V}$，$u_4(t) = 15\sqrt{2}\sin(\omega t + 150°)\mathrm{V}$，试求电压 $u_3(t)$ 及其对应的电流相量 $\dot{U}_3$，并画出相量图。

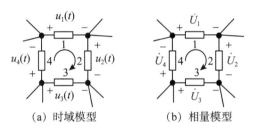

(a) 时域模型　　　　(b) 相量模型

图 8-18　例 6-4 图

解 各已知电压相量分别为

$$\dot{U}_1 = 5\angle 60° = (2.5 + j4.33)\mathrm{V}, \quad \dot{U}_2 = 15\angle{-30°} = 12.99 - j7.55\mathrm{V}$$

$$\dot{U}_4 = 15\angle 150° = -12.99 + j7.5\mathrm{V}$$

由于 KVL 也不涉及元件特性，所以根据图 8-18(a)所示电路的时域模型，可以画出如图 8-18(b)所示的相量模型，由此列出 KVL 方程为

$$\dot{U}_3 = \dot{U}_1 + \dot{U}_2 + \dot{U}_4 = 2.5 + j4.33 + 12.99 - j7.55 - 12.99 + j7.55$$
$$= 2.5 + j4.33 = 5\angle 60°\mathrm{V}$$

据此 KVL 方程也可以画出其对应的相量图。

应该注意的是，式(8-32)、式(8-34)分别表示的是任一节点处各支路电流相量的代数和为零，以及任一回路中各支路电压相量的代数和为零，而这些电流和电压所对应的正弦量的有效值或振幅的代数和却并不一定等于零，即一般说来，任一节点处各支路正弦电流的最大值或有效值不满足 KCL，任一回路中各支路正弦电压的最大值或有效值不满足 KVL，即

$$\sum_k |\dot{I}_{km}| \neq 0 \text{ 或 } \sum_k I_{km} \neq 0, \quad \sum_k |\dot{I}_k| \neq 0 \text{ 或 } \sum_k I_k \neq 0$$

以及

$$\sum_k |\dot{U}_{km}| \neq 0 \text{ 或 } \sum_k U_{km} \neq 0, \quad \sum_k |\dot{U}_k| \neq 0 \text{ 或 } \sum_k U_k \neq 0$$

例如，在例 8-4 中，$I_4 = 5.1 \neq I_1 + I_2 + I_3 = 3 + 5 + 6 = 14$。显然，这是由于正弦量对

应的相量是复数，而正弦量的有效值或最大值是实数的缘故。

8.8　电路的相量模型

在对一个电路进行时域分析时，需要对其应用时域的 VCR、KCL 以及 KVL，与此类似，若要对一个电路用相量法进行分析，则首先必须得出它对应的相量模型，而后应用相量形式的 VCR、KCL 以及 KVL 对其进行分析，因此，问题的关键在于如何由一个电路的时域模型得出其对应的相量模型。

前面通过正弦量相量变换建立了电路基本元件的相量关系，并得出了克希霍夫定律的相量形式，它们是建立电路相量模型和列写电路相量方程的基本依据。由于电路模型是由元件模型及其连接结构决定的，而连接结构是受克希霍夫定律约束的，由式（8-32）和（8-34）可知，克希霍夫定律的相量形式和时域形式是完全相同的，根据电路模型与其描述方程的一一对应性可知，同一电路的时域模型和对应的相量模型的连接结构也应该是完全相同的，因此，在由电路时域模型构造其对应的相量模型时，无需改变电路的连接结构，只需对元件的描述加以改变，即在不改变各元件电路符号的情况下，将元件的时域形式描述改为相量形式描述，这时将电路元件分为两类：

8.8.1　电容和电感元件

由于这些元件的时域 VCR 是微分方程，根据正弦量相量变换的微分性质可知，只需要将时域电路中电感和电容元件电路符号旁的 L 和 C 分别改为其对应的 $j\omega L$ 或 $\dfrac{1}{j\omega L}$、$\dfrac{1}{j\omega C}$ 或 $j\omega C$ 即可。

8.8.2　除电容和电感元件外的其他元件

由于这类元件的时域 VCR 均为代数方程，因此，根据正弦量相量变换的齐次性质可知，这类元件的 VCR 的时域形式和相量形式是完全一致的，仅仅电压、电流变量分别是时域变量和相量的区别，例如 $u = Ri$ 和 $\dot{U} = R\dot{I}$，故而只需在时域电路中元件符号旁将描述它们的时域电压或电流改为对应的相量即可，例如时域电压源 $u_\mathrm{S}(t)$、电流源 $i_\mathrm{S}(t)$ 分别用其对应相量 $\dot{U}_\mathrm{S}$、$\dot{I}_\mathrm{S}$ 代替便是。最后，还需要将时域电路中所有用到的正弦电流、电压时域变量用对应的相量代替且保持其参考方向不变。这样，就将一个电路的时域模型改变为其对应的相量模型。由于这时所有电路方程均为代数方程，因而电路相当于一个电阻电路，所有电阻电路的分析方法均可应用于分析正弦稳态电路。图 8-19 所示为一个简单电路的时域模型与其对应的相量模型，用支路电流法求解该电路时域模型的方程为

$$
\left.
\begin{aligned}
n_1: \quad & i_C(t) = i_R(t) + i_L(t) \\[2mm]
m_1: \quad & \frac{1}{C}\int i_C(t)\,\mathrm{d}t + R i_R(t) = u_\mathrm{S}(t) \\[2mm]
m_2 \quad & R i_R(t) = L\frac{\mathrm{d}i_L(t)}{\mathrm{d}t}
\end{aligned}
\right\}
\tag{8-35}
$$

电流变量 $i_R(t)$、$i_C(t)$、$i_L(t)$ 所对应的电流相量分别为 $\dot{I}_R$、$\dot{I}_C$、$\dot{I}_L$，对式(8-35)中各方程两边分别进行正弦量相量变换，并应用有关变换性质，可得式(8-35)所对应的电流相量变量表示的电路方程，即

$$
\begin{aligned}
n_1: && \dot{I}_C &= \dot{I}_R + \dot{I}_L \\
m_1: && \frac{1}{j\omega C}\dot{I}_C + R\dot{I}_R &= \dot{U}_S \\
m_2: && R\dot{I}_R &= j\omega L\dot{I}_L
\end{aligned}
\right\}
\tag{8-36}
$$

显然，求解这组复系数代数方程得出所要求的电流相量 $\dot{I}_R$、$\dot{I}_C$、$\dot{I}_L$ 进而得出其对应的正弦电流 $i_R(t)$、$i_C(t)$、$i_L(t)$ 比直接求解微分方程组(8-35)要简单得多。

由于将电路的时域模型转换为其对应的相量模型非常容易，所以以后一般会直接给出相量模型用相量法进行分析，又由于正弦量和相量之间的对应关非常简单，因此，一般将相量作为最终计算结果而不再将其变换为正弦量，例如，对于图8-19(b)所示的相量模型直接利用相量形式的 VCR、KCL 以及 KVL 得出式(8-36)，进而求出 $\dot{I}_R$、$\dot{I}_C$、$\dot{I}_L$。

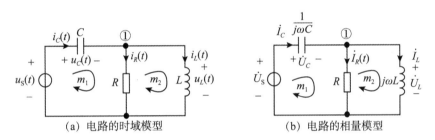

(a) 电路的时域模型　　　　　　　　(b) 电路的相量模型

图 8-19　电路的时域模型及其对应的相量模型

需要注意的是，相量模型是一种"虚拟"的电路模型，其作用仅仅在于简化正弦稳态电路的分析计算，而不像时域模型那样可以从物理上描述对应的实际电路。

8.9　阻抗、导纳及其等效变换

从上面的讨论可知，在正弦稳态电路中，由于引入了电容、电感元件，相应地引入了参数 $j\omega L$ 或 $\dfrac{1}{j\omega L}$，以及 $\dfrac{1}{j\omega C}$ 或 $j\omega C$，因此，为了能像电阻电路那样，用一个统一的参数表示正弦稳态下无源和有源二端网络的端口特性以及无源元件的 VCR，引入了电路参数阻抗和导纳。

8.9.1　阻抗

如图 8-20(a)所示为一正弦稳态无源或有源单口网络 N_0，其端口电压相量 $\dot{U} = U\angle\varphi_u$

与电流相量 $\dot{I} = I \angle \varphi_i$ 之比定义为 N_0 的输入阻抗或等效阻抗 Z，简称为阻抗，即

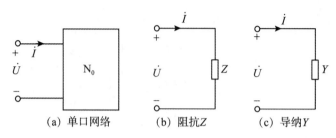

(a) 单口网络　　　(b) 阻抗 Z　　　(c) 导纳 Y

图 8-20　正弦稳态无源或有源单口网络的阻抗与导纳

$$Z = \frac{\dot{U}}{\dot{I}} = |Z| \angle \varphi_Z = |Z| e^{j\varphi_Z} = |Z|\cos\varphi_Z + j|Z|\sin\varphi_Z = R + jX \qquad (8\text{-}37)$$

Z 的电路符号如图 8-20(b) 所示。当频率 ω 一定时，端口电压 $\dot{U}$ 和端口电流 $\dot{I}$ 都是在该角频率 ω 下的相量即为一复常数。但是，由于单口电路中所含电感的感抗、电容的容抗均为角频率的函数，所以若激励角频率 ω 发生变化，阻抗 Z、端口电压 $\dot{U}$ 和端口电流 $\dot{I}$ 都会随之而变，即均为 ω 的函数。因此，在一般情况下，Z 是一个随 ω 变化的复函数。故而将其也记为 $Z(j\omega)(= |Z(j\omega)| \angle \varphi_Z(\omega))$。由于 $\dot{U}$ 和 $\dot{I}$ 均是由正弦电压和电流通过相量变换得到的，而 Z 并不是对正弦量取这种变换的结果，因此它不与正弦量相对应，故 Z 不是相量，而为一复数，其单位是欧[姆](Ω)。

由式(8-37)可知，Z 的模值为 $|Z| = U/I$，$|Z|$ 的单位亦为欧[姆](Ω)。Z 的辐角 φ_Z 称为阻抗角，它说明了端口电压与端口电流之间的相位关系，即 $\varphi_Z = \varphi_u - \varphi_i$。当单口 N_0 内部不含受控源时，阻抗角的主值范围为 $|\varphi_Z| \leqslant 90°$，但若含受控源，则有可能会出现 $|\varphi_Z| > 90°$ 的情况，这时，Z 的实部 R 为负值，在等效电路中要用受控源来表示。

R 为 Z 的电阻分量或单口网络的等效电阻，它代表电路的等效热损耗；X 为 Z 的电抗分量或单口网络的等效电抗，它代表电路的等效电场或磁场能量的存储。R 和 X 的单位均为欧[姆](Ω)。一般来说，Z、R、X、$|Z|$ 和 φ_Z 均是由电路的拓扑结构、元件参数和激励频率共同决定的，而与端口电压和端口电流及相位无关。对于给定的电路，它们仅为激励频率的函数，可记为 $Z(j\omega)$、$R(\omega)$、$X(\omega)$、$|Z(j\omega)|$ 和 $\varphi_Z(\omega)$。

当 $X > 0(\varphi_Z > 0)$ 时，Z 称为感性阻抗；当 $X < 0(\varphi_Z < 0)$ 时，Z 则称 X 为容性阻抗。由式(8-37)可知，Z 与 R 和 X 可以构成一个直角三角形(图 8-21(a) 所示为 $X > 0$ 的情况)，称为阻抗三角形，由此可以建立 R 和 X 与 $|Z|$ 和 φ_Z 之间的关系为 $|Z| = \sqrt{R^2 + X^2}$ 和 $\varphi_Z = \arctan\dfrac{X}{R}$ 以及 $R = |Z|\cos\varphi_Z$ 和 $X = |Z|\sin\varphi_Z$。

根据式(8-37)，可以将 Z 用等效电阻 R 与等效电抗 X 的串联表示，如图 8-21(b) 所示，其中当 $X > 0(\varphi_Z > 0)$ 时，X 称为感性电抗；当 $X < 0(\varphi_Z < 0)$ 时，则称 X 为容性电

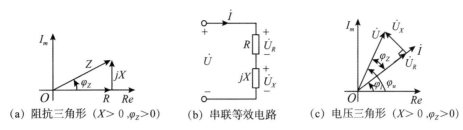

(a) 阻抗三角形（$X > 0$, $\varphi_Z > 0$）　　　(b) 串联等效电路　　　(c) 电压三角形（$X > 0$, $\varphi_Z > 0$）

图 8-21　用阻抗 Z 描述正弦稳态无源或有源单口电路 N_0 的三种图示

抗，它们分别可以用等效电感 L_{eq} 和等效电容 C_{eq} 来表示，即

$$L_{eq} = \frac{X}{\omega}（X > 0，感性电抗），\quad C_{eq} = \frac{1}{|X|\omega}（X < 0，容性电抗）$$

利用式（8-37）可得

$$\dot{U} = Z\dot{I} = R\dot{I} + jX\dot{I} = \dot{U}_R + \dot{U}_X \tag{8-38}$$

式中，$\dot{U}_R(= R\dot{I})$ 是等效电阻的电压，称为端口电压 $\dot{U}$ 的电阻电压分量，它与端口电流 $\dot{I}$ 同相；$\dot{U}_X(= jX\dot{I})$ 是等效电抗上的电压，称为端口电压 $\dot{U}$ 的电抗电压分量，它与端口电流 $\dot{I}$ 相位相差 $\pm 90°$，由 $\dot{U}_R$、$\dot{U}_X$ 和 $\dot{U}$ 构成的电压三角形如图 8-21（c）所示，其中 $\dot{U}_X$ 在相位上超前电流 $\dot{I}$ 的角度为 $90°$，这时 X 为等效感抗而非等效容抗。

由式（8-37）和式（8-38）可知，阻抗三角形与电压三角形是相似三角形。

当图 8-20（a）所示的 N_0 内部仅含单个元件即电阻 R、电容 C 和电感 L 时，它们所对应的阻抗分别为 $Z_R = R$，$Z_L = j\omega L = jX_L$，$Z_C = \dfrac{1}{j\omega C} = -jX_C$。

8.9.2　导纳

将图 8-20（a）中 N_0 的端口电流相量 $\dot{I} = I\angle\varphi_i$ 与电压相量 $\dot{U} = U\angle\varphi_u$ 之比定义为 N_0 的输入导纳或等效导纳 Y，简称为导纳，即

$$Y = \frac{\dot{I}}{\dot{U}} = |Y|\angle\varphi_Y = |Y|e^{j\varphi_Y} = |Y|\cos\varphi_Y + j|Y|\cos\varphi_Y = G + jB \tag{8-39}$$

Y 的电路符号如图 8-20（c）所示。类同于 Z，在一般情况下，Y 是一个随 ω 变化的复函数，因此，也将其记为 $Y(j\omega)(= |Y(j\omega)|\angle\varphi_Y(\omega))$。同样，$Y$ 也不是相量，而为一复数，其单位为西［门子］（S）。

由式（8-39）可知，Y 的模值为 $|Y| = I/U$，其单位亦为西［门子］（S）。Y 的辐角 φ_Y 称为导纳角，它说明了电流与电压之间的相位关系，即 $\varphi_Y = \varphi_i - \varphi_u$。当 N_0 内部不含受控源时，导纳角的主值范围为有 $|\varphi_Y| \leq 90°$，但若含有受控源，则可能会出现 $|\varphi_Y| > 90°$ 的情况，这时 Y 的实部 G 为负值。在等效电路中要用受控源来表示。

G 为 Y 的电导分量或等效电导，B 为 Y 的电纳分量或等效电纳。G 和 B 的单位均为西[门子](S)。一般来说，Y、G、B、$|Y|$ 和 φ_Y 也均是由电路的拓扑结构、元件参数和激励频率共同决定的，对于确定的电路，它们仅为激励频率的函数，可以记为 $Y(j\omega)$、$G(\omega)$、$B(\omega)$、$|Y(j\omega)|$ 和 $\varphi_Y(\omega)$。

当 $B > 0(\varphi_Y > 0)$ 时，Y 称为容性导纳，当 $B < 0(\varphi_Y < 0)$ 时，Y 则称为感性导纳，由式(8-39)可知，Y 与 G 和 B 可以构成一个的直角三角形(图 8-22(a)所示为 $B > 0$ 的情况)，称为导纳三角形，由此可以建立 G 和 B 与 $|Y|$ 和 φ_Y 之间的关系为 $|Y| = \sqrt{G^2 + B^2}$ 和 $\varphi_Y = \arctan\dfrac{B}{G}$，以及 $G = |Y|\cos\varphi_Y$ 和 $B = |Y|\sin\varphi_Y$。

根据式(8-39)，可以将 Y 用等效电导 G 与等效电纳 B 的并联表示，如图 8-22(b)所示，其中当 $B > 0(\varphi_Y > 0)$ 时，B 称为容性电纳，当 $B < 0(\varphi_Y < 0)$ 时，则称 B 为感性电纳，它们分别可以用等效电容 C_{eq} 和等效电感 L_{eq} 来表示，即

$$C_{eq} = \frac{B}{\omega}(B > 0，容性电纳)，\quad L_{eq} = \frac{1}{|B|\omega}(B < 0，感性电纳)$$

利用式(8-39)可得

$$\dot{I} = Y\dot{U} = G\dot{U} + jB\dot{U} = \dot{I}_G + \dot{I}_B \tag{8-40}$$

式中，$\dot{I}_G(= G\dot{U})$ 是流过等效电导的电流，称为端口电流 $\dot{I}$ 的电导电流分量，它与端口电压 $\dot{U}$ 同相；$\dot{I}_B = (jB\dot{U})$ 是流过等效电纳的电流，称为端口电流 $\dot{I}$ 的电纳电流分量，它与端口电压 $\dot{U}$ 之间的相位差为 $\pm 90°$，由 $\dot{I}_G$、$\dot{I}_B$ 和 $\dot{I}$ 构成的电流三角形如图 8-22(c)所示，其中 $\dot{I}_B$ 在相位上超前电压 $\dot{U}$ 的角度为 $90°$，这时 B 为等效容纳而非等效感纳。

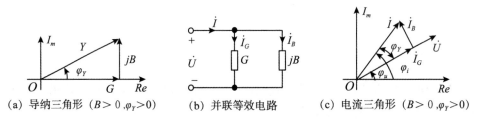

(a) 导纳三角形 $(B > 0，\varphi_Y > 0)$ 　(b) 并联等效电路 　(c) 电流三角形 $(B > 0，\varphi_Y > 0)$

图 8-22　用导纳 Y 描述正弦稳态无源或有源单口网络 N_0 的三种图示

由式(8-39)和式(8-40)可知，导纳三角形与电流三角形是相似三角形。

当图 8-20(a)所示的 N_0 内部仅含单个元件即电阻 R、电容 C 和电感 L 时，它们所对应的导纳分别为 $Y_R = 1/R = G$，$Y_L = 1/j\omega L = -jB_L$，$Y_C = j\omega C = jB_C$。

8.9.3　阻抗与导纳的等效变换

对于正弦稳态无源或有源单口网络，既可以用阻抗 Z，也可以用导纳 Y 等效表示。因此，同一单口网络在同一频率下，两者互为倒数关系，即有

$$Z = \frac{1}{Y} \text{ 或 } Y = \frac{1}{Z} \qquad (8\text{-}41)$$

由式(8-41)可以得出采用模值和幅角表示阻抗和导纳时，它们之间的关系为

$$\begin{cases} |Z| = \dfrac{1}{|Y|} \\ \varphi_Z = -\varphi_Y \end{cases} \text{ 或 } \begin{cases} |Y| = \dfrac{1}{|Z|} \\ \varphi_Y = -\varphi_Z \end{cases} \qquad (8\text{-}42)$$

而当采用实部和虚部表示阻抗和导纳时，它们之间的关系为

$$\begin{cases} R = \dfrac{G}{G^2 + B^2} = \dfrac{G}{|Y|^2} \\ X = \dfrac{-B}{G^2 + B^2} = -\dfrac{B}{|Y|^2} \end{cases} \text{ 或 } \begin{cases} G = \dfrac{R}{R^2 + X^2} = \dfrac{R}{|Z|^2} \\ B = \dfrac{-X}{R^2 + X^2} = -\dfrac{X}{|Z|^2} \end{cases} \qquad (8\text{-}43)$$

由式(8-43)可知，在一般情况下，R 和 G 以及 $|X|$ 和 $|B|$ 并非倒数关系，并且借助式(8-43)可以将电阻与电抗串联等效电路等效变换为电导与电纳并联等效电路或反之。但是，由于 R、G、X 和 B 均为 ω 的函数，因而只有在确定频率的情况下，才能确定 R 和 G 的数值以及 X 和 B 的数值及其正、负号。显然，Z、Y 之间的等效变换不会改变阻抗或导纳原有的感性或容性性质。此外，对于同一个正弦稳态无源或有源单口网络，随着 ω 的改变，尽管等效电路的连接形式(串联或并联)不变，但其中等效元件 X 或 B 甚至 R 却可能大小或正负不同，即原单口电路 ω 的不同存在不同的等效电路，对外呈现的电路性质(感性、容性或阻性)也可能会发生相应变化。

【**例 8-6**】 在图 8-23 所示的单口网络 N_0 中，已测知端口电压和电流分别为 $u(t) = 10\sqrt{2}\cos(5t - 45°)\text{V}$，$i(t) = 2\sqrt{2}\sin(5t)\text{A}$，试求该单口网络的输入阻抗、输入导纳以及等效电路。

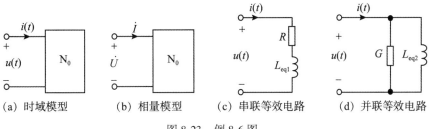

(a) 时域模型　　(b) 相量模型　　(c) 串联等效电路　　(d) 并联等效电路

图 8-23　例 8-6 图

解　由图 8-23(a)得出其相量域模型如图 8-23(b)所示。将电压的余弦表示式变为正弦表示式可得

$$u(t) = 10\sqrt{2}\cos(5t - 45°) = 10\sqrt{2}\sin(5t - 45° + 90°) = 10\sqrt{2}\sin(5t + 45°)\text{V}$$

由电压、电流的时域表示式求出它们对应的电压、电流相量分别为 $\dot{U} = 10\angle 45°\text{V}$，$\dot{I} = 2\angle 0°\text{A}$，根据阻抗定义可以求出 $Z = \dfrac{\dot{U}}{\dot{I}} = 5\angle 45° = \dfrac{5}{\sqrt{2}}(1 + j) = R + jX\Omega$，因此可得 $X =$

$\dfrac{5\sqrt{2}}{2}\Omega > 0$，电路呈感性。故等效电路是一个 $R = \dfrac{5\sqrt{2}}{2}\Omega$ 的等效电阻与一个感抗为 $X_L =$ $\dfrac{5\sqrt{2}}{2}\Omega$ 的等效电感串联的电路，其中等效电感值为 $L_{\mathrm{eq1}} = \dfrac{X}{\omega} = \dfrac{\sqrt{2}}{2}\mathrm{H}$。由于 $Y = \dfrac{1}{Z} = \dfrac{1}{5\angle 45°} =$ $0.2\angle -45° = 0.1\sqrt{2}\,(1 - j) = G + jB\ \mathrm{S}$，$B = -0.1\sqrt{2}\ \mathrm{S} < 0$，电路呈感性。因此，原电路又可以等效为一个 $G = 0.1\sqrt{2}\ \mathrm{S}$ 的等效电导与一个感纳为 $B_L = 0.1\sqrt{2}\ \mathrm{S}$ 的等效电感并联的电路，其中等效电感值为 $L_{\mathrm{eq2}} = \dfrac{1}{\omega \mid B \mid} = \sqrt{2}\,\mathrm{H}$。所得两种时域等效电路分别如图 8-23(c)、(d) 所示。

8.10　应用相量法分析正弦稳态电路

电路的时域分析法是以时间为自变量来分析电路中激励和响应的关系，正弦稳态电路的分析方法则是以频率为自变量利用相量对正弦稳态电路进行分析的频域分析法，简称相量法。

利用相量法分析正弦稳态电路就是直接应用相量形式的 VCR、KCL 和 KVL 对相量模型进行分析，由于是求解复系数代数方程，所以分析过程类同于电阻电路分析，并且可以采用所有线性电路的分析方法。

8.10.1　应用等效变换法分析正弦稳态电路

由于正弦稳态电路较电阻电路在元件组成上的最大差异就是加入了电容和电感元件（第 10 章中还引入了互感），因此，只要将 $j\omega L$ 和 $\dfrac{1}{j\omega C}$ 视为"电阻"，将 $\dfrac{1}{j\omega L}$ 和 $j\omega C$ 视为"电导"，电压和电流采用相量，则电阻电路中的各种等效变换方法和公式均能够直接"移植"到正弦稳态电路中。

下面分别以阻抗串联和导纳并联中最为典型的 RLC 串联电路和 GLC 并联电路为例讨论阻抗串联和导纳并联电路的等效分析问题。

8.10.1.1　RLC 串联电路的等效分析

RLC 串联电路的相量模型如图 8-24(b) 所示，由 KVL 可得

$$\dot{U} = \dot{U}_R + \dot{U}_L + \dot{U}_C = \left(R + j\omega L + \dfrac{1}{j\omega C} \right)\dot{I} = \left[R + j\left(\omega L - \dfrac{1}{\omega C} \right) \right]\dot{I}$$

$$= \left[R + j(X_L - X_C) \right]\dot{I} = (R + jX)\dot{I} = Z\dot{I} \tag{8-44}$$

式中，Z 为 RLC 串联电路的等效阻抗，有

$$Z = \dfrac{\dot{U}}{\dot{I}} = R + jX = R + j\left(\omega L - \dfrac{1}{\omega C} \right) = \sqrt{R^2 + \left(\omega L - \dfrac{1}{\omega C} \right)^2}\ \angle \arctan\left[\dfrac{\omega L - \dfrac{1}{\omega C}}{R} \right]$$

$$\tag{8-45}$$

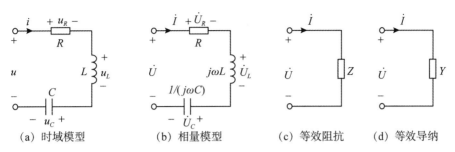

(a) 时域模型   (b) 相量模型   (c) 等效阻抗   (d) 等效导纳

图 8-24   RLC 串联电路模型、等效阻抗与等效导纳

根据电抗 $X = X_L - X_C$ 的正负或阻抗角 φ_Z 的正负可以判别 RLC 串联电路的性质：

（1）当 $X > 0$ 即 $X_L > X_C$ 时，$0 < \varphi_Z \leqslant 90°$，端口电压 $\dot{U}$ 超前端口电流 $\dot{I}$ 一个相角 φ_Z，RLC 串联电路呈电感性，称为感性电路，可以等效为一个电阻与一个电感的串联，且电感的感抗 $X_{Leq} = X_L - X_C$。

（2）当 $X < 0$，即 $X_L < X_C$ 时，$-90° \leqslant \varphi_Z < 0°$，端口电压 $\dot{U}$ 滞后于端口电流 $\dot{I}$ 一个相角 $|\varphi_Z|$，RLC 串联电路呈电容性，称为容性电路，可以等效为一个电阻与一个电容的串联，且电容的容抗 $X_{Ceq} = X_C - X_L$。

（3）当 $X = 0$，即 $X_L = X_C$ 时，$\varphi_Z = 0$，端口电压 $\dot{U}$ 与端口电流 $\dot{I}$ 同相，RLC 串联电路呈电阻性，称为阻性电路，等效为一电阻 R。这时，电路发生了一种特殊的物理现象，称之为串联谐振，对此将在第 9 章予以讨论。

上述结论适合于任何线性时不变正弦稳态无源单口网络。

根据式（8-44）可以作出 RLC 串联电路电压、电流的相量图，如图 8-25 所示。由于各元件流过同一电流 $\dot{I}$，故取 $\dot{I}$ 为参考相量（对应于时域电路中的参考正弦量）比较方便。如图 8-25（a）所示，这时，将 $\dot{I}$ 画在水平正方向上。由于 $\dot{U}_R$ 与 $\dot{I}$ 同相位，故也画在水平正方向上；$\dot{U}_L$ 比 $\dot{I}$ 超前 90°，故从电流 $\dot{I}$ 所在之处逆时针转动 90°，即可画出 $\dot{U}_L$，而 $\dot{U}_C$ 比 $\dot{I}$ 滞后 90°，故从电流 $\dot{I}$ 所在处顺时针转 90° 便可画出 $\dot{U}_C$。图 8-25（b）、（c）、（d）中分别应用求矢量和的多边形法则画出了 $\dot{U} = \dot{U}_R + \dot{U}_L + \dot{U}_C$ 的关系。

需要注意的是，根据时域形式的 KVL 可知，在任何瞬间端口电压 $u(t)$ 都等于 $u_R(t)$、$u_L(t)$ 和 $u_C(t)$ 的代数和，由于 $u_R(t)$、$u_L(t)$ 和 $u_C(t)$ 之间存在相位差，故由相量形式的 KVL 可知，$u(t)$ 的有效值 U 并不等于 $u_R(t)$、$u_L(t)$ 和 $u_C(t)$ 三个电压的有效值 U_R、U_L 和 U_C 之和，根据式（8-44）可以得到其中 4 个电压有效值之间的关系为

$$U = |Z|I = \sqrt{R^2 + X^2}\,I = \sqrt{R^2 + (X_L - X_C)^2}\,I$$

$$= \sqrt{(RI)^2 + (X_L I - X_C I)^2} = \sqrt{U_R{}^2 + (U_L - U_C)^2} = \sqrt{U_R{}^2 + U_X{}^2}$$

即相量 $\dot{U}$ 和 $\dot{U}_R$ 和 $\dot{U}_X$ 构成电压直角三角形，这也可以从相量图 8-25 中直观地看出。

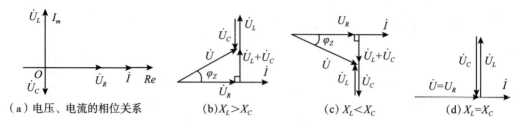

图 8-25 *RLC* 串联电路的相量图

RLC 串联电路的输入导纳为

$$Y = G + jB = \frac{1}{Z} = \frac{R}{R^2 + \left(\omega L - \dfrac{1}{\omega C}\right)^2} + j\frac{\dfrac{1}{\omega C} - \omega L}{R^2 + \left(\omega L - \dfrac{1}{\omega C}\right)^2}$$

由此可见，$G \neq \dfrac{1}{R}$，$B \neq \dfrac{1}{X}$。导纳的模和导纳角分别为

$$|Y| = \frac{1}{|Z|} = \frac{1}{\sqrt{R^2 + \left(\omega L - \dfrac{1}{\omega C}\right)^2}}, \quad \varphi_Y = -\varphi_Z = -\arctan\left[\frac{\omega L - \dfrac{1}{\omega C}}{R}\right]$$

8.10.1.2 *GLC* 并联电路的等效分析

GLC 并联电路的相量模型如图 8-26(b)所示，由 KCL 可得

$$\dot{I} = \dot{I}_G + \dot{I}_C + \dot{I}_L = \left(G + j\omega C + \frac{1}{j\omega L}\right)\dot{U} = \left[G + j\left(\omega C - \frac{1}{\omega L}\right)\right]\dot{U} \tag{8-46}$$

$$= \left[G + j(B_C - B_L)\right]\dot{U} = (G + jB)\dot{U} = Y\dot{U}$$

式中，Y 为 *GLC* 并联电路的等效导纳，有

$$\overset{*}{Y} = \frac{\dot{I}}{\dot{U}} = G + jB = G + j\left(\omega C - \frac{1}{\omega L}\right) = \sqrt{G^2 + \left(\omega C - \frac{1}{\omega L}\right)^2} \angle \arctan\left[\frac{\omega C - \dfrac{1}{\omega L}}{G}\right] \tag{8-47}$$

根据电纳 $B = B_C - B_L$ 的正负或导纳角 φ_Y 的正负可以判别 *GLC* 并联电路的性质：

(1)当 $B > 0$，即 $B_C > B_L$ 时，$0 < \varphi_Y \leqslant 90°$，端口电流 $\dot{I}$ 超前端口电压 $\dot{U}$ 一个相角 φ_Y，*GLC* 并联电路呈容性，故而可以等效为一个电导与一个电容的并联，其中电容的容纳 $B_{Ceq} = B_C - B_L$。

(2)当 $B < 0$，即 $B_C < B_L$ 时，$-90° \leqslant \varphi_Y < 0°$，端口电流 $\dot{I}$ 滞后于端口电压 $\dot{U}$ 一个相角 $|\varphi_Y|$，*GLC* 并联电路呈感性，因而可以等效为一个电导与一个电感的并联，其中电感

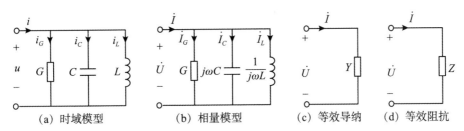

图 8-26 GLC 并联电路模型、等效导纳与等效阻抗

的感纳为 $B_{Leq} = B_L - B_C$。

(3)当 $B = 0$，即 $B_C = B_L$ 时，$\varphi_Y = 0°$，端口电流 $\dot{I}$ 与端口电压 $\dot{U}$ 同相，GLC 并联电路呈阻性，可以等效为一个电阻 R。这时，电路也发生了一种特殊的物理现象，称之为并联谐振，对此将在第 9 章予以讨论。

上述结论适合于任何线性时不变正弦稳态无源单口网络。

类似于 RLC 串联电路，可以根据式(8-46)作出 GLC 并联电路电压、电流的相量图如图 8-27 所示，其中应用求矢量和的多边形法则画出了 $\dot{I} = \dot{I}_G + \dot{I}_C + \dot{I}_L$ 的关系，由于各元件承受同一电压 $\dot{U}$，故取其为参考向量。

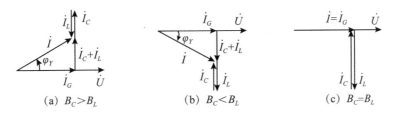

图 8-27 GCL 并联电路的相量图

由式(8-46)可以得出 GLC 并联电路中四个电流有效值之间的关系为

$$I = |Y|U = \sqrt{G^2 + B^2}\,U = \sqrt{G^2 + (B_C - B_L)^2}\,U$$

$$= \sqrt{(GU)^2 + (B_C U - B_L U)^2} = \sqrt{I_G^2 + (I_C - I_L)^2} = \sqrt{I_G^2 + I_B^2}$$

即相量 $\dot{I}$ 和 $\dot{I}_G$ 和 $\dot{I}_B$ 构成电流直角三角形，这也可以从相量图 8-27 中直观地看出。

GLC 并联电路的输入阻抗为

$$Z = R + jX = \frac{1}{Y} = \frac{G}{G^2 + \left(\omega C - \dfrac{1}{\omega L}\right)^2} + j\,\frac{\dfrac{1}{\omega L} - \omega C}{G^2 + \left(\omega C - \dfrac{1}{\omega L}\right)^2}$$

由此可见 $R \neq \dfrac{1}{G}$，$X \neq \dfrac{1}{B}$。阻抗的模和阻抗角分别为

$$|Z| = \frac{1}{|Y|} = \frac{1}{\sqrt{G^2 + \left(\omega C - \dfrac{1}{\omega L}\right)^2}}, \quad \varphi_Z = -\varphi_Y = -\arctan\left[\frac{\omega C - \dfrac{1}{\omega L}}{G}\right]$$

【**例 8-7**】 试求图 8-28 所示正弦稳态电路 a-b 端口的输入阻抗, 已知 $f = 50\text{Hz}$, $R_1 = R_2 = 3\Omega$, $C_1 = C_2 = \dfrac{1}{100\pi}\text{F}$, $g_m = \dfrac{1}{3}\text{S}$。

解 由节点 2 的 KCL 可得

$$\dot{I}_3 = g_m\dot{U} + \dot{I}_4$$

由 KVL 可得 $\dot{U} = \dfrac{\dot{I}_3}{j\omega C_2} + R_2\dot{I}_4$, 即

$$\dot{I}_4 = \frac{\dot{U}}{R_4} - \frac{\dot{I}_3}{j\omega R_2 C_2}$$

将该式代入所得的 KCL 方程有

$$\dot{I}_3 = \frac{j\omega C_2(1 + R_2 g_m)}{1 + j\omega C_2 R_2}\dot{U}$$

在节点①列写 KCL 并应用支路特性 $\dot{I}_1 = j\omega C_1\dot{U}$, $\dot{I}_2 = \dot{U}/R_1$ 可得

$$\dot{I} = \dot{I}_1 + \dot{I}_2 + \dot{I}_3 = \left[j\omega C_1 + \frac{1}{R_1} + \frac{j\omega C_2(1 + R_2 g_m)}{1 + j\omega C_2 R_2}\right]\dot{U}$$

所以

$$\begin{aligned}
Z_{ab} = \frac{\dot{U}}{\dot{I}} &= \frac{1}{j\omega C_1 + \dfrac{1}{R_1} + \dfrac{j\omega C_2(1 + R_2 g_m)}{1 + j\omega C_2 R_2}} \\
&= \frac{(1 + j\omega C_2 R_2)R_1}{1 + \omega^2 C_1 C_2 R_1 R_2 + j\omega\left[C_1 R_1 + C_2 R_2 + C_2 R_1(1 + R_2 g_m)\right]}
\end{aligned}$$

带入数据可得 $Z_{ab} = \dfrac{23}{124} + j\dfrac{4}{124}\Omega$。

【**例 8-8**】 在图 8-29(a) 所示电路中, 已知 $\dot{I}_S = \sqrt{2}\angle -45°\text{A}$, 求电压 $\dot{U}$。

解 首先将 6Ω 与 $j2\Omega$ 以及 6Ω 与 $-j2\Omega$ 的并联结构各等效成一个等效阻抗, 再将 $j3\Omega$、$-j3\Omega$ 及 6Ω 构成的三角形连接等效变换为星形连接, 如图 6-29(b) 所示。利用分流公式与欧姆定理可得

$$\dot{U} = \frac{(0.6 + j1.8 - j3)\dot{I}_S}{(0.6 + j1.8 - j3) + (j3 + 0.6 - j1.8)} \times (0.6 - j1.8) = -3\text{V}$$

【**例 8-9**】 试求如图 8-30(a) 所示电路中电流 $\dot{I}_2$。

380

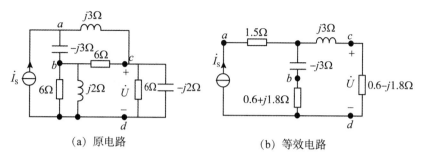

图 8-29 例 8-8 图

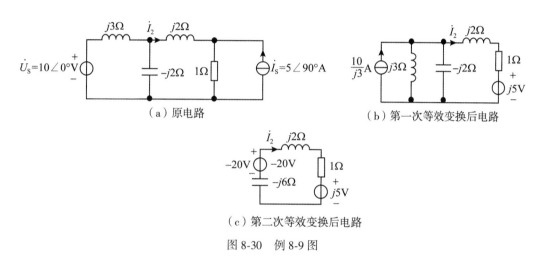

图 8-30 例 8-9 图

解 对于图 8-30(a)所示电路中的电压源和电感串联,以及电流源和电阻并联分别作等效变换得到图 8-30(b)所示电路,其中 $j3\Omega$ 和 $-j2\Omega$ 并联等效为 $-j6\Omega$ 后,再与 $\dfrac{10}{j3}$ A 电流源作等效变换,得到如图 8-30(c)所示电路,对此单回路电路应用 KVL 可得

$$\dot{I}_2 = \frac{-20 - j5}{1 + j2 - j6} = -j5\text{A}$$

8.10.2 应用一般分析方法分析正弦稳态电路

正弦稳态电路的一般分析方法即方程法同样也有网孔法、回路法和节点法等。

【例 8-10】 在图 8-31(a)所示电路中,已知 $R_1 = 5\Omega$,$R_2 = 2\Omega$,$R_3 = 1\Omega$,$R_s = 3/4\Omega$,$L = 2\text{H}$,$C_1 = 2\text{F}$,$C_2 = \dfrac{1}{4}\text{F}$,$\alpha = 1$,$u_S = \sqrt{2}\sin(0.5t)\text{V}$,$i_S = 2\sqrt{2}\sin(0.5t - 90°)\text{A}$,求电流 i 及电阻 R_s 上的电压降 u。

解 将独立电流源 i_S 转移到节点 3 和 4 之间、节点 3 和 5 之间,分别与 R_3 和 L 并联,同时,再将受控电流源 αi 转移到节点 2 和 5 之间、节点 3 和 5 之间,分别与 C_1 和 L 并联,如图 8-31(b)所示,然后将该电路变为相量模型,并把电流源与阻抗的并联等效变换为电

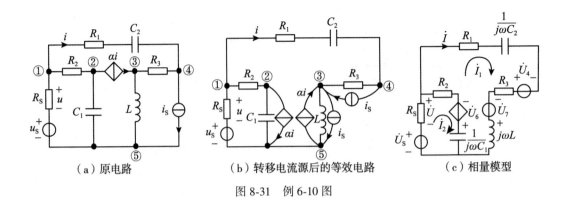

（a）原电路　　　　　（b）转移电流源后的等效电路　　　　　（c）相量模型

图 8-31　例 6-10 图

压源与阻抗的串联，如图 8-31（c）所示，其中

$$\dot{U}_4 = \dot{I}_{\mathrm{s}} R_3, \qquad \dot{U}_6 = \frac{\alpha \dot{I}}{j\omega C_1}, \qquad \dot{U}_7 = (\dot{I}_{\mathrm{s}} - \alpha \dot{I}) j\omega L$$

设图 8-31（c）中两个网孔电流 $\dot{I}_1$ 和 $\dot{I}_2$ 的参考方向为顺时针方向，则网孔方程为

$$m_1: \left(R_1 + R_2 + R_3 + j\omega L + \frac{1}{j\omega C_1} + \frac{1}{j\omega C_2}\right)\dot{I}_1 - \left(R_2 + \frac{1}{j\omega C_1}\right)\dot{I}_2 = \dot{U}_4 - \dot{U}_6 + \dot{U}_7$$

$$m_2: -\left(R_2 + \frac{1}{j\omega C_1}\right)\dot{I}_1 + \left(R_2 + R_{\mathrm{s}} + \frac{1}{j\omega C_1}\right)\dot{I}_2 = \dot{U}_6 + \dot{U}_{\mathrm{s}}$$

把上面 $\dot{U}_4$、$\dot{U}_6$ 和 $\dot{U}_7$ 的表示式代入上式，并利用 $\dot{I} = \dot{I}_1$，整理可得

$$\left[R_1 + R_2 + R_3 + j\omega L(1+\alpha) + \frac{1}{j\omega C_1}(1+\alpha) + \frac{1}{j\omega C_2}\right]\dot{I}_1 - \left(R_2 + \frac{1}{j\omega C_1}\right)\dot{I}_2$$

$$= (R_3 + j\omega L)\dot{I}_{\mathrm{s}} - \left[R_2 + \frac{1}{j\omega C_1}(1+\alpha)\right]\dot{I}_1 + \left(R_2 + R_{\mathrm{s}} + \frac{1}{j\omega C_1}\right)\dot{I}_2 = \dot{U}_{\mathrm{s}}$$

代入数据可解得 $\dot{I} = \dot{I}_1 = \dfrac{9+j1}{24} = 0.38\angle 6.34°\mathrm{A}$，$\dot{I}_2 = \dfrac{2}{3}\mathrm{A}$，则 $\dot{U} = -R_{\mathrm{s}}\dot{I}_2 = -\dfrac{1}{2}\mathrm{V}$。

于是 $i = 0.38\sqrt{2}\sin(0.5t + 6.34°)\mathrm{A}$，$u = -0.5\sqrt{2}\sin(0.5t)\mathrm{V}$。

对于此题可以直接列写 4 个节点的节点方程，或对其中的无伴受控源直接应用超网孔法，这时，也只需列写 2 个网孔方程。

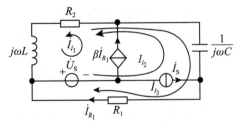

图 8-32　例 8-11 图

【例 8-11】　在如图 8-32 所示电路中，已知 $\dot{U}_{\mathrm{S}} = 100\angle 60°\mathrm{V}$，$\dot{I}_{\mathrm{S}} = 2\angle 0°\mathrm{A}$，$R_1 = 65\Omega$，$R_2 = 45\Omega$，$\omega L = 30\Omega$，$\dfrac{1}{\omega C} = 90\Omega$，$\beta = 2$，试求 $\dot{I}_{R_1}$。

解　按电流源独占一个回路的原则选择 3

个回路，如图 8-32 所示，回路电流分别为 $\dot{I}_{l_1}$、$\dot{I}_{l_2}$、$\dot{I}_{l_3}$，据此列出回路 3 的回路方程为

$$- (R_2 + jX_L)\dot{I}_{l_1} - [R_2 + j(X_L - X_C)]\dot{I}_{l_2} + [R_1 + R_2 + j(X_L - X_C)]\dot{I}_{l_3} = 0$$

关于回路 1 和回路 2 电流的 KCL 方程分别为

$$\dot{I}_{l_1} = \beta\dot{I}_{R_1}, \qquad \dot{I}_{l_2} = \dot{I}_{S}$$

对于控制变量 $\dot{I}_{R_1}$ 补充的方程为

$$\dot{I}_{R_1} = \dot{I}_{l_3}$$

代入已知数可得

$$- (45 + j30)\dot{I}_{l_1} - [45 + j(30 - 90)]\dot{I}_{l_2} + [65 + 45 + j(30 - 90)]\dot{I}_{l_3} = 0$$

$$\dot{I}_{l_1} = 2\dot{I}_{R_1}, \quad \dot{I}_{l_2} = 2\angle 0°, \quad \dot{I}_{l_3} = \dot{I}_{R_1}$$

由此解得

$$\dot{I}_{R_1} = \frac{90 - j120}{20 - j120} = 1.23\angle 27.41°A$$

【例 8-12】 求图 8-33 所示电路中的电

流 $\dot{I}$。

解 设节点①和②的电压分别为 $\dot{U}_{n_1}$ 和

$\dot{U}_{n_2}$，列写节点方程可得

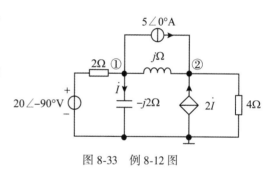

图 8-33 例 8-12 图

$$n_1: \left(\frac{1}{2} + \frac{1}{j} + \frac{1}{-j2}\right)\dot{U}_{n_1} - \frac{1}{j}\dot{U}_{n_2} = \frac{-j20}{2} - 5$$

$$n_2: -\frac{1}{j}\dot{U}_{n_1} + \left(\frac{1}{4} + \frac{1}{j}\right)\dot{U}_{n_2} = 5 + 2\dot{I}$$

补充方程为 $\dot{I} = \dfrac{\dot{U}_{n_1}}{-j2}$，联立求解上述 3 个方程可得 $\dot{I} = \dfrac{195}{34} + j\dfrac{185}{34} = 7.906\angle 43.49°A$。

【例 8-13】 含理想运算放大器的电路如图 8-34 所示，已知 $\dot{U}_S = 1\angle 0°V$。试求：

(1)电路的电压比 $\dfrac{\dot{U}_o}{\dot{U}_S}$；（2）$a=b$ 端口的输入阻抗 Z_i。

解 应用理想运算放大器的"虚断"特性分别列出节点①、②和③的节点方程为

$$n_1: \qquad (1 + 1 + j)\dot{U}_{n_1} - \dot{U}_{n_2} - j\dot{U}_o = \dot{U}_S$$

$$n_2: \qquad -\dot{U}_{n_1} + (1 + j)\dot{U}_{n_2} = 0$$

$$n_3: \qquad -\frac{1}{3}\dot{U}_o + \left(\frac{1}{2} + \frac{1}{3}\right)\dot{U}_{n_3} = 0$$

将"虚短"特性 $\dot{U}_{n_2} = \dot{U}_{n_3}$ 代入上述方程，可得 $\dot{U}_o = -j5\dot{U}_S$，$\dot{U}_{n_1} = 2(1 - j)\dot{U}_S$，故电压

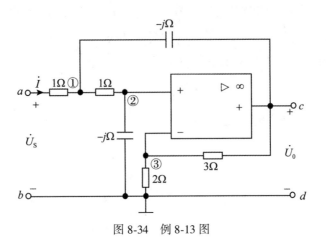

图 8-34　例 8-13 图

比 $\dot{U}_\mathrm{o}/\dot{U}_\mathrm{S}$ 为

$$\frac{\dot{U}_\mathrm{o}}{\dot{U}_\mathrm{S}} = -j5 = 5\angle -90°$$

$a\text{-}b$ 端口的输入阻抗为

$$Z_i = \frac{\dot{U}_\mathrm{S}}{\dot{I}} = \frac{\dot{U}_\mathrm{S}}{\dfrac{\dot{U}_\mathrm{S} - \dot{U}_{n_1}}{1}} = -\frac{1}{5} - j\frac{2}{5}\ \Omega$$

8.10.3　应用电路定理分析正弦稳态电路

所有电路定理均可应用于正弦稳态电路分析。

【例 8-14】　在如图 8-35 所示的电路中，N 为同一互易网络。若图 8-35（a）中，$\dot{U}_{\mathrm{S}_1} = 5\angle -90°V$，$\dot{U}_{\mathrm{S}_2} = 0$，则 $\dot{I}_1 = 5\angle 0°A$，$\dot{I}_2 = 10\angle -90°A$。试问：若图 6-35（b）中 $\dot{U}'_{\mathrm{S}_1} = 10\angle 0°V$，$\dot{U}'_{\mathrm{S}_2} = 20\angle -90°V$，则 $\dot{I}'_1$ 应为多少？

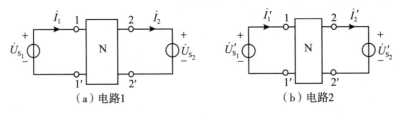

（a）电路1　　　　　　　　（b）电路2

图 8-35　例 8-14 图

解 根据互易定理和叠加定理来求解。由于图 8-35(a)电路中 $\dot{U}_{S_2} = 0$，所以从端口 1-1′ 看进去的输入阻抗为

$$Z_{11'} = \frac{\dot{U}_{S_1}}{\dot{I}_1} = \frac{5\angle -90°}{5} = 1\angle -90°\Omega$$

为求图 8-35(b)的 $\dot{I}'_1$，根据叠加定理，可分别求出 $\dot{U}'_{S_1}$ 和 $\dot{U}'_{S_2}$ 对 $\dot{I}'_1$ 所做的贡献。设 $\dot{U}'_{S_1}$ 单独对 $\dot{I}'_1$ 所作的贡献为 $\dot{I}'_{11}$，由于图 8-35(a)、(b)两电路中的 N 为同一互易网络，故在 $\dot{U}'_{S_1}$ 单独作用（$\dot{U}'_{S_2} = 0$）时，它们从端口 1-1′ 看进去的输入阻抗也是相同的。因此，对图 8-35(b)有 $Z_{11'} = \dfrac{\dot{U}'_{S_1}}{\dot{I}'_{11}} = 1\angle -90°\Omega$，因此求出 $\dot{I}'_{11} = \dfrac{\dot{U}'_{S_1}}{Z_{11'}} = \dfrac{10}{1\angle -90°} = 10\angle 90°\text{A}$。设 $\dot{U}'_{S_2}$ 对 $\dot{I}'_1$ 单独作用（$\dot{U}'_{S_1} = 0$）所做的贡献为 $\dot{I}'_{12}$，这时对图 8-35(a)所示电路和令图 8-35(b)所示电路中 $\dot{U}'_{S_1} = 0$ 后所得电路应用互易定理形式一可得 $\dfrac{\dot{I}_2}{\dot{U}_{S_1}} = -\dfrac{\dot{I}'_{12}}{\dot{U}'_{S_2}}$，其中 $\dot{I}'_{12}$ 取负值，这是由于 $\dot{U}'_{S_1}$ 和 $\dot{I}'_{12}$ 两者参考方向非关联的缘故，于是求得

$$\dot{I}'_{12} = -\frac{\dot{I}_2}{\dot{U}_{S_1}}\dot{U}'_{S_2} = -\frac{10\angle -90° \times 20\angle -90°}{5\angle -90°} = -40\angle -90°(\text{A})$$

应用叠加定理求出 $\dot{I}'_1 = \dot{I}'_{11} + \dot{I}'_{12} = 10\angle 90° - 40\angle -90° = 50\angle 90°(\text{A})$。

【例 8-15】 正弦稳态电路如图 8-36(a)、(b)所示。已知 $i_{S_1} = 2\sqrt{2}\sin 2t\,\text{A}$，$u_1 = 8\sin(2t + 45°)\,\text{V}$，$i_2 = 4\sqrt{2}\sin(2t + 45°)\,\text{A}$，$u_{S2} = 2\sqrt{2}\sin(2t - 45°)\,\text{V}$，$u_C = 4\sqrt{2}\sin(2t - 90°)\,\text{V}$，N 为互易网络，试确定电容 C 值。

解 (1)采用替代定理和互易定理求图 8-36(b)所示电路相量模型在端口 1-1′的短路电流相量 $\dot{I}_1$。

将图 8-36(a)所示电路中电压 u_1 用电压源替代后的相量模型如图 8-36(c)所示，图 8-36(b)所示电路中 1-1′间短接后的相量模型如图 8-36(d)所示，对图 8-36(c)和图 8-36(d)所示电路应用互易定理形式一可得

$$\frac{\dot{I}_2}{\dot{U}_1} = \frac{\dot{I}_1}{\dot{U}_{S_2}}$$

在上式中代入数据可得

$$\dot{I}_1 = \frac{\dot{U}_{S_2}\dot{I}_2}{\dot{U}_1} = \frac{2\angle -45° \times 4\angle 45°}{4\sqrt{2}\angle 45°} = \sqrt{2}\angle -45°\ (\text{A})$$

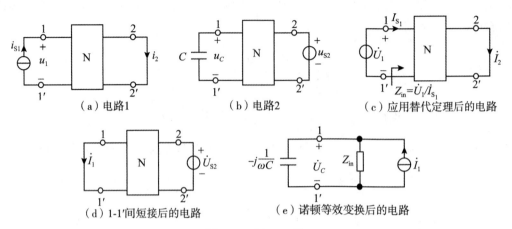

图 8-36 例 8-15 图

(2)求图 8-36(b)所示电路相量模型在端口 1-1′的输入阻抗 Z_{in}。

利用图 8-36(a)所示电路相量模型可以求出图 8-36(b)所示电路相量模型在端口 1-1′的输入阻抗 Z_{in} 为

$$Z_{in} = \frac{\dot{U}_1}{\dot{I}_{S_1}} = \frac{4\sqrt{2}\angle 45°}{2\angle 0°} = 2\sqrt{2}\angle 45° \quad (\text{A})$$

(3)利用所求得的 $\hat{\dot{I}}_1$、Z_{in} 建立图 8-36(b)所示电路在 1-1′端口的诺顿等效电路相量模型如图 8-36(e)所示,从中求出电容电压,即

$$\dot{U}_C = \frac{Z_{in}\left(-j\dfrac{1}{\omega C}\right)}{Z_{in} - j\dfrac{1}{\omega C}} \times \hat{\dot{I}}_1 = \frac{2\sqrt{2}\angle 45°\left(-j\dfrac{1}{2C}\right)}{2\sqrt{2}\angle 45° - j\dfrac{1}{2C}} \times \sqrt{2}\angle -45° = -j4\text{V}$$

由此解得 $C = \dfrac{1}{4}\text{F}$。

【例 8-16】 在如图 8-37(a)所示正弦稳态电路中,已知 $R = 4\Omega$,$R_L = 2\Omega$,$u_S = 4\sqrt{2}\sin t\text{V}$,$L = 2\text{H}$,$C = \dfrac{1}{2}\text{F}$,$g = 1$,试求通过负载 R_L 的电流 i。

解 (1)求戴维南等效阻抗 Z_{eq},电路相量模型如图 8-37(b)所示。由 KVL 可得

$$R\dot{I}_1 + \dot{U}_X = 2\dot{I}_1, \quad j\omega L\dot{I}_2 + g\dot{U}_1 + 2\dot{I}_1 = \dot{U}_X, \quad \frac{1}{j\omega C}\dot{I}_3 + 2\dot{I}_1 = \dot{U}_X$$

由 KCL 可得 $\dot{I}_X + \dot{I}_1 = \dot{I}_2 + \dot{I}_3$,添加辅助方程 $\dot{U}_1 = j\omega L\dot{I}_2$,联立以上各式解得

$$\dot{I}_X = -\frac{\dot{U}_X}{2 - R} + \frac{R\dot{U}_X}{j\omega L(1 + g)(2 - R)} + \frac{j\omega CR\dot{U}_X}{2 - R}$$

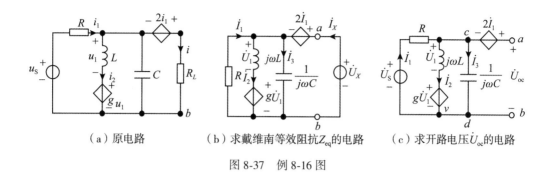

（a）原电路　　　　（b）求戴维南等效阻抗Z_{eq}的电路　　（c）求开路电压$\dot{U}_{oc}$的电路

图 8-37　例 8-16 图

代入数据可得 $Z_{eq} = \dfrac{\dot{U}_X}{\dot{I}_X} = -(1 + j)\,\Omega$。

（2）求开路电压 $\dot{U}_{oc}$，电路如图 8-37（c）所示。

因为 $\qquad\qquad \dot{I}_1 = \dfrac{\dot{U}_S - \dot{U}_{cd}}{R}$，$\dot{I}_2 = \dfrac{\dot{U}_{cd}}{j\omega L(1 + g)}$，$\dot{I}_3 = j\omega C \dot{U}_{cd}$

根据 KCL 有 $\dot{I}_1 = \dot{I}_2 + \dot{I}_3$，联立以上各式，并代入数据求得 $\dot{U}_{cd} = 2(1 - j)\,\text{V}$，$\dot{I}_1 = \dfrac{1 + j}{2}\,\text{A}$，于是求得 $\dot{U}_{oc} = \dot{U}_{cd} + 2\dot{I}_1 = (3 - j)\,\text{V}$。

由所建立的戴维南等效电路可以求出

$$\dot{I} = \frac{\dot{U}_{oc}}{Z_{eq} + R_L} = \frac{3 - j}{-1 - j + 2} = 2 + j = 2.24\angle 26.57°\,\text{A}$$

由此可得所求电流 i。

【例 8-17】　在如图 8-38（a）所示正弦稳态电路中，已知 $\omega = 314\text{rad/s}$，$\dot{U}_S = 220\angle - 45°\text{V}$，试求当 Z_L 为任意有限值而电流 $\dot{I}$ 始终等于 $1.4\angle - 135°\text{A}$ 时，L、C 和 α 的值。

解　根据题意可知，可以将图 8-38（a）所示电路中 a-b 端口以左部分视为一个理想电流源，即诺顿等效电路中阻抗为无穷大时的情况。由于 Z_L 为任意有限值，$\dot{I}$ 均等于 $1.4\angle - 135°\text{A}$，所以可以求出 $Z_L = 0$ 时图 8-38（a）a-b 端口的短路电流，这时电路如图 8-38（b）所示，有

$$\dot{I}_{sc} = \dot{I} = 1.4\angle - 135°\text{A}$$

在图 8-38（b）中对外网孔列 KVL 方程可得

$$\dot{I}'_L = \frac{\dot{U}_S}{j\omega L + \alpha}$$

对节点①列 KCL 可得

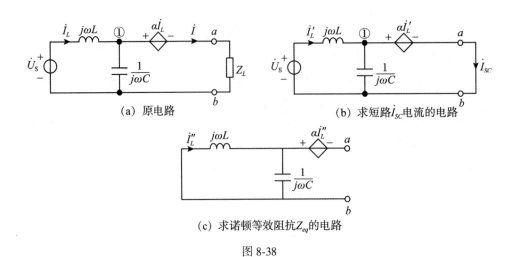

(a) 原电路   (b) 求短路 $\dot{I}_{sc}$ 电流的电路

(c) 求诺顿等效阻抗 Z_{eq} 的电路

图 8-38

$$\dot{I}_{sc} = \dot{I}'_L - \frac{\alpha \dot{I}'_L}{\dfrac{1}{j\omega C}}$$

将 KVL 方程代入 KCL 方程可得

$$\frac{\dot{U}_S}{j\omega L + \alpha} = \frac{\dot{I}_{sc}}{1 + \dfrac{\alpha}{j\dfrac{1}{\omega C}}}$$

由此可得

$$\frac{\dot{U}_S}{\dot{I}_{SC}} = \frac{j\omega L\left(1 + \dfrac{\alpha}{j\omega L}\right)}{1 + \dfrac{\alpha}{j\dfrac{1}{\omega C}}} \tag{8-48}$$

图 8-38(a) 所示电路 a-b 端口以左的等效阻抗可以利用图 8-38(c) 所示电路求出，根据题意，诺顿等效电路中的内阻抗应为无穷大，故而由图 8-38(c) 可得

$$\omega L = \frac{1}{\omega C} \tag{8-49}$$

将式 (8-49) 代入式 (8-48) 可得

$$\frac{\dot{U}_S}{\dot{I}_{sc}} = \frac{\dot{U}_S}{\dot{I}} = j\omega L$$

$$\frac{220\angle -45°}{1.4\angle -135°} = j \times 314 \times L$$

解之可得 $L = 0.5\text{H}$，将该值代入式 (8-49)，可求出 $C = 2.03 \times 10^{-6}\text{F}$，而 α 可为任意

有限值。

8.10.4 应用相量图分析正弦稳态电路

相量图主要用以反映电路中各电压、电流之间的相互关系，特别是相位关系。借助相量图分析正弦稳态电路的方法，称为相量图分析法。

作相量图的第一步是选取代替坐标轴正实轴的参考相量，其目的是能以它为"基准"，较为方便地定性、而非绝对准确地画出电路中各电压、电流相量。一般情况下，若远离电源处的支路为并联支路，则选取该支路的电压作为参考相量；若远离电源处的支路为串联支路，则选取该支路的电流作为参考相量。但是，通常应该根据电路的具体情况而定，选取的总体原则就是通过参考相量能够方便地定性画出电路中各电压、电流相量。在相量图分析中，有时会因为参考相量选取不当，而使相量图分析无法进行下去，因而其选择非常重要。

在相量图中，所有相量均是共原点的，其长度与其代表的电压和电流的有效值成比例，在进行相量作为复数的加减运算时，应该利用相量平移原则、三角形或多边形法则，使连接于同一节点的各电流相量形成闭合的三角形或多边形；对于同一回路的电压相量亦如此，因此，复平面上相量图表现为 KCL 和 KVL 方程所对应的封闭的三角形或多边形。

根据具体电路画相量图一般有两种情况：

(1) 电路中各相量为已知，这时，在选取参考相量后，直接根据各相量及其所满足的 KCL、KVL 关系画出相量图。

(2) 电路中多个或全部相量为未知，这时，不可能准确地画出电路的相量图，但是，在选取参考相量后，可以首先依据元件的 VCR 和反映电路连接情况的 KCL、KVL 方程，定性地画出一个初步的相量图，然后再根据题目所给定的条件对该相量图进行修正，从而得出"准确"的相量图。

在正弦稳态电路中，相量图对于借助给定的一部分响应和/或功率求解电路参数这类反向问题特别有用。

【例 8-18】 在如图 8-39(a) 所示的正弦稳态电路中，已知 $I_R = 3A$，$U_S = 9V$，$\varphi_Z = -36.9°$，且 $\dot{U}_S$ 与 $\dot{U}_L$ 正交，试求出元件参数 R、X_L 与 X_C 的值。

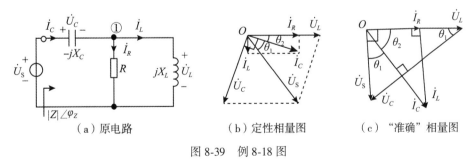

图 8-39 例 8-18 图

解 (1) 作出相量图。由于远离电源即电路末端处的支路为 R、jX_L 并联支路，故而选

取 $\dot{U}_L = U_L \angle 0°$ 作为参考相量，如图 8-39(b)所示，这时，$\dot{I}_R$ 与 $\dot{U}_L$ 同相，$\dot{I}_L$ 滞后 $\dot{U}_L 90°$。根据图 8-39(a)中节点 a 处的 KCL：$\dot{I}_C = \dot{I}_R + \dot{I}_L$，利用相量加法画出 $\dot{I}_C$，$\dot{U}_C$ 落后 $\dot{I}_C 90°$。根据图 8-39(a)中回路的 KVL：$\dot{U}_S = \dot{U}_C + \dot{U}_L$，利用相量加法画出 $\dot{U}_S$，得到定性相量图如图 8-39(b)所示，根据已知条件有 $\dot{U}_S$ 与 $\dot{U}_L$ 正交。由图 8-39(b)中定性相量图可以看出，这就要求 $\dot{U}_S$ 落后 $\dot{U}_L 90°$，由图 8-39(a)、(b)可得

$$Z = \frac{\dot{U}_S}{\dot{I}_C} = \frac{U_S \angle -(\theta_1 + \theta_2)}{I_C \angle -\theta_2} = \frac{U_S}{I_C} \angle -\theta_1 = |Z| \angle \varphi_Z$$

这样有

$$\theta_1 = -\varphi_Z = -(-36.9°) = 36.9°$$

因此

$$\theta_2 = 90° - \theta_1 = 90° - 36.9° = 53.1°$$

因此可以作出"准确"相量图，如图 8-39(c)所示。

(2)确定元件参数。在图 8-39(c)所示的相量图中可得

$$U_C = \frac{U_S}{\sin\theta_1} = \frac{9}{\sin 36.9°} = 15\text{V}, \quad U_L = U_C \cos\theta_1 = 15\cos 36.9° = 12\text{V}$$

$$I_C = \frac{I_R}{\cos\theta_2} = \frac{3}{\cos 53.1°} = 5\text{A}, \quad I_L = I_C \sin\theta_2 = 5\sin 53.1° = 4\text{A}$$

因此，电路参数为

$$R = \frac{U_L}{I_R} = \frac{12}{3} = 4\Omega, \quad X_L = \frac{U_L}{I_L} = \frac{12}{4} = 3\Omega, \quad X_C = \frac{U_C}{I_C} = \frac{15}{5} = 3\Omega$$

【例 8-19】　在如图 8-40(a)所示的正弦稳态电路中，已知 $U = 100\text{V}$，$U_R = 60\text{V}$，$I = 0.6\text{A}$，且 $\dot{I}$ 与 $\dot{U}_R$ 正交，试求 R、X_L 和 X_C。

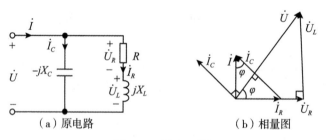

（a）原电路　　　　（b）相量图

图 8-40　例 8-19 图

解　令 $\dot{U}_R = 60\angle 0°\text{V}$，由图 8-40(a)可知

$$\dot{I}_R = \dot{I}_L = I_R \angle 0°\text{A}, \quad \dot{U}_L = U_L \angle 90°\text{V}$$

以 $\dot{U}_R = 60\angle 0° \text{V}$ 为参考相量，根据节点电流 KCL 和回路电压 KVL 方程画出相量图如图 8-40(b)所示，由此可得

$$\cos\varphi = \frac{U_R}{U}$$

由此解出 $\varphi = \arccos \dfrac{60}{100} = 53.13°$。因此有

$$\dot{U} = 100\angle 53.13°\text{V}, \quad \dot{I}_C = I_C\angle(90° + \varphi) = I_C\angle 143.13°\text{A}$$

由图 8-40(b)中电压直角三角形可得

$$U = \sqrt{U_R^2 + U_L^2}$$

解之可得 $U_L = 80\text{V}$。

由电流直角三角形可得

$$\tan\varphi = \frac{I_R}{I}, \quad \cos\varphi = \frac{I}{I_C}$$

分别解之可得 $I_R = 0.8\text{A}$，$I_C = 1\text{A}$。

因此求得 $R = \dfrac{U_R}{I_R} = 75\Omega$，$X_L = \dfrac{U_L}{I_L} = 100\Omega$，$X_C = \dfrac{U}{I_C} = 100\Omega$。

【例 8-20】 在 8-41(a)如图所示电路中，设 R、L、f 为已知，电流 i_1、i_2 振幅相等且相位差为 90°，试求 C_1 和 C_2。

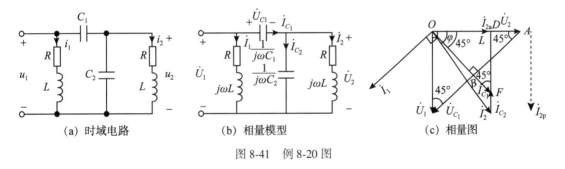

(a) 时域电路　　　(b) 相量模型　　　(c) 相量图

图 8-41　例 8-20 图

解 (1)画出相量图。画出电路的相量模型与相量图分别如图 8-41(b)、(c)所示。由于 $\dot{I}_1$ 和 $\dot{I}_2$ 的模值相等，且相位差为 90°，又有

$$\dot{U}_1 = \dot{I}_1(R + j\omega L), \quad \dot{U}_2 = \dot{I}_2(R + j\omega L)$$

所以 $\dot{U}_1$ 和 $\dot{U}_2$ 的模值即 U_1 和 U_2 相等，$\dot{U}_1$ 和 $\dot{U}_2$ 的相位差也是 90°，又有

$$\dot{I}_{C_1} = \dot{I}_{C_2} + \dot{I}_2, \quad \dot{U}_1 = \dot{U}_{C_1} + \dot{U}_2, \quad \dot{I}_{C_1} = j\omega C_1 \dot{U}_{C_1}$$

基于以上关系，以图 8-41(b)所示电路中末端电压 $\dot{U}_2$ 为参考相量，将 $\dot{I}_2$ 分解为 $\dot{I}_{2a}$ 和 $\dot{I}_{2p}$ 两个分量。画出电压、电流相量图如图 8-41(c)所示。

（2）基于相量图分析求解。

①在 $\triangle ODF$ 中，$\sin45° = |DF|/I_{C_1}$，故 $|DF| = I_{C_1}\sin45° = \dfrac{1}{\sqrt{2}}I_{C1}$；

②在 $\triangle ODF$ 中，$\cos45° = I_{2a}/I_{C_1}$，故 $I_{2a} = I_{C_1}\cos45° = \dfrac{1}{\sqrt{2}}I_{C_1}$，故 $I_{C_1} = \sqrt{2}I_{2a}$。

（3）由于 $\dot{I}_2 = \dot{I}_{2a} + \dot{I}_{2p}$，$I_{C_2} = I_{2p} - |DF| = I_{2p} - \dfrac{1}{\sqrt{2}}I_{C_1}$，将 I_{C_1} 代入该式中，可得

$$I_{C_2} = I_{2p} - \frac{1}{\sqrt{2}}I_{C_1} = I_{2p} - \frac{1}{\sqrt{2}} \times \sqrt{2}I_{2a} = I_{2p} - I_{2a}$$

（4）由于 $\cos\varphi = I_{2a}/I_2$，故 $I_{2a} = I_2\cos\varphi$，φ 为 $\dot{U}_2$ 和 $\dot{I}_2$ 之间的夹角，即末端 RL 支路的阻抗角 $\cos\varphi = \dfrac{R}{\sqrt{R^2 + (\omega L)^2}}$，而 $I_2 = \dfrac{U_2}{|Z|} = \dfrac{U_2}{\sqrt{R^2 + (\omega L)^2}}$，故可得

$$I_{2a} = I_2\cos\varphi = \frac{U_2}{\sqrt{R^2 + (\omega L)^2}} \times \frac{R}{\sqrt{R^2 + (\omega L)^2}} = \frac{RU_2}{R^2 + (\omega L)^2}$$

（5）同理，由 $\sin\varphi = \dfrac{\omega L}{\sqrt{R^2 + (\omega L)^2}}$，可得

$$I_{2p} = I_2\sin\varphi = \frac{U_2}{\sqrt{R^2 + (\omega L)^2}} \times \frac{\omega L}{\sqrt{R^2 + (\omega L)^2}} = \frac{\omega LU_2}{R^2 + (\omega L)^2}$$

（6）将上述关于 I_{2a} 和 I_{2p} 的表示式代入前面关于 I_{C_2} 的表示式中可得

$$I_{C_2} = I_{2p} - I_{2a} = \frac{(\omega L - R)U_2}{R^2 + (\omega L)^2}$$

又由 $\dot{I}_{C_2} = j\omega C_2\dot{U}_2$ 可得

$$I_{C_2} = \omega C_2 U_2 = \frac{(\omega L - R)U_2}{R^2 + (\omega L)^2}$$

解得

$$C_2 = \frac{\omega L - R}{\omega[R^2 + (\omega L)^2]}$$

（7）在 $\dot{U}_1$、$\dot{U}_2$ 和 $\dot{U}_{C_1}$ 构成的直角三角形中，有

$$U_{C_1} = \frac{U_2}{\sin45°} = \sqrt{2}U_2$$

而由 VCR 可得

$$U_{C_1} = I_{C_1}\frac{1}{\omega C_1} = \sqrt{2}I_{2a}\frac{1}{\omega C_1} = \sqrt{2} \times \frac{RU_2}{R^2 + (\omega L)^2} \times \frac{1}{\omega C_1}$$

故可得

$$U_{C_1} = \sqrt{2}U_2 = \sqrt{2} \times \frac{RU_2}{R^2 + (\omega L)^2} \times \frac{1}{\omega C_1}$$

由此解得
$$C_1 = \frac{R}{\omega\left[R^2 + (\omega L)^2\right]}$$

8.11 正弦稳态电路的功率

不同于电阻电路，在正弦稳态电路中，由于储能元件电感和电容的存在，因此电路中会产生能量在电源与电路或电感与电容元件之间往返交换现象，故而正弦稳态电路的功率分析要比直流电路复杂，其中功率因数等相关概念在电力系统中也非常重要。

8.11.1 瞬时功率

对于如图 8-42 所示的正弦稳态单口网络，为了方便讨论，设其端口电流 $i(t)$ 和端口电压 $u(t)$ 分别为

$$\begin{cases} i(t) = \sqrt{2}I\sin(\omega t) \\ u(t) = \sqrt{2}U\sin(\omega t + \varphi) \end{cases} \qquad (8\text{-}50)$$

式中，φ 为电压超前电流的相位差角，即 $\varphi = \varphi_u - \varphi_i$。该单口网络在任一瞬刻吸收的瞬时功率为

$$p(t) = u(t)i(t) = 2UI\sin(\omega t)\sin(\omega t + \varphi) = UI\cos\varphi - UI\cos(2\omega t + \varphi) \qquad (8\text{-}51)$$

式(8-51)表明，瞬时功率由两部分组成，其一为恒定分量 $UI\cos\varphi$，其二为余弦分量 $UI\cos(2\omega t + \varphi)$，它的角频率两倍于电源的角频率。图 8-43 给出了既含电阻元件又含储能元件的单口网络 N 的 $u(t)$、$i(t)$ 和 $p(t)$ 的波形，由此可见，当 $u(t)$、$i(t)$ 符号相同，即它们同时为正或同时为负即两者的实际方向关联时，$p(t) > 0$，表明该时刻单口网络实际从外电路吸收能量；当 $u(t)$、$i(t)$ 符号相异，即两者的实际方向非关联时，$p(t) < 0$，表明该时刻单口网络实际向外电路输出能量。瞬时功率的这种变化表明，外部电路与单口网络之间存在着能量交换现象。若单口网络内不存在独立电源，则这种能量交换就是由网络内部的储能元件所引起的。

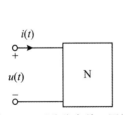

图 8-42　正弦稳态单口网络

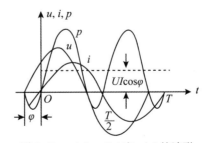

图 8-43　$u(t)$、$i(t)$ 和 $p(t)$ 的波形

此外，还可以看到，在一个周期内，$p(t) > 0$ 时的波形覆盖面积大于 $p(t) < 0$ 时的波形覆盖面积，这说明单口网络实际从外电路吸收的能量多于其实际向外电路输出的能量，故而在其内部存在能量消耗。

由于实际中瞬时功率的使用价值很小，所以下面引出平均功率(有功功率)和无功功率的概念。

8.11.2　平均功率和无功功率

将瞬时功率的一般表示式(8-51)进一步分解可以得到

$$p(t) = UI\cos\varphi - UI\cos(2\omega t + \varphi) = UI\cos\varphi - UI\cos\varphi\cos2\omega t + UI\sin\varphi\sin2\omega t$$

$$= \underbrace{UI\cos\varphi(1 - \cos2\omega t)}_{p_R(t)} + \underbrace{UI\sin\varphi\sin2\omega t}_{p_X(t)} \tag{8-52}$$

式中，右端第一项 $UI\cos\varphi(1 - \cos2\omega t)$ 记为 $p_R(t)$，由于 $0 \leqslant 1 - \cos(2\omega t) \leqslant 2$ 并且 U、I 均为恒为正的有效值，所以 $UI\cos\varphi(1 - \cos2\omega t)$ 的正或负取决于 $\cos\varphi$ 的正或负，而对于一个确定的电路 N，其 $\cos\varphi$ 也是确定的，故而 $p_R(t)$ 仅有大小变化而不会改变传输方向，因此，该分量是瞬时功率中的不可逆分量，其对应曲线位于横轴上方 ($\cos\varphi > 0$) 或下方 ($\cos\varphi < 0$)，因此，在 $\cos\varphi > 0$ 的情况下，$p_R(t)$ 为代表单口网络耗能速率的有功分量，即为其等效电阻消耗的瞬时功率。图 8-44(a) 为 $\cos\varphi > 0$ 时 $p_R(t)$ 的波形，$p_R(t)$ 零值与电流的零值同时出现，其极大值与电流的正、负极大值同时出现。式中右端第二项 $UI\sin\varphi\sin2\omega t$ 记为 $p_X(t)$，它是瞬时功率 $p(t)$ 的交变分量，其正、负半周分别与横轴之间围成两个等量面积，说明单口电路在一个周期内吸纳的能量和释放的能量相等。因此，该分量为瞬时功率的可逆分量，代表了单口电路与外电路之间周期性交换能量的速率，是在平均意义上不能作功的无功分量，即为单口网络等效电抗部分的瞬时功率。图 8-44(b) 为 $\sin\varphi > 0$ 时 $p_X(t)$ 的波形。

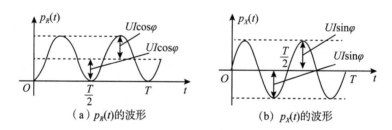

图 8-44　有功分量 $p_R(t)$ 和无功分量 $p_X(t)$ 的波形

为了描述电路的瞬时功率中有功分量和无功分量，分别引入平均功率和无功功率的概念。

8.11.2.1　平均功率定义与一般计算方法

将瞬时功率 $p(t)$ 在一个周期内的平均值定义为平均功率，用大写字母 P 表示，即

$$P = \frac{1}{T}\int_0^T p(t)\mathrm{d}t = \frac{1}{T}\int_0^T \left[UI\cos\varphi - UI\cos(2\omega t + \varphi) \right]\mathrm{d}t = UI\cos\varphi \tag{8-53}$$

根据式(8-53)可知，平均功率等于正弦稳态单口网络瞬时功率中有功分量的平均值，因此平均功率又称为有功功率，简称功率，它是电路实际消耗的功率。

式(8-53)是在端口电压 $\dot{U}$、电流 $\dot{I}$ 取关联参考方向下按吸收功率计算的，即在两者取关联参考方向下，当 $|\varphi| < 90°$，$\cos\varphi > 0$ 时，$P > 0$，表明电路 N 实际吸收功率，为负载；当 $|\varphi| > 90°$，$\cos\varphi < 0$ 时，$P < 0$，表明电路 N 吸收负的功率，实际发出功率，为电源；若电压 $\dot{U}$、电流 $\dot{I}$ 取非关联参考方向，则结论正好相反。

$\cos\varphi$ 称为功率因数(常用 λ 表示)，它是无量纲的，φ 称为功率因数角，这正是交流和直流之间的很大区别，即交流电路中的电压与电流之间一般都存在着相位差。

平均功率的单位有瓦(W)、千瓦(kW)、兆瓦(MW)或毫瓦(mW)等。平均功率用功率表来测量，其接线图如图 8-45 所示，功率表有一个电压线圈和一个电流线圈，电压线圈与一个附加电阻 R_0 串联。实际测量时电流线圈与被测负载阻抗 Z_L 串联，电压线圈与被测负载阻抗 Z_L 并联。功率表的电路符号如图 8-46 所示。

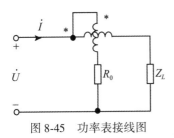
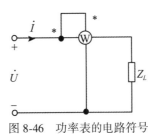

图 8-45　功率表接线图　　　　　图 8-46　功率表的电路符号

当单口网络分别为仅含单个 R、L 或 C 元件时，由式(8-53)可得 R、L 或 C 所吸收的有功功率的计算式分别为

$$R: \qquad P_R = U_R I_R \cos\varphi_R = U_R I_R = R I_R^2 = \frac{U_R^2}{R} \quad (R:\ \varphi_R = 0°)$$

$$L: \qquad P_L = U_L I_L \cos\varphi_L = 0 \quad (L:\ \varphi_L = 90°)$$

$$C: \qquad P_C = U_C I_C \cos\varphi_C = 0 \quad (C:\ \varphi_C = -90°)$$

这表明，在正弦稳态电路中，电阻元件或等效电阻所消耗的有功功率可以按直流电阻电路中所用的公式来计算，电感、电容或等效电抗所吸收的有功功率均为零。

8.11.2.2　不含独立电源的单口网络平均功率的计算方法

设如图 8-42 所示为一不含独立电源即无源或有源单口正弦稳态网络，其等效阻抗和等效导纳分别为 $Z = R + jX$ 和 $Y = G + jB$，如图 8-21(b)和 8-22(b)所示，则由一般计算式(8-53)可以得出这种网络用等效阻抗和导纳表示的吸收有功功率的计算式分别为

$$P = UI\cos\varphi = UI\cos\varphi_Z = |Z|I^2\cos\varphi_Z = RI^2 = \frac{U_R^2}{R} = U_R I \tag{8-54}$$

$$P = UI\cos\varphi = UI\cos\varphi_Z = UI\cos\varphi_Y = |Y|U^2\cos\varphi_Y = GU^2 = \frac{I_G^2}{G} = UI_G \tag{8-55}$$

在应用式(8-54)来计算平均功率时，需要注意的是，等效电阻上的电压 $U_R = U\cos\varphi_Z$ 以及等效电阻 $R = |Z|\cos\varphi_Z$ 均为代数量，即它们随 φ_Z 不同而可正可负，若 $|\varphi_z| < 90°$，

有 $\cos\varphi_Z > 0$，$U_R > 0$，$R > 0$，从而 $P > 0$；若 $|\varphi_Z| > 90°$，有 $\cos\varphi_Z < 0$，$U_R < 0$，$R < 0$，从而 $P < 0$。类似的，在式(8-55)中，流过等效电导的电流 $I_G = I\cos\varphi_Y = I\cos\varphi_Z$ 以及等效电导 $G = |Y|\cos\varphi_Y = |Y|\cos\varphi_Z$ 也均为代数量，即它们随 φ_Y 不同而可正可负，若 $|\varphi_Y| < 90°$，有 $\cos\varphi_Y > 0$，$I_G > 0$，$G > 0$，从而 $P > 0$；若 $|\varphi_Y| > 90°$，有 $\cos\varphi_Y < 0$，$I_G < 0$，$G < 0$，从而 $P < 0$。这表明，含有受控源且其 $R = \mathrm{Re}[Z] < 0$ 或 $G = \mathrm{Re}[Y] < 0$ 的有源单口电路对外电路提供能量。

由图 8-21(c)可知，电阻上的电压相量 $\dot{U}_R$ 与电流 $\dot{I}$ 同相或反相，其有效值为 $|U\cos\varphi_Z|$，$U\cos\varphi_Z$ 与电流的有效值 I 之积 $U_R I$ 即为有功功率 P，因而称 $\dot{U}_R$ 为电压 $\dot{U}$ 的有功分量；由图 8-22(c)可知，电导中的电流相量 $\dot{I}_G$ 与电压 $\dot{U}$ 同相或反相，其有效值为 $|I\cos\varphi_Y|$，$I\cos\varphi_Y$ 与电压的有效值 U 之积 $I_G U$ 即为有功功率 P，因而呈称 $\dot{I}_G$ 为电流 $\dot{I}$ 的有功分量。这也表明，同相或反相的电压与电流才会产生有功功率。

【例 8-21】　求如图 8-47(a)所示电路吸收的有功功率 P。

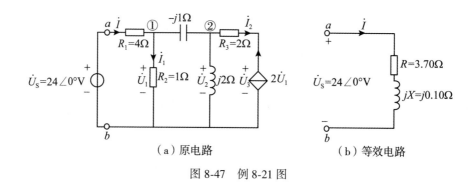

(a) 原电路　　　　　　　　　(b) 等效电路

图 8-47　例 8-21 图

解　解法一：利用有功功率的定义式 $P = UI\cos\varphi$ 计算有功功率 P。对于图 8-47(a)所示电路列出节点电压方程为

$$n_1: \left(1 + \frac{1}{4} + j\right)\dot{U}_{n_1} - j\dot{U}_{n_2} = \frac{24\angle 0°}{4}, \qquad n_2: \ -j\dot{U}_{n_1} + \left(j + \frac{1}{j2}\right)\dot{U}_{n_2} = 2\dot{U}_{n_1}$$

求解以上两式可得

$$\dot{U}_{n_1} = -\frac{24(11 - j4)}{137} = 2.05\angle 160.02°\mathrm{V}, \qquad \dot{U}_{n_2} = -\frac{48(3 - j26)}{137} = 9.17\angle 96.58°\mathrm{V}$$

于是可得 $\dot{I} = \dfrac{\dot{U}_{\mathrm{S}} - \dot{U}_{n_1}}{4} = \dfrac{24 + \dfrac{24(11 - j4)}{137}}{4} = \dfrac{24(37 - j)}{137} = 6.48\angle -1.55°\mathrm{A}$，

有功功率为

$$P = U_{\mathrm{S}} I\cos\varphi = 24 \times 6.48\cos 1.55° = 155.46(\mathrm{W})$$

解法二：由等效复阻抗计算有功功率 P。图 8-47(a)所示电路的等效电路如图 8-47(b)所示，电路的入端等效复阻抗为

$$Z = \frac{\dot{U}_S}{\dot{I}} = \frac{24\angle 0°}{6.48\angle -1.55°} = 3.70\angle 1.55° = 3.70 + j0.10\Omega$$

因此可以求出

$$P = I^2 R = 6.48^2 \times 3.70 = 155.36(\text{W})$$

解法三：按整个电路的有功功率是每一"耗能"元件(包括受控源)消耗的有功功率之代数和计算有功功率，即

$$P = P_{R_1} + P_{R_2} + P_{R_3} + P_{受控源}$$

由图 8-47(a)求出：

$$\dot{I}_{n_1} = \frac{\dot{U}_{n_1}}{R_2} = \frac{2.05\angle 160.02°}{1} = 2.05\angle 160.02°(\text{A})$$

$$\dot{I}_{n_1} = -2\dot{U}_{n_1} = -2 \times 2.05\angle 160.02° = 4.10\angle -19.98°(\text{A})$$

$$\dot{U}_3 = \dot{U}_{n_2} - 2\dot{I}_2 = \dot{U}_{n_2} + 4\dot{U}_{n_1} = -\frac{48(3-j26)}{137} - 4 \times \frac{24(11-j4)}{137}$$

$$= -\frac{48(25-j34)}{137} = 14.79\angle 126.33°(\text{V})$$

因此可得

$$P_{R_1} = I^2 R_1 = 6.48^2 \times 4 = 167.96(\text{W})$$
$$P_{R_2} = I_1^2 R_2 = 2.05^2 \times 1 = 4.20(\text{W})$$
$$P_{R_3} = I_2^2 R_3 = 4.10^2 \times 2 = 33.62(\text{W})$$

$$P_{受控源} = U_3 I_2 \cos(126.33° + 19.98°) = 14.79 \times 4.10 \times \cos 146.31° = -50.45(\text{W})$$

于是有

$$P = 167.96 + 4.20 + 33.62 - 50.45 = 155.33(\text{W})$$

此即后面将要介绍的有功功率守恒。以上三种方法的计算结果略有出入，是因为计算过程中各自存在着一定的误差。

【例 8-22】 在如图 8-48(a)所示正弦稳态电路中，功率表的读数为 100W，电流表的读数为 0.5A，两个电压表的读数均为 250V。求参数 R、X_C 和 X_L 的值。

解：解法一：以 $\dot{U}_1$ 为参考相量画出相量图，如图 8-48(b)所示。可以求出

$$R = \frac{U_C^2}{P} = \frac{250^2}{100} = 625(\Omega)$$

$$I_R = \frac{U_C}{R} = \frac{250}{625} = 0.4(\text{A})$$

由图 8-48(b)可以求出

$$I_C = \sqrt{I^2 - I_R^2} = \sqrt{0.5^2 - 0.4^2} = 0.3(\text{A})$$

因此有

$$X_C = \frac{U_C}{I_C} = \frac{250}{0.3} = 833.3(\Omega)$$

整个电路的功率因数为

$$\cos\varphi = \frac{P}{UI} = \frac{100}{250 \times 0.5} = 0.8$$

因此可得 $\varphi = 36.87°$，由图 8-48(b) 也可得：

$$\varphi = \arctan\frac{I_C}{I_R} = \arctan\frac{0.3}{0.4} = 36.87°$$

由于 $\dot{U}_L$ 超前 $\dot{I}_L$ 90° 并且 $\dot{U}$、$\dot{U}_C$ 和 $\dot{U}_L$ 为一等腰三角形，故而可得电感电压为

$$U_L = 2U\sin\varphi = 2 \times 250\sin 36.87° = 300(\text{V})$$

因此可得

$$X_L = \frac{U_L}{I} = \frac{300}{0.5} = 600(\Omega)$$

解法二：设 R 与 $-jX_C$ 并联支路的等效阻抗为 $R' - jX'_C$，则

$$R' = \frac{P}{I^2} = \frac{100}{0.5^2} = 400(\Omega)$$

$$|Z'| = \sqrt{(R')^2 + (X'_C)^2} = \frac{U_C}{I} = \frac{250}{0.5} = 500(\Omega)$$

因此可得

$$X'_C = \sqrt{|Z'|^2 - (R')^2} = \sqrt{500^2 - 400^2} = 300(\Omega)$$

设 $\dot{I} = I\angle 0°$ 并以其为参考相量作出电路参数 R' 和 X'_C 对应电路的相量图如图 8-48(c) 所示，由于 $U = U_C$，故而

$$X_L = 2X'_C = 2 \times 300 = 600(\Omega)$$

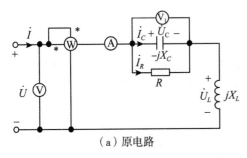
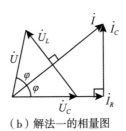
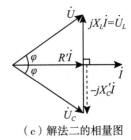

(a) 原电路　　　　　(b) 解法一的相量图　　　　　(c) 解法二的相量图

图 8-48　例 8-22 图

在图 8-48(a) 中，R 与 $-jX_C$ 并联支路的导纳为

$$Y = G + jB_C = \frac{1}{R} + j\frac{1}{X_C} = \frac{1}{R' - jX'_C} = \frac{1}{400 - j300} = \frac{4 + j3}{2500} = \frac{1}{625} + j\frac{3}{2500}$$

因此可得

$$R = 625\Omega, \quad X_C = \frac{2500}{3} = 833.3(\Omega)$$

【例 8-23】   在如图 8-49(a)所示电路中，已知 $U = 220\text{V}$，功率表读数为 1000W，电压表(V)读数为 $100\sqrt{2}\text{V}$，电流表$\text{(A}_1)$和$\text{(A}_2)$的读数分别为 30A 和 20A，试求电路参数 R_1、X_{L_1}、X_{L_2} 和 X_C 之值。

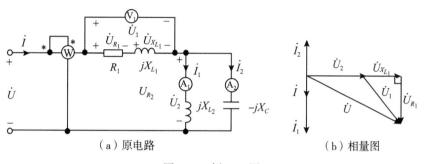

（a）原电路   （b）相量图

图 8-49   例 8-23 图

解   对于既有串联又有并联支路的电路，一般设末端并联支路的电压为参考相量，因此这里设 $\dot{U}_2 = U_2 \angle 0°\text{V}$。

解法一：采用相量图求解。$\dot{I}_1$ 滞后 $\dot{U}_2$90°，$\dot{I}_2$ 超前 $\dot{U}_2$90°，根据 KCL 可得 $\dot{I} = \dot{I}_1 + \dot{I}_2 = -j30 + j20 = -j10\text{A}$，由此可知，$\dot{I}$ 与 $\dot{I}_1$ 同相位，同样也滞后 $\dot{U}_2$90°，由于 jX_{L_1} 上的电压 $\dot{U}_{X_{L_1}}$ 超前于 $\dot{I}$90°，因此它与 $\dot{U}_2$ 同相位，而电阻 R_1 上的电压 $\dot{U}_{R_1}$ 则与 $\dot{I}$ 同相位，故而它滞后于 $\dot{U}_2$90°，于是根据 KVL 可以作出相量图如图 8-49(b)所示。

由于整个电路中仅有一个电阻 R_1，因此功率表读数即为 R_1 消耗的功率，故而可得

$$R_1 = \frac{P}{I^2} = \frac{1000}{10^2} = 10(\Omega)$$

根据相量图中直角三角形可得

$$(X_{L_1} I)^2 + (R_1 I)^2 = U_1^2$$

因而可得

$$X_{L_1} = \frac{\sqrt{U_1^2 - (R_1 I)^2}}{I} = \frac{\sqrt{(100\sqrt{2})^2 - (10 \times 10)^2}}{10} = \frac{100}{10} = 10(\Omega)$$

根据相量图中由 $\dot{U}_2 + \dot{U}_{X_{L_1}}$，$\dot{U}_{R_1}$ 和 $\dot{U}$ 构成的直角三角形可得

$$(U_2 + X_{L_1} I)^2 + (R_1 I)^2 = U^2$$

在上式中代入数据可得

$$(U_2 + 100)^2 + 100^2 = 220^2$$

解之可得 $U_2 = 96\text{V}$，因此有

$$X_{L_2} = \frac{U_2}{I_1} = \frac{96}{30} = 3.2(\Omega)$$

$$X_C = \frac{U_2}{I_2} = \frac{96}{20} = 4.8(\Omega)$$

解法二：用解析法求解。由于设 $\dot{U}_2 = U_2 \angle 0° V$，故而

$$\dot{I} = \dot{I}_1 + \dot{I}_2 = -j30 + j20 = -j10(A)$$

因此由 $P = R_1 I^2$，可解得 $R_1 = 10\Omega$。

由 R_1 和 jX_{L_1} 构成的支路可得

$$U_1 = |Z_1| I = \sqrt{R_1^2 + X_{L_1}^2} \times I$$

即

$$100\sqrt{2} = \sqrt{10^2 + X_{L_1}^2} \times 10$$

解之可得 $X_{L_1} = 10\Omega$。

对 $\dot{U}_1$，$\dot{U}_2$ 和 $\dot{U}$ 构成的回路列写 KVL 方程可得

$$\dot{U} = (R_1 + jX_{L_1})\dot{I} + \dot{U}_2$$

在上式中代入数据可得

$$\dot{U} = (10 + j10) \times (-j10) + U_2 \angle 0° = (100 + U_2) - j100$$

由此可得

$$220 = \sqrt{(100 + U_2)^2 + 100^2}$$

解之可得 $U_2 = 96V$，因此求出 $X_{L_2} = 3.2\Omega$，$X_C = 4.8\Omega$。

8.11.2.3　无功功率定义与一般计算方法

一个单口网络中储能元件与外电路之间周期性交换能量的多少与单口网络瞬时功率中无功分量 $p_X(t)$ 的极大值 $UI\sin\varphi$ 有关，此值愈大，往返交换的能量愈多。因此，为了反映单口网络与外电路之间交换能量的速率，定义 $p_X(t)$ 的极大值 $UI\sin\varphi$ 为无功功率，以 Q 表示，即

$$Q = UI\sin\varphi \tag{8-56}$$

这样，无功功率是用以表征一个单口网络与外电路之间周期性交换能量的最大速率或规模，并非做功的功率。引入无功功率的目的是为了反映储能元件与外电路之间的能量无损交换，其得名来源于不会被消耗，并非"无用"之意；相反，无功功率在实际的正弦稳态电路中是维持电路正常工作所必不可少的能量要素，例如，通过它才能使得变压器、电机等依据电磁感应原理运行的电气设备能够正常工作。无功功率的量纲与有功功率的相同，但为了区别起见，无功功率的 SI 单位定义为无功伏安，简称乏（var），常用的还有千乏（kvar）和兆乏（Mvar）。

需要注意的是，式（8-56）是在端口电压 $\dot{U}$ 和端口电流 $\dot{I}$ 取关联参考方向下按吸收无功功率计算的，即在关联参考方向情况下，当 $\varphi > 0$ 时，有 $\sin\varphi > 0$ 故而 $Q > 0$，表明电路实际吸收无功功率；当 $\varphi < 0$ 时，有 $\sin\varphi < 0$ 故而 $Q < 0$，表明电路实际发出无功功率。若电压 $\dot{U}$、电流 $\dot{I}$ 取非关联参考方向，则结论正好相反。

当单口网络分别为仅含单个 R、L 或 C 元件时，由式(8-56)可得 R、L 或 C 所吸收的无功功率的计算式分别为

R：
$$Q_R = U_R I_R \sin\varphi_R = U_R I_R \sin 0° = 0 \quad (R：\varphi_R = 0°)$$

L：
$$Q_L = U_L I_L \sin\varphi_L = U_L I_L \sin 90° = U_L I_L \quad (L：\varphi_L = 90°)$$

C：
$$Q_C = U_C I_C \sin\varphi_C = U_C I_C \sin(-90°) = -U_C I_C \quad (C：\varphi_C = -90°)$$

这表明，在正弦稳态电路中，电阻元件的无功功率为零；在电压电流取关联参考方向下，$Q_L = U_L I_L \geq 0$，即电感元件吸收无功功率；$Q_C = -U_C I_C \leq 0$ 即电容元件发出无功功率。这是由于取 $\varphi = \varphi_u - \varphi_i$ 的缘故；倘若取 $\varphi = \varphi_i - \varphi_u$，则情况相反。由于电感元件和电容元件的无功功率的性质相反，因此它们的无功功率可以相互补偿。

对于不含独立电源的单口网络，在电压电流取关联参考方向情况下，若其为感性(感性负载)，由于这时 $\varphi_Z > 0$ 或 $\varphi_Y < 0$，故而 $Q > 0$，这表明感性电路吸收无功功率(感性无功)，因此又称其为无功负载；若单口网络为容性(容性负载)，由于这时 $\varphi_Z < 0$ 或 $\varphi_Y > 0$，故而 $Q < 0$，这表明容性电路发出无功功率(容性无功)，因此又称其为无功电源。

8.11.2.4 不含独立电源的单口网络有功功率的计算方法

设如图 8-42 所示为一不含独立电源单口正弦稳态网络，其等效阻抗和等效导纳分别为 $Z = R + jX$ 和 $Y = G + jB$，则由一般计算式(8-56)可以得出这种网络用等效阻抗和导纳表示的无功功率的计算式分别为

$$Q = UI\sin\varphi = UI\sin\varphi_Z = |Z|I^2\sin\varphi_Z = XI^2 = \frac{U_X^2}{X} = U_X I \tag{8-57}$$

$$Q = UI\sin\varphi = UI\sin\varphi_Z = -UI\sin\varphi_Y = -|Y|U^2\sin\varphi_Y = -BU^2 = -\frac{I_B^2}{B} = -UI_B \tag{8-58}$$

在应用式(8-57)来计算无功功率时，需要注意的是，等效电抗元件 X 上的电压 $U_X = U\sin\varphi_Z$ 和等效电抗 $X = |Z|\sin\varphi_Z$ 均为代数量，即它们随 φ_Z 的正、负而取正、负，若 $\varphi_Z > 0$ (感性电路)，有 $\sin\varphi_Z > 0$，$U_X > 0$，$X = \omega L_{eq} > 0$，从而 $Q > 0$；若 $\varphi_Z < 0$(容性电路)，有 $\sin\varphi_Z < 0$，$U_X < 0$，$X = \dfrac{-1}{\omega C_{eq}} < 0$，从而 $Q < 0$。类似地，在(8-58)中，流过等效电纳元件 B 的电流 $I_B = I\sin\varphi_Y = -I\sin\varphi_Z$ 和等效电纳 $B = |Y|\sin\varphi_Y = -|Y|\sin\varphi_Z$ 也均为代数量，即它们随 φ_Z 正、负而负、正，若 $\varphi_Z > 0$(感性电路)，有 $\sin\varphi_Z > 0$，$I_B < 0$，$B = -1/\omega L_{eq} < 0$，从而 $Q > 0$；若 $\varphi_Z < 0$(容性电路)，有 $\sin\varphi_Z < 0$，$I_B > 0$，$B = \omega C_{eq} > 0$，从而 $Q < 0$。

由图 8-21(c)可知，电抗 X 上的电压相量 $\dot{U}_X$ 与电流 $\dot{I}$ 的相位差为 $\pm90°$(计及容性电路：$-90°$)，其有效值是 $|U\sin\varphi_Z|$，$U\sin\varphi_Z$ 与电流 I 的有效值之积 $U_X I$ 即为无功功率 Q，因而称 $\dot{U}_X$ 为 $\dot{U}$ 的无功分量；由图 8-22(c)可知，电纳 B 中的电流相量 $\dot{I}_B$ 与电压 $\dot{U}$ 的相位差为 $\pm90°$(计及感性电路：$-90°$)，其有效值是 $|I\sin\varphi_Z|$，$I\sin\varphi_Z$ 与电压 U 的有效值之积 $I_B U$ 即为无功功率 Q，因而称 $\dot{I}_B$ 为 $\dot{I}$ 的无功分量。这也表明，相位正交的电压与电流不产生有功功率，只产生无功功率。

8.11.2.5　根据功率因数判断电路性质

设不含独立电源的线性单口网络的输入阻抗为 $Z = R + jX$，当 $X > 0$ 时，阻抗呈感性；当 $X < 0$ 时，阻抗呈容性。这时，若电阻 R 为正值，则电感性阻抗的阻抗角即功率因数角为正(电流相位滞后于电压相位)，有

$$0 < \varphi_Z = \arctan \frac{X}{R} < 90°$$

而容性阻抗的阻抗角即功率因数角为负(电流相位领先于电压相位)，有

$$-90° < \varphi_Z = \arctan \frac{X}{R} < 0$$

但是，由于 cos 为偶函数，故而无论阻抗角 φ_Z 是正值还是负值，总有 $\cos\varphi_Z > 0$，因此，无法仅从功率因数判断电路是感性或容性，为此，对功率因数值附加"超前"或"滞后"的说明，并且规定"超前"或"滞后"均是以电流相对于电压而言的，即滞后的功率因数表示对应的电流相位滞后于电压相位，超前的功率因数则表示对应的电流相位超前于电压相位，可以表示为

$$\begin{cases} \cos\varphi_Z(滞后)：感性电路，Q > 0 \\ \cos\varphi_Z(超前)：容性电路，Q < 0 \end{cases}$$

例如，$\lambda = \cos\varphi_Z = 0.5(超前)$，则表示电路的输入阻抗角 $\varphi_Z = -60°$，电路呈容性。

一般电路功率因数的范围为 $0 \sim 1$，对于纯电阻电路以及后面要讨论的处于谐振状态的正弦稳态电路，其功率因数 $\cos\varphi_Z = \cos 0° = 1$，对于纯电抗电路，其功率因数 $\cos\varphi_Z = \cos(\pm 90°) = 0$。

【例 8-24】 试求如图 8-50(a)所示电路中各元件以及单口网络的无功功率。

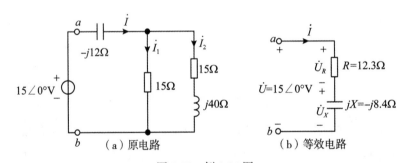

图 8-50　例 8-24 图

解　解法一：利用定义式 $Q = UI\sin\varphi$ 计算无功功率。单口网络的输入阻抗为

$$Z_{ab} = -j12 + \frac{15 \times (15 + j40)}{15 + 15 + j40} = 12.3 - j8.4 = 14.89\angle -34.33°(\Omega)$$

单口网络的等效电路如图 8-50(b)所示，其中电流为

$$\dot{I} = \frac{\dot{U}}{Z_{ab}} = \frac{15\angle 0°}{14.89\angle -34.33°} = 1.0\angle 34.33°(A)$$

由于单口网络的等效电路为容性电路，故而发出无功功率，有 $Q = UI\sin\varphi = 15 \times 1.0\sin(0° - 34.33°) = -8.4(\text{var})$

解法二：利用等效电路计算无功功率。由图 8-50(b)可知，$X = -X_{Ceq} = -8.4\Omega$，所以单口网络发出的无功功率为 $Q = I^2X = 1.0^2 \times (-8.4) = -8.4(\text{var})$。

解法三：由于在无源单口网络中总的无功等于各电抗元件的无功之代数和，所以可以由单口电路中各电抗元件的无功功率求总的无功功率。由分流公式可得

$$\dot{I}_2 = \frac{15}{15 + 15 + j40}\dot{I} = \frac{15}{15 + 15 + j40} \times 1.0\angle34.33° = 0.3\angle37.24°(\text{A})$$

由电感元件无功功率计算式可以求出电感元件无功功率为 $Q_L = I_2^2X_L = 0.3^2 \times 40 = 3.6(\text{var})$ 由电容元件的无功功率计算式可以求出电容元件的无功功率为 $Q_C = -I^2X_C = -1.0^2 \times 12 = -12(\text{var})$，因此，单口网络发出的无功功率为

$$Q = |Q_L| - |Q_C| = 3.6 - 12 = -8.4(\text{var}) \quad \text{或} \quad Q = Q_L + Q_C = 3.6 - 12 = -8.4(\text{var})$$

因此，电源吸收无功功率等于单口网络发出的无功功率，此即后面将要介绍的无功功率守恒。

【例 8-25】 在图 8-51 所示电路中，已知电流表Ⓐ的度数为 $\sqrt{3}$ A，电流表Ⓐ₁和Ⓐ₂的读数均为1A，试求电阻 R_2 和感抗 X_2 的值以及该串联支路吸收的有功功率和无功功率。

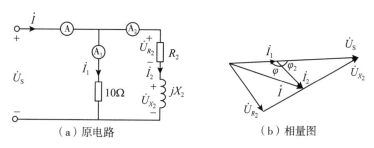

图 8-51 例 8-25 图

解 正弦电压源电压有效值为

$$U_S = 1 \times 10 = 10(\text{V})$$

设 $\dot{U}_S = U_S\angle0° = 10\angle0°\text{V}$。以 $\dot{U}_S$ 为参考向量，画出电压、电流的相量图如图 8-51(b)所示。对电流三角形应用余弦定理可得

$$I^2 = I_1^2 + I_2^2 - 2I_1I_2\cos\varphi$$

将题给数据代入上式可解得 $\varphi = 120°$，因此，由相量图可知，阻抗 $Z_2 = R_2 + jX_2$ 的阻抗角为 $\varphi_2 = 60°$。所以

$$|Z_2| = \frac{U_S}{I_2} = \frac{10}{1} = 10\Omega, \quad R_2 = |Z_2|\cos60° = 5\Omega, \quad X_2 = |Z_2|\sin60° = 8.66\Omega$$

因此，R_2 与 X_2 串联支路吸收的有功功率为

$$P = I_2^2R_2 = 1 \times 5 = 5(\text{W})$$

该支路吸收的无功功率为

$$Q = I_2^2 X_2 = 1 \times 8.66 = 8.66(\text{var})$$

【例 8-26】　图 8-52(a)所示的电路中，N 为不含独立源的单口网络，已知 N 吸收的有功功率与无功功率分别为 4W 和 12var，$\dot{U}_1$ 与 $\dot{U}_2$ 的相位差为 30°，求 N 的等效参数与端口电流 $\dot{I}$。

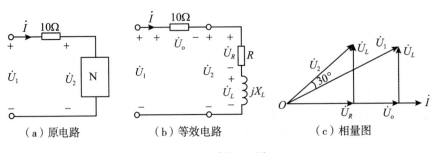

图 8-52　例 8-26 图

解　由于单口网络 N 吸收无功功率，故其等效电路必为电感性阻抗，即 $Z = R + jX_L$，如图 8-52(b)所示。由已知 N 吸收的有功功率与无功功率分别为 4W 和 12var 可得

$$P_R = I^2 R = 4\text{W}, \qquad Q_L = X_L I^2 = 12\text{var}$$

因此可得 $P_R / Q_L = R / X_L = 1/3$，即 $X_L = 3R$。在图 8-52(b)中列 KVL 方程可得

$$\dot{U}_1 = (10 + R + jX_L)\dot{I}, \qquad \dot{U}_2 = (R + jX_L)\dot{I}$$

设串联回路电流 $\dot{I}$ 为参考相量即 $\dot{I} = I\angle 0°$，可作出电路的相量图如图 8-52(c)所示，其中 $\dot{U}_1$ 与 $\dot{U}_2$ 的初相角之差 $\varphi_{u_1} - \varphi_{u_2} = -30°$，即

$$\arctan \frac{X_L}{10 + R} - \arctan \frac{X_L}{R} = -30°$$

考虑到 $X_L = 3R$，由上式可得 $R = 4.2\Omega$，$X_L = 12.6\Omega$，又因有 $P_R = I^2 R = 4\text{W}$，故得

$$I = \frac{4}{4.2} = 0.976(\text{A}), \qquad \dot{I} = 0.976\angle 0°\text{A}$$

8.11.3　视在功率

8.11.3.1　视在功率的定义与一般计算方法

对于一般正弦稳态单口网络，将其端口电压有效值 U 与电流有效值 I 的乘积定义为该网络的视在功率或表观功率，记为 S，即

$$S = UI \tag{8-59}$$

之所以称其为视在功率，是因为它"看起来"与直流单口电路吸收功率的计算式 $P = UI$ 的形式相同。

视在功率的量纲与平均功率的相同，但是为了加以区别，SI 单位用伏安(VA)，而非瓦特(W)；常用的单位还有 kVA 和 MVA 等。

由于视在功率计算式(8-59)中的 U 和 I 是有效值，它们均为正值，因此可知：(1)视在功率恒为正值；(2)视在功率计算式与参考方向无关。

引入视在功率后，电路的功率因数可以表示为有功功率与视在功率的比值，即

$$\lambda = \cos\varphi = \frac{P}{S} \tag{8-60}$$

8.11.3.2　不含独立电源的单口网络视在功率的计算方法

设如图 8-42 所示为一不含独立电源单口正弦稳态网络，其等效阻抗和等效导纳分别为 $Z = R + jX$ 和 $Y = G + jB$，则由一般计算式(8-59)可以得出这种网络用等效阻抗和导纳表示的视在功率的计算式分别为

$$S = UI = |Z|I^2 = \sqrt{R^2 + X^2}\, I^2 \tag{8-61}$$

$$S = UI = |Y|U^2 = \sqrt{G^2 + B^2}\, U^2 \tag{8-62}$$

视在功率在电力工程中有着实际意义，发电机、变压器等用电设备或电器的电压、电流都有其额定值，即额定电压和额定电流，因此，视在功率也有其额定值。对于电灯泡、电烙铁这类电阻性用电器具，由于其功率因数等于1，故而视在功率为额定电压和额定电流的乘积，与平均功率数值相等，因此，额定功率可以以平均功率的形式给出，例如 60W、100W 等。对于发电机、变压器等电力设备，由于运行时其功率因数与外部电路的性质和运用情况有关，所以只能根据额定电压和额定电流给出其额定视在功率，但在未明确其运行时的功率因数时，不能给出额定平均功率。对于这种情况，通常以电力设备的额定视在功率作为其额定容量。例如，额定容量即额定视在功率为 10000kVA 的电力变压器，若工作于额电压和额定电流下，当 $\cos\varphi = 1$ 时，其输出功率为 10000kW，而当 $\cos\varphi = 0.7$ 时，其只能输出 $10000 \times 0.7 = 7000(kW)$ 的功率。因此，为了充分利用发电机或变压器的容量，必须适当提高电路的功率因数。

【例 8-27】 图 8-53(a)所示的感性单口电路中，已知 Ⓐ 表的读数为 10A，电压表 Ⓥ₁ 和 Ⓥ₂ 读数均为 250V，整个电路消耗的功率为 2000W，求 R_1、X_C 和 X_L 的值。

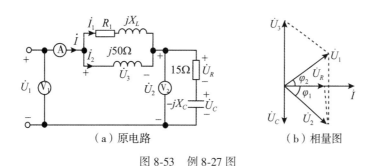

（a）原电路　　　（b）相量图

图 8-53　例 8-27 图

解 图 8-53(a)所示为一既有串联又有并联的电路，由于离输入端最远处为一串联支路，故设流过该支路的电流即整个回路电流 $\dot{I}$ 为参考向量，即 $\dot{I} = 10\angle 0°$ A，画出电路的

相量图如图 8-53(b)所示，其中 $\dot{U}_R$ 与 $\dot{I}$ 同相，$\dot{U}_C$ 滞后 $\dot{I}$ 的角度为 90°，且 $\dot{U}_2 = \dot{U}_C + \dot{U}_R$，因此可得

$$\dot{U}_R = 15\dot{I} = 150\angle 0°\text{V}, \quad U_C = \sqrt{U_2^2 - U_R^2} = \sqrt{250^2 - 150^2} = 200\text{V}$$

因此，可以求出 $X_C = \dfrac{U_C}{I} = \dfrac{200}{10} = 20(\Omega)$。根据电阻与电容串联支路，可以求出 $\dot{U}_2$ 滞后 $\dot{I}$ 的相位角为 $\varphi_1 = \arctan\dfrac{U_C}{U_R} = \arctan\dfrac{200}{150} = 53.1°$。根据已知条件，可得电路的视在功率为

$$S = U_1 I = 250 \times 10 = 2500(\text{VA})$$

由于 $P = S\lambda = S\cos\varphi_Z$，其中 φ_Z 为单口电路的阻抗角，也是 $\dot{U}_1$ 超前 $\dot{I}$ 的相位角。因单口电路呈感性，所以 $\varphi_Z > 0$，故得

$$\varphi_Z = \arccos\frac{P}{S} = \arccos\frac{2000}{2500} = 36.9°$$

即 $\dot{U}_1$ 超前 $\dot{I}$ 的角度为 36.9°。又已知 $\dot{U}_2$ 滞后 $\dot{I}$ 的角度为 53.1°，所以 $\dot{U}_1$ 垂直于 $\dot{U}_2$。根据 $\dot{U}_1 = \dot{U}_3 + \dot{U}_2$ 及 $\dot{U}_1 = \dot{U}_2$，可得

$$\dot{U}_3 = \dot{U}_1 - \dot{U}_2 = 250\angle 36.9° - 250\angle -53.1° = 250(0.199 + j1.4) = 353.52\angle 81.9°\text{V}$$

$$\dot{I}_2 = \frac{\dot{U}_3}{j50} = \frac{353.52\angle 81.9°}{50\angle 90°} = 7.07\angle -8.1°\text{A},$$

$$\dot{I}_1 = \dot{I} - \dot{I}_2 = 10 - 7.07\angle -8.1° = 3.15\angle 18.37°\text{A}$$

故 $R_1 + jX_L = \dfrac{\dot{U}_3}{\dot{I}_1} = \dfrac{353.52\angle 81.9°}{3.15\angle 18.37°} = 112\angle 63.53° = (50 + j100)\Omega$

所以求出 $R_1 = 50\Omega$，$X_L = 100\Omega$。

8.11.4　复功率

8.11.4.1　复功率的定义与一般计算方法

为了能够直接利用任意单口网络的端口电压相量和电流相量同时计算该电路的有功功率 P、无功功率 Q、视在功率 S 以及功率因数角 φ，可以将电压相量 $\dot{U} = U\angle\varphi_u$ 和电流相量 $\dot{I} = I\angle\varphi_i$ 的共轭复数 $\dot{I}^* = I\angle -\varphi_i$ 的乘积定义为该单口网络的复数功率，简称复功率，即

$$\bar{S} = \dot{U}\dot{I}^* = UI\angle\varphi_u - \varphi_i = UI\angle\varphi = S\angle\varphi = UI\cos\varphi + jUI\sin\varphi = P + jQ \quad (8\text{-}63)$$

由式(8-63)可知，复功率可以将所有功率联系起来，在直角坐标下，复功率的实部和虚部分别为有功功率 P 和无功功率 Q；在极坐标下，复功率的模是视在功率，其幅角是功

率因数角。复功率的单位与视在功率的相同，也是伏安(VA)。

由于复数没有正负之分，因此，式(8-63)用于计算复功率时，其是被吸收或发出是由 $\dot{U}$、$\dot{I}$ 的参考方向是否关联于单口网络 N 来定义的，即若两者参考方向关联，则 N 吸收复功率，若非关联，则 N 发出复功率，但是，实际吸收或发出有功功率 P 或无功功率 Q 仍取决于电压、电流相量的参考方向的关联与否与 P 或 Q 值的正、负之间的关系。

当单口网络分别为仅含单个 R、L 或 C 三种电路元件时，由式(8-60)可知，这三种元件在电压、电流取关联参考方向下的复功率分别为

R：
$$\overline{S}_R = P_R = \frac{U_R^2}{R} = I_R^2 R$$

L：
$$\overline{S}_L = jQ_L = jX_L I_L^2 = \frac{jU_L^2}{X_L}$$

C：
$$\overline{S}_C = jQ_C = -jX_C I_C^2 = \frac{-jU_C^2}{X_C}$$

由此可见，电阻元件的复功率为实数，而电感、电容元件的复功率为纯虚数。

8.11.4.2 不含独立电源的单口网络复功率的计算方法

设如图 8-42 所示为一不含独立电源单口正弦稳态网络，其等效阻抗和等效导纳分别为 $Z = R + jX$ 和 $Y = G + jB$，则由一般计算式(8-63)可以得出这种网络用等效阻抗和导纳表示的复功率的计算式分别为

$$\overline{S} = \dot{U}\dot{I}^* = Z\dot{I} \cdot \dot{I}^* = ZI^2 = (R + jX)I^2 = RI^2 + jXI^2 \tag{8-64}$$

$$\overline{S} = \dot{U}\dot{I}^* = \dot{U}(\dot{U}Y)^* = U^2 Y^* = U^2(G - jB) = GU^2 - jBU^2 \tag{8-65}$$

8.11.4.3 功率三角形

根据有功功率和无功功率均可用视在功率表示，即 $P = S\cos\varphi$，$Q = S\sin\varphi$，或复功率 $\overline{S}$ 的计算式(8-63)可知，P、Q、S 三者构成一个直角三角形，称为功率三角形，感性电路的功率三角形如图 8-54 所示。由功率三角形也可知复功率的模为视在功率，而其幅角则为功率因数角，即

$$|\overline{S}| = \sqrt{P^2 + Q^2} = S, \quad \arg\overline{S} = \arctan\frac{Q}{P} = \arctan\left(\frac{UI\sin\varphi}{UI\cos\varphi}\right) = \varphi$$

对于不含独立电源的正弦稳态电路，将其阻抗三角形的各边乘以电流 I，便得到电压三角形，将电压三角形的各边再乘以 I，就得到功率三角形，而若将导纳三角形的各边乘以电压 U，便得到电流三角形，将电流三角形的各边再乘以 U，就得到功率三角形。因此，阻抗三角形、电压三角形以及功率三角形是相似三角形；导纳三角形、电流三角形以及功率三角形也是相似三角形。如图 8-55 所示为感性电路的阻抗、电压和功率三角形。

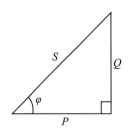
图 8-54　感性电路的功率三角形

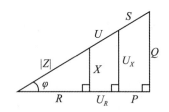
图 8-55　感性电路的阻抗、电压和功率三角形

显然，复功率作为一个用于功率计算的复数，没有任何物理意义，即并不直接反映时域的能量关系。此外，它与复阻抗的复数性质相似，不对应正弦量，因此亦非相量。

8.11.4.4　复功率守恒定理

与电阻电路满足有功功率守恒定理类似，正弦稳态电路满足复功率守恒定理，即在各支路电压、电流相量为关联参考方向下，电路中各支路吸收的复功率之代数和等于零。下面根据特勒根定理对其加以证明。

在任一具有 n 个节点、b 条支路的正弦稳态电路中，设其第 $k(k = 1，2，\cdots，b)$ 条支路上的电压相量 $\dot{U}_k$（满足 KVL）和电流相量 $\dot{I}_k$（满足 KCL）为关联参考方向，则由特勒根定理可得

$$\sum_{k=1}^{b} \dot{U}_k \dot{I}_k = 0 \tag{8-66}$$

式中，$\dot{I}_k$ 满足 KCL：$\sum_{k=1}^{b} \dot{I}_k = 0$，设 $\dot{I}_k = I_{kr} + jI_{ki}$，于是 $\sum_{k=1}^{b} \dot{I}_k = 0$ 变为

$$\sum_{k=1}^{b} \dot{I}_k = \sum_{k=1}^{b} I_{kr} + j\sum_{k=1}^{b} I_{ki} = 0$$

根据复数相等的条件则应有 $\sum_{k=1}^{b} I_{kr} = 0$，$\sum_{k=1}^{b} I_{ki} = 0$，因此可得

$$\sum_{k=1}^{b} \dot{I}_k^* = \sum_{k=1}^{b} (I_{kr} - jI_{ki}) = \sum_{k=1}^{b} I_{kr} - j\sum_{k=1}^{b} I_{ki} = 0$$

这表明，$\dot{I}_k$ 的共轭相量 $\dot{I}_k^*$ 也满足 KCL，由于特勒根定理只需应用 KCL 和 KVL 导出，因此，对 $\dot{U}_k$ 和 $\dot{I}_k^*$ 循于该定理的导出过程可得复功率守恒定理，即

$$\sum_{k=1}^{b} \dot{U}_k \dot{I}_k^* = 0 \tag{8-67}$$

即

$$\sum_{k=1}^{b} \bar{S}_k = 0 \tag{8-68}$$

式中，$\bar{S}_k = \dot{U}_k \dot{I}_k^*$。由于 $\bar{S}_k = P_k + jQ_k$，式(8-67)或式(8-68)又可写为

$$\sum_{k=1}^{b} (P_k + jQ_k) = \sum_{k=1}^{b} P_k + j\sum_{k=1}^{b} Q_k = 0$$

因此有

$$
\begin{cases}
\displaystyle\sum_{k=1}^{b} P_k = 0 \\[2mm]
\displaystyle\sum_{k=1}^{b} Q_k = 0
\end{cases}
\tag{8-69}
$$

由于复功率只是一个辅助计算量，故在正弦稳态下复功率守恒的本质含义在于式 (8-69)，它表明电路中的有功功率和无功功率也分别守恒，即各支路所吸收或发出的有功功率代数和与无功功率代数和分别为零。

将电路的全部支路分为两组，即独立电源支路与非独立电源支路，这时，式(8-67)或式(8-68)左边的求和项也对应分为两组，若将所有独立电源支路对应项之和移项到式(8-67)或式(8-68)的右边，则得到复功率守恒定理的另一种等价形式：

$$
\sum_{k=1}^{m} \dot{U}_{\mathrm{S}k}\, \overset{*}{\dot{I}}_{\mathrm{S}k} = \sum_{k=m+1}^{b} \dot{U}_k\, \overset{*}{\dot{I}}_k
\tag{8-70}
$$

即

$$
\sum_{k=1}^{m} \overline{S}_{\mathrm{S}k} = \sum_{k=m+1}^{b} \overline{S}_k
\tag{8-71}
$$

式中，各独立电源支路的电压 $\dot{U}_{\mathrm{S}k}$ 与电流 $\dot{I}_{\mathrm{S}k}$ 为非关联参考方向，各非独立电源支路的电压 $\dot{U}_k$ 与电流 $\dot{I}_k$ 为关联参考方向。

式(8-70)和式(8-71)可以表述为在正弦稳态电路中，所有独立电源支路发出复功率之代数和等于所有非独立电源支路吸收复功率之代数和。

尽管一个正弦稳态电路中的复功率、有功功率和无功功率均守恒，但是由于其支路 $k(k=1,\ 2,\ \cdots,\ b)$ 的视在功率 $S_k = U_k I_k$ 恒为正值，而非代数量，所以电路的视在功率一般不守恒，即通常 $\displaystyle\sum_{k=1}^{b} S_k \neq 0$ ，或者说总视在功率一般不等于该电路各部分的视在功率之和，例如，在图 8-56 中，$P = P_1 + P_2$ ，$Q = Q_1 + Q_2$ ，但 $S \neq S_1 + S_2$ 。因此，在计算有功功率和无功功率时，可以对各个支路分别计算后再求和，而对于视在功率则不可如此计算，必须根据最后所得的有功功率和无功功率计算得到。

【例 8-28】　图 8-57 所示的感性单口电路中，求各支路吸收的复功率并验证复功率守恒、有功功率守恒以及无功功率守恒。

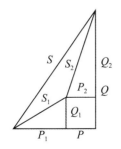

图 8-56　视在功率不守恒图示

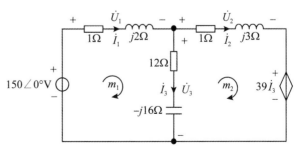

图 8-57　例 8-28 图

解　用网孔法求解支路电流。用支路电流列写的网孔方程为

m_1：
$$(1 + j2)\dot{I}_1 + (12 - j16)\dot{I}_3 = 150\angle 0°$$

m_2：
$$(1 + j3)\dot{I}_2 - (12 - j16)\dot{I}_3 = -39\dot{I}_3$$

为消去 $\dot{I}_3$，应用 KCL 添加一辅助方程，即

$$\dot{I}_1 = \dot{I}_2 + \dot{I}_3$$

联立解以上三式得各支路电流为 $\dot{I}_1 = -26 - j52\text{A}$，$\dot{I}_2 = -24 - j58\text{A}$，$\dot{I}_3 = -2 + j6\text{A}$，于是可求得各支路电压为 $\dot{U}_1 = (1 + j2)\dot{I}_1 = 78 - j104\text{V}$，$\dot{U}_2 = (1 + j3)\dot{I}_2 = 150 - j130\text{V}$，$\dot{U}_3 = (12 - j16)\dot{I}_3 = 72 + j104\text{V}$。

各无源支路吸收的复功率为

$$\overline{S}_1 = \dot{U}_1\dot{I}_1^{\,*} = (78 - j104)(-26 + j52) = 3380 + j6760\text{VA}$$

$$\overline{S}_2 = \dot{U}_2\dot{I}_2^{\,*} = (150 - j130)(-24 + j58) = 3940 + j11820\text{VA}$$

$$\overline{S}_3 = \dot{U}_3\dot{I}_3^{\,*} = (72 + j104)(-2 - j6) = 480 - j640\text{VA}$$

受控源支路吸收的复功率为

$$\overline{S}_{受控源} = (39\dot{I}_3)\dot{I}_2^{\,*} = 39(-2 + j6)(-24 + j58) = -11700 - j10140\text{VA}$$

由于 $\dot{U}_\text{S}$ 和 $\dot{I}_1$ 为非关联参考方向，故而独立电压源发出的复功率为

$$\overline{S}_{独立源发出} = \dot{U}_\text{S}\dot{I}_1^{\,*} = 150(-26 + j52) = -3900 + j7800\text{VA}$$

在上式中添加一负号以使 $\dot{U}_\text{S}$ 和 $\dot{I}_1$ 为关联参考方向，故而独立电压源吸收的复功率为

$$\overline{S}_{独立源吸收} = -\dot{U}_\text{S}\dot{I}_1^{\,*} = 150(-26 + j52) = 3900 - j7800\text{VA}$$

可以验证电路中发出的复功率的之和等于吸收的复功率之和，即复功率守恒：

$$\sum_{k=1}^{4}\overline{S}_k = \overline{S}_1 + \overline{S}_2 + \overline{S}_3 + \overline{S}_{受控源} = \overline{S}_{独立源发出}$$

或吸收的复功率之代数和为零，即

$$\sum_{k=1}^{5}\overline{S}_k = \overline{S}_1 + \overline{S}_2 + \overline{S}_3 + \overline{S}_{受控源} + \overline{S}_{独立源吸收} = 0$$

此外，可以验证，3 个无源支路和独立电压源吸收的有功功率之和等于受控源(唯一一个提供有功功率的电路元件)供出的有功功率，即

$$P_{吸收} = P_1 + P_2 + P_3 + P_{独立源} = P_{发出} = P_{受控源} = 11700\text{W}$$

两个电感元件吸收的无功功率之和等于独立电压源、电容元件以及受控电源三者发出的无功功率之和，即

$$Q_{吸收} = Q_1 + Q_2 = Q_{发出} = Q_{独立源} + Q_3 + Q_{受控源} = 18580\text{var}$$

注意，本例中受控源发出无功功率(容性)。

【例 8-29】　图 8-58 所示的电路中，已知 $\dot{I}_3 = 1 - j1\text{A}$，支路 ab 左、右边支路的复功率

分别为 $\bar{S}_1 = -1 + j1\text{VA}$，$\bar{S}_2 = -1 - j1\text{VA}$，试求 $\dot{U}_{S_1}$，$\dot{U}_{S_2}$ 和 r_m。

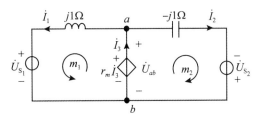

图 8-58   例 8-29 图

解   由图 8-58 所示电路中所标示的参考方向可知，左、右支路电压、电流均为关联参考方向，故而 $\bar{S}_1$、$\bar{S}_2$ 分别是这两条支路吸收的复功率，中间支路电压、电流为非关联参考方向，因而 $\bar{S}_3$ 为该支路发出的复功率，因此，由复功率守恒可得

$$\bar{S}_1 + \bar{S}_2 - \bar{S}_3 = 0$$

由此求出 $\qquad\qquad \bar{S}_3 = \bar{S}_1 + \bar{S}_2 = -1 + j1 - 1 - j1 = -2\text{VA}$

而 $\qquad\qquad \bar{S}_3 = \dot{U}_{ab}\dot{I}_3^* = r_m\dot{I}_3\dot{I}_3^* = r_m I_3^2 = r_m \mid 1 - j1 \mid^2 = 2r_m = -2$

故而得出 $r_m = -1\Omega$。

又有 $\qquad\qquad \dot{U}_{ab} = r_m\dot{I}_3 = -1(1 - j1) = -\sqrt{2}\angle -45°\text{V}$

$$\bar{S}_1 = \dot{U}_{ab}I_1^* = -1 + j1 = -\sqrt{2}\angle -45°\text{VA}$$

由此可得 $\qquad\qquad \dot{I}_1^* = \dfrac{-\sqrt{2}\angle -45°}{-\sqrt{2}\angle -45°} = 1\text{A}$

即 $\dot{I}_1 = 1\angle 0°\text{A}$。

对左边网孔 m_1 列回路方程可得

$$\dot{U}_{ab} = jX_L\dot{I}_1 + \dot{U}_{S_1}$$

从中解出 $\qquad \dot{U}_{S_1} = \dot{U}_{ab} - jX_L\dot{I}_1 = -1 + j1 - j1 \times 1 = -1\angle 0°\text{V}$

应用 KCL 于 a 点，可得

$$\dot{I}_2 = \dot{I}_3 - \dot{I}_1 = 1 - j1 - 1 = -j1\text{A}$$

对右边网孔 m_2 列回路方程，可得

$$\dot{U}_{ab} = -jX_C\dot{I}_2 - \dot{U}_{S_2}$$

从中解出

$$\dot{U}_{S_2} = -jX_C\dot{I}_2 - \dot{U}_{ab} = -j1 \times (-j1) + 1 - j1 = -j1\text{V}$$

【例 8-30】   图 8-59 所示电路中，已知电流 $I = 10\text{A}$，$I_1 = 10\sqrt{3}\,\text{A}$，$I_2 = 10\text{A}$，功率表读数为 1000W，试确定参数 R、X_L、X_C 以及其受控源 $2\dot{U}_L$ 发出的复功率。

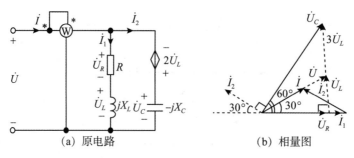

图 8-59　例 8-30 图

解　为了作相量图方便，此题对于电路末端并联的电路并未选其端电压作为参考相量，而是选 $\dot{I}_1$ 作为参考相量，即令 $\dot{I}_1 = 10\sqrt{3} \angle 0°A$，由题给条件：$I = 10A$，$I_1 = 10\sqrt{3}A$，$I_2 = 10A$，以及 $\dot{I} = \dot{I}_1 + \dot{I}_2$ 可知，这三者构成等腰三角形，且 $\dot{I}$ 与 $\dot{I}_1$ 之间的夹角为 30°，于是有

$$\dot{I} = 10 \angle 30°A，\quad \dot{I}_2 = 10 \angle 150°A，\quad \dot{U}_C = U_C \angle 60°V$$

此外，对回路列写 KVL 方程可得

$$\dot{U}_C = 2\dot{U}_L + \dot{U}_R + \dot{U}_L = 3\dot{U}_L + \dot{U}_R$$

因此，可得

$$\tan 60° = \frac{3U_L}{U_R}，\quad 即 \frac{U_L}{U_R} = \frac{1}{3} \cdot \tan 60° = \frac{\sqrt{3}}{3} = \tan 30°$$

而由于 $\dot{U}_R = U_R \angle 0°V$，于是有

$$\dot{U} = U \angle 30°V$$

由此可知 $\dot{U}$ 与 $\dot{I}$ 同相，于是，作出相量图如图 8-59(b) 所示。根据功率公式可得

$$P = UI\cos\varphi = UI = 1000W$$

解之可得

$$U = \frac{1000}{I} = \frac{1000}{10} = 100(\text{V})$$

由于 $\frac{U_L}{U_R} = \tan 30°$，而电压三角形与阻抗三角形是相似三角形，因此可得

$$\frac{X_L}{R} = \tan 30° = \frac{\sqrt{3}}{3}$$

由 R 与 jX_L 串联支路的伏安特性可知

$$U = \sqrt{R^2 + X_L{}^2}\, I_1$$

即

$$100 = \sqrt{\left(\sqrt{3}X_L\right)^2 + X_L{}^2} \times 10\sqrt{3}$$

解之可得

$$X_L = 2.89\Omega，\ R = \sqrt{3}X_L = 5\Omega$$

利用电压直角三角形可得

$$U_C = \frac{U_R}{\cos 60°} = \frac{U\cos 30°}{\cos 60°} = 173.2\text{V}$$

$$U_L = U \times \sin 30° = 100 \times \sin 30° = 50\text{V}$$

利用所求 U_C 可得

$$X_C = \frac{U_C}{I_2} = \frac{173.2}{10} = 17.32(\Omega)$$

受控源发出的复功率为

$$\overline{S} = (2\dot{U}_L)\dot{I}_2^* = 2 \times 50\angle 90° \times 10\angle -150° = 1000\angle -60°(\text{VA})$$

8.12　正弦稳态电路的最大功率传输定理

类似于直流电阻电路，正弦稳态电路也存在着最大功率传输问题，即图 8-60(a)所示的负载 Z_L 在什么条件下可以从含源网络 N 获得最大功率。Z_L 可以表示为直角坐标和极坐标两种形式，即 $Z_L = R_L + jX_L = |Z_L|\angle\varphi_L$。由此可见，$Z_L$ 主要有两种变化情况：①其电阻和电抗均独立可变；②其阻抗角不变但模可变。下面分别就这两种情况讨论实现最大功率传输的条件以及 Z_L 获得的最大功率。

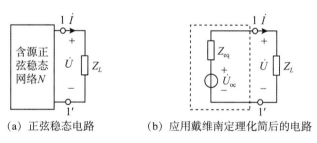

(a)　正弦稳态电路　　　　　(b)　应用戴维南定理化简后的电路

图 8-60　正弦稳态电路最大功率传输定理

8.12.1　负载阻抗的电阻和电抗均独立可变

将图 8-60(a)中单口网络 N 进行戴维南等效得到图 8-59(b)所示电路，其中负载阻抗 Z_L 吸收的有功功率 P_L 为

$$P_L = R_L I^2 = \frac{R_L U_{\text{oc}}^2}{(R_{\text{eq}} + R_L)^2 + (X_{\text{eq}} + X_L)^2} \tag{8-72}$$

上式是一个关于 R_L 和 X_L 的二元函数。先分析 P_L 与 X_L 的关系。由于 X_L 仅出现在式(8-72)的分母中，故知在 R_L 为任意值的情况下，当 $X_L = -X_{\text{eq}}$ 时分母为极小，P_L 达到最大，于是得到

$$P_L = \frac{R_L}{(R_{\text{eq}} + R_L)^2}U_{\text{oc}}^2 \tag{8-73}$$

上式与直流电阻电路最大功率问题讨论时负载电阻吸收功率的表示式相同。显然，由于 P_L 仅为 R_L 的函数，所以若令 $\dfrac{\mathrm{d}P_L}{\mathrm{d}R_L}$ 等于零，便可以求得使 P_L 取最大值时的 R_L，这时有 $R_L = R_{\mathrm{eq}}$。因此，负载吸收最大功率的条件是

$$R_L = R_{\mathrm{eq}} \quad 和 \quad X_L = -X_{\mathrm{eq}} \quad 或 \quad Z_L = Z_{\mathrm{eq}}^* \tag{8-74}$$

即负载阻抗和戴维南等效阻抗互为共轭复数，这时，称这两种阻抗为最大功率匹配或共轭匹配，简称负载与电源匹配。将式 $R_L = R_{\mathrm{eq}}$ 代入式 (8-73)，便可以求出此时负载从戴维南等效电源获得的最大功率为

$$P_{L\max} = \frac{R_{\mathrm{eq}} U_{\mathrm{oc}}^2}{(2R_{\mathrm{eq}})^2} = \frac{U_{\mathrm{oc}}^2}{4R_{\mathrm{eq}}} \tag{8-75}$$

在共轭匹配电路中，电源输出的功率 $P_{\mathrm{S}} = I U_{\mathrm{oc}} = \dfrac{U_{\mathrm{oc}}^2}{2R_{\mathrm{eq}}}$。负载得到的功率 $P_{L\max} = \dfrac{U_{\mathrm{oc}}^2}{4R_{\mathrm{eq}}}$，故而电路的传输效率为 $\eta = P_{L\max}/P_{\mathrm{S}} = 50\%$，可见，这时电能的传输效率是很低的，因此，共轭匹配电路仅应用在效率问题并非最为重要的场合，例如，在电子、通信和测量等领域的一些小功率电路中，负载获得最大功率相对于传输效率更为重要，但是，对于首要考虑电能传输效率的电力系统来说，显然不会采用这种匹配模式。

【例 8-31】　在图 8-61(a) 所示的电路中，已知电源的角频率 $\omega = 1$，试求在共轭匹配情况下，Z_L 为何值时获得最大功率以及所获得的最大功率。

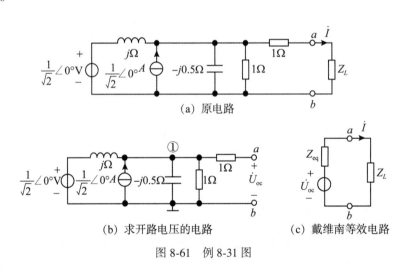

(a) 原电路

(b) 求开路电压的电路　　　(c) 戴维南等效电路

图 8-61　例 8-31 图

解　首先将图 8-61(a) 中 a-b 以左部分电路用戴维南定理等效。在图 8-61(b) 中对节点 1 列节点方程如下

$$\left(1 + \frac{1}{j} + \frac{1}{-j0.5}\right)\dot{U}_{\mathrm{oc}} = \frac{1}{\sqrt{2}} + \frac{1}{j\sqrt{2}}$$

由此求出

$$\dot{U}_{\mathrm{oc}} = -j\frac{1}{\sqrt{2}}\,\mathrm{V}$$

在图 8-61(b)中将电压源短路，电流源开路，求出从 $a\text{-}b$ 端口看进去的等效阻抗为

$$Z_{\mathrm{eq}} = 1 + \cfrac{1}{\cfrac{1}{j} + \cfrac{1}{-j0.5} + 1} = 1.5 - j0.5(\Omega)$$

据此作出戴维南等效电路如图 8-61(c)所示。Z_L 应为

$$Z_L = 1.5 + j0.5\Omega$$

由于电抗部分为正，因此是电感元件，其元件值为 $L = 0.5/\omega = 0.5/1 = 0.5(\mathrm{H})$，$Z_L$ 为 1.5Ω 的电阻与 $0.5\mathrm{H}$ 的电感串联。此时获得的最大功率为

$$P_{L\mathrm{max}1} = \frac{U_{\mathrm{oc}}^2}{4R_{\mathrm{eq}}} = \frac{1/2}{4 \times 1.5} = 0.083(\mathrm{W})$$

【例 8-32】 在图 8-62(a)、(b)所示的正弦稳态电路中，已知 $R = 1\Omega$，$C = 2\mathrm{F}$，$u_C = 20\sqrt{2}\sin(2t + 30°)\mathrm{V}$，$i_R = 2\sqrt{2}\sin 2t\,\mathrm{A}$，$u_{S_2} = 4\sin(2t - 45°)\mathrm{V}$，$i_{S_1} = \sqrt{2}\sin(2t - 90°)\mathrm{A}$，N 为互易网络，图 8-62(b)中负载阻抗 Z_L 的电阻和电抗部分均可调，试求负载 Z_L 获得最大功率时的取值以及该最大功率值。

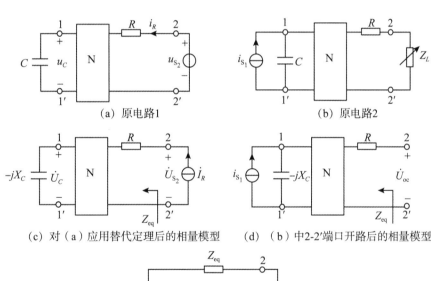

(a) 原电路1 (b) 原电路2

(c) 对(a)应用替代定理后的相量模型 (d)(b)中2-2'端口开路后的相量模型

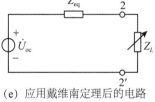

(e) 应用戴维南定理后的电路

图 8-62 例 8-32 图

解 (1)应用替代定律将图 8-62(a)中电流 i_R 用电流源替代后的相量模型如图 8-62(c)所示，将图 8-62(b)中负载 Z_L 移去后的相量模型如图 8-62(d)所示。

(2)求图 8-62(d)所示电路 2-2' 端口的开路电压 $\dot{U}_{\mathrm{oc}}$ 和戴维南等效电路等效阻抗 Z_{eq}。

这时，将图 8-62(c)、(d)中的电阻 R、电容 C 和网络 N 一起视为一个更大网络，显然。该网络为一互易网络，对其应用互易定理形式二可得

$$\frac{\dot{U}_C}{\dot{I}_R} = \frac{\dot{U}_{\text{oc}}}{\dot{I}_{S_1}}$$

将所给数据代入上式可得

$$\dot{U}_{\text{oc}} = \frac{20\angle 30° \times 1\angle -90°}{2\angle 0°} = 10\angle -60°\text{V}$$

图 8-62(d)所示电路 2-2′ 端口的戴维南等效电路等效阻抗即为图 8-59(c)所示电路中 2-2′ 端口的输入阻抗，于是有

$$Z_{\text{eq}} = \frac{\dot{U}_{S_2}}{\dot{I}_R} = \frac{(4/\sqrt{2})\angle -45°}{2\angle 0°} = 1 - j1\ (\Omega)$$

(3)图 8-62(b)中 2-2′ 端口以左电路的戴维南等效电路连接 Z_L 后如图 8-62(e)所示，由此可知，当 $Z_L = R_L + jX_L = Z_{\text{eq}}^* = (1+j1)\Omega$ 时，它从电路中吸收最大功率，其值为

$$P_{L\max} = \frac{U_{\text{oc}}^2}{4R_{\text{eq}}} = \frac{10^2}{4\times 1} = 25\ (\text{W})$$

8.12.2 负载阻抗的幅角不变而模可变

根据这里所讨论的问题的需要，将图 8-60(b)所示电路的戴维南等效阻抗和负载阻抗分别表示为

$$\left.\begin{array}{l} Z_{\text{eq}} = |Z_{\text{eq}}|\angle\varphi_{\text{eq}} = |Z_{\text{eq}}|\cos\varphi_{\text{eq}} + j|Z_{\text{eq}}|\sin\varphi_{\text{eq}} \\ Z_L = |Z_L|\angle\varphi_L = |Z_L|\cos\varphi_L + j|Z_L|\sin\varphi_L \end{array}\right\} \tag{8-76}$$

利用式(8-76)可得则负载电流 $\dot{I}$ 为

$$\dot{I} = \frac{\dot{U}_{\text{oc}}}{(|Z_{\text{eq}}|\cos\varphi_{\text{eq}} + |Z_L|\cos\varphi_L) + j(|Z_{\text{eq}}|\sin\varphi_{\text{eq}} + |Z_L|\sin\varphi_L)}$$

因此，负载吸收的有功功率为

$$\begin{aligned} P_L &= I^2 R_L = I^2|Z_L|\cos\varphi_L \\ &= \frac{U_{\text{oc}}^2|Z_L|\cos\varphi_L}{(|Z_{\text{eq}}|\cos\varphi_{\text{eq}} + |Z_L|\cos\varphi_L)^2 + (|Z_{\text{eq}}|\sin\varphi_{\text{eq}} + |Z_L|\sin\varphi_L)^2} \\ &= \frac{U_{\text{oc}}^2|Z_L|\cos\varphi_L}{|Z_{\text{eq}}|^2 + |Z_L|^2 + 2|Z_{\text{eq}}||Z_L|(\cos\varphi_{\text{eq}}\cos\varphi_L + \sin\varphi_{\text{eq}}\sin\varphi_L)} \\ &= \frac{U_{\text{oc}}^2\cos\varphi_L}{\dfrac{|Z_{\text{eq}}|^2}{|Z_L|} + |Z_L| + 2|Z_{\text{eq}}|\cos(\varphi_{\text{eq}} - \varphi_L)} \end{aligned} \tag{8-77}$$

由于式(8-77)中只有分母中前面两项与 $|Z_L|$ 有关，所以若能使该两项和值最小，负

载吸收功率 P_L 将达最大。于是，通过这两项求 $|Z_L|$ 的导数并令其为零，即

$$\frac{\mathrm{d}}{\mathrm{d}|Z_L|}\left(\frac{|Z_{eq}|^2}{|Z_L|} + |Z_L|\right) = -\frac{|Z_{eq}|^2}{|Z_L|^2} + 1 = 0$$

解得

$$|Z_L| = |Z_{eq}| = \sqrt{R_{eq}^2 + X_{eq}^2} \tag{8-78}$$

式(8-78)使得式(8-77)的分母取唯一极小值，即 P_L 取得唯一极大值，亦即最大值。将式(8-78)其代入式(8-77)，可以求出此时负载吸收的功率即负载阻抗可以获得的最大功率为

$$P_{Lmax} = \frac{U_{oc}^2 \cos\varphi_L}{2|Z_{eq}|[1 + \cos(\varphi_{eq} - \varphi_L)]} \tag{8-79}$$

由此可见，在负载阻抗幅角不变而模可变的情况下，负载吸收最大功率的条件是负载阻抗的模等于戴维南等效阻抗的模，故将式(8-78)称为共模匹配条件简称为模值匹配条件。显然，在这种情况下，负载吸收的最大功率并非是其可能获得的最大功率，因为若负载阻抗幅角 φ_L 可调，则会使负载吸收的功率更大些，并且对于同一电路而言，负载在共模匹配状态下所获得的最大功率值要小于其在共轭匹配状态下所获得的最大功率值。

在实际电路问题中，负载阻抗虽然多为其电阻、电抗均可变的情况，但负载阻抗幅角不变而模 $|Z_L|$ 可调的情况也时常会遇到，例如利用理想变压器(第 10 章)来使负载获得最大功率即属于这种情况。在以下的讨论中，若无另加说明，功率匹配均是指共轭匹配。

若负载为纯电阻 R_L，即 $|Z_L| = R_L$ 时，则可将选取 R_L 使负载获得最大功率的问题看成是模值匹配的特殊情况。按式(8-78)选取电阻值为

$$R_L = |Z_{eq}| = \sqrt{R_{eq}^2 + X_{eq}^2} \tag{8-80}$$

而非 $R_L = R_{eq}$。这时，可以在令 P_{Lmax} 表示式中令 $\varphi_L = 0$，求得该最大功率为

$$P_{Lmax} = \frac{U_{oc}^2}{2|Z_{eq}|(1 + \cos\varphi_{eq})} = \frac{U_{oc}^2}{2(R_{eq} + |Z_{eq}|)} \tag{8-81}$$

【例 8-33】 在例 8-31 所示的电路中，试求 Z_L 的幅角固定为 60°，而其模可变，即在共模匹配情况下，Z_L 获得最大功率的条件以及所获得的最大功率。

解

$$|Z_L| = |Z_{eq}| = 1.58\Omega$$

又因 $\varphi_L = 60°$，故有 $Z_L = 1.58\angle 60° = 1.58 \times \frac{1}{2} + j1.58 \times \frac{\sqrt{3}}{2} = 0.79 + j1.37(\Omega)$，于是有

$$P_{Lmax} = R_L I^2 = R_L\left[\frac{U_{oc}}{\sqrt{(R_{eq} + R_L)^2 + (X_{eq} + X_L)^2}}\right]^2$$

$$= 0.79 \times \left(\frac{1}{\sqrt{2}}\right)^2 \times \frac{1}{(1.5 + 0.79)^2 + (-0.5 + 1.37)^2}$$

$$= 0.79 \times \left(\frac{1}{\sqrt{2}}\right)^2 \times \frac{1}{6.114} = 0.065(W)$$

或者直接套用共模匹配情况下 $P_{L\max}$ 表示式，这时首先求出 $\varphi_{eq} = \arctan(-0.5/1.5) = -18.26°$，因此，可以求出最大功率为

$$P_{L\max} = \frac{U_{oc}^2 \cos\varphi_L}{2|Z_{eq}|[1 + \cos(\varphi_{eq} - \varphi_L)]} = \frac{\frac{1}{2} \times \frac{1}{2}}{2 \times 1.58[1 + \cos(-18.26° - 60°)]} = 0.065\text{W}$$

可见，共轭匹配时负载所获得的功率大于共模匹配时获得的功率。

8.13　功率因数提高

8.13.1　提高功率因数的必要性

功率因数提高在电力工程中有着非常重要的实际意义，主要表现在以下两个方面：

(1)提高功率因数可以使得电气设备的容量得到充分利用。发电、变电等电气设备的容量为额定电压与额定电流之积，即 $S = UI$，因此，在额定电压和额定电流下运行时，电气设备输出的功率 P 与其所连接负载的功率因数 $\cos\varphi$ 密切相关，即 $P = UI\cos\varphi = S\cos\varphi$。由此可见，所接负载的功率因数越高，供电设备输出的功率就越大，从而供电设备的利用率就越高。

(2)提高功率因数可以提高电能质量，减小输电线路损耗。由 $I = P/(U\cos\varphi)$ 可知，在 P 和 U 一定的情况下，负载的功率因数 $\cos\varphi$ 愈大，电源设备向负载提供的电流即线路中的电流就愈小。因为输电线路具有一定的阻抗，因此这时电流通过线路时所产生的电压降落和功率损耗均将减小，前者可以减低负载的用电电压降落，后者则不会产生较大的电能损耗，从而可以提高供电质量和输电效率。

8.13.2　提高功率因数的基本原理和方法

显然，提高功率因数 $\cos\varphi$ 就是要减小功率因数角 φ。由功率三角形可知，当电路的有功功率 P 一定时，无功功率 Q 越小，φ 角越小，$\cos\varphi$ 越大，因此，要提高电路的 $\cos\varphi$，也就是要减小其无功功率 Q，而电路的无功功率等于其感性无功 Q_L 与容性无功 Q_C 之差，即 $Q = Q_L - Q_C$。因此，为了提高功率因数，对于感性电路，应接入电容元件，而对于容性电路，则应接入电感元件。接入方式既可以与原电路串联，也可以与原电路并联。由于提高 $\cos\varphi$ 是基于电感、电容这两种电抗元件的无功功率的符号相反因而可以相互补偿来进行的，所以将提高功率因数也称为无功补偿，其实质就是减少电路从电源吸纳的无功，从而使电路与电源之间能量交换的一部分甚至全部在电路自身中的电感和电容之间进行。

大多数家用电器以及工业负载(电动机等)都是感性负载。因此，在保证负载正常工作端电压的基础上，为了提高功率因数，一般采用在感性负载上并联电容而不是串联电容的方法，因为在串联的情况下，通常会改变负载的端电压，从而影响负载的正常工作。对于感性负载，就是利用所并联电容中的无功功率去补偿负载中的无功功率，即电容中的电场能量与电感中的部分磁场能量相互交换，从而减少电源与电路之间往返交换的能量。对于容性负载，则需要并联电感元件。

8.13.3 提高功率因数的计算方法

感性负载可以用 RL 串联等效电路来表示，如图 8-63(a) 所示，这里在已知其端电压 U 和消耗的有功功率 P 的情况下，讨论将电路的功率因数从 $\cos\varphi_1$ 提高到 $\cos\varphi_2$ 所需并联电容大小的计算方法。

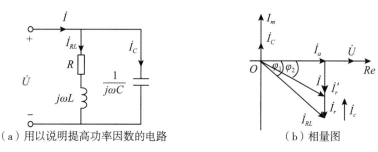

（a）用以说明提高功率因数的电路　　　　（b）相量图

图 8-63　感性负载功率因数的提高

以端电压 $\dot{U}$ 为参考相量，定性作出并联电容后电路的相量图如图 8-63(b) 所示。首先考察未并联电容元件 C 时的情况。由 $P = UI_{RL}\cos\varphi_1$ 可以求出这时线路总电流，即负载中的电流 I_{RL} 为

$$I_{RL} = \frac{P}{U\cos\varphi_1}$$

应用 I_{RL} 的表示式，由相量图可以得出 I_{RL} 的有功分量 I_a 和无功分量 I_r 分别为

$$I_a = I_{RL}\cos\varphi_1 = \frac{P}{U}, \quad I_r = I_{RL}\sin\varphi_1 = \frac{P}{U\cos\varphi_1}\sin\varphi_1 = \frac{P}{U}\tan\varphi_1$$

并联电容元件 C 后，由于所并接的电容元件是储能元件，其有功功率等于零，所以负载中的有功电流即整个电路的有功电流 I_a 没有变化。但是，由于电容中的电流 $\dot{I}_C$ 超前电压 $\dot{U}$，使这时线路上总电流 $\dot{I}(\dot{I} = \dot{I}_C + \dot{I}_{RL})$ 的模 I 小于并联电容 C 前线路上总电流 I_{RL} 的模，如图 8-63(b) 所示，这表明负载中滞后端电压 90° 的无功电流分量 $\dot{I}_r$ 被电容中超前端电压 90° 的无功电流 $\dot{I}_C$ 所补偿，从而使并联电容 C 后线路总电流 $\dot{I}$ 的无功分量的大小 I_r' 小于并联电容 C 前线路总电流 $\dot{I}_{RL}$ 的无功分量大小 I_r，而并联电容 C 前后整个电路的有功电流值保持不变，均为 I_a，故线路的总电流 $\dot{I}$ 减小。并联电容后线路的总电流 I 可以根据有功电流 I_a 来计算，即

$$I = \frac{I_a}{\cos\varphi_2} = \frac{P}{U\cos\varphi_2}$$

由此可以计算出总电流 I 的无功分量 I_r' 为

$$I'_r = I\sin\varphi_2 = \frac{P}{U\cos\varphi_2}\sin\varphi_2 = \frac{P}{U}\tan\varphi_2$$

由图 8-60(b)可知电容中的电流 I_C 为

$$I_C = I_r - I'_r = \frac{P}{U}\tan\varphi_1 - \frac{P}{U}\tan\varphi_2$$

考虑到 $I_C = X_C U = \omega CU$，故所求并联电容器的电容量为

$$C = \frac{I_C}{\omega U} = \frac{P}{\omega U^2}(\tan\varphi_1 - \tan\varphi_2) \tag{8-82}$$

上式是从无功电流补偿即用电容向感性负载提供无功电流来补偿负载无功电流的角度来计算并联电容值 C。并联电容值的计算除了可以用无功电流补偿的方法，也可以从电容补偿的无功功率大小来计算。图 8-63(a)所示的感性负载在并联电容元件前后的功率三角形如图 8-64 所示，其中由 P、Q_1、S_1 构成的大三角形是并联电容元件前的，而由 P、Q_2、S_2 构成的小三角形则是并联电容元件后的。由功率三角形可知并入电容前后，电路的无功功率分别为 $Q_1 = P\tan\varphi_1$，$Q_2 = P\tan\varphi_2$。因此，由电容元件补偿的无功功率 Q_C 为

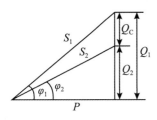

图 8-64　用以说明功率因数提高的功率三角形

$$Q_C = Q_1 - Q_2 = P(\tan\varphi_1 - \tan\varphi_2) \tag{8-83}$$

利用式(8-83)并根据电容元件无功功率的计算式 $Q_C = U^2/X_C = \omega CU^2$ 可以得出所应并联的补偿电容器的电容量为

$$C = \frac{P}{\omega U^2}(\tan\varphi_1 - \tan\varphi_2) \tag{8-84}$$

例如，一个功率 $P = 3.5\text{kW}$，功率因数 $\cos\varphi = 0.57$ 的感性负载，当它接在频率为 50Hz，电压为 $U = 220\text{V}$ 的电源上时，若要将其功率因数提高到 0.85 则应并联的电容量按式(8-84)可以计算得到，即

$$C = \frac{3.5\times10^3(1.446 - 0.620)}{314\times220^2} = 190.2\mu\text{F}$$

需要注意的是，上述分析结果是在假设并联电容即提高功率因数前后，负载上的电压不变从而其电流以及它所吸收的有功功率与无功功率均未发生任何变化，即负载的工作状态不受任何影响的前提下得出的。并联电容后，利用容性无功功率抵消掉部分感性无功功率，从而达到提高功率因数的目的，但是，并联电容过大会影响总电路的性质，使电路从感性变成容性，还可能使总电流增大。

对于实际中也有可能出现的容性负载而言，由电感元件补偿的无功功率为

$$Q_L = Q_1 - Q_2 = P(\tan\varphi_1 - \tan\varphi_2)$$

根据电感元件无功功率的计算式 $Q_L = U^2/X_L = U^2/\omega L$ 可以得出所应并联的补偿电感元件的电感量为

$$L = \frac{U^2}{\omega P(\tan\varphi_1 - \tan\varphi_2)} \qquad (8\text{-}85)$$

显然，整个电路功率因数的提高并没有改变负载本身的功率因数，并且无论是对于感性负载还是对于容性负载，为提高功率因数所作的无功补偿均有三种方式：①欠补偿：接入电抗元件提高功率因数后（但 $\cos\varphi < 1$）并未改变电路的性质，即若原电路为感性（容性），则整个电路仍为感性（容性）或者说电路等效阻抗的性质不变；②全补偿：提高功率因数后使整个电路等效阻抗的性质发生了变化，由原电路的感性或容性变为阻性，即其 $\cos\varphi = 1$；③过补偿：提高功率因数后改变了整个电路等效阻抗的性质，即若原电路为感性，则无功补偿后整个电路变为容性，或反之。

由此看来，全补偿似乎是一种最为理想的措施，但是在工程实际中，并不采用这种补偿方式，因为全补偿不仅不经济，还会在整个电路中产生并联谐振现象（第9章），而过补偿也是一种不经济的补偿方式，因此，通常采用欠补偿，即在不改变电路性质的情况下提高功率因数，且使功率因数提高到 $0.85 \sim 0.9$ 即可。

【**例 8-34**】 在图8-65所示电路中，电源频率为50Hz，L_1 吸收的有功功率为8kW，功率因数为0.8（超前）；L_2 的视在功率为20kVA，功率因数为0.6（滞后），求：（1）两负载并联后的功率因数及线路损耗；（2）若采用在端口末端并联电容的方法来提高功率因数，将功率因数分别提高到0.9（滞后）、1和0.9（超前），分别需并联多大的电容？并求此时的线路损耗。

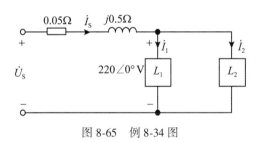

图 8-65 例 8-34 图

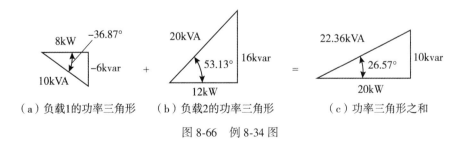

（a）负载1的功率三角形　（b）负载2的功率三角形　（c）功率三角形之和

图 8-66 例 8-34 图

解 （1）由 KCL 可知，端口电流为 $\dot{I}_S = \dot{I}_1 + \dot{I}_2$，因此两负载总的复功率为

$$\bar{S} = 220\dot{I}_S^* = 220(\dot{I}_1 + \dot{I}_2)^* = 220\dot{I}_1^* + 220\dot{I}_2^* = \bar{S}_1 + \bar{S}_2$$

由图 8-66(a)、(b)所示的关于 L_1 和 L_2 的功率三角形可知，有

$$\overline{S}_1 = P_1 + jQ_1 = 8000 + j8000 \times \tan(-36.87°)$$

$$= 8000 - j\frac{8000 \times 0.6}{0.8} = 8000 - j6000(\text{VA})$$

$$\overline{S}_2 = P_2 + jQ_2 = 20000 \times \cos53.13° + j20000 \times \sin53.13°$$

$$= 20000 \times 0.6 + j20000 \times 0.8 = 12000 + j16000(\text{VA})$$

由此可得 $\overline{S} = \overline{S}_1 + \overline{S}_2 = 20000 + j10000\text{VA}$，因此可得

$$\dot{I}_S^* = \frac{\overline{S}}{220} = \frac{20000 + j10000}{220} = 90.91 + j45.45(\text{A})$$

故有 $\dot{I}_S = 90.91 - j45.45 = 101.64\angle -26.56°(\text{A})$

则并联负载的功率因数为 $\cos[0° - (-26.56°)] = 0.8945$(滞后)，线路损耗为

$$P_L = I_S^2 R = 101.64^2 \times 0.05 = 516.53(\text{W})$$

由此可见，L_1 和 L_2 共消耗 $8000 + 12000 = 20000(\text{W})$，线路损失却高达 516.53W，因而必须提高功率因数，以减少线损。

(2)将功率因数提高到 0.9(滞后)，这时属于欠补偿，有

$$\tan\varphi = \frac{Q}{P} = \frac{10000}{20000} = 0.5$$

$$\cos\varphi_1 = 0.9(\text{滞后}), \quad \varphi_1 = 25.84°, \quad \tan\varphi_1 = 0.484$$

$$C_1 = \frac{P(\tan\varphi - \tan\varphi_1)}{\omega U^2} = \frac{20000(0.5 - 0.484)}{314 \times 220^2} = 2.11 \times 10^{-5}\text{F} = 21.1\mu\text{F}$$

并联 C_1 后，端口电流 $I_{S_1} = \frac{P}{U\cos\varphi_1} = \frac{20000}{220 \times 0.9} = 101.01(\text{A})$，电路线损 $P_{L_1} = \dot{I}_{S_1}^2 R =$

$101.01^2 \times 0.05 = 510.15(\text{W})$。

将功率因数提高到 1 时，这时属于全补偿，即由电容元件提供两个负载所需的全部无功功率，即 $Q_L = Q_C = 10000\text{var}$。

$$C_2 = \frac{Q}{\omega U^2} = \frac{10000}{314 \times 220^2} = 6.58 \times 10^{-4}\text{F} = 658\mu\text{F}$$

并联 C_2 后，端口电流为 $I_{S_2} = \frac{P}{U\cos\varphi_2} = \frac{20000}{220 \times 1} = 90.91(\text{A})$，电路线损为 $P_{L_2} = \dot{I}_{S_2}^2 R =$

$90.91^2 \times 0.05 = 413.23(\text{W})$

将功率因数提高到 0.9(超前)，即 $\cos\varphi_3 = 0.9$(超前)，$\varphi_3 = -25.84°$，$\tan\varphi_3 = -0.484$，这时属于过补偿，补偿后电路从感性变为容性，此时无功功率为负值，即有

$$Q_2 = UI\sin\varphi_3 = P\tan\varphi_3 = 20000 \times (-0.484) = -9680(\text{var})$$

$$C_3 = \frac{P(\tan\varphi - \tan\varphi_3)}{\omega U^2} = \frac{20000(0.5 + 0.484)}{314 \times 220^2} = 1.29 \times 10^{-3}(\text{F}) = 1290\mu\text{F}$$

并联 C_3 后，端口电流 $I_{S3} = I_{S1} = 101.01\text{A}$，因此线路损失为 $P_{l3} = P_{l1} = 510.15\text{W}$。

由此可见，同样是将电路的功率因数提高至 0.9，过补偿比欠补偿所用的电容量要大 $\frac{1290}{21.1} = 61.14$ 倍，因此，从经济的角度考虑，显然在实际中不会考虑过补偿。

习　题

8-1　对于如题 8-1 图所示的波形，写出此正弦电流的时间函数表达式。如将纵轴坐标：(1)向右移 0.10ms；(2)向左移 0.10ms；(3)向左移 0.20ms，试写出对应于上述三种情况的正弦电流函数式。

8-2　求题 8-2 图示锯齿电流波形的有效值。

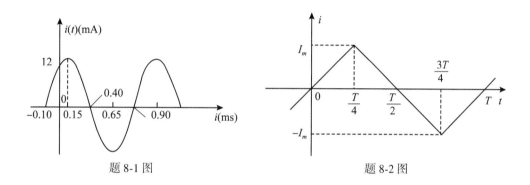

题 8-1 图　　　　　　　　　　　　　　题 8-2 图

8-3　将下列复数化为坐标形式。

(1) $F_1 = -5 - j5$；(2) $F_2 = -4 + j3$；(3) $F_3 = 20 + j40$；(4) $F_4 = j10$。

8-4　将下列复数化为代数形式。

(1) $F_1 = 10\angle -73°$；(2) $F_2 = 15\angle 112.6°$；(3) $F_3 = 1.2\angle 152°$；(4) $F_4 = 10\angle -90°$；(5) $F_5 = 5\angle -180°$；(6) $F_6 = 10\angle -135°$。

求 $F_1 + F_5$ 和 F_1/F_5。

8-5　已知 $F_1 = |F_1| \angle 60°$，$F_2 = -7.07 - j7.07$，求 $|F_1 + F_2|$ 最小时的 $|F_1|$。

8-6　已知：$u_1 = 220\sqrt{2}\cos(314t - 120°)$V，$u_2 = 220\sqrt{2}\cos(314t + 30°)$V。求：

(1)画出它们的波形图，求出它们的有效值、频率 f 和周期 T；

(2)写出它们的相量和画出其相量图，求出它们的相位差；

(3)当 u_2 的参考方向相反时，同样求(1)(2)两问。

8-7　已知 $i_1 = 3\cos(314t + 60°)$A，$i_2 = 3\cos(314t - 60°)$A，求：

(1) $i = i_1 + i_2$；(2) $i = i_1 - i_2$。

8-8　若已知两个同频正弦电压的相量分别为 $\dot{U}_1 = 50\angle 30°$V，$\dot{U}_2 = -100\angle -150°$V，其中频率 $f = 100$Hz。求：(1)写出 u_1 与 u_2 的时域形式；(2) u_1 与 u_2 的相位差。

8-9　在题 8-9 图所示的电路中，$U_S = 10$V，$\omega = 10$rad/s，为使电压 $\dot{U}_{AB}$ 与 $\dot{U}_S$ 的相位差

为 $\dfrac{\pi}{2}$，求 R 和 U_{AB} 的值。

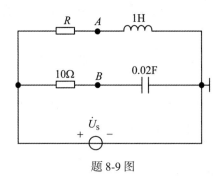

题 8-9 图

8-10　某一元件的电压，电流(关联方向)分别为下述四种情况时，它可能是什么元件?

(1) $\begin{cases} u = 10\cos(10t + 45°)\,\mathrm{V} \\ i = 2\sin(10t + 135°)\,\mathrm{A} \end{cases}$　(3) $\begin{cases} u = -10\cos t\,\mathrm{V} \\ i = -\sin t\,\mathrm{A} \end{cases}$

(2) $\begin{cases} u = 10\sin(100t)\,\mathrm{V} \\ i = 2\cos(100t)\,\mathrm{A} \end{cases}$　(4) $\begin{cases} u = 10\cos(314t + 45°)\,\mathrm{V} \\ i = 2\cos(314t)\,\mathrm{A} \end{cases}$

8-11　若已知一元件的电压、电流为 $u = 10\sin(10^3 t - 20°)\,\mathrm{V}$，$i = 2\cos(10^3 t - 20°)\,\mathrm{A}$，并求出它们的相位差，并判断它是个什么元件，画出它们的相量图。

8-12　电路由电压源 $u_S = 100\cos(10^3 t)\,\mathrm{V}$ 及 R 和 $L = 0.025\mathrm{H}$ 串联组成。电感端电压的有效值为 25V。求 R 值和电流的表达式。

8-13　在题 8-13 图所示电路中，正弦电压源角频率 $\omega = 1000\mathrm{rad/s}$，电压表为理想电压表。(1)以 $\dot U_S$ 为参考相量，画出图中所标示的电压、电流相量图；(2)求可变电阻比值 R_1/R_2 为何值时，电压表的读数为最小。

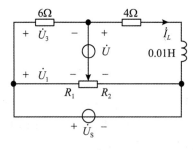

题 8-13 图

8-14　对 RL 串联电路作如下两次测量: (1)端口加 90V 直流电压($\omega = 0$) 时，输入电流为 3A；(2)端口加 $f = 50\mathrm{Hz}$ 的正弦电压 90V 时，输入电流为 1.8A。求 R 和 L 的值。

8-15　如题 8-15 图所示的电路，已知 $u_{S(t)} = 200\sqrt{2}\cos\left(100\pi t + \dfrac{\pi}{3}\right)\,\mathrm{V}$，电流表的读数

为 2A，两个电压表的读数均为 200V。试求元件参数 R、L、C。

8-16　已知题 8-16 图所示正弦电路中，电流表的读数分别为Ⓐ₁：5A；Ⓐ₂：20A；Ⓐ₃：25A。求：（1）图中电流表Ⓐ的读数；（2）如果维持Ⓐ₁的读数不变，而把电源的频率提高 1 倍，再求电流表Ⓐ的读数。

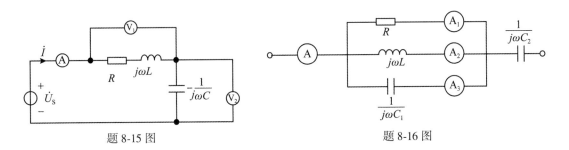

题 8-15 图　　　　　　　　　　　题 8-16 图

8-17　题 8-17 图中 $Z_1 = 10 + j50\Omega$，$Z_2 = 400 + j1000\Omega$，如果要使 $\dot{I}_2$ 和 $\dot{U}_\mathrm{S}$ 的相位差为 90°（正交），β 应等于多少？如果把图 CCCS 换成可变电容 C，求 ωC。

8-18　题 8-18 图中 N 为不含独立源的一端口网络，端口电压 u，电流 i 分别如下列各式所示。试求每一种情况下的输入阻抗 Z 和导纳 Y，并给出等效电路图（包括元件的参数值）。

（1）$u = 200\cos(314t)\,\mathrm{V}$，$i = 10\cos(314t)\,\mathrm{A}$；

（2）$u = 10\cos(10t + 45°)\,\mathrm{V}$，$i = 2\cos(10t - 90°)\,\mathrm{A}$；

（3）$u = 100\cos(2t + 60°)\,\mathrm{V}$，$i = 5\cos(2t - 30°)\,\mathrm{A}$；

（4）$u = 40\cos(100t + 17°)\,\mathrm{V}$，$i = 2\sin(100t + 90°)\,\mathrm{A}$。

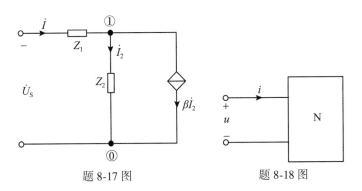

题 8-17 图　　　　　　　　　　　题 8-18 图

8-19　试求题 8-19 图（a）、（b）所示电路的输入阻抗 Z 和导纳 Y。

8-20　如题 8-20 图所示电路，已知 $U = 100\mathrm{V}$，$U_C = 100\sqrt{3}\,\mathrm{V}$，$X_C = 100\sqrt{3}\,\Omega$，复阻抗 Z_X 的阻抗角 $|\varphi_X| = 60°$，求 Z_X 和输入阻抗 Z_in。

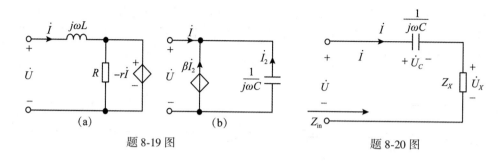

题 8-19 图　　　　　　　　　　　题 8-20 图

8-21　如题 8-21 图所示正弦电流电路中，工作频率为 $\omega = 1000\text{rad/s}$，已知电容 $C = 4\mu\text{F}$，$R = 1\text{k}\Omega$，$\dfrac{I_1}{I_2} = \dfrac{1}{3}$，求 $\dot{U}_1$ 在相位上超前于 $\dot{U}_2$ 的相角。

8-22　试求题 8-22 图示电桥电路在任意频率下电桥平衡的条件。

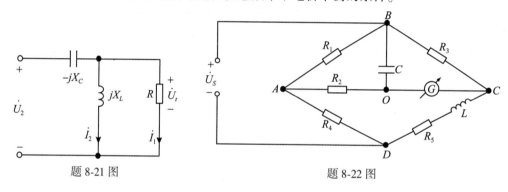

题 8-21 图　　　　　　　　　　　题 8-22 图

8-23　求题 8-23 图所示电路的 $\dfrac{\dot{U}_2}{\dot{U}_1}$。

8-24　题 8-24 图所示电路中 $I_S = 10\text{A}$，$\omega = 5000\text{rad/s}$，$R_1 = R_2 = 10\Omega$，$C = 10\mu\text{F}$，$\mu = 0.5$，用节点电压法求解电路各支路电流。

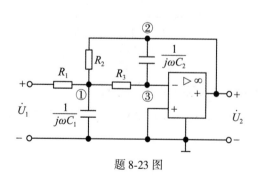
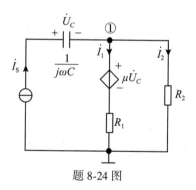

题 8-23 图　　　　　　　　　　　题 8-24 图

8-25　列出题 8-25 图(a)、(b)所示电路的节点电压和网孔电流方程。

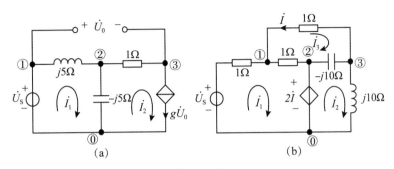

题 8-25 图

8-26　在题 8-26 图所示电路中，N 为线性网络，当 $u_S = 0$ 时，$i = 2\sin\omega t\text{A}$；当 $u_S = 3\sin(\omega t + 30°)\text{V}$ 时，$i = 3\sqrt{2}\sin(\omega t + 45°)\text{A}$。求 $u_S = 4\sin(\omega t + 30°)\text{V}$ 时 i 的值。

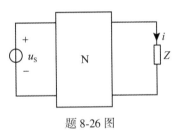

题 8-26 图

8-27　求题 8-27 图(a)、(b)、(c)所示各一端口的戴维南或诺顿等效电路。

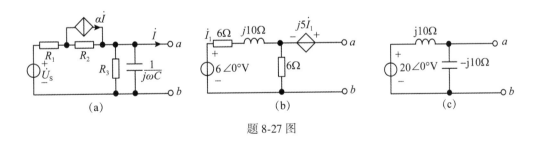

题 8-27 图

8-28　在题 8-28 图所示电路中 $u_S = 4\sin100t\text{V}$，$i_S = 4\sin100t\text{A}$，$L = 0.01\text{A}$，$R_1 = 1\Omega$，$R_2 = 1\Omega$，$R_S = 1\Omega$，$C = 0.01\text{F}$。试用节点法和叠加定理求 i。

8-29　在题 8-29 图所示电路中方框 N 为一含正弦独立源线性网络。当 $Z = 0$ 时，测得 $\dot{I}_1 = \dot{I}_{1S}$，$\dot{U}_2 = \dot{U}_{2S}$；当 $Z \to \infty$ 时，测得 $\dot{U}_1 = \dot{U}_{10}$，$\dot{U}_2 = \dot{U}_{20}$。试求 Z 为任意值时的电压 $\dot{U}_2$。

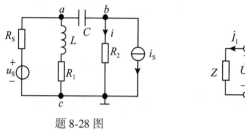
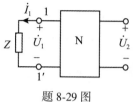

题 8-28 图　　　　　　　　　题 8-29 图

8-30　在题 8-30 图所示电路中，电压 $U = 380\text{V}$，$f = 50\text{Hz}$，开关 S 打开与合上时电流表的读数均为 0.5A，求 L 的大小。

8-31　在题 8-31 图所示电路中，已知 $U = 160\text{V}$，$\omega = 10^3\,\text{rad/s}$，$I_1 = 10\text{A}$，$I = 6\text{A}$，$\dot{U}$ 与 $\dot{I}$ 同相位，求 R、L、C 和 I_2 的值。

8-32　题 8-32 图所示电路可用来测量电感线圈的等效参数。已知电源电压 $U_S = 220\text{V}$，频率 $f = 50\text{Hz}$。开关 S 断开时，电流表 Ⓐ 的读数为 2A；开关闭合后，电流表 Ⓐ₁的读数为 0.8A，电流表 Ⓐ₂的读数为 1.5A（读数均为有效值）。试求参数 R 和 L。

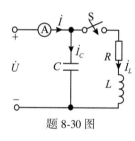
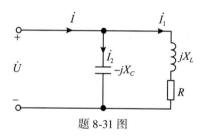

题 8-30 图　　　　　　　　　题 8-31 图

8-33　在题 8-33 图所示电路中，已知 $U = 100\text{V}$，$R_2 = 6.5\,\Omega$，$R = 20\,\Omega$，当调节触点 C 使 $R_{ac} = 4\,\Omega$ 时，电压表的读数最小，其值为 30V，求阻抗 Z。

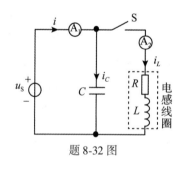
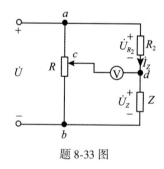

题 8-32 图　　　　　　　　　题 8-33 图

8-34　如题 8-34 图所示表示一个处于平衡状态（$I_g = 0$）的电桥电路。试求：（1）R 和 X；（2）$\dot{I}$ 和 $\dot{U}$；（3）电路吸收的功率 P。

8-35　已知题 8-35 图所示电路中正弦电压源有效值 $U_1 = 100\text{V}$，$I_1 = 10\text{A}$，电源输出的有功功率为 500W，求电压 U_2 和负载 N 的等值阻抗。

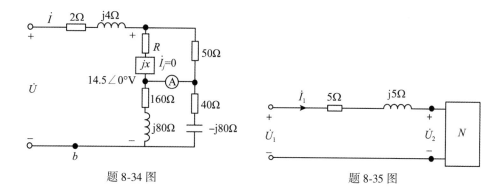

题 8-34 图
题 8-35 图

8-36　题 8-36 图所示为工频正弦交流电路，$U = 100\text{V}$，电感负载 Z_1 的电流 I_1 为 $10A$，功率因数 $\lambda_1 = 0.5$，$R = 20\Omega$。（1）求电源发出的有功功率，电流 I 和总功率因数 λ。（2）当电流限制为 11A 时，并联最小为多大的电容 C？求这时总功率因数 λ。

8-37　在题 8-37 图所示电路中，$R_1 = R_2 = 10\Omega$，$L = 0.25\text{H}$，$C = 10^{-3}\text{F}$，电压表读数为 20V，功率表读数为 120W，试求 $\dfrac{\dot{U}_2}{\dot{U}_{\text{S}}}$ 和电源发出的复功率 $\bar{S}$。

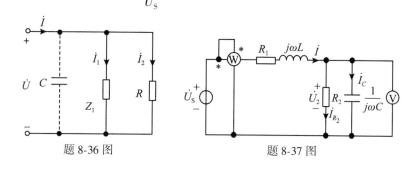

题 8-36 图
题 8-37 图

8-38　在题 8-38 图所示电路中，已知电流表 Ⓐ₁、Ⓐ₂ 的读数均为 10A，电压表读数为 220V（均为有效值），功率表读数为 2200W，$R = 12\Omega$，正弦电源频率 $f = 50\text{Hz}$，且已知 $\dot{U}$、$\dot{I}$ 同相。试求元件参数 R_1、R_2、L 和 C。

8-39　在题 8-39 图所示正弦稳态电路中，已知电源电压的有效值 $U = 100\text{V}$，频率 $f = 50\text{Hz}$，电流有效值 $I = I_1 = I_2$，平均功率 $P = 866\text{W}$。如果 f 改为 25Hz，但保持 U 不变，求此时 I，I_1，I_2 以及 P。

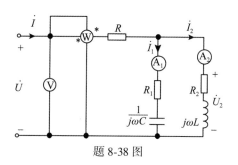
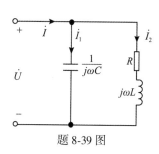

题 8-38 图
题 8-39 图

8-40　在题 8-40 图所示电路中，已知 $R_1 = 1\Omega$，$C_1 = 10^3 \mu F$，$L_1 = 0.4mH$，$R_2 = 2\Omega$，$\dot{U}_S = 10\angle -45°V$，$\omega = 10^3 rad/s$，求 Z_L（可任意变动）能获得的最大功率。

8-41　在题 8-41 图所示电路中，已知 $\dot{U}_S = 10\angle 0°V$，$Z = j3\Omega$，$Z_1 = 4\Omega$。若 Z_2 的模可变但幅角固定为 $60°$，为使 Z_2 获得最大功率的条件及所获得的最大功率。

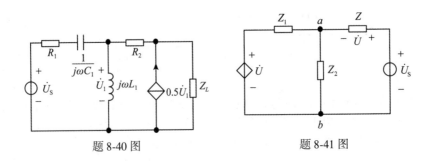

题 8-40 图　　　　　　题 8-41 图

8-42　在题 8-42 图所示电路中，已知功率因数分别为 $\lambda_1 = \cos\varphi_1 = 0.8(\varphi_1 < 0)$，$\lambda_2 = \cos\varphi_2 = 0.5(\varphi_2 > 0)$，$I_1 = 10A$，$I_2 = 20A$，端电压 $U = 100V$，$\omega = 1000 rad/s$。

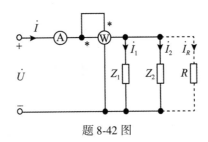

题 8-42 图

（1）求图中电流表、功率表的读数和电路的功率因数。

（2）若电源的额定电流为 30A，还能并联多大的电阻？求并联该电阻后功率表的读数和电路的功率因数。

（3）若使原电路的功率因数提高到 $\lambda = 0.9$（感性），需要并联多大的电容？

第9章 频率响应与谐振电路

本章主要介绍正弦稳态网络函数与频率响应、典型一阶 RC 低通滤波电路、RLC 串联、RLC 并联和一般谐振电路。

9.1 正弦稳态网络函数与频率特性

9.1.1 正弦稳态网络函数和频率响应

在正弦稳态电路中，由于感抗和容抗均为频率的函数，因而阻抗与导纳也均为频率的函数，所以电路对于不同频率激励的响应是不同的，即响应的幅值和相位会随着激励频率的改变而变化。为了更一般地描述电路响应随激励频率的变化关系，引入正弦稳态网络函数的概念。

在单一激励情况下，定义正弦稳态电路的响应相量 $\dot{R}$ 与激励相量 $\dot{E}$ 之比，为正弦稳态电路的网络函数，记为 $H(j\omega)$，有

$$H(j\omega) = \frac{\dot{R}}{\dot{E}} \tag{9-1}$$

根据响应 $\dot{R}$ 和激励 $\dot{E}$ 是否位于同一端口，网络函数分为两类，即驱（策）动点函数和转移（传输）函数。进一步，按激励是电流源或电压源，响应为电压或电流可以对这两类再作进一步分类，即

驱动点函数 $\begin{cases} Z(j\omega) = \dfrac{\dot{U}}{\dot{I}_{\mathrm{S}}} \begin{pmatrix} \text{驱动点阻抗} \\ \text{或输入阻抗} \end{pmatrix} \\[4mm] Y(j\omega) = \dfrac{\dot{I}}{\dot{U}_{\mathrm{S}}} \begin{pmatrix} \text{驱动点导纳} \\ \text{或输入导纳} \end{pmatrix} \end{cases}$

转移函数 $\begin{cases} A_u(j\omega) = \dfrac{\dot{U}_2}{\dot{U}_{1\mathrm{S}}} \begin{pmatrix} \text{转移电压比} \\ \text{或电压增益} \end{pmatrix}, \quad Y_{\mathrm{T}}(j\omega) = \dfrac{\dot{I}_2}{\dot{U}_{1\mathrm{S}}} (\text{转移导纳}) \\[4mm] A_i(j\omega) = \dfrac{\dot{I}_2}{\dot{I}_{1\mathrm{S}}} \begin{pmatrix} \text{转移电流比} \\ \text{或电流增益} \end{pmatrix}, \quad Z_{\mathrm{T}}(j\omega) = \dfrac{\dot{U}_2}{\dot{I}_{1\mathrm{S}}} (\text{转移阻抗}) \end{cases}$

式中，下标"1"和"2"分别表示激励和响应所处的端口位置，"S"表示激励源，"T"表示转移，即激励和响应所处的端口不同。

由于正弦稳态电路网络函数定义于正弦稳态电路，因此，它是对一般情况下电路所定义的网络函数(第 13 章)的一个特例。

利用任何一种正弦稳态电路分析方法，例如网孔法等，求出所要求的响应相量 $\dot{R}$ 与激励源相量 $\dot{E}$ 的关系，然后将两者相比，便可求出所需的正弦稳态网络函数。对于仅由二端元件组成的阻抗串并联、混联或复杂连接的单口网络，则可以利用阻抗串并联或星形三角形等效变换法计算其驱动点阻抗或导纳函数。

【例 9-1】　图 9-1 所示电路是由线性定常元件组成。试求：
(1)驱动点阻抗 $Z(j\omega)$；(2) $\omega = 0$ 和 $\omega = 1\text{rad/s}$ 时的阻抗值；
(3)通过 $\omega = 0$ 和 $\omega = \infty$ 时的阻抗值分别说明此时电路的特性。

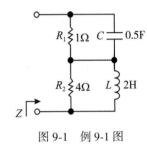

图 9-1　例 9-1 图

解　(1)利用阻抗串、并联等效求出驱动点阻抗为

$$Z(j\omega) = \cfrac{1}{\cfrac{1}{R_1} + j\omega C} + \cfrac{1}{\cfrac{1}{R_2} + \cfrac{1}{j\omega L}} = \cfrac{1}{1 + j0.5\omega} + \cfrac{1}{\cfrac{1}{4} + \cfrac{1}{j2\omega}}$$

$$= \frac{1 - j0.5\omega}{1 + (0.5\omega)^2} + \frac{4\omega^2 + j8\omega}{4 + \omega^2} = \frac{4(1 + \omega^2) + j6\omega}{4 + \omega^2}\ \Omega$$

(2)在 $\omega = 0$ 和 $\omega = 1\text{rad/s}$ 时，驱动点阻抗值分别为

$$Z(j0) = 1\Omega,\ \ Z(j1) = \frac{8 + j6}{5} = 2e^{j36.9°}\ \Omega$$

(3)当 $\omega = 0$ 时，电容元件相当于开路，电感元件相当于短路，因此 $Z(j0) = R_1 = 1\Omega$，电路呈电阻性。

当 $\omega = \infty$ 时，电容元件相当于短路，电感元件相当于开路，因此 $Z(j\infty) = R_2 = 4\Omega$，电路仍呈电阻性。

由例 9-1 可知，正弦稳态网络函数 $H(j\omega)$ 表明线性电路对不同的频率的输入具有不同的"加工"作用，是电路自身特性的一种反映，所以它取决于电路的结构和参数。由于电路中的感抗和容抗是频率的复函数，所以在电路结构、元件参数值一定的情况下，正弦稳态网络函数与激励的恒定振幅和初相位无关，仅为激励源频率 ω 的复函数，且是以 ω 为变量的两个多项式之比。

由于线性时不变正弦稳态电路响应随激励频率的变化规律与 $H(j\omega)$ 随激励频率的变化规律相同，因此，这两者随激励频率的变化规律统称为频率响应。

9.1.2　频率特性

电路的频率响应通常是用频率特性来具体表示的。所谓频率特性，是指电路中的电流、电压、阻抗、导纳，感抗、容抗、电抗等量随频率的变化关系，其中，除了感抗、容抗、电抗的频率特性外，其他量的频率特性或者就是 $H(j\omega)$ 或者与其相关，因此，首先讨论 $H(j\omega)$ 的频率特性。

将网络函数 $H(j\omega)$ 表示为指数或极坐标的形式可得

$$H(j\omega) = |H(j\omega)|e^{j\varphi(\omega)} = |H(j\omega)|\angle\varphi(\omega) \tag{9-2}$$

式中，网络函数的模 $|H(j\omega)|$ 称为网络函数的幅频特性，它表示响应与激励的幅值比 $|\dot{R}|/|\dot{E}|$ 与频率的函数关系，网络函数的幅角 $\varphi(\omega)$ 称为网络函数的相频特性，它表示电路响应与激励的相位差 $(\varphi_r - \varphi_e)$ 与频率的函数关系。

显然，幅频特性 $|H(j\omega)|$ 与相频特性 $\varphi(\omega)$ 均为频率 ω 的实函数，且 $|H(j\omega)| \geqslant 0$。因为这两者完全表征了 $H(j\omega)$ 与频率的关系，所以合称为 $H(j\omega)$ 的频率特性。可以证明，$|H(j\omega)|$ 是 ω 的偶函数，即有 $|H(-j\omega)| = |H(j\omega)|$，$\varphi(\omega)$ 为 ω 的奇函数，即 $\varphi(-\omega) = -\varphi(\omega)$。

为了直观地反映 $H(j\omega)$ 的频率特性，可以分别将幅频特性和相频特性画成曲线，对于某些比较特殊的电路，其正弦稳态网络函数 $H(j\omega)$ 本身就是 ω 的实函数，也可以将这两种特性曲线合画在以 $H(j\omega)$ 为纵坐标轴，ω 为横坐标轴的平面上，位于横轴上方的曲线部分所对应各频率的相位均为 $0°$，位于横轴下方的曲线部分所对应各频率的相位均为 $180°$ 或 $-180°$。

对于实际电路，特别是其内部结构及元件参数未知而激励和响应端钮对可以触及的"黑箱"电路，其正弦稳态网络函数可以用一个正弦信号发生器通过实验方法确定。将正弦信号发生器连接到被测电路的激励端钮对，再用一个双踪示波器同时观测响应和激励正弦波。改变信号发生器的频率，测出不同频率下响应与激励波形幅度的比值以及响应对激励波形的相位差角，即可得到电路的频率特性曲线。

由式(9-2)可知，利用 $H(j\omega)$ 可以求出电路在任一频率 ω 的正弦激励 $e(t)$ 作用下的稳态响应 $r(t)$，即

$$r(t) = |H(j\omega)|E_m\sin(\omega t + \varphi_e + \varphi(\omega)) \tag{9-3}$$

【例 9-2】 试求如图 9-2(a)所示一阶 RC 低通电路的频率特性，其中输出为电容电压 $\dot{U}_2$。

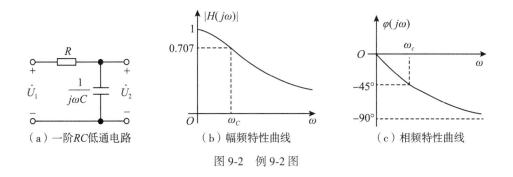

(a)一阶RC低通电路　　　(b)幅频特性曲线　　　(c)相频特性曲线

图 9-2　例 9-2 图

解　输出电压 $\dot{U}_2$ 对输入电压 $\dot{U}_1$ 的转移电压比为

$$H(j\omega) = \frac{\dot{U}_2}{\dot{U}_1} = \frac{\dfrac{1}{j\omega C}}{R + \dfrac{1}{j\omega C}} = \frac{1}{1 + j\omega RC} \tag{9-4}$$

由式(9-4)可以求出电路的幅率特性 $|H(j\omega)|$ 和相频特性 $\varphi(\omega)$ 分别为

$$|H(j\omega)| = \frac{U_2}{U_1} = \frac{1}{\sqrt{1 + (\omega RC)^2}} \tag{9-5}$$

$$\varphi(\omega) = \varphi_{u_2} - \varphi_{u_1} = -\arctan \omega RC \tag{9-6}$$

由式(9-5)、式(9-6)分别可知，当 $\omega = 0$，即输入为直流信号时，$|H(j0)| = 1$，$\varphi(0) = 0^0$，这表明输出电压与输入电压大小相等、相位相同；当 $\omega \to \infty$ 时，$|H(j\infty)| = 0$，$\varphi(\infty) = -90°$，这说明输出电压大小为 0，而相位滞后输入电压 90°，当 $\omega = \frac{1}{RC}$ 时，$\left|H\left(j\frac{1}{RC}\right)\right| = \frac{1}{\sqrt{2}}$，$\varphi\left(\frac{1}{RC}\right) = -45°$，再计算其他几个频率点时的 $|H(j\omega)|$ 和 $\varphi(\omega)$ 值，便可以依据它们画出电路的幅频特性曲线和相频特性曲线，分别如图 9-2(b)、(c)所示。由图 9-2(b)可见，$|H(j\omega)|$ 随着 ω 的增长而下降，这说明以电容电压为输出的一阶 RC 低通电路传输正弦电压时，输入电压的频率越高，输出电压的幅值就越小，电路确实具有允许低频输入电压而阻止高频输入电压通过的特性，故而称其为一阶 RC 低通滤波电路或滤波器。由图 9-2(c)可见，随着频率 ω 由零开始上升趋近于 ∞，相移角 $\varphi(\omega)$ 则从 0° 开始单调下降趋向 $-90°$，恒为负，这表明，该电路的输出电压 $\dot{U}_2$ 总是滞后于其输入电压 $\dot{U}_1$，滞后的角度在 0° 与 $-90°$ 之间，具体数值取决于输入信号频率以及电路元件参数值 R、C 的大小。由于此 RC 低通滤波器的 $\varphi(\omega) < 0 (0 < \omega < \infty)$，故称其为滞后网络；反之，若电路的 $\varphi(\omega) > 0 (0 < \omega < \infty)$，则称为超前网络；若电路的 $\varphi(\omega)$ 并非单调变化，则称为超前滞后网络。

通常将 $|H(j\omega)|$ 等于其最大值 $H_{\max}$ 的 $\frac{1}{\sqrt{2}}$ 倍所对应的频率称为截止频率或半功率点频率，记为 ω_c，即有 $|H(j\omega_c)| = \frac{1}{\sqrt{2}} H_{\max}$。对于图 9-2(a)所示一阶 RC 低通滤波电路，$H_{\max} = H(j0) = 1$，因此有

$$|H(j\omega_c)| = \frac{1}{\sqrt{1 + \omega_c^2 R^2 C^2}} = \frac{1}{\sqrt{2}}$$

从中解出该电路的截止频率为 $\omega_c = \frac{1}{RC}$。

对于低通电路，当频率低于截止频率时，输出的幅度大于输入幅度的 0.707 倍，称频率范围 $0 \sim \omega_c$ 为通带，而当频率高于截止频率时，输出的幅度小于输入幅度的 0.707 倍，称频率范围 $\omega_c \sim \infty$ 为阻带。显然，ω_c 是通带与阻带的分界频率。

由于电路的输出功率与输出电压或电流的平方成正比，所以在图 9-2(a)所示的电路中，当 $\omega = 0$ 时，有最大输出电压 U_2，它等于输入电压 U_1，所以最大输出功率正比于 U_1^2；当 $\omega = \omega_c$ 时，即在半功率点处有 $U_2 = \frac{U_1}{\sqrt{2}}$，输出功率正比于 U_2^2 即正比于 $\frac{U_1^2}{2}$，输出功率仅为最大输出功率的一半。

在电子和通信工程中，所使用信号的频率通常都具有比较大的动态范围，例如 $10^2 \sim$

10^{10}Hz。为了能够表示频率在极大范围内变化时电路的频率特性，通常采用分贝（dB）作为单位来度量 $|H(j\omega)|$（一般为电压比或电流比），其所具有的分贝数被规定为 $20\lg|H(j\omega)|$，即

$$|H(j\omega)|_{dB} = 20\lg|H(j\omega)|$$

这表明对 $|H(j\omega)|$ 取以 10 为底的对数并乘以 20 就得到了 $|H(j\omega)|$ 的分贝数。例如，对于一阶 *RC* 低通滤波电路。当 $\omega = \omega_c = \dfrac{1}{RC}$ 时，$|H(j\omega_c)| = \dfrac{1}{\sqrt{2}} \approx 0.707$，则其所对应的分贝数为

$$20\lg|H(j\omega_c)| = 20\lg\frac{1}{\sqrt{2}} = 20\lg(0.707) = -3(\text{dB})$$

引入分贝作为单位可以将输出电压幅值下降至输入电压幅值的 $1/\sqrt{2}$ 倍，变成下降了 3 分贝，对应地，将 ω_c 称为 3 分贝频率。

在工程上，分别以 $20\lg|H(j\omega)|$（单位为 dB）和 $\varphi(\omega)$（单位为°）作纵坐标相对于对数频率横坐标，来表示电路幅频和相频特性的曲线称为波特图。

实际一阶 *RC* 低通滤波电路常用于整流电路中，以滤除整流后电源电压中的交流分量，或用于检波电路中以滤除检波后的高频分量。

除了低通滤波器，还有高通滤波器（在图 9-2(a)电路中，若输出电压取自电阻，则构成一阶 *RC* 高通滤波电路，即高频输入电压容易被输出）、带通滤波器和带阻滤波器等类型的滤波器，它们在通信、电子、测量和控制工程中都有着极为广泛的应用。

9.2 谐振的定义

谐振是正弦稳态电路中所发生的一种特殊现象。谐振的一般性定义为对于一个含有电感 *L* 和电容 *C* 且无独立源的正弦稳态二端电路，若在某一频率下，其端口电压与端口电流同相，则称该电路发生了谐振。显然，谐振时，整个二端电路呈现纯阻性，因此，对于仅含电感和电容而不含电阻且无独立源的正弦稳态二端电路，在发生谐振时，其输入阻抗 *Z* 必为无穷大（端口电流为零）或输入导纳 *Y* 必为无穷大（端口电压为零）。

谐振现象在通信和电工技术中有着广泛的应用，但是，当电路发生谐振时，其中某些支路的电压或电流的幅值可能会大于端口电压或电流的幅值，即出现所谓过电压或过电流情况，因而可能会破坏电路的正常工作，因此，在工程实际中，需要依据特定的应用目的来利用或避开谐振现象。

RLC 串联谐振电路和 *RLC* 并联谐振电路是两种典型且基本的谐振电路，下面分别对其加以讨论。

9.3 *RLC* 串联谐振电路

9.3.1 谐振条件与谐振频率

图 9-3(a)表示一个在频率为 ω 的正弦电压源作用下的 *RLC* 串联电路，其输入阻抗为

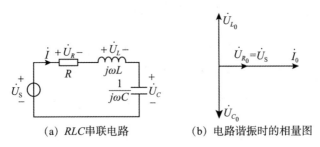

(a) RLC 串联电路　　　　(b) 电路谐振时的相量图

图 9-3　RLC 串联电路及其谐振时的相量图

$$Z(j\omega) = \frac{\dot{U}_S}{\dot{I}} = R + j\left(\omega L - \frac{1}{\omega C}\right) = R + jX(\omega) \tag{9-7}$$

若式 (9-7) 中电抗 $X(\omega)$ 为零，则 $Z(j\omega) = R$，为一纯电阻，称这时电路发生了串联谐振，有

$$X(\omega) = X_L(\omega) - X_C(\omega) = \omega L - \frac{1}{\omega C} = 0 \tag{9-8}$$

或
$$\omega L = \frac{1}{\omega C} \tag{9-9}$$

式 (9-9) 为 RLC 串联电路发生谐振的条件，即电路的感抗和容抗必须相等，该式表明，改变 L、C、ω 均可有可能使电路发生串联谐振。

电路发生谐振的频率称为谐振频率，以 ω_0 表示（在以下讨论谐振电路时均将有关量附以下标 "0" 表示其为谐振时的量），它可由式 (9-9) 得到，即

$$\omega = \omega_0 = \frac{1}{\sqrt{LC}} \text{ rad/s} \quad \text{或} \quad f = f_0 = \frac{1}{2\pi\sqrt{LC}} \text{ Hz} \tag{9-10}$$

由式 (9-10) 可知，ω_0 仅由电路自身的元件参数 L 和 C 确定，并与外施电源无关，因此也称为固有频率或自然频率。为了表述简单，以下亦称角频率为频率。

式 (9-10) 表明，当电源频率 ω 等于电路的固有频率 ω_0 时，电路发生串联谐振。因此，谐振也称为电共振。

9.3.2　调谐

式 (9-10) 表明，有两种能够使 RLC 串联电路发生谐振的调谐方法，一种是令电路的元件参数 L、C 一定，调节电源频率使之等于电路的谐振频率，即有 $\omega_0 = \omega$，这称为调频调谐，这种情况常见于实验室里观察电路的谐振状态或测试它的频率特性；另一种则是保持电源频率不变，通过调整电路参数 L 或（和）C 来改变电路自身的谐振频率，使之与电源频率相等，即有 $\omega = \omega_0$，从而实现使电路发生谐振的目的。实际应用中一般采用这种调谐方法，调节电感参数称为调感调谐，调节电容参数则称为调容调谐。例如，假设某一短波电台的频率是 10MHz（载波频率），它是固定的，若想要收听该台节目，可以调整收

音机的波段开关，即调整电感，使之处于短波段，再调整收音机的调台旋钮来改变电容量，当改变到电路的谐振频率正好是 10MHz 时，电路便与该台播音信号发生谐振，于是就听到了该台的节目。

总之，在电感 L、电容 C 和电源角频率 ω 这 3 个量中，无论改变哪一个，都可以使电路满足谐振条件，使之与某一特定频率的信号谐振，这一过程统称为调谐，也可以通过选择三者使之不满足谐振条件(失谐)而达到消除谐振的目的。

【例 9-3】 在图 9-4(a)所示正弦稳态电路中，已知：电源频率 $f = 1000\text{Hz}$，电阻 $R_1 = 100\Omega$，$R_2 = 200\Omega$，感抗 $X_L = 100\Omega$，电源电压 $U = 200\text{V}$。试求：(1)图 9-4(a)中开关 S 尚未闭合，调节电容 C 使电路电流 $I = 2\text{A}$ 时的 C 值；(2)若图 9-4(a)中闭合开关 S，则电路电流 I 变为多少？欲再调电容 C 使电路电流 I 达最大，求此时电容新值 C 和电流新值 I'。

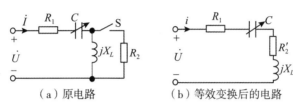

（a）原电路　　　　　　（b）等效变换后的电路

图 9-4　例 9-3 图

解　(1)在开关 S 尚未闭合时，电路为 *RLC* 串联电路，其阻抗值为

$$|Z| = \frac{U}{I} = \frac{200}{2} = 100(\Omega)$$

而

$$Z = R_1 + jX = 100 + jX$$

由于 $R_1 = 100\Omega$，因此可知有 $X = 0$，这表明串联电路处于谐振状态，故而应有

$$\omega L = \frac{1}{\omega C} = 100\Omega$$

于是可求得此时电容为

$$C = \frac{1}{2\pi f \times 100} = 1.59\mu\text{F}$$

(2)将 R_2 与 X_L 的并联支路等效变换为 R'_2 与 X'_L 的串联支路，如图 9-4(b)所示。其中 $R'_2 = 40\Omega$，$X'_L = 80\Omega$，这时电路电流为

$$I = \frac{U}{\sqrt{(R_1 + R'_2)^2 + (X'_L - X_C)^2}} = \frac{200}{\sqrt{140^2 + (-20)^2}} = 1.414(\text{A})$$

可见，与直流电路中并联一个电阻后电路电流会增大不同，这里并联电阻 R_2 以后，电路电流反而减少了。此时，若再调节电容 C 使回路电流 I 达最大(记为 I')，则再一次使电路达到谐振，因而必须有

$$X'_C = X'_L = 80\Omega$$

故此时求得电容新值 C' 和电流新值 I'，即最大电流为

$$C' = \frac{1}{2\pi f \times 80} = 1.99\mu\text{F}, \quad I' = \frac{U}{R_1 + R_2'} = \frac{200}{100 + 40} = 1.43(\text{A})$$

9.3.3 谐振时的电流和电压

由于发生谐振时电路阻抗的电抗分量 $X(\omega_0) = 0$，所以谐振电路的阻抗 $Z(j\omega_0)$ 为

$$Z(j\omega_0) = |Z(j\omega_0)| = Z_0 = R \leqslant \sqrt{R^2 + X^2(\omega)} = |Z(j\omega)|$$

即谐振时电路阻抗为其模 $|Z(j\omega)|$ 的最小值 R，电感和电容的串联部分对外等效于短路。

设电压源为 $\dot{U}_S = U_S \angle 0°\text{V}$，则谐振状态下回路电流 $\dot{I}_0$ 为

$$\dot{I}_0 = \frac{\dot{U}_S}{Z(j\omega_0)} = \frac{\dot{U}_S}{R} \tag{9-11}$$

可见，在 $\dot{U}_S$ 和 $\dot{I}_0$ 为关联参考方向的情况下，这两者同相位。由于谐振时阻抗模值取得最小，所以回路电流的有效值 I_0 为最大值，称为谐振峰。显然，当 U_S 保持不变时，谐振峰仅取决于电阻 R，与电感和电容值无关，即有

$$I_0 = \frac{U_S}{R} \geqslant \frac{U_S}{\sqrt{R^2 + X^2(\omega)}} = \frac{U_S}{|Z(j\omega)|} = I(\omega)$$

因此，可以根据串联电路谐振的这一特点来判断电路是否发生了谐振。由于电阻 R 能控制和调节谐振峰，通过后面分析可知，它能控制谐振时的电感和电容电压及其储能状态。

谐振时电阻、电感和电容电压分别为

$$\dot{U}_{R_0} = R\dot{I}_0 \tag{9-12}$$

$$\dot{U}_{L_0} = j\omega_0 L\dot{I}_0 \tag{9-13}$$

$$\dot{U}_{C_0} = -j\frac{1}{\omega_0 C}\dot{I}_0 \tag{9-14}$$

由于谐振时有 $\omega_0 L = \dfrac{1}{\omega_0 C}$，于是有

$$\dot{U}_{L_0} = -\dot{U}_{C_0} \tag{9-15}$$

这表明串联电路发生谐振时，电感电压和电容电压大小相等，相位相反，两者相互抵消，故而电感与电容串联部分电压为 $\dot{U}_{X_0} = \dot{U}_{L_0} + \dot{U}_{C_0} = 0$，因此，根据 KVL 可以求出谐振时端口电压为

$$\dot{U}_S = \dot{U}_{R_0} + \dot{U}_{L_0} + \dot{U}_{C_0} = \dot{U}_{R_0} = R\dot{I}_0 \tag{9-16}$$

即外施电压全部施加于电阻两端，此时的电阻电压也是谐振峰。

选 RLC 串联电路谐振时的电流 $\dot{I}_0$ 作为参考相量，作出电流、电压相量图如图 9-3(b) 所示。

9.3.4　谐振时电感和电容元件上的过电压

由式(9-11)、式(9-13)和式(9-14)可知，发生谐振时电感电压和电容电压的有效值分别为

$$U_{L_0} = U_{C_0} = \omega_0 L I_0 = \frac{X_{L_0}}{R} U_s \qquad (9\text{-}17)$$

上式表明，当 X_{L_0} 或 X_{C_0} 远大于 R 时，在谐振频率的邻域，电感电压和电容电压的有效值会远大于电阻电压或电源电压的有效值，例如，当 $X_{L_0} = 200R$ 时，若 $U_s = 5\text{V}$，则 $U_{L_0} = U_{C_0} = \dfrac{X_{L_0}}{R} U_s = 200 U_s = 1000\text{V}$，这称为串联谐振电路的过电压现象，因此，串联谐振也称为电压谐振。这种过电压现象常常用于电子信息技术中将一个微弱的信号输入给串联谐振回路，从而在电感或电容两端获得一个较输入电压大得多的电压信号，收音机接收回路便是基于这一原理工作的，但是在电力系统中，这种电压谐振现象将会引起危险的过电压，造成电气设备的损坏，必须予以避免。

显然，若激励是电流源 $\dot{I}_s$，在其幅值保持不变的情况下，发生串联谐振时电路端口电压有效值为最小，即有

$$U_0 = |Z(j\omega_0)| I_s = R I_s$$

9.3.5　谐振时的功率和能量

9.3.5.1　有功功率和无功功率

由于谐振时串联回路的端口电流 $\dot{I}_0$ 与电源电压 $\dot{U}_s$ 同相位，所以整个电路的功率因数 $\lambda = \cos\varphi_{z_0} = 1$，电路吸收的有功功率为

$$P_0 = U_s I_0 \cos\varphi_{z_0} = U_s I_0 = I_0^2 R = \frac{U_s^2}{R} \qquad (9\text{-}18)$$

吸收的无功功率则等于零，即有

$$Q_0 = Q_{X_0} = Q_{L_0} + Q_{C_0} = U_s I_0 \sin\varphi_{z_0} = 0 \qquad (9\text{-}19)$$

上式表明谐振时电路不从外电路吸收无功功率，电感中的无功功率和电容中的无功功率相互完全补偿，即有

$$Q_{L_0} = |Q_{C_0}| \quad \text{或} \quad X_{L_0} I_0^2 = X_{C_0} I_0^2$$

9.3.5.2　瞬时功率

由于谐振时电感和电容的串联部分等效于短路，即有 $u_{X0}(t) = u_{L0}(t) + u_{C0}(t) = 0$，所以在谐振状态下该串联部分在任何瞬刻吸收的总瞬时功率为零，即

$$p_{X_0}(t) = u_{X_0}(t) i_0(t) = [u_{L_0}(t) + u_{C_0}(t)] i_0(t) = p_{L_0}(t) + p_{C_0}(t) = 0$$

因此有 $p_{L_0}(t) = -p_{C_0}(t)$。这表明，谐振时电感和电容与电压源以及电阻之间没有能

量交换，电压源发出的功率全部为电阻吸收，即

$$p_S(t) = p_{R_0}(t) + p_{X_0}(t) = p_{R_0}(t)$$

由此可见，谐振时电源仅向电阻提供功率或能量，电感和电容之间进行着磁能和电能的相互转换，它们不与电压源进行能量交换。

9.3.5.3　电场能量和磁场能量

设电源电压的瞬时表达式为

$$u_S(t) = U_{Sm}\sin\omega_0 t = \sqrt{2}\,U_S\sin\omega_0 t$$

则谐振时电感电流为

$$i_0(t) = \frac{U_{Sm}}{R}\sin\omega_0 t = I_{0m}\sin\omega_0 t$$

电容电压以及电容中储存的电场能量分别为

$$u_{C_0}(t) = X_{C_0}I_{0m}\sin(\omega_0 t - 90°) = -U_{C_0 m}\cos\omega_0 t$$

$$w_{C_0}(t) = \frac{1}{2}Cu_{C_0}^2(t) = \frac{1}{2}CU_{C_0 m}^2\cos^2\omega_0 t = \frac{1}{2}C\frac{I_{0m}^2}{\omega_0^2 C^2}\cos^2\omega_0 t = \frac{1}{2}LI_{0m}^2\cos^2\omega_0 t = LI_0^2\cos^2\omega_0 t \tag{9-20}$$

电感中储存的磁场能量为

$$w_{L_0}(t) = \frac{1}{2}Li_0^2(t) = \frac{1}{2}LI_{0m}^2\sin^2\omega_0 t = LI_0^2\sin^2\omega_0 t \tag{9-21}$$

比较式（9-20）和式（9-21）可知，谐振时电场能量和磁场能量的最大值相等，谐振时任意瞬刻电路中电感和电容储能的总和为

$$w_{LC_0}(t) = w_{C_0}(t) + w_{L_0}(t) = LI_0^2\cos^2\omega_0 t + LI_0^2\sin^2\omega_0 t = LI_0^2 = CU_{C_0}^2 \tag{9-22}$$

可见，谐振时电感和电容中各自储存的磁场能量和电场能量均随时间变化，但在任意时刻，它们中的总能量 $w_{LC_0}(t)$ 为一常量，其值等于彼此相等的磁场能量的最大值与电场能量的最大值，这部分能量就是在谐振状态下稳定地储存在电路中的电磁能，它是在谐振电路开始接通时所经历的暂态过程中由电源所提供的。达到稳定的电磁振荡以后，为了维持这种振荡，电源只需要不断地给电路输送有功功率，以补偿电阻的能量损失。也就是说，在谐振状态下，电路不从电源吸收无功功率，电路中所储存的电磁能仅在电路内部的电感（磁场）和电容（电场）之间以两倍于谐振频率的频率进行周期性的相互交换，自成独立系统地相互完全补偿，不与电源进行能量交换。谐振时，电压源 $u_S(t)$ 只发出有功功率 P_0 为电阻所消耗，因而整个电路呈电阻性。

图 9-5 所示为谐振时 $i_0(t)$、$u_{C_0}(t)$ 以及 $w_{LC_0}(t)$、$w_{L_0}(t)$、$w_{C_0}(t)$ 的变化曲线，它们也示意性地表示了在电感与电容之间存在的这种磁场能量与电场能量此增彼减不断往复相互交换而保持电路总储能不变的周期性电磁振荡过程，在此过程中，一方能量减少的速率（ω_0）或数值必须始终与另一方能量增加的速率（ω_0）或数值相等，正是这种能量的往复交换，形成了电容电压和电感电流的正弦振荡，这种情况与第 7 章中讨论的二阶电路无阻尼 RLC 电路的自由振荡十分相似。显然，谐振时电磁场能量的总和之所以能够保持不变，

是因为激励电压源不断地补偿了电阻 R 的功率损耗，相当于形成了由理想元件 L、C 构成的串联电路，因而所产生的振荡与这种电路由初始储能引起的等幅振荡相同，其振荡角频率 $\omega_0 = \dfrac{1}{\sqrt{LC}}$ 完全由电路参数 L 和 C 决定。

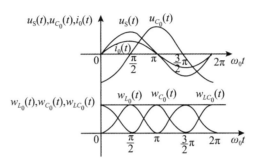

图 9-5　谐振状态下 $u_S(t)$、$u_{C_0}(t)$、$i_0(t)$、$w_{L_0}(t)$、$w_{C_0}(t)$ 和 $w_{LC_0}(t)$ 的变化曲线

由图 9-5 可见，在电感电流 $i_0(t)$ 增大的时段内，电容电压 $u_{C_0}(t)$ 减少，电容中所储存的电场能量 $w_{C_0}(t) = \dfrac{1}{2}Cu_{C_0}^2(t)$ 减少，所释放出的能量全部被电感吸收并转换为磁场能量，如图 9-6(a)所示；在电感电流 $i_0(t)$ 减小的时段内，电容电压 $u_{C_0}(t)$ 增大，电感中储存的磁场能量 $w_{L_0}(t) = \dfrac{1}{2}Li_0^2(t)$ 减小，所释放出的能量全部被电容吸收而转换成电场能量，如图 9-6(b)所示。

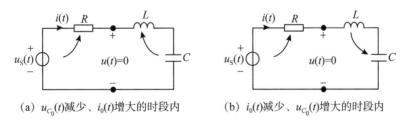

(a) $u_{C_0}(t)$减少、$i_0(t)$增大的时段内　　　　(b) $i_0(t)$减少、$u_{C_0}(t)$增大的时段内

图 9-6　RLC 串联电路谐振时的能量交换

对于实际电感线圈来说，由于存在着绕线电阻、高频应用时的趋肤效应以及电磁波辐射等原因，所以它不仅起着储存磁场能量的作用，还会伴有能量消耗。为了真实地反映实际电感线圈的这种情况，一般以理想电阻元件 R_L 与理想电感元件 L 的串联组合作为实际线圈的模型，如图 9-7(a)所示。对于实际电容器而言，其极板间的介质并不是理想绝缘的，存在着一定程度的漏电现象，对应的电容器的两极板之间就应有漏电阻，因此，用表示电容器损耗的 R_C 与理想电容元件 C 的并联组合作为实际电容器的模型，如图 9-7(b)所示。通常，在工作频率不很高[一般指米波（300MHz）以下]的条件下，都可以采用这种

模型。

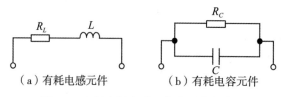

（a）有耗电感元件　　　（b）有耗电容元件

图 9-7　实际有耗电感、电容元件的模型

由于一般实际电容元件的耗能比实际电感线圈的耗能要小得多，所以工程上常将这部分耗能忽略不计，即将实际电容元件视为理想电容元件。因此，由实际电感线圈与电容器串联组成谐振电路的模型如图 9-3(a)所示。

9.3.6　品质因数和特性阻抗

9.3.6.1　品质因数的基本定义与计算式

为了评价谐振电路的性能，引入一个重要参数，即品质因数 Q(注意：应与表示无功功率的 Q 加以区分)。我们知道，RLC 串联电路在谐振时电压源供给电路的能量全部转化为电阻损耗产生的热能。因此，要维持谐振电路中电容与电感之间所进行的周期电磁振荡，电源就必须不断向电路提供电能，以补偿电阻消耗的那部分能量。显然，如果与谐振时电路中所储存的总电磁能相比，每振荡一次电路所消耗的电能越少，即在一定时间内维持一定能量的电磁振荡所需来自电源的能量即耗能越小，则电路的品质自然也就越好。因此，为了定量地反映谐振电路的储能效率，定义其品质因数 Q 为

$$Q = 2\pi \frac{\text{谐振时电路中所储存的总电磁能}}{\text{谐振时电路在一个周期内消耗的能量}} \qquad (9\text{-}23)$$

上式是谐振电路品质因数的一般物理意义式，显然，品质因数越高，则电路中的总电磁能越多，电容(电场)与电感(磁场)之间交换的能量就越大，电磁振荡的幅度也就越大，电磁振荡就越激烈。品质因数是一个无量纲的数。

为了方便地计算电路的品质因数，希望建立它与电路参数之间的关系。对于串联谐振电路，其品质因数根据式(9-22)式和式(9-23)可以表示为

$$Q = 2\pi \frac{LI_0^2}{T_0 R I_0^2} = 2\pi f_0 \frac{L}{R} = \frac{\omega_0 L}{R} = \frac{1}{\omega_0 RC} = \frac{1}{R}\sqrt{\frac{L}{C}} \qquad (9\text{-}24)$$

上式表明，串联谐振电路的品质因数 Q 值是电路谐振时的感抗 X_{L0} 或容抗 X_{C0} 与电阻 R 之比。因此，要提高其 Q 值，必须减小与电抗元件串联的电阻值。若电源的内阻大，则 Q 值小，谐振特征性能减低，下一节介绍的并联谐振电路，对于内阻较大的电源较为合适。

由式(9-24)可得

$$Q = \frac{\omega_0 L}{R} = \frac{\omega_0 L I_0}{R I_0} = \frac{U_{L0}}{U_{R0}} = \frac{U_{C0}}{U_{R0}} \qquad (9\text{-}25)$$

上式表明，谐振时电抗元件上的电压是电阻或电压源电压的 Q 倍，因此，Q 值直接反映了串联谐振电路过电压的强弱程度，其值越高，则过电压现象越突出。

由式(9-25)可得

$$Q = \frac{U_{L_0} I_0}{U_{R_0} I_0} = \frac{Q_{L_0}}{P_0} = \frac{|Q_{C_0}|}{P_0} \tag{9-26}$$

上式表明，电路的 Q 值亦可表示为谐振时电感上无功功率 Q_{L_0} 或电容上无功功率的绝对值 $|Q_{C_0}|$ 与电路有功功率 P_0 的比值，因此，谐振电路品质因数的基本定义也可以表示为

$$Q = \frac{谐振时电感中无功功率或电容中无功功率的绝对值}{谐振时电路消耗的有功功率} .$$

引入品质因数 Q 后，可以用它来表示谐振时电感电压、电容电压与电源电压之间的大小关系，即

$$\dot{U}_{L_0} = j\omega_0 L \dot{I}_0 = j\frac{\omega_0 L}{R} \dot{U}_\mathrm{S} = jQ\dot{U}_\mathrm{S} \tag{9-27}$$

$$\dot{U}_{C_0} = \frac{1}{j\omega_0 C} \dot{I}_0 = -j\frac{1}{\omega_0 RC} \dot{U}_\mathrm{S} = -jQ\dot{U}_\mathrm{S} \tag{9-28}$$

故有

$$U_{L_0} = U_{C_0} = QU_\mathrm{S} = QU_{R_0} \tag{9-29}$$

式(9-29)表明，电感电压和电容电压的大小均为电压源电压大小的 Q 倍，因此，品质因数 Q 越高，在相同激励电压 U_S 的情况下，电感和电容两端得到的电压就越大，谐振也就越强。通常，实际串联谐振电路的品质因数 Q 的数值可达几十到几百甚至更大，因此，电路在谐振时，电感电压和电容电压都远远大于电压源电压($U_{L0} = U_{C0} \gg U_\mathrm{S}$)，即会产生前面所论及的过电压现象。

应用式(9-22)和式(9-24)，电路所储存的总电磁能也可以用品质因数 Q 表示为

$$w_{LC_0}(t) = LI_0^2 = L\frac{U_\mathrm{S}^2}{R^2} = C\left(\frac{1}{R}\sqrt{\frac{L}{C}}\right)^2 U_\mathrm{S}^2 = CQ^2 U_\mathrm{S}^2$$

有了品质因数 Q 的定义，分析谐振电路就比较方便了，因为实际电感和电容元件以及由它们构成的谐振电路，其损耗电阻均难以直接测得，况且电阻值实际上随频率而变。然而，在一定的频率范围内，品质因数却基本上不随频率改变，而且测定方便，例如，可以通过测定谐振时电感或电容电压得到，即应用式(9-29)可得

$$Q = \frac{U_{C_0}}{U_\mathrm{S}} = \frac{U_{L_0}}{U_\mathrm{S}}$$

9.3.6.2 特性阻抗

将谐振时电路中彼此相等的感抗和容抗定义为谐振电路的特性阻抗，用符号 ρ 表示，即

$$\rho = \omega_0 L = \frac{1}{\omega_0 C} = \sqrt{\frac{L}{C}} \tag{9-30}$$

式中，ρ 的单位为 Ω，特性阻抗与品质因数、谐振频率一样也只取决于电路元件的参数，而与外电路无关，所以也可以作为客观地反映谐振电路基本属性的重要参数。对比式 (9-24) 和式 (9-30) 可知，品质因数 Q 与特性阻抗 ρ 的关系为

$$Q = \frac{\rho}{R} = \frac{1}{R}\sqrt{\frac{L}{C}} \tag{9-31}$$

通常，称电路的元件值为一次参数，而由元件值约束的参数习惯上称为二次参数或导出参数，例如 ω_0、ρ 和 Q。

【例 9-4】 图 9-8 所示电路处于谐振状态，已知电压表 $\widehat{V_1}$ 和 $\widehat{V_2}$ 的读数分别为 52V 和 50V，电流表的读数为 10A，试求 U，Z_{C_0}，Z_{RL_0}，Q。

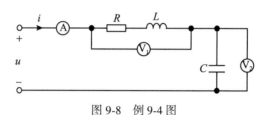

图 9-8　例 9-4 图

解　设谐振时 R，L，C 上电压分别为 U_{R_0}，U_{L_0}，U_{C_0}，由于发生串联谐振，故而 $U_{C_0} = U_{L_0}$，并且 U_{R_0} 与 U_{L_0} 相位相差 90°，于是有

$$U = U_{R_0} = \sqrt{U_{RL_0}^2 - U_{L_0}^2} = \sqrt{52^2 - 50^2} = 14.28(\text{V})$$

$$Z_{C_0} = jX_{C_0} = -j\frac{U_{C_0}}{I_0} = -j\frac{50}{10} = -j5\Omega, \quad R = \frac{U_{R_0}}{I_0} = \frac{14.28}{10} = 1.428(\Omega), \quad Z_{L_0} = jX_{L_0} = -Z_{C_0} = j5\Omega$$

$$Z_{RL_0} = R + jX_{L_0} = 1.428 + j5\Omega, \quad Q = \frac{U_{C_0}}{U_{R_0}} = \frac{50}{14.28} = 3.501$$

9.3.7　频率特性

9.3.7.1　阻抗的频率特性

由式 (9-7) 可得

$$|Z(j\omega)| = \sqrt{R^2 + \left(\omega L - \frac{1}{\omega C}\right)^2} \tag{9-32}$$

$$\varphi_Z(\omega) = \arctan\frac{\omega L - \dfrac{1}{\omega C}}{R} \tag{9-33}$$

$X(\omega)$ 的频率特性曲线和 $Z(j\omega)$ 的幅频特性曲线以及 $Z(j\omega)$ 的相频特性曲线分别如图 9-9(a)、(b) 所示，由此可见，当 $\omega < \omega_0$ 时，$X(\omega) < 0$，$\varphi_Z(\omega) < 0$，电路呈容性；当 $\omega > \omega_0$ 时，$X(\omega) > 0$，$\varphi_Z(\omega) > 0$，电路呈感性，在这两种情况下都有 $|Z(j\omega)| > R$。当 $\omega = \omega_0$ 时，$X(\omega_0) = 0$，$\varphi_Z(\omega_0) = 0$，串联电路发生谐振，整个电路呈阻性，有 $|Z(j\omega_0)| =$

R，为 $Z(j\omega)$ 之最小值。

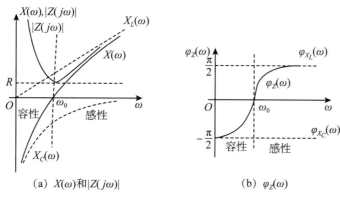

(a) $X(\omega)$和$|Z(j\omega)|$　　　　(b) $\varphi_Z(\omega)$

图 9-9 *RLC* 串联电路电抗和阻抗的频率特性曲线

9.3.7.2 导纳的频率特性

RLC 串联电路的导纳为

$$Y(j\omega) = \frac{1}{Z(j\omega)} = \frac{1}{R + j\left(\omega L - \dfrac{1}{\omega C}\right)} \tag{9-34}$$

由式(9-34)可得

$$|Y(j\omega)| = \frac{1}{\sqrt{R^2 + \left(\omega L - \dfrac{1}{\omega C}\right)^2}} \tag{9-35}$$

$$\varphi_Y(\omega) = -\arctan \frac{\omega L - \dfrac{1}{\omega C}}{R} \tag{9-36}$$

根据式(9-35)和式(9-36)可以画出导纳 $Y(j\omega)$ 的幅频特性曲线和相频特性曲线，分别如图 9-10(a)、(b)所示。

9.3.7.3 电流相量的幅频特性

RLC 串联电路的电流相量为

$$\dot{I} = \frac{\dot{U}_S}{Z} = Y\dot{U}_S = \frac{U_S}{\sqrt{R^2 + \left(\omega L - \dfrac{1}{\omega C}\right)^2}} \angle -\arctan \frac{\omega L - \dfrac{1}{\omega C}}{R} = I(\omega) \angle \varphi_I(\omega) \tag{9-37}$$

由式(9-37)可得 $\dot{I}$ 的幅频特性和相频特性分别为

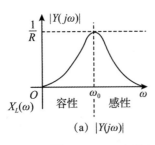

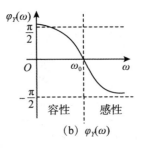

(a) $|Y(j\omega)|$　　　　　(b) $\varphi_Y(\omega)$

图 9-10　RLC 串联电路导纳的频率特性曲线

$$I(\omega) = \frac{U_S}{\sqrt{R^2 + \left(\omega L - \dfrac{1}{\omega C}\right)^2}} = U_S \, |Y(j\omega)| \qquad (9\text{-}38)$$

$$\varphi_I(\omega) = -\arctan \frac{\omega L - \dfrac{1}{\omega C}}{R} = \varphi_Y(\omega) \qquad (9\text{-}39)$$

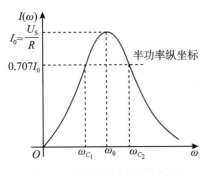

图 9-11　电流的幅率特性曲线

式(9-38)和式(9-39)分别表明，电流相量 $\dot{I}$ 的幅频特性与作为网络函数的导纳 $Y(j\omega)$ 的幅频特性相似，前者为后者的 U_S 倍；电流相量 $\dot{I}$ 的相频特性与导纳 $Y(j\omega)$ 的相频特性完全相同。电流的幅频特性曲线亦称谐振曲线，如图 9-11 所示，由此可见，当电源频率与电路的固有谐振频率相等即 $\omega = \omega_0$ 时，有 $Z(j\omega_0) = R$，为最小，而 $Y(j\omega_0) = 1/R$，为最大，电流 $I(\omega)$ 亦达到最大值即 $I_0 = U_S/R$，随着电源频率偏离 ω_0（失谐），电流逐渐下降，当 $\omega \to 0$ 和 $\omega \to \infty$ 时，电流均趋于零，为最小值。

不同串联谐振电路的 ω_0、I_0 不等，其对应的谐振曲线也不同，因此，在实际应用中，为了便于统一分析，一般不采用式(9-38)，而采用相对概念的电流幅频特性，即 $\dfrac{I}{I_0} = f\left(\dfrac{\omega}{\omega_0}\right)$ 来分析电路。于是，将式(9-38)改写为

$$
\begin{aligned}
I(\omega) &= \frac{U_S}{\sqrt{R^2 + \left(\omega L - \dfrac{1}{\omega C}\right)^2}} = \frac{U_S}{\sqrt{R^2 + \left(\dfrac{\omega}{\omega_0}\omega_0 L - \dfrac{\omega_0}{\omega}\dfrac{1}{\omega_0 C}\right)^2}} \\
&= \frac{U_S}{R\sqrt{1 + Q^2\left(\dfrac{\omega}{\omega_0} - \dfrac{\omega_0}{\omega}\right)^2}} = \frac{I_0}{\sqrt{1 + Q^2\left(\eta - \dfrac{1}{\eta}\right)^2}} \qquad (9\text{-}40)
\end{aligned}
$$

由式(9-40)可得

$$\frac{I(\eta)}{I_0} = \frac{1}{\sqrt{1 + Q^2\left(\eta - \dfrac{1}{\eta}\right)^2}} \tag{9-41}$$

式(9-41)称为相对电流幅频特性，η 是电源频率与电路固有谐振频率之比，即频率的相对值 ω/ω_0；$I(\eta)/I_0$ 是谐振电路电流的相对值。式(9-41)对应不同的参变量 Q 值，得到一组谐振曲线，如图 9-12(a)所示，由图可见，这时串联电路在谐振时均有 $\eta = \omega/\omega_0 = 1$ 和 $I(\eta)/I_0 = 1$，它们在谐振曲线上对应的点称为谐振点。此外，由于式(9-41)中唯一的参变量为 Q，因此，虽然不同电路的 ω_0、I_0 通常不等，但是，只要其 Q 值相同，则它们的相对谐振曲线就一样，故而将 $I(\eta)/I_0 \sim \eta(=\omega/\omega_0)$ 曲线称为通用谐振曲线，它适用于任何串联谐振电路。

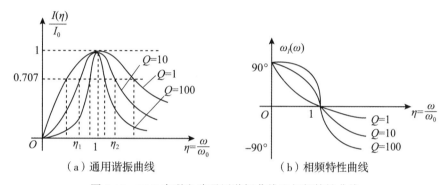

（a）通用谐振曲线 　　　　（b）相频特性曲线

图 9-12　RLC 串联电路通用谐振曲线和相频特性曲线

类似的，也可导出 $\varphi_1(\eta)$ 为

$$\varphi_1(\eta) = -\arctan\frac{\omega L - \dfrac{1}{\omega C}}{R} = -\arctan\frac{\omega_0 L}{R}\left(\frac{\omega}{\omega_0} - \frac{\omega_0}{\omega}\right) = -\arctan Q\left(\eta - \frac{1}{\eta}\right) \tag{9-42}$$

由式(9-42)可以对应不同的 Q 值得出一组相频特性曲线，如图 9-12(b)所示。

9.3.7.4　选择性

谐振电路在通信技术中又称为选频网络，对其性能有两个衡量指标即表征电路选择信号能力的选择性和无失真传输信号能力的通频带（带宽）。

由图 9-12(a)可见，$I(\eta)/I_0$ 在谐振即 $\eta = 1$ 时最大，在远离谐振频率即 $\eta \ll 1$ 或 $\eta \gg 1$ 时趋于零。因此，$I(\eta)/I_0$ 之值称为相对抑制比，它表示电路对非谐振频率电流的抑制能力。假设有若干个大小相等而频率不同的电源电压同时作用于某一 RLC 串联电路，则它们在电路中所产生的电流不等，频率为 ω_0 及其附近值的电压在电路中产生的电流大，而远离 ω_0 的电压所产生的电流小即被衰减或抑制，由此可见，串联谐振电路具有选择 ω_0 及其附近信号而抑制远离 ω_0 信号的能力，这一特性称为谐振电路的选择性。在信息、通信技术中，据此可以将某些需用频率的信号筛选出来，而对其他频率的信号加以抑制。

　　由图 9-12(a)可见，谐振曲线均呈山峰状，其陡度取决于 Q 值的大小，Q 值越大，则谐振曲线在谐振频率附近变化越陡峭，这表明，电路的 Q 值越大(高)，对非谐振频率信号的抑制能力就越强，电路的频率选择性就越好；反之，Q 值较小(低)时，在谐振频率 ω_0 附近电流变化不大，幅频特性曲线的顶部较为平坦，电路的频率选择性就很差。收音机的输入电路就是采用串联谐振电路，通过调谐，使收音机输入电路的谐振频率与欲收听电台信号的载波频率相同，使之发生串联谐振，从而选取所需频率的信号，而抑制不需要频率的信号，实现了谐振电路的选台(选频)功能。

9.3.7.5　通频带

　　通过对串联电路通用谐振曲线的讨论可知，Q 值越高的电路，就越适合于从多个单一频率信号中选择出所需频率的信号，而将其他频率信号作为干扰加以有效抑制，即选择性越好。然而，在广播和通信技术中，需要接收的信号一般都不是单一频率，而是具有一定频率宽度的一组连续信号，例如，广播电台所传输的音乐节目，其频带宽度可达十几千赫。因此，如果只选择出其中某一频率分量而将其余有用的频率分量抑制掉，就会造成严重的失真。这就要求谐振电路能够把信号中各个频率分量都能选择出来，并能对它们均等地进行传输，而对于不需用的频率信号，则视为干扰，尽可能加以抑制。于是，评估一个谐振电路的性能，不仅要注重其选择信号频率的能力，还必须考察其不失真地传输信号的能力，即在传输具有一定带宽的实际信号时，能够均等地传输其中所包含的各个频率分量，以确保最后输出信号的波形不会改变，这种无失真传输信号并抑制干扰的能力，一般用电路的通频带来衡量。

　　所谓通频带，是指谐振曲线上以谐振频率 ω_0 为中心的一段频带，当这一频带的信号通过串联谐振电路时不会产生明显的失真。通频带的宽度(带宽)按惯例是以语音信号来定义的，实际表明，对于功率变化不到一半的声音，人的听觉分辨不出其变化，因此，就以等于谐振功率 P_0(谐振时供给 R 的功率)的一半所对应的一段频率范围定义为电路的通频带，在该频率范围内，供给 R 的功率 P 大于或等于 $P_0/2$，从谐振曲线上可以看到，在两个频率上供给 R 的功率 P 是谐振时功率的一半，因此，这两个频率称为半功率点频率，它们所对应的电流大小是相等的，于是，设 $P_0/2$ 所对应的电流为 I，则有

$$\frac{P_0}{2} = I^2 R \tag{9-43}$$

将 $P_0 = I_0^2 R$ 代入式(9-43)，可解出

$$I = \sqrt{\frac{P_0}{2R}} = \sqrt{\frac{I_0^2 R}{2R}} = \frac{1}{\sqrt{2}} I_0 = 0.707 I_0$$

即

$$\frac{I}{I_0} = \frac{1}{\sqrt{2}} = 0.707$$

　　可知，如图 9-13 所示，在 $\dfrac{I(\omega)}{I_0} \sim \omega [I(\omega) \sim \omega]$ 谐振曲线上，$\dfrac{I(\omega)}{I_0} \geqslant 0.707 [I(\omega) \geqslant$

0.707I_0〕对应的频率范围 $\omega_{C_1} \sim \omega_{C_2}(\omega_{C_2} > \omega_{C_1})$ 即为电路的通频带，记为 BW_ω，有

$$BW_\omega = \omega_{C_2} - \omega_{C_1}$$

两个边界频率 ω_{C_1} 和 ω_{C_2} 分别称为下边频(下截止频率)或下限半功率点频率，上边频(上截止频率)或上限半功率点频率。

对于图 9-12(a)这种通用谐振曲线，其中纵坐标为 $\frac{1}{\sqrt{2}} = 0.707$ 的水平线与谐振曲线的两个交点的横坐标(例如图中的 η_1、η_2)之差即为通频带的宽度与 ω_0 之比。

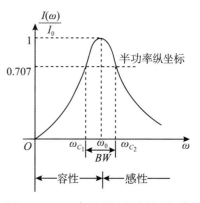

图 9-13 *RLC* 串联谐振电路的通频带

根据通频带的定义可得

$$\frac{I}{I_0} = \frac{1}{\sqrt{1 + Q^2 \left(\dfrac{\omega}{\omega_0} - \dfrac{\omega_0}{\omega} \right)^2}} = \frac{1}{\sqrt{2}} \tag{9-44}$$

在式(9-44)中，令 $x = \dfrac{\omega}{\omega_0}$，则有

$$Q^2 \left(x - \frac{1}{x} \right)^2 = 1$$

由此解出

$$x_{1,2} = \pm \frac{1}{2Q} + \sqrt{1 + \left(\frac{1}{2Q} \right)^2}$$

代回原变量可得

$$\omega_{C_1} = \omega_0 \left[\sqrt{1 + \left(\frac{1}{2Q} \right)^2} - \frac{1}{2Q} \right], \quad \omega_{C_2} = \omega_0 \left[\sqrt{1 + \left(\frac{1}{2Q} \right)^2} + \frac{1}{2Q} \right]$$

因此，电路的通频带带宽 BW 的计算式为

$$BW_\omega = \omega_{C_2} - \omega_{C_1} = \frac{\omega_0}{Q} \text{rad/s} \quad \text{或} \quad BW_f = f_{C_2} - f_{C_1} = \frac{f_0}{Q} \text{Hz} \tag{9-45}$$

在式(9-45)中应用式(9-24)，又可得 BW 与电路参数 R、L 的关系，即

$$BW_\omega = \omega_{C_2} - \omega_{C_1} = \frac{R}{L} \text{rad/s} \quad \text{或} \quad BW_f = f_{C_2} - f_{C_1} = \frac{R}{2\pi L} \text{Hz} \tag{9-46}$$

式(9-45)表明，在电路谐振频率 ω_0 一定的情况下，其通频带与品质因数成反比，Q 值越高，幅频特性曲线越陡，选频特性越好，但通频带就越窄，故而无法保证在有用信号占有的频带范围内电路的幅频特性尽可能平坦，因此，有用信号频带中的一部分也就不能顺利通过电路而引起失真，即电路的选择性与通频带之间存在着一定的矛盾。于是，在选择和设计谐振电路时，要同时兼顾选择性和通频带这两个方面来确定一个适当的品质因数值。一般适用的原则是，在确保失真度小的前提下，尽量提高电路的 Q 值。但是，对于

简单的 RLC 串联谐振电路来说，选频特性与通频带之间的矛盾是无法克服的。

由上述 ω_{C_1}、ω_{C_2} 的表示式可得出 $\omega_0 = \sqrt{\omega_{C_1}\omega_{C_2}}$，即 ω_0 并非正好位于通频带的中间，而是两个截止频率的几何平均值。但由于 ω_{C_1}、ω_{C_2} 分别位于 ω_0 两侧，故常称 ω_0 为中心频率。

对于串联谐振电路，在其通频带的边界处，$\dfrac{I}{I_0} = \dfrac{1}{\sqrt{2}}$，故对应的电流增益为

$$20\lg\frac{I}{I_0} = 20\lg\left(\frac{1}{\sqrt{2}}\right) = 20\lg(0.707) = -3\mathrm{dB}$$

于是，将式(9-44)定义的通频带称为 3dB 通频带。

【例 9-5】　一个 RLC 串联电路的 $L = 200\mu\mathrm{H}$、电容 C 可调，输入正弦电压为 $u(t)$。当 $C = 120\mathrm{pF}$ 时，电路电流达到最大为 40mA，当 $C = 100\mathrm{pF}$ 时，电流为 5mA。试求：

(1)电压的频率 f 和有效值 U，电路谐振时的 Q 值和通频带 BW_f；

(2)电压 U 不变，在电路中再串一个电阻 $R_L = 50\Omega$ 并且电路发生谐振时的回路电流，品质因数和通频带 BW_f。

解　(1)设电阻为 R，$C_1 = 120\mathrm{pF}$，$C_2 = 100\mathrm{pF}$，于是

$$f = \frac{1}{2\pi\sqrt{LC_1}} = \frac{1}{2 \times 3.14 \times \sqrt{200 \times 10^{-6} \times 120 \times 10^{-12}}} = 1.028(\mathrm{MHz})$$

当 $C_1 = 120\mathrm{pF}$ 时，电路电流达到最大为 40mA，说明这时电路发生了串联谐振，因此可得

$$U = I_0 R = 0.04R = 0.005|Z|$$

$$= 0.005\sqrt{R^2 + \left(\omega L - \frac{1}{\omega C_2}\right)^2} = 0.005\sqrt{R^2 + \left(2\pi f L - \frac{1}{2\pi f C_2}\right)^2}$$

故而有 $R = 32.53\Omega$，$U = 1.301\mathrm{V}$，由此可得

$$Q = \frac{\sqrt{\dfrac{L}{C_1}}}{R} = \frac{\sqrt{\dfrac{200 \times 10^{-6}}{120 \times 10^{-12}}}}{32.53} = 39.69$$

$$BW_f = \frac{f_0}{Q} = \frac{1.028 \times 10^6}{39.69} = 25.9(\mathrm{kHz})$$

(2)回路电流为

$$I = \frac{U}{R + R_L} = \frac{1.301}{32.53 + 50} = 15.76(\mathrm{mA})$$

品质因数和通频带分别为

$$Q = \frac{\sqrt{\dfrac{L}{C_1}}}{R + R_L} = \frac{\sqrt{\dfrac{200 \times 10^{-6}}{120 \times 10^{-12}}}}{32.53 + 50} = 15.64$$

$$BW_f = \frac{f_0}{Q} = \frac{1.028 \times 10^6}{15.64} = 65.73(\mathrm{kHz})$$

【例 9-6】　已知 RLC 串联电路的谐振频率为 876Hz，通频带为 750Hz ~ 1kHz，$L =$

0.32H，试求：（1）R、C 和 Q；（2）电源电压有效值 $U_s = 23.2$V 时，在 $\omega = \omega_0$ 及在通频带两端处电路的有功功率；（3）$\omega = \omega_0$ 时电感及电容电压的有效值。

解　（1）

$$\omega_0 = 2\pi f_0 = 2\pi \times 876 = 5504(\text{rad/s})$$

$$C = \frac{1}{\omega_0^2 L} = \frac{1}{5504^2 \times 0.32} = 0.103(\mu\text{F})$$

$$BW_\omega = \omega_{C_2} - \omega_{C_1} = 2\pi(1000 - 750) = 1570.8(\text{rad/s})$$

$$Q = \frac{\omega_0}{BW_\omega} = \frac{5504}{1570.8} = 3.5$$

$$R = \frac{\omega_0 L}{Q} = \frac{5504 \times 0.32}{3.5} = 503(\Omega)$$

（2）已知在 ω_0 处，应有 $U_{R_0} = U_s = 23.2$V，所以 $P_R(\omega_0) = \frac{1}{R}U_{R_0}^2 = \frac{1}{R}U_s^2 = \frac{1}{503} \times 23.2^2 = 1.07(\text{W})$。在 ω_{C_1} 及 ω_{C_2} 处，有 $U_R(\omega_{C_1}) = U_R(\omega_{C_2}) = \frac{1}{\sqrt{2}}U_s$，故 $P_R(\omega_{C_1}) = P_R(\omega_{C_2}) = \frac{1}{R}U_R^2(\omega_{C_1}) = \frac{1}{2} \times \frac{1}{R}U_s^2 = \frac{1}{2} \times P_R(\omega_0) = \frac{1}{2} \times 1.07 = 0.535(\text{W})$，对应于半功率点。

（3）在 $\omega = \omega_0$ 时，电路处于谐振状态，此时有 $U_{L_0} = U_{C_0} = QU_s = 3.5 \times 23.2 = 81.2(\text{V})$。

9.3.7.6　电感电压、电容电压和电阻电压的幅频特性

实际电路中，通过串联谐振电路的信号通常是由电感或电容以某种耦合（磁耦合或电容耦合）方式输出到下一级电路，因此，这里讨论串联谐振电路中电感电压和电容电压的频率特性。

电感电压、电容电压和电阻电压的幅频特性分别为

$$U_L(\omega) = X_L(\omega)I(\omega) = \frac{\omega}{\omega_0} \cdot \frac{\omega_0 L U_s}{\sqrt{R^2 + \left(\omega L - \dfrac{1}{\omega C}\right)^2}} = \eta \frac{\omega_0 L U_s}{R\sqrt{1 + Q^2\left(\eta - \dfrac{1}{\eta}\right)^2}}$$

$$= \frac{QU_s}{\sqrt{\dfrac{1}{\eta^2} + Q^2\left(1 - \dfrac{1}{\eta^2}\right)^2}} \tag{9-47}$$

$$U_C(\omega) = X_C(\omega)I(\omega) = \frac{U_s}{\omega C\sqrt{R^2 + \left(\omega L - \dfrac{1}{\omega C}\right)^2}} = \frac{U_s}{\dfrac{\omega}{\omega_0}\omega_0 CR\sqrt{1 + Q^2\left(\eta - \dfrac{1}{\eta}\right)^2}}$$

$$= \frac{QU_s}{\sqrt{\eta^2 + Q^2(\eta^2 - 1)^2}} \tag{9-48}$$

此外，电阻电压的幅频特性为

$$U_R(\omega) = RI(\omega) = \frac{RU_s}{\sqrt{R^2 + \left(\omega L - \dfrac{1}{\omega C}\right)^2}} = \frac{U_s}{\sqrt{1 + Q^2\left(\eta - \dfrac{1}{\eta}\right)^2}} \tag{9-49}$$

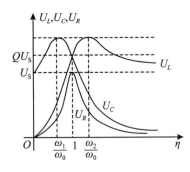

图 9-14　RLC 串联谐振电路 U_R、U_C、U_L 的幅频特性曲线

由式(9-47)、式(9-48)和式(9-49)可以得电感、电容和电阻电压的幅频特性曲线（$Q = 1.25$）如图 9-14 所示，由图可见，当 $\eta = 0(\omega = 0)$ 即直流电压源激励时，电感等效于短路，电容等效于开路，电路电流 $I(0) = 0$，电压源电压全部加在电容上，有 $U_L(0) = 0$，$U_C(0) = U_S$，$U_R(0) = 0$；当 $\eta = 1(\omega = \omega_0)$，即电路谐振时，电路电流到达最大值 $I(\omega_0) = I_0$，$U_L(\omega_0) = U_C(\omega_0) = QU_S$，但是并非最大值，$U_R(\omega_0) = U_S$，当 $\eta \to \infty (\omega \to \infty)$ 时，感抗趋于无穷大，容抗趋于零，故电感等效于开路，电容等效于短路，电路电流 $I(\infty) = 0$，电压源电压全部加在电感上，有 $U_L(\infty) = U_S$，$U_C(\infty) = 0$，$U_R(\infty) = 0$。由此可见，在频率的整个变化过程中，这三个响应电压都经历了一个从小到大再又减小的变化过程，其中必有一个取得最大值的点。

由式(9-47)和式(9-48)可知，只有其分母取最小值，两式才会出现最大值。为了求解方便，先讨论电容电压，令 $\dfrac{\mathrm{d}}{\mathrm{d}\eta}[\eta^2 + Q^2(\eta^2 - 1)^2] = 0$，于是得 $2\eta + 2Q^2(\eta^2 - 1)(2\eta) = 0$，解之有

$$\eta = \sqrt{\frac{2Q^2 - 1}{2Q^2}} < 1$$

令 $\eta = \dfrac{\omega_1}{\omega_0}$，所以 $U_C(\omega)$ 最大值发生在 $\omega_1 = \omega_0 \sqrt{\dfrac{2Q^2 - 1}{2Q^2}} < \omega_0$ 处。显然，在另一个极值点 $\omega = 0(\eta = 0)$ 处，$U_C(\omega)$ 取得极小值 $U_C(0) = U_S$，并非最大值。由 ω_1 的表达式可知，只有当 $2Q^2 - 1 > 0$，即 $Q > \dfrac{1}{\sqrt{2}}$ 时，$U_C(\omega)$ 才能出现最大值，为 $U_{C\max}(\omega_1) = \dfrac{QU_S}{\sqrt{1 - \dfrac{1}{4Q^2}}}$

$> QU_S$。

对于电感电压，可以通过作变量代换，即令 $\dfrac{1}{\eta} = \xi$，便可以直接利用求电容电压极值的等式所得到的结果，得出电感电压的最大值点为

$$\eta = \frac{1}{\sqrt{\dfrac{2Q^2 - 1}{2Q^2}}} = \sqrt{\frac{2Q^2}{2Q^2 - 1}} > 1$$

这时令 $\eta = \dfrac{\omega_2}{\omega_0}$，故得到 $U_L(\omega)$ 最大值发生在 $\omega_2 = \omega_0 \sqrt{\dfrac{2Q^2}{2Q^2 - 1}} > \omega_0$ 处，由 ω_2 的表达式可知，也只有当 $2Q^2 - 1 > 0$，即 $Q > \dfrac{1}{\sqrt{2}}$ 时，$U_L(\omega)$ 才能出现最大值，为 $U_{L\max}(\omega_2) =$

$$\frac{QU_\text{S}}{\sqrt{1 - \dfrac{1}{4Q^2}}} > QU_\text{S}。\, U_R(\omega) \text{ 的形状应和 } I(\omega) \text{ 的完全一样，只相差 } R \text{ 倍。}$$

由 ω_1、ω_2 的表示式可知，Q 值越大，ω_1、ω_2 就越靠近 ω_0；$U_{L\text{max}}$、$U_{C\text{max}}$ 则越接近 QU_S，即 U_{L_0}、U_{C_0}。通常，对于 $Q \geqslant 10$ 的谐振，便可认 $\omega_1 \approx \omega_2 \approx \omega_0$，$U_{L\text{max}} = U_{C\text{max}} = U_{L_0} = U_{C_0} = QU_\text{S}$。实际使用的串联谐振电路都能满足这一条件，即认为各电流、电压均在谐振频率 ω_0 处达到最大值为 QU_S。例如，当 $Q = 10$ 时，$\omega_1 = 0.997\omega_0$，$\omega_2 = 1.005\omega_0$，$U_{L\text{max}} = U_{C\text{max}} = 10.0125U_\text{S} = (Q + 0.0125)U_\text{S}$；而当 $Q = 200$ 时，$\omega_1 = 0.999993750\omega_0$，$\omega_2 = 1.000025\omega_0$，$U_{L\text{max}} = U_{C\text{max}} = 200.000625U_\text{S} = (Q + 0.000625)U_\text{S}$

应该明确的是，上面对频率特性的分析都是在改变电源频率的情况下进行的。此外，对于某些非典型 *RLC* 串联谐振电路可以通过等效变换变换为典型 *RLC* 串联谐振电路来进行分析。

【例 9-7】 在图 9-15 所示电路中，已知 $U_{AB} = 1.5U_{BD}$，$R = \dfrac{1}{\omega C} = 20\Omega$，$Z = r + jX_L$ 且 $\dot{U}$ 与 $\dot{I}$ 同相，求 r 和 X_L。

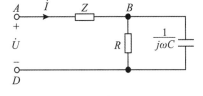

图 9-15 例 9-7 图

解 由端口 *B-D* 看进去等效阻抗为

$$Z_{BD} = \frac{R \times \dfrac{1}{j\omega C}}{R + \dfrac{1}{j\omega C}} = \frac{20 \times (-j20)}{20 - j20}$$

$$= 10 - j10 = 10\sqrt{2} \angle -45°(\Omega)$$

因为 $\dot{U}$ 与 $\dot{I}$ 同相，说明整个电路处于串联谐振状态，即 Z_{AD} 的虚部为零，所以有 $X_L = 10\Omega$，因此可得

$$Z = r + jX_L = r + j10$$

又因 $$U_{AB} = 1.5U_{BD}$$

所以有 $$|Z| = 1.5|Z_{BD}| = \sqrt{r^2 + X_L^2} = \sqrt{r^2 + 10^2}$$

即 $$(1.5 \times 10\sqrt{2})^2 = r^2 + 10^2$$

解之可得 $r = 18.7\Omega$。

9.4 *RLC* 并联谐振电路

在串联谐振电路中，若信号源内阻很大，则电路会由于 Q 值很低而失去选频能力。电子、通信技术中的电源(等效电源)通常为高内阻电源，这时便不能用串联谐振电路实现选频，为此，引入一种适用于高阻电源的选频电路，即并联谐振电路。

RLC 并联电路是 *RLC* 串联电路的对偶电路，因此，可以利用与分析 *RLC* 串联电路谐振情况与频率特性相对偶的方法来分析 *RLC* 并联电路的谐振情况与频率特性，所得结果

与 RLC 串联谐振电路的对偶。

9.4.1　谐振条件与谐振频率

图 9-16(a)表示一个在频率为 ω 的正弦电流源作用下的 RLC 并联电路，其输入导纳为

$$Y(j\omega) = \frac{\dot{I}_{\mathrm{S}}}{\dot{U}} = \frac{1}{R} + j\left(\omega C - \frac{1}{\omega L}\right) = G + j\left(\omega C - \frac{1}{\omega L}\right) = G + jB(\omega) \tag{9-50}$$

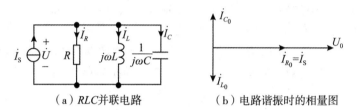

（a）RLC 并联电路　　　　（b）电路谐振时的相量图

图 9-16　RLC 并联电路及其谐振时的相量图

若式(9-50)中电纳 $B(\omega)$ 为零，则 $Y(j\omega) = G = \dfrac{1}{R}$，为一纯电阻，称这时电路发生了并联谐振，有

$$\omega L = \frac{1}{\omega C} \tag{9-51}$$

式(9-51)为 RLC 并联电路发生谐振的条件，即电路的电纳必须为零或感纳和容纳相等，由此可得并联电路谐振频率为

$$\omega = \omega_0 = \frac{1}{\sqrt{LC}}\,\mathrm{rad/s} \quad 或 \quad f = f_0 = \frac{1}{2\pi\sqrt{LC}}\,\mathrm{Hz} \tag{9-52}$$

式(9-52)与串联 RLC 电路谐振频率的计算式相同，实际上它们为对偶关系。

9.4.2　谐振时的电压和电流

由于发生谐振时电路导纳的电纳分量 $B(\omega_0) = 0$，所以导纳为其模 $|Y(j\omega)|$ 的最小值即

$$|Y(j\omega_0)| = Y_0 = G = \frac{1}{R}$$

这时，电感和电容的并联部分对外等效于开路。设端口电流源 $\dot{I}_{\mathrm{S}} = I_{\mathrm{S}}\angle 0°\mathrm{A}$，则电路端口电压 $\dot{U}_0$ 为

$$\dot{U}_0 = \frac{\dot{I}_{\mathrm{S}}}{Y(j\omega_0)} = \frac{\dot{I}_{\mathrm{S}}}{G} = R\dot{I}_{\mathrm{S}} \tag{9-53}$$

可见，$\dot{I}_{\mathrm{S}}$ 和 $\dot{U}_0$ 在取关联参考方向的情况下同相位。由于谐振时导纳模值取得最小值，所以电压的有效值 U_0 为最大值，亦称为谐振峰，因此，可以根据并联电路谐振的这一重

要特点来判断电路是否发生了谐振。

谐振时电阻、电感和电容的电流分别为

$$\dot{I}_{R_0} = \frac{\dot{U}_0}{R} = G \dot{U}_0 = \dot{I}_{\rm S} \tag{9-54}$$

$$\dot{I}_{L_0} = -j \frac{1}{\omega_0 L} \dot{U}_0 \tag{9-55}$$

$$\dot{I}_{C_0} = j\omega_0 C \dot{U}_0 \tag{9-56}$$

由于谐振时有 $\omega_0 L = \dfrac{1}{\omega_0 C}$，于是有

$$\dot{I}_{L_0} = -\dot{I}_{C_0} \tag{9-57}$$

这表明并联电路发生谐振时，电感电流和电容电流大小相等，相位相反，两者相互抵消，即 $\dot{I}_{L_0}$ 与 $\dot{I}_{C_0}$ 成为由 L 与 C 组成回路中的回路电流，故而电感与电容并联部分电流为 $\dot{I}_{B_0} = \dot{I}_{L_0} + \dot{I}_{C_0} = 0$，因此，根据 KCL 可以求出谐振时端口电流为

$$\dot{I}_{\rm S} = \dot{I}_{R_0} + \dot{I}_{L_0} + \dot{I}_{C_0} = \dot{I}_{R_0} = G \dot{U}_0 \tag{9-58}$$

即外施电流源电流全部流入电阻，此时的电阻电流也是谐振峰。

选 *RLC* 并联电路谐振时的电压 $\dot{U}_0$ 作为参考相量，作出电压、电流相量图如图 9-16(b)所示。

9.4.3 谐振时电感和电容元件上的过电流

由式(9-53)、式(9-55)和式(9-56)可知，发生谐振时电感电流和电容电流的有效值分别为

$$I_{L_0} = I_{C_0} = \frac{1}{\omega_0 L} U_0 = \frac{B_{L_0}}{G} I_{\rm S} = \frac{B_{C_0}}{G} I_{\rm S} \tag{9-59}$$

这表明，当 B_{L_0} 或 B_{C_0} 远大于 G 时，在谐振频率邻域电感电流和电容电流的有效值远大于电阻电流或电源电流的有效值，即会发生与串联谐振电路中的过电压对偶的过电流现象，因此并联谐振也称为电流谐振。

显然，若激励是电压源 $\dot{U}_{\rm S}$，在其幅值保持不变的情况下，发生并联谐振时电路端口电流有效值为最小，即有

$$I_0 = |Y(j\omega_0)| U_{\rm S} = G U_{\rm S}$$

9.4.4 谐振时的功率和能量

9.4.4.1 有功功率和无功功率

谐振时电路吸收的有功功率为

$$P_0 = U_S I_0 \cos\varphi_{z0} = I_S U_0 = I_S^2 R = \frac{U_0^2}{R} \tag{9-60}$$

吸收的无功功率则等于零，即有

$$Q_0 = Q_{B_0} = Q_{L_0} + Q_{C_0} = I_S U_0 \sin\varphi_{z0} = 0 \tag{9-61}$$

上式表明谐振时电路不从外电路吸收无功功率，电感中的无功功率和电容中的无功功率相互完全补偿，即有

$$Q_{L_0} = |Q_{C_0}| \quad \text{或} \quad B_{L_0} U_0^2 = B_{C_0} U_0^2$$

9.4.4.2　瞬时功率

由于谐振时电感和电容的并联连接等效于开路，电流源发出的功率全部为电阻吸收，即

$$p_S(t) = p_{R_0}(t) + p_{B_0}(t) = p_{R_0}(t) + p_{L_0}(t) + p_{C_0}(t) = p_{R_0}(t)$$

9.4.4.3　电场能量和磁场能量

设谐振时端口电压的瞬时表达式为

$$u_0(t) = U_{0m} \sin\omega_0 t = \sqrt{2} U_0 \sin\omega_0 t$$

则谐振时电感电流为

$$i_{L_0}(t) = \sqrt{2} U_0 B_{L_0} \sin(\omega_0 t - 90°) = -\sqrt{2} U_0 B_{L_0} \cos\omega_0 t$$

电容中储存的电场能量为

$$w_{C_0}(t) = \frac{1}{2} C u_{C_0}^2(t) = \frac{1}{2} C u_0^2(t) = \frac{1}{2} C \left(\sqrt{2} U_0 \sin\omega_0 t\right)^2 = C U_0^2 \sin^2\omega_0 t \tag{9-62}$$

电感中储存的磁场能量为

$$w_{L_0}(t) = \frac{1}{2} L i_{L_0}^2(t) = \frac{1}{2} L \left(\sqrt{2} U_0 B_{L_0} \cos\omega_0 t\right)^2 = \frac{U_0^2}{\omega_0^2 L} \cos^2\omega_0 t$$

由于 $\omega_0 = \dfrac{1}{\sqrt{LC}}$，故有

$$w_{L_0}(t) = \frac{U_0^2}{\omega_0^2 L} \cos^2\omega_0 t = C U_0^2 \cos^2\omega_0 t \tag{9-63}$$

比较式(9-62)和式(9-63)可知，谐振时磁场能量和电场能量的最大值相等，任意瞬刻电路中总电磁能为

$$w_{LC_0}(t) = w_{C_0}(t) + w_{L_0}(t) = C U_0^2 \sin^2\omega_0 t + C U_0^2 \cos^2\omega_0 t = C U_0^2 = L I_{L_0}^2 \tag{9-64}$$

上式表明，并联谐振状态下任意瞬刻电路中总电磁能为一常数，这与串联谐振时的情况相同。

9.4.5　品质因数和特性阻抗

9.4.5.1　品质因数的计算式

由式(9-23)可知，并联谐振电路的品质因数为

$$Q = 2\pi \frac{CU_0^2}{T_0 U_0^2 / R} = 2\pi f_0 RC = \omega_0 RC = \frac{R}{\omega_0 L} = R\sqrt{\frac{C}{L}} \qquad (9\text{-}65)$$

式(9-65)与串联谐振电路的品质因数表示式(9-24)对偶。这时，品质因数与电路电阻成正比。由式(9-65)可得

$$Q = \omega_0 RC = \frac{\omega_0 C U_0}{G U_0} = \frac{I_{C_0}}{I_{G_0}} = \frac{I_{L_0}}{I_{G_0}} \qquad (9\text{-}66)$$

由式(9-66)则可以得到

$$Q = \frac{I_{C_0}}{I_{G_0}} = \frac{I_{C_0} U_0}{I_{G_0} U_0} = \frac{|Q_{C_0}|}{P_0} = \frac{Q_{L_0}}{P_0} \qquad (9\text{-}67)$$

式(9-67)表明，并联电路的 Q 值亦可表示为谐振时电抗元件上无功功率 Q_{L_0} 或 $|Q_{C_0}|$ 与电阻消耗的有功功率 P_0 的比值。

引入品质因数 Q 后，可以用它来表示谐振时电感电压、电容电压与电流源电流之间的关系，即

$$\dot{I}_{L_0} = -j\frac{1}{\omega_0 L}\dot{U}_0 = -j\frac{R}{\omega_0 L}\dot{I}_S = -jQ\dot{I}_S \qquad (9\text{-}68)$$

$$\dot{I}_{C_0} = j\omega_0 C \dot{U}_0 = j\omega_0 RC \dot{I}_S = jQ\dot{I}_S \qquad (9\text{-}69)$$

即
$$I_{L_0} = I_{C_0} = QI_S = QI_{R_0} \qquad (9\text{-}70)$$

式(9-66)和式(9-70)表明，电感电流和电容电流的大小均为电流源电流大小的 Q 倍，因此，品质因数 Q 越高，在相同激励电流 I_S 的情况下，流过电感和电容的电流就越大，对于高 Q 值，它们会远远大于电流源电流，即出现前面所论及的过电流现象。

应用式(9-64)和式(9-65)，电路所储存的总电磁能也可以用品质因数 Q 表示为

$$w_{LC_0}(t) = CU_0^2 = CR^2 I_S^2 = L\left(R\sqrt{\frac{C}{L}}\right)^2 I_S^2 = LQ^2 I_S^2$$

9.4.5.2 特性阻抗

特性阻抗 ρ 仍定义为

$$\rho = \omega_0 L = \frac{1}{\omega_0 C} = \sqrt{\frac{L}{C}} \qquad (9\text{-}71)$$

将式(9-71)代入式(9-65)，可得品质因数 Q 与特性阻抗 ρ 的关系为

$$Q = \frac{R}{\rho} \qquad (9\text{-}72)$$

式(9-72)与串联谐振电路 Q 的表示式呈倒数关系。

9.4.6 频率特性

端口电压为

$$\dot{U} = \frac{\dot{I}_S}{Y(j\omega)} = \frac{\dot{I}_S}{\dfrac{1}{R} + j\left(\omega C - \dfrac{1}{\omega L}\right)} = \frac{R\dot{I}_S}{1 + j\left(\omega RC - \dfrac{R}{\omega L}\right)}$$

$$= \frac{R\dot{I}_S}{1 + j\left(\dfrac{\omega}{\omega_0}\omega_0 RC - \dfrac{\omega_0}{\omega}\dfrac{R}{\omega_0 L}\right)} = \frac{\dot{U}_0}{1 + jQ\left(\dfrac{\omega}{\omega_0} - \dfrac{\omega_0}{\omega}\right)} \qquad (9\text{-}73)$$

由式(9-73)可得电压 $\dot{U}$ 的幅频特性和相频特性分别为

$$\frac{U(\eta)}{U_0} = \frac{1}{\sqrt{1 + Q^2\left(\dfrac{\omega}{\omega_0} - \dfrac{\omega_0}{\omega}\right)^2}} = \frac{1}{\sqrt{1 + Q^2\left(\eta - \dfrac{1}{\eta}\right)^2}} \qquad (9\text{-}74)$$

$$\varphi_U(\eta) = -\arctan\left(\omega RC - \frac{R}{\omega L}\right) = -\arctan\left(\frac{\omega}{\omega_0}\omega_0 RC - \frac{\omega_0}{\omega}\frac{R}{\omega_0 L}\right)$$

$$= -\arctan Q\left(\frac{\omega}{\omega_0} - \frac{\omega_0}{\omega}\right) = -\arctan Q\left(\eta - \frac{1}{\eta}\right) \qquad (9\text{-}75)$$

分别对比式(9-74)与式(9-41)以及式(9-75)与式(9-42)可知，并联谐振电路和串联谐振电路的幅频、相频特性在形式上完全相同，因而相应曲线形状也完全相同，但是，其参数是对偶的，式(9-41)为串联谐振电路在电压源作用下响应电流的幅频特性，谐振曲线纵坐标是 $I(\eta)/I_0$；而式(9-74)则为并联谐振电路在电流源作用下响应电压的幅频特性，谐振曲线纵坐标是 $U(\eta)/U_0$ 由此可见，并联谐振电路由电压源 U_S 供电时是没有选择性的。在相移上，式(9-42)中的 $\varphi_1(\eta)$ 为电流超前于电压的相移，而式(9-75)中的 $\varphi_U(\eta)$ 则为电压超前于电流的相移。

9.4.7　通频带

根据对偶原理，并联谐振电路的通频带带宽 BW 的计算式为

$$BW_\omega = \omega_{C_2} - \omega_{C_1} = \frac{\omega_0}{Q}\text{rad/s} \quad \text{或} \quad BW_f = f_{C_2} - f_{C_1} = \frac{f_0}{Q}\text{Hz} \qquad (9\text{-}76)$$

利用式(9-64)可得用元件参数表示的带宽 BW 的计算式为

$$BW_\omega = \omega_{C_2} - \omega_{C_1} = \frac{1}{RC}\text{rad/s} \quad \text{或} \quad BW_f = f_{C_2} - f_{C_1} = \frac{1}{2\pi RC}\text{Hz} \qquad (9\text{-}77)$$

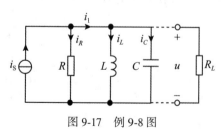

图 9-17　例 9-8 图

类似于串联谐振电路的情况，从并联谐振电路的谐振曲线上也可以看到其通频带为 $\omega_{C_1} \sim \omega_{C_2}(\omega_{C_2} > \omega_{C_1})$。

【例 9-8】已知图 9-17 所示电路发生谐振，并且 $I_S = 1\text{mA}$, $R = 20\text{k}\Omega$, $L = 150\mu\text{H}$, $C = 675\text{pF}$，负载 $R_L = 20\text{k}\Omega$。

(1)求未接 R_L 时的 f_0、Q，谐振阻抗 Z_0，输

出电压 U，电流 I_R、I_L、I_C 和 I_1；

(2)负载 R_L 端接电容元件 C，重求(1)，并说明负载产生的影响；

(3)求接入 R_L、Q 为 25 而谐振频率不变情况下的 L 和 C 值；

(4)求(1)、(2)两种情况下的通频带 BW_f。

解(1) $f_0 = \dfrac{1}{2\pi\sqrt{LC}} = \dfrac{1}{2\pi \times \sqrt{150 \times 10^{-6} \times 675 \times 10^{-12}}} = 500.2(\text{kHz})$

$$Q_1 = \frac{R}{\omega_0 L} = \frac{20 \times 10^3}{2\pi \times 500.2 \times 10^3 \times 150 \times 10^{-6}} = 42.42$$

$$Z_0 = R = 20\text{k}\Omega$$

$$U = Z_0 I_S = 20 \times 10^3 \times 1 \times 10^{-3} = 20(\text{V})$$

$$I_R = I_S = 1\text{mA}$$

$$I_L = I_C = QI_S = 42.42\text{mA}$$

$$I_1 = 0$$

(2) f_0 不变，$Z_0' = R /\!/ R_L = 10\text{k}\Omega$，$Q_2 = \dfrac{Z_0'}{\omega_0 L} = 21.21$，$U = Z_0' I_S = 10\text{V}$，$I_R = \dfrac{1}{2}I_S = $

0.5mA，$I_L = I_C = Q_2 I_S = 21.21\text{mA}$，$I_1 = 0$。

(3) $Z_0' = 10\text{k}\Omega$，$Q_3 = \dfrac{Z_0'}{\omega_0 L} = \omega_0 C Z_0' = 25$，由此可得

$$L = \frac{Z_0'}{\omega_0 Q_3} = \frac{10 \times 10^3}{2\pi \times 500.2 \times 10^3 \times 25} = 127.3(\mu\text{H})$$

$$C = \frac{Q_3}{\omega_0 Z_0'} = \frac{25}{2\pi \times 500.2 \times 10^3 \times 10 \times 10^3} = 795.53(\text{pF})$$

(4) $$BW_{f_1} = \frac{f_0}{Q_1} = \frac{500.2 \times 10^3}{42.42} = 11.79(\text{kHz})$$

$$BW_{f_2} = \frac{f_0}{Q_2} = \frac{500.2 \times 10^3}{21.21} = 23.58(\text{kHz})$$

9.5 实用 *RLC* 并联谐振电路

9.5.1 谐振条件与谐振频率

在工程上，常用电感线圈与电容器并联组成并联谐振电路，其电路模型如图 9-18(a)所示。

在频率为 ω 的正弦激励电流源 $\dot{I}_S$ 作用下，该电路的输入导纳为

$$Y(j\omega) = \frac{\dot{I}_S}{\dot{U}} = \frac{1}{R + j\omega L} + j\omega C = \frac{R}{R^2 + \omega^2 L^2} + j\left(\omega C - \frac{\omega L}{R^2 + \omega^2 L^2}\right) \quad (9\text{-}78)$$

$$= G(\omega) + jB(\omega)$$

459

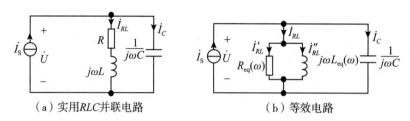

（a）实用 RLC 并联电路　　　　　　（b）等效电路

图 9-18　实用 RLC 并联电路及其等效电路

将式（9-78）改写为

$$Y(j\omega) = \frac{R}{R^2 + (\omega L)^2} + j\left[\omega C - \frac{1}{\omega\dfrac{R^2 + (\omega L)^2}{\omega^2 L}}\right] = G_{eq}(\omega) + j\left[\omega C - \frac{1}{\omega L_{eq}(\omega)}\right]$$

$$(9\text{-}79)$$

式（9-79）对应图 9-18（a）所示电路的等效 RLC 并联电路，如图 9-18（b）所示，其中等效参数为

$$G_{eq}(\omega) = \frac{R}{R^2 + (\omega L)^2}, \quad L_{eq}(\omega) = \frac{R^2 + (\omega L)^2}{\omega^2 L}$$

它们均为频率的函数，$R_{eq}(\omega) = 1/G_{eq}(\omega)$。由式（9-78）可得实用 RLC 并联电路发生谐振的条件为

$$B(\omega) = \omega C - \frac{\omega L}{R^2 + \omega^2 L^2} = 0 \tag{9-80}$$

即

$$R^2 + \omega^2 L^2 = \frac{L}{C} \tag{9-81}$$

由式（9-81）求出电路谐振频率为

$$\begin{cases} \omega = \omega_0 = \sqrt{\dfrac{1}{LC} - \left(\dfrac{R}{L}\right)^2} = \dfrac{1}{\sqrt{LC}}\sqrt{1 - \dfrac{R^2 C}{L}} \ < \ \dfrac{1}{\sqrt{LC}}\,\text{rad/s} \\[4mm] f = f_0 = \dfrac{1}{2\pi}\sqrt{\dfrac{1}{LC} - \left(\dfrac{R}{L}\right)^2} = \dfrac{1}{2\pi\sqrt{LC}}\sqrt{1 - \dfrac{R^2 C}{L}} \ < \ \dfrac{1}{2\pi\sqrt{LC}}\,\text{Hz} \end{cases} \tag{9-82}$$

与 RLC 并联谐振电路的谐振频率 $\omega_0 = \dfrac{1}{\sqrt{LC}}$ 不同的是，实用并联谐振电路的谐振频率不仅取决于其电抗元件参数，还与电感线圈的损耗电阻 R 有关。

由于图 9-18（b）所示电路中等效电感 $L_{eq}(\omega)$ 与频率相关，故而若其谐振时的电感值为 L_{eq0}，则该电路的谐振频率为 $\dfrac{1}{\sqrt{L_{eq0}C}}$，显然，此式与式（9-82）等价。

9.5.2　调谐

实用 RLC 并联电路也存在两种调谐方式，但由式（9-82）可知，在电路参数一定的条件下，改变电流源的频率能否达到谐振，取决于该式中根号内的值是否为正。当 $R <$ $\sqrt{L/C}$ 时，ω_0 为正实数，电路有谐振频率，调节电源频率可以使电路谐振；若 $R >$ $\sqrt{L/C}$，则 ω_0 为虚数，电路不可能发生谐振。至于通过调节电路参数实现谐振的情况，仍需由谐振条件式(9-80)来加以讨论。例如，由式(9-80)可得 $C = \dfrac{L}{R^2 + \omega^2 L^2}$。这表明，无论 R、L、ω 取何值，调节电容 C 总可以使电路发生谐振，而改变电感实现谐振的情况则比较复杂。由式(9-80)可解得谐振电感为 $L = \dfrac{1 \pm \sqrt{1 - 4\omega^2 R^2 C^2}}{2\omega^2 C}$，由此可知，当 $R >$ $1/(2\omega C)$ 时，根号内为负值，改变电感不能达到谐振；当 $R < 1/(2\omega C)$ 时，从谐振电感的表示式得到两个正数解，将电感调到其中任一值都可以使电路发生谐振。

9.5.3 谐振时的电压和电流

电路谐振时，输入导纳 $Y(j\omega_0)$ 为一纯电导，用 Y_0 或 G_0 表示，利用 $R^2 + \omega_0^2 L^2 = L/C$ 可以求出 $Y(j\omega_0)$ 对应的谐振阻抗 $Z(j\omega_0) = Z_0$ 即谐振电阻 $R_0(R_{eq0})$ 为

$$Z_0 = \frac{1}{Y_0} = \frac{1}{G_{eq0}} = \frac{1}{G_0} = R_0 = \frac{R^2 + (\omega_0 L)^2}{R} = \frac{L}{RC} \tag{9-83}$$

式(9-83)表明，线圈电阻 R 越小，谐振时的等效电阻或阻抗 $R_0(Z_0)$ 越大。令 $\dfrac{d|Y(j\omega)|}{d\omega} = 0$ 可以求出导纳模 $|Y(j\omega)|$ 取最小值所对应的 ω 值略大于 ω_0，该处阻抗模 $|Z(j\omega)|$ 相应达到最大值。这是由于 $G_{eq}(\omega)$ 不为常数且随频率增高而减小，所以在电源频率 $\omega = \omega_0$ 时，Y_0 虽然很小，但并非输入导纳模 $|Y(j\omega)|$ 的最小值，对应的，$Z_0(R_0)$ 接近于但不是阻抗模 $|Z(j\omega)|$ 的最大值，谐振时的端电压亦非其最大值。显然，若图9-18(a)所示电路的电源为一定大小的电压源，则由于谐振时的 Y_0 并非最小值，因此端口电流 I_0 尽管很小但非最小，其最小值也出现在略高于谐振频率的频率点。

由于谐振时整个电路等效于电阻 R_0。设 $\dot{I}_S = I_S \angle 0°$，则端口电压 $\dot{U}_0$ 为

$$\dot{U}_0 = \frac{\dot{I}_S}{G_0} = R_0 \dot{I}_S = \frac{L}{RC} \dot{I}_S \tag{9-84}$$

在电流源幅值一定的条件下，该电压有效值 U_0 接近于最大值，但并不是最大值。
RL 支路的电流为

$$\dot{I}_{RL_0} = \frac{\dot{U}_0}{R + j\omega_0 L} = \frac{L}{RC(R + j\omega_0 L)} \dot{I}_S = \frac{L}{RC\sqrt{R^2 + (\omega_0 L)^2}} I_S \angle - \arctan \frac{\omega_0 L}{R} \tag{9-85}$$

电容支路的电流 $\dot{I}_{C_0}$ 为

$$\dot{I}_{C_0} = j\omega_0 C \dot{U}_0 = j\omega_0 C \frac{L}{CR} \dot{I}_S = j\frac{\omega_0 L}{R} \dot{I}_S = \frac{\omega_0 L}{R} I_S \angle 90° \tag{9-86}$$

实用 *RLC* 并联电路谐振时电压、电流的相量图如图9-19所示，其中，$\dot{I}_{RL_0}$ 的无功分量

为 $\dot{I}''_{RL_0} = -\dot{I}_{C_0}$，两者相互抵消，有功分量 $\dot{I}'_{RL_0} = \dot{I}_S$，因此有

$$I_{RL_0} = \sqrt{(\dot{I}'_{RL_0})^2 + (\dot{I}''_{RL_0})^2} = \sqrt{I_S^2 + I_{C_0}^2}$$

利用 φ_0 可得

$$I_{C_0} = I_{RL_0}\sin\varphi_0 = I_S\tan\varphi_0$$

此外，由式(9-84)可知，实用并联电路谐振时的有功功率和无功功率分别为

$$P_0 = U_0 I_S = \frac{L}{RC}I_S^2, \quad Q_0 = 0$$

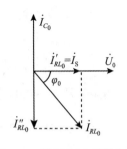

图 9-19　实用 RLC 并联电路
谐振时的相量图

9.5.4　品质因数和特性阻抗

9.5.4.1　品质因数的计算式

由式(9-80)可得

$$\omega_0 C(R^2 + \omega_0^2 L^2) = \omega_0 L \tag{9-87}$$

应用式(9-87)可以得到图 9-18(a)所示电路的品质因数，即

$$Q = 2\pi\frac{CU_{C_0}^2}{T_0 U_{C_0}^2 G_{eq0}} = \omega_0\frac{CU_{C_0}^2}{\dfrac{U_{C_0}^2}{R^2 + (\omega_0 L)^2}\cdot R} = \frac{\omega_0 C[R^2 + (\omega_0 L)^2]}{R} = \frac{\omega_0 L}{R} \tag{9-88}$$

式(9-88)与串联 RLC 谐振电路的 Q 值计算式相同，其中 ω_0 由式(9-82)可得。利用 $R_0 = \dfrac{L}{RC}$，由式(9-88)又可得

$$Q = \omega_0 R_0 C \tag{9-89}$$

引入品质因数后，电容支路的电流 $\dot{I}_{C_0}$ 可以表示成

$$\dot{I}_{C_0} = j\omega_0 C\,\dot{U}_0 = j\omega_0 C\left(\frac{L}{RC}\dot{I}_S\right) = j\frac{\omega_0 L}{R}\dot{I}_S = jQ\,\dot{I}_S \tag{9-90}$$

RL 支路的电流为

$$\dot{I}_{RL_0} = \dot{I}_S - \dot{I}_{C_0} = (1 - jQ)\,\dot{I}_S \tag{9-91}$$

9.5.4.2　特性阻抗

特性阻抗 ρ 定义为

$$\rho = \sqrt{\frac{L}{C}}$$

引入特性阻抗后，由式(9-83)和式(9-82)分别可得

$$Z_0 = \frac{L}{RC} = \frac{\rho^2}{R}, \quad Y_0 = \frac{1}{Z_0} = \frac{RC}{L} = \frac{R}{\rho^2}$$

$$\omega_0 = \frac{1}{\sqrt{LC}} \sqrt{1 - \left(\frac{R}{\rho}\right)^2} \tag{9-92}$$

将式(9-92)代入式(9-88),并利用特性阻抗 ρ 定义式可得品质因数 Q 与特性阻抗 ρ 的关系为

$$Q = \sqrt{\frac{L}{C}\left(\frac{1}{R^2} - \frac{1}{\rho^2}\right)} \tag{9-93}$$

9.5.5 高 Q 电路的特点

在通信和无线电技术等实际应用中,线圈的电阻 R(磁芯损耗)通常很小,当 $R \ll \sqrt{L/C}$ 即 $R^2 \ll \rho^2 = L/C$ 时,由式(9-93)可得这时电路的品质因数为

$$Q \approx \frac{1}{R}\sqrt{\frac{L}{C}} = \frac{\rho}{R} \tag{9-94}$$

由式(9-94)可知在 $R \ll \sqrt{L/C}(=\rho)$ 的情况下,电路的品质因数值很大,因此,这种电路称为高 Q 电路。由式(9-92)可得

$$\omega = \omega_0 \approx \frac{1}{\sqrt{LC}}\text{rad/s} \quad \text{或} \quad f = f_0 \approx \frac{1}{2\pi\sqrt{LC}}\text{Hz} \tag{9-95}$$

由此可知,高 Q 实用 *RLC* 电路的谐振频率计算式和 *RLC* 并联电路以及 *RLC* 串联电路的完全相同。

由于高 Q 电路有 $Q \approx \dfrac{\rho}{R}$,所以其谐振阻抗为

$$Z_0 = R_0 = \frac{L}{RC} = \frac{\rho^2}{R} \approx Q^2 R \quad \text{或} \quad Z_0 = R_0 \approx Q\rho = Q\sqrt{\frac{L}{C}} \tag{9-96}$$

由式(9-96)可知,谐振时,图 9-18(a)所示电路的入端阻抗是比较高的,应用式(9-81)可得图 9-18(b)所示等效电路中的电感为

$$L_{\text{eq}0} = \frac{R^2 + (\omega_0 L)^2}{\omega_0^2 L} = \frac{L/C}{\omega_0^2 L} = \frac{L}{\omega_0^2 LC} \approx L \tag{9-97}$$

由式(9-91)可知,对于高 Q 的实用 *RLC* 并联电路来说,$\dot{I}_{RL_0} \approx -jQ\dot{I}_{\text{S}} = -\dot{I}_{C_0}$,由此得出各电流之间的大小关系为 $I_{C0} = QI_{\text{S}}$,$I_{RL_0} \approx QI_{\text{S}}$。这表明,谐振时电容和电阻电感两个支路内的电流大小近乎相等,相位近于相反,且远远大于电流源电流,即 $(\dot{I}_{RL_0} \approx \dot{I}_{C_0} = Q\dot{I}_{\text{S}}) \gg \dot{I}_{\text{S}}$,因此,高 Q 值实用 *RLC* 并联电路的谐振也称为电流谐振,谐振时好像在 *RL* 和 C 组成的并联闭合回路中,有一个很大的回路过电流 QI_{S} 在其中往复环绕流动,这一电流也称作环流。对于该回路而言,可以近似认为发生了串联谐振。

对于高 Q 实用 *RLC* 并联电路而言,由图 9-19 可知,$\varphi(\omega_0) = \varphi_0 = \arctan\dfrac{\omega_0 L}{R}$,趋于 $-90°$。

高 Q 实用 RLC 并联电路在谐振时的等效电路形式仍如图 9-18(b)所示，其中并联电阻、电感和电容分别为 $\dfrac{L}{RC}$、L 和 C，因此，这时可以通过这些参数直接套用 RLC 并联谐振电路的相关结论对其进行分析，特别是对于有载情况，更加简便、清晰。

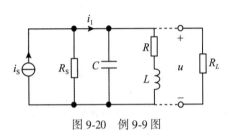

图 9-20　例 9-9 图

【例 9-9】　在图 9-20 所示电路中，已知 $R = 2\Omega$，$L = 50\mu H$，$C = 1000pF$，$R_S = 500k\Omega$，电流源频率等于电路的固有谐振频率，$I_S = 1mA$。试求：(1)未端接 R_L 时电路的 ρ、ω_0、Q，以及输出电压 U 和电流 I_1；(2)端接负载 $R_L = 100k\Omega$，其他不变。试求谐振时电路的品质因数 Q、通频带 BW_ω 及负载端电压 U_0。

解(1)　$\rho = \sqrt{\dfrac{L}{C}} = \sqrt{\dfrac{50 \times 10^{-6}}{1000 \times 10^{-12}}} = 223.6(\Omega)$，由于 $\rho \gg R$，故而此时电路为高 Q 电路。因此有

$$\omega_0 = \frac{1}{\sqrt{LC}} = \frac{1}{\sqrt{1000 \times 10^{-12} \times 50 \times 10^{-6}}} = 4.472 \times 10^6 (\text{rad/s})$$

故有

$$Z_0 = R_S \,/\!/\, \frac{\rho^2}{R} = (500 \times 10^3) \,/\!/\, \frac{223.6^2}{2} = 23.81(\text{k}\Omega)$$

$$U_0 = Z_0 I_S = 23.81 \times 10^3 \times 1 \times 10^{-3} = 23.81(\text{V})$$

直接利用式(9-96)可得

$$Q = Z_0 \omega_0 C = 23.81 \times 10^3 \times 4.472 \times 10^6 \times 1000 \times 10^{-12} = 106.5$$

由于实用 RLC 并联谐振电路部分的谐振阻抗为 $\dfrac{\rho^2}{R}$，故而有

$$I_1 = \frac{U_0}{\dfrac{\rho^2}{R}} = \frac{23.81}{25 \times 10^3} = 0.952(\text{mA})$$

(2)因 ω_0 不变，故

$$Z_0 = R_S \,/\!/\, \frac{\rho^2}{R} \,/\!/\, R_L = 500 \times 10^3 \,/\!/\, \frac{223.6^2}{2} \,/\!/\, 100 \times 10^3 = 19.23(\text{k}\Omega)$$

$$Q = Z_0 \omega_0 C = 19.23 \times 10^3 \times 4.472 \times 10^6 \times 1000 \times 10^{-12} = 86$$

$$U_0 = Z_0 I_S = 19.23 \times 10^3 \times 1 \times 10^{-3} = 19.23(\text{V})$$

$$BW_\omega = \frac{\omega_0}{Q} = \frac{4.472 \times 10^6}{86} = 52 \times 10^3 (\text{rad/s})$$

【例 9-10】　在图 9-21 所示的电路中，已知电源电压为 $U_S = 100V$，内阻为 $R_i = 50k\Omega$，并联谐振电路的谐振角频率为 $\omega_0 = 10^6 \text{rad/s}$，品质因素 $Q = 100$，且要求谐振时电源输出功率为最大，试求 L、C、R、谐振电流 I_0、谐振电压 U_0，以及谐振时电源通过

a-b 端口输出的功率 P_0。

解 因为电路发生谐振时电源输出功率最大，故而并联谐振回路的谐振阻抗 R_0 应等于电源的内阻 R_i，即 $R_0 = R_i = 50\text{k}\Omega$。由于 $Q = \omega_0 R_0 C$，因此有

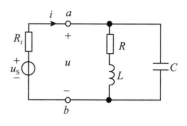

图 9-21 例 9-10 图

$$C = \frac{Q}{\omega_0 R_0} = \frac{100}{10^6 \times 50 \times 10^3} = 2 \times 10^{-9}(\text{F}) = 0.002\mu\text{F}$$

由于 $R_0 = \dfrac{1}{G_{eq0}} = \dfrac{R^2 + (\omega_0 L)^2}{R} = \dfrac{R^2(1 + Q^2)}{R} = R(1 + Q^2)$

可此可得

$$R = \frac{R_0}{1 + Q^2} = \frac{50 \times 10^3}{1 + 100^2} \approx 5(\Omega)$$

由 $Q = \dfrac{\omega_0 L}{R}$ 可得

$$L = \frac{QR}{\omega_0} = \frac{100 \times 5}{10^6} = 0.5 \times 10^{-3}(\text{H}) = 0.5(\text{mH})$$

谐振电流 $\qquad I_0 = \dfrac{U_S}{R_i + R_0} = \dfrac{100}{2 \times 50 \times 10^3} = 10^{-3}(\text{A}) = 1(\text{mA})$

谐振电压 $\qquad U_0 = R_0 I_0 = 50 \times 10^3 \times 10^{-3} = 50(\text{V})$

谐振时电源通过 *a-b* 端口输出的功率为

$$P_0 = U_0 I_0 = 50 \times 10^{-3} = 0.05(\text{W})$$

【例 9-11】 已知图 9-22(a)所示电路发生谐振，并且 $I = 5\text{A}$，$I_1 = 15\text{A}$，试求 I_2 和 Q。

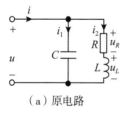
（a）原电路

（b）相量图

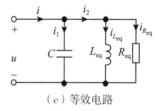
（c）等效电路

图 9-22 例 9-11 图

解 选 $\dot{U}_0$ 为参考相量，作出谐振时电压、电流的相量图如图 9-22(b)所示，由此可知

$$I_{20} = \sqrt{I_{10}^2 + I_0^2} = \sqrt{5^2 + 15^2} = 15.81(\text{A})$$

由如图 9-22(b)，可得

$$\tan\varphi_0 = \frac{U_{L_0}}{U_{R_0}} = \frac{I_{10}}{I_0} = \frac{15}{5} = 3$$

可求出品质因素为

465

$$Q = \frac{\omega_0 L}{R} = \frac{\omega_0 L I_{20}}{R I_{20}} = \frac{U_{L_0}}{U_{R_0}} = \frac{I_{10}}{I_0} = 3$$

谐振时，电流 I_{20} 也可以通过图 9-22(a) 电路的等效电路(图 9-22(b))求得，其中

$$I_{R_{eq0}} = I_0 = 5\text{A}, \ I_{L_{eq0}} = I_{10} = 15\text{A}$$

由电流三角形可得

$$I_{20} = \sqrt{I_{R_{eq0}}^2 + I_{L_{eq0}}^2} = \sqrt{5^2 + 15^2} = 15.81(\text{A})$$

9.6　一般谐振电路

一般谐振电路是指除了前面讨论的典型串联谐振电路、并联谐振电路以及实用并联谐振电路外的谐振电路，主要分为两种情况：即纯电抗串并联谐振电路和 RLC 串并联谐振电路。

9.6.1　纯电抗串并联谐振电路

纯电抗串并联谐振电路中既有 LC 的串联又有 LC 的并联结构，其基本构成单元为如图 9-23 所示的 LC 串联和 LC 并联电路，其中 LC 串联电路的输入阻抗为

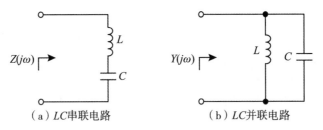

（a）LC串联电路　　　（b）LC并联电路

图 9-23　LC 串联和 LC 并联电路

$$Z(j\omega) = jX(\omega) = j\left(\omega L - \frac{1}{\omega C}\right) = jL\left(\omega - \frac{1}{\omega LC}\right) = jL\left(\omega - \frac{\omega_0^2}{\omega}\right) = jL\frac{\omega^2 - \omega_0^2}{\omega} \quad (9\text{-}98)$$

由式(9-98)可知，当 $\omega = \omega_0 = \frac{1}{\sqrt{LC}}$ 时，有 $X(\omega_0) = 0$，LC 串联电路发生谐振，当 $\omega < \omega_0$ 时，$X(\omega) < 0$，LC 串联电路等效于一个电容；当 $\omega > \omega_0$ 时，$X(\omega) > 0$，LC 串联电路等效于一个电感，$X(\omega)$ 的频率特性如图 9-24(a)所示。

LC 并联电路的输入导纳为

$$Y(j\omega) = jB(\omega) = j\left(\omega C - \frac{1}{\omega L}\right) = jC\left(\omega - \frac{1}{\omega LC}\right) = jC\left(\omega - \frac{\omega_0^2}{\omega}\right) = jC\frac{\omega^2 - \omega_0^2}{\omega} \quad (9\text{-}99)$$

由式(9-99)可知，当 $\omega = \omega_0 = 1/\sqrt{LC}$ 时，有 $B(\omega_0) = 0$，LC 并联电路发生谐振，当 $\omega < \omega_0$ 时，$B(\omega) < 0$，LC 并联电路等效于一个电感，当 $\omega > \omega_0$ 时，$B(\omega) > 0$，LC 并联电路等效于一个电容，$B(\omega)$ 的频率特性如图 9-24(b)所示。

对于如图 9-25 所示的纯电抗串并联示例电路，由于不含电阻元件，故而在一般情况

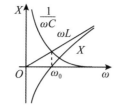
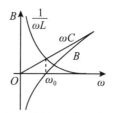

（a）LC串联电路的频率特性　　　（b）LC并联电路的频率特性

图 9-24　LC 串联、并联电路的频率特性

下，其输入阻抗为一电抗，其输入导纳则为一电纳，因此，在某个谐振频率下，该电抗为零，而在另一个谐振频率下，该电纳为零，即整个电路既可以发生串联谐振，也可以发生并联谐振，也就是说，这种电路会有两个不同的谐振频率；对于较为复杂的纯电抗串并联电路，作为一个较为简单的方法，可以根据电路结构从末端逐级计算串联谐振或并联谐振频率的原理得出其多个谐振频率。

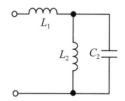

（a）电感与电容并联再串联电感的电路　　　（b）电感与电容并联再串联电容的电路

图 9-25　纯电抗串并联电路示例

图 9-25（a）所示电路的阻抗为

$$Z(j\omega) = j\omega L_1 + \frac{j\omega L_2(1/j\omega C_2)}{j\omega L_2 - (1/j\omega C_2)} = j\frac{\omega^3 L_1 L_2 C_2 - \omega(L_1 + L_2)}{\omega^2 L_2 C_2 - 1} = jX(\omega) \qquad (9\text{-}100)$$

当式（9-100）的分子为零，即 $X(\omega) = 0$ 时，电路发生了串联谐振，此时有

$$\omega^3 L_1 L_2 C_2 - \omega(L_1 + L_2) = 0$$

由此可得串联谐振频率为

$$\omega_{0串} = \sqrt{\frac{L_1 + L_2}{L_1 L_2 C_2}} \qquad (9\text{-}101)$$

电路发生串联谐振时，$Z(j\omega_{0串}) = jX(\omega_{0串}) = 0$，因此，从电路结构上看，这时输入端口相当于短路，此外，还有一个串联谐振频率，$\omega_{0串} = 0$。

图 9-25（a）所示电路的输入导纳为

$$Y(j\omega) = \frac{1}{Z(j\omega)} = j\frac{1 - \omega^2 L_2 C_2}{\omega^3 L_1 L_2 C_2 - \omega(L_1 + L_2)} = jB(\omega) \qquad (9\text{-}102)$$

当式（9-102）的分子为零，即 $B(\omega) = 0$ 时，电路发生了并联谐振，此时有

$$1 - \omega^2 L_2 C_2 = 0$$

解之可得并联谐振频率为

$$\omega_{0并} = \frac{1}{\sqrt{L_2 C_2}} \qquad\qquad (9\text{-}103)$$

实际上，可以直接令 $Z(j\omega)$ 的分母为零，便可求出 $\omega_{0并}$，或者直接在图 9-25(a) 所示电路中由 L_2、C_2 构成的并联"子电路"求出 $\omega_{0并}$。

电路发生并联谐振时，$Z(j\omega_{0并}) = jX(j\omega_{0并}) = \infty$，因此，从电路结构上看，这时电路输入端口相当于开路。

由 $L_2 C_2$ 并联部分可知，当 $\omega > \omega_{0并}$ 时，其 $B(\omega) > 0 (X(\omega) < 0)$，$L_2 C_2$ 并联部分才等效于电容，因此，当 $\omega > \omega_{0并}$ 时，$L_2 C_2$ 并联部分才能作为等效电容与 L_1 发生串联谐振，即该电路先发生并联谐振，然后并联部分再与串联电感 L_1 发生串联谐振，$\omega_{0串} > \omega_{0并}$。

采用与图 9-25(a) 类似的分析方法，可以得到图 9-25(b) 所示电路的串联谐振频率和并联谐振频率分别为

$$\omega_{0串} = \frac{1}{\sqrt{L_2(C_1 + C_2)}}, \quad \omega_{0并} = \frac{1}{\sqrt{L_2 C_2}}$$

由于 $L_2 C_2$ 并联部分在 $\omega < \omega_{0并}$ 时等效于一个电感，因此，该电路的并联部分与串联电容 C_1 先发生串联谐振，然后才发生并联谐振，即 $\omega_{0串} < \omega_{0并}$。

图 9-26 所示为另一类形式的纯电抗串并联电路，采用与上面类似的分析方法可以得到其串联谐振频率和并联谐振频率。对于图 9-26(a) 所示电路，其串联谐振频率即为 L_2 和 C_2 发生串联谐振的频率，有

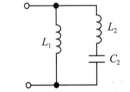

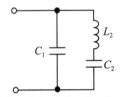

（a）电感与电容串联再并联电感的电路　　　（b）电感与电容串联再并联电容的电路

图 9-26　纯电抗串并联电路示例二

$$\omega_{0串} = \frac{1}{\sqrt{L_2 C_2}}$$

并联谐振频率为

$$\omega_{0并} = \frac{1}{\sqrt{(L_1 + L_2) C_2}}$$

由于 $L_2 C_2$ 串联部分在 $\omega < \omega_{0串}$ 时等效于一个电容，因此，该电路的串联部分与并联电感 L_1 先发生串联谐振，然后才发生串联谐振，即 $\omega_{0串} > \omega_{0并}$；图 9-26(b) 所示为石英晶体的电路模型，石英晶体具有非常稳定的机械和压电特性，常用来作为基本的时钟器件，

在电路中的主要功能是选频、鉴频和稳频，应用非常广泛。类似的，可以求出石英晶体电路的谐振频率为

$$\omega_{0串} = \frac{1}{\sqrt{L_2 C_2}}, \quad \omega_{0并} = \sqrt{\frac{C_1 + C_2}{C_1 C_2 L_2}}$$

由于 $L_2 C_2$ 串联部分在 $\omega > \omega_{0串}$ 时等效于一个电感，因此，该电路先发生串联谐振，然后串联部分与并联电容 C_1 才发生并联谐振，即 $\omega_{0串} < \omega_{0并}$。

纯电抗并联谐振电路的频率特性曲线可以通过将将电路中各个"子电路"频率特性曲线在对应区段相加得到。例如，对于图 9-25(a) 所示的电路，首先作出 $X_{并}(\omega)$ 的频率特性曲线，在谐振频率 $\omega = \omega_{0并}$ 处，该电抗为无穷大，再作出 $X_{L_1}(\omega)$ 的频率特性曲线，将两者相加，便得到整个电路电抗 $X(\omega)$ 的频率特性曲线，如图 9-27 所示，其在 $\omega = \omega_{0并}$ 处为无穷大，在 $\omega = \omega_{0串}$ 处为零，在 $\omega \to \infty$ 处，$X(\omega)$ 趋近于 $X_{L_1}(\omega)$。

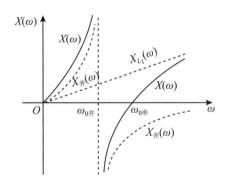

图 9-27　图 9-25(a)所示电路电抗的频率特性

9.6.2 RLC 串并联谐振电路

根据电路的连接方式，RLC 串并联谐振电路有两种情况，即电阻部分和电抗部分在电路连接上可分离和不可分离。

9.6.2.1 电阻部分和电抗部分在电路连接上可分离

这种电路由纯电阻"子电路"和纯电抗"子电路"连接而成，其发生串联谐振还是并联谐振，与纯电抗"子电路"的谐振情况一致，因此，首先应该按照上面介绍的纯电抗"子电路"的谐振分析方法对其进行分析，再分析整个电路的情况。

【例 9-12】 在图 9-28(a) 所示正弦稳态电路中，已知 $R = 1\,\Omega$，$L = 1\mathrm{H}$，$i_S = \sqrt{2}\sin(t - 30°)\mathrm{A}$，电容 C 可变。试求电压表读数最大时所对应的电容值以及该最大读数。

解 作出图 9-28(a) 所示电路在 a-b 端口的诺顿等效电路如图 9-28(b) 所示，其中

$$\dot{I}_{Seq} = \frac{\sqrt{2}}{2} \angle - 75°\mathrm{A}, \quad Y_{eq} = 0.5 - j0.5 = G - jB_L$$

即 $G = 0.5\mathrm{S}$，$B_L = 0.5\mathrm{S}$。当图 9-28(b) 所示电路发生并联谐振时，U_C 达最大，这时有

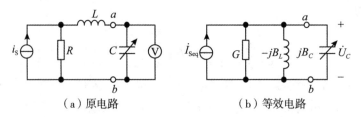

（a）原电路　　　　　　（b）等效电路

图 9-28　例 9-12 图

$$B_{C_0} = \omega_0 C = 1 \times C = B_{L_0} = 0.5\text{S}$$

由此可得

$$C = 0.5\text{F}, \quad U_{C_{\max}} = \frac{I_{\text{Seq}}}{G} = \frac{\sqrt{2}/2}{0.5} = \sqrt{2}\,(\text{V})$$

此外，还可以采用戴维南定理通过求 $\mathrm{d}U_C / \mathrm{d}X_C = 0$ 而非并联谐振的方法求解。

9.6.2.2　电阻部分和电抗部分在电路连接上不可分离

这时只能将电路视为一个整体来考虑，一般情况下，电路的入端阻抗或导纳的实、虚部均不为零，在某一频率下，该虚部为零时，电路呈现纯阻性，即电路发生了谐振，但是，因为电路连接结构的关系，一般不再区分为串联谐振或并联谐振。

【例 9-13】　试求图 9-29 所示电路的谐振角频率 ω_0。

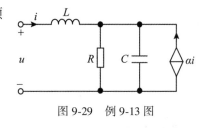

图 9-29　例 9-13 图

解　电路端口伏安特性方程为

$$\dot{U} = j\omega L \dot{I} + \left(\frac{R \times \dfrac{1}{j\omega C}}{R + \dfrac{1}{j\omega C}} \right)(1 + a)\dot{I}$$

整理可得

$$\dot{U} = \frac{\dfrac{R^2}{\omega^2 C^2}}{R^2 + \dfrac{1}{\omega^2 C^2}}(1 + a)\dot{I} + j\left[\omega L - \frac{\dfrac{R^2}{\omega C}}{R^2 + \dfrac{1}{\omega^2 C^2}}(1 + a) \right]\dot{I}$$

令上式虚部为零，可得

$$\omega L - \frac{\dfrac{R^2}{\omega C}}{R^2 + \dfrac{1}{\omega^2 C^2}}(1 + a) = 0$$

整理后可得

$$\omega^2 LCR^2 - R^2(1 + a) + \frac{L}{C} = 0$$

解之可得谐振角频率为

$$\omega_0 = \sqrt{\frac{1 + a}{L} - \frac{1}{R^2 C^2}}$$

【例 9-14】 图 9-30（a）所示的电路处于谐振状态，已知电压源的角频率 $\omega = 10^3 \text{rad/s}$，$R_1 = 25\Omega$，$C = 16\mu\text{F}$，电压表读数为 100V，电流表读数为 1.2A。求 R、L。

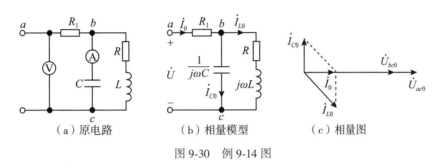

（a）原电路　　　　（b）相量模型　　　　（c）相量图

图 9-30　例 9-14 图

解　作出电路处于谐振状态时的相量模型如图 9-30（b）所示，电路在 $\omega = \omega_0 = 10^3 \text{rad/s}$，发生谐振时，并联支路导纳的虚部为零。设并联支路电压 $\dot{U}_{bc0}$ 为参考相量，有

$$\dot{U}_{bc0} = U_{bc0} \angle 0° = \frac{I_{C0}}{\omega_0 C} \angle 0° = \frac{1.2}{\omega_0 C} \angle 0° (\text{V})$$

电阻 R_1 上的电压为

$$\dot{U}_{ab0} = R_1 \dot{I}_0 = R_1 \dot{U}_{bc0} G_0 = R_1 \frac{1.2}{\omega_0 C} \frac{RC}{L} \angle 0° = \frac{1.2 R R_1}{\omega_0 L} \angle 0° (\text{V})$$

电路端口电压

$$\dot{U}_{ac0} = \dot{U}_{ab0} + \dot{U}_{bc0} = \left(\frac{1.2 R R_1}{\omega_0 L} + \frac{1.2}{\omega_0 C} \right) \angle 0°$$

因此可得

$$100 = \frac{1.2 \times 25 R}{\omega_0 L} + \frac{1.2}{\omega_0 C}$$

在 $\omega = \omega_0 = 10^3 \text{rad/s}$ 时，由并联支路导纳的虚部为零所得出的谐振频率为

$$\omega_0 = \sqrt{\frac{1}{LC} - \left(\frac{R}{L} \right)^2} = 10^3 \text{rad/s}$$

由上面两个式子解出 $R = 30.7\Omega$，$L = 36.9\text{mH}$。

【例 9-15】 在图 9-31（a）所示正弦稳态电路中，已知电压 $u = 220\sqrt{2}\sin\omega t \text{V}$，$\omega = 314 \text{rad/s}$，电流 $i_1 = 2\sqrt{2}\sin(\omega t - 30°)\text{A}$，$i_2 = 1.82\sqrt{2}\sin(\omega t - 60°)\text{A}$。试求 u 与 i 同相时的 X_C。

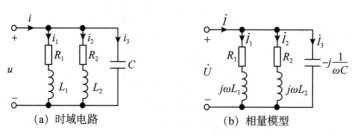

图 9-31　例 9-15 图

解　作出图 9-31(a)所示电路的相量模型，如图 9-31(b)所示，其中

$$\dot{U} = 220\angle 0°\text{V},\ \dot{I}_1 = 2\angle -30°\text{A},\ \dot{I}_2 = 1.82\angle -60°\text{A}$$

电路电流 $\dot{I}$ 为

$$\dot{I} = \dot{I}_1 + \dot{I}_2 + \dot{I}_3 = 2\angle -30° + 1.82\angle -60° + j\frac{220}{X_C}$$

$$= 2.642 - j\left(2.567 - \frac{220}{X_C}\right)$$

若 u 与 i 同相，则要求电流 $\dot{I}$ 的虚部等于零，即

$$2.576 - \frac{220}{X_C} = 0$$

解之可得 $X_C = 85.4\Omega$。

【例 9-16】　已知图 9-32(a)所示电路处于谐振状态，$R_2 = 3\omega_0 L = 2\dfrac{1}{\omega_0 C_2}$，$R_1 = 1\Omega$，电源电压有效值 $U_S = 20\text{V}$，电流表 Ⓐ₁ 的读数 30A，试求电流表 Ⓐ₂ 和功率表 Ⓦ 的读数，并求电容 C_1 的容抗。

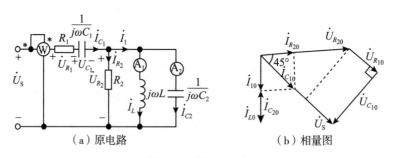

图 9-32　例 9-16 图

解　从电路结构上看，串联谐振与并联谐振皆有可能发生，但是，所给定的 L 和 C_2

参数值并不满足发生并联谐振的条件，而且由 $3\omega_0 L = 2\dfrac{1}{\omega_0 C_2}$ 可知 $B_{C_0} < B_{L_0}$，故而整个并联部分呈现感性，即可以等效为一个电阻和一个电感元件的串联，因此，整个电路只会发生串联谐振。

以末端并联元件的端电压为参考相量，即设 $\dot{U}_{R_{20}} = U\angle 0°\text{V}$，则 $\dot{I}_{L_0} = 30\angle -90°\text{A}$，再根据参数关系 $R_2 = 3\omega_0 L = 2\dfrac{1}{\omega_0 C_2}$，可得

$$\dot{I}_{R_{20}} = 10\angle 0°\text{A}, \quad \dot{I}_{C_{20}} = 20\angle 90°\text{A}$$

即电流表Ⓐ的读数为20A。又由于整个电路处于谐振状态，所以 $\dot{U}_\text{S}$ 和 $\dot{I}_{C_{10}}$ 必须同相，进一步利用各元件之间电压电流关系作出相量图如图 9-32(b)所示。由 KCL 可得

$$\dot{I}_{C_{10}} = \dot{I}_{R_{20}} + \dot{I}_{L_0} + \dot{I}_{C_{20}} = 10\sqrt{2}\angle -45°\text{A}$$

因此，功率表Ⓦ的读数为

$$P = U_\text{S}I_{C_{10}} = 20 \times 10\sqrt{2} = 282.8(\text{W})$$

由图 9-33(b)所示的相量图可得

$$U_{C_{10}} = U_\text{S} - U_{R_{10}} = U_\text{S} - R_1 I_{C_{10}} = 20 - 10\sqrt{2} = 5.86(\text{V})$$

故有

$$X_{C_{10}} = \frac{1}{\omega_0 C_1} = \frac{U_{C_{10}}}{I_{C_{10}}} = \frac{20 - 10\sqrt{2}}{10\sqrt{2}} = 0.41(\Omega)$$

【**例 9-17**】 在图 9-33(a)所示正弦稳态电路中，已知 $R_1 = R_2 = R_3 = 10\Omega$，$X_3 = 10\Omega$，$U_\text{S} = 100\text{V}$，$U_{R_3} = 20\text{V}$，$\dot{U}_2$ 与 $\dot{I}_1$ 同相。试求 X_1、X_2 和 $\dot{I}_2$。

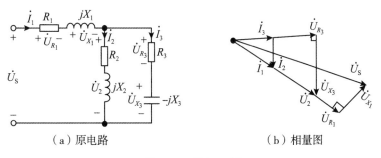

（a）原电路 （b）相量图

图 9-33 例 9-17 图

解 设 $\dot{U}_{R_3} = 20\angle 0°\text{V}$，则 $\dot{I}_3$ 与 $\dot{U}_{R_3}$ 同相，$\dot{U}_{X_3}$ 滞后 $\dot{I}_3$ 或 $\dot{U}_{R_3}$ 90°，根据 $\dot{U}_2 = \dot{U}_{R_3} + \dot{U}_{X_3}$ 得出这三者的电压三角形，已知 $\dot{U}_2$ 与 $\dot{I}_1$ 同相，由此得出 $\dot{I}_1$，再据 $\dot{I}_1 = \dot{I}_2 + \dot{I}_3$ 得出这三者的

电流三角形，接着，由 $\dot{U}_{R_1}$ 与 $\dot{I}_1$ 同相，$\dot{U}_{X_1}$ 超前 $\dot{I}_1$ 90° 以及 $\dot{U}_S = \dot{U}_{R_1} + \dot{U}_2 + \dot{U}_{X_1}$ 得出这四者的电压三角形，所作相量图如图 9-33(b)所示。根据电路结构可得

$$\dot{I}_{R_3} = \frac{\dot{U}_{R_3}}{R_3} = \frac{20\angle 0°}{10} = 2\angle 0°(\text{A})$$

$$\dot{U}_2 = \dot{I}_3(R_3 - jX_3) = 2\angle 0° \times (10 - j10) = 28.28\angle -45°(\text{V})$$

由 $\dot{U}_2$ 与 $\dot{I}_1$ 同相可知，$Z_2 = R_2 + jX_2$，$Z_3 = R_3 - jX_3$，发生了并联谐振，因此有

$$Y = \frac{1}{R_2 + jX_2} + \frac{1}{R_3 - jX_3} = \frac{1}{10 + jX_2} + \frac{1}{10 - j10} = \frac{10 - jX_2}{100 + X_2^2} + \frac{10 + j10}{200}$$

$$= \frac{3000 + 10X_2^2 + j(10X_2^2 - 200X_2 + 1000)}{2 \times 10^4 + 200X_2^2}$$

令 Y 的虚部为零，有

$$10X_2^2 - 200X_2 + 1000 = 0$$

解之可得 $X_2 = X_3 = 10\Omega$。因此有

$$Z_2 = R_2 + jX_2 = 10 + j10 = 10\sqrt{2}\angle 45°(\Omega)$$

故有

$$\dot{I}_2 = \frac{\dot{U}_2}{Z_2} = \frac{28.28\angle -45°}{10\sqrt{2}\angle 45°} = -j2(\text{A})$$

利用 KCL 可得

$$\dot{I}_1 = \dot{I}_2 + \dot{I}_3 = 2 - j2 = 2\sqrt{2}\angle -45°(\text{A})$$

由图 9-33(b)所示的相量图可得

$$U_{X_1} = \sqrt{U_S^2 - (U_2 + U_{R_1})^2} = \sqrt{U_S^2 - (U_2 + R_1 I_1)^2}$$

$$= \sqrt{100^2 - (28.28 + 20\sqrt{2})^2} = 82.46(\text{V})$$

所以有

$$X_1 = \frac{U_{X_1}}{I_1} = \frac{82.46}{2\sqrt{2}} = 29.1(\Omega)$$

习　题

9-1　在题 9-1 图所示电路中，已知 $R_1 = 1\Omega$，$R_2 = 2\Omega$，$C = 1F$，$L = 2H$，试求网络传递函数 $H(j\omega) = \dot{U}_2 / \dot{U}_0$。

9-2　题 9-2 图所示电路在 ab 两端连接了一个正弦电压源，对激励的响应是输入电流，

试求网络函数 $H(j\omega)$。

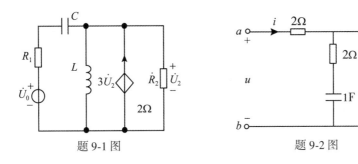

题 9-1 图　　　　　　　题 9-2 图

9-3　试求题 9-3 图所示滞后网络的电压转移比 $A_u(j\omega) = \dot{U}_2/\dot{U}_1$。

9-4　试求题 9-4 图所示二端口的网络函数 $\dfrac{\dot{U}_2}{\dot{U}_1}$。

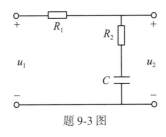 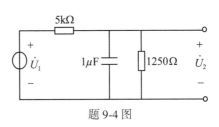

题 9-3 图　　　　　　　题 9-4 图

9-5　试求题 9-5 图所示电路的转移电压比，并确定输出、输入电压同相位的条件以及相应的转移电压比。

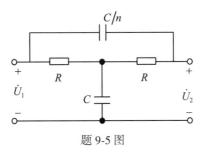

题 9-5 图

9-6　试求题 9-6 图所示电路的转移电压比。

9-7　在题 9-7 图所示电路中，试求电压传输比 $\dfrac{\dot{U}_0}{\dot{U}_i}$。

9-8　试求题 9-8 图所示电路的转移电压比以及幅频特性和相频特性。

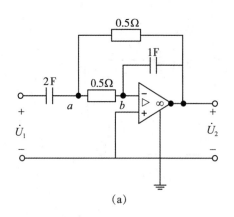

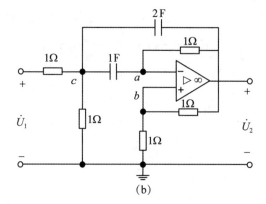

题 9-6 图

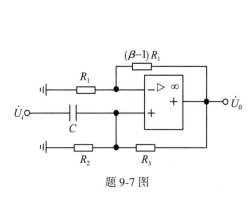

题 9-7 图

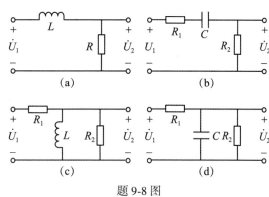

题 9-8 图

9-9　试求题 9-9 图所示电路的转移电流比 $H(j\omega) = \dfrac{\dot{I}_2}{\dot{I}_1}$ 以及截止频率和通频带。

9-10　对于题 9-10 图所示低通 RC 网络，试求在 $|H_u| = 0.50$ 时的频率。

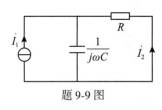

题 9-9 图

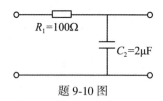

题 9-10 图

9-11　已知一阶低通 RC 滤波器中 $C = 100\mu F$，$R = 100\Omega$，试求：（1）输入频率为 10Hz 时的电路衰减；（2）输入频率为 250Hz 时的电路衰减。

9-12　在题 9-12 图所示串联谐振电路，已知谐振角频率 $\omega_0 = 3 \text{rad/s}$，$I = 2A$，$U_{14} = 8V$，$U_{13} = 10V$，求电路参数 R，L，C。

9-13　在题 9-13 图所示电路中，电能由传输线 Z_1 送至负载 Z_2，线路参数为 $Z_1 = 2 + j4\Omega$，电源电压 $U = 220\text{V}$，频率为 50Hz，负载电阻 $R_2 = 20\Omega$，电路达到谐振。求此时的电流 $\dot{I}$，电压 $\dot{U}_1$、$\dot{U}_2$，负载消耗功率 P_2，负载等值串联参数。

9-14　在题 9-14 图所示电路中，试求 U_0 与 Y 无关的条件。

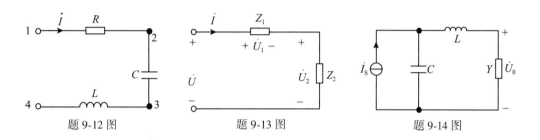

题 9-12 图　　　　题 9-13 图　　　　题 9-14 图

9-15　已知当 $\omega = 5000\text{rad/s}$ 时，RLC 串联电路发生谐振，$R = 5\Omega$，$L = 400\text{mH}$，端电压 $U = 1\text{V}$，试求电容 C 及电路中电流和电感电压，电容电压的瞬时表达式。

9-16　在题 9-16 图所示电路中，电源频率 $f = \dfrac{100}{\pi}\text{Hz}$，$R_1 = 6\Omega$，$R_2 = 20\Omega$，调节电容，当 $C = 1000\mu\text{F}$ 时，电流表读数最大为 $I = 1\text{A}$，瓦特表读数为 10W，计算 R、L 的值。

9-17　在题 9-17 图所示电路中，已知 RLC 串联电路的谐振频率为 3.5MHz，特性阻抗为 $1\text{k}\Omega$，试求 C 和 L 的数值；若已知电路品质因数为 50，输入电压为 $\dot{U}_S$，则电容电压 $\dot{U}_C$ 为多少？回路的通频带是多少？若电容两端接上数值等于特性阻抗 10 倍的负载电阻 R_L 时，谐振频率和有载品质因数各为多少？

9-18　在题 9-18 图所示，已知电路中 $R = 10\Omega$，$L = 0.26 \times 10^{-3}\text{H}$，$C = 238 \times 10^{-12}\text{F}$，试求：

（1）谐振频率 f_0；

（2）该电路的品质因数 Q；

（3）若输入 $f = 640 \times 10^3\text{Hz}$，$U = 10 \times 10^{-3}\text{V}$ 的信号电源，求电路中的电流及电感电压的有效值。

（4）若输入 $f = 960 \times 10^3\text{Hz}$，$U = 10 \times 10^{-3}\text{V}$ 的信号电源，求电路中的电流和电感电压的有效值。

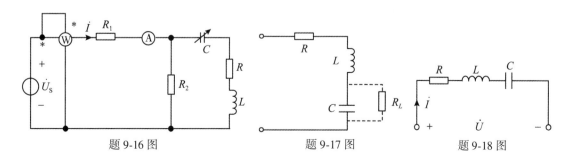

题 9-16 图　　　　题 9-17 图　　　　题 9-18 图

9-19　一个线圈与电容相串联，线圈电阻 $R = 16.2\Omega$，电感 $L = 0.26\text{mH}$，当把电容调节到 100pF 时发生串联谐振。(1)求谐振频率和品质因数；(2)设外加电压为 $10\mu\text{V}$，其频率等于电路的谐振频率，求电路中的电流和电容电压；(3)若外加电压仍为 $10\mu\text{V}$，但其频率比谐振频率高 10%，再求电容电压。

9-20　在题 9-20 图所示电路中，已知：$R_1 = 50\Omega$，$\omega L = 200\Omega$，非正弦电压 $u_S = 35 + 50\sqrt{2}\sin\omega t + 25\sqrt{2}\sin 2\omega t\,\text{V}$，电阻 R_2 上的电压 $u_2 = 30 + \sqrt{2}U\sin(2\omega t + \varphi)\,\text{V}$，试求图中电流 i 及电压 u_2 的有效值 U_2。

9-21　在题 9-21 图所示的正弦稳态电路中，已知 $i_S(t) = 0.01\sqrt{2}\sin 1000t\,\text{A}$，电压表Ⓥ的读数为 2V，电流表Ⓐ₁的读数为零，电流表Ⓐ₂的读数为 0.1A，试求：(1) R、L、C 的值；(2)电路的品质因数 Q；(3) i_L 的稳态值。

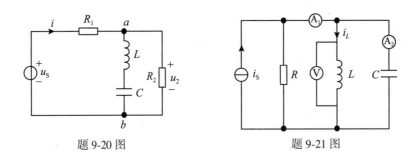

题 9-20 图　　　　　　　　　　　题 9-21 图

9-22　设计一个 RLC 并联电路，使其谐振频率 $\omega_0 = 1000\text{rad/s}$，且谐振时的阻抗为 1000Ω，带宽 $B = 100\text{rad/s}$，并求其品质因数。

9-23　在题 9-23 图所示电路中，已知电压源 $u_S(t) = 40\sqrt{2}\sin(\omega t - 30°)\,\text{V}$，电流表Ⓐ₁和Ⓐ₂的读数相等，都是 1A(有效值)，$R_1 = R_2 = 2\Omega$，功率表读数为 100W，$L_1 = 0.1\text{H}$。试求 L_2 和 C。

9-24　在题 9-24 图所示电路中，电容 C 可调。当调节 $C = 50\mu\text{F}$ 时，电路发生谐振，此时电压表读数为 20V。已知电流源 $i_S(t) = 2\sqrt{2}\sin 1000t\,\text{A}$。求电阻 R 和电感 L(近似认为谐振频率就是幅值最大时的频率)。

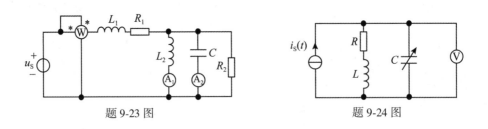

题 9-23 图　　　　　　　　　　　题 9-24 图

9-25　在题 9-25 图所示正弦电路中，当开关 S 是打开时，$I = 10\text{A}$，$P = 600\text{W}$；当开关 S 是闭合时，I 仍为 10A，而此时功率 $P' = 1000\text{W}$，电压 $U_2 = 40\text{V}$，求 R_1、R_2、X_L、X_C 和电源电压。

9-26　试求题 9-26 图所示电路的谐振角频率 ω_0。

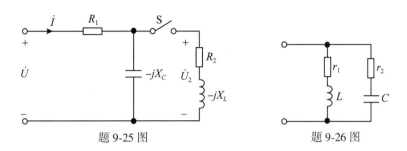

题 9-25 图　　　　　　　　　　　题 9-26 图

9-27　题 9-27 图所示为一放大器的等效电路模型，已知 $U_S = 12\text{V}$，电源内阻 $R_S = 60\text{k}\Omega$，负载电阻 $R_L = 60\text{k}\Omega$，$L = 54\mu\text{H}$，$C = 100\text{pF}$，$r = 9\Omega$，电路对电源发生谐振。求整个电路的品质因数和通频带。

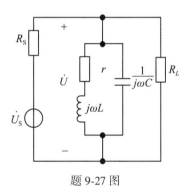

题 9-27 图

第10章　含耦合电感元件的电路分析

本章主要讨论耦合电感元件的端口伏安关系和去耦等效电路；含耦合电感电路的正弦稳态分析方法、空芯变压器、理想变压器、全耦合变压器以及含耦合电感元件的动态电路过渡过程分析。

10.1　磁耦合与耦合电感元件

对于图 10-1 所示的绕于同一个磁芯材料上的两个线圈，当线圈 1 通过电流 i_1 时，i_1 会产生磁通 Φ_{11}［磁通(链)符号中双下标的含义为前者表示该磁通(链)所在线圈的编号，后者表示产生该磁通(链)的施感电流所在线圈的编号］，其不仅穿过线圈 1，与自身相交链，并且有一部分(或全部)经由磁芯材料穿过邻近的线圈 2，与之相交链，由 i_1 产生并与线圈 2 相交链的这部分磁通记为 Φ_{21}。同理，当线圈 2 通以电流 i_2 时，i_2 所产生的磁通 Φ_{22} 除了与自身相交链外，还有一部分(或全部)也会与邻近的线圈 1 相交链，记为 Φ_{12}。这种两个线圈并无电气上联系，但彼此之间却有着磁影响的现象称为磁耦合，这两个线圈称为一对耦合线圈。其电磁模型则称为互感元件或耦合电感元件，它忽略了耦合线圈中的损耗(电阻的作用)和匝间电容，并假定通过一个线圈的电流所产生的磁通与该线圈自身各匝相交链，其与另一线圈耦合的磁通也与此线圈各匝相交链。

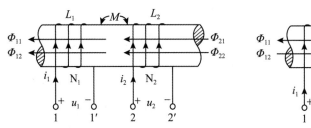

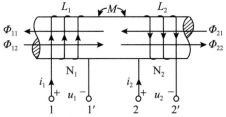

（a）自感和互感磁通方向一致（磁通相助）　　　（b）自感和互感磁通方向相反（磁通相消）

图 10-1　两个线圈的互感作用：磁通相助与磁通相消

10.2　耦合电感元件的伏安特性方程与同名端

在图 10-1(a)中，设线圈 1 和线圈 2 的匝数分别为 N_1 和 N_2，则线圈 1 和线圈 2 的磁

链 Ψ_1、Ψ_2 可以分别表示为

$$\left.\begin{aligned}\Psi_1 = \Psi_{11} + \Psi_{12} = N_1\Phi_{11} + N_1\Phi_{12}\\\Psi_2 = \Psi_{21} + \Psi_{22} = N_2\Phi_{21} + N_2\Phi_{22}\end{aligned}\right\} \tag{10-1}$$

式中，$\Psi_{11} = N_1\Phi_{11}$，$\Psi_{22} = N_2\Phi_{22}$ 分别为线圈 1 和线圈 2 的自感磁链，$\Psi_{12} = N_1\Phi_{12}$，$\Psi_{21} = N_2\Phi_{21}$ 分别为线圈 1 和线圈 2 的互感磁链。由于电流 i_1 和 i_2 分别产生的磁通 $\Phi_1 = \Phi_{11} + \Phi_{21}$ 与 $\Phi_2 = \Phi_{22} + \Phi_{12}$ 的方向相同，在每个线圈中都是相互增强的，所以互感磁链在叠加时前面取正号。

设每个线圈上的端电流和端电压都取关联方向，并且每个电感中电流的方向和自感磁通的方向符合右手螺旋定则，即电压与磁通满足右手螺旋定则，则根据法拉第电磁感应定律有

$$\left.\begin{aligned}u_1 = \frac{\mathrm{d}\Psi_1}{\mathrm{d}t} = \frac{\mathrm{d}\Psi_{11}}{\mathrm{d}t} + \frac{\mathrm{d}\Psi_{12}}{\mathrm{d}t} = u_{11} + u_{12}\\u_2 = \frac{\mathrm{d}\Psi_2}{\mathrm{d}t} = \frac{\mathrm{d}\Psi_{21}}{\mathrm{d}t} + \frac{\mathrm{d}\Psi_{22}}{\mathrm{d}t} = u_{21} + u_{22}\end{aligned}\right\} \tag{10-2}$$

式中，$u_{11} = \dfrac{\mathrm{d}\Psi_{11}}{\mathrm{d}t}$，$u_{22} = \dfrac{\mathrm{d}\Psi_{22}}{\mathrm{d}t}$ 分别为线圈 1 和线圈 2 的自感电压，$u_{12} = \dfrac{\mathrm{d}\Psi_{12}}{\mathrm{d}t}$，$u_{21} = \dfrac{\mathrm{d}\Psi_{21}}{\mathrm{d}t}$ 分别为线圈 1 和线圈 2 的互感电压。

类似于自感系数的定义，定义线圈 j 对线圈 i 的互感系数 M_{ij} [单位为 H(亨)] 为互感磁链 Ψ_{ij} 与产生该磁链的电流 i_j 之比，即

$$M_{ij} = \frac{\Psi_{ij}}{i_j}$$

例如，线圈 2 对线圈 1 的互感系数 $M_{12} = \dfrac{\Psi_{12}}{i_2}$。

因为假定所讨论的耦合线圈周围没有铁磁性物质，即耦合线圈的电路模型是线性时不变的，所以磁链是电流的线性函数，即有 $\Psi_{11} = L_1 i_1$，$\Psi_{12} = M_{12} i_2$，$\Psi_{21} = M_{21} i_1$，$\Psi_{22} = L_2 i_2$。利用耦合线圈的无源性可以证明，这时有 $M_{12} = M_{21} = M$。将这些表示式代入式 (10-1) 即可得到由图 10-1(a) 所示的两耦合线圈抽象出的线性时不变耦合电感元件的韦安特性方程，即元件的定义式为

$$\left.\begin{aligned}\Psi_1 = L_1 i_1 + M i_2\\\Psi_2 = M i_1 + L_2 i_2\end{aligned}\right\} \tag{10-3}$$

上式表明，两个线性时不变电感组成耦合电感元件后，作为一个整体必须用 L_1 和 L_2 和 M 三个参数来描述。将式 (10-3) 代入式 (10-2) 可得耦合电感的伏安特性方程，即

$$\left.\begin{aligned}u_1 = L_1\frac{\mathrm{d}i_1}{\mathrm{d}t} + M\frac{\mathrm{d}i_2}{\mathrm{d}t}\\u_2 = M\frac{\mathrm{d}i_1}{\mathrm{d}t} + L_2\frac{\mathrm{d}i_2}{\mathrm{d}t}\end{aligned}\right\} \tag{10-4}$$

式中，$u_{11} = L_1\dfrac{\mathrm{d}i_1}{\mathrm{d}t}$，$u_{12} = M\dfrac{\mathrm{d}i_2}{\mathrm{d}t}$，$u_{21} = M\dfrac{\mathrm{d}i_1}{\mathrm{d}t}$，$u_{22} = L_2\dfrac{\mathrm{d}i_2}{\mathrm{d}t}$。这表明，每个耦合电感元件上的

电压除了取决于本线圈的电流，还与其他相邻线圈上的电流有关，因此每个元件上的电压是其自感电压与互感电压的叠加，这正是耦合电感元件之间磁耦合关系的反映。

式(10-4)是在两电感元件中的自感磁通的参考方向与互感磁通的参考方向一致(两磁通相互增强)时得出的。若自感磁通的参考方向与互感磁通的参考方向相反(两磁通相互削弱)，例如，电感元件 L_2 的线圈绕向[或者电流 $i_2(t)$ 的参考方向]与图 10-1(a)中的相反，如图 10-1(b)所示，则有

$$
\left.
\begin{aligned}
\varPsi_1 &= \varPsi_{11} - \varPsi_{12} = L_1 i_1 - M i_2 \\
\varPsi_2 &= \varPsi_{22} - \varPsi_{12} = L_2 i_2 - M i_1
\end{aligned}
\right\}
\tag{10-5}
$$

根据电磁感应定律，这时耦合电感的伏安特性方程，即

$$
\left.
\begin{aligned}
u_1 &= L_1 \frac{\mathrm{d}i_1}{\mathrm{d}t} - M \frac{\mathrm{d}i_2}{\mathrm{d}t} \\
u_2 &= - M \frac{\mathrm{d}i_1}{\mathrm{d}t} + L_2 \frac{\mathrm{d}i_2}{\mathrm{d}t}
\end{aligned}
\right\}
\tag{10-6}
$$

式(10-4)和式(10-6)就是一对耦合电感元件的伏安关系，可见耦合电感元件上的电压等于自感电压与互感电压的代数和。

一般而言，式(10-4)和式(10-6)中的自感电压项 $L_1 \dfrac{\mathrm{d}i_1}{\mathrm{d}t}$ 和 $L_2 \dfrac{\mathrm{d}i_2}{\mathrm{d}t}$ 与互感电压项 $M \dfrac{\mathrm{d}i_2}{\mathrm{d}t}$ 与 $M \dfrac{\mathrm{d}i_1}{\mathrm{d}t}$ 前既可能取"+"也可能取"−"，决定这些项前面的正负号有两种方法。第一种方法是由自感磁链与互感磁链的参考方向决定。根据惯常约定，一个线圈所交链磁链的参考正向与该线圈电流的参考方向符合右手螺旋法则，于是，总磁链中的自感磁链 $\varPsi_{11}$ 和 $\varPsi_{22}$ 项或由此引起的自感电压总取正号。但是，一线圈中互感磁链是由另一线圈中的电流产生的，互感磁链与该线圈中电流的参考方向并不一定符合右手螺旋法则。因此，互感磁链可能为正，亦可能为负。当一线圈中互感磁链的参考方向与该线圈中电流的参考方向符合右手螺旋法则[如图 10-1(a)所示]时，自感磁链与互感磁链相互增强，互感磁链 $\varPsi_{21}$ 和 $\varPsi_{12}$ 项或由此引起的互感电压为正值；当两者的参考方向不符合右手螺旋法则(如图 10-1(b)所示)时，自感磁链与互感磁链相互削弱，互感磁链或由此引起的互感电压则为负值。但是，互感磁链和自感磁链参考方向是否一致，除与两耦合电感元件电流的方向有关外，还取决于两电感元件所模拟的实际电感线圈的绕向和相对位置，而由于实际线圈往往是密封的，无法看到具体情况，所以根据磁通的方向来确定互感电压的正负在实际中是行不通的。此外，在电路模型图中也不方便每每都真实地画出互感线圈的绕向，故而无法判断磁通的方向。为了正确判断两耦合电感元件所模拟的实际电感线圈的绕向和相对位置以确定互感电压的正负，在电路理论中常采用"同名端"标记法。由此得出以同名端和两耦合电感元件的电流参考方向确定互感磁链，即互感电压正负的方法。这表明，同名端是为了能够根据同名端与电流的参考方向非常方便地判定磁通是"相互增强"还是"相互削弱"，从而确定互感电压的正负才引入的，并且它是对于两个耦合线圈中的一对端子而言的，因此必须每两个线圈分别成对确定。

同名端有两种定义，分别介绍如下：

定义 1：若电流 i_1 和 i_2 分别同时从两耦合电感元件的某两个端钮流入（或流出），使其互感磁链与自感磁链的参考方向相同，即两个电流所产生的磁通是相助的，则该两端钮称为耦合电感的同名端，通常用"·""*"或"△"表示。显然，不标记号的一对端钮也是同名端，而一线圈中标有记号的端钮与另一线圈中无标记的端钮则称为异名端。

有了同名端的定义，图 10-1(a)、(b) 中的两个耦合线圈所对应的耦合电感元件就可以分别用图 10-2(a)、(b) 所示的电路模型表示。在图 10-2(a) 中 1 与 2 以及 1′ 与 2′ 分别为同名端；1 与 2′ 以及 1′ 与 2 分别为异名端，在图 10-2(b) 中，1 与 2′ 以及 1′ 与 2 分别为同名端；1 与 2 以及 1′ 与 2′ 分别为异名端。

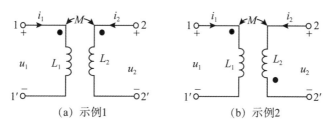

（a）示例1　　　　　　　（b）示例2

图 10-2　耦合电感元件的电路模型与同名端示例

根据同名端的这种定义，再结合耦合电感元件两电流的参考方向，就可以确定互感电压的正负号，即当耦合电感元件两电流的参考方向均从同名端流入（或流出）时，该元件的互感电压与其自身的自感电压同号，或者说二者的参考方向相同；反之，当两电流的参考方向均从异名端流入（或流出）时，该元件的互感电压与其自身的自感电压异号，即二者的参考方向相反。因此，可以说，对于互感电压，其正负取决于耦合电感元件的两电流的参考方向是否从同名端流入（或流出）以及自感电压的参考方向。

对于自感电压，其正负取决于电感元件的电流和电压是否取关联参考方向。若电感元件的电流和电压取关联参考方向，则自感电压取正，即其参考方向与该元件电压参考方向相同；反之，若电感元件的电流和电压取非关联参考方向，则自感电压取负，即其参考方向与该元件电压参考方向相反。

显然，对于两耦合电感伏安关系中的 4 个符号项而言，其"+"的项或"–"的项一定是成对出现的。

定义 2：一个耦合电感元件电流的流入端与由该施感电流在另一耦合电感元件上所产生的互感电压的正极性端构成同名端。如图 10-3 所示的两耦合电感元件中，电感元件 L_1 中的电流 i_1 的流入端 1 与元件 L_2 中由电流 i_1 产生的互感电压 $M\dfrac{\mathrm{d}i_1}{\mathrm{d}t}$ 的参考方向的"+"极性端 2 为同名端，即 i_1 与 $M\dfrac{\mathrm{d}i_1}{\mathrm{d}t}$ 的参考方向对同名端一致。

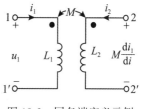

图 10-3　同名端定义示例

由于互感电压总是存在的，而两耦合电感元件中某一电流却可能为零，例如，处于开路状态，因此在电路理论中，该定义往往更为实用。

应该注意的是，耦合线圈的同名端仅仅取决于两线圈的绕向和两线圈间相对位置，而与线圈中电流的方向无关。

在工程实际中，为了描述两个线圈磁耦合的紧密程度，引入耦合系数 k，其大小与两线圈的结构、相互几何位置以及周围的磁介质特性有关，因此，改变这些因数即可改变两线圈耦合的紧密程度。耦合系数 k 定义为两线圈互感磁链与自感磁链之比的几何平均值，即

$$R = \sqrt{\frac{\Psi_{21}}{\Psi_{11}} \cdot \frac{\Psi_{12}}{\Psi_{22}}} \tag{10-7}$$

式中应用：$\Psi_{11} = N_1\Phi_{11}$，$\Psi_{22} = N_2\Phi_{22}$，$\Psi_{12} = N_1\Phi_{12}$，$\Psi_{21} = N_2\Phi_{21}$，并考虑到 $M_{12} = M_{21} = M$，$\Phi_{21} \leqslant \Phi_{11}$，$\Phi_{12} \leqslant \Phi_{22}$ 可以得出耦合系数 k 与表征耦合电感的 3 个参数 L_1、L_2 和 M 之间的关系，即

$$k = \sqrt{\frac{\Phi_{21}}{\Phi_{11}} \cdot \frac{\Phi_{12}}{\Phi_{22}}} = \sqrt{\frac{M_{21}i_1}{L_1i_1} \cdot \frac{M_{12}i_2}{L_2i_2}} = \sqrt{\frac{M^2}{L_1L_2}} = \frac{M}{\sqrt{L_1L_2}} \leqslant 1 \tag{10-8}$$

由式(10-8)可知有 $0 \leqslant k \leqslant 1$，且 k 值愈小，两线圈磁耦合愈松，k 值愈大，两线圈磁耦合愈紧，$k \approx 1$ 时称为紧耦合。若 $k = 0$，则 $M = 0$，表示两线圈之间没有磁耦合。若 $k = 1$，则有 $M^2 = L_1L_2$ 或 $\Phi_{21} = \Phi_{11}$，$\Phi_{12} = \Phi_{22}$，这说明一线圈电流所产生的磁通全部与另一线圈交链，即所谓全耦合。

在变压器等一些电工设备中，为了更有效地传输信号或功率，总是要尽量增大互感，即使两线圈实现极其紧密的耦合，使耦合系数 k 尽可能接近于 1，因而一般都采用铁磁材料制成铁芯，并且将输入线圈和输出线圈同芯绕制。如图 10-4(a) 所示，两个线圈靠得很近甚至紧密绕在一起，则其 k 值接近于 1；在工程上有时却要尽量减小互感，以避免线圈之间信号的相互干扰，希望耦合系数 k 尽可能趋近于零，为此，除了可以采用增加屏蔽的方法，还可以合理布置这些线圈的相互位置来减少互感作用，例如，在图 10-4(b) 中，两个线圈相隔很远或者使它们的轴线相互垂直，则其 k 值很小，甚至可以接近于零。因此，改变或调整两线圈的绕制结构、相互几何位置或者调节线圈内磁心的几何位置可以改变 k 值的大小，从而实现紧耦合或松耦合，即当 L_1、L_2 一定时，改变 k 值就是改变互感系数 M 的大小。

【例 10-1】　对于如图 10-5 所示的各耦合电感，试写出其伏安关系式。

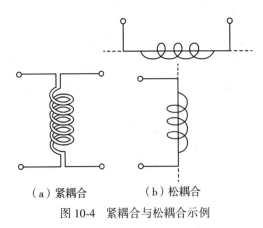

（a）紧耦合　　（b）松耦合

图 10-4　紧耦合与松耦合示例

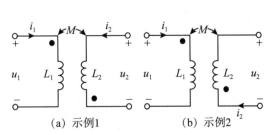

（a）示例1　　　（b）示例2

图 10-5　例 10-1 图

解　在图 10-5(a)中，i_1 与 u_1，i_2 与 u_2 的参考方向一致，自感电压 $L_1 \dfrac{\mathrm{d}i_1}{\mathrm{d}t}$ 和 $L_2 \dfrac{\mathrm{d}i_2}{\mathrm{d}t}$ 取正，但 i_1 与 i_2 从异名端流入，故互感电压 $M \dfrac{\mathrm{d}i_2}{\mathrm{d}t}$ 与 $M \dfrac{\mathrm{d}i_1}{\mathrm{d}t}$ 分别和自感电压 $L_1 \dfrac{\mathrm{d}i_1}{\mathrm{d}t}$ 和 $L_2 \dfrac{\mathrm{d}i_2}{\mathrm{d}t}$ 异号，即取负。于是图 10-5(a)所示耦合电感的伏安关系为

$$u_1 = L_1 \frac{\mathrm{d}i_1}{\mathrm{d}t} - M \frac{\mathrm{d}i_2}{\mathrm{d}t}$$

$$u_2 = L_2 \frac{\mathrm{d}i_2}{\mathrm{d}t} - M \frac{\mathrm{d}i_1}{\mathrm{d}t}$$

图 10-5(b)中 i_1 与 u_1 的参考方向一致，自感电压 $L_1 \dfrac{\mathrm{d}i_1}{\mathrm{d}t}$ 取正，但 i_2 与 u_2 参考方向不一致，自感电压 $L_2 \dfrac{\mathrm{d}i_2}{\mathrm{d}t}$ 取负。又 i_1 与 i_2 从同名端流入，故互感电压 $M \dfrac{\mathrm{d}i_2}{\mathrm{d}t}$ 与 $M \dfrac{\mathrm{d}i_1}{\mathrm{d}t}$ 应分别和自感电压 $L_1 \dfrac{\mathrm{d}i_1}{\mathrm{d}t}$ 和 $L_2 \dfrac{\mathrm{d}i_2}{\mathrm{d}t}$ 同号。于是图 10-5(b)所示耦合电感的伏安关系为

$$u_1 = L_1 \frac{\mathrm{d}i_1}{\mathrm{d}t} + M \frac{\mathrm{d}i_2}{\mathrm{d}t}$$

$$u_2 = - L_2 \frac{\mathrm{d}i_2}{\mathrm{d}t} - M \frac{\mathrm{d}i_1}{\mathrm{d}t}$$

【例 10-2】　一含耦合电感的电路如图 10-6(a)所示，周期性电流源 i_S 在一个周期内的波形如图 10-6(b)所示，已知电压表读数为 25V。试求互感 M 并画出 u_2 的波形。

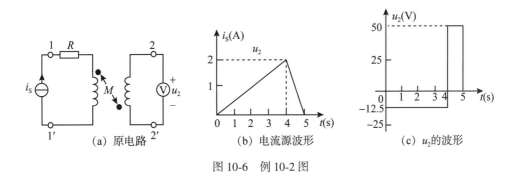

图 10-6　例 10-2 图

解　(1)由图 10-6(b)可写出 $i_S(t)$ 的分段函数表达式为

$$i_S(t) = \begin{cases} \dfrac{1}{2}t\,\mathrm{A}, & 0 \leqslant t \leqslant 4\mathrm{s} \\[2mm] (-2t + 10)\,\mathrm{A}, & 4 \leqslant t \leqslant 5\mathrm{s} \end{cases}$$

由于接理想电压表端口开路，根据同名端定义可知互感电压 u_2 为

$$u_2 = -M\frac{\mathrm{d}i_\mathrm{s}}{\mathrm{d}t} = \begin{cases} -\dfrac{M}{2}\mathrm{V}, \ 0 \leqslant t \leqslant 4\mathrm{s} \\ 2M\mathrm{V}, \ 4 \leqslant t \leqslant 5\mathrm{s} \end{cases}$$

根据有效值定义可得 u_2 的有效值为

$$U_2 = \sqrt{\frac{1}{T}\int_0^T u_2^2 \mathrm{d}t} = \sqrt{\frac{1}{5}\Big[\int_0^4 \Big(-\frac{M}{2}\Big)^2 \mathrm{d}t + \int_4^5 (2M)^2 \mathrm{d}t\Big]} = M$$

又已知，$U_2 = 25\mathrm{V}$，则 $M = 25\mathrm{H}$，因此可画出电压 u_2 的波形如图 10-6(c)所示。

10.3 两耦合电感中的能量

图 10-2(a)所示两耦合电感伏安关系为式(10-4)，为简单起见，设这两耦合电感初始电流 $i_1(0) = 0$，$i_2(0) = 0$，即它们的初始储能为零，则在 t 时刻其所储存的能量是两个耦合电感元件储存能量之和，即

$$w(t) = w_1(t) + w_2(t) = \int_0^t p_1(\tau)\mathrm{d}\tau + \int_0^t p_2(\tau)\mathrm{d}\tau = \int_0^t (u_1 i_1 + u_2 i_2)\mathrm{d}\tau \qquad (10\text{-}9)$$

将式(10-4)代入式(10-9)可得

$$\begin{aligned} w(t) &= \int_0^t \Big(L_1\frac{\mathrm{d}i_1(\tau)}{\mathrm{d}\tau} + M\frac{\mathrm{d}i_2(\tau)}{\mathrm{d}\tau}\Big)i_1(\tau)\mathrm{d}\tau + \int_0^t \Big(L_2\frac{\mathrm{d}i_2(\tau)}{\mathrm{d}\tau} + M\frac{\mathrm{d}i_1(\tau)}{\mathrm{d}\tau}\Big)i_2(\tau)\mathrm{d}\tau \\ &= \int_0^{i_1(t)} L_1 i_1 \mathrm{d}i_1 + \int_0^{i_2(t)} L_2 i_2 \mathrm{d}i_2 + \int_0^{i_1(t)i_2(t)} M\mathrm{d}(i_1 i_2) \qquad (10\text{-}10) \\ &= \frac{1}{2}L_1 i_1^2(t) + \frac{1}{2}L_2 i_2^2(t) + M i_1(t) i_2(t) \end{aligned}$$

式中，右边第一项和第二项分别为电感 L_1、L_2 在任一时刻 t 的储能，而第三项则表示互感 M 在任一时刻 t 的储能。

显然，若图 10-2(a)所示两耦合电感的电流 $i_1(t)$、$i_2(t)$ 分别从异名端流入，则只需在式(10-10)中 M 前添加"–"号，即可计算其储能。由此可见，互感 M 自身是一个非耗能的储能参数，它兼有储能元件电感和电容两者的特性，即当 M 起磁通相助作用时，其储能特性与电感相同，会使耦合电感中的磁能增加；而当 M 起磁通相消作用时，其储能特性与电容相同(容性效应)，与自感储存的磁能彼此互补。

实际的耦合电感线圈都是无源的，即在任一时刻 t，均有 $w(t) \geqslant 0$。

【例 10-3】 已知两耦合电感：$L_1 = 0.1\mathrm{H}$，$L_2 = 0.2\mathrm{H}$。在某一时刻 $i_1 = 4\mathrm{A}$，$i_2 = 10\mathrm{A}$，试求 M 值分别为 $0.1\mathrm{H}$、$\dfrac{\sqrt{2}}{10}\mathrm{H}$ 时，且其前分别取"+"和"–"这四种情况下两耦合电感中的总能量。

解 (1) $W = \dfrac{1}{2} \times (0.1) \times 4^2 + \dfrac{1}{2} \times (0.2) \times 10^2 + (0.1) \times 10 \times 4 = 14.8(\mathrm{J})$；

$W = \dfrac{1}{2} \times (0.1) \times 4^2 + \dfrac{1}{2} \times (0.2) \times 10^2 + (\sqrt{2}/10) \times 4 \times 10 = 16.46(\mathrm{J})$；

$W = \dfrac{1}{2} \times (0.1) \times 4^2 + \dfrac{1}{2} \times (0.2) \times 10^2 + (-0.1) \times 4 \times 10 = 6.8(\mathrm{J})$；

$$W = \frac{1}{2} \times (0.1) \times 4^2 + \frac{1}{2} \times (0.2) \times 10^2 + (-\sqrt{2}/10) \times 4 \times 10 = 5.14(\text{J})。$$

由此可见，能量的最大值和最小值均在全耦合即 $M = \sqrt{2}/10\text{H}$ 时。

10.4　耦合电感的去耦等效分析法

两耦合电感有三种相连方式即串联、并联和一点相连，对于它们，均可以根据变形的伏安特性方程得出其对应的去耦等效电路，但是，无论两耦合电感相连与否，均可直接利用其伏安特性方程得到用受控源(CCVS)表示磁耦合的去耦等效电路。下面分别讨论这两类去耦等效电路。

10.4.1　不含受控源的去耦等效电路

10.4.1.1　耦合电感串联

耦合电感的串联有顺串和反串两种连接方法，前者是指耦合电感的异名端相接，这时，同一电流将由耦合电感的一对同名端流入，而从另一对同名端流出；后者则是指耦合电感的同名端相接，这时，同一电流由耦合电感的一对异名端流入，而从另一对异名端流出。两耦合电感顺串和反串连接方式分别如图 10-7(a)(b)所示，其端口电压为

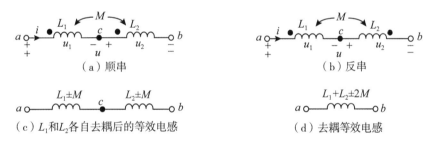

（a）顺串　　　　　　　　　　　　　（b）反串

（c）L_1 和 L_2 各自去耦后的等效电感　　　　　　（d）去耦等效电感

图 10-7　两耦合电感串联及其去耦等效电感

$$
\begin{aligned}
u = u_1 + u_2 &= \left(L_1\frac{\mathrm{d}i}{\mathrm{d}t} \pm M\frac{\mathrm{d}i}{\mathrm{d}t}\right) + \left(L_2\frac{\mathrm{d}i}{\mathrm{d}t} \pm M\frac{\mathrm{d}i}{\mathrm{d}t}\right) \\
&= (L_1 \pm M)\frac{\mathrm{d}i}{\mathrm{d}t} + (L_2 \pm M)\frac{\mathrm{d}i}{\mathrm{d}t} = (L_1 + L_2 \pm 2M)\frac{\mathrm{d}i}{\mathrm{d}t}
\end{aligned}
\tag{10-11}
$$

式中，M 和 $2M$ 前的"＋"对应于顺串连接的情况，"－"则对应于反串连接的情况(以下同此)，根据式(10-11)可得图 10-7(a)、(b)的去耦等效电路，如图 10-7(d)所示，

由于顺串连接情况下耦合电感 1 和 2 各自的等效电感值分别为 $L_1 + M$ 和 $L_2 + M$，反串连接情况下耦合电感 1 和 2 各自的等效电感值分别为 $L_1 - M$ 和 $L_2 - M$，如图 10-7(c)所示，于是，利用逐级等效计算串联电感的方法也可分别得到顺串和反串连接情况下的总等效电感值，即 $L_{\text{eq1}} = L_1 + L_2 + 2M$ 和 $L_{\text{eq2}} = L_1 + L_2 - 2M$。由此可知，顺串时各耦合电感的等

效电感值均增大，反串时各耦合电感的等效电感值均减小，这表明，前者的互感有加强电（自）感的作用，后者的互感有削弱电（自）感的作用。互感的这种削弱作用，称为"容性"效应。由于 M 值有可能大于 L_1（或 L_2）值，故反串时，耦合电感 1（或 2）的等值电感值有可能为负，呈容性。但是，反串的总等值电感值 L_{eq2} 不可能为负，这是因为耦合电感为储能元件，在任何时刻，其总磁场储能 $W_{L_{eq2}}(t) = \dfrac{1}{2}L_{eq2}i^2(t)$ 不可能为负，故而必有 $L_{eq2} \geqslant 0$，这也可以通过极限的全耦合情况得以证明，即全耦合时，有 $M = \sqrt{L_1 L_2}$，故反串等值电感为

$$L_{eq2} = L_1 + L_2 - 2M = L_1 + L_2 - 2\sqrt{L_1 L_2} = \left(\sqrt{L_1} - \sqrt{L_2}\right)^2 \geqslant 0$$

由此可得

$$M \leqslant \frac{1}{2}(L_1 + L_2)$$

这说明耦合电感的互感 M 不大于两自感的算术平均值。

根据耦合电感顺串时的总等值电感大于反串时的总等值电感这一特点，可以用实验方法测定耦合线圈的同名端，此外，由于

$$L_{eq1} - L_{eq2} = (L_1 + L_2 + 2M) - (L_1 + L_2 - 2M) = 4M$$

故而可得

$$M = \frac{1}{4}(L_{eq1} - L_{eq2})$$

因此，利用该式可以通过测量的方法得到互感系数 M。

按照与两个耦合电感串联时类似的方法，可导出 n 个耦合电感元件串联时的去耦等效电感值为

$$L_{eq} = \sum_{k=1}^{n} L_k + \sum_{i=1}^{n}\sum_{j=1}^{n} \pm M_{ij}, \quad i \neq j \tag{10-12}$$

式中，当电流的参考方向为从第 i 个元件和第 j 个元件的同名端流入时，M_{ij} 前取"+"，反之则取"–"。

10.4.1.2 耦合电感并联

耦合电感的并联有顺并和反并两种接法，前者是指耦合电感的同名端相连，又称同侧并联；后者则是指耦合电感的异名端相连，又称异侧并联，分别如图 10-8(a)、(b)所示。

图 10-8(a)、(b)所示两耦合电感顺并和反并时的端口电压为

$$\left.\begin{aligned} u &= L_1 \frac{di_1}{dt} \pm M \frac{di_2}{dt} \\ u &= L_2 \frac{di_2}{dt} \pm M \frac{di_1}{dt} \end{aligned}\right\} \tag{10-13}$$

分别将 $i_2 = i - i_1$ 代入式(10-13)中 $M\dfrac{di_2}{dt}$，$i_1 = i - i_2$ 代入 $M\dfrac{di_1}{dt}$，可得

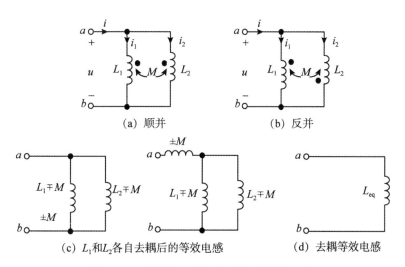

图 10-8　两耦合电感并联及其去耦等效电感

$$u = L_1 \frac{\mathrm{d}i_1}{\mathrm{d}t} \pm M \frac{\mathrm{d}(i - i_1)}{\mathrm{d}t} = \pm M \frac{\mathrm{d}i}{\mathrm{d}t} + (L_1 \mp M) \frac{\mathrm{d}i_1}{\mathrm{d}t} \left.\right\}$$
$$u = L_2 \frac{\mathrm{d}i_2}{\mathrm{d}t} \pm M \frac{\mathrm{d}(i - i_2)}{\mathrm{d}t} = \pm M \frac{\mathrm{d}i}{\mathrm{d}t} + (L_2 \mp M) \frac{\mathrm{d}i_2}{\mathrm{d}t}$$

(10-14)

式中，M 前的符号 "$\pm$" 和 "$\mp$"，上面的符号对应于顺并连接的情况，下面的符号对应于反并连接的情况(以下同此)，根据式(10-14)可得 L_1 和 L_2 各自去耦等效图 10-8(c)、(d)，对此作进一步等效，即利用耦合电感的串并联公式可得顺并和反并时的去耦等效电感，如图 10-8(e)所示，其值为

$$L_{\mathrm{eq}} = \pm M + \frac{(L_1 \mp M)(L_2 \mp M)}{(L_1 \mp M) + (L_2 \mp M)} = \frac{L_1 L_2 - M^2}{L_1 + L_2 \mp 2M}$$

(10-15)

此外，若将 $i_2 = i - i_1$(或 $i_1 = i - i_2$) 代入式(10-13) 得到以 $\frac{\mathrm{d}i_1}{\mathrm{d}t}$ 和 $\frac{\mathrm{d}i}{\mathrm{d}t}\left(\text{或以}\frac{\mathrm{d}i_2}{\mathrm{d}t} \text{和} \frac{\mathrm{d}i}{\mathrm{d}t}\right)$ 为变量的二元一次方程，从中消去 $\frac{\mathrm{d}i_1}{\mathrm{d}t}\left(\text{或消去}\frac{\mathrm{d}i_2}{\mathrm{d}t}\right)$，便直接得到关于端口电流导数 $\frac{\mathrm{d}i}{\mathrm{d}t}$ 和端口电压 u 的关系，即 $u = f\left(\frac{\mathrm{d}i}{\mathrm{d}t}\right) = L_{\mathrm{eq}} \frac{\mathrm{d}i}{\mathrm{d}t}$，从而得到顺并和反并时的去耦等效电感。

利用倒电感矩阵可以方便地得出多个耦合电感并联时的去耦等效电感值的表示式。例如，将式(10-13)写为

$$\begin{bmatrix} u \\ u \end{bmatrix} = \begin{bmatrix} L_1 & \pm M \\ \pm M & L_2 \end{bmatrix} \begin{bmatrix} \dfrac{\mathrm{d}i_1}{\mathrm{d}t} \\ \dfrac{\mathrm{d}i_2}{\mathrm{d}t} \end{bmatrix}$$

(10-16)

式中，系数矩阵即为电感矩阵，记为 $\boldsymbol{L}$，其逆矩 $\boldsymbol{L}^{-1}$ 阵则称为倒电感矩阵，记为 $\boldsymbol{\Gamma}$。一般

地，n 个耦合电感并联时的等效电感值的倒数为

$$\Gamma_{eq} = \sum_{k=1}^{n} \Gamma_k + \sum_{i=1}^{n} \sum_{j=1}^{n} (\pm \Gamma_{ij}) \quad (i \neq j) \tag{10-17}$$

式中，Γ_k 和 Γ_{ij} 为倒电感矩阵 $\boldsymbol{\Gamma}$ 中的元素，显然，由矩阵求逆可知 $\Gamma_k \neq \dfrac{1}{L_k}$，$\Gamma_{ij} \neq \dfrac{1}{M_{ij}}$，并且当耦合电感 i 与 j 的同名端相连时，Γ_{ij} 前取 "$-$" 号，否则取 "$+$" 号。等效电感值为

$$L_{eq} = \frac{1}{\Gamma_{eq}} \tag{10-18}$$

对于两耦合（$n=2$）电感同名端相连的并联情况，利用式（10-16）对其电感矩阵求逆可得相应的倒电感矩阵，其中元素为

$$\Gamma_1 = \frac{L_2}{L_1 + L_2 - M^2}, \quad \Gamma_2 = \frac{L_1}{L_1 + L_2 - M^2}, \quad \Gamma_{12} = \Gamma_{21} = \frac{M}{L_1 + L_2 - M^2}$$

利用式（10-17）可得

$$\Gamma_{eq} = \Gamma_1 + \Gamma_2 - 2\Gamma_{12} = \frac{L_1 + L_2 - 2M}{L_1 L_2 - M^2}$$

于是由式（10-18）可得这时的等效电感值为

$$L_{eq} = \frac{1}{\Gamma_{eq}} = \frac{L_1 L_2 - M^2}{L_1 + L_2 - 2M}$$

考虑到实际电感线圈的损耗，其电路模型应在电感元件上再串联一个电阻元件，这时，耦合电感线圈串联和并联等效电路的推导方法分别同于上面耦合电感串联和并联时的导出方法，只是要考虑到电阻上的电压降。例如，耦合电感线圈顺串和反串时的去耦等效电路分别为等效电阻 $R_{eq} = R_1 + R_2$ 与等效电感 $L_{eq} = L_1 + L_2 + 2M$ 的串联以及 $R_{eq} = R_1 + R_2$ 与 $L_{eq} = L_1 + L_2 - 2M$ 的串联。

10.4.1.3　具有一个端钮相连的两耦合电感 T 型去耦等效电路

若将两个耦合电感各取一端钮连接在一起并使其对外连接，则构成一个三端耦合电感，即三端网络。显然，这时也有两种方法，即两个耦合电感的同名端相连以及异名端相连，分别如图 10-9(a)、(b) 所示，其伏安关系 $u_{13} = f_1(i_1, i_2)$ 和 $u_{23} = f_2(i_1, i_2)$ 的右边分别同于式（10-13）中的第一和第二式，因此，采用完全相同的推导过程可以分别得出图 10-9(a)、(b) 的 T 型去耦等效电路，合绘于图 10-9(c)，其中较图 10-9(a)、(b) 新增了一个节点 0，这也说明等效电路仅对外等效，对内并不等效。

若将 T 型去耦等效电路图 10-9 中端子 3 开路便可得两耦合电感串联及其等效电感；从图 10-8(a)、(b) 中 b、c、d 三点来看，L_1、L_2 构成两耦合电感具有一个端钮相连的三端网络，因此，借助图 10-9(c) 即可直接得到图 10-8(c) 所示的两耦合电感并联的去耦等效电路。就此而言，三端耦合电感及其 T 型去耦等效电路是两耦合电感串联、并联及其去耦等效电路的一般情况。

应该注意的是，两个耦合电感至少有一端相连（无论另一端有无连接）才可作出其去耦等效电感电路，否则是不行的，这是因为有一端相连的两个耦合电感和无任何一端直接

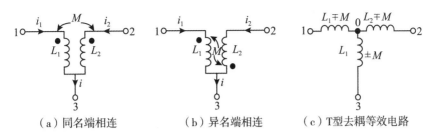

（a）同名端相连　　　　　（b）异名端相连　　　　（c）T型去耦等效电路

图 10-9　三端耦合电感及其 T 型去耦等效电路

相连的两个耦合电感在同名端和电压、电流的参考方向完全相同的情况下的伏安关系是相同的，因而对它们都可以建立完全相同的电路模型，但是，由于无一端相连的两个耦合电感实际上并不存在着一个公共端钮，所以若对它也建立去耦等效电路，相当于改变了原电路的结构，故据此所建立的去耦等效电路是不正确的。然而，对于图 10-5 这种两个耦合电感邻置的情况，可以将两耦合电感的负极或正极连接起来构成一端相连的情况而并没有改变其电和磁的状态，因而可以进行去耦等效。

事实上，耦合电感的去耦等效电路与两个线圈上电流的参考方向无关，仅取决于两个线圈是同名端相连还是异名端相连，据此可以直接得出它们的去耦等效电路。

直接去耦等效只适用于线性耦合电感，而不适用于非线性耦合电感。这是因为在任何工作状态下要使两电路等效则要求电路参数与工作状态无关，非线性耦合电感无法满足这一点。

【例 10-4】　在图 10-10（a）所示电路中，已知 $L_1 = 1\mathrm{H}$，$L_2 = 2\mathrm{H}$，$M = 0.5\mathrm{H}$，$i_\mathrm{S} = 2e^{-t}\varepsilon(t)\mathrm{A}$，电感元件 L_1 具有原始电流，即 $i_1(0_-) = 1\mathrm{A}$，但 $i_2(0_-) = 0$，在 $t = 0$ 时将各元件连接成图 10-10（a）所示的电路，试计算电流 i_1、i_2 与电压 u。

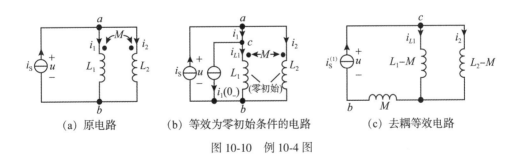

（a）原电路　　　（b）等效为零初始条件的电路　　　（c）去耦等效电路

图 10-10　例 10-4 图

解　（1）求电流 i_1、i_2。由于电感元件并联的分流公式只适用于零初始电流的电感元件，所以应将非零初始耦合电感元件等效为零初始条件后才能应用分流公式。将图 10-10（a）中非零态电感器 L_1 作零初始条件处理后的等效电路如图 10-10（b）所示，其中，对响应 i_{L_1} 与 i_2 来说，原始电流 $i_1(0_-)$ 为激励，因此，它与外施激励 i_S 等效为图 10-10（c）中的 $i_\mathrm{S}^{(1)}$，即有

$$i_{\mathrm{S}}^{(1)} = i_{\mathrm{s}} - i_1(0_-) = 2\mathrm{e}^{-t}\varepsilon(t) - 1 \tag{10-19}$$

对于耦合电感 L_1、L_2 作出的去耦合等效电路如图 10-10(c)所示。这时，电感元件都是零初始条件，这表明在 $t = 0_-$ 时，有 $i_{L_1} = i_2 = 0$，故而可以将式(10-19)中的 1 写作 $\varepsilon(t)$，即

$$i_{\mathrm{S}}^{(1)} = 2\varepsilon(t)\mathrm{e}^{-t} - \varepsilon(t) \tag{10-20}$$

如图 10-10(c)所示，应用分流公式可得

$$\begin{aligned} i_{L_1} &= \frac{L_2 - M}{(L_1 - M) + (L_2 - M)} i_{\mathrm{S}}^{(1)} \\ &= \frac{2 - 0.5}{(1-0.5) + (2-0.5)}\left[2\mathrm{e}^{-t}\varepsilon(t) - \varepsilon(t)\right] \\ &= \frac{3}{2}\varepsilon(t)\mathrm{e}^{-t} - \frac{3}{4}\varepsilon(t) \end{aligned} \tag{10-21}$$

在 c 点应用 KCL，得

$$\begin{aligned} i_2 &= i_{\mathrm{S}}^{(1)} - i_{L_1} = 2\mathrm{e}^{-t}\varepsilon(t) - \varepsilon(t) - \left[\frac{3}{2}\mathrm{e}^{-t}\varepsilon(t) - \frac{3}{4}\varepsilon(t)\right] \\ &= \frac{1}{2}\mathrm{e}^{-t}\varepsilon(t) - \frac{1}{4}\varepsilon(t) \end{aligned} \tag{10-22}$$

在图 10-10(b)中 c 点应用 KCL，得

$$i_1 = i_{L_1} + i_1(0_-) = \frac{3}{2}\mathrm{e}^{-t}\varepsilon(t) - \frac{3}{4}\varepsilon(t) + 1 \tag{10-23}$$

应该注意的是，式(10-23)中的数值 1 不可写作 $\varepsilon(t)$，因为在 $t = 0_-$ 时，有 $i_1(0_-) = 1\mathrm{A}$，因此若将 1 写作 $\varepsilon(t)$，则在 $t = 0_-$ 时成了 $i_1(0_-) = 0$，这与题意不符。

(2)求电压 u。图 10-10(a)中的 u 也就是图 10-10(c)中的 u，这样，由式(10-20)、式(10-22)可得

$$\begin{aligned} u &= (L_2 - M)\frac{\mathrm{d}i_2}{\mathrm{d}t} + M\frac{\mathrm{d}i_{\mathrm{S}}^{(1)}}{\mathrm{d}t} \\ &= (2 - 0.5)\frac{\mathrm{d}}{\mathrm{d}t}\left[\frac{1}{2}\mathrm{e}^{-t}\varepsilon(t) - \frac{1}{4}\varepsilon(t)\right] + 0.5\frac{\mathrm{d}}{\mathrm{d}t}\left[2\mathrm{e}^{-t}\varepsilon(t) - \varepsilon(t)\right] \\ &= 1.5\left[\frac{1}{2}\delta(t) - \frac{1}{2}\mathrm{e}^{-t}\varepsilon(t) - \frac{1}{4}\delta(t)\right] + 0.5\left[2\delta(t) - 2\mathrm{e}^{-t}\varepsilon(t) - \delta(t)\right] \\ &= \frac{7}{8}\delta(t) - \frac{7}{4}\mathrm{e}^{-t}\varepsilon(t) \end{aligned}$$

10.4.2　含受控源(CCVS)的去耦等效电路

在耦合电感的伏安关系中，一个电感的电压既是自身电流的函数，同时也是另一电感电流的函数，因此，后者可以表示为一电流控制电压源(CCVS)。例如，利用受控源(CCVS)，可以将图 10-5(a)所示耦合电感的伏安关系表示为如图 10-11 所示的去耦等效电路。对耦合电感作含受控源的去耦等效电路，无需考虑耦合电感的两个线圈是否有一端连

接，即这种去耦等效电路对于任意两个有耦合关系的电感总是成立的。然而，这种去耦并没有真正做到去耦，它只是将磁耦合转化为受控源耦合。

对于耦合电感的伏安关系作正弦量相量变换，可以得到其相量形式，从而可以得出其相量模型进行正弦稳态电路分析，例如，对于式（10-4），可得

$$\left.\begin{aligned}\dot{U}_1 &= j\omega L_1 \dot{I}_1 + j\omega M \dot{I}_2 \\ \dot{U}_2 &= j\omega M \dot{I}_1 + j\omega L_2 \dot{I}_2\end{aligned}\right\} \tag{10-24}$$

式（10-24）相应的相量模型如图 10-12 所示。

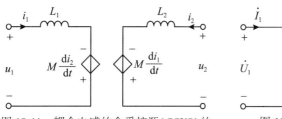
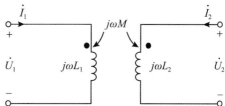

图 10-11 耦合电感的含受控源（CCVS）的
去耦等效电路示例

图 10-12 耦合电感的相量模型示例

【例 10-5】 在图 10-13(a)所示的电路中，已知 10Ω 电阻所消耗的功率为 $32\mathrm{W}$，试求耦合系数 k。

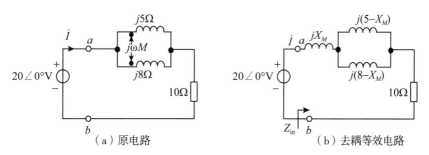

图 10-13 例 10-5 图

解 去耦等效电路如图 10-13(b)所示。利用电阻所消耗的功率可以求出流过其电流为

$$I = \sqrt{\frac{P}{R}} = \sqrt{\frac{32}{10}} = 1.79(\mathrm{A})$$

由电源看进去的等效阻抗模为

$$|Z_{\mathrm{in}}| = \frac{20}{I} = \frac{20}{1.79} = 11.18(\Omega)$$

设 $Z_{\mathrm{in}} = R + jX = 10 + jX$，则

$$X = jX_M + \left[j(5\text{-}X_M) \mathbin{/\!/} j(8\text{-}X_M) \right] = j\left(X_M - \frac{-X_M^2 + 13X_M - 40}{-2X_M + 13} \right)$$

由于 $|Z_{in}| = \sqrt{10^2 + X^2} = 11.18\Omega$，所以 $10^2 + X^2 = 125$，解之得 $X = 5\Omega$，因此

$$X_M - \frac{-X_M^2 + 13X_M - 40}{-2X_M + 13} = 5$$

所以有 $X_M^2 - 10X_M + 25 = 0$，解之可得 $X_M = 5\Omega$，故有

$$k = \frac{\omega M}{\sqrt{\omega L_1 \omega L_2}} = \frac{5}{\sqrt{5 \times 8}} = 0.791$$

【例 10-6】　在图 10-14（a）所示的电路中，已知 $R = 40\Omega$，$\omega L = 60\Omega$，$\omega M = 20\Omega$，$\frac{1}{\omega C_1} = 40\Omega$，$\frac{1}{\omega C_2} = 20\Omega$，$\dot{U}_S = 80\angle 0°\text{V}$，试求 $\dot{I}_1$、$\dot{I}_2$ 以及与 C_1 串联的电感两端的电压 U_{ab}。

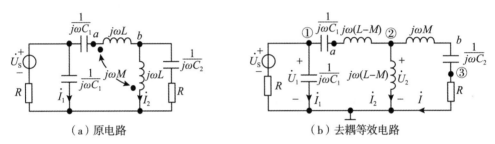

（a）原电路　　　　　　　　　　　　（b）去耦等效电路

图 10-14　例 10-6 图

解　作出去耦等效电路如图 10-14（b）所示。由于 $\omega(L-M) = 40\Omega$，$\frac{1}{\omega C_1} = 40\Omega$，故而 C_1 与 $L-M$ 发生串联谐振，因此 $\dot{U}_{12} = 0$。又由于 $\omega M = 20\Omega$，$\frac{1}{\omega C_2} = 20\Omega$，故而 C_2 与 M 也发生串联谐振，因此 $\dot{U}_{23} = 0$。由于 $\dot{U}_{12} = 0$，所以 $\dot{I}_1$、$\dot{I}_2$ 对应的支路即 C_1 与 $L-M$ 变为并联，而又由于 $\omega(L-M) = 40\Omega$，$\frac{1}{\omega C_1} = 40\Omega$，故而 C_1 与 $L-M$ 发生并联谐振，于是，$\dot{I}_1 + \dot{I}_2 = 0$，外网孔变为一个串联回路，因此有

$$\dot{U}_1 = \dot{U}_2 = \frac{R}{R+R}\dot{U}_S = \frac{1}{2} \times 80\angle 0° = 40\angle 0°(\text{V})$$

因此有

$$\dot{I}_1 = j\omega C_1 \dot{U}_1 = j\frac{1}{40} \times 40\angle 0° = 1\angle 90°(\text{A})$$

$$\dot{I}_2 = -\dot{I}_1 = 1\angle -90°\text{A} \quad \text{或} \quad \dot{I}_2 = \frac{\dot{U}_2}{j\omega(L-M)} = \frac{40\angle 0°}{j40} = 1\angle -90°(\text{A})$$

$$\dot{I} = \frac{\dot{U}_2}{R} = \frac{40\angle 0°}{40} = 1\angle 0°(\text{A})$$

由于图 10-13(b)中节点 2 为新增节点，所以图 10-13(a)中的 $\dot{U}_{ab}$ 为图 10-13(b)中 a、b 两点间的电压，即

$$\dot{U}_{ab} = (\dot{I}_2 + \dot{I})j\omega(L - M) + j\omega M \dot{I}$$
$$= [(-j + 1)j40 + j \times 20] = 40 + j60 = 72.1\angle 56.3°(\text{V})$$

【例 10-7】 在图 10-15(a)所示的电路中，已知 $X_{L_1} = 1\Omega$，$X_{L_2} = 2\Omega$，$k = 1/\sqrt{2}$，$\dot{I}_S = 10\angle 0°A$，$\dot{U} = 10 + j20\text{V}$，试求 g_m。

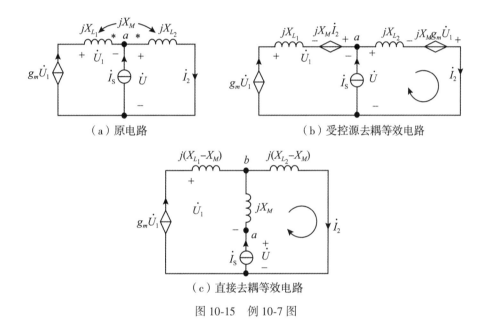

(a) 原电路　　　(b) 受控源去耦等效电路

(c) 直接去耦等效电路

图 10-15　例 10-7 图

解　方法一：将互感电压用受控电压源表示所得电路如图 10-15(b)所示，其中 $X_M = k\sqrt{X_{L_1}X_{L_2}} = \frac{1}{\sqrt{2}}\sqrt{1 \times 2} = 1(\Omega)$

在节点 a 应用 KCL 可得

$$g_m\dot{U}_1 + \dot{I}_S = \dot{I}_2 \qquad\qquad (10\text{-}25)$$

可以求出

$$\dot{U}_1 = jX_{L_1}g_m\dot{U}_1 - jX_M I_2 \qquad\qquad (10\text{-}26)$$

由式(10-26)可得

$$\dot{U}_1 = \frac{-jX_M\dot{I}_2}{1 - jX_{L_1}g_m} = \frac{-j\dot{I}_2}{1 - jg_m} \qquad\qquad (10\text{-}27)$$

将式(10-27)代入式(10-25)整理得

$$\dot{I}_2 = 10(1 - jg_m) \tag{10-28}$$

对图 10-15(b)右边回路列写 KVL 可得

$$jX_{L_2}\dot{I}_2 - jX_M g_m \dot{U}_1 = \dot{U} \tag{10-29}$$

将式(10-27)、$X_M = 1\Omega$ 以及给定数据 $\dot{U} = 10 + j20$ 代入式(10-29)，可得

$$j2\dot{I}_2 - jg_m\frac{-j\dot{I}_2}{1 - jg_m} = 10 + j20 \tag{10-30}$$

将式(10-28)代入式(10-30)，可得

$$\left(j2 - \frac{g_m}{1 - jg_m}\right) \times 10(1 - jg_m) = 10 + j20$$

解之得 $g_m = 1S$。

方法二：对于图 10-15(a)作出其去耦等效电路如图 10-15(c)所示，其中含有新增节点 b，对该节点应用 KCL 可得

$$g_m\dot{U}_1 = -\dot{I}_S + \dot{I}_2 = -10\angle0° + \dot{I}_2 \tag{10-31}$$

$$\dot{U}_1 = j(X_{L_1} - X_M)g_m\dot{U}_1 - jX_M\dot{I}_S = j(1 - 1)g_m\dot{U}_1 - j1 \times 10\angle0° = -j10V \tag{10-32}$$

将式(10-32)代入式(10-31)，可得

$$-j10g_m = -10 + \dot{I}_2 \tag{10-33}$$

对图 10-15(c)右边回路列写 KVL 方程可得

$$j(X_{L_2} - X_M)\dot{I}_2 + jX_M\dot{I}_S = \dot{U} \tag{10-34}$$

将已知数据 $\dot{U} = 10 + j20$ 代入式(10-34)，可得

$$j(2 - 1)\dot{I}_2 + j1 \times 10 = 10 + j20$$

由此可得 $$\dot{I}_2 = 10 - j10A$$

将所得 $\dot{I}_2$ 代入式(10-33)可得

$$-j10g_m = -10 + 10 - j10$$

解之得 $g_m = 1S$。

10.5　含耦合电感正弦稳态电路的一般分析法

一般情况下，耦合电感上的电压除自感电压外，还包括互感电压，因此，从原则上说，只要正确计入互感电压，含耦合电感的正弦稳态电路的计算都可以直接应用正弦稳态电路相量分析中的各种方法。

由于耦合电感伏安关系的直接形式是 KVL 方程，所以一般采用网孔法或回路法比较

方便，而很少采用节点法。应用回路法时，如果耦合电感有一端相连，即满足去耦条件，则通常先对其进行去耦等效，或作出含受控源的去耦等效电路，然后对等效电路按网孔法或回路法列写方程并求解。

因为节点方程实质上是 KCL 方程，而要将耦合电感的电流用节点电压表示需要反解耦合电感电压与电流的关系，从而将耦合电感电流用节点电压表示，因此若先不作或不能作去耦等效，则一般不采用节点电压法。倘若将耦合电感去耦表示为电流控制电压源，由于电流控制量不是所求节点电压，则还必须列出该电流与节点电压间关系的方程，因而比无耦合电感的计算量要大得多，故节点法中也不采用这种去耦方法。

【例 10-8】 试列写图 10-16 所示的电路的网孔电流方程。

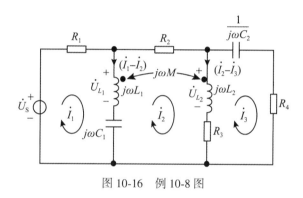

图 10-16　例 10-8 图

解　为了方便起见，在对于一个网孔或回路列写方程时，该网孔或回路中每个元件上的电压均通过该元件电压和电流（表示为回路电流的代数和）取关联参考方向的广义欧姆定律表示。因此，若一元件并非公共支路，则其电压的参考方向与流过它的网孔或回路电流取关联参考方向，若一元件位于公共支路上，则流过它的电流应是本网孔或回路电流减去其他网孔或回路电流（相反方向时），或加上其他网孔或回路电流（相同方向时），即流过公共支路上元件的电流为取本网孔或回路电流为正的网孔或回路电流的代数和。对于耦合电感元件，可以首先将每个电感上的端电压用一个电压源替代，或仅标示出其端电压，按照上述原则，其端电压与端电流的参考方向为关联方向，于是耦合电感的每个电感上的自感电压恒为正，互感电压取决于流过两个电感的"代数和"电流是否从同名端流入或流出，若流入，则与自感电压同号为正，否则为负。

按照这种方法，首先标出每个电感自身电压、电流的参考方向，据此列出其电压电流关系，有

$$
\left.
\begin{aligned}
\dot{U}_{L_1} &= j\omega L_1(\dot{I}_1 - \dot{I}_2) + j\omega M(\dot{I}_2 - \dot{I}_3) \\
\dot{U}_{L_2} &= j\omega L_2(\dot{I}_2 - \dot{I}_3) + j\omega M(\dot{I}_1 - \dot{I}_2)
\end{aligned}
\right\}
\tag{10-35}
$$

利用式（10-35）可以列出图 10-16 中三个网孔的方程，即

$$m_1: \quad \dot{I}_1 R_1 + \underbrace{j\omega L_1(\dot{I}_1 - \dot{I}_2) + j\omega M(\dot{I}_2 - \dot{I}_3)}_{\dot{U}_{L_1}} + \frac{1}{j\omega C_1}(\dot{I}_1 - \dot{I}_2) = \dot{U}_S$$

$$m_2: \quad R_2 I_2 + \underbrace{j\omega L_2(\dot{I}_2 - \dot{I}_3) + j\omega M(\dot{I}_1 - \dot{I}_2)}_{\dot{U}_{L_2}} + R_3(\dot{I}_2 - \dot{I}_3)$$

$$+ \frac{1}{j\omega C_1}(\dot{I}_2 - \dot{I}_1) - \underbrace{[j\omega L_1(\dot{I}_1 - \dot{I}_2) + j\omega M(\dot{I}_2 - \dot{I}_3)]}_{\dot{U}_{L_1}} = 0 \qquad (10\text{-}36)$$

$$m_3: \quad \frac{1}{j\omega C_2}\dot{I}_3 + R_4 \dot{I}_3 + R_3(\dot{I}_3 - \dot{I}_2) - \underbrace{[j\omega L_2(\dot{I}_2 - \dot{I}_3) + j\omega M(\dot{I}_1 - \dot{I}_2)]}_{\dot{U}_{L_2}} = 0$$

整理式(10-36)，可得关于网孔电流 $\dot{I}_1$、$\dot{I}_2$ 和 $\dot{I}_3$ 的方程，即

$$m_1: \quad \left(R_1 + j\omega L_1 + \frac{1}{j\omega C_1}\right)\dot{I}_1 - \left(j\omega L_1 + \frac{1}{j\omega C_1} - j\omega M\right)\dot{I}_2 - j\omega M \dot{I}_3 = \dot{U}_S$$

$$m_2: \quad -\left(j\omega L_1 + \frac{1}{j\omega C_1} - j\omega M\right)\dot{I}_1 + \left(\frac{1}{j\omega C_1} + j\omega L_1 + R_2 + j\omega L_2 + R_3 - \text{j}2\omega M\right)\dot{I}_2$$

$$- (j\omega L_2 + R_3 - j\omega M)\dot{I}_3 = 0$$

$$m_3: \quad -j\omega M \dot{I}_1 - (R_3 + j\omega L_2 - j\omega M)\dot{I}_2 + \left(R_3 + j\omega L_2 + \frac{1}{j\omega C_2} + R_4\right)\dot{I}_3 = 0$$

【例 10-9】　在图 10-17(a)所示正弦稳态电路中，已知 $\dot{U}_S = 60\angle 0°\text{V}$，$R = 15\Omega$，$\omega L_1 = \omega L_2 = 20\Omega$，$\omega L_3 = 45\Omega$，$\omega M_{12} = 5\Omega$，$\omega M_{13} = \omega M_{23} = 10\Omega$，$\frac{1}{\omega C} = 30\Omega$。试求各支路电流和电压源发出的复功率。

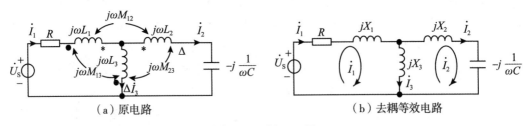

图 10-17　例 10-9 图

解　由于图 10-17(a)所示电路中耦合电感有公共连接点，故而可以利用去耦等效电路求解。对于具有公共端接的三个或更多个耦合互感，可以采用两两分别去耦的方法进行去耦，所得去耦等效电路如图 10-17(b)所示，其中

$$jX_1 = j(\omega L_1 - \omega M_{12} - \omega M_{13} + \omega M_{23}) = j(20 - 5 - 10 + 10) = j15\Omega$$

$$jX_2 = j(\omega L_2 - \omega M_{12} - \omega M_{23} + \omega M_{13}) = j(20 - 5 - 10 + 10) = j15\Omega$$

$$jX_3 = j(\omega L_3 - \omega M_{13} - \omega M_{23} + \omega M_{12}) = j(45 - 10 - 10 + 5) = j30\Omega$$

因此。两个网孔的网孔电流方程分别为

$$\left.\begin{aligned}
(R + jX_1 + jX_3)\dot{I}_1 - jX_3\dot{I}_2 &= \dot{U}_S \\
-jX_3\dot{I}_1 + \left(jX_2 + jX_3 - j\frac{1}{\omega C}\right)\dot{I}_2 &= 0
\end{aligned}\right\} \tag{10-37}$$

在式(10-37)中代入数据，可得

$$\left.\begin{aligned}
(15 + j45)\dot{I}_1 - j30\dot{I}_2 &= 60\angle 0^\circ \\
-j30\dot{I}_1 + j15\dot{I}_2 &= 0
\end{aligned}\right\}$$

解之得 $\dot{I}_1 = 2\sqrt{2}\angle 45^\circ A$，$\dot{I}_2 = 4\sqrt{2}\angle 45^\circ A$，$\dot{I}_3 = \dot{I}_1 - \dot{I}_2 = 2\sqrt{2}\angle 45^\circ - 4\sqrt{2}\angle 45^\circ = 2\sqrt{2}\angle -135^\circ(A)$。

电压源 $\dot{U}_S$ 发出的复功率为

$$\bar{S} = \dot{U}_S \dot{I}_1^* = 60\angle 0^\circ \times 2\sqrt{2}\angle -45^\circ = 120\sqrt{2}\angle -45^\circ = (120 - j120)VA$$

对于本例，还可以对去耦等效电路采用节点法求解，但由于要求的是支路电流，故而采用网孔法更为直接。

【例10-10】 在图10-18所示的耦合电感电路中，已知 $\omega = 1\text{rad/s}$，$R = 1\Omega$，$M = 1\text{H}$，$L_1 = 2\text{H}$，$L_2 = 3\text{H}$，$C = 1\text{F}$，$\dot{I}_S = 1\angle 0^\circ A$，$\dot{U}_S = 1\angle 90^\circ V$，试求 $\dot{I}_1$ 和 $\dot{I}_2$。

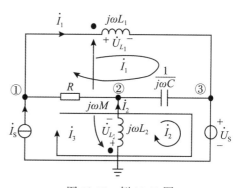

图10-18 例10-10图

解 方法1：回路法。L_1，L_2 为耦合电感，但无公共连节点，因此不能应用直接去耦方法求解。但可采用回路法。由于电流源单独为一支路，故可让其单独居一回路，如图10-18所示，其中回路电流分别设为 $\dot{I}_1$，$\dot{I}_2$，$\dot{I}_3$，所得回路方程和KCL方程为

$$l_1: \quad \underbrace{(j\omega L_1\dot{I}_1 + j\omega M\dot{I}_2)}_{\dot{U}_{L_1}} + \frac{1}{j\omega C}(\dot{I}_1 - \dot{I}_2 - \dot{I}_3) + R(\dot{I}_1 - \dot{I}_3) = 0$$

$$l_2: \quad \frac{1}{j\omega C}(\dot{I}_2 + \dot{I}_3 - \dot{I}_1) + \underbrace{(j\omega L_2\dot{I}_2 + j\omega M\dot{I}_1)}_{\dot{U}_{L_2}} = -\dot{U}_S \tag{10-38}$$

$$\text{KCL}: \quad \dot{I}_3 = \dot{I}_S$$

将已知数据代入式(10-38)并加以整理可得

$$\left.\begin{array}{l} (1+j)\dot{I}_1 + j2\dot{I}_2 - (1\text{-}j)\dot{I}_3 = 0 \\[2mm] j2\dot{I}_1 + j2\dot{I}_2 - j\dot{I}_3 = -1\angle 90° \\[2mm] \dot{I}_3 = 1\angle 0°\,\text{A} \end{array}\right\} \tag{10-39}$$

解之可得 $\dot{I}_1 = 1\angle 0°\,\text{A}$，$\dot{I}_2 = 1\angle 180°\,\text{A}$。

方法二：节点法。在对含耦合电感的电路列写节点方程时，首先应将耦合电感替代为或视为其电流未知的电流源(其电流即为流过电感元件的电流)，再列写节点方程，由于将流过耦合电感的电流视为变量而使变量数目多于方程数，故还要补加用电感元件电流表示节点电压的方程，即耦合电感的伏安特性方程。按照这种方法，以节点 0 为参考节点，列写节点①，②的节点方程以及节点 3 的 KVL 方程为

$$\left.\begin{array}{ll} n_1: & \dfrac{1}{R}\dot{U}_{n_1} - \dfrac{1}{R}\dot{U}_{n_2} = \dot{I}_S - \dot{I}_1 \\[3mm] n_2: & -\dfrac{1}{R}\dot{U}_{n_1} + \left(\dfrac{1}{R} + j\omega C\right)\dot{U}_{n_2} - j\omega C\dot{U}_{n_3} = \dot{I}_2 \\[3mm] \text{KVL:} & \dot{U}_{n_3} = \dot{U}_S \end{array}\right\} \tag{10-40}$$

添补耦合电感的伏安特性方程，其中耦合电感支路的端电压表示为节点电压的代数和，即

$$\left.\begin{array}{l} \dot{U}_{n_1} - \dot{U}_{n_3} = j\omega L_1\dot{I}_1 + j\omega M\dot{I}_2 \\[2mm] \dot{U}_{n_2} = -j\omega L_2\dot{I}_2 - j\omega M\dot{I}_1 \end{array}\right\} \tag{10-41}$$

由于直接所求为电感电流，并非节点电压，故将式(10-41)代入式(10-40)加以整理，并代入已知数据可得

$$\left.\begin{array}{l} (1+j3)\dot{I}_1 + j4\dot{I}_2 = 1-j \\[2mm] (1-j3)\dot{I}_1 + (2\text{-}j4)\dot{I}_2 = -1+j \end{array}\right\} \tag{10-42}$$

解之可得 $\dot{I}_1 = 1\angle 0°\,\text{A}$，$\dot{I}_2 = 1\angle 180°\,\text{A}$。

此题亦可以作受控源去耦等效电路后再用回路法或节点法求解。

【例 10-11】 在图 10-19 所示的正弦稳态电路中，已知三个电流表读数均为 1A，$\dfrac{1}{\omega C} = 15\Omega$，$\omega M = 5\Omega$，电路吸收的有功功率 $P = 13.66\text{W}$，无功功率 $Q = 3.66\text{var}$(感性)，试求 R_1，R_2，ωL_1，ωL_2 以及 U_S。

解 图 10-19(a)中电路的去耦等效电路如图 10-19(b)所示，其中三个电流 $\dot{I}_1$、$\dot{I}_2$、$\dot{I}_3$ 满足 $I_1 = I_2 = I_3$，且有 $\dot{I}_1 = \dot{I}_2 + \dot{I}_3$，因此，这三个电流相量构成一个等边三角形。

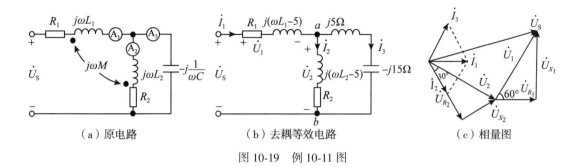

（a）原电路　　　　　　（b）去耦等效电路　　　　　　（c）相量图

图 10-19　例 10-11 图

设 $\dot{I}_1 = 1\angle 0°\text{A}$ 作为参考相量，则有 $\dot{I}_2 = 1\angle -60°\text{A}$，$\dot{I}_3 = 1\angle 60°\text{A}$。依据各元件的 VCR、电路的 KCL 和 KVL 画出相量图如图 10-19（c）所示。在图 10-19（b）所示电路中，a、b 两点间电压 $\dot{U}_2$ 为

$$\dot{U}_2 = (j5 - j15)\dot{I}_3$$

由于 $\dot{I}_3 = 1\angle 60°\text{A}$，故而

$$\dot{U}_2 = 10\angle -30°\text{V}$$

R_2、$j(\omega L_2 - 5)$ 所在支路的阻抗为

$$Z_2 = \frac{\dot{U}_2}{\dot{I}_2} = \frac{10\angle -30°}{1\angle -60°} = 10\angle 30° = 8.66 + j5 = R_2 + j(\omega L_2 - 5)$$

由此可得　　　　　　$R_2 = 8.66\Omega$，$\omega L_2 = 5 + 5 = 10(\Omega)$

电路的功率为

$$P = I_1^2 R_1 + I_2^2 R_2$$

由此求得　　　　$R_1 = \frac{P - I_2^2 R_2}{I_1^2} = \frac{13.66 - 1 \times 8.66}{1} = 5(\Omega)$

将 $Q_{X_2} = 1^2 \times 5 = 5(\text{var})$，$Q_{X_3} = -(1^2 \times 10) = -10(\text{var})$ 代入电路的无功功率平衡关系式，即

$$Q = Q_{X_1} + Q_{X_2} + Q_{X_3}$$

可得

$$Q_{X_1} = 3.66 - 5 - (-10) = 8.66(\text{var})$$

而　　　　　　$Q_{X_1} = I_1^2(\omega L_1 - 5) = 1 \times (\omega L_1 - 5) = 8.66(\text{var})$

因此可得　　　　　　　　$\omega L_1 = 13.66\Omega$

$$\dot{U}_1 = [R_1 + j(\omega L_1 - 5)] \times \dot{I}_1 = (5 + j8.66) \times 1\angle 0° = 10\angle 60°(\text{V})$$

故而电源电压为

$$\dot{U}_\text{S} = \dot{U}_1 + \dot{U}_2 = 10\angle 60° + 10\angle -30° = 10\sqrt{2}\angle 15°(\text{V})$$

所以 $U_{\mathrm{S}} = 14.1\mathrm{V}$。

10.6　利用电路定理分析含耦合电感正弦稳态电路

电路定理也可以用于分析含耦合电感的正弦稳态电路。

【**例 10-12**】　在图 10-20(a)所示电路中，已知 $R = 2\Omega$，$C = 0.25\mathrm{F}$，$i_{\mathrm{s}}(t) = 6$ $\sqrt{2}\sin 2t\mathrm{A}$，$L_1 = L_2 = L_3 = 2\mathrm{H}$，$M_{12} = M_{21} = M_{23} = M_{32} = M_{31} = M_{13} = M = 1\mathrm{H}$，试求 $u(t)$。

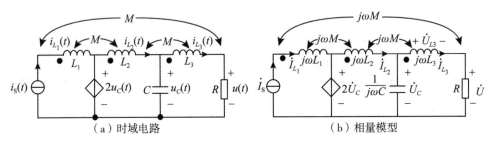

（a）时域电路　　　　　　　　　　　　（b）相量模型

图 10-20　例 10-12

解　（1）作相量域电路如图 10-20(b)所示，将图中电阻 R 断开，求其左侧戴维南等效电路的开路电压 $\dot{U}_{oc}$。由于 L_1 与 L_2、L_3 支路具有磁耦合关系，故而不可将 $i_{\mathrm{s}}(t)$ 和 L_1 串联支路等效为 $i_{\mathrm{s}}(t)$。这时，$\dot{I}_{L_3} = 0$，$\dot{I}_{L_1} = \dot{I}_{\mathrm{S}} = 6\angle 0°\mathrm{A}$，对 $\dot{I}_{L_2}$ 所在网孔列写网孔电流方程可得

$$\left(j\omega L_2 - j\frac{1}{\omega C}\right)\dot{I}_{L_2} + j\omega M\dot{I}_{L_1} = 2\dot{U}_C = \frac{2\dot{I}_{L_2}}{j\omega C}$$

将所给电路参数代入上式可得

$$(j4 - j2)\dot{I}_{L_2} + j2 \times 6 = -j4\dot{I}_{L_2}$$

解之可得 $\dot{I}_{L_2} = -2\mathrm{A}$，于是，$\dot{U}_C = \dfrac{\dot{I}_{L2}}{j\omega C} = j4\mathrm{V}$。由于 L_3 上有 $\dot{I}_{L_1}$ 及 $\dot{I}_{L_2}$ 产生的互感压降。因此尽管 $\dot{I}_{L_3} = 0$，但是 $\dot{U}_{L_3} \neq 0$，故而开路电压为

$$\dot{U}_{oc} = \dot{U}_C - \dot{U}_{L_3} = \dot{U}_C - (j\omega M\dot{I}_{L_1} + j\omega M\dot{I}_{L_2}) = j4 - [j2 \times 6 + j2 \times (-2)] = -j4\mathrm{V}$$

（2）求短路电流 $\dot{I}_{sc}$。将图 10-20(b)中电阻 R 移去再将该支路短路，这时 $\dot{U} = 0$，对 $\dot{I}_{L_2}$、$\dot{I}_{sc}$ 所在网孔分别列写网孔电流方程，可得

$$j\omega L_2\dot{I}_{L_2} + j\omega M\dot{I}_{sc} + j\omega M\dot{I}_{\mathrm{S}} + \frac{\dot{I}_{L_2} - \dot{I}_{sc}}{j\omega C} = 2\dot{U}_C = \frac{2(\dot{I}_{L_2} - \dot{I}_{sc})}{j\omega C} \qquad (10\text{-}43)$$

$$j\omega L_3 \dot{I}_{sc} + j\omega M \dot{I}_{L_2} + j\omega M \dot{I}_S = \dot{U}_C = \frac{\dot{I}_{L_2} - \dot{I}_{sc}}{j\omega C} \quad\quad (10\text{-}44)$$

由式(10-43)可得

$$j4 \dot{I}_{L_2} + j2 \dot{I}_{sc} + j2 \times 6 = j2 \dot{I}_{sc} - j2 \dot{I}_{L_2}$$

由此解得 $\dot{I}_{L_2} = -2A$，将其代入式(10-44)，可得

$$j4 \dot{I}_{sc} + j2 \times (-2) + j2 \times 6 = -j2 \times (-2 - \dot{I}_{sc})$$

由此可得 $\dot{I}_{sc} = -2A$。

(3)求入端阻抗 Z_{eq}。由于电路内含有耦合元件，并且 L_1 和 L_3 未直接相连故而不可对它们进行去耦，因此，不能直接利用串并联化简法求其入端阻抗，这里通过端口的开路电压与端口的短路电流之比求解，即

$$Z_{eq} = \frac{\dot{U}_{oc}}{\dot{I}_{sc}} = \frac{-j4}{-2} = j2\Omega$$

(4)利用戴维南等效电路求电压 $\dot{U}$。由分压公式可得

$$\dot{U} = \frac{R}{Z_{eq} + R}\dot{U}_{oc} = \frac{2}{j2 + 2} \times (-j4) = 2\sqrt{2}\angle -135°(V)$$

因此有 $u(t) = 4\sin(2t - 135°)V$。

【例10-13】　在图10-21(a)所示电路中，已知 L、M 和电源频率 f。试求 Z_L 改变而 I_L 不变时，阻抗 Z 的元件性质与参数值。

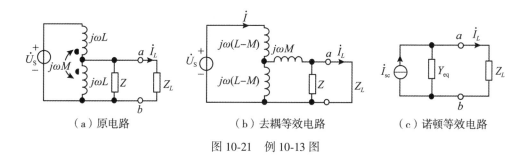

(a)原电路　　　(b)去耦等效电路　　　(c)诺顿等效电路

图10-21　例10-13图

解　作去耦等效电路如图10-21(b)所示，以此建立 $a\text{-}b$ 端口的诺顿等效电路，首先求 $a\text{-}b$ 端口的短路电流，这时有

$$\dot{I} = \frac{\dot{U}_S}{j\omega \left[(L-M) + \dfrac{M(L-M)}{M+(L-M)} \right]} = \frac{\dot{U}_S}{j\omega \left(L - \dfrac{M^2}{L} \right)}$$

利用分流公式可得

$$\dot{I}_{sc} = \frac{j\omega(L-M)}{j\omega[M+(L-M)]}\dot{I} = \frac{\dot{U}_S}{j\omega(L+M)}$$

将电压源短路，求出 $a\text{-}b$ 端口的诺顿等效导纳为

$$Y_{\text{eq}} = \frac{1}{j\omega\left(\dfrac{L-M}{2}\right) + j\omega M} + \frac{1}{Z} = \frac{1}{j\omega\left(\dfrac{L+M}{2}\right)} + \frac{1}{Z}$$

作出 $a\text{-}b$ 端口的诺顿等效电路如图 10-21（c）所示，当 $Y_{\text{eq}} = 0$ 时，$\dot{I}_L = \dot{I}_{\text{sc}}$，$\dot{I}_L$ 与阻抗 Z_L 无关，即改变阻抗 Z_L 时电流 $\dot{I}_L$ 不变。因此

$$\frac{1}{j\omega\left(\dfrac{L+M}{2}\right)} + \frac{1}{Z} = 0$$

即 $Z = -j\omega\left(\dfrac{L+M}{2}\right)$，由此可知，阻抗 Z 应取电容元件，其电容 C 为

$$C = \frac{1}{\omega^2 \dfrac{L+M}{2}} = \frac{2}{(2\pi f)^2 (L+M)}\text{F}$$

10.7 空芯变压器

上面分析的耦合电感的串联、并联以及一端相连的电路均具有一个共同特征，即线圈之间不仅存在着磁场的耦合，还有电流的直接联系，即耦合电感的各线圈电流满足线性相关的 KCL 方程。若各线圈电流之间并没有直接联系，线圈的电流、电压是通过磁耦合而产生的，则具有这种特性的典型电路就是变压器。

变压器是一种利用磁耦合原理实现能量或信号传输，并在各种电气及电子系统中均有广泛应用的多端电路器件。实际变压器有铁芯变压器和空芯变压器两种类型。铁芯变压器是由两个绕在用同一个磁导率很高的铁磁性材料制成的芯子上并具有互感的线圈组成的，因而是耦合系数接近于 1 的紧耦合互感元件，一般说来，这种变压器的电磁特性是非线性的，故属于非线性变压器。铁芯变压器在电力工程中主要用于高、低电压的转换，而在电子技术中主要起阻抗变换作用；空芯变压器则是由两个绕在非铁磁性材料制成的芯柱（有的就以空气为芯，故称为空芯变压器）上并具有互感的线圈组成的，这种变压器的电磁特性是线性的，故也称为线性变压器。空芯变压器的耦合系数较小，属于松耦合，尽管如此，但因为其没有铁芯中的各种功率损耗，所以常用于高频、甚高频等电子电路中。

空芯变压器可用一对计及绕组铜耗的耦合电感作为其电路模型，如图 10-22 所示的虚线柜内部分，与电源相接的绕组称为初级线圈或一次绕组，也称为变压器的原边，与外接负载 Z_L 相接的绕组称为次级线圈或二次绕组，亦称为变压器的副边。R_1 和 R_2 分别代表初级线圈和次级线圈的铜耗等效电阻。

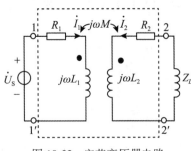

图 10-22 空芯变压器电路

10.7.1 电路方程

本节根据由网孔方程所得出的初级等效电路和次级等效电路分析空芯变压器，这种方法称为反映阻抗分析法。

图 10-22 所示正弦稳态电路的网孔方程为

$$\left.\begin{array}{r}(R_1 + j\omega L_1)\dot{I}_1 + j\omega M\dot{I}_2 = \dot{U}_s \\ j\omega M\dot{I}_1 + (R_2 + Z_L + j\omega L_2)\dot{I}_2 = 0\end{array}\right\} \tag{10-45}$$

式中，令 $Z_{11} = R_1 + j\omega L_1 = R_{11} + jX_{11}$，称为初级回路的自阻抗；$Z_{22} = R_2 + j\omega L_2 + Z_L = R_{22} + jX_{22}$，称为次级回路的自阻抗；$Z_{12} = j\omega M$ 是反映耦合电感次级回路对初级回路影响的互阻抗，$Z_{21} = j\omega M$ 则是反映耦合电感初级回路对次级回路影响的互阻抗。于是，可以将式(10-45)写为一般形式，即

$$\left.\begin{array}{r}Z_{11}\dot{I}_1 + Z_{12}\dot{I}_2 = \dot{U}_s \\ Z_{21}\dot{I}_1 + Z_{22}\dot{I}_2 = 0\end{array}\right\} \tag{10-46}$$

对式(10-46)应用克莱姆法则可求出

$$\dot{I}_1 = \frac{Z_{22}\dot{U}_s}{Z_{11}Z_{22} - Z_{12}Z_{21}} = \frac{\dot{U}_s}{Z_{11} - \frac{Z_{12}Z_{21}}{Z_{22}}} = \frac{\dot{U}_s}{Z_{11} - \frac{(j\omega M)^2}{Z_{22}}} = \frac{\dot{U}_s}{Z_{11} + \frac{\omega^2 M^2}{Z_{22}}} \tag{10-47}$$

$$\dot{I}_2 = \frac{-Z_{21}\dot{U}_s}{Z_{11}Z_{22} - Z_{12}Z_{21}} = \frac{-Z_{21}\frac{\dot{U}_s}{Z_{11}}}{Z_{22} - \frac{Z_{12}Z_{21}}{Z_{11}}} = \frac{-j\omega M\frac{\dot{U}_s}{Z_{11}}}{Z_{22} + \frac{\omega^2 M^2}{Z_{11}}} \tag{10-48}$$

式(10-48)中 $\dot{I}_2$ 是由次级绕组回路中互感电压产生的。由式(10-47)可知，只要设定电流 $\dot{I}_1$ 的参考方向从电源正极流出，无论耦合线圈的同名端位置如何，均可以直接由该式计算出初级电流 $\dot{I}_1$，即 $\dot{I}_1$ 与同名端的相对位置无关，而由式(10-48)可知，由于该式中 Z_{21} 随同名端位置不同而改变正负符号，故 $\dot{I}_2$ 的相位与同名端位置有关，改变其中一个线圈的绕向，$\dot{I}_2$ 的相位就会改变180°。

在式(10-47)中定义

$$Z_{r1} = \frac{\omega^2 M^2}{Z_{22}} \tag{10-49}$$

于是，式(10-47)可表示为

$$\dot{I}_1 = \frac{\dot{U}_s}{Z_{11} + Z_{r1}} \tag{10-50}$$

10.7.2　初级等效电路

由式(10-50)作出其对应的初级等效电路, 也称为初级反映电路, 如图 10-23(a)所示, 由此可以很简单地求出图 10-22 中的初级电流 $\dot{I}_1$、耦合电感电压 $\dot{U}_1$ 以及 1-1′间的初级回路的输入阻抗, 该阻抗为

$$Z_{\mathrm{in}1} = \frac{\dot{U}_{\mathrm{S}}}{\dot{I}_1} = Z_{11} + Z_{r1} = Z_{11} + \frac{\omega^2 M^2}{Z_{22}} \tag{10-51}$$

由式(10-51)可知, $Z_{\mathrm{in}1}$ 可以分为两部分, 其一为初级回路自身的阻抗 Z_{11}, 即无互感时的阻抗, 其二为次级回路自阻抗 Z_{22} 通过由互感耦合作用反映到初级回路的等效阻抗 Z_{r1}, 它代表次级回路对初级回路的影响, 称为次级回路对初级回路的反映阻抗, 简称为初级反映阻抗。考虑到 $Z_{22} = R_{22} + jX_{22}$, 有

$$Z_{r1} = \frac{\omega^2 M^2}{Z_{22}} = \frac{\omega^2 M^2}{R_{22} + jX_{22}} = \frac{\omega^2 M^2}{R_{22}^2 + X_{22}^2} R_{22} + j \frac{-\omega^2 M^2}{R_{22}^2 + X_{22}^2} X_{22} = R_{r1} + jX_{r1} \tag{10-52}$$

式中, 有

$$\left.\begin{array}{l} R_{r1} = \dfrac{\omega^2 M^2}{R_{22}^2 + X_{22}^2} R_{22} = \dfrac{\omega^2 M^2}{|Z_{22}|^2} R_{22} \\[3mm] X_{r1} = -\dfrac{\omega^2 M^2}{R_{22}^2 + X_{22}^2} X_{22} = -\dfrac{\omega^2 M^2}{|Z_{22}|^2} X_{22} \end{array}\right\} \tag{10-53}$$

其中, R_{r1} 称为次级回路对初级回路的反映电阻, X_{r1} 称为次级回路对初级回路的反映电抗。可以看出, R_{r1} 恒为正, X_{r1} 与 X_{22} 符号相反, 这表明, 当次级回路为感性时, 初级反映阻抗 Z_{r1} 为容性; 而当次级回路为容性时, 初级反映阻抗 Z_{r1} 为感性。

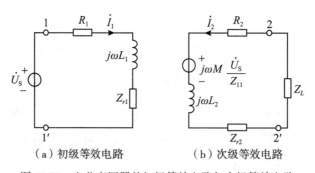

(a) 初级等效电路　　　　(b) 次级等效电路

图 10-23　空芯变压器的初级等效电路与次级等效电路

10.7.3　次级等效电路

由式(10-48)可以画出次级等效电路, 如图 10-23(b)所示, 其中, 初级回路对次级回路的反映阻抗 Z_{r2} 为

$$Z_{r2} = \frac{\omega^2 M^2}{Z_{11}} = \frac{\omega^2 M^2}{R_{11} + jX_{11}} = \frac{\omega^2 M^2}{R_{11}^2 + X_{11}^2}R_{11} + j\frac{-\omega^2 M^2}{R_{11}^2 + X_{11}^2}X_{11} = R_{r2} + jX_{r2} \quad (10\text{-}54)$$

式中，有

$$\left. \begin{aligned} R_{r2} &= \frac{\omega^2 M^2}{R_{11}^2 + X_{11}^2}R_{11} \\ X_{r2} &= \frac{-\omega^2 M^2}{R_{11}^2 + X_{11}^2}X_{11} \end{aligned} \right\} \quad (10\text{-}55)$$

其中，R_{r2} 称为初级回路对次级回路的反映电阻，X_{r2} 称为初级回路对次级回路的反映电抗。由式（10-55）可知，Z_{r2} 与 Z_{r1} 有相似的性质，而且它们均与电流、电压参考方向以及耦合电感的同名端无关，实际上，图 10-23（b）是图 10-22 的戴维南等效电路，图中等效电压源 $j\omega M\dot{U}_S/Z_{11}$ 是空芯变压器电路在其次级端口 2-2′ 的开路电压 $\dot{U}_{oc}$，其正负符号与同名端的位置有关；将图 10-22 中 $\dot{U}_S$ 短路，以 2-2′ 为初级，1-1′ 为次级端口，利用外施电源法求得端口 2-2′ 戴维南等效阻抗 Z_{eq} 为

$$Z_{eq} = R_2 + j\omega L_2 + Z_{r2} = R_2 + j\omega L_2 + \frac{\omega^2 M^2}{Z_{11}}$$

由此可得 $\dot{I}_2$ 的另一种表示形式，即

$$\dot{I}_2 = -\frac{\dot{U}_{oc}}{Z_{eq} + Z_L} \quad (10\text{-}56)$$

10.7.4 功率

由初级反映电路求得电源输出的功率为

$$P = I_1^2(R_1 + R_{r1}) \quad (10\text{-}57)$$

式（10-57）表明，该功率由两部分组成，其中 $P_1 = I_1^2 R_1$ 是消耗在初级回路电阻 R_1 上的功率，另一部分 $I_1^2 R_{r1}$ 则是通过磁耦合传递到次级回路的功率，即为次级回路自电阻 R_{22} 所消耗的功率，且有 $I_1^2 R_{r1} = I_2^2 R_{22}$。这可以作如下证明：消耗在电阻 R_{r1} 上的功率可以表示为

$$P_{R_{r1}} = R_{r1}I_1^2 = \frac{\omega^2 M^2}{R_{22}^2 + X_{22}^2}R_{22}I_1^2$$

利用式（10-46）中的第二式 和式（10-53）中的第一式可以得出次级回路电阻 R_{22} 上消耗的功率为

$$P_2 = I_2^2 R_{22} = \left(\frac{\omega M I_1}{|Z_{22}|}\right)^2 R_{22} = I_1^2 \frac{\omega^2 M^2}{R_{22}^2 + X_{22}^2}R_{22} = I_1^2 R_{r1} = P_{R_{r1}}$$

这表明，次级回路消耗的功率与次级回路对初级回路的反映电阻 R_{r1} 在初级等效电路中消耗的功率相等。

需要注意的是，反映阻抗分析法只适用于空芯变压器的初级回路和次级回路之间没有电的联系的情况，否则需要应用含有耦合电感电路的去耦等效等其他分析方法。

【例 10-14】 在图 10-24（a）所示电路中，已知：$R_1 = 7.5\Omega$，$R_2 = 60\Omega$，$\omega L_1 = 30\Omega$，

$\omega L_2 = 60\Omega$，$\dfrac{1}{\omega C} = 22.5\Omega$，$\omega M = 30\Omega$，$\dot{U}_S = 15\angle 0°\text{V}$，求电流 $\dot{I}_1$、$\dot{I}_2$ 及 R_2 消耗的功率。

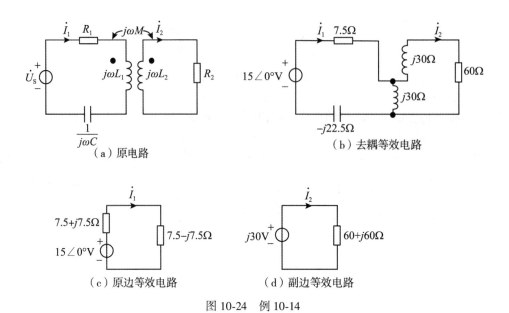

图 10-24　例 10-14

解　方法一：将空芯变压器视为三端连接的耦合电感，作出去耦等效电路如图 10-24（b）所示，由此可得

$$\dot{I}_1 = \frac{\dot{U}_S}{7.5 - j22.5 + j30 \; / \! / \; (60 + j30)} = 1\angle 0°\text{A}$$

$$\dot{I}_2 = \frac{j30}{(60 + j30) + j30} \times \dot{I}_1 = 0.25\sqrt{2}\angle 45°\text{A}$$

R_2 消耗功率为 　　　　　　　　$P_2 = I_2^2 R_2 = 7.5\text{W}$

方法二：利用反映阻抗的概念作出原边等效电路和副边等效电路分别如例图 10-24（c）和（d）所示，其中

$$Z_{11} = 7.5 + j30 - j22.5 = 7.5 + j7.5(\Omega)，\quad Z_{22} = 60 + j60\Omega$$

反映阻抗 Z_{r1} 为

$$Z_{r1} = \frac{(\omega M)^2}{Z_{22}} = \frac{30^2}{60 + j60} = 7.5 - j7.5(\Omega)$$

因此有

$$\dot{I}_1 = \frac{\dot{U}_S}{Z_{11} + Z_{r1}} = \frac{15\angle 0°}{7.5 + j7.5 + 7.5 - j7.5} = 1\angle 0°(\text{A})$$

$$\dot{I}_2 = \frac{j\omega M \dot{I}_1}{Z_{22}} = \frac{j30}{60 + j60} \times 1\angle 0° = 0.25\sqrt{2}\angle 45°(\text{A})$$

则 R_2 吸收的功率 $P_2 = I_2^2 R_2 = 7.5(\text{W})$。

10.8 理想变压器

在电力供电系统、各种电气设备电源部分的电路以及在其他一些较低频率的电子电路中使用的变压器大多是铁芯变压器，其基本结构是初、次级绕组(线圈)置于同一个由铁磁物质制成的铁芯(磁心)上。由于铁磁物质(如硅钢片等)的相对磁导率为几千或几万，所以当绕组通过电流后，磁场会大大增强，这也就会极大地提高线圈的电感量；此外，所产生的磁场主要集中在磁心内，即绝大部分磁通经过磁心而闭合，只有很少一部分磁通经空气而闭合，称为漏磁通。这表明，铁芯变压器是耦合系数接近1的磁耦合电路。

在分析铁芯变压器时，可以采用理想变压器或全耦合变压器作为它的模型，也可在理想变压器的基础上添加一些其他元件构成其模型。因此，理想变压器是从实际铁芯变压器抽象出来的一种理想化模型，即是对耦合电感的一种理想化抽象，或者说是极限情况下的耦合电感。

10.8.1 构成理想变压器的三个条件

理想变压器的三个理想条件是：①耦合系数 $k = 1$，即理想变压器无漏磁通，这称为全耦合。该假定实际上就是要求铁芯具有无限大的磁导率，故而所有磁通均被约束在铁芯内，因此，这一假定的实际背景是用以制成铁芯的磁性材料具有相当高的导磁率，所以可以忽略不计漏磁通；②各绕组的自感系数 L_1、L_2 无穷大且 L_1/L_2 等于常数。根据耦合系数的定义并考虑到条件①，可知 $M = \sqrt{L_1 L_2}$ 亦为无穷大。由于描述耦合电感仅需这三个参数，故此条件可简称为参数无穷大。根据自感系数的定义可知，各绕组自感系数无穷大的假定要求每一绕组的匝数为无限多，显然，这是不可能做到的。这一假定的实际基础是变压器的匝数足够多，自感系数很大；③无损耗，即理想变压器不消耗能量。这首先就需要绕制线圈的金属导线无任何电阻或者说导线的导电率 $\sigma \to \infty$，于是绕组就没有欧姆功率损耗 I^2R(又称绕组铜损)，也没有电阻压降 IR，其次要求制造铁芯的铁磁材料的导磁率 $\mu \to \infty$，于是铁芯内就没有铁芯功率损耗(简称铁损)，即磁滞损耗和涡流损耗，虽然实际中不可能做到这一点，但是，只要导线电阻的铜损和磁心的磁滞、涡流引起的铁损远小于变压器所传输的功率，则这些损耗均可忽略不计。

显然，实际中使用的变压器都无法满足以上三个条件，因而均不是理想变压器。但是在实际制造变压器时，可以通过合理选材和先进的制造工艺，使变压器尽可能地接近或者近似满足上述条件。例如，选用高导电率的金属导线绕制线圈，用高导磁率的硅钢片并采用叠式结构制作铁芯，以减小损耗。此外，还可以采用高绝缘层的漆包线密绕、双线绕，所绕线圈的匝数足够多，有的高达几千匝，同时采取对外的磁屏蔽措施，使线圈的耦合系数尽可能接近1，同时也大大提高线圈自感、互感参数的数值。

若耦合电感在理论上完全满足上述三个理想条件，将质变为与其自身有着本质区别的另一种新的多端电路元件，即理想变压器。下面讨论理想变压器的三个特性方程或变换方程。

10.8.2　理想变压器的三个变换方程

理想变压器的结构示意图及其电路模型如图 10-25 所示（电路模型中的电感只是一种符号，并不代表 L_1 和 L_2，即不意味着任何电感的作用），每个线圈的端口电压与电流取关联参考方向，根据约定，Φ_{11} 与 Φ_{22}，Ψ_{11} 与 Ψ_{22} 分别为初、次级电感线圈的自感磁通和相应的自感磁链，Φ_{12} 与 Φ_{21}、Ψ_{12} 与 Ψ_{22} 分别为初、次级两电感线圈中由另一线圈所产生的互感磁通和相应的互感磁链。因此，初、次级线圈的总磁链分别为

$$\Psi_1 = \Psi_{11} + \Psi_{12} = N_1[\Phi_{11} + \Phi_{12}], \quad \Psi_2 = \Psi_{22} + \Psi_{21} = N_2[\Phi_{22} + \Phi_{21}]$$

考虑到全耦合即 $k = 1$，则有

$$\Phi_{12} = \Phi_{22}, \quad \Phi_{21} = \Phi_{11}$$

因此，可设 $\Phi_{11} + \Phi_{12} = \Phi_{22} + \Phi_{21} = \Phi$，称为主磁通，它既穿越初级线圈，也穿越次级线圈。显然，若图 10-25 中的初、次级电流从异名端流入，则磁通相消，从而主磁通值 Φ 将变为 $\Phi = \Phi_{11} - \Phi_{22}$ 或者 $\Phi = \Phi_{22} - \Phi_{11}$。

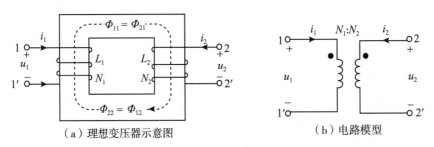

（a）理想变压器示意图　　　　（b）电路模型

图 10-25　理想变压器示意图及其电路模型

10.8.2.1　电压变换方程

根据法拉第电磁感应定律并应用关系式 $\Phi_{11} + \Phi_{12} = \Phi_{22} + \Phi_{21} = \Phi$，可以得出主磁通中通过初、次级线圈分别产生的感应电压为

$$\left.\begin{aligned} u_1 &= \frac{\mathrm{d}\Psi_1}{\mathrm{d}t} = N_1 \frac{\mathrm{d}\Phi}{\mathrm{d}t} \\ u_2 &= \frac{\mathrm{d}\Psi_2}{\mathrm{d}t} = N_2 \frac{\mathrm{d}\Phi}{\mathrm{d}t} \end{aligned}\right\} \tag{10-58}$$

由式（10-58）可得

$$\frac{u_1}{u_2} = \frac{N_1}{N_2} = n \tag{10-59}$$

式中，N_1 和 N_2 分别为初、次级电感线圈的匝数；n 称为匝数比或变比，它是理想变压器的唯一参数。需要注意的是，也有定义 $n = N_2/N_1$。

理想变压器所具有的无限铁芯磁导率表明其磁路是短路的，因此无需激励电流来建立磁通以产生线圈中的感应电压。

由于图 10-25 所示理想变压器的初、次级线圈中，主磁通所产生的感应电压在同名端处的极性总是相同，所以当 u_1、u_2 的参考方向的"+"极性端设在同名端，则 u_1、u_2 同号，式(10-59)成立；若 u_1、u_2 的参考方向的"+"极性端设在异名端，则 u_1、u_2 异号，这时，u_1 与 u_2 之比等于负的 N_1 与 N_2 之比，即

$$\frac{u_1}{u_2} = -\frac{N_1}{N_2} = -n \qquad (10\text{-}60)$$

在利用式(10-59)或(10-60)计算理想变压器的变压关系式时，无需关注初、次级电流参考方向的设定情况，只需考虑两电压参考方向的极性与同名端的相对位置：若设定同名端具有相同的参考电压极性，则采用式(10-59)；若设定同名端具有不同的参考电压极性，则采用式(10-60)。这是因为，同名端表示的是两线圈磁通相助，所以若电压 u_1、u_2 在同名端具有相同的参考极性，则使 u_1 为正的同一磁通变化亦会使 u_2 亦为正，如图 10-26(a)所示，但是，若 u_1、u_2 在同名端具有不同的参考极性，则使 u_1 为正的同一磁通变化就会使 u_2 为负，如图 10-26(b)所示。上述计算式选用原则的正确性也可以用楞次定理严格证明，即在任何时刻，理想变压器同名端处实际电压的极性总是相同的：对另一端或同时为正或同时为负。但是，实际极性与如何选取参考极性没有任何关系，后者的选取是完全任意的，例如，在图 10-26(a)中，当 u_1 和 u_2 参考方向的"+"端均选在同名端时，表示 u_1 和 u_2 的实际极性相同，它们之间的关系为式(10-59)，若改变 u_2 的参考方向，如图 10-26(b)所示，则 u_1 和 u_2 的实际极性相反，它们之间的关系为式(10-60)。

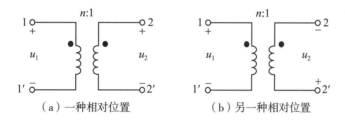

图 10-26　电压参考方向与同名端的相对位置

10.8.2.2　电流变换方程

由于认为铁芯的损耗为零，因此铁芯内不存在涡流，根据安培环路定律，在图 10-25(a)中沿闭合路径 l（磁通环路）磁场强度 H 的线积分等于包围在此闭合曲线内的电流的代数和（不包括涡流，否则便不是理想变压器），即

$$\oint_l \boldsymbol{H} \cdot \mathrm{d}\boldsymbol{l} = \sum_j N_j i_j = N_1 i_1 + N_2 i_2 \qquad (10\text{-}61)$$

由于式(10-61)以磁通 $\varPhi$ 的方向作为积分路径 l 的方向，且与 i_1、i_2 的参考方向符合右手螺旋法则，因此该式中 $N_1 i_1$、$N_2 i_2$ 均为正。

当磁导率 $\mu \to \infty$ 时，在有限时间内，铁心内磁场强度 $H = \dfrac{B}{\mu} = 0$（B 为磁感应强度），因此，由式(10-61)可得

$$N_1 i_1 + N_2 i_2 = 0$$

即有

$$\frac{i_1}{i_2} = -\frac{N_2}{N_1} = -\frac{1}{n} \qquad (10\text{-}62)$$

式(10-62)表明,当初、次级电流 i_1 和 i_2 的参考方向表示它们分别同时从理想变压器的同名端流入(或流出)时,则 i_1 与 i_2 之比等于负的 N_2 与 N_1 之比,即匝数比的负倒数。若假设 i_1 和 i_2 的参考方向表示它们分别同时从理想变压器的异名端流入(或流出),则 i_1 与 i_2 之比等于正的 N_2 与 N_1 之比,即

$$\frac{i_1}{i_2} = \frac{N_2}{N_1} = \frac{1}{n} \qquad (10\text{-}63)$$

在利用式(10-62)或(10-63)计算理想变压器的变流关系时,无需关注初、次级电压参考方向的设定情况,只需考虑两电流的参考方向与同名端的相对位置,因为在磁路中,磁通是通过安匝数 Ni(又称磁动势,它可类比于电动势)产生的,这类似于电路中电流由电压产生。若假定铁芯的磁导率无限大,则无需安匝数来产生磁通,即磁路中所有的安匝数之和为零,这如同在电路中对一条导电率为无限大的导线(短路导线)无需电压即可产生电流一样。若电流 i_1 和 i_2 产生的磁通是相助的,则 $N_1 i_1$ 和 $N_2 i_2$ 具有相同的正负号,否则正负号相反。这可以表述为安匝数规则:若初级或次级电流的参考方向由同名端进入绕组,则其对应的安匝数符号为正,否则为负,但变压器的安匝数代数和为零。

由式(10-62)和式(10-63)可知,当理想变压器一个线圈电流的参考方向流入同名端时,另一个线圈电流实际的参考方向必须同时从同名端流出。事实上,这就是理想变压器中线圈电流在任一时刻的实际流向。需要注意的是,电流实际流向与如何选取其参考方向毫无关系,后者的选取完全是任意的。式(10-62)中的负号表示 i_1 或 i_2 的实际方向与其参考方向相反,例如,在图 10-27(a)中,若 i_1 的实际方向从 1 端流入,则 i_2 的实际方向从 2 端流出,这时对应式(10-62);若 i_2 的参考方向改为从 2 端流出,如图 10-27(b)所示,其实际方向也从 2 端流出,这时对应式(10-63)。

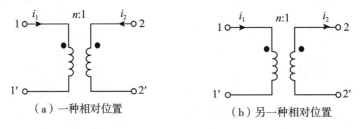

（a）一种相对位置　　　　　　（b）另一种相对位置

图 10-27　电流参考方向与同名端的相对位置

由式(10-59)、式(10-60)、式(10-62)和式(10-63)可知,匝数多的绕组电压高、电流小,此外,若理想变压器的次级短路则初级亦短路;次级开路则初级亦开路。在实际应用中,变压器次级短路现象是必须防止的,因为次级短路往往会使初级电流很大,造成线圈过热,烧毁变压器设备的严重后果。

在上述电压、电流变换关系式的推导过程中，并没有对电压与电流的波形和频率作任何限制，即它们适用于任意电压与电流，这说明，理想变压器既可以工作于交流，也可以工作于直流，而耦合直流的原因在于理想变压器的初级、次级电感为无穷大，这也说明理想变压器是一种理想化的电路模型，而实际用线圈绕制的铁芯变压器对于电压、电流的工作频率是有一定限制的，即使它非常接近理想变压器，也不可能耦合直流。因此，将一个含有变压器的实际电路抽象为电路模型时，应根据该实际电路器件的情况说明所建立模型的适用范围，这如同二端线性电阻元件不同于实际电阻器一样，二端线性电阻元件适用于任意电压与电流，但是实际电阻器的使用情况却是要受限的。

目前用以实现理想变压器特性的实际变压器都是依靠电磁感应原理工作的，因而不能工作于直流。但是，已经研制出不依靠电磁感应而实现理想变压器特性的实际装置。

对电压、电流关系式作正弦量相量变换，可以得出其相量形式，据此又可以得出相应的相量模型，例如，式(10-59)、(10-62)的相量形式分别为

$$\frac{\dot{U}_1}{\dot{U}_2} = n \tag{10-64}$$

$$\frac{\dot{I}_1}{\dot{I}_2} = -\frac{1}{n} \tag{10-65}$$

10.8.2.3 阻抗与电阻变换方程

由于理想变压器可以同时变换电压和电流，故而也就可以变换阻抗或电阻，是一种阻抗变换器。如图 10-28(a)所示，正弦稳态下理想变压器初级输入阻抗为

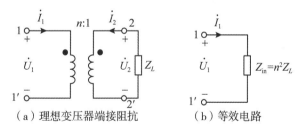

（a）理想变压器端接阻抗　　　（b）等效电路

图 10-28　理想变压器变换阻抗

$$Z_{in} = \frac{\dot{U}_1}{\dot{I}_1} = \frac{n\dot{U}_2}{-\frac{1}{n}\dot{I}_2} = n^2\left(\frac{\dot{U}_2}{-\dot{I}_2}\right) = n^2 Z_L \tag{10-66}$$

式中，$n^2 Z_L$ 与同名端的位置无关，其为次级阻抗折算到初级的阻抗，称为初级折算阻抗。由式(10-66)可知，图 10-28(a)可以等效为图 10-28(b)，它称为理想变压器的初级等效电路或初级折算电路，并且阻抗变换作用只改变阻抗的大小，并不改变阻抗的性质(感性、容性)，而反映阻抗则会改变阻抗的性质。此外，由于电阻、电感的阻抗与其参数 R、L

成正比，因此次级电阻、电感折算到初级时应乘以 n^2，即为 n^2R、n^2L，而由于电导、电容的阻抗与其参数 G、C 成反比，所以次级电导、电容折算到初级时，应除以 n^2，即为 G/n^2、C/n^2。由此可见，对于降压变压器($n > 1$)，变换后的电阻、电感值增大，而电导、电容值减小，对于升压变压器($n < 1$)，其结果与上述相反。

在电子技术中，常利用理想变压器变换阻抗的功能实现阻抗匹配，通过改变匝数比 n 来使负载获得最大功率。需要注意的是，匝数比 n 仅仅改变阻抗的模(大小)，而不改变阻抗角，因而属于模匹配，即 $|n^2 Z_L| = |Z_S|$，Z_S 为电源的内阻抗。

由于理想变压器既可变换电压和电流，又可变换阻抗，因此又称为理想变量器。

10.8.2.4　理想变压器的基本性质

由理想变压器的特性方程式(10-59)和(10-62)可知，在任一时刻进入理想变压器的功率恒等于零，即

$$p = p_1 + p_2 = u_1 i_1 + u_2 i_2 = u_1 i_1 + \frac{1}{n} u_1 \times (-n i_1) = 0$$

或　　　　　　　　　　　$p_1(吸收能量) = -p_2(发出能量)$

这表明，从初级进入理想变压器的功率全部传输到次级的负载上，理想变压器自身既不储能也不耗能，在电路中只起着传递信号和能量的作用，这是由于假定理想变压器无损耗所决定的。因此，图 10-28(a)中 Z_L 消耗的功率等于图 10-28(b)中 $n^2 Z_L$ 所消耗的功率，于是，常用图 10-28(b)所示电路分析阻抗匹配，并进行最大功率计算。

由于理想变压器的伏安关系式(10-59)和式(10-62)既是线性函数关系，又是代数关系，因此理想变压器是线性元件和无记忆元件，事实上，这也说明了理想变压器中实际上是没有感应电压的，因为它没有任何电感作用，因而其伏安关系不是动态关系。

由理想变压器的特性方程式(10-59)和式(10-62)可以得出如图 8-26(a)所示的理想变压器模型，其用受控源表示的等效电路如图 8-29(b)、(c)所示，这样，就为理想变压器的实现提供了可能，例如，两个回转器级联就可构成一个理想变压器。

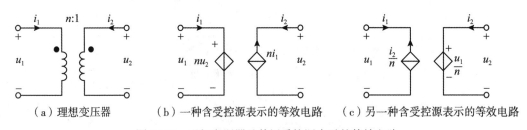

（a）理想变压器　　　（b）一种含受控源表示的等效电路　　　（c）另一种含受控源表示的等效电路

图 10-29　理想变压器及其用受控源表示的等效电路

【例 10-15】　在图 10-30(a)所示的正弦稳态电路中，试求 $\dot{I}_1$、$\dot{I}_2$ 以及理想变压器副边所接 2Ω 电阻所吸收的功率。

　　解　方法一：应用回路电流法求解。设回路电流如图 10-30(b)所示，列回路电流方程可得

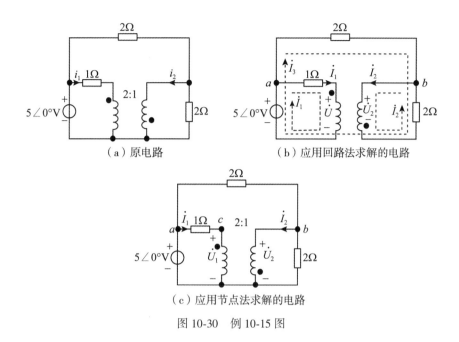

图 10-30 例 10-15 图

$$\begin{cases} 1 \times \dot{I}_1 + \dot{U}_1 = 5\angle 0° \\ 2\dot{I}_2 + \dot{U}_2 - 2\dot{I}_3 = 0 \\ (2 + 2)\dot{I}_3 - 2\dot{I}_2 = 5\angle 0° \end{cases}$$

补充理想变压器的特性方程为

$$\frac{\dot{U}_1}{\dot{U}_2} = -2, \quad \frac{\dot{I}_1}{\dot{I}_2} = \frac{1}{2}$$

联立求解，可得 $\dot{I}_1 = 2\angle 0°\text{A}$，$\dot{I}_2 = 4\angle 0°\text{A}$，$\dot{I}_3 = \dfrac{13}{4}\angle 0°\text{A}$，理想变压器副边所接 2Ω 电阻所吸收的功率为

$$P_{2\Omega} = |\dot{I}_3 - \dot{I}_2|^2 R = \left(\frac{13}{4} - 4\right)^2 \times 2 = \frac{9}{8}(\text{W})$$

方法二：应用节点电压法求解。取参考节点图 10-30（c）所示，则 $\dot{U}_a = 5\angle 0°\text{V}$，对节点 b 和 c 列写的节点电压方程分别为

$$\left(\frac{1}{2} + \frac{1}{2}\right)\dot{U}_b - \frac{1}{2}\dot{U}_a = -\dot{I}_2$$

$$\frac{1}{1} \times 5 - \frac{1}{1} \times \dot{U}_1 = \dot{I}_1$$

补充理想变压器的特性方程为

$$\frac{\dot{U}_1}{\dot{U}_2} = -2, \quad \frac{\dot{I}_1}{\dot{I}_2} = \frac{1}{2}$$

联立求解，可得 $\dot{U}_2 = -\frac{3}{2}\angle 0°\text{V}$、$\dot{U}_1 = -2\dot{U}_2 = 3\angle 0°\text{V}$，$\dot{I}_1 = 5-3 = 2\angle 0°\text{A}$，$\dot{I}_2 = 2\dot{I}_1 = 4\angle 0°\text{A}$，理想变压器副边所接 2Ω 电阻所吸收的功率为

$$P_{2\Omega} = \frac{|\dot{U}_2|^2}{2} = \frac{\left(\frac{3}{2}\right)^2}{2} = \frac{9}{8}(\text{W})$$

【例 10-16】　在图 10-31(a)所示的正弦稳态电路中，试求 R_L 获得最大功率时的值以及该最大功率。

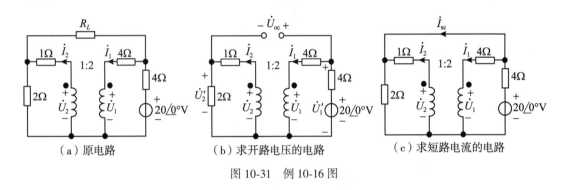

图 10-31　例 10-16 图

解　求 R_L 所在端口的戴维南等效电路。断开 R_L 求开路电压的电路如图 10-31(b)所示，由于这时变压器的原、副边没有电的联系，所以可以用变压器阻抗变换等效电路来求解。这时负载电阻为 $(2+1)\Omega$，故而原边电阻为 $2^2(2+1)\Omega$，再与两个 4Ω 电阻串联，因此，利用分压公式可得

$$\dot{U}_1' = \frac{4 + 2^2(2+1)}{4 + 4 + 2^2(2+1)}\dot{U}_\text{S} = \frac{4}{5}\dot{U}_\text{S}$$

$$\dot{U}_1 = \frac{2^2(2+1)}{4 + 4 + 2^2(2+1)}\dot{U}_\text{S} = \frac{3}{5}\dot{U}_\text{S}$$

因此，利用理想变压器原、副边电压关系和分压公式可得

$$\dot{U}_2 = \frac{\dot{U}_1}{2} = \frac{3}{10}\dot{U}_\text{S}, \quad \dot{U}_2' = \frac{2}{3}\dot{U}_2 = \frac{1}{5}\dot{U}_\text{S}$$

故开路电压　　　$\dot{U}_\text{oc} = \dot{U}_1' - \dot{U}_2' = \frac{4\dot{U}_\text{S}}{5} - \frac{\dot{U}_\text{S}}{5} = \frac{3\dot{U}_\text{S}}{5} = 12\text{V}$

如图 10-31(c)所示，为求短路电流 $\dot{I}_\text{sc}$，将图 10-31(a)所示电路中 R_L 所在端口短路，这时变压器原、副边有电的直接联系，因此，不能用变压器阻抗变换去耦等效电路求解。电路中有 5 个变量，即 $\dot{I}_1$、$\dot{I}_2$、$\dot{I}_\text{sc}$ 以及 $\dot{U}_1$、$\dot{U}_2$，在对 3 个网孔列网孔方程时，直接利用

变压器特性方程将得出以 $\dot{I}_1$、$\dot{I}_{sc}$ 和 $\dot{U}_2$ 为变量的 3 个网孔方程，即

$$\begin{cases} 4(\dot{I}_1 + \dot{I}_{sc}) + 4\dot{I}_1 + 2\dot{U}_2 = \dot{U}_S \\ 2\dot{I}_1 + 2 \times (2\dot{I}_1 + \dot{I}_{sc}) = \dot{U}_2 \\ 4\dot{I}_1 + 2\dot{U}_2 - \dot{U}_2 + 2\dot{I}_1 = 0 \end{cases}$$

联立求解这三个方程，可得 $\dot{I}_{sc} = \dfrac{3\dot{U}_S}{14}$，因此可得

$$R_{eq} = \frac{\dot{U}_{oc}}{\dot{I}_{sc}} = \frac{\dfrac{3\dot{U}_S}{5}}{\dfrac{3\dot{U}_S}{14}} = \frac{14}{5} = 2.8(\Omega)$$

当 $R_L = R_{eq} = 2.8\Omega$ 时，它获得最大功率为

$$P_{max} = \frac{U_{oc}^2}{4R_{eq}} = \frac{12^2}{4 \times 2.8} = 12.85(W)$$

【例 10-17】 在图 10-32(a) 所示电路中，已知 $\dot{U}_S = 10\angle 0°V$，$\dot{I}_S = 0.4\angle 90°A$，$R = 5\Omega$，$\omega L_1 = \omega L_2 = 160\Omega$，$\omega M = 90\Omega$，$Z = 100\angle 36.9°\Omega$。试求负载 Z 获得最大功率时的 X_C 和理想变压器的匝数比 n，并确定该最大功率。

解 确定从负载 Z 看进去的一端口网络的诺顿等效电路时，由图 10-32(b) 可得其等效导纳 Y_{12} 为

$$Y_{12} = \frac{1}{\left(\dfrac{1}{n}\right)^2 R} + \frac{1}{-jX_C} + \frac{1}{j\omega L_1 + j\omega L_2 + j2\omega M}$$

$$= \frac{1}{5}n^2 + jB_C - j2 \times 10^{-3} = \frac{1}{5}n^2 + j(B_C - 2 \times 10^{-3})S = G_{12} + jB_{12}S$$

计算短路电流 $\dot{I}_{sc}$ 的电路如图 10-32(c) 所示，由此可得

$$\dot{I}_1 = \frac{\dot{U}_S}{R} = \frac{10\angle 0°}{5} = 2\angle 0°A, \quad \dot{I}_2 = n\dot{I}_1 = 2n\angle 0°A,$$

$$\dot{I}_3 = \frac{1}{2}\dot{I}_S = \frac{1}{2} \times 0.4\angle 90° = 0.2\angle 90°(A)$$

因此有

$$\dot{I}_{sc} = \dot{I}_2 + \dot{I}_3 = 2n\angle 0° + 0.2\angle 90°(A)$$

由 Y_{12} 和 $\dot{I}_{sc}$ 得出诺顿等效电路如图 10-32(d) 所示，其中

$$Y = \frac{1}{Z} = \frac{1}{100\angle 36.9°} = 8 \times 10^{-3} - j6 \times 10^{-3} = G_Z - jB_Z S$$

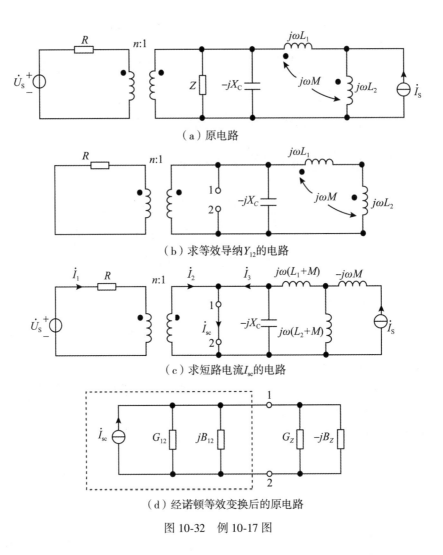

（a）原电路

（b）求等效导纳Y_{12}的电路

（c）求短路电流I_{sc}的电路

（d）经诺顿等效变换后的原电路

图 10-32　例 10-17 图

在 n 为确定值的情况下，当 $B_{12} = B_Z$ 时，负载有功功率最大，于是有

$$B_C = 2 \times 10^{-3} + 6 \times 10^{-3} \text{S}$$

即 $X_C = 125\Omega$。由于电流 $\dot{I}_{sc}$ 和 G_{12} 均为 n 的函数，因此必须通过最大功率来确定 n 值。这时，因为 $\dot{I}_{sc} = \dot{I}_2 + \dot{I}_3 = 2n\angle 0° + 0.2\angle 90° \text{A}$，所以利用相量关系，可知 $I_{sc} = \sqrt{4n^2 + 0.2^2} \text{A}$，当 $X_C = 125\Omega$ 时，有

$$P = (U_{12})^2 \times G_Z = \left(\frac{I_{sc}}{G_{12} + G_Z}\right)^2 \times G_Z = \frac{(4n^2 + 0.2^2) \times 0.008}{(0.2n^2 + 0.008)^2}$$

令 $\dfrac{\mathrm{d}P}{\mathrm{d}n} = 0$ 可得 $2n^2 + 0.08 = 4n^2 + 0.04$，解之可得 $n = \dfrac{\sqrt{2}}{10}$。

对所得取整数可得理想变压器的匝数比，对应的最大功率为 $P_{\max} = 6.67\text{W}$。

10.9 全耦合变压器

理想变压器虽然提供了简单的电压、电流和阻抗的线性变换关系，但是在实际中很难同时实现其三个理想化条件，特别是自感为无穷大的条件是根本无法直接满足的。然而，如果把两个线圈绕在高导磁率铁磁材料制成的心子上，则可使两线圈的耦合系数 k 接近于 1，而且在工作频率不太高时，两线圈的损耗也可以忽略不计。因此，这种只满足理想变压器的两个理想条件即全耦合，无损耗而线圈自感为有限值的变压器称为全耦合变压器。

全耦合变压器电路模型如图 10-33（a）所示，根据其中同名端位置以及所设电压、电流参考方向并考虑全耦合条件即 $M = \sqrt{L_1 L_2}$，可以得出其端口伏安关系：

$$u_1 = N_1 \frac{\mathrm{d}\Phi}{\mathrm{d}t} = L_1 \frac{\mathrm{d}i_1}{\mathrm{d}t} + \sqrt{L_1 L_2} \frac{\mathrm{d}i_2}{\mathrm{d}t} \tag{10-67}$$

$$u_2 = N_2 \frac{\mathrm{d}\Phi}{\mathrm{d}t} = L_2 \frac{\mathrm{d}i_2}{\mathrm{d}t} + \sqrt{L_1 L_2} \frac{\mathrm{d}i_1}{\mathrm{d}t} \tag{10-68}$$

式（10-67）可以改写为

$$u_1 = \sqrt{\frac{L_1}{L_2}} \left(L_2 \frac{\mathrm{d}i_2}{\mathrm{d}t} + \sqrt{L_1 L_2} \frac{\mathrm{d}i_1}{\mathrm{d}t} \right) \tag{10-69}$$

由式（10-69）和（10-68）可得

$$\frac{u_1}{u_2} = \sqrt{\frac{L_1}{L_2}} = \frac{N_1}{N_2} = n \tag{10-70}$$

由此可见，由于全耦合，全耦合变压器与理想变压器具有相同的变压关系。

事实上，$\sqrt{\frac{L_1}{L_2}} = \frac{N_1}{N_2}$ 的关系，也可以利用直接利用互感、自感系数的定义 $M = N_1 \Phi_{12}/i_2$，$L_2 = N_2 \Phi_{22}/i_2$ 和全耦合条件 $k = 1$，即由 $\Phi_{12} = \Phi_{22}$ 得到，即

$$\sqrt{\frac{L_1}{L_2}} = \frac{\sqrt{L_1 L_2}}{\sqrt{L_2 L_2}} \overset{k=1}{=\!=\!=} \frac{M}{L_2} = \frac{\dfrac{N_1 \Phi_{12}}{i_2}}{\dfrac{N_2 \Phi_{22}}{i_2}} \overset{\Phi_{12} = \Phi_{22}}{=\!=\!=\!=} \frac{\dfrac{N_1 \Phi_{22}}{i_2}}{\dfrac{N_2 \Phi_{22}}{i_2}} = \frac{N_1}{N_2} \tag{10-71}$$

式（10-71）表明，全耦合变压器只有一个独立的动态元件参数 L_1（或 L_2）。对式（10-67）两边在区间 $[0, t]$ 作积分，并设 $i_1(0) = 0$，$i_2(0) = 0$，可得

$$i_1 = \frac{1}{L_1} \int_0^t u_1(\xi)\,\mathrm{d}\xi - \sqrt{\frac{L_2}{L_1}} i_2 \tag{10-72}$$

将式（10-71）代入式（10-72），可得

$$i_1 = \frac{1}{L_1} \int_0^t u_1(\xi)\,\mathrm{d}\xi - \frac{N_2}{N_1} i_2 = i_\varphi + \left(-\frac{N_2}{N_1} \right) i_2 = i_\Phi + \left(-\frac{1}{n} i_2 \right) = i_\Phi + i_1' \tag{10-73}$$

式中，
$$i_\Phi = \frac{1}{L_1} \int_0^t u_1(\xi)\,\mathrm{d}\xi \tag{10-74}$$

$$i'_1 = -\frac{1}{n} i_2 \tag{10-75}$$

式(10-73)表明，全耦合变压器初级电流 i_1 由两部分组成，其中一部分 i_Φ 称为空载励磁电流，它是次级开路($i_2 = 0$)时，电感 L_1 上即初级的电流，它建立了变压器工作所需的磁场，故称为励磁电流，当 L_1 趋于无限大时，励磁电流趋于零，全耦合变压器即成为理想变压器，可见，理想变压器的电流变换关系是忽略了励磁电流的结果；另一部分 $i'_1 = -\frac{1}{n} i_2$ 是次级电流 i_2 在初级上的反映，这一部分电流满足理想变压器初次级电流的变流关系。由于有励磁电流 i_Φ，全耦合变压器为一有记忆元件。

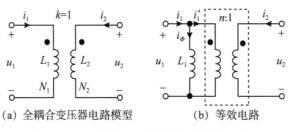

(a) 全耦合变压器电路模型　　　　(b) 等效电路

图 10-33　全耦合变压器模型及其等效电路

由全耦合变压器的电压、电流关系式(10-70)以及式(10-73)~式(10-75)可以得出全耦合变压器的等效电路模型，如图 10-33(b)所示，进一步作正弦量相量变换，也可得出对应的相量形式的方程与相量模型。

全耦合变压器与理想变压器有质的不同，但与不计及绕组铜耗的空芯变压器类似。所以，对于全耦合变压器的分析计算既可以用空芯变压器的处理方法，也可以采用其自身的电路模型，还可以应用去耦等效法。

【例 10-18】　在图 10-34(a)所示正弦稳态电路中，已知耦合电感的耦合系数 $k = 1$，阻抗 $Z_L = 80 + j120\Omega$。试求阻抗 Z_L 吸收的功率。

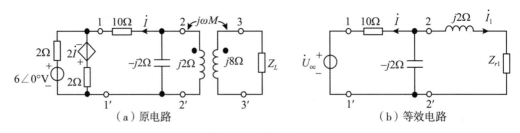

(a) 原电路　　　　　　　　　　(b) 等效电路

图 10-34　例 10-18 图

解   利用耦合系数 $k = 1$ 可以求出互感抗 ωM 为

$$\omega M = \sqrt{\omega L_1 \times \omega L_2} = \sqrt{2 \times 8} = 4(\Omega)$$

次级回路对初级回路的反映阻抗 Z_{r1} 为

$$Z_{r1} = \frac{(\omega M)^2}{j\omega L_2 + Z_L} = \frac{4^2}{j8 + 80 + j120} = 0.106\angle -58° = 0.0562 - j0.09(\Omega)$$

作出图 10-34(a)中 1-1′ 端左侧一端口的戴维南等效电路，其中

$$\dot{U}_{oc} = \frac{1}{2}\dot{U}_S = \frac{1}{2} \times 6\angle 0° = 3\angle 0°(V)，\quad R_{eq} = 0$$

利用戴维南等效电路，图 10-34(a)所示电路化简为图 10-34(b)所示电路，由此可得

$$Z_{eq} = (-j2) /\!/ (j2 + Z_{r1}) = \frac{(-j2)(0.0562 + j1.91)}{0.0562 - j0.09}$$

$$= \frac{3.82\angle -1.68°}{0.106\angle -58°} = 36.1\angle 56.32° = 20 + j30(\Omega)$$

1-1′ 端口的输入阻抗 Z_{in} 为

$$Z_{in} = 10 + Z_{eq} = 10 + 20 + j30 = 42.43\angle 45°\Omega$$

因此，电流 $\dot{I}$ 为

$$\dot{I} = -\frac{\dot{U}_{oc}}{Z_{in}} = \frac{3\angle 0°}{42.43\angle 45°} = 0.0707\angle 135°(A)$$

利用分流公式可得

$$\dot{I}_1 = -\frac{-j2}{-j2 + j2 + Z_{r1}}\dot{I} = \frac{j2}{Z_{r1}}\dot{I}$$

$$= \frac{j2}{0.106\angle -58°} \times 0.0707\angle 135° = 1.334\angle -103°(A)$$

负载 Z_L 吸收的功率也就是反映阻抗 Z_{r1} 所吸收的功率，即

$$P_L = P_{Z_{r1}} = (1.334)^2 \times 0.056 = 0.1(W)$$

此题也可以利用去耦等效电路求解。

【例 10-19】   在图 10-35(a)所示电路中，已知 $R_1 = 10\Omega$，$L_1 = 10mH$，$L_2 = 40mH$，$M = 20mH$，$C = 25\mu F$，$R = 200\Omega$，$i_S(t) = \sqrt{2}\sin 1000t A$，试求 $u(t)$ 和 $i_2(t)$。

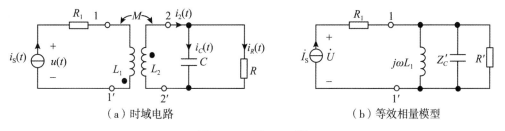

图 10-35   例 10-19 图

解　$k = \dfrac{M}{\sqrt{L_1 L_2}} = \dfrac{20}{\sqrt{10 \times 40}} = 1$，$n = \dfrac{N_1}{N_2} = \sqrt{\dfrac{L_1}{L_2}} = \sqrt{\dfrac{10}{40}} = \dfrac{1}{2}$

$$Z_{L_1} = j\omega L_1 = j\,10^3 \times 10 \times 10^{-3} = j10(\Omega)$$

$$Z_C = -j\,\dfrac{1}{\omega C} = -j\,\dfrac{10^6}{10^3 \times 25} = -j40(\Omega)$$

将全耦合变压器等效为理想变压器与电感相组合如图 10-33(b)所示电路并对理想变压器进行阻抗变换得到如图 10-35(b)所示电路，其中

$$Z'_C = n^2 Z_C = -j10\Omega, \quad R' = n^2 R = 50\Omega$$

$$Z_{11'} = j10 \;/\!/\; (-j10) \;/\!/\; 50 = 50(\Omega)$$

$$\dot{U}_{11'} = Z_{11'}\dot{I}_S = 50 \times 1\angle 0° = 50\angle 0°(V)$$

$$\dot{U} = R_1 \dot{I}_S + \dot{U}_{11'} = 10 \times 1\angle 0° + 50\angle 0° = 60\angle 0°(V)$$

退回到图 10-35 图(a)所示电路对应的相量模型，可得

$$\dot{U}_{22'} = -\dfrac{1}{n}\dot{U}_{11'} = -2 \times 50\angle 0° = -100\angle 0° = 100\angle 180°(V)$$

$$\dot{I}_C = \dfrac{\dot{U}_{22'}}{Z_C} = \dfrac{100\angle 180°}{-j40} = 2.5\angle -90°(A)$$

$$\dot{I}_R = \dfrac{\dot{U}_{22'}}{R} = \dfrac{100\angle 180°}{200} = 0.5\angle 180°(A)$$

$$\dot{I}_2 = \dot{I}_R + \dot{I}_C = -0.5 - j2.5 = 2.55\angle -101.3°A$$

因此

$$u(t) = 60\sqrt{2}\sin 1000t \text{ V}, \quad i_2(t) = 2.55\sqrt{2}\sin(1000t - 101.3°)A$$

10.10　含耦合电感元件的动态电路过渡过程分析

对于含耦合电感的动态电路，其过渡过程的方法分析与一般动态电路的相同，只需要另外应用耦合电感的特性。

【例 10-20】　图 10-36(a)所示电路包含一全耦合变压器，并且 $u_S = 30V$，$R_1 = 30\Omega$，$R_2 = 60\Omega$，$R_3 = 180\Omega$，$L_1 = 15H$，$L_2 = 60H$，换路前电路处于稳态，$t = 0$ 时开关 S 闭合，试求开关闭合后的 i_1 和 i_2。

解　由于全耦合变压器只有一个独立的动态元件参数，即 L_1 或 L_2，因此，图 10-36 中电路为一阶电路。将全耦合变压器等效变换为一个理想变压器与 L_1 相并联的电路，如图 10-36(b)所示，其中的变比 n 为

$$n = \sqrt{\dfrac{L_1}{L_2}} = \sqrt{\dfrac{15}{60}} = \dfrac{1}{2}$$

利用理想变压器变阻抗的性质变换得出图 10-36(c)，其中 R'_{23} 为

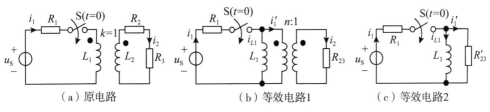

（a）原电路　　　　　　　（b）等效电路1　　　　　　（c）等效电路2

图 10-36　　例 10-20 图

$$R'_{22} = n^2 R_{23} = n^2 (R_2 + R_3) = \left(\frac{1}{2}\right)^2 (60 + 180) = 60(\Omega)$$

在图 10-36(c)中用三要素法求 i_1 和 i'_1。由于 $i_{L_1}(0_+) = i_{L_2}(0_+) = 0$，故有

$$i_1(0_+) = \frac{u_S}{R_1 + R'_{23}} = \frac{1}{3}(A)$$

又

$$i_1(\infty) = i_{L1}(\infty) = \frac{u_S}{R_1} = 1(A)$$

$$\tau = \frac{L_1}{\dfrac{R_1 R'_{23}}{R_1 + R'_{23}}} = \frac{15}{20} = 0.75(s)$$

因此，应用三要素法可得

$$i_1(t) = 1 + \left(\frac{1}{3} - 1\right)e^{-\frac{t}{0.75}} = 1 - \frac{2}{3}e^{-1.33t}(A), \quad t \geq 0_+$$

$$i_{L_1}(t) = 1 + (0 - 1)e^{-1.33t} = (1 - e^{-1.33t})(A), \quad t \geq 0_+$$

由 KCL 可得

$$i'_1(t) = i_1(t) - i_{L_1}(t) = \frac{1}{3}e^{-1.33t}A, \quad t \geq 0_+$$

退回到图 10-36(b)所示电路，求出 $i_2(t)$，即

$$i_2(t) = ni'_1(t) = \frac{1}{6}e^{-1.33t}A, \quad t \geq 0_+$$

习　　题

10-1　在题 10-1 图所示电路中，电流 $i_1(t) = 2 + 5\cos(10t + 30°)$ A，$i_2(t) = 10e^{-5t}$ A，分别从 1 端和 2 端流入，已知 $L_1 = 6H$，$L_2 = 3H$，$M = 4H$。试求：（1）各线圈的磁通链；（2）端电压 $u_{11'}(t)$ 和 $u_{22'}(t)$；（3）耦合系数 k。

10-2　在题 10-2 图所示电路中，已知 $i_S(t) = 2e^{-4t}A$，$L_1 = 3H$，$L_2 = 6H$，$M = 2H$。试求 $u_{ac}(t)$，$u_{ab}(t)$，$u_{bc}(t)$。

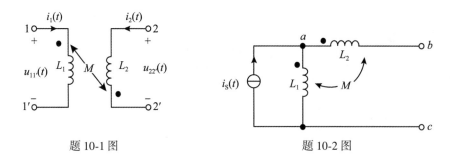

题 10-1 图　　　　　　　　　　　　题 10-2 图

10-3　将两个线圈串联起来接到 50Hz、220V 的正弦电源上，顺接时的电流 I = 2.7A，吸收的功率为 218.7W；反接时的电流为 7A，求互感 M。

10-4　电路如题 10-4 图所示，已知 2 个线圈的参数为：$R_1 = R_2 = 100\Omega$，$L_1 = 3H$，$L_2 = 10H$，$M = 5H$，正弦电源的电压 $U = 220V$，$\omega = 100\text{rad/s}$。

（1）试求 2 个线圈端电压，并作出电路的相量图；

（2）证明 2 个耦合电感反接串联时不可能有 $L_1 + L_2 - 2M < 0$；

（3）画出该电路的去耦等效电路。

10-5　在题 10-5 图所示电路中，已知 $L_1 = 3H$，$L_2 = 5H$，$L_3 = 1H$，$L_4 = 2H$，$M_1 = 0.4H$，$M_2 = 1H$，$R = 9\Omega$，$u_S(t) = 18\sin t\text{V}$，试求 $i(t)$。

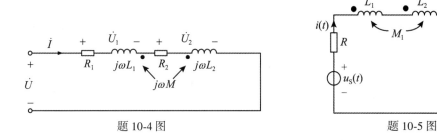

题 10-4 图　　　　　　　　　　　　题 10-5 图

10-6　在题 10-6 图所示电路中，已知 $\omega L_1 = 3\Omega$，$\omega L_2 = 4\Omega$，$\omega M = 3\Omega$，$R_1 = R_2 = 2\Omega$，电源电压有效值 $U = 100V$。求电流 $\dot{I}_1$ 和 $\dot{I}_2$。

10-7　求题 10-7 图所示一端口电路的戴维南等效电路的电压 $\dot{U}_{oc}$ 和阻抗 Z_{eq}。已知：$\omega L_1 = \omega L_2 = 10\Omega$，$\omega M = 5\Omega$，$R_1 = R_2 = 6\Omega$，$U_S = 60V$。

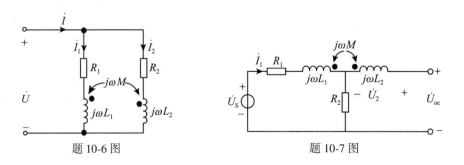

题 10-6 图　　　　　　　　　　　　题 10-7 图

10-8　电路如题 10-8 图所示，试问：当电源角频率 ω 为何值时，功率表的读数为零？

10-9　电路的相量模型如题 10-9 图所示。已知 $\omega M = 2\Omega$，$I_1 = I_2 = I_3 = 10\mathrm{A}$，电路消耗的功率 $P = 1000\mathrm{W}$。求 R，ωL_2 和 $\dfrac{1}{\omega C}$ 之值。

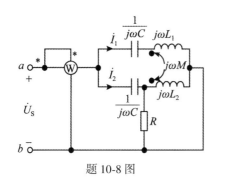 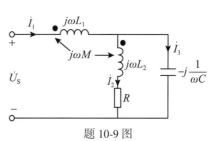

题 10-8 图　　　　　　　　　　　　　　题 10-9 图

10-10　在题 10-10 图所示电路中，已知 $i_s(t) = \sqrt{2}\sin t\,\mathrm{A}$。试用戴维南定理求 $u_2(t)$。

10-11　在题 10-11 图所示正弦稳态电路中，两耦合线圈同侧并联，其中 $R_1 = R_2 = 100\Omega$，$L_1 = 3\mathrm{H}$，$L_2 = 10\mathrm{H}$，$M = 5\mathrm{H}$，正弦电压 $U_s = 220\mathrm{V}$，$\omega = 100\mathrm{rad/s}$。求图中两功率表的读数，并作出解释。

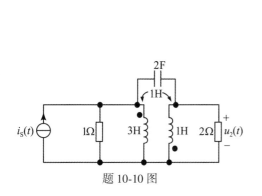 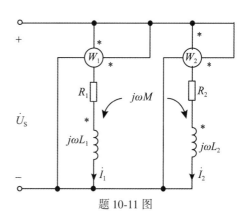

题 10-10 图　　　　　　　　　　　　　　题 10-11 图

10-12　在题 10-12 图所示电路中，$R_1 = 50\Omega$，$L_1 = 70\mathrm{mH}$，$L_2 = 25\mathrm{mH}$，$M = 25\mathrm{mH}$，$C = 1\mu\mathrm{F}$，正弦电源的电压 $\dot{U}_s = 500\angle 0°\,\mathrm{V}$，$\omega = 10^4\mathrm{rad/s}$。求各支路电流。

10-13　在题 10-13 图所示电路中，$R_1 = R_2 = 1\Omega$，$\omega L_1 = 3\Omega$，$\omega L_2 = 2\Omega$，$\omega M = 2\Omega$，$U_s = 100\mathrm{V}$。求：(1)开关 S 打开和闭合时的电流 $\dot{I}_1$；(2)S 闭合时各部分的复功率。

10-14　在题 10-14 图所示正弦稳态电路中，$\dot{U}_s = 20\angle 30°\,\mathrm{V}$，$R_1 = 3\Omega$，$\omega L_1 = 4\Omega$，$\omega L_2 = 17.32\Omega$，$\omega M = 2\Omega$，$R_2 = 10\Omega$，试求电流 $\dot{I}$。

10-15　在题 10-15 图所示正弦稳态电路中，$i_{S_1}(t) = 5\cos 40t \text{A}$，$i_{S_2}(t) = 2\cos 40t \text{A}$。求电流 $i(t)$ 和电压 $u(t)$。

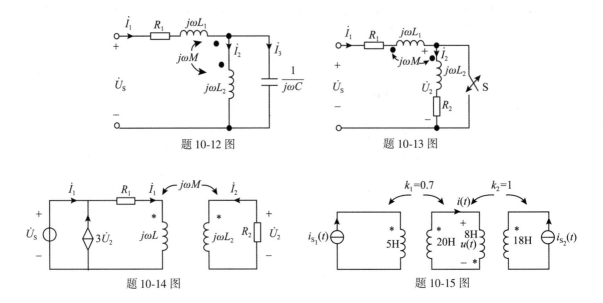

题 10-12 图　　　　　　　　　　题 10-13 图

题 10-14 图　　　　　　　　　　题 10-15 图

10-16　试求题 10-16 图所示电路的戴维南等效电路。

10-17　列出题 10-17 图所示电路节点电压相量方程。

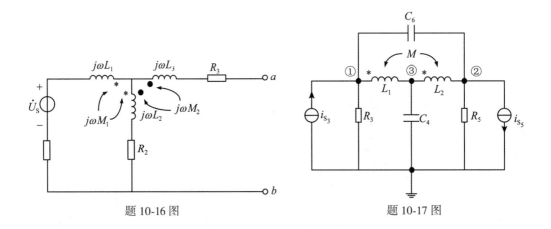

题 10-16 图　　　　　　　　　　题 10-17 图

10-18　在题 10-18 图所示电路中，$u_S(t) = 120\cos 100t \text{V}$，$L_1 = 0.6\text{H}$，$L_2 = 0.3\text{H}$，$M = 0.1\text{H}$，$R_1 = 45\Omega$，$R_2 = 10\Omega$，$R_L = 30\Omega$。求电流 $i_1(t)$ 和 $i_2(t)$。

10-19　空芯变压器电路如题 10-19 图所示，已知 $L_1 = 2\text{mH}$，$L_2 = 1\text{mH}$，$M = 0.2\text{mH}$，$R_1 = 9.9\Omega$，$R_2 = 40\Omega$，$C_1 = C_2 = 10\mu\text{F}$，$u_S(t) = 10\sqrt{2}\cos 10^4 t \text{V}$。试求次级回路电流 $i_2(t)$。

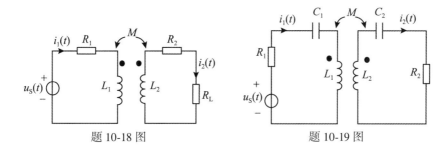

题 10-18 图　　　　　　　　　　　题 10-19 图

10-20　电路如题 10-20 图所示，已知 $L_1 = 3.6\text{H}$，$L_2 = 0.06\text{H}$，$M = 0.465\text{H}$，$R_1 = 20\Omega$，$R_2 = 0.08\Omega$，$R_L = 42\Omega$，$u_s(t) = 115\sin314t\text{V}$。求原侧电流 i_1 及负载电压 u_2。

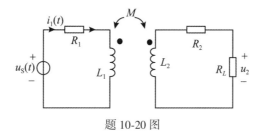

题 10-20 图

10-21　题 10-21 图(a)、(b)所示的两个双口网络为等效网络，试求 R_2 的表示式。

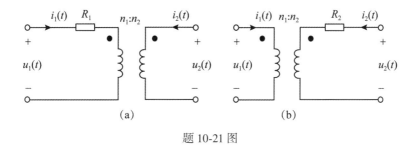

(a)　　　　　　　　　　　(b)

题 10-21 图

10-22　试求题 10-22 图所示正弦稳态电路中电流 $\dot{I}_2$。

10-23　电路如题 10-23 图所示，为了使负载电阻获得最大功率，试问：理想变压器的匝比应为多少？负载电阻获得最大功率为多少？

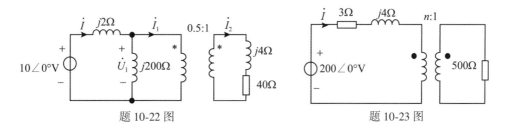

题 10-22 图　　　　　　　　　　　题 10-23 图

527

10-24　在题 10-24 图所示电路中，试问：n_1、n_2 各为多少时，4Ω 电阻才能获得最大功率？并求此最大功率。

10-25　一电路如题 10-25 图所示。已知 $\omega L_1 = 2\Omega$，$\omega L_2 = 8\Omega$，$\omega M = 4\Omega$，$R_1 = 1\Omega$，$R_2 = 8\Omega$，$\dot{U}_S = 4\angle 0° \text{ V}$，试求电流 $\dot{I}_2$。

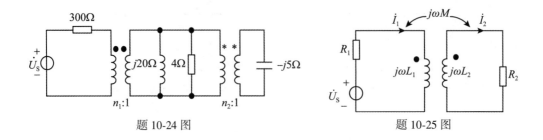

题 10-24 图　　　　　　　　　　　题 10-25 图

第 11 章　三　相　电　路

本章内容主要包括三相电路的基本概念，三相电路的基本连接方式，对称三相与不对称三相电路的分析计算方法以及三相电路功率的计算和测量方法。

11.1　三相电路概述

电力系统的发电、输电和配电绝大多数采用三相制，即三相供电方式，由其所形成的三相供电系统称为三相电路，其最基本的结构特点就是具有一组或多组电源，每组电源均由 3 个频率相同、幅值相等、初相位互差 120° 的正弦电压源构成，电源和负载之间采用特定的连接方式，这种供电系统具有众多十分突出的优点，例如，在同样功率、电压下，三相发配电设备与直流和单相交流的相比具有结构简单、体积小、效率高、节省材料等优点，三相电动机结构简单、运行可靠性高，便于使用和维护等。

三相电路实际上是一类特殊的正弦稳态电路，因此可以采用相量法对其进行分析计算。

11.2　对称三相电源及其相序

三相电路中的电源通常是三相发电机，图 11-1(a) 为三相同步发电机的原理图，其中转子上的励磁线圈通有直流电流，从而构成一个电磁铁。在定子内侧面、空间相隔 120° 的槽内装有三个完全相同的线圈绕组 AX、BY 和 CZ，A、B、C 称为绕组的首端，X、Y、Z 称为绕组的末端，每一绕组称为三相发电机的一相，AX 绕组称为 A 相，BY 绕组称为 B 相，CZ 绕组称为 C 相。转子与定子间磁场被设计为正弦分布，当发电机转子(一对磁极)以恒定的角速度 ω 依顺时针方向旋转时，就会在三个绕组中同时感应出正弦电压，它们相当于 3 个独立的正弦电压源。设发电机的磁极以 AX—BY—CZ 的顺序经过这 3 个在空间位置上彼此相差 120° 的绕组，则 3 个绕组上的感应电压在相位上依序相差 120°，再设三个绕组中感应电压的参考方向均为首端为正、末端为负，则各感应电压的瞬时值表达式分别为

$$\left.\begin{array}{l} u_A = \sqrt{2}\,U_p\sin\omega t \\ u_B = \sqrt{2}\,U_p\sin(\omega t - 120°) \\ u_C = \sqrt{2}\,U_p\sin(\omega t - 240°) = \sqrt{2}\,U_p\sin(\omega t + 120°) \end{array}\right\} \qquad (11\text{-}1)$$

式中，u 的下标字母 A、B、C 分别表示 3 个绕组对应的 A、B、C 三相；U_p 为各相绕组正弦

电压的有效值，也称相电压。式(11-1)所对应的相量形式为

$$\left.\begin{aligned}
\dot{U}_A &= U_p \angle 0° \\
\dot{U}_B &= U_p \angle -120° \\
\dot{U}_C &= U_p \angle -240° = U_p \angle 120°
\end{aligned}\right\}\qquad(11\text{-}2)$$

这样三个有效值相等、频率相同而在相位上彼此相差同一角度(此处为120°)的电压称为对称三相电压，类似的还有对称三相电流。需要注意的是，只有同时满足上述三个"对称"条件才能构成对称三相电压或对称三相电流。

三个单相电源的电路符号如图 11-1(b)所示。对称三相电压的波形图和相量图分别如图 11-2、图 11-3 所示。

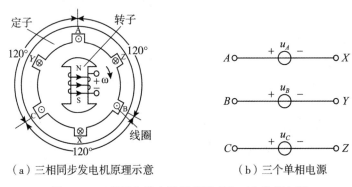

（a）三相同步发电机原理示意　　　　（b）三个单相电源

图 11-1　三相同步发电机原理示意和三个单相电源

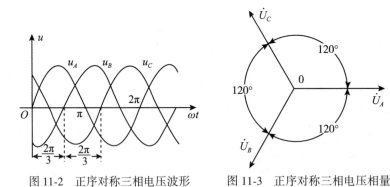

图 11-2　正序对称三相电压波形　　　　图 11-3　正序对称三相电压相量

将三相电源各相电压到达同一值(例如正的最大值或负的最大值)的先后顺序称为相序。对称三相电源的相序有三种：正序、逆序和零序。式(11-1)中三相电压到达同一值的顺序依次为 $A \to B \to C$(也可视为 $B \to C \to A$ 或 $C \to A \to B$)，在其所对应的相量图(图 11-3)中，$\dot{U}_A$，$\dot{U}_B$，$\dot{U}_C$ 依顺时针方向排列，故称为顺序或正序，若将式(11-1)中 u_B、u_C 互换，则三相电压的表示式为

$$u_A = \sqrt{2}\,U_p\sin\omega t$$
$$u_B = \sqrt{2}\,U_p\sin(\omega t + 120°)$$
$$u_C = \sqrt{2}\,U_p\sin(\omega t - 120°)$$

(11-3)

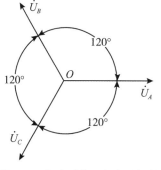

图 11-4 负序对称三相电压相量

于是，三相电压到达同一值的顺序依次为 $A \to C \to B$（也可视为 $C \to B \to A$ 或 $B \to A \to C$），其所对应的相量图如图 11-4 所示，这时，$\dot{U}_A$、$\dot{U}_B$、$\dot{U}_C$ 依逆时针方向排列，故称为逆序或负序，它与正序（u_A 超前于 $u_B 120°$，u_B 超前于 $u_C 120°$，而 u_C 又超前于 $u_A 120°$）的情况相反，变为 u_A 滞后于 $u_B 120°$，u_B 滞后于 $u_C 120°$，而 u_C 又滞后于 $u_A 120°$，与此对应，图 11-1(a)所示的三相同步发电机转子的旋转方向变为逆时针方向。需要注意的是，上述超前或滞后的角度不超过 $180°$。

所谓零序，则是指三相电压在同一时刻到达同一值的情况，这时，各相电压的相位差为零，因此可得零序对称三相电压的相量表示式为

$$\dot{U}_A = \dot{U}_B = \dot{U}_C = U_p\angle 0°$$

(11-4)

式(11-4)所对应的相量图为三个长度相同且与正实轴平行或重叠的相量。

实际上，三相电源内部三个绕组电压的先后顺序是客观存在的，因而是不变的，若人为地指定第一、二、三个绕组分别为 A、B、C，则 $A - B - C$ 为正序；若指定第一个绕组为 A，第三个绕组为 B，第二个绕组为 C，则 $A - B - C$ 为负序。因此，当一个三相电动机转向不对时，只要将其任意两相引线位置互换，再接上电源，便可改变电动机的转向。

电力系统一般采用正序，本书若不另加说明也均指正序。工程中常用黄、绿、红三色标记 A、B、C 三相。

由式(11-1)和式(11-3)可知，无论是正序还是负序，对称三相电压均满足：

$$u_A + u_B + u_C = 0$$

(11-5)

对式(11-5)作正弦量相量变换并应用其线性性质，可得

$$\dot{U}_A + \dot{U}_B + \dot{U}_C = 0$$

(11-6)

工程上，为了方便，引入单位相量算子 α 来表示对称三相电压，其定义为

$$\alpha = 1\angle 120° = \cos 120° + j\sin 120° = -\frac{1}{2} + j\frac{\sqrt{3}}{2}$$

于是，$\alpha^2 = 1\angle 240° = 1\angle -120° = -\frac{1}{2} - j\frac{\sqrt{3}}{2}$，$\alpha$、$\alpha^2$ 也称为旋转因子，因为若一相量乘以 α，则该相量逆时针旋转 $120°$，若乘以 α^2，则顺时针旋转 $120°$。利用 α，正序对称三相电压的相量表示可写为

$$\dot{U}_A = U_p\angle 0°,\ \dot{U}_B = U_p\angle -120° = \alpha^2\dot{U}_A,\ \dot{U}_C = U_p\angle 120° = \alpha\dot{U}_A$$

因为 $1 + \alpha^2 + \alpha = 0$，所以同样也可得出

$$\dot{U}_A + \dot{U}_B + \dot{U}_C = (1 + \alpha^2 + \alpha)\dot{U}_A = 0$$

11.3 对称三相电源的连接方式

实际上，由三相发电机得到的3个单相电源的6个端子并非直接引出形成3个独立的电源去与外部相连，因为这样不但结构复杂，而且并不经济，也无法发挥三相电路的优势，因此，将这三个电压源按星形连接（Y连接）或三角形连接（Δ连接）构成对称三相电源。

11.3.1 星形连接

将三相发电机3个定子绕组的末端 X、Y、Z（图11-1(b)所示的三个单相电源的负极端）连接在一起形成一个公共点 N，称为电源的中（性）点（旧称零线），由此可向外引出中线，于是就构成了一个星形连接的对称三相电源，首端（正极端） A、B、C 分别去与三条输电线（又称端线或火线）相连对外供给电能，如图11-5所示。

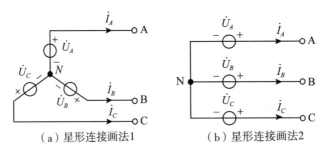

（a）星形连接画法1　　　　　（b）星形连接画法2

图11-5　对称三相电源的星形连接

在三相电路中，流过端线的电流称为线电流，而流经各相电源或负载的电流则称为相电流，例如，由 KCL 可知，在图11-5(a)中 $\dot{I}_A$、$\dot{I}_B$、$\dot{I}_C$ 既是线电流又是相电流，即星形连接电源中线电流等于相电流。

图11-5中每个电源的电压称为相电压，记为 $\dot{U}_A$、$\dot{U}_B$、$\dot{U}_C$ 或 $\dot{U}_{AN}$、$\dot{U}_{BN}$、$\dot{U}_{CN}$，端线之间的电压，称为线电压，记为 $\dot{U}_{AB}$、$\dot{U}_{BC}$、$\dot{U}_{CA}$，由 KVL 可得线电压与相电压的关系为

$$\left.\begin{array}{l} \dot{U}_{AB} = \dot{U}_A - \dot{U}_B = (1 - \alpha^2)\dot{U}_A = \sqrt{3}\,\dot{U}_A \angle 30° \\[2mm] \dot{U}_{BC} = \dot{U}_B - \dot{U}_C = (1 - \alpha^2)\dot{U}_B = \sqrt{3}\,\dot{U}_B \angle 30° \\[2mm] \dot{U}_{CA} = \dot{U}_C - \dot{U}_A = (1 - \alpha^2)\dot{U}_C = \sqrt{3}\,\dot{U}_C \angle 30° \end{array}\right\} \tag{11-7}$$

由式(11-7)可知，$\dot{U}_{AB} + \dot{U}_{BC} + \dot{U}_{CA} = 0$，此外，从图11-5也可知，$\dot{U}_{AB}$、$\dot{U}_{BC}$、$\dot{U}_{CA}$ 为同一回路中的3个电压，因此，式(11-7)中，只有两个式子是独立的。

式(11-7)表明，若相电压是对称的，则线电压有效值 U_l 是相电压有效值 U_p 的 $\sqrt{3}$ 倍，即 $U_l = \sqrt{3}\,U_p$，例如，当相电压为 220V 时，线电压为 $\sqrt{3} \times 220\text{V} \approx 380\text{V}$；三个线电压的相位分别超前各自对应的相电压 30°，即 $\dot{U}_{AB}$ 超前 $\dot{U}_A$ 30°，$\dot{U}_{BC}$ 超前 $\dot{U}_B$ 30°，$\dot{U}_{CA}$ 超前 $\dot{U}_C$ 30°，它们大小相等，相位彼此相差 120°，因此也是对称的。

式(11-7)所对应的两种画法的相量图如图 11-6 所示。在图 11-6(a)中，把 $\dot{U}_B$ 从 O 点反向延长得到 $-\dot{U}_B$，然后根据平行四边形的求和规则得到 $\dot{U}_{AB}$；在图 11-6(b)中，逆着 $\dot{U}_B$ 得到 $-\dot{U}_B$，因为 $-\dot{U}_B$ 和 $\dot{U}_A$ 是首尾衔接的，所以连接 $-\dot{U}_B$ 的起点和 $\dot{U}_A$ 的终点的有向线段就是相量 $\dot{U}_{AB}$。类似地可以画出 $\dot{U}_{BC}$ 和 $\dot{U}_{CA}$。从图 11-6(a)、(b)均可看出，$\dot{U}_{AB}$ 超前于 $\dot{U}_A$ 30°，且有 $U_{AB} = 2U_A\cos 30° = \sqrt{3}U_A$，即 $\dot{U}_{AB} = \sqrt{3}\dot{U}_A \angle 30°$；同理，$\dot{U}_{BC} = \sqrt{3}\dot{U}_B \angle 30°$，$\dot{U}_{AC} = \sqrt{3}\dot{U}_C \angle 30°$。

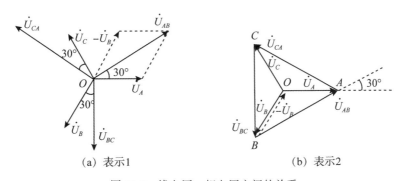

(a) 表示1   (b) 表示2

图 11-6　线电压、相电压之间的关系

需要注意的是，尽管线电压为各端线之间的电压，例如，AB 之间的电压可以是 u_{AB} 或 u_{BA}，两者仅相差一个负号，但是，为什么总是将线电压按正序表述为 u_{AB}、u_{BC} 和 u_{CA}，或按负序表述为 u_{AC}、u_{CB} 和 u_{BA}，而不作其他表述呢？这是因为必须这样按一定相序才能使 3 个线电压大小相等、相位彼此差 120°，即形成所谓"对称"，也就是说，在三相制中，下标必须遵守轮换对称的规则来排列，即依次把 u_{AB} 下标中的 A 换成 B、B 换成 C 就得到 u_{BC}，把 u_{BC} 下标中的 B 换成 C、C 换成 A 就得到 u_{CA}，而把 u_{CA} 下标中的 C 换成 A、A 换成 B 就又得到 u_{AB}。若非如此，则会破坏所要求的对称性。

在三相电路中，除非另加说明，电压均指线电压且为有效值，例如，110kV 的输电线就是指其线电压的有效值为 110kV。

11.3.2　三角形连接

将三相发电机 3 个定子绕组[图 11-1(b)所示的 3 个单相电源]的始、末端顺次相连，再分别从 3 个连接点引出 3 个端钮 A、B、C 与输电线相连，就构成了一个三角形连接的对称三相电源，如图 11-7 所示，显然，这种连接方式不存在中性点。这时，三相电源的线电压等于相应的相电压，即

$$\left.\begin{array}{l} \dot{U}_{AB} = \dot{U}_A \\ \dot{U}_{BC} = \dot{U}_B \\ \dot{U}_{CA} = \dot{U}_C \end{array}\right\} \tag{11-8}$$

式(11-8)表明，三角形连接方式下三相电源的线电压和相电压的有效值相等，即 $U_l = U_p$，并且线电压和对应相电压的相位也是相等的。三角形连接的对称三相电源中，线电流与相电流之间的关系留在三角形连接负载中讨论。

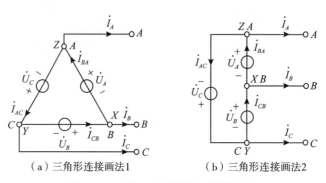

（a）三角形连接画法1　　　　（b）三角形连接画法2

图 11-7　对称三相电源的三角形连接

由式(11-6)可知，由于三相电源对称，故而在上述三角形连接方式所形成的闭合回路中，回路三相电压之和即总电压为零，因此，在无负载(空载)的情况下，回路内部无环形电流(环流)，但是，若有任何一相电源的端头接反，例如，图 11-8(a)所示 C 相接反，则这时三角形回路内总电压不再为零，而是

$$\dot{U}_A + \dot{U}_B - \dot{U}_C = -2\dot{U}_C$$

对应的相量图如图 11-8(b)所示，由于绕组的阻抗很小，因此，这个大小等于相电压两倍的电压将在三相电源内部产生很大的环形电流，从而存在烧毁发电机绕组的危险。为此，可以采用图 11-9 所示的简易方法判断三角形连接的正确性，即在三相电源的绕组接成三角形时不要完全闭合而留下一个开口，再在开口处接上一块交流电压表，当电压表的示数为零时，则表明接法无误，这时便撤去电压表，将开口处连接起来。

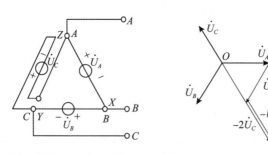

（a）C相接反的三角形连接电源　　（b）相量图

图 11-8　C 相接反的三角形连接电源及其对应的相量图　　图 11-9　开口电压测量示例

11.4 对称三相负载的连接方式

三相负载由三个单相负载组成，其基本连接方式也有两种，即星形连接和三角形连接，分别如图 9-8(a)、(b)所示。显然，星形连接的三相负载也可以有一个中性点，记为 N′，它可以通过输电线与星形连接的三相电源的中性点相连，形成中线。

若三个负载的阻抗参数完全相同，即 $Z_A = Z_B = Z_C$（Y 连接），$Z_{A'B'} = Z_{B'C'} = Z_{C'A'}$（△连接），则称这三个负载为对称三相负载，否则为不对称三相负载。

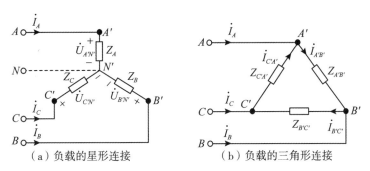

（a）负载的星形连接　　　（b）负载的三角形连接

图 11-10　三相负载的星形连接和三角形连接

11.4.1 星形连接

对称三相电源星形连接下线电压和相电压的关系也适用于星形连接的对称负载，对于图 11-10(a)，有

$$\left.\begin{aligned}
\dot{U}_{A'B'} &= \dot{U}_{A'N'} - \dot{U}_{B'N'} = \sqrt{3}\,\dot{U}_{A'N'}\angle 30° \\
\dot{U}_{B'C'} &= \dot{U}_{B'N'} - \dot{U}_{C'N'} = \sqrt{3}\,\dot{U}_{B'N'}\angle 30° = \sqrt{3}\,\dot{U}_{A'N'}\angle -90° = \dot{U}_{A'B'}\angle -120° \\
\dot{U}_{C'A'} &= \dot{U}_{C'N'} - \dot{U}_{A'N'} = \sqrt{3}\,\dot{U}_{C'N'}\angle 30° = \sqrt{3}\,\dot{U}_{C'N'}\angle 150° = \dot{U}_{A'B'}\angle 120°
\end{aligned}\right\} \quad (11\text{-}9)$$

对于星形连接的三相负载，同样有其线电流等于相电流。

11.4.2 三角形连接

三角形连接各相负载的相电压也等于其对应的线电压。下面讨论线电流与相电流之间的关系。对于图 11-10(b)，设流过各相负载的相电流分别为 $\dot{I}_{A'B'}$、$\dot{I}_{B'C'}$、$\dot{I}_{C'A'}$，各端线中的线电流依次为 $\dot{I}_A$、$\dot{I}_B$、$\dot{I}_C$，于是，由 KCL 可得

$$\left.\begin{aligned}
\dot{I}_A &= \dot{I}_{A'B'} - \dot{I}_{C'A'} \\
\dot{I}_B &= \dot{I}_{B'C'} - \dot{I}_{A'B'} \\
\dot{I}_C &= \dot{I}_{C'A'} - \dot{I}_{B'C'}
\end{aligned}\right\} \quad (11\text{-}10)$$

设负载相电压三相对称，为

$$\dot{U}_{A'B'} = U_l \angle 0°, \quad \dot{U}_{B'C'} = U_l \angle -120°, \quad \dot{U}_{C'A'} = U_l \angle 120°$$

设负载也是对称的，即 $Z_{A'B'} = Z_{B'C'} = Z_{C'A'} = Z$，并以 I_p 表示相电流的有效值，则有

$$\left. \begin{array}{l} \dot{I}_{A'B'} = \dfrac{\dot{U}_{A'B'}}{Z} = \dfrac{U_l \angle 0°}{|Z| \angle \varphi} = I_p \angle -\varphi \\[3mm] \dot{I}_{B'C'} = \dfrac{\dot{U}_{B'C'}}{Z} = \dfrac{U_l \angle -120°}{|Z| \angle \varphi} = I_p \angle -\varphi -120° = \dot{I}_{A'B'} \angle -120° \\[3mm] \dot{I}_{C'A'} = \dfrac{\dot{U}_{C'A'}}{Z} = \dfrac{U_l \angle 120°}{|Z| \angle \varphi} = I_p \angle -\varphi +120° = \dot{I}_{A'B'} \angle 120° \end{array} \right\} \quad (11\text{-}11)$$

式(11-11)表明，3 个相电流亦是对称的，它们可以表示为 $\dot{I}_{B'C'} = \alpha^2 \dot{I}_{A'B'}(=\alpha \dot{I}_{C'A'})$，$\dot{I}_{C'A'} = \alpha \dot{I}_{A'B'}$，将其代入式(11-10)，可得

$$\left. \begin{array}{l} \dot{I}_A = \dot{I}_{A'B'} - \dot{I}_{C'A'} = (1-\alpha)\dot{I}_{A'B'} = \sqrt{3}\dot{I}_{A'B'} \angle -30° \\[2mm] \dot{I}_B = \dot{I}_{B'C'} - \dot{I}_{A'B'} = (1-\alpha)\dot{I}_{B'C'} = \sqrt{3}\dot{I}_{B'C'} \angle -30° \\[2mm] \dot{I}_C = \dot{I}_{C'A'} - \dot{I}_{B'C'} = (1-\alpha)\dot{I}_{C'A'} = \sqrt{3}\dot{I}_{C'A'} \angle -30° \end{array} \right\} \quad (11\text{-}12)$$

由于 $\dot{I}_A + \dot{I}_B + \dot{I}_C = 0$，因而式(11-12)中也只有两个方程是独立的，该式表明，在对称三角形连接中，当相电流是对称时，线电流亦是对称的，有 $\dot{I}_B = \alpha^2 \dot{I}_A$，$\dot{I}_C = \alpha \dot{I}_A$，且线电流的有效值 I_l 等于相电流有效值 I_p 的 $\sqrt{3}$ 倍，3 个线电流的相位依次滞后于各自对应的相电流，即 $\dot{I}_{A'B'}$、$\dot{I}_{B'C'}$ 和 $\dot{I}_{C'A'}$ 30°。线电压、线电流、相电流的相量图如图 11-11 所示，从中也可以得到 $I_l = 2I_p \cos 30° = \sqrt{3} I_p$。

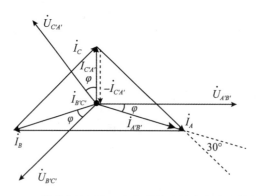

图 11-11 三角形连接对称三相负载线电流和相电流的相量图

需要指出的是，线电流与相电流的参考方向必须这样选定，即线电流应从电源指向负

载，相电流的下标应是轮换对称的，如此才能保证 3 个线电流和 3 个相电流均是对称的。

对于如图 11-7 所示的三角形连接的对称三相电源在端接对称负载的情况下，其线电流与相电流之间的关系为

$$\left.\begin{array}{l} \dot{I}_A = \dot{I}_{BA} - \dot{I}_{AC} = (1 - \alpha)\dot{I}_{BA} = \sqrt{3}\dot{I}_{BA}\angle -30° \\ \dot{I}_B = \dot{I}_{CB} - \dot{I}_{BA} = (1 - \alpha)\dot{I}_{CB} = \sqrt{3}\dot{I}_{CB}\angle -30° \\ \dot{I}_C = \dot{I}_{AC} - \dot{I}_{CB} = (1 - \alpha)\dot{I}_{AC} = \sqrt{3}\dot{I}_{AC}\angle -30° \end{array}\right\} \tag{11-13}$$

11.5 基本对称三相电路的计算

由对称三相电源、对称三相负载和各相线路阻抗均相同的连接线路组成的电路，称为对称三相电路，而只要这三者中有一个是不对称的，则称为不对称三相电路。然而，实际中，三相电源一般总是对称的，因此，通常不再考虑电源不对称的情况，于是，一个三相电路对称与否就取决于负载和线路阻抗是否对称。

利用对称三相电路的对称性可以将其简化为单相电路来计算。

对称三相星形或三角形连接电源通过线路与对称三相星形或三角形连接负载相连接可以形成五种基本对称三相电路，即 Y_0-Y_0、Y-Y、Y-△、△-Y、△-△ 连接方式的电路。

11.5.1 Y_0-Y_0 和 Y-Y 连接的对称三相电路

对称星形三相电路有两种连接方式即三相四线制电路（$Y_0 - Y_0$）和三相三线制电路（Y-Y）。在如图 11-12 所示的三相四线制电路中，Z_l 为线路阻抗，Z_N 为中线阻抗。以节点 N 为参考节点所列写的节点电压方程为

$$\left(\frac{3}{Z_l + Z} + \frac{1}{Z_N}\right)\dot{U}_{N'} = \frac{\dot{U}_A}{Z_l + Z} + \frac{\dot{U}_B}{Z_l + Z} + \frac{\dot{U}_C}{Z_l + Z}$$

从中解得

$$\dot{U}_{N'} = \frac{\dfrac{1}{Z_l + Z}(\dot{U}_A + \dot{U}_B + \dot{U}_C)}{\dfrac{3}{Z_l + Z} + \dfrac{1}{Z_N}} \tag{11-14}$$

在式（11-14）中，由于 $\dot{U}_A + \dot{U}_B + \dot{U}_C = 0$，故而 $\dot{U}_{N'}$ 等于零，这表明电源中性点 N 与负载中性点 N' 等电位，即这两个节点之间相当于短路，因此，图 11-12（a）可以等效为图 11-12（b），而由 $\dot{I}_N = \dfrac{\dot{U}_{N'}}{Z_N} = 0$，即中线电流为零，可知 N 与 N' 之间又相当于开路，故而图 11-12（a）还可以等效为图 11-12（c），这表明，中线的存在与否对于三相电路的工作状态毫无影响，因此，在对称的情况下，三相四线制电路和三相三线制电路是等同的。由于三相动力负载都是对称的，所以三相对称 Y 连接电源对三相 Y 连接动力负载的供电均为 Y - Y 连

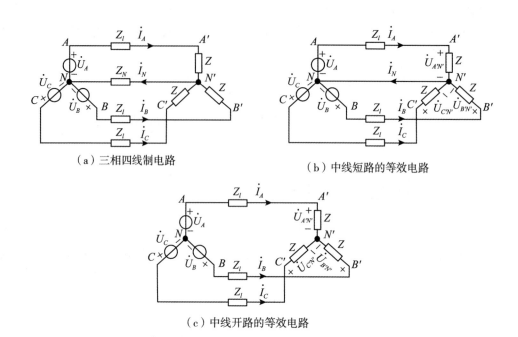

（a）三相四线制电路　　　　　　　　（b）中线短路的等效电路

（c）中线开路的等效电路

图 11-12　对称 $Y_0 - Y_0$ 电路及其等效电路

接，此外，尽管图 11-12(a)、(b)、(c)相互等效，但是，在对电路进行分析计算时采用图 11-12(b)最为简便，这时，原三相电路可以视为 3 个彼此独立无关的单相电路，以 A 相为例，对应电路如图 11-13 所示，其中 N 和 N' 之间为短路线，与中线阻抗 Z_N 无关，N'-N 短接线上的电流是 A 相电流而非中线电流，这时可得 A 相电流和 A 相负载电压分别为

$$\dot{I}_A = \frac{\dot{U}_A}{Z_l + Z}, \quad \dot{U}_{A'N'} = Z\dot{I}_A$$

同理，由 B 相和 C 相的单相电路可得其相电流和负载电压分别为

$$\dot{I}_B = \frac{\dot{U}_B}{Z_l + Z} = \dot{I}_A \angle - 120°, \quad \dot{U}_{B'N'} = Z\dot{I}_B = \dot{U}_{A'N'} \angle - 120°$$

$$\dot{I}_C = \frac{\dot{U}_C}{Z_l + Z} = \dot{I}_A \angle 120°, \quad \dot{U}_{C'N'} = Z\dot{I}_C = \dot{U}_{A'N'} \angle 120°$$

上述结果表明，$\dot{I}_A$、$\dot{I}_B$、$\dot{I}_C$ 以及 $\dot{U}_{AN'}$，$\dot{U}_{B'N'}$，$\dot{U}_{C'N}$，也分别是一组彼此独立的对称量，因此，计算对称三相电路时，只需计算其中的任一相电路(通常为 A 相)即可，其它两相的计算结果可根据对称性得到。

负载线电压可以根据式(11-9)得出，它们也是一组对称量。

【例 11-1】　已知一对称三相电路中星形负载阻抗 $Z = 178 + j86\Omega$，线路阻抗 $Z_l = 2 +$

$j1.18\Omega$, 中线阻抗 $Z_N = 3 + j2\Omega$, 电源侧的线电压 $U_l = 380\text{V}$, 试求负载侧的电流和线电压。

解 假设电源端为星形连接，则将对称三相电路归为如图 11-13 所示的一相计算电路。其中

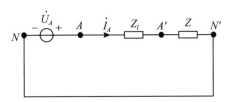

图 11-13 A 相计算电路

$$\dot{U}_A = \frac{U_l}{\sqrt{3}}\angle 0° = \frac{380}{\sqrt{3}}\angle 0° = 220\angle 0°\text{V}$$

根据图 11-13 所示电路有

$$\dot{I}_A = \frac{\dot{U}_A}{Z_l + Z} = \frac{220\angle 0°}{(178 + j86) + (2 + j1.18)} = 1.1\angle -25.84°\text{A}$$

于是有 $\qquad \dot{I}_B = 1.1\angle -145.84°\text{A}, \quad \dot{I}_C = 1.1\angle 94.16°\text{A}$

$$\dot{U}_{A'N'} = Z\dot{I}_A = (178 + j86) \times 1.1\angle -25.84° = 217.46\angle -0.05°\text{V}$$

因此 $\qquad \dot{U}_{B'C'} = 376.65\angle 90.05°\text{V}, \quad \dot{U}_{C'A'} = 376.65\angle -149.95°\text{V}$

【例 11-2】 已知逆序对称 Y-Y 连接三相三线制电路的线路阻抗为 $Z_l = 1 + j0.2\Omega$, 负载每相阻抗为 $Z = 10\angle -10°\Omega$, 相电流为 10A, 试求线电流以及电源端线电压。

解 设 A 相负载电流初相位为零，于是有 $\dot{I}_{A'N'} = 20\angle 0°\text{A}$, 因此，线电流分别为

$$\dot{I}_A = \dot{I}_{A'N'} = 20\angle 0°\text{A}, \quad \dot{I}_B = 20\angle 120°\text{A}, \quad \dot{I}_C = 20\angle -120°\text{A}$$

电源端 A 相电压为

$$\dot{U}_A = (Z + Z_l)\dot{I}_A = (1 + j0.2 + 10\angle -10°) \times 20\angle 0°\text{V} = 219.13\angle -8.06°\text{V}$$

由于三相电路是逆序的，因此线电压 $\dot{U}_{AB}$ 为

$$\dot{U}_{AB} = \sqrt{3}\dot{U}_A\angle -30° = \sqrt{3} \times 219.13\angle -8.06° \times \angle -30°\text{V} = 379.54\angle -38.06°\text{V}$$

于是

$$\dot{U}_{BC} = 379.54\angle 81.94°\text{V}, \quad \dot{U}_{CA} = 379.54\angle -158.06°\text{V}$$

11.5.2 △-△连接的对称三相电路

这时存在两种情况，对于如图 11-14 所示的线路阻抗为零的 △-△ 连接的对称三相电

路，由于各相电压直接施加于对应的负载上，因此，这种连接形式的电路可以化为单相电路计算，即直接在 △-△ 连接中任取一相，例如，A 相电压源与其所对应的 A 相负载相并联，由此求出 A 相负载的相电流 $\dot{I}_{A'B'} = \dfrac{\dot{U}_A}{Z}$，再由对称性推出 B、C 两相负载的相电流，并求出相电压，继而利用对称三角形负载线、相电流之间的关系求出各线电流。

对于如图 11-15 所示的线路阻抗不为零的 △-△ 连接的对称三相电路，由于电源电压并非直接施加于负载上，因此，不能直接取其中的某相进行计算，而应将 △-△ 连接电路等效为 Y-Y 连接电路进行求解。

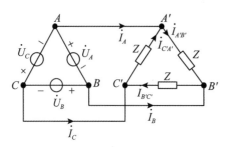
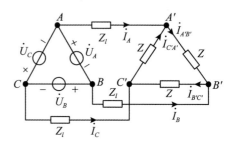

图 11-14　线路阻抗为零的△-△电路　　　图 11-15　线路阻抗不为零的△-△电路

三角形连接与星形连接的这两种对称三相电源对外等效的条件是它们的线电压相同，即两者对外提供相同的对称三相电压。对于如图 11-16(a)所示的星形连接的对称三相电源，有

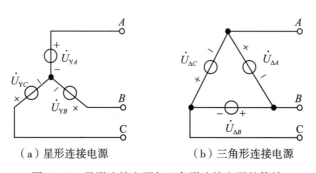

（a）星形连接电源　　　　　（b）三角形连接电源

图 11-16　星形连接电源与三角形连接电源的等效

$$\dot{U}_{YA} = \frac{\dot{U}_{AB}}{\sqrt{3}} \angle -30°$$

而对于如图 11-16(b)所示的三角形连接的对称三相电源，则有

$$\dot{U}_{\triangle A} = \dot{U}_{AB}$$

欲使这两种连接形式的对称三相电源的线电压相同，则应有

$$\left.\begin{array}{l} \dot{U}_{YA} = \dfrac{\dot{U}_{\triangle A}}{\sqrt{3}} \angle -30° \\[4mm] \dot{U}_{YB} = \dfrac{\dot{U}_{\triangle B}}{\sqrt{3}} \angle -30° \\[4mm] \dot{U}_{YC} = \dfrac{\dot{U}_{\triangle C}}{\sqrt{3}} \angle -30° \end{array}\right\} \qquad (11\text{-}15)$$

这表明，只要星形连接的对称三相电源的相电压与三角形连接的对称三相电源的电压满足式(11-15)，这两种对称三相电源便对外电路相互等效，而三角形连接的对称负载阻抗等效为星形连接的对称负载阻抗为 $Z_Y = Z_\triangle / 3$，据此就可以将 $\triangle$-$\triangle$ 连接电路等效为图 11-12(c)所示的 Y – Y 电路，从中提取一相进行计算，由于等效只是对外电路等效，而这时 $\triangle$-$\triangle$ 与 Y – Y 连接电路中公共的外电路仅为端线，因此，由 Y – Y 一相电路所计算出线电流也就是 $\triangle$-$\triangle$ 连接电路的线电流，据此由三角形负载的线电流和相电流的关系就可以求出其各相负载的相电流，继而可以求出各相负载的相电压，其中为了简化计算可以直接利用对称性由一相结果推出其他两相的待求量。

【**例 11-3**】 在图 11-17(a)所示的对称三相电路中，已知电源线电压为 380V，$Z_l = 1 + j2\Omega$，$Z = 45 + j30\Omega$。试求负载端各线电压、线电流和负载的相电流。

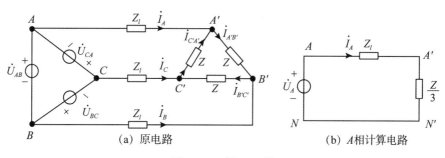

图 11-17　例 11-3 图

解 （1）将三角形负载等效为星形负载，即

$$Z_Y = \frac{1}{3}Z = \frac{1}{3}(45 + j30) = 15 + j10 = 18\angle 33.7°(\Omega)$$

（2）将三角连接电源等效为星形连接电源，则有

$$\dot{U}_A = 220\angle 0°\text{V}, \quad \dot{U}_B = 220\angle -120°\text{V}, \quad \dot{U}_C = 220\angle 120°\text{V}$$

由此得到 A 相计算电路，如图 11-17(b)所示，则 A 相负载的线电流为

$$\dot{I}_A = \frac{\dot{U}_A}{Z_l + \dfrac{Z}{3}} = \frac{220\angle 0°}{1 + j2 + 15 + j10} = \frac{220\angle 0°}{16 + j12} = \frac{220\angle 0°}{20\angle 36.9°} = 11\angle -36.9°(\text{A})$$

依据对称性，可得

$$\dot{I}_B = \dot{I}_A \angle -120° = 11 \angle -156.9° \text{A}, \quad \dot{I}_C = \dot{I}_A \angle 120° = 11 \angle 83.1° (\text{A})$$

等效星形负载的相电压为

$$\dot{U}_{A'N'} = \frac{Z}{3}\dot{I}_A = (15 + j10) \times 11 \angle -36.9° = 18 \angle 33.7° \times 11 \angle -36.9° = 198 \angle -3.2° (\text{V})$$

利用对称关系可得

$$\dot{U}_{B'N'} = \dot{U}_{A'N'} \angle -120° = 198 \angle -123.2° \text{V}, \quad \dot{U}_{C'N'} = \dot{U}_{A'N} \angle 120° = 198 \angle 116.8° (\text{V})$$

因此，原三角形负载的线电压分别为

$$\dot{U}_{A'B'} = \sqrt{3}\dot{U}_{A'N'} \angle 30° = \sqrt{3} \times 198 \angle -3.2° + 30° = 343 \angle 26.8° (\text{V})$$

$$\dot{U}_{B'C'} = \dot{U}_{A'B'} \angle -120° = 343 \angle -93.2° (\text{V})$$

$$\dot{U}_{C'A'} = \dot{U}_{A'B'} \angle 120° = 343 \angle 146.8° (\text{V})$$

三角形负载的各相电流可以根据相电压或线电流来计算，由前者可得

$$\dot{I}_{A'B'} = \frac{\dot{U}_{A'B'}}{Z} = \frac{343 \angle 26.8°}{45 + j30} = \frac{343 \angle 26.8°}{54 \angle 33.7°} = 6.35 \angle 6.9° (\text{A})$$

再利用对称关系可得

$$\dot{I}_{B'C'} = 6.35 \angle -126.9° \text{A}, \quad \dot{I}_{C'A'} = 6.35 \angle 113.1° (\text{A})$$

11.5.3 Y-△、△-Y 连接的对称三相电路

通常，为具体计算方便，对于如图 11-18 所示的线路阻抗不为零的 Y-△ 连接的对称三相电路，将其等效为 Y-Y 三相电路求解，而对于如图 11-19 所示的线路阻抗为零的 Y-△ 连接的对称三相电路，则应将其等效为 △-△ 三相电路按前述线路阻抗为零的 △-△ 对称三相电路的计算方法求解；对于 △-Y 连接的对称三相电路，无论其线路阻抗是否为零，均应将其等效为 Y-Y 三相电路求解。

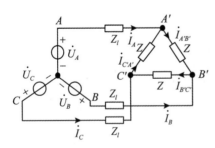

图 11-18　线路阻抗不为零的 Y-△电路

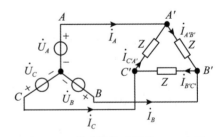

图 11-19　线路阻抗为零的 Y-△电路

【例 11-4】 在图 11-20(a)所示的对称三相电路中，$\dot{U}_A = 220 \angle 0° \text{V}$，$Z = 15 + j12 \Omega$，$Z_l = 1 + j1 \Omega$，试求负载侧的线电压、线电流、相电压与相电流。

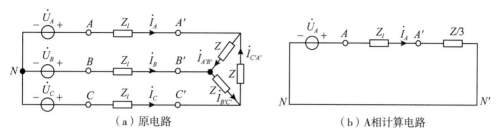

（a）原电路　　　　　　　　　　　（b）A相计算电路

图 11-20　例 11-4 图

解　将图 11-20(a)中三角形负载等效为星形负载，从而得到 A 相计算电路如图 11-20 (b)所示，据此可求得负载 A 相线电流为

$$\dot{I}_A = \frac{\dot{U}_A}{Z_l + \dfrac{Z}{3}} = \frac{220\angle 0°}{1 + j1 + 5 + j4} = 28.17\angle -39.8°(\text{A})$$

退回到原电路可得

$$\dot{I}_{A'B'} = \frac{\dot{I}_A}{\sqrt{3}}\angle 30° = 16.26\angle -9.8°(\text{A})$$

$$\dot{U}_{A'B'} = Z\dot{I}_{A'B'} = (15 + j12) \times 16.26\angle -9.8° = 312.3\angle 28.86°(\text{V})$$

由对称性，有

$$\dot{I}_B = 28.17\angle -159.8°\text{A}, \quad \dot{I}_C = 28.17\angle 80.2°\text{A}$$

$$\dot{I}_{B'C'} = 16.26\angle -129.8°\text{A}, \quad \dot{I}_{C'A'} = 16.26\angle 110.2°\text{A}$$

$$\dot{U}_{B'C'} = 312.3\angle -91.14°\text{V}, \quad \dot{U}_{C'A'} = 312.3\angle 148.86°\text{V}$$

【例 11-5】　在图 11-21(a)所示的对称三相电路中，已知 $Z = (4 + j3)\Omega$，$\dot{U}_A = 380\angle 0°\text{V}$，试求负载电流 $\dot{I}_A$，$\dot{I}_B$，$\dot{I}_C$。

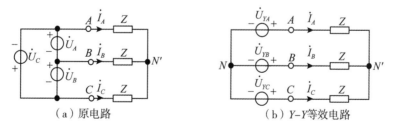

（a）原电路　　　　　　　　　　　（b）Y-Y 等效电路

图 11-21　例 11-5 图

解　可将图 11-21(a)所示电路等效为图 11-21(b)所示 Y-Y 等效电路，在图 11-21(a)中有

$$\dot{U}_{AB} = \dot{U}_A = 380\angle 0°\text{V}$$

因此，在图 11-21(b)中有

$$\dot{U}_{YA} = \frac{1}{\sqrt{3}}\dot{U}_{AB}\angle -30° = 220\angle -30°\text{V}$$

由 A 相计算电路可得

$$\dot{I}_A = \frac{\dot{U}_{YA}}{Z} = \frac{220\angle -30°}{4+j3} = 44\angle -66.87°(\text{A})$$

由对称性可得

$$\dot{I}_B = \dot{I}_A\angle -120° = 44\angle -186.87° = 44\angle 173.13°(\text{A}),$$

$$\dot{I}_C = \dot{I}_A\angle 120° = 44\angle 53.13°(\text{A})$$

11.6 一般对称三相电路的计算

一般对称三相电路是指除前述基本对称三相电路之外的各种连接形式的对称三相电路，例如既有星形对称三相电源和负载，又有三角形对称三相电源和负载的情况，这时，一般的求解方法是将给定电路中所有三角形对称电源等效为星形对称电源，所有三角形对称负载等效为星形对称负载，从而得到一个复杂的星形对称三相电路，再从中提取一相进行计算得出结果，并以此推出星形对称三相电路中另外两相的电压和电流，最后退回至原给定电路，由所得出的星形对称电路的电压、电流计算出原电路中的各待求量。

需要注意的是，在作单相电路时，由于各星形电源以及星形负载的中性点均为等电位点，因此，可以用一无阻导线将它们连接起来。

【例 11-6】 如图 11-22 所示为对称三相四线制电路，电源端线电压为 380V，已知 $Z_l = 1+j1\Omega$，$Z_Y = 4-j3\Omega$，$Z_\triangle = 12+j9\Omega$，求各负载相电流的有效值。

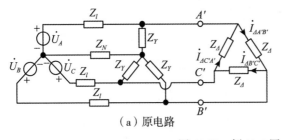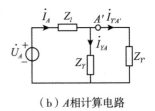

(a) 原电路　　　　　　　　(b) A 相计算电路

图 11-22　例 11-6 图

解 将 △ 形负载变换为 Y 形负载可得

$$Z_{Y'} = \frac{Z_\triangle}{3} = 4+j3\Omega$$

A 相计算电路如图 11-22(b)所示，由此可得

$$\dot{I}_A = \frac{\dot{U}_A}{Z_l + Z_Y \,/\!/\, Z_{Y'}} = 51.8\angle-13.6°\text{A}$$

$$\dot{I}_{YA} = \dot{I}_A \cdot \frac{Z_{Y'}}{Z_Y + Z_{Y'}} = 32.4\angle-23.24°\text{A}$$

$$\dot{I}_{Y'A'} = \dot{I}_A - \dot{I}_{YA} = 32.4\angle-50.3°\text{A}$$

由此可知，等效 Y 形负载相电流 $\dot{I}_{Y'A'}$ 的有效值 $I_{Y'A'} = 32.4\text{A}$，因此，△负载的相电流有效值为

$$I_{\triangle A'B'} = I_{\triangle B'C'} = I_{\triangle C'A'} = \frac{1}{\sqrt{3}}32.4 = 18.7(\text{A})$$

11.7　不对称三相电路的中性点位移与电路计算

　　所谓不对称三相电路，指的是电路中的线路阻抗和/或负载阻抗不对称，而一般情况下，只是负载不对称。在电力系统中，除了三相电动机和三相变压器等对称三相负载外，还有许多诸如电灯、电视机等单相负载，将它们连接到电源上就可能使 3 个相的负载阻抗不同，从而形成不对称三相负载。此外，当三相电路发生故障(如输电线路断裂等)时，会发生更为严重的不对称情况。

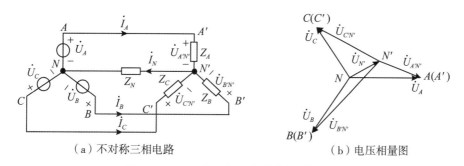

（a）不对称三相电路　　　　　　　（b）电压相量图

图 11-23　不对称三相电路及其电压相量图

11.7.1　中性点位移

　　如图 11-23(a)所示为一电源和负载均为星形连接的不对称三相电路，以节点 N 为参考节点所列写的节点电压方程为

$$\left(\frac{1}{Z_A} + \frac{1}{Z_B} + \frac{1}{Z_C} + \frac{1}{Z_N}\right)\dot{U}_{N'} = \frac{\dot{U}_A}{Z_A} + \frac{\dot{U}_B}{Z_B} + \frac{\dot{U}_C}{Z_C}$$

令 $Y_A = \dfrac{1}{Z_A}$，$Y_B = \dfrac{1}{Z_B}$，$Y_C = \dfrac{1}{Z_C}$，$Y_N = \dfrac{1}{Z_N}$，可解得

$$\dot{U}_{N'} = \frac{Y_A \dot{U}_A + Y_B \dot{U}_B + Y_C \dot{U}_C}{Y_A + Y_B + Y_C + Y_N} \tag{11-16}$$

利用 $\dot{U}_{N'}$ 可得三相负载的相电压，即

$$\left. \begin{array}{l} \dot{U}_{A'N'} = \dot{U}_A - \dot{U}_{N'} \\ \dot{U}_{B'N'} = \dot{U}_B - \dot{U}_{N'} \\ \dot{U}_{C'N'} = \dot{U}_C - \dot{U}_{N'} \end{array} \right\} \tag{11-17}$$

尽管三相电源是对称的，但是，由于三相负载不对称，所以在中线阻抗 $Z_N \neq 0$（$Y_N \neq \infty$）的情况下，由式(11-16)可知，$\dot{U}_{N'} \neq 0$，即负载中性点 N 的电位和电源中性点 N 的电位不相等，在如图 11-23(b)所示的各相电压的相量图上表现为 N′ 与 N 不重合，这种现象称为负载的中性点位移，而式(11-16)则称为中性点位移公式。

在图 11-23(b)中，$\dot{U}_A$、$\dot{U}_B$、$\dot{U}_C$ 这 3 个相量的始端位于它们末端所构成的 $\triangle ABC$ 的中心 N 处，再根据式(11-16)的计算结果画出由点 N 指向 N′ 的相量 $\dot{U}_{N'}$，由式(11-17)可知，由点 N′ 分别指向 A、B、C 三点的三个相量即为负载相电压相量 $\dot{U}_{A'N'}$、$\dot{U}_{B'N'}$、$\dot{U}_{C'N'}$。

式(11-16)表明，中性点位移是由各相负载不对称所引起的，而中性点位移的大小则与中线阻抗 Z_N 有关。由该式和图 11-23(b)可知，中性点位移越严重，负载相电压不对称程度也相应增大，甚至有的负载相电压的幅值会大于电源相电压的幅值，则使负载损坏乃至烧毁（如灯泡烧毁）；而有的会小于电源相电压的幅值，致使负载设备无法正常工作（如灯泡亮度不够）；若 $Z_N = \infty$（$Y_N = 0$），这相当于没有中线即电路为三相三线制，由式(11-16)可知，这时中性点位移最大，情况最为严重，因此，实际中，三相三线制不用于不对称负载而仅用于对称负载；若 $Z_N = 0$（$Y_N = \infty$），则由式(11-16)可知，这时 $\dot{U}_{N'} = 0$，没有中性点位移。这表明各相自成独立回路，无论负载阻抗如何变化，每相负载上电压均为相应的电源相电压，因而可使负载正常工作。这时，尽管电源电压、负载相电压均对称，但是由于负载为非对称，故而在计算上应对每相电路单独进行计算（$\dot{I}_A = \dot{U}_A / Z_A$，$\dot{I}_B = \dot{U}_B / Z_B$，$\dot{I}_C = \dot{U}_C / Z_C$）。此外，虽然负载相电压对称，但是，由于负载不对称会造成负载电流 $\dot{I}_A$、$\dot{I}_B$、$\dot{I}_C$ 不对称，故而中线电流 $\dot{I}_N = \dot{I}_A + \dot{I}_B + \dot{I}_C \neq 0$。在实际的低压（如额定相电压有效值为 220V）供电系统中，广泛采用三相四线制（日常生活中所用到的单相供电线路，其实就是其中的一相电路，一般由一根相线和一根中线组成），这时，中线较粗、不长，阻抗很小，因而可以强迫两个中性点的电位接近相同，从而使各相负载电压近于对称。此外，规定中线上不得加装保险丝，以防中线电流过大烧毁保险丝而使中线断开，失去作用，并且中线上也不得安装开关，而对于负载，则应尽量安排做到让各相负载大致均衡，避免中线电流过大。

通常，对于三相电路，应该尽量避免其出现不对称工况。但是，有的电路却是利用三

相电路不对称特性来工作的，例如相序指示器。

11.7.2 电路计算

一般情况下，无法将不对称三相电路化为单相电路来计算，故而不能利用一相的电压、电流直接推出另外两相的电压、电流，因此，不对称三相电路只能按一般复杂正弦稳态电路的各种计算方法(如节点法、回路法或电路定理等)来求解。

【例 11-7】 一个电容器和两个瓦数相同的灯泡(以电导 G 表示)组成如图 11-25 所示的相序指示器，试根据其中两个灯泡的相对亮度来判断电路的相序关系。

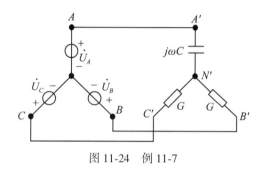

图 11-24 例 11-7

解 对于这个不对称三相电路，先求其中点位移，然后计算 B 相和 C 相的相电压大小，从而判断哪个灯泡更亮。设 $\dot{U}_A = U_P \angle 0°$，则有

$$\dot{U}_B = U_P \angle -120° = U_P(-0.5 - j0.866)，\quad \dot{U}_C = U_P \angle 120° = U_P(-0.5 + j0.866)$$

于是以节点 N 为参考节点可得

$$\dot{U}_{N'} = \frac{j\omega C \dot{U}_A + G\dot{U}_B + G\dot{U}_C}{G + G + j\omega C} = \frac{U_P[j\omega C + G(-0.5 - j0.866) + G(-0.5 + j0.866)]}{2G + j\omega C}$$

$$= \frac{U_P(j\omega C - G)}{2G + j\omega C}$$

为了计算方便，选配参数使得 $\omega C = G$，则有

$$\dot{U}_{N'} = \frac{U_P(j - 1)}{2 + j} = U_P(-0.2 + j0.6)$$

于是 B 相和 C 相电压分别为

$$\dot{U}_{B'N'} = \dot{U}_B - \dot{U}_{N'} = U_P(-0.5 - j0.866) - U_P(-0.2 + j0.6)$$
$$= U_P(-0.3 - j1.466) = 1.5U_P \angle -101.6°$$

$$\dot{U}_{C'N'} = \dot{U}_C - \dot{U}_{N'} = U_P(-0.5 + j0.866) - U_P(-0.2 + j0.6)$$
$$= U_P(-0.3 + j0.266) = 0.4U_P \angle 138.43°$$

由此可见，$U_{B'N'}(=1.5U_P) > U_{C'N'}(=0.4U_P)$，这表明，灯泡较亮的一相为 B 相，暗的一相则为 C 相，即相序为：电容相，灯泡亮的相，灯泡暗的相。

需要注意的是，在实验过程中，可以利用三相调压器来防止灯泡烧毁。

【例 11-8】 在图 11-25(a)所示电路中，电源为对称三相电源。已知 $R_0 = 200\Omega$，$R_A = R_B = R_C = 300\Omega$，$R = \omega L = \dfrac{1}{\omega C} = 100\Omega$，电源线电压 $U_l = 380\mathrm{V}$。求 R_0 两端的电压。

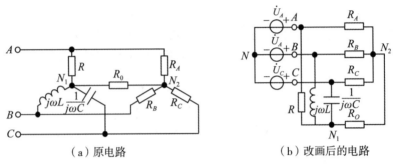

（a）原电路　　　　　　　　（b）改画后的电路

图 11-25　例 11-8 图

解 将图 11-25(a)所示电路改画为图 11-25(b)所示电路，设对称三相电源为星形连接，A 相电压为参考相量即 $\dot{U}_A = 220\angle 0°\mathrm{V}$，$V_1$ 选节点 N 为参考节点，这时，节点 A、B、C 的电压为已知，分别为三相电源的相电压，因此，仅需对节点 N_1 和 N_2 列节点方程，即

N_1：
$$\left(\frac{1}{R} + \frac{1}{j\omega L} + j\omega C + \frac{1}{R_0}\right)\dot{U}_{N_1} - \frac{1}{R_0}\dot{U}_{N_2} = \frac{\dot{U}_A}{R} + \frac{\dot{U}_B}{j\omega L} + j\omega C\dot{U}_C$$

N_2：
$$-\frac{1}{R_0}\dot{U}_{N_1} + \left(\frac{1}{R_A} + \frac{1}{R_B} + \frac{1}{R_C} + \frac{1}{R_0}\right)\dot{U}_{N_2} = \frac{\dot{U}_A}{R_A} + \frac{\dot{U}_B}{R_B} + \frac{\dot{U}_C}{R_C}$$

代入已知数据可得

$$\left(\frac{1}{100} - \frac{j}{100} + \frac{j}{100} + \frac{1}{200}\right)\dot{U}_{N_1} - \frac{1}{200}\dot{U}_{N_2} = \frac{220}{100} + \frac{220\angle -120°}{j100} + \frac{220\angle 120°}{-j100}$$

$$-\frac{1}{200}\dot{U}_{N_1} + \left(\frac{3}{300} + \frac{1}{200}\right)\dot{U}_{N_2} = \frac{1}{300}(\dot{U}_A + \dot{U}_B + \dot{U}_C)$$

由于 $\dot{U}_A + \dot{U}_B + \dot{U}_C = 0$，故有

$$\frac{3}{200}\dot{U}_{N_1} - \frac{1}{200}\dot{U}_{N_2} = 2.2(1 - \sqrt{3})$$

$$\dot{U}_{N_1} = 3\dot{U}_{N_2}$$

解之得 $\dot{U}_{N_1} = -120.8\angle 0°\mathrm{V}$，$\dot{U}_{N_2} = -40.3\angle 0°\mathrm{V}$，因此，$R_0$ 两端的电压为

$$\dot{U}_{N_1 N_2} = \dot{U}_{N_1} - \dot{U}_{N_2} = -120.8\angle 0° - (-40.3\angle 0°) = -80.5(\mathrm{V})$$

【例 11-9】 图 11-26 所示电路中，已知 $\dot{U}_A = 220\angle 0°\mathrm{V}$，$\dot{U}_A$、$\dot{U}_B$、$\dot{U}_C$ 为对称三相电源，对称三相负载 $Z_1 = 44\angle -60°\Omega$，单相负载 $Z_2 = 55\angle 30°\Omega$，中线阻抗 $Z_N = j22\sqrt{3}\,\Omega$。试求：

(1)开关S打开时，电流 $\dot{I}_A$、$\dot{I}_B$、$\dot{I}_C$ 和 $\dot{I}_N$；（2）开关S闭合时，电流 $\dot{I}'_A$、$\dot{I}_B$、$\dot{I}_C$ 和 $\dot{I}'_N$。

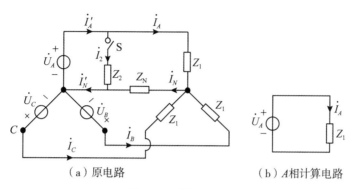

图 11-26　例 11-9 图

解　(1)开关S闭合前，A 相计算电路如图 11-26(b)所示，由此可得

$$\dot{I}_A = \frac{\dot{U}_A}{Z_1} = \frac{220\angle 0°}{44\angle -60°} = 5\angle 60°(\mathrm{A})$$

根据对称性可得

$$\dot{I}_B = \dot{I}_A\angle -120° = 5\angle -60°(\mathrm{A}),\quad \dot{I}_C = \dot{I}_A\angle 120° = 5\angle 180°(\mathrm{A})$$

于是可得 $\dot{I}_N = 0$。

(2)开关S闭合后，形成一个特殊的不对称电路。这时，电压源 $\dot{U}_A$ 与阻抗 Z_2 并联可以对外等效为电压源 $\dot{U}_A$，不影响对称三相负载的工作状态。流过单相负载 Z_2 的电流为

$$\dot{I}_2 = \frac{\dot{U}_A}{Z_2} = \frac{220\angle 0°}{55\angle 30°} = 4\angle -30°(\mathrm{A})$$

阻抗 Z_2 与电压源 $\dot{U}_A$ 的并联仅仅改变了 A 相电压源的电流，因此，可得

$$\dot{I}'_A = \dot{I}_A + \dot{I}_2 = 5\angle 60° + 4\angle -30° = 6.4\angle 21.34°(\mathrm{A}),\quad \dot{I}_B = 5\angle -60°\mathrm{A},$$

$$\dot{I}_C = 5\angle 180°(\mathrm{A}),\quad \dot{I}'_N = \dot{I}_2 = 4\angle -30°(\mathrm{A})$$

【例 11-10】　在图 11-27(a)所示电路中，已知电源为三相对称电源，$f = 50\mathrm{Hz}$，$U_A = 220\mathrm{V}$，$Z = 3\Omega$，$Z_N = 2\Omega$，试求 $\dot{I}_N$。

解　设 $\dot{U}_A = 220\angle 0°\mathrm{V}$，对图 11-27(a)作出 $N'\text{-}N$ 端口的戴维南等效电路得到图 11-28 (b)所示电路。将图 11-27(a)中 $N'\text{-}N$ 端口开路并将△形连接负载等效为 Y 形连接，由于 $N'\text{-}N$ 端口开路时电路对称，所以有

$$\dot{U}_{oc} = \frac{1}{2}\dot{U}_C = 110\angle 120°\mathrm{V}$$

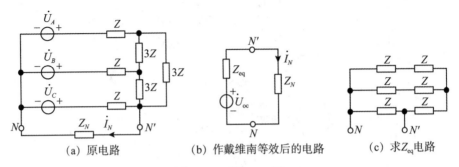

(a) 原电路   (b) 作戴维南等效后的电路   (c) 求Z_{eq}电路

图 11-27 例 11-10 图

为求戴维南等效阻抗 Z_{eq}，将图 11-27(a) 中 $N' - N$ 端口开路，并将电源置零，△形连接负载等效为 Y 形连接便得到图 11-27(c)，由此可得

$$Z_{eq} = \frac{\left[Z + \dfrac{(Z + Z)(Z + Z)}{Z + Z + Z + Z} \right] Z}{Z + \left[Z + \dfrac{(Z + Z)(Z + Z)}{Z + Z + Z + Z} \right]} = \frac{6 \times 3}{9} = 2(\Omega)$$

由图 11-27(b)可得

$$\dot{I}_N = \frac{\dot{U}_{oc}}{Z_{eq} + Z_N} = 27.5\angle 120°A$$

【例 11-11】 在图 11-28(a) 所示电路中，$\dot{U}_S = 5\angle 0°V$，$\dot{I}_a = j5A$，$\dot{I}_b = j10A$；在图 11-28(b) 中，$\hat{U}_{A'} = 6\angle 0°V$，$\hat{U}_{B'} = 3\angle -120°V$，$\hat{U}_{C'} = 2\angle 120°V$，$N_R$ 由线性时不变 R、L、C 构成，试计算图 11-28(b) 中电流 $\hat{I}_A$。

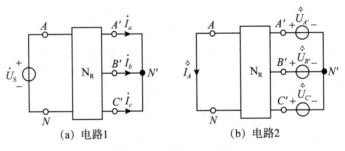

(a) 电路1   (b) 电路2

图 11-28 例 11-11 图

解 在图 11-28(a) 中，对节点 N' 应用 KCL 可得

$$\dot{I}_c = -(\dot{I}_a + \dot{I}_b) = -(j5 + j10) = -j15(\text{A}) \tag{11-18}$$

将 $\dot{I}_a$，$\dot{I}_b$，$\dot{I}_c$ 与 $\dot{U}_S$ 之间的线性关系表示为

$$\left.\begin{array}{l} \dot{I}_a = g_{A'A}\dot{U}_S \\ \dot{I}_b = g_{B'A}\dot{U}_S \\ \dot{I}_c = g_{C'A}\dot{U}_S \end{array}\right\} \qquad (11\text{-}19)$$

式(11-19)中，系数 $g_{A'A}$，$g_{B'A}$，$g_{C'A}$ 分别是支路 A'、A，B'、A，C'、A 之间的转移电导，式(11-19)也是应用齐性原理的结果。将 $\dot{I}_a$，$\dot{I}_b$，$\dot{I}_c$ 与 $\dot{U}_S$ 之值代入式(11-19)后得

$$\left.\begin{array}{l} g_{A'A} = \dfrac{\dot{I}_a}{\dot{U}_S} = \dfrac{j5}{5\angle 0°} = j1\text{S} \\[2mm] g_{B'A} = \dfrac{\dot{I}_b}{\dot{U}_S} = \dfrac{j10}{5\angle 0°} = j2\text{S} \\[2mm] g_{C'A} = \dfrac{\dot{I}_c}{\dot{U}_S} = \dfrac{-j15}{5\angle 0°} = -j3\text{S} \end{array}\right\} \qquad (11\text{-}20)$$

在图 11-28(b)中，响应 $\hat{I}_A$ 与激励 $\hat{U}_{A'}$、$\hat{U}_{B'}$、$\hat{U}_{C'}$ 满足叠加原理，即有

$$\hat{I}_A = \hat{g}_{AA'}\hat{U}_{A'} + \hat{g}_{AB'}\hat{U}_{B'} + \hat{g}_{AC'}\hat{U}_{C'} = \hat{I}_A^{(1)} + \hat{I}_A^{(2)} + \hat{I}_A^{(3)} \qquad (11\text{-}21)$$

式中，$\hat{I}_A^{(1)} = \hat{g}_{AA'}\hat{U}_{A'}$，$\hat{I}_A^{(2)} = \hat{g}_{AB'}\hat{U}_{B'}$，$\hat{I}_A^{(3)} = \hat{g}_{AC'}\hat{U}_{C'}$，系数 $\hat{g}_{AA'}$、$\hat{g}_{AB'}$、$\hat{g}_{AC'}$ 分别是支路 A、A'，A、B'，A、C' 之间的转移电导。对分别令图 11-28(b)中每个电压源单独作用一次的电路与图 11-28(a)中电路应用互易定理形式一，即分别应用三次互易定理形式一可得

$$\hat{g}_{AA'} = g_{A'A}，\hat{g}_{AB'} = g_{B'A}，\hat{g}_{AC'} = g_{C'A}$$

据此，并将所给 $\hat{U}_{A'}$、$\hat{U}_{B'}$、$\hat{U}_{C'}$ 之值代入式(11-21)可得

$$\hat{I}_A = j1 \times 6\angle 0° + j2 \times 3\angle -120° - j3 \times 2\angle 120° = 12\angle 30°(\text{A})$$

【例 11-12】 在图 11-29 所示的不对称三相电路中，已知三相电源对称，$\dot{U}_A = 100\angle 0°\text{V}$，$X_L = 20\sqrt{3}\,\Omega$，$X_C = 10\sqrt{3}\,\Omega$，功率表ⓦ的读数为 -1500W，试确定 R 之值。

解 X_L、X_C 串联支路与对称 Y 形连接电阻负载并接在电压源的端钮 A、B、C 之间，因此两组负载中的电流可以分开来计算，即移去电阻负载不影响 X_L、X_C 中的电流，于是有

$$\dot{U}_{BC} = \dot{U}_{AB}\angle -120° = (\sqrt{3}\dot{U}_A\angle 30°)\angle -120° = \sqrt{3} \times 100\angle 0°\angle -90° = 100\sqrt{3}\angle -90°\text{V}$$

$$\dot{I}_L = \frac{\dot{U}_{BC}}{j(X_L - X_C)} = \frac{100\sqrt{3}\angle -90°}{j(20\sqrt{3} - 10\sqrt{3})} = -10\text{A}$$

$$\dot{U}_C = -(-jX_C)\dot{I}_L = j10\sqrt{3} \times (-10) = -j100\sqrt{3}\,\text{V}$$

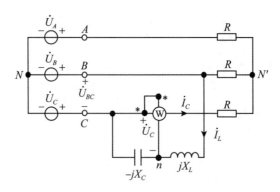

图 11-29　例 11-12 图

移去 X_L、X_C 支路，对 Y 形连接电阻负载中电流亦无影响，这时电路是 Y-Y 对称三相电路，N 与 N' 为等电位点，由 C 相计算电路可得

$$\dot{I}_C = \frac{\dot{U}_C}{R} = \frac{\dot{U}_A \angle 120°}{R} = \frac{100 \angle 120°}{R}$$

流经功率表的电流 $\dot{I}_C$，功率表的端电压为 $\dot{U}_C$，于是，功率表的读数为

$$P = U_C I_C \cos(\varphi_{u_C} - \varphi_{i_C}) = 100\sqrt{3} \times \frac{100}{R} \cos(-90° - 120°) = -1500\text{W}$$

解得 $R = 10\Omega$。

11.8　三相电路功率及其测量

三相电路作为一种特殊的正弦稳态电路，同样也有各种功率，这里按对称与不对称两种情况来讨论。

11.8.1　对称三相电路的功率

11.8.1.1　对称三相电路的瞬时功率

设对称三相电路中各相电压和电流取关联参考方向，并以 A 相的相电压为参考正弦量，即 $u_A = \sqrt{2}U_p\sin\omega t$，$i_A = \sqrt{2}I_p\sin(\omega t - \varphi)$，则三相电源或三相负载的各相瞬时功率分别为

$$\left.\begin{aligned}
p_A &= u_A i_A = \sqrt{2}U_p\sin\omega t \times \sqrt{2}I_p\sin(\omega t - \varphi) = U_p I_p[\cos\varphi - \cos(2\omega t - \varphi)] \\
p_B &= u_B i_B = \sqrt{2}U_p\sin(\omega t - 120°) \times \sqrt{2}I_p\sin(\omega t - \varphi - 120°) \\
&= U_p I_p[\cos\varphi - \cos(2\omega t - \varphi - 240°)] \\
p_C &= u_C i_C = \sqrt{2}U_p\sin(\omega t + 120°) \times \sqrt{2}I_p\sin(\omega t - \varphi + 120°) \\
&= U_p I_p[\cos\varphi - \cos(2\omega t - \varphi + 240°)]
\end{aligned}\right\} \quad (11\text{-}22)$$

式(11-22)表明，各相瞬时功率均由两部分即常量和两倍频的正弦变化量组成，并且这三项正弦变化量振幅相等而在时间上互差三分之一周期，因而其和为零，或者说它们构成一组对称量。利用式(11-22)可得对称三相电源或三相负载的瞬时功率，即

$$p = p_A + p_B + p_C = 3U_p I_p \cos\varphi \tag{11-23}$$

式(11-23)表明，在对称三相电路中，三相电源或三相负载的瞬时功率为一常量，这称为瞬时功率平衡，对于对称工况下的三相发电机和三相电动机这类三相动力机械而言，瞬时功率不随时间变化意味着机械转矩恒定，因而可以保证它们运行平稳，避免在运行过程中因转矩变化而发生振动，这是对称三相电路的一个优良特性。

11.8.1.2　对称三相电路的有功功率

根据正弦电路有功功率计算式可得对称三相电路各相的有功功率为

$$\left. \begin{aligned} P_A &= \int_0^T p_A \mathrm{d}t = U_p I_p \cos\varphi \\ P_B &= \int_0^T p_B \mathrm{d}t = U_p I_p \cos\varphi \\ P_C &= \int_0^T p_C \mathrm{d}t = U_p I_p \cos\varphi \end{aligned} \right\} \tag{11-24}$$

由式(11-24)可知，对称三相电路中各相的有功功率相同，且等于各相瞬时功率的常数分量，利用式(11-24)可得对称三相电路即对称三相电源或三相负载的平均功率，即

$$P = P_A + P_B + P_C = 3U_p I_p \cos\varphi \tag{11-25}$$

式(11-25)表明，对称三相电路的有功功率等于任一相有功功率的 3 倍，也等于三相瞬时功率。

由于星形连接方式下有 $U_l = \sqrt{3}\,U_p$，$I_l = I_p$。三角形连接方式下有 $U_l = U_p$，$I_l = \sqrt{3}\,I_p$，因此，分别将它们代入式(11-25)均可得到

$$P = \sqrt{3}\,U_l I_l \cos\varphi \tag{11-26}$$

这表明，无论星形连接方式还是三角形连接方式，对称三相电路有功功率的计算式均为式(11-26)，需要注意的是，式中的 φ 是任一相的相电压和相电流的相位差角，而非线电压和线电流的相位差角，采用式(11-26)的一个主要原因是线电压、线电流比相电压、相电流便于测量。

11.8.1.3　对称三相电路的无功功率

对称三相电路每相的无功功率为

$$Q_A = Q_B = Q_C = U_p I_p \sin\varphi \tag{11-27}$$

对称三相电路的无功功率为

$$Q = Q_A + Q_B + Q_C = 3U_p I_p \sin\varphi \tag{11-28}$$

无论星形连接方式还是三角形连接方式，对称三相电路无功功率的计算式还可以用线电压和线电流表示为

$$Q = \sqrt{3}\,U_l I_l \sin\varphi \tag{11-29}$$

11.8.1.4 对称三相电路的复功率和视在功率

对称三相电路各相的复功率为

$$\bar{S}_A = \bar{S}_B = \bar{S}_C = U_p I_p \cos\varphi + j U_p I_p \sin\varphi \tag{11-30}$$

由式(11-30)可知，对称三相电路各相的视在功率为

$$S_A = S_B = S_C = U_p I_p \tag{11-31}$$

由复功率守恒可知三相电路的复功率是其各相的复功率之和，即

$$\begin{aligned}
\bar{S} &= \bar{S}_A + \bar{S}_B + \bar{S}_C = 3(U_p I_p \cos\varphi + j U_p I_p \sin\varphi) \\
&= 3 U_p I_p \cos\varphi + j 3 U_p I_p \sin\varphi = \sqrt{3} U_l I_l \cos\varphi + j\sqrt{3} U_l I_l \sin\varphi \\
&= P + jQ
\end{aligned} \tag{11-32}$$

视在功率的一般计算式为

$$S = \sqrt{P^2 + Q^2} \tag{11-33}$$

由式(11-33)可得采用相电压和相电流的有效值来计算对称三相电路视在功率的计算式，即

$$S = \sqrt{P^2 + Q^2} = \sqrt{(3U_p I_p \cos\varphi)^2 + (3U_p I_p \sin\varphi)^2} = 3 U_p I_p \tag{11-34}$$

需要注意的是，尽管这里 $S_A = S_B = S_C = U_p I_p$，$S = \sqrt{P^2 + Q^2} = 3U_p I_p$，但是，一般情况下视在功率是不守恒的，即 $S \neq S_A + S_B + S_C$。

若采用线电压和线电流的有效值来计算对称三相电路视在功率，则无论星形连接方式还是三角形连接方式，对称三相电路视在功率的计算式均为

$$S = \sqrt{P^2 + Q^2} = \sqrt{3} U_l I_l \tag{11-35}$$

由式(11-24)和式(11-31)可得任一相的功率因数为

$$\lambda_A = \lambda_B = \lambda_C = \frac{P_A}{S_A} = \frac{P_B}{S_B} = \frac{P_C}{S_C} = \frac{U_p I_p \cos\varphi}{U_p I_p} = \cos\varphi \tag{11-36}$$

由式(11-25)和式(11-34)可得对称三相电路的功率因数为

$$\lambda = \frac{P}{S} = \frac{3 U_p I_p \cos\varphi}{3 U_p I_p} = \cos\varphi \tag{11-37}$$

对比式(11-36)和式(11-37)可知，对称三相电路的功率因数即为任一相的功率因数，φ 为任一相的功率因数角，亦称为对称三相电路的功率因数角。

【**例 11-13**】 在图 11-30 所示电路中，电源相电压为 $\dot{U}_{A_1} = 100\angle 0°V$，$\dot{U}_{A_2} = 250\angle 53.1°V$，线路阻抗 $Z_1 = 1\Omega$，$Z_2 = j1\Omega$，负载阻抗 $Z = 1\Omega$，试计算负载及两组电源的 P、Q、S 与 λ 值。

解 (1)证明节点 N_1、N、N_2 为等电位点。这时，设节点 a、b、c、N、N_1、N_2 的电位分别为 $\dot{U}_a$、$\dot{U}_b$、$\dot{U}_c$、$\dot{U}_N$、$\dot{U}_{N_1}$、$\dot{U}_{N_2}$，选取节点 a、b 和 c 中任意一点作为参考节点，应用叠加定理分别列写节点 N_1、N_2、N 的节点电压方程。

当第一组电源 $\dot{U}_{A_1}$、$\dot{U}_{B_1}$ 和 $\dot{U}_{C_1}$ 单独作用时，节点 N_1、N_2、N 的节点电压方程分别为

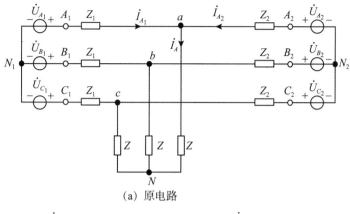

(a) 原电路

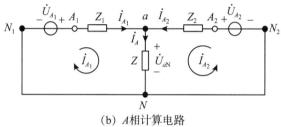

(b) A相计算电路

图 11-30 例 11-13 图

$$\left(\frac{1}{Z_1}+\frac{1}{Z_1}+\frac{1}{Z_1}\right)\dot{U}_{N_1}^{(1)}-\frac{1}{Z_1}\dot{U}_a^{(1)}-\frac{1}{Z_1}\dot{U}_b^{(1)}-\frac{1}{Z_1}\dot{U}_c^{(1)}=-\frac{1}{Z_1}\dot{U}_{A_1}-\frac{1}{Z_1}\dot{U}_{B_1}-\frac{1}{Z_1}\dot{U}_{C_1}$$

$$(11\text{-}38)$$

$$\left(\frac{1}{Z}+\frac{1}{Z}+\frac{1}{Z}\right)\dot{U}_N^{(1)}-\frac{1}{Z}\dot{U}_a^{(1)}-\frac{1}{Z}\dot{U}_b^{(1)}-\frac{1}{Z}\dot{U}_c^{(1)}=0 \tag{11-39}$$

$$\left(\frac{1}{Z_2}+\frac{1}{Z_2}+\frac{1}{Z_2}\right)\dot{U}_{N_2}^{(1)}-\frac{1}{Z_2}\dot{U}_a^{(1)}-\frac{1}{Z_2}\dot{U}_b^{(1)}-\frac{1}{Z_2}\dot{U}_c^{(1)}=0 \tag{11-40}$$

应用 $\dot{U}_{A_1}+\dot{U}_{B_1}+\dot{U}_{C_1}=0$，由式(11-38)~式(11-40)得

$$\dot{U}_{N_1}^{(1)}=\dot{U}_{N_2}^{(1)}=\dot{U}_N^{(1)}=\frac{\dot{U}_a^{(1)}+\dot{U}_b^{(1)}+\dot{U}_c^{(1)}}{3} \tag{11-41}$$

当第二组电源 $\dot{U}_{A_2}$、$\dot{U}_{B_2}$ 和 $\dot{U}_{C_2}$ 单独作用时，节点 N_2、N、N_1 的节点电压方程分别为

$$\left(\frac{1}{Z_2}+\frac{1}{Z_2}+\frac{1}{Z_2}\right)\dot{U}_N^{(2)}-\frac{1}{Z_2}\dot{U}_a^{(2)}-\frac{1}{Z_2}\dot{U}_b^{(2)}-\frac{1}{Z_2}\dot{U}_c^{(2)}=-\frac{1}{Z_2}\dot{U}_{A_2}-\frac{1}{Z_2}\dot{U}_{B_2}-\frac{1}{Z_2}\dot{U}_{C_2}$$

$$(11\text{-}42)$$

$$\left(\frac{1}{Z}+\frac{1}{Z}+\frac{1}{Z}\right)\dot{U}_N^{(2)}-\frac{1}{Z}\dot{U}_a^{(2)}-\frac{1}{Z}\dot{U}_b^{(2)}-\frac{1}{Z}\dot{U}_c^{(2)}=0 \tag{11-43}$$

$$\left(\frac{1}{Z_1}+\frac{1}{Z_1}+\frac{1}{Z_1}\right)\dot{U}_{N_1}^{(2)}-\frac{1}{Z_1}\dot{U}_a^{(2)}-\frac{1}{Z_1}\dot{U}_b^{(2)}-\frac{1}{Z_1}\dot{U}_c^{(2)}=0 \tag{11-44}$$

应用 $\dot{U}_{A_2} + \dot{U}_{B_2} + \dot{U}_{C_2} = 0$，由式(11-42)~式(11-44)得

$$\dot{U}_{N_1}^{(2)} = \dot{U}_{N_2}^{(2)} = \dot{U}_N^{(2)} = \frac{\dot{U}_a^{(2)} + \dot{U}_b^{(2)} + \dot{U}_c^{(2)}}{3} \tag{11-45}$$

根据叠加定理，当第一组电源与第二组电源共同作用时，应有

$$\begin{cases} \dot{U}_{N_1} = \dot{U}_{N_1}^{(1)} + \dot{U}_{N_1}^{(2)} \\ \dot{U}_{N_2} = \dot{U}_{N_2}^{(1)} + \dot{U}_{N_2}^{(2)} \\ \dot{U}_N = \dot{U}_N^{(1)} + \dot{U}_N^{(2)} \end{cases} \tag{11-46}$$

对式(11-46)应用式(11-41)和式(11-45)，有

$$\dot{U}_{N_1} = \dot{U}_{N_2} = \dot{U}_N$$

(2)计算线电流。将等电位点用导线相连，计算 A 相电流的单相电路如图 11-30(b)所示，两个网孔的网孔电流方程分别为

$$(Z_1 + Z)\dot{I}_{A_1} + Z\dot{I}_{A_2} = \dot{U}_{A_1}$$

$$Z\dot{I}_{A_1} + (Z_2 + Z)\dot{I}_{A_2} = \dot{U}_{A_2}$$

代入数据得

$$\begin{cases} (1 + 1)\dot{I}_{A_1} + \dot{I}_{A_2} = 100\angle 0° \\ \dot{I}_{A_1} + (j1 + 1)\dot{I}_{A_2} = 250\angle 53.1° \end{cases}$$

解之得

$$\dot{I}_{A_1} = -50\angle 0°\text{A}, \quad \dot{I}_{A_2} = 200\angle 0°\text{A}$$

因此，A 相负载电流为

$$\dot{I}_A = \dot{I}_{A_1} + \dot{I}_{A_2} = 150\angle 0°\text{A}$$

(3)负载功率及功率因素。A 相负载电压为

$$\dot{U}_{aN} = Z\dot{I}_A = 1 \times 150 = 150\angle 0°(\text{V})$$

三相负载吸收的复功率为

$$\overline{S}_L = 3\,\overline{S}_a = 3\dot{U}_{aN}\dot{I}_A^* = 3 \times 150 \times 150 = 67.5(\text{kVA})$$

即 $P_L = 67.5\text{kW}$，$Q_L = 0$。

负载的功率因素为

$$\lambda_L = \frac{P_L}{S_L} = \frac{67.5}{\sqrt{67.5^2 + 0^2}} = 1$$

(4)第一组电源的功率与功率因素。第一组电源发出的复功率为

$$\overline{S}_1 = 3\,\overline{S}_{A_1} = 3\dot{U}_{A_1}\dot{I}_{A_1}^* = 3 \times 100 \times (-50) = -15(\text{kVA})$$

故而有 $P_1 = -15\text{kW}$，$Q_1 = 0$。

由此可知，第一组电源吸收功率为 15kW。第一组电源的功率因素为

$$\lambda_1 = \frac{P_1}{S_1} = \frac{15}{\sqrt{15^2 + 0^2}} = 1$$

(5)第二组电源的功率与功率因素。第二组发出的复功率为

$$\overline{S}_2 = 3\,\overline{S}_{A_2} = 3\dot{U}_{A_2}\dot{I}^*_{A_2} = 3 \times 250\angle 53.1° \times 200 = 90 + j120(\text{kVA})$$

于是有 $P_2 = 90\text{kW}$，$Q_2 = 120\text{var}$

由此可知，第二组电源发出功率为 90kW。

第二组电源的功率因素为

$$\lambda_2 = \frac{P_2}{S_2} = \frac{90}{\sqrt{90^2 + 120^2}} = 0.6\,(\text{滞后})$$

【例 11-14】 在图 11-31(a)所示对称三相电路中，已知 $\dot{U}_{AB} = 380\angle 30°\text{V}$，$Z_1 = (9 + j12)\Omega$，$Z_2 = (4 + j3)\Omega$，$\omega = 314\text{rad/s}$。试求：(1)功率表读数；(2)使负载的功率因数提高到 0.92 所应并联的电容值。

解 在图 11-31(a)中，当三相负载 Z_2 断开时，由于三相电源 $\dot{U}_{AB}$、$\dot{U}_{BC}$、$\dot{U}_{CA}$ 对称，三相电源内阻抗 Z_1 相同，所以三角形连接电源内部无环流。

(1)等效变换。为了计算方便，利用有伴电压源和有伴电流源之间的等效变换，阻抗的星形和三角形之间的等效变换以及无伴电流源转移，将图 11-31(a)与阻抗串联的三角形连接电源等效变换为图 11-31(b)中与阻抗串联的星形连接的电源，变换过程如图 11-31(b)所示，于是，得到图 11-31(c)所示的对称三相电路，由于 $\dot{U}_{AB} = 380\angle 30°\text{V}$，$\dot{U}_{BC} = 380\angle -90°\text{V}$，$\dot{U}_{CA} = 380\angle 150°\text{V}$，所以 A、B、C 三相等效电压源电压分别为

$$\dot{U}_A = \frac{\dot{U}_{AB} - \dot{U}_{CA}}{Z_1} \times \frac{Z_1}{3} = \frac{\sqrt{3} \times 380}{Z_1} \times \frac{Z_1}{3} = 220\angle 0°\text{V}$$

$$\dot{U}_B = \frac{\dot{U}_{BC} - \dot{U}_{AB}}{Z_1} \times \frac{Z_1}{3} = -\frac{\left(\frac{\sqrt{3}}{2} + j\frac{3}{2}\right) \times 380}{Z_1} \times \frac{Z_1}{3} = 220\angle -120°\text{V}$$

$$\dot{U}_C = \frac{\dot{U}_{CA} - \dot{U}_{BC}}{Z_1} \times \frac{Z_1}{3} = \frac{\left(-\frac{\sqrt{3}}{2} + j\frac{3}{2}\right) \times 380}{Z_1} \times \frac{Z_1}{3} = 220\angle 120°\text{V}$$

所以 A 相计算电路如图 11-31(k)所示，其中，并联电容前，有

$$\dot{I}_A = \frac{\dot{U}_A}{\frac{Z_1}{3} + Z_2} = \frac{220\angle 0°}{3 + j4 + 4 + j3} = \frac{220\angle 0°}{7 + j7} = \frac{220\angle 0°}{7\sqrt{2}\angle 45°} = 22.22\angle -45°(\text{A})$$

$$\dot{I}_B = \dot{I}_A\angle -120° = 22.22\angle -165°(\text{A})$$

$$\dot{U}'_A = Z_2\dot{I}_A = (4 + j3) \times 22.22\angle -45° = 111.1\angle -8.1°(\text{V})$$

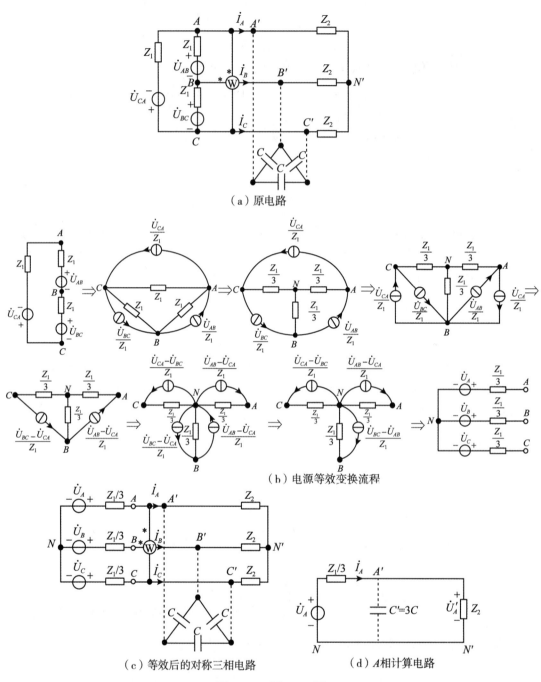

（a）原电路

（b）电源等效变换流程

（c）等效后的对称三相电路　　　　（d）A相计算电路

图 11-31　例 11-14 图

$$\dot{U}_{AB'} = \sqrt{3}\,U'_A \angle 30° = 192.43 \angle 21.9° \text{V}$$

$$\dot{U}_{C'A'} = \dot{U}_{A'B'} \angle 120° = 192.43 \angle 141.9° \text{V}$$

因此有

$$\dot{U}_{AC'} = -\dot{U}_{C'A'} = 192.43\angle -38.1°\text{V}, \quad P = U_{AC'}I_B\cos(-38.1° + 165°) = -2567.3$$

即功率表的读数为 2567.3W。

(2)A 相负载 Z_2 吸收的有功功率为

$$P_A = I_A^2 \times \text{Re}[Z_2] = (22.22)^2 \times 4 = 1974.9(\text{W})$$

因为 $\cos\varphi_2 = 0.92$，所以 $\varphi_2 = 23.07°$，于是连接成 Y 形的每相电容为

$$C' = \frac{P_A}{U_A^2{'}\omega}(\tan\varphi_1 - \tan\varphi_2) = \frac{1974.9}{(111.1)^2 \times 314}(\tan36.9° - \tan23.07°) = 165.513(\mu\text{F})$$

按照题中要求，补偿电容应连接成三角形，故补偿电容值为

$$C = \frac{C'}{3} = 55.17\mu\text{F}$$

11.8.2 不对称三相电路的功率

(1)不对称三相电路的瞬时功率：一般而言，在不对称三相电路中，各相电压和电流的有效值不再相同，各相之间相电压和相电流的相位差角亦不再相同，据此可以利用瞬时功率计算式得到各相瞬时功率，于是，不对称三相电路的瞬时功率为

$$p = p_A + p_B + p_C$$

显然，这时三相电路的瞬时功率不再为一常数。

(2)不对称三相电路的有功功率，计算式为

$$P = P_A + P_B + P_C = U_{pA}I_{pA}\cos\varphi_A + U_{pB}I_{pB}\cos\varphi_B + U_{pC}I_{pC}\cos\varphi_C \tag{11-47}$$

式(11-47)表明，一旦求出各相的有功功率，将其求和便可得到不对称三相电路的有功功率。

(3)不对称三相电路的无功功率，计算式为

$$Q = Q_A + Q_B + Q_C = U_{pA}I_{pA}\sin\varphi_A + U_{pB}I_{pB}\sin\varphi_B + U_{pC}I_{pC}\sin\varphi_C \tag{11-48}$$

式(11-48)表明，先求出各相的无功功率，再将其求和便可得到不对称三相电路的无功功率。

(4)不对称三相电路的复功率，计算式为

$$\begin{aligned}\bar{S} &= \bar{S}_A + \bar{S}_B + \bar{S}_C \\ &= U_{pA}I_{pA}\cos\varphi_A + jU_{pA}I_{pA}\sin\varphi_A + U_{pB}I_{pB}\cos\varphi_B + jU_{pB}I_{pB}\sin\varphi_B + U_{pC}I_{pC}\cos\varphi_C + jU_{pC}I_{pC}\sin\varphi_C \\ &= P + jQ \end{aligned} \tag{11-49}$$

由式(11-49)可知，不对称三相电路各相的视在功率不再相等，即 $S_A \neq S_B \neq S_C$，这时，只能采用视在功率的一般计算式(11-33)来计算，显然，$S \neq S_A + S_B + S_C = U_{pA}I_{pA} + U_{pB}I_{pB} + U_{pC}I_{pC}$，即不对称三相电路的视在功率通常不等于各相视在功率之和。

不对称三相电路的功率因数为

$$\lambda = \frac{P}{S}$$

在不对称情况下，三相电路的功率因数角并没有什么实际的物理意义，它不表示哪一

实际电压和电流之间的相位差，实际上，不对称三相电路的三相无功功率、三相视在功率以及功率因数均很少使用。

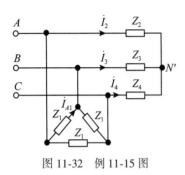

图 11-32　例 11-15 图

【例 11-15】 在图 11-32 所示的三相电路中，电源线电压为 380V，三角形负载对称，有 $Z_1 = 4 + j3\Omega$，星形负载不对称，其中 $Z_2 = 4 + j3\Omega$，$Z_3 = 3 + j4\Omega$，$Z_4 = 20\Omega$，试求三相电路的有功功率、无功功率和视在功率。

解　对于不对称的三相电路可分别求出各部分负载中的有功功率和无功功率后，再求整个三相电路的 P、Q 和 S。

（1）求三角形负载的有功功率和无功功率。三角形负载为一个对称负载。设 A 相电源电压为 $\dot{U}_A = 220\angle 0°\text{V}$，则

$$\dot{U}_{AB} = 380\angle 30°\text{V}$$

$$\dot{I}_{A1} = \frac{\dot{U}_{AB}}{Z_1} = \frac{380\angle 30°}{5\angle 36.87°} = 76\angle -6.87°\text{A}$$

因此，对称三角形负载的有功功率和无功功率分别为

$$P_\triangle = 3U_{AB}I_{A1}\cos\varphi = 3 \times 380 \times 76 \times \cos 36.87° = 69312(\text{W})$$

$$Q_\triangle = 3U_{AB}I_{A1}\sin\varphi = 3 \times 380 \times 76 \times \sin 36.87° = 51984(\text{var})$$

（2）求星形负载的有功功率和无功功率。星形负载为一组不对称负载，分别求出各相的有功功率和无功功率，再通过叠加求出总的有功功率和无功功率。

由 Z_2、Z_3 和 Z_4 构成的不对称负载的中性点 N' 与电源中性点 N 为非等电位点，用节点法求 $\dot{U}_{N'}$，可得

$$\dot{U}_{N'} = \frac{\dfrac{\dot{U}_A}{Z_2} + \dfrac{\dot{U}_B}{Z_3} + \dfrac{\dot{U}_C}{Z_4}}{\dfrac{1}{Z_2} + \dfrac{1}{Z_3} + \dfrac{1}{Z_4}} = \frac{\dfrac{220}{4 + j3} + \dfrac{220\angle -120°}{3 + j4} + \dfrac{220\angle 120°}{20}}{\dfrac{1}{4 + j3} + \dfrac{1}{3 + j4} + \dfrac{1}{20}}$$

$$= \frac{44\angle -36.87° + 44\angle -173.13° + 11\angle 120°}{0.2\angle -36.87° + 0.2\angle -53.13° + 0.05}$$

$$= \frac{-13.98 - j22.13}{0.33 - j0.28} = \frac{26.18\angle -122.28°}{0.432\angle -40.31°} = 60.6\angle -81.97°(\text{V})$$

于是，各相电流为

$$\dot{I}_2 = \frac{\dot{U}_A - \dot{U}_{N'}}{Z_2} = \frac{220\angle 0° - 60.6\angle -81.97°}{4 + j3} = \frac{219.88\angle 15.84°}{5\angle 36.87°}$$

$$= 43.98\angle -21.03°(\text{A})$$

$$\dot{I}_3 = \frac{\dot{U}_B - \dot{U}_{N'}}{Z_3} = \frac{220\angle -120° - 60.6\angle -81.97°}{3 + j4} = \frac{176.27\angle -132.23°}{5\angle 53.13°}$$

$$= 35.25\angle -185.36°(\text{A})$$

$$\dot{I}_4 = \frac{\dot{U}_C - \dot{U}_{N'}}{Z_4} = \frac{220\angle 120° - 60.6\angle -81.97°}{20} = \frac{-118.46 - j250.53}{20}$$

$$= 13.86\angle -115.3°(\text{A})$$

利用上述结果求出星形负载的有功功率和无功功率分别为

$$P_2 = I_2^2 \times \text{Re}[Z_2] = 43.98^2 \times 4 = 7737(\text{W}),\ Q_2 = I_2^2 \times \text{Im}[Z_2] = 43.98^2 \times 3 = 5803(\text{var})$$

$$P_3 = I_3^2 \times \text{Re}[Z_3] = 35.25^2 \times 3 = 3728(\text{W}),\ Q_3 = I_3^2 \times \text{Im}[Z_3] = 35.25^2 \times 4 = 4970(\text{var})$$

$$P_4 = I_4^2 \times Z_4 = 13.86^2 \times 20 = 3840(\text{W}),\ Q_4 = 0$$

于是，星型负载总的有功功率为

$$P_Y = P_2 + P_3 + P_4 = (7737 + 3728 + 3840) = 15305(\text{W})$$

星形负载总的无功功率为

$$Q_Y = Q_2 + Q_3 + Q_4 = 5803 + 4970 = 10773(\text{var})$$

（3）求整个三相电路的有功功率、无功功率和视在功率。整个三相电路的有功功率、无功功率和视在功率分别为

$$P = P_\triangle + P_Y = 69312 + 15305 = 84617(\text{W})$$

$$Q = Q_\triangle + Q_Y = 51984 + 10773 = 62757(\text{var})$$

$$S = \sqrt{P^2 + Q^2} = \sqrt{84617^2 + 62757^2} = 105349(\text{VA})$$

11.8.3 三相电路功率的测量

三相电路功率的测量是电力系统供电和用电中一个常用和十分重要的环节，它包括有功功率、无功功率、功率因数以及电能（电度）的测量，这里，按三相四线制和三相三线制并分别考虑电路对称与不对称两种情况来讨论测量有功功率和无功功率的一些方法。

11.8.3.1 三相四线制电路功率的测量

三相四线制电路只有电源和负载均采用星形连接这一种情况。这时，若电路是三相对称的，则由于每一相的有功功率均相同，因此可以用一个功率表测量任一相的功率，再将该示数乘3倍即得三相电路的功率，图11-33所示为测量A相负载的功率，接入该相功率表的电流线圈通过的是A相负载的电流，而电压线圈承受的则是A相负载的电压，因此，该功率表的示数 $P_A = U_{A'N'}I_A\cos(\varphi_{u_{A'N'}} - \varphi_{i_A})$ 即为A相负载所消耗的有功功率（三表法），于是，三相对称电路的功率为 $P = 3P_A$。这种测量方法称为一表法。

若电路是三相不对称的，则由于三相的功率不相等，因此这时要用3个功率表测量功率，如图11-34所示，其中功率表Ⓦ、Ⓦ和Ⓦ的示数分别为

$$\begin{cases} P_A = U_{A'N'}I_A\cos(\varphi_{u_{A'N'}} - \varphi_{i_A}) \\ P_B = U_{B'N'}I_B\cos(\varphi_{u_{B'N'}} - \varphi_{i_B}) \\ P_C = U_{C'N'}I_C\cos(\varphi_{u_{C'N'}} - \varphi_{i_C}) \end{cases} \tag{11-50}$$

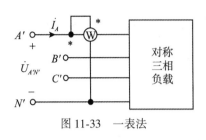

图 11-33　一表法

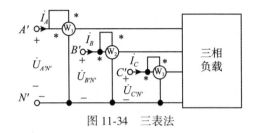

图 11-34　三表法

利用式(11-50)可得三相不对称电路的功率为

$$P = P_A + P_B + P_C \tag{11-51}$$

11.8.3.2　三相三线制电路功率的测量

在三相三线制电路中，由于没有中线，直接测量各相负载的功率不方便，因此，通常采用两个功率表测量三相负载的功率，故而称其为两表法，测量电路如图 11-35 所示，其中给出了用虚线隔开的三种接法，习惯上多用示于左侧的第一种接法，即以 C 线作为电流回线和电压参考点。下面通过这种接法分析采用两表法测量三相三线制电路功率的原理。由于无论负载的连接方式如何复杂，总能够将其等效为星形连接，因此，这里假设负载为星形连接，于是，三相负载的瞬时功率为

$$p = p_A + p_B + p_C = u_{A'N'}i_A + u_{B'N'}i_B + u_{C'N'}i_C \tag{11-52}$$

由 KCL 有 $i_A + i_B + i_C = 0$，即

$$i_C = -(i_A + i_B) \tag{11-53}$$

将式(11-53)代入式(11-52)，有

$$\begin{aligned}
p &= u_{A'N'}i_A + u_{B'N'}i_B + u_{C'N'}(-i_A - i_B) \\
&= (u_{A'N'} - u_{C'N'})i_A + (u_{B'N'} - u_{C'N'})i_B = u_{A'C'}i_A + u_{B'C'}i_B
\end{aligned}$$

于是，三相负载的平均功率为

$$\begin{aligned}
P = P_A + P_B + P_C &= \frac{1}{T}\int_0^T p\,\mathrm{d}t = \frac{1}{T}\int_0^T (p_A + p_B + p_C)\,\mathrm{d}t = \frac{1}{T}\int_0^T (u_{A'C'}i_A + u_{B'C'}i_B)\,\mathrm{d}t \\
&= U_{A'C'}I_A\cos(\varphi_{u_{A'C'}} - \varphi_{i_A}) + U_{B'C'}I_B\cos(\varphi_{u_{B'C'}} - \varphi_{i_B}) = P_1 + P_2
\end{aligned} \tag{11-54}$$

式中，P_1、P_2 分别为 Ⓦ₁、Ⓦ₂ 的示数。

需要注意的是，两表法适用于对称或不对称三角形连接或星形连接负载，此外，由于这种测量方法中功率表仅与输电线相接，而不触及电源和负载，因而与电源和负载的连接方式无关，也正因为功率表所测的是线电压和线电流，所以电路中三相电源是否对称也无所谓。

图 11-36 所示为感性负载下 Y–Y 连接对称三相电路及其电压、电流相量图。设 $\dot{U}_A = U_A\angle 0°$，$Z = |Z|\angle\varphi$，则有

$$\dot{I}_A = \frac{\dot{U}_A}{Z} = \frac{U_A\angle 0°}{|Z|\angle\varphi} = I_A\angle -\varphi,\quad \dot{I}_B = \dot{I}_A\angle -120° = I_B\angle -(120° + \varphi)$$

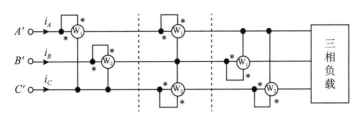

图 11-35　两表法测量三相三线制电路功率的三种接线方式

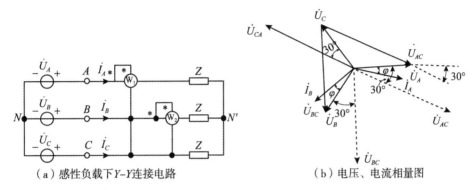

（a）感性负载下Y-Y连接电路　　　　（b）电压、电流相量图

图 11-36　感性负载下 Y-Y 连接对称三相电路及其电压、电流相量图

根据 Y-Y 连接对称三相电路特点，可作出图 11-36(b)所示的相量图。此相量图中有关电压、电流为

$$\dot{U}_{AC} = U_{AC}\angle - 30°, \quad \dot{U}_{BC} = U_{BC}\angle - 90°$$

据此得功率表W₁、W₂的示数分别为

$$P_1 = U_{AC}I_A\cos(\varphi_{u_{AC}} - \varphi_{i_A}) = U_{AC}I_A\cos[-30° - (-\varphi)] = U_{AC}I_A\cos(30° - \varphi)$$

$$(11\text{-}55)$$

$$P_2 = U_{BC}I_B\cos(\varphi_{u_{BC}} - \varphi_{i_B}) = U_{BC}I_B\cos[-90° - (-\varphi - 120°)]$$
$$= U_{BC}I_B\cos(30° + \varphi)$$

$$(11\text{-}56)$$

由式(11-55)和式(11-56)可以看出，改变阻抗角 φ 会使功率表的示数发生变化，即：

(1)当 $\varphi = 0$(纯阻负载)时，W₁的示数等于W₂的示数；

(2) $\varphi = -60°$ 时，W₁的示数等于零；

(3)当 $\varphi = 60°$ 时，W₂的示数等于零；

(4) $\varphi < -60°$ 时，W₁的示数小于零；

(5)当 $\varphi > 60°$ 时，W₂的示数小于零。

由此可知，当用两表法测量三相三线制的功率时，即使电路处于完全对称的情况下，两个表的示数也并不相等，其中一个还可能为零或负值，因此，单独一个功率表的示数没有任何意义，它不代表任何功率，只有两个表示数的代数和才是三相总功率，

由式(11-55)和式(11-56)可得

$$P = P_1 + P_2 = U_{AC}I_A\cos(30° - \varphi) + U_{BC}I_B\cos(30° + \varphi)$$
$$= U_lI_l[\cos(30° - \varphi) + \cos(30° + \varphi)] = \sqrt{3}\,U_lI_l\cos\varphi \tag{11-57}$$

显然，式(11-57)对星形连接和三角形连接的对称三相负载均适用。

在对称情况下，根据两功率表的示数 P_1 和 P_2 还可推算出负载的无功功率和功率因数角 φ。若将式(11-55)与式(11-56)相减，则得

$$P_1 - P_2 = U_lI_l[\cos(30° - \varphi) - \cos(30° + \varphi)]$$
$$= 2U_lI_l\sin30°\sin\varphi = U_lI_l\sin\varphi \tag{11-58}$$

因此，对称三相负载的无功功率为

$$Q = \sqrt{3}(P_1 - P_2) \tag{11-59}$$

于是，功率因数角为

$$\varphi = \arctan\frac{Q}{P} = \arctan\sqrt{3}\,\frac{P_1 - P_2}{P_1 + P_2} \tag{11-60}$$

应该指出的是，由于在对称三相四线制电路中有 $i_N = 0$，满足 $i_A + i_B + i_C = 0$，故而两表法也适用于对称三相四线制电路。

【例 11-16】 在图 11-37 所示的对称三相电路中，已知 $R = 40\Omega$，$\omega L = 80\Omega$，$\omega M = 40\Omega$，$\dfrac{1}{\omega C} = 300\Omega$，电源的线电压为 380V。试求：（1）功率表Ⓦ与Ⓦ的读数；（2）电源输出的总功率 P 和无功功率 Q。

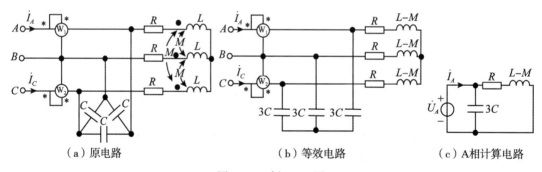

（a）原电路　　　　　　　　（b）等效电路　　　　　　（c）A相计算电路

图 11-37　例 11-16 图

解 在原电路中作去耦等效，并将电容三角形连接等效为星形连接，如图 11-37（b）所示。这时令

$$\dot{U}_A = \frac{380}{\sqrt{3}}\angle 0° = 220\angle 0°\text{V}$$

画出 A 相的单相等效电路如图 11-37（c）所示，由此可得

$$Z_C = -j\frac{1}{3\omega C} = -j100\Omega, \quad Z_A = R + j\omega(L - M) = 40 + j40 = 40\sqrt{2}\angle 45°\Omega$$

$$\dot{I}_A = \frac{\dot{U}_A}{Z_C} + \frac{\dot{U}_A}{Z_A} = \frac{220\angle 0°}{-j100} + \frac{220\angle 0°}{40\sqrt{2}\angle 45°} = j2.2 + 2.75 - j2.75$$

$$= 2.75 - j0.55 = 2.8\angle -11.31°\text{A}$$

$$\dot{I}_C = \dot{I}_A\angle 120° = 2.8\angle 108.69°\text{A}$$

由于 $\dot{U}_A = 220\angle 0°\text{V}$，所以有

$$\dot{U}_{AB} = \sqrt{3}\dot{U}_A\angle 30° = 380\angle 30°\text{V}, \quad \dot{U}_{BC} = \dot{U}_{AB}\angle -120° = 380\angle -90°\text{V}$$

$$\dot{U}_{CB} = -\dot{U}_{BC} = 380\angle 90°\text{V}$$

于是，功率表 Ⓦ_1 与 Ⓦ_2 的读数分别为

$$P_1 = U_{AB}I_A\cos(30° + 11.31°) = 380 \times 2.8 \times \cos 41.31° = 799.22(\text{W})$$

$$P_2 = U_{CB}I_C\cos(90° - 108.69°) = 380 \times 2.8 \times \cos 18.69° = 1007.89(\text{W})$$

因此，电源输出的总功率 P 和总无功功率 Q 分别为

$$P = P_1 + P_2 = 799.22 + 1007.89 = 1807.11(\text{W})$$

$$Q = \sqrt{3}(P_2 - P_1) = \sqrt{3}(1007.89 - 799.22) = 361.43(\text{var})$$

【例 11-17】 图 11-38(a)所示为对称三相四线制电路，已知线电压 $U_l = 380\text{V}$，阻抗 $Z = 27.50 - j47.64\Omega$，中性线阻抗 $Z_N = 0$。试求：(1)各线电流；(2)图 11-38(a)中功率表读数和电源发出的功率 P'；(3)将图 11-38(a)中开关 S 打开后，重求上述两问。

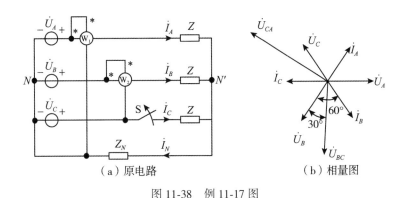

(a)原电路   (b)相量图

图 11-38 例 11-17 图

解 当开关 S 闭合时，电路为对称三相四线制电路，$i_N = 0$，因此，功率表读数有意义；当开关 S 打开时，电路成为不对称三相四线制电路，故而功率表读数无意义。

(1)令 $\dot{U}_A = 220\angle 0°\text{V}$，提取 A 相计算，这时有

$$\dot{I}_A = \frac{\dot{U}_A}{Z} = \frac{220\angle 0°}{27.50 - j47.64} = 4\angle 60°(\text{A}), \quad \dot{I}_B = 4\angle -60°\text{A}, \quad \dot{I}_C = 4\angle 180°\text{A}, \quad \dot{I}_N = 0$$

(2)由图 11-38(b)可知两功率表读数分别为

$$P_1 = U_{AC}I_A\cos(\dot{U}_{AC}, \hat{\dot{I}}_A) = 380 \times 4 \times \cos(60° + 30°) = 0$$

$$P_2 = U_{BC}I_B\cos(\overset{\wedge}{\dot{U}_{BC},\ \dot{I}_B}) = U_{BC}I_B\cos(60° - 30°) = 1316.4\text{W}$$

电源发出功率为

$$P = P_1 + P_2 = 1316.4\text{W}$$

或

$$P = \sqrt{3}\,U_lI_l\cos\varphi = \sqrt{3}\times380\times4\times0.5 = 1316.4(\text{W})$$

(3)S 打开后，由于 $Z_N = 0$，所以 C 相断开不影响 A、B 两相电压，故而有

$$\dot{I}_A = 4\angle 60°\text{A}, \quad \dot{I}_B = 4\angle -60°\text{A}, \quad \dot{I}_C = 0$$

利用 KCL 可得

$$\dot{I}_N = \dot{I}_A + \dot{I}_B + \dot{I}_C = 4\angle 0°\text{A}$$

这时，$\dot{I}_A + \dot{I}_B + \dot{I}_C \neq 0$，因此功率表读数无意义，电源发出功率为

$$P = U_AI_A\cos 60° + U_BI_B\cos 60° = 880\text{W}$$

11.8.3.3 用一个功率表测量对称三相三线制电路的无功功率

用一个功率表测量对称三相三线制电路的无功功率的电路如图 11-39 所示，由此可得功率表的示数为

$$P = U_{BC}I_A\cos(\varphi_{u_{BC}} - \varphi_{i_A}) \tag{11-61}$$

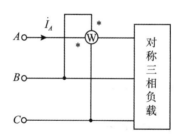

图 11-39 用一个功率表测量无功功率的对称三相三线制电路

设负载 Z 为感性，星形连接，并设 A 相负载电压为参考相量，电流、电压相量图如图 11-36(b)所示，由此可知，功率表的读数为

$$P = U_{BC}I_A\cos(\varphi_{u_{BC}} - \varphi_{i_A}) = U_{BC}I_A\cos[-90° - (-\varphi)] = U_{BC}I_A\cos(-90° + \varphi)$$
$$= U_{BC}I_A\sin\varphi = U_lI_l\sin\varphi \tag{11-62}$$

将式(11-56)两边乘以 $\sqrt{3}$ 可得

$$\sqrt{3}\,P = \sqrt{3}\,U_lI_l\sin\varphi = Q \tag{11-63}$$

式(11-57)表明：(1)功率表示数的 $\sqrt{3}$ 倍即为对称三相电路总的无功功率；

(2)对于感性负载，有 $\varphi > 0$，$P > 0$，即 $Q > 0$；对于容性负载，有 $\varphi < 0$，$P < 0$，即 $Q < 0$，功率表反偏。这时要将功率表电流端钮换接或转动极性旋钮，注意，读数要记作负。

用一只功率表测量对称三相电路的无功功率，除了图 11-39 中给出的 $(\dot{I}_A, \dot{U}_{BC})$ 连接法外，还有另外两种连接法，即接成 $(\dot{I}_B, \dot{U}_{CA})$ 与 $(\dot{I}_C, \dot{U}_{AB})$。

【例 11-18】　在图 11-40(a) 所示电路中，三相对称感性负载的功率为 $P = 1500\text{W}$，功率因数 $\cos\varphi = 0.8$，负载端线电压为 380V，线路阻抗 $Z_l = 1 + j1\Omega$，试求功率表读数和电路的无功功率。

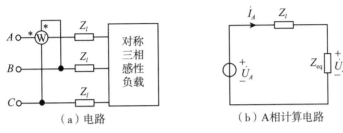

图 11-40　例 11-18 图

解　设负载端相电压为 $\dot{U}'_A = \dfrac{380}{\sqrt{3}} \angle 0° = 220 \angle 0°\text{V}$，作出 A 相计算电路如图 11-40(b) 所示，其中

$$I_A = \frac{P}{\sqrt{3}\,U_l\cos\varphi} = \frac{1500}{\sqrt{3} \times 380 \times 0.8} = 2.849(\text{A})$$

由于 $\varphi = 36.87°$，因此可得

$$\dot{I}_A = 2.849 \angle -36.87°\text{A}$$

于是有

$$U_A = \dot{U}'_A + Z_l \dot{I}_A = 220 \angle 0° + (1 + j1) \times 2.849 \angle -36.87° = 224 \angle 0.146°(\text{V})$$

因此，电源端线电压为

$$\dot{U}_{AB} = \sqrt{3}\,\dot{U}_A \angle 30° = 388 \angle 30.1°\text{V}, \quad \dot{U}_{BC} = 388 \angle -89.9°\text{V}, \quad \dot{U}_{CA} = 388 \angle 150.1°\text{V}$$

于是，功率表读数为

$$P = U_{BC}I_A\cos(\varphi_{u_{BC}} - \varphi_{i_A}) = 388 \times 2.849 \times \cos(-89.86° + 36.87°) = 665(\text{W})$$

因此，三相电源发出的无功功率为

$$Q = \sqrt{3}\,P = \sqrt{3} \times 665 = 1151.78(\text{var})$$

习　　题

11-1　一个对称星形负载与对称三相电源相接，若已知线电压 $\dot{U}_{AB} = 380 \angle 0°\text{V}$，线电流 $\dot{I}_A = 10 \angle -60°\text{A}$，试求负载每相的阻抗 Z。

11-2　在题 11-2 图所示的对称三相电路中，已知电源线电压 $U_l = 380\text{V}$，$Z_1 = 0.14 + j0.14\Omega$，$Z_2 = 30 + j40\Omega$，$Z_3 = 1 + j\Omega$，$Z_4 = 117 + j87\Omega$，试求 $\dot{I}_A$、$\dot{I}_B$、$\dot{I}_C$。

11-3　在题 11-3 图所示三相电路中，已知对称三相电源的线电压 $U_l = 380\text{V}$，单相电阻负载 $R = 220\Omega$。试比较两电路中电流表的示数。

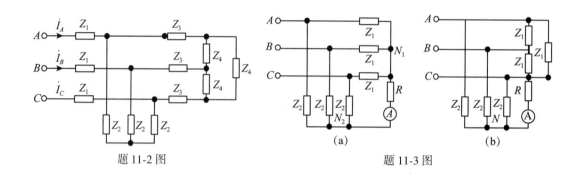

題 11-2 图　　　　　　　　　　　題 11-3 图

11-4　题 11-4 图所示为对称三相电路，电源线电压 $U_1 = 380\text{V}$，星形连接负载 $Z_1 = 30\angle 30°\Omega$，三角形连接负载 $Z_2 = 60\angle 60°\Omega$。试求各电压表和电流表的读数(有效值)，并求负载吸收的总功率 P 和 Q。

11-5　在题 11-5 图所示对称三相电路中，负载阻抗 $Z_L = (150 + j150)\Omega$，输电线参数 $X_l = 2\Omega$，$R_l = 2\Omega$，负载线电压 380V，求电源端线电压。

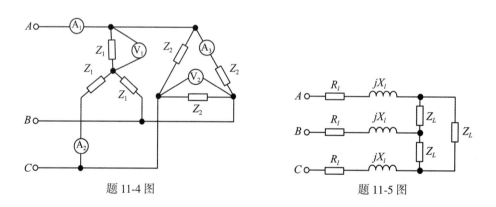

題 11-4 图　　　　　　　　　　　題 11-5 图

11-6　在如题 11-6 图所示对称三相电路中，已知 $\dot{I}_{aA} = 2\angle 0°\text{A}$，$\dot{I}_{bB} = 2\angle -120°\text{A}$，$\dot{I}_{cC} = 2\angle 120°\text{A}$，$R = 6\Omega$，$X_C = 8\Omega$，试求：(1)每相负载两端的电压 $\dot{U}_{AN}$、$\dot{U}_{BN}$ 和 $\dot{U}_{CN}$；(2)线电压 $\dot{U}_a$、$\dot{U}_b$ 和 $\dot{U}_c$。

11-7　在题 11-7 图所示对称三相电路中，已知 $\dot{U}_A = 100\angle 0°\text{V}$，$Z_1 = 5 - j5\Omega$，$Z_2 = 15 + j15\Omega$，$X_L = X_C = 5\Omega$，试求电流 $\dot{I}_{A_1}$、$\dot{I}_{A_2}$、$\dot{I}_{ab}$、$\dot{I}_A$ 及 $\dot{I}_N$。

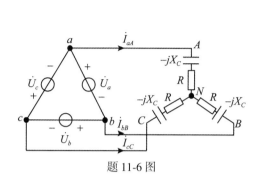
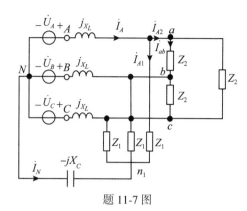

题 11-6 图　　　　　　　　　　题 11-7 图

11-8　在题 11-8 图所示对称三相电路中，已知电源线电压 $U_l = 380\text{V}$，$R = 8\Omega$，$\omega L = 7\Omega$，$\omega M = 1\Omega$，$1/(\omega C) = 30\Omega$，试求线电流有效值 I_l。

11-9　在题 11-9 图所示对称三相电路中，已知电源线电压为 380V。试求电压表示数。

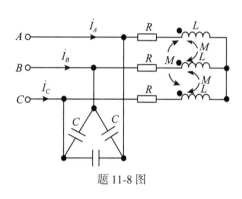
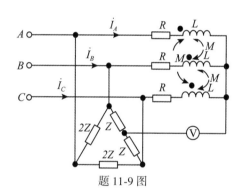

题 11-8 图　　　　　　　　　　题 11-9 图

11-10　电路如题 11-10 图所示，试求下列问题：

（1）图（a）所示三相电路接至对称三相电源。已知 $\dot{U}_{AB} = 380\angle0°\text{V}$，$R_1 = 20\Omega$，$R_2 = 50\Omega$，$X_L = 50\Omega$，$X_M = 20\Omega$。求线电流 $\dot{I}_A$、$\dot{I}_B$、$\dot{I}_C$；

（2）图（b）所示电路为对称三相电路，线电压为 U，线电流为 I。给出图示功率表 W 的读数表达式。

11-11　在题 11-11 图所示的三相电路中，对称三相电源的线电压 $U_l = 380\text{V}$，方框内是线性无源感性对称三相负载，它吸收的三相总功率 $P = 5\text{kW}$，功率因数 $\cos\varphi = 0.759$，图中三角形连接部分中，$Z = (16 + j12)\Omega$。试求：（1）三角形连接部分所吸收的总平均功率；（2）线电流 $\dot{I}_A$、$\dot{I}_B$、$\dot{I}_C$。

11-12　在题 11-12 图所示电路中，两组对称负载（均为感性）同时连接在电源的输出端线上，其中一组接成三角形，负载功率为 10kW，功率因数为 0.8；另一组接成星形，

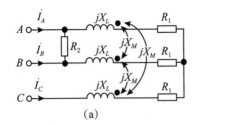 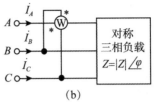

(a)　　　　　　　　　　　　　　(b)

题 11-10 图

负载功率亦为 10kW，功率因数为 0.855；端线阻抗 $Z_l = 0.1 + j0.2\Omega$，欲使负载端线电压保持为 380V，求电源端线电压。

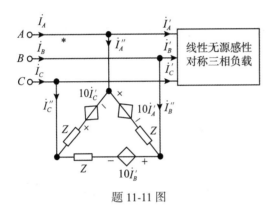 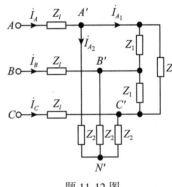

题 11-11 图　　　　　　　　　　　题 11-12 图

11-13　在题 11-13 图所示的三相电路中，线电压 $U_l = 380$V 的对称三相电源接有两组三相负载，一组为星形连接的对称三相负载，每相阻抗 $Z_1 = 30 + j40\Omega$；另一组为三角形连接的不对称三相负载，$Z_A = 100\Omega$，$Z_B = -j200\Omega$，$Z_C = j380\Omega$。试求：（1）电流表Ⓐ₁和Ⓐ₂的读数；（2）三相电源发出的平均功率。

11-14　某三相电路如题 11-14 图所示，其中由两组星形负载构成，一组对称，另一组不对称，三相电源电压对称，线电压有效值为 380V，试求电压表的读数。

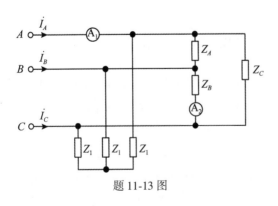 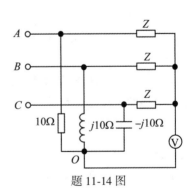

题 11-13 图　　　　　　　　　　　题 11-14 图

11-15　在题 11-15 图所示三相电路中，电源对称，$\dot{U}_A = 100\angle 0°$，负载阻抗为 $Z_1 = 10\sqrt{3}\angle 0°\Omega$，$Z_2 = 10\angle 30°\Omega$，试求线电流 $\dot{I}_A$、$\dot{I}_B$ 与 $\dot{I}_C$。

11-16　在题 11-16 图所示的对称三相电路中，$\dot{U}_a = 220\angle 0°\text{V}$，负载阻抗 $Z = (200 + j100)\Omega$。试求以下两种情况下各相负载的电压，并画出三相负载的线电压和相电压的相量图：(1)当 A 相负载发生短路时；(2)当 A 相负载断开时。

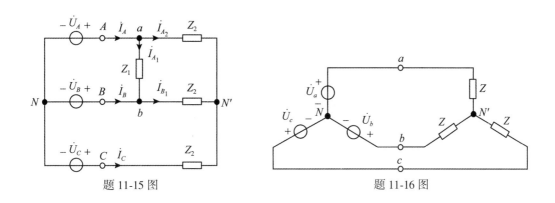

题 11-15 图　　　　　　　　　　　题 11-16 图

11-17　在题 11-17 图所示的三相电路中，已知对称三相电源线电压 $\dot{U}_{AB} = 380\angle 0°\text{V}$，阻抗 $Z = 20 + j40\Omega$。试求：(1)开关 S 打开时，三相电源的线电流 $\dot{I}_A$，$\dot{I}_B$，$\dot{I}_C$；(2)开关 S 闭合后阻抗 Z 中的电流 $\dot{I}$。

11-18　在题 11-18 图所示的电路中，不对称星形负载接于线电压 $U_l = 380\text{V}$ 的工频对称三相电源上，已知 $L = 1\text{H}$，$R = 1210\Omega$：(1)求负载各相电压；(2)若电感 L 被短接，求负载端各相电压；(3)若电感 L 被断开，求负载端各相电压。

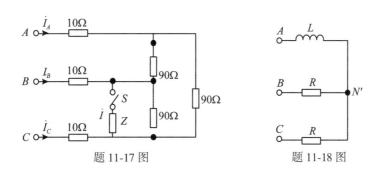

题 11-17 图　　　　　　　　　　　题 11-18 图

11-19　在题 11-19 图所示电路中，三角形负载的每相阻抗为 $Z = 15 + j20\Omega$，该负载接在线电压为 380V 的对称三相电源上。求负载相电流和线电流，并画电流相量图；若设 AB 相负载开路，重做本题，若 A 线断开，再做本题。

11-20　题 11-20 图所示为对称电源接一组不对称 Y 连接负载且有中线。已知电源线电压 380V，不对称各相负载分别为 220V、100W 灯泡 1 个、2 个、3 个。若中线因故障断开，试问：哪一相负载上的电压最高，其值为多少？以 $\dot{U}_A$ 参考向量画出负载电压相量图，包括线电压、相电压和中点位移电压。

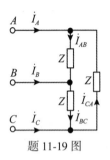

题 11-19 图

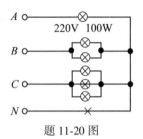

题 11-20 图

11-21　在题 11-21 图所示电路可由单相电源得到对称三相电压，作为小功率三相电路的电源。若所加单相电源的频率为 50Hz，负载每相电阻 $R = 20\Omega$。试确定电感 L 和电容 C 之值。

11-22　在题 11-22 图所示电路中。已知电源电压为 380V，$Z_1 = 12 + j21\Omega$，$Z_2 = 9 - j3\Omega$，求该三相电路的平均功率 P、无功功率 Q 和视在功率 S。

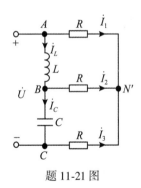

题 11-21 图

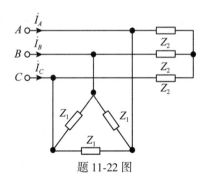

题 11-22 图

11-23　在题 11-23 图所示电路中，已知对称三相电源的线电压为 380V，$R = \omega L = \dfrac{1}{\omega C} = 100\Omega$。试求：(1) 功率表 W_1 和 W_2 的示数及 R、L、C 三元件各吸收的平均功率和无功功率；(2) 当电源为星形连接时，各相电源所发出的复功率。

11-24　题 11-24 图所示为对称三相正弦稳态电路，其线电压有效值为 380V，相序为 A、B、C。已知 $R = 100\Omega$，$X_C = 200\Omega$，试求功率表 W 的读数。

11-25　已知题 11-25 图所示电路中对称三相电源线电压 $\dot{U}_{AB} = 380\angle 0°$，阻抗 $Z_1 = 50 + j50\Omega$，$Z_2 = 20\Omega$，$Z_3 = 40 + j80\Omega$，中线电阻 $R = 3\Omega$。试求：(1) 功率表的读数；(2) A 相电源 u_A 发出的有功功率和无功功率。

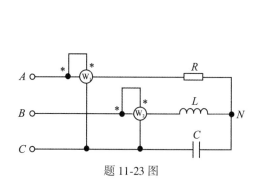

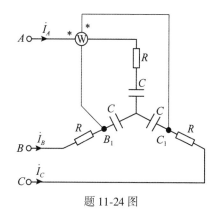

题 11-23 图　　　　　　　　　　　题 11-24 图

11-26　在图 11-26 所示三相电路中，对称三相电源的线电压 $U_l = 380\text{V}$，$Z = 100 + j100\Omega$。（1）求开关 S 打开时的线电流；（2）若用二瓦计法测量电源端的三相功率，画出接线图，并求开关闭合时，两个功率表的读数。

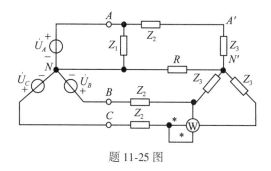

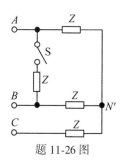

题 11-25 图　　　　　　　　　　题 11-26 图

11-27　在题 11-27 图所示三相电路中，已知电源为对称三相电源，线电压 $U_l = 380\text{V}$，$Z = 90 + j120\Omega$，$R = \omega L = \dfrac{1}{\omega C} = 50\Omega$。（1）求线电流 $\dot{I}_A$；（2）求三相电源发出的总有功功率 P 和无功功率 Q；（3）画出测三相电源发出有功功率的功率表的接线图。

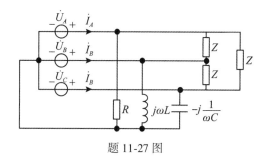

题 11-27 图

11-28 题 11-28 图所示为两功率表法测三相电路功率的线路。已知对称三相负载所耗的功率 $P = 2.4\mathrm{kW}$，负载功率因数 $\lambda = \cos\varphi = 0.5($超前$)$，试求两功率表读数。

11-29 在题 11-29 图所示电路中，电源相电压为 220V，频率 $f = 50\mathrm{Hz}$，三相对称负载吸收的总功率 $P = 2.4\mathrm{kW}$，功率因数为 $0.4($感性$)$。试求将负载的总功率因素提高到 0.9？所并联的电容值。

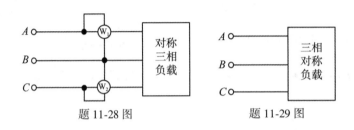

题 11-28 图　　　　　　题 11-29 图

11-30 欲将题 11-30 图所示对称三相负载的功率因数提高至 0.9，试求并联电容的参数 C，并计算电流 I，已知电源电压为 380V，频率 $f = 50\mathrm{Hz}$。

11-31 如题 11-31 图所示，在对称三相电路中，相电压 $\dot{U}_A = 220\angle 0°\mathrm{V}$，$\dot{U}_B = 220\angle -120°\mathrm{V}$，$\dot{U}_C = 220\angle 120°\mathrm{V}$，功率表 $\text{\textcircled{W}}_1$ 的读数为 4kW，功率表 $\text{\textcircled{W}}_2$ 的读数为 2kW。试求电流 $\dot{I}_B$。

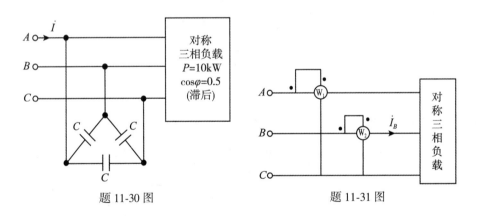

题 11-30 图　　　　　　题 11-31 图

参 考 文 献

［1］李瀚荪. 电路分析基础［M］. 第三版. 北京：高等教育出版社，1993.

［2］周长源. 电路理论基础［M］. 第二版. 北京：高等教育出版社，1996.

［3］肖达川. 电路分析［M］. 北京：科学出版社，1984.

［4］俞大光. 电工基础（中册）［M］. 修订本. 北京：高等教育出版社，1965.

［5］C. A. 狄苏尔，葛守仁. 电路基本理论［M］. 林争辉，主译. 北京：高等教育出版社，1979.

［6］Chua L O, Desoer C A, Kuh E S. Linear and NonLinear Circuits［M］. McGraw-Hill, 1987.

［7］Charles K Alexander, Matthew N O Sadiku. Fundamentals of Electric Circuits［M］. McGraw-Hill, 2000.

［8］Alexander C K, Sadiku M N O. Fundamentals of Electric Circuits［M］. McGraw-Hill, 2000.

［9］Boylestad R L. Introductory Circuit Analyis［M］. 9th. Prentice-Hall, 2000.

［10］James W Nilsson, Susan A Riedel. Electric Circuits［M］. McGraw-Hill, 2000.

［11］周守昌. 电路原理（上、下册）［M］. 第二版. 北京：高等教育出版社，2004.

［12］吴锡龙. 电路分析［M］. 北京：高等教育出版社，2004.

［13］陈希有. 电路理论基础［M］. 第三版. 北京：高等教育出版社，2004.

［14］江缉光. 电路原理［M］. 第二版. 北京：清华大学出版社，2007.

［15］杨传谱. 电路理论学习指导书［M］. 湖北：华中科技大学出版社，2004.

［16］尼尔森. 电路［M］. 第十版. 周玉坤，译. 北京. 电子工业出版社，2015.

［17］于歆杰. 电路原理［M］. 北京：清华大学出版社，2007.

［18］邱关源. 电路［M］. 第六版. 北京：高等教育出版社，2022.

［19］谭永霞. 电路分析［M］. 第3版. 四川：西南交通大学出版社，2019.